KB217034

Visual C++와 OpenCV로 배우는

디지털 영상처리

DIGITAL IMAGE PROCESSING

Visual C++와 OpenCV로 배우는

디지털 영상처리

DIGITAL IMAGE PROCESSING

| 강동중 · 하종은 공저 |

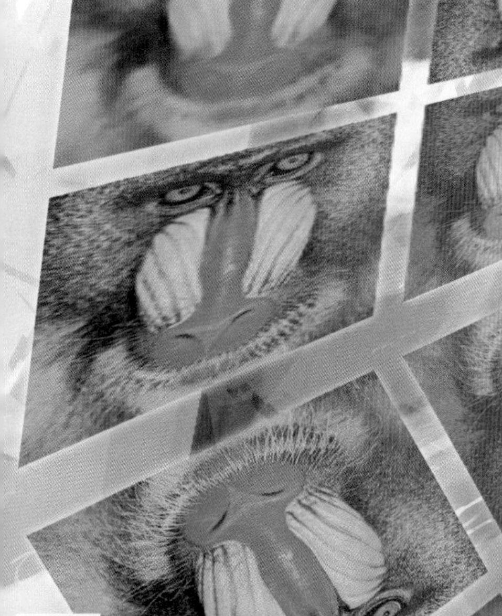

CD 수록 내용

본문 소스 코드
이미지파일
페인트샵 평가판

INFINITYBOOKS
인 피 니 티 북 스

머리말

컴퓨터 연산능력의 발전과 경량화, 소형화 경향에 따라 많은 시스템과 장치에서 컴퓨터의 기능을 내장하게 되었습니다. 사람이 조작하는 시스템들은 인간과 기계의 상호작용이 필요하고 상호작용이 필요한 시스템들은 종국에 사람과 같은 오감의 기능을 가진 인터페이스를 요구하게 될 것입니다. 이러한 상호작용의 중심에 서 있는 기술 중 하나가 영상처리입니다.

2003년 "Visual C++을 이용한 디지털영상처리"라는 책을 출간한 이후 7년여가 흘렀습니다. 그간 영상처리 기술의 발전과 응용은 비약적으로 이루어져 화질개선과 데이터 전송을 위한 방송, 통신, 모바일기기 분야에서 영상 기반의 인지기술을 사용하는 로봇, 게임기를 비롯해 의료, 그래픽스 분야에서 가전, 자동차 등에 이르기까지 그 저변이 더욱 확대되고 있습니다.

특히 최근 연구되고 발전된 성과물로 OpenCV라는 강력한 영상처리 및 비전용 라이브러리가 개발되어 비전문가도 수준 높은 영상처리 및 인지 알고리즘을 현업에서 사용할 수 있게 되었습니다. 실용성이 높아질수록 더 좋은 응용 시스템을 만들기 위해 기본 이론에 대한 심도있는 이해와 창의적 아이디어도 더욱 요구되는 시점입니다.

곳곳에 널려 있는 많은 자료와 정보, 라이브러리와 프로그램도 기초이론에 대한 이해 없이는 제대로 활용하기도 어렵고 이를 발전시켜 창조적 결과물을 만드는 것은 더 어렵습니다. 영상처리에 관심을 가진 독자가 새로운 아이디어를 개발하고 발전시키기 위한 토대로 이 책을 사용하였으면 하는 것이 저자의 바람입니다. 본서는 2003년 1판의 내용을 보완하고 실용성과 범용성이 높은 내용을 넣기 위해 노력하였습니다.

이 책이 대상으로 하는 독자는 다음과 같습니다.

- 디지털 영상처리에 관심을 가진 초보자
- 영상처리 및 인식 분야의 실무에 관심을 가진 사람
- 대학의 유관 분야 전공자
- 영상처리의 학습을 통하여 프로그래밍 실력을 높이고 싶은 사람
- C++의 활용서를 찾는 사람
- 영상처리 기초이론의 구현에 관심이 많은 사람

이 책은 초보자가 영상처리를 경험하기 위한 안내서로 쓰여졌으며 집이나 학교, 직장에 있는 개인용 PC를 사용하여 영상처리를 손쉽게 경험해볼 수 있도록 안내하는 역할을 하고 있습니다. Visual C++가 설치되어 있는 PC가 있다면 개발 환경은 충분합니다. 나머지는 사용자의 호기심과 아이디어에 달려있습니다.

책의 구성은 1~2장 영상처리의 개념과 소개, 3~9장 기초영상처리 기법과 구현, 10~17장 영상 내용의 이해를 위한 기술, 마지막 18~20장은 OpenCV에 대한 소개와 응용, 부록에는 카메라의 해석에 필요한 행렬이론을 기술하였습니다. 책에 대한 문의나 개선사항 등은 메일 djkang2008@daum.net(강동중)이나 jeha@snut.ac.kr(하종은)로 보내주시면 개정 시 성실하게 반영하겠습니다. 마지막으로 본 교재의 출판을 위해 힘써주시고 꼼꼼하게 교정해주신 인피니티북스의 채희만 사장님을 비롯하여 관계자 여러분께 감사드립니다.

강동중, 하종은

목차

CHAPTER 04

CHAPTER 05

CHAPTER 06

01 디지털 영상처리의 개념

20세기 디지털(digital) 혁신의 시대를 지나 21세기 멀티미디어(multimedia) 시대가 도래하고 있다. 인터넷, 컴퓨터, 디지털 텔레비젼(HD-TV), 휴대폰, PDA 등으로 대표되는 다양한 디지털 이기들을 통해 대량의 영상 및 음성정보가 교환되고 인간의 모든 생활영역에서 디지털은 그 영향력을 넓혀가고 있다.

멀티미디어 시대의 핵심은 다름 아닌 영상정보이다. 단순한 음성정보의 교환시대를 지나 컬러 동영상(streaming video)이 무선통신이나 인터넷을 통해 실시간으로 서비스되고 있다.

"백문이 불여일견"이란 말이 있다. 이것은 사람의 눈을 통해서 얼마나 많은 정보가 얻어지는가를 잘 나타내주는 문장이다. 영상정보는 21세기 멀티미디어 시대의 핵심이며 음성이나 문자와 달리 많은 정보를 효과적으로 전달해준다.

신문이나 TV, 영화와 같은 대부분의 미디어는 대량정보의 매개체로 그림(영상, images)을 사용한다. 1장에서 디지털 영상처리의 개념에 대해 간단하게 살펴보기로 한다.

◇ 디지털 영상처리의 시초

디지털 영상처리(digital image processing)는 1964년 미국의 캘리포니아에 있는 제트추진 연구소에서 시작된 것으로 알려지고 있다. 달표면을 찍은 위성 사진의 화질(image quality)을 개선하기 위해 디지털 컴퓨터를 사용하면서 디지털 영상처리라는 분야가 나타났으며 그 이후 통신, 방송, 출판, 그래픽스, 의학 및 과학분야 등에서 급속한 확장 및 이론개발, 적용이 이루어졌다.

◇ 디지털 영상처리란?

디지털 영상처리란 사진정보(아날로그정보)를 "디지털정보"로 전환한 후 "디지털 컴퓨터"에서 처리한다는 의미이다. 디지털 영상처리 시스템의 입력(input)과 출력(output) 모두는 디지털 영상이다.

◇ 디지털 영상 분석이란?

디지털 영상 분석(digital image analysis)이란 디지털 영상 안에 담긴 내용(content)을 묘사하고 인식하기 위한 작업을 의미한다. 디지털 영상 분석 시스템의 입력은 디지털 영상이며 출력은 상징적 영상묘사(symbolic image description)이다. 이러한 영상분석기술은 인간의 눈(eye)을 모방한다. 컴퓨터비젼(computer vision)이라고도 알려진 이 기술은 영상분석의 측면에 대한 디지털 영상 연구이다.

1. 디지털 영상데이터의 흐름

1 영상의 취득

디지털 영상처리를 위해서는 우선 디지털 형태로 표현된 영상데이터를 얻어야 한다. 디지털 영상데이터를 얻으려면 사진을 스캔하거나, 디지털 카메라나 캠코더를 이용하여 영상을 찍은 후 컴퓨터로 전송하거나, 아날로그 카메라를 통해 입력된 영상데이터를 A/D변환보드를 통해 컴퓨터로 전송해야 한다. 영상데이터용 A/D변환기를 프레임그레버(Frame Grabber)라고 한다.

영상데이터의 흐름

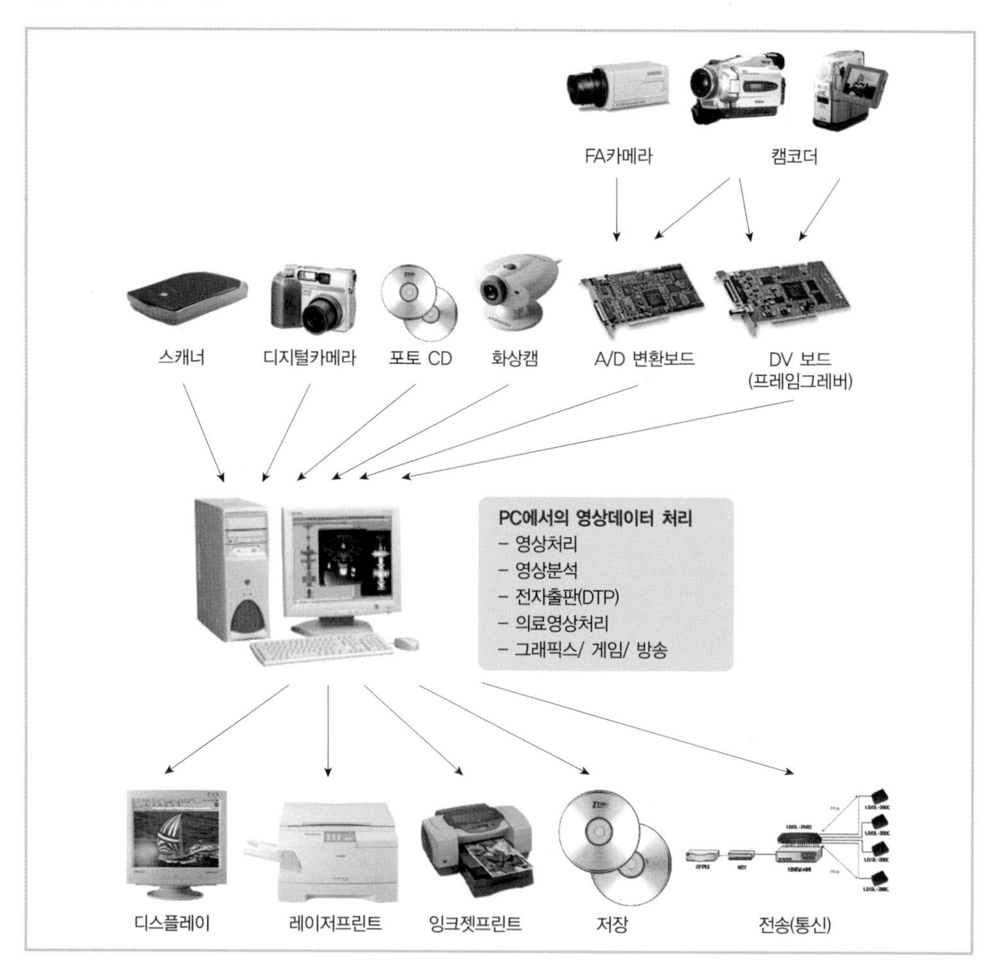

영상데이터 취득의 전형적인 예는 공장자동화용 FA카메라나 감시용 카메라를 통해 찍은 아날로그 영상데이터가 PC에 장착된 Analog-to-Digital변환기인 프레임그레버를 통해 디지털 데이터로 변환되어 PC에서 다룰 수 있는 정보로 입력되는 것이다. FA카메라 대신 아날로그 캠코더의 출력 영상이 프레임그레버로 입력될 수도 있다. FA카메라나 캠코더는 고가이므로 값이 싼 화상처리를 위해서 PC용 화상카메라를 사용할 수도 있다. 웹캠(Webcam)은 프레임그레버 없이 PC의 포트(예를 들면 USB포트)를 통해 직접 디지털 영상데이터를 입력받게 해준다. 그 외에 스캐너를 통한 사진입력을 사용하거나 디지털카메라를 사용하여 영상을 직접 입력하는 것도 가능하다.

2 영상의 편집 및 처리

영상획득장치에 의해 컴퓨터로 전송된 영상데이터는 디지털 영상데이터로 전환되어 PC에서 가공된다. 디지털 영상편집을 위한 상업용 도구로 유명한 것들로는 Adobe사의 PhotoShop과 JASC사의 PaintShop 등이 있다.

입력된 영상들은 사용용도에 맞게 PC에서 처리되며 전자출판을 위한 영상처리 및 편집, 자동화 검사를 위한 영상분석 및 인식처리, 방송을 위한 영상가공, 그래픽스, 게임 등의 다양한 목적에 맞게 편집 처리된다.

3 처리결과의 출력

PC에서 영상편집이 완료되면, 결과영상데이터는 사용자가 알아볼 수 있도록 모니터나 프린트 등의 출력장치를 통해 나타난다. 모니터 화면에 출력하거나, 잉크젯이나 레이저 프린트를 통해 종이에 인쇄할 수도 있다. 다시 CD에 저장하거나 원격지에서의 재사용을 위한 전송도 가능하다.

2. 디지털 영상의 내부

[그림 1-1]은 전형적인 디지털 영상을 보여준다. 가로 및 세로의 크기가 ***M*** 및 ***N*** 픽셀(pixel, 화소)로 이루어져 있다. 저장된 영상데이터는 2차원 배열(array) 형태를 이루며 많은 경우 M과 N이 같다. M, N의 전형적인 값은 128, 256, 512, 1024 등이며 공장자동화용 영상에서는 $M \times N$이 640×480인 경우가 빈번하다.

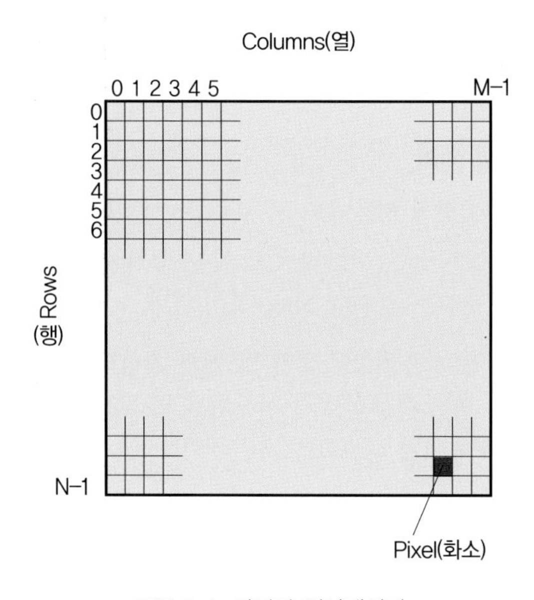

그림 1-1 디지털 영상데이터

영상데이터의 값은 흑백 영상인 경우 각 픽셀이 0~255의 값을 가지게 되며 각 값들은 픽셀의 밝기값을 표현한다. 가장 어두운 픽셀은 0의 값을 가지며 255는 가장 밝은 데이터값을 표현한다. 밝기를 가지는 이러한 픽셀들이 모여 한 장의 그림을 구성한다.

각 픽셀 당 8비트($2^8 = 256$)의 데이터를 가지므로 흑백영상 한 장의 크기는 $M \times N \times 8$ 비트(bit)가 된다.

컬러영상의 경우 단위 픽셀은 색을 표현하기 위해 각각 256단계의 R, G, B데이터를 가진다. 따라서, 한 장의 컬러영상 크기는 $M \times N \times 8 \times 3$ 비트가 된다.

[그림 1-2]는 실제 흑백영상의 예이다. 이 영상의 내부는 0~255 사이의 값을 가지는 2차원 배열로 이루어져 있다. 작은 사각영역은 동전의 경계부에서 밝기를 나타내는 정수값으로 이루어져 있음을 알 수 있다.

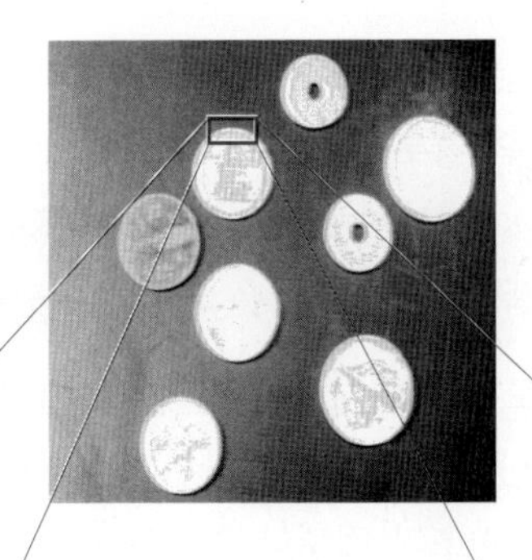

138	138	141	138	138	138	138	138	138	138	131	131	127	127	127
141	141	138	138	138	138	138	138	131	131	138	138	131	131	127
138	138	138	138	141	141	138	138	138	138	131	131	138	138	131
138	138	141	138	138	138	138	138	138	138	138	138	131	131	131
138	138	141	141	141	141	138	138	131	131	127	131	127	138	138
141	141	141	144	141	138	138	138	138	138	138	138	138	138	138
141	141	144	144	141	138	141	138	138	138	138	138	138	138	138
148	148	148	148	148	144	144	144	141	141	141	141	141	141	141
150	150	150	152	154	157	157	159	157	154	152	150	150	150	148
174	191	204	214	223	224	225	225	224	224	223	215	207	195	177
225	227	229	253	253	253	253	253	235	235	235	253	253	235	227
253	254	254	253	253	253	235	235	253	253	235	253	253	253	253
253	229	227	226	226	226	227	227	227	227	228	229	231	235	235
227	227	228	228	229	231	231	235	235	235	235	235	235	235	235
229	231	231	235	235	235	235	235	235	235	235	235	235	235	235

그림 1-2 흑백영상의 예와 내부값

3. 디지털 영상처리의 특징

1 정확성

영상정보는 디지털 데이터 전환 후 컴퓨터가 처리하기 때문에 정확한 데이터 처리가 가능하다.

2 재현성

컴퓨터가 정해진 알고리즘을 이용하여 처리하기 때문에 동일한 프로그램은 반복하여 실행해도 같은 결과가 얻어진다.

3 제어가능성

디지털로 전환된 데이터는 사용자가 원하는 대로의 처리가 가능하다. 필요한 파라미터를 직접 설정하고 조정하는 것이 용이하다. 또한, 프로그램을 통해 데이터를 처리하기 때문에 프로그램을 변경하면 다양한 처리가 가능하다.

4 과도한 데이터량

공장 자동화용 영상 한 장의 경우 640 × 480 = 307 Kbyte를 가진 경우가 많다. 이러한 영상을 초당 20프레임 이상 처리하기 위해서는 1초에 6.4 Mbyte 이상의 데이터를 처리해야 한다. 물론 컬러영상의 경우 데이터의 양은 크게 늘어난다.

디지털 영상데이터는 과도한 데이터량을 가지기 때문에 이 데이터를 처리하기 위해서는 많은 시간이 필요하다. FA용 영상의 경우 단위 프레임이 307,200개의 화소를 가지기 때문에 각 화소의 처리에 1/1000초가 걸린다 해도 프레임 당 307초의 시간이 필요하다. 영상처리를 위해서 빠른 속도의 컴퓨터가 필요한 이유가 여기에 있다.

4. 디지털 영상처리의 응용분야

1 OA용 영상처리

사무자동화(Office automation) 분야에서 영상을 처리하는 것으로 가장 일반적인 응용분야는 OCR(Optical character recognition)이다. 대부분의 스캐너는 내부에 문자 인식용 S/W를 가지고 있으며 스캔한 문서영상을 해석하여 자동으로 문자를 입력하는 것이 가능하다. 주로 흑백 이진 영상(binary image)이 취급대상이 된다. CAD 도면의 자동입력이나 우편번호를 인식해 편지를 자동으로 분류하는 시스템 등이 상용화되어 있다.

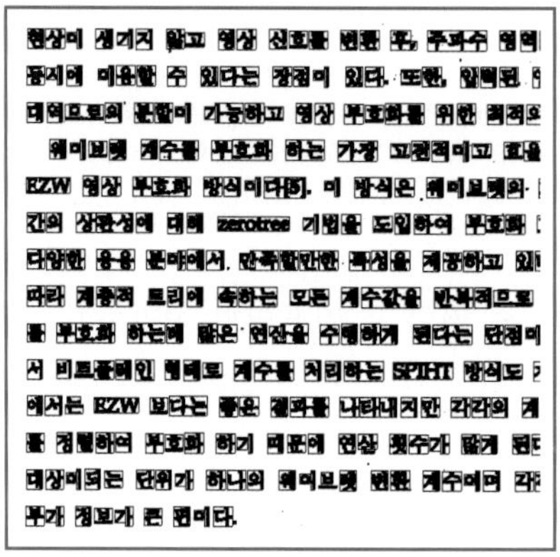

그림 1-3 OCR에서의 자동 문자분리의 예

2 의료용 영상처리

[그림 1-4]는 사람의 머리를 단층촬영한 MRI(Magnetic Resonance Image)의 한 예를 보여주고 있다. 연속적으로 획득한 MRI영상의 각 단면 영상을 해석하여 인간의 뇌나 생리조직을 분리하고 연속 단층 영상에서 이를 합성하면 인간 뇌의 3차원 형상을 얻는 것이 가능하다.

이와 같이 영상처리는 의료용 시스템에서 중요한 역할을 담당하고 있다. X-ray영상 등에서 필요한 부분만을 부각하여 표현하기 위한 영상처리도 가능하다.

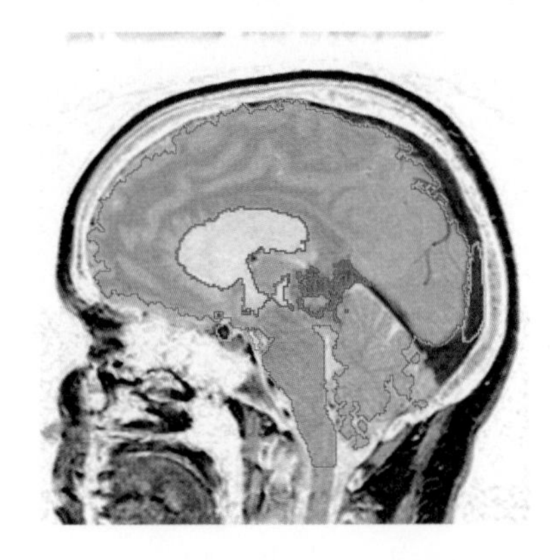

그림 1-4 MRI의 연속 단면 영상의 해석

3 위성사진의 처리

위성사진의 처리는 일반적으로 가시화를 증가시키기 위한 영상 복원(image restoration) 분야에서 많은 연구가 진행되었다. 최근에는 군사용이나 해양, 기후 조사 등의 목적으로 위성사진에서 지형의 3차원 형상을 자동으로 추출하거나 특정 위치 자동 발견 등에 대해 연구를 진행하고 있다. 자원, 기상정보, 농업, 어업, 환경오염, 도시계획 등 많은 상업용 응용분야가 있다.

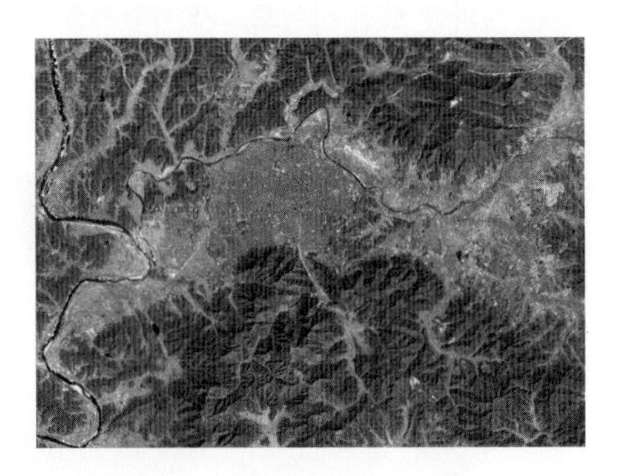

그림 1-5 위성사진에서의 지형 인식

4 FA용 영상처리

자동화용 영상처리는 영상처리가 실용적으로 가장 잘 적용되는 분야 중의 하나이다. 공장에서 부품결함의 자동 검출이나 마크의 인식, 반도체 웨이퍼의 결함 검사나 조립을 위한 위치정합 등의 목적으로 영상처리는 이용되고 있다. 이러한 분야의 영상처리를 머신비젼(Machine vision)이라고도 한다. [그림 1-6]은 금속면의 결함을 자동으로 추출하여 불합격여부를 판정하는 시스템의 한 예를 보여주고 있다.

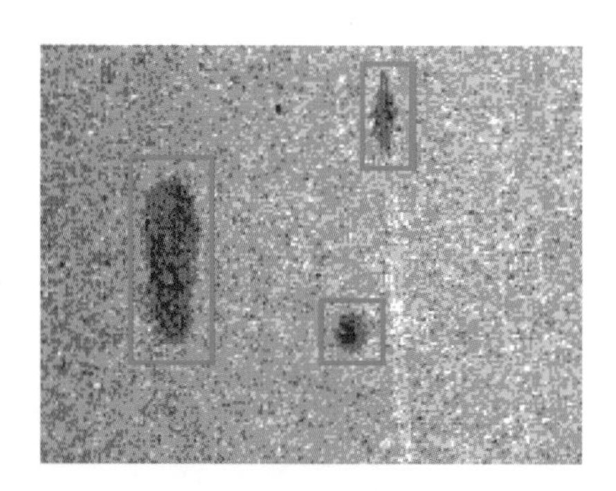

그림 1-6 공장자동화에서의 영상처리(금속면의 결함검사)

5 방송, 영화에서의 영상처리

방송, 영화는 엔터테인먼트(entertainment) 산업의 하나로 일찍부터 영상처리가 사용된 분야이다. 뉴스에서 일기예보는 영상처리가 사용된 전형적인 예이다. 블루스크린(blue screen)에서 아나운서를 찍은 후, 아나운서 영상을 기상위성 영상에 겹쳐서 보여주는 기술은 방송에서 영상처리가 사용되는 한 예이다. [그림 1-7]은 영화에서의 영상처리 예를 보여준다. 컴퓨터 그래픽 기술과 영상처리 기술이 결합하여 환상적인 장면이 만들어지는 것이다.

Terminator와 같은 영화를 보면 사이보그가 사람으로 변하는 영상 몰핑(image morphing) 기술은 영상처리가 영화산업에 적용된 예를 보여준다.

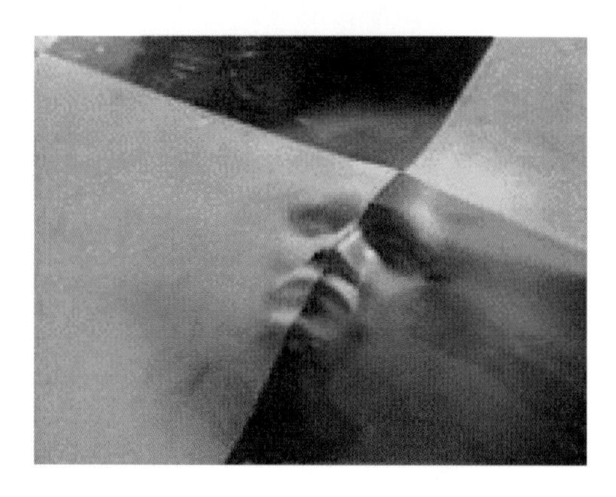

그림 1-7 영화에서의 영상처리

6 자동 영상 인덱싱

멀티미디어 시대를 맞이해 인터넷을 통한 네트워 환경이 일반화되었다. 누구나 저렴하게 인터넷을 통해 원하는 정보를 얻을 수 있다. 비디오(video) 및 정지영상은 인터넷에서 정보와 오락을 위해 가장 일반적으로 사용되는 핵심 정보이다. 영상 인덱싱(image indexing)은 인터넷에 있는 이미지데이터나 동영상을 찾아 검색자가 필요로 하는 정보를 포함한 영상데이터를 자동으로 찾아오는 기술이다. 영상 인덱싱을 위해서는 영상이 담고 있는 Content를 자동으로 해석하는 기술이 필수적이다. 예로, 전체 영화에서 주인공이 등장하는 장면의 컷만을 자동으로 추출해 얻어오는 것을 들 수 있다. [그림 1-8]은 서로 유사한 내용을 가지는 영상을 인터넷에서 자동 탐색한 결과이다. 대부분의 영상은 하늘을 배경으로 가지고 있는 풍경의 영상이다.

그림 1-8 유사한 특징을 가지는 영상들

7 고화질의 영상압축 및 통신

대량의 데이터를 가지는 영상정보를 효율적으로 전송하기 위해 영상 화질(quality)의 열화(degradation)를 최소화하며 고속으로 많은 데이터 양을 전송할 필요가 있다. JPEG, MPEG-I, II, IV등의 영상 압축 및 전송에 대한 국제 표준화 규격이 이미 정해졌으며 이 표준을 따르는 많은 상업용 기기들이 판매되고 있다. 좀더 효율적으로 고용량 영상데이터를 압축하는 알고리즘 개발에 대한 연구가 폭 넓게 진행되며 Wavelet, DCT, Motion분석, Object기반 영상압축 등의 기술이 발표되고 있는데 이러한 연구분야는 영상처리의 중요한 응용분야를 차지하고 있다. [그림 1-9]는 영상압축의 가장 기본인 DCT(Discrete Cosine Transform)을 이용한 영상압축과 복원에 대한 예를 MATLAB을 통해 보여주고 있다.

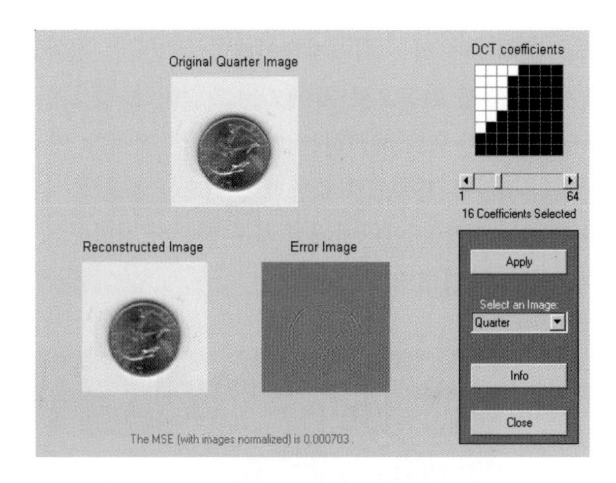

그림 1-9 DCT를 이용한 영상압축과 복원

연습문제

1. 디지털 영상과 아날로그 영상의 차이는 무엇인지 서술하시오.

2. 디지털 영상처리에서 프로그래밍의 역할에 대해 기술하시오.

3. 우리 주변에서 영상처리가 실용적으로 사용되는 예 5개를 찾아 설명하시오.

4. 가로 640, 세로 480 픽셀인 흑백 영상이 있다. 이 영상의 크기를 76,800byte의 크기로 만들기 위해서는 가로, 세로의 크기를 얼마로 줄여야 하는지 계산하시오.

5. 10km × 10km 지역을 촬영한 500pixel × 500pixel 크기의 항공 사진이 있다. 영상에서 10pixel × 10 pixel은 실제 얼마의 넓이를 나타내는지 계산하시오.

6. 영상처리를 이용한 새로운 응용방법이나 기기를 3개씩 제안해보시오.

CHAPTER 02 페인트샵을 이용한 영상처리 맛보기

첫 장에서 영상처리의 개념과 영상처리가 어떤 용도를 위해 사용되고 있는지에 대해 살펴보았다. Visual C++를 사용한 영상처리를 시작하기 전에 영상처리를 실제로 경험해볼 수 있는 상업용 도구들에 대해 다루어 보자. 본 장에서는 미리 만들어져 있는 영상처리 프로그램의 사용을 통해 영상처리와 미리 친숙해지는 기회를 갖도록 한다.

영상처리를 수행하는 유명한 프로그램으로는 **JASC**소프트사의 페인트샵(**Paint Shop**)과 Adobe사의 포토샵(**Photo Shop**)이 있다. 이 프로그램들은 영상데이터를 입력받아 사용자가 원하는 다양한 효과의 영상처리를 수행할 수 있는 메뉴들을 구비하고 있다. 페인트샵과 포토샵은 BMP, JPG, GIF, RAW, PCX 등의 몇 가지 표준화된 영상형식을 읽어들여 영상처리를 수행한 후, 다시 표준 형식으로 처리된 영상을 저장한다. 영상처리 프로그램을 작성해 나가며 페인트샵의 유사기능에 의한 결과와 비교를 통해 코딩을 수행한다면 보다 재미있고 효과적인 학습이 될 수 있을 것이다.

그림 2-1 페인트샵의 초기 실행화면

[그림 2-1]은 페인트샵을 실행했을 때 나타나는 초기 실행화면 모양을 보여 주고 있다. 페인트샵을 이용해 영상처리 프로그램 작성에 도움이 되는 몇 가지 기능을 살핌으로써 영상처리에 대해 간단히 경험해보자.

1. 입력영상의 정보 보기

그림 2-2 BMP형식의 영상파일

[그림 2-2]는 BMP형식을 가진 영상 입력 시의 페인트샵을 보여준다. 초기 실행 때와 다른 많은 수의 다양한 메뉴들이 상단에 나타남을 알 수 있다. 고양이(MIRRI3.BMP)가 앉아 있는 컬러영상 하나와 귤(CITRUS.BMP)들이 놓여 있는 흑백영상 한 장을 입력하였다. 상단의 메뉴 중 몇 가지를 실행해보자. 먼저 영상의 정보를 보는 기능이다. [그림 2-3]처럼 메뉴판에서 [View] → [Image Information]메뉴를 선택해보자. 현재 액티브(active)되어 있는 영상에 대한 정보가 [그림 2-4]처럼 다이얼로그박스에 나타난다.

메뉴	기능
[View] → [Image Information…]	현재 선택 영상이 컴퓨터에 저장된 위치. 영상의 표준 형식 타입(BMP, JPG, GIF, …). 영상의 크기 정보(픽셀 수 및 길이 단위). 사용된 컬러 또는 흑백 계조의 수. 버전관리 정보(영상처리 된 횟수) 등이 나타남.

그림 2-3 영상정보(Image Information) 기능의 선택

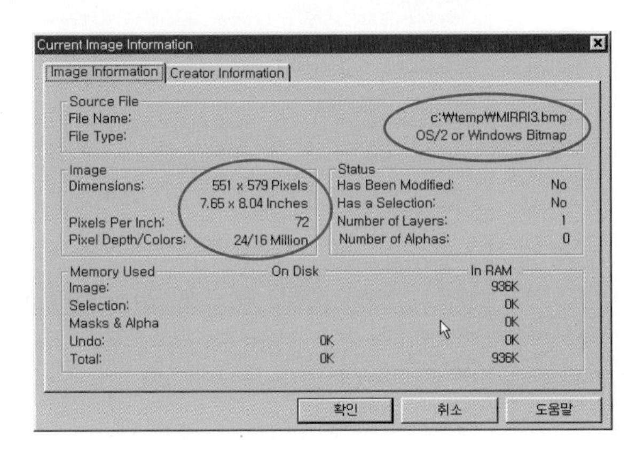

그림 2-4 현재 입력된 영상에 대한 정보

항목	내용	설명
File Name	c:/temp/MIRRI3.bmp	파일이 디스크에 존재하는 위치
File Type	Windows BMP형식	이 영상파일은 Windows BMP형식임
Dimension	551 x 579 Pixels 7.65 x 8.04 Cm	영상의 크기는 세로가 551, 가로가 579화소로 이루어짐, Cm단위로도 표시
Pixels/Inch	72	1인치당 72화소가 존재함
Pixel	24/16 Million	각 화소는 24비트 크기임 따라서, 1600만 컬러를 표현함

현재 선택된 영상인 MIRRI3.BMP 대한 정보를 살펴보면 <Source File>부에 영상이 컴퓨터에 저장되어 있는 디렉토리(directory)의 경로와 영상파일 형식에 대한 정보가 나타난다. 이 영상은 파일 타입이 비트맵(BMP)임을 보여주고 있다. <Image>정보를 보면 이 영상의 크기는 가로 크기가 551픽셀이고 세로가 579픽셀이므로 551 × 579 = 319,029개의 픽셀들을 포함하고 있음을 알 수 있다. 또한 인치(inch) 단위의 영상크기와 1인치 내에 픽셀 개수가 72개임이 나타난다. <Pixel Depth>을 보면 이 영상은 24비트 컬러영상으로 1픽셀 당 24비트를 가진다. 한 픽셀 내에서 R, G, B채널이 각각 8비트씩을 가지므로 24비트에 표시할 수 있는 컬러의 수는 256^3 = 1600만 컬러영상임을 알 수 있다.

컬러의 수가 16Million으로 나타나 있다. 이러한 정보들은 비트맵 표준 영상 내의 파일 헤드부분에 포함되어 있는 정보들이다(다음 장에서 자세히 다룰 것이다).

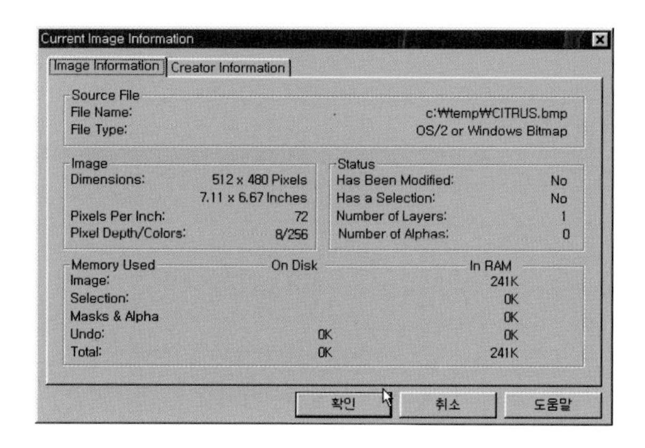

그림 2-5 흑백영상에 대한 영상정보(Image Information)

[그림 2-5]는 흑백영상인 귤을 나타내는 **CITRUS**이미지에 대한 영상정보를 보여주고 있다. Pixel Depth와 컬러의 수가 8비트 = 256개임을 보여주고 있다. 이것은 흑백영상의 경우이고 한 픽셀이 8비트의 데이터이며 가능한 밝기의 계조는 2^8 = 256임을 보여주고 있다. 즉, 픽셀의 밝기값은 가장 어두운 0에서 가장 밝은 255까지의 값 중 하나를 가질 수 있다.

2. 파일형식의 변경과 저장

영상데이터를 컴퓨터에 저장하기 위해 만들어진 영상의 표준 형식은 다양한 종류가 존재한다. BMP, JPG, GIF, RAW, PCX 등 확장자가 달린 파일들이 영상파일들이며 이러한 확장자는 영상의 형식을 뜻한다. 예를 들면, JPG확장자가 있는 영상은 JPEG 압축표준을 사용하여 압축 저장한 영상을 나타낸다. RAW확장자를 가진 영상은 헤드정보가 없이 영상데이터값만 들어 있는 영상파일로, 파일의 구조가 가장 단순한 경우이다. 이 책에서는 주로 확장자가 BMP인 비트맵 파일과 헤드가 없는 구조인 RAW형식의 파일을 다룰 예정이다.

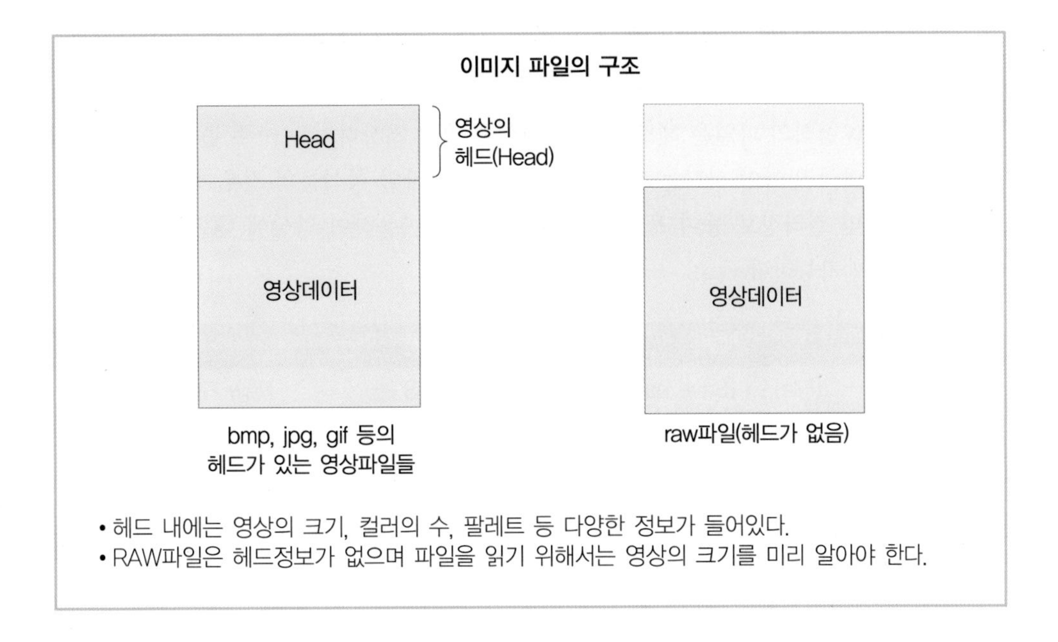

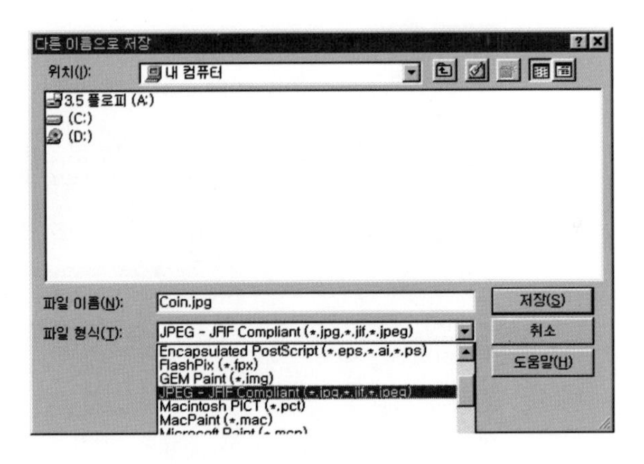

그림 2-6 영상파일을 다양한 형식으로 저장할 수 있는 대화박스

[File] → [Save as…]메뉴를 보면 파일의 저장형식을 다양하게 바꿀 수 있다. 예를 들면, 지금 읽어들인 CITRUS이미지는 BMP형식의 파일이지만, 저장할 때는 다른 형식의 영상 포맷인 JPG파일로 저장할 수 있다. [그림 2-6]은 이 경우를 보여준다. 또는 파일형식을 RAW 타입으로 지정하여 헤드가 없는 파일로 저장하는 것도 가능하다.

메뉴	기능
[File] → [Save as…]	다양한 표준 형식으로의 저장기능을 제공 다른 포맷으로 파일을 변경하여 저장

RAW형식의 파일은 헤드가 없어 영상을 읽고 저장하기는 아주 편리하나 영상의 크기정보를 미리 알아야 한다는 단점이 있다. 나머지 파일 형식들의 경우 헤드정보 내에 영상의 크기 및 컬러정보 등이 포함되어 있어 헤드를 이용하여 영상에 대한 정보를 미리 알아내는 것이 가능하다.

메뉴	파일이름	파일형식
[File] → [Save as…]	CITRUS	Raw File Format (*.raw, *.*)

3. 히스토그램 기능

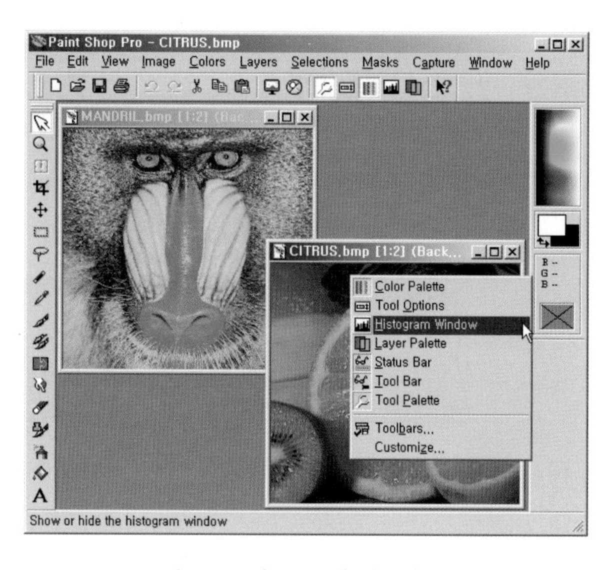

그림 2-7 히스토그램 기능의 선택

[그림 2-7]의 오른쪽 툴바 부분에 마우스를 대고 오른쪽 버튼을 클릭하면 위와 같은 팝업 메뉴가 나온다. 메뉴 중에서 [Histogram Window]을 선택하면 다음 그림과 같은 영상 히스토그램을 볼 수 있다.

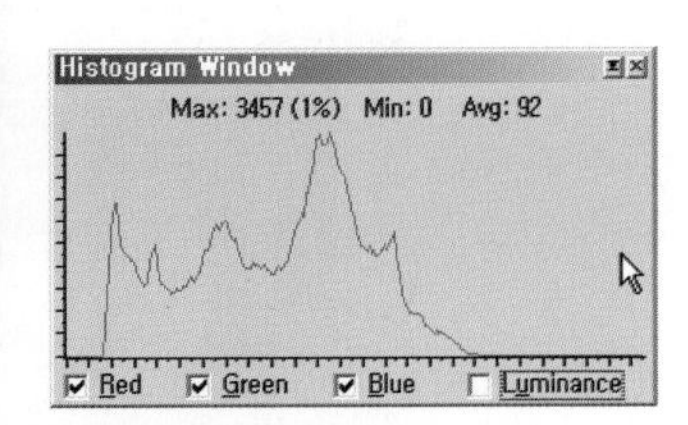

그림 2-8 흑백영상에 대한 밝기 히스토그램의 표시

[그림 2-8]은 흑백영상인 CITRUS 이미지에 대한 밝기 히스토그램을 보여주고 있다. 밝기 히스토그램이란 영상 내부의 픽셀 밝기값이 0~255값 사이에 몇 개나 발생했는가를 나타내는, 밝기값의 빈도(frequency)를 표시한 그래프를 의미한다. 자세한 내용은 6장을 참조하면 되겠다. 이 히스토그램을 보면 밝기가 약 120 근방에서 최대빈도 3457개까지 픽셀의 밝기값이 집중되어 발생하고 있음을 알 수 있다.

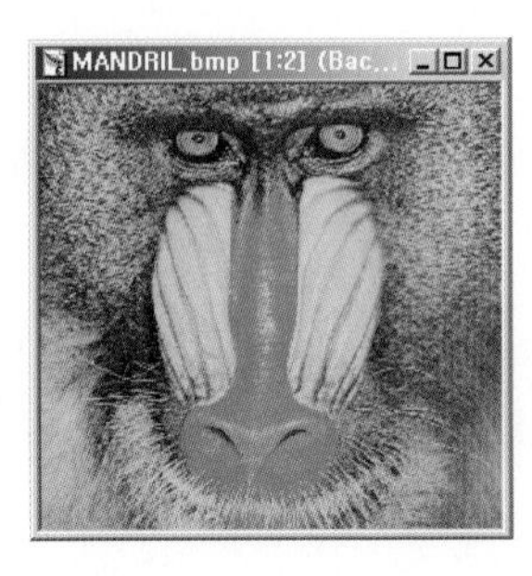

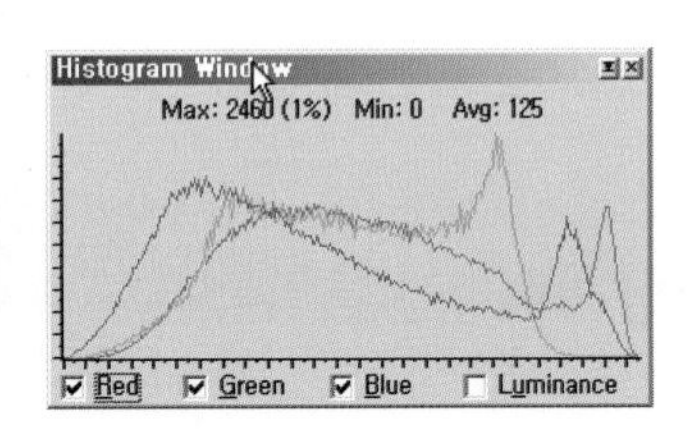

그림 2-9 컬러영상에 대한 각 컬러 성분의 히스토그램

[그림 2-9]은 MANDRIL영상에 대한 밝기값 히스토그램을 보여준다. 컬러영상이므로 R, G, B의 3개의 채널에 대한 히스토그램이 나타나 있다. R값의 경우 밝기 90에서 피크를 가지며, G는 200부분에서, B채널은 아주 낮은 밝기값에서 픽셀이 몰려 있음을 알 수 있다. R, G, B값이 모두 작아지면 검정색에 가깝고 255에 가깝다면 흰색에 가까워진다. 영상의 히스토그램을 해석함으로써 영상을 구성하는 픽셀들의 밝기분포 특성에 대해 알 수 있다.

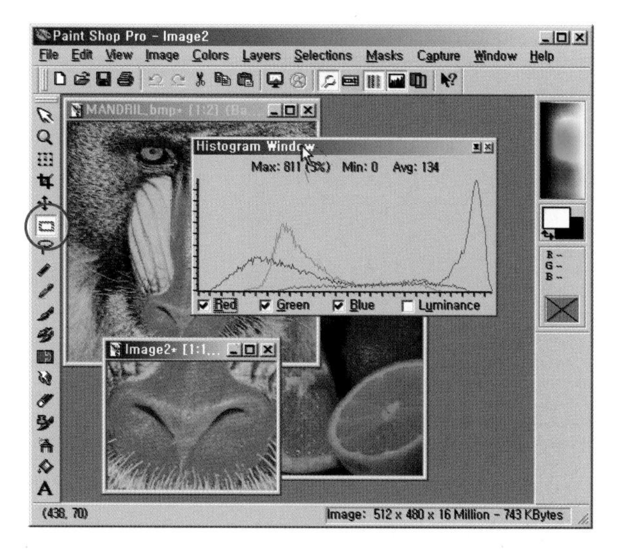

그림 2-10 영상내부의 부분영역만을 선택하기 위한 툴바의 사용

[그림 2-9]는 원으로 표시된 것처럼 부분영역선택 기능을 사용해 영상의 특정영역만을 선택하고 이 영역에 대한 컬러 히스토그램을 그린 경우를 보여준다. 붉은색의 코 부분에 대한 영역만이 선택되어 있으므로 히스토그램의 R값만 주로 255부근의 큰 값으로 존재하고 G, B는 아주 낮은 값에 몰려 있음을 알 수 있다.

4. 간단한 영상처리

1 부분 영역확대 기능

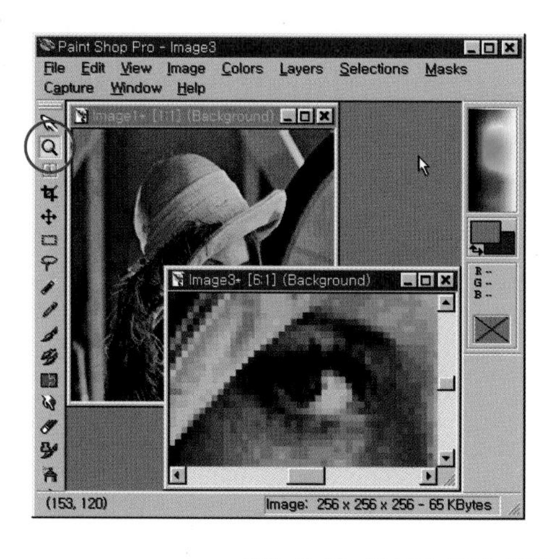

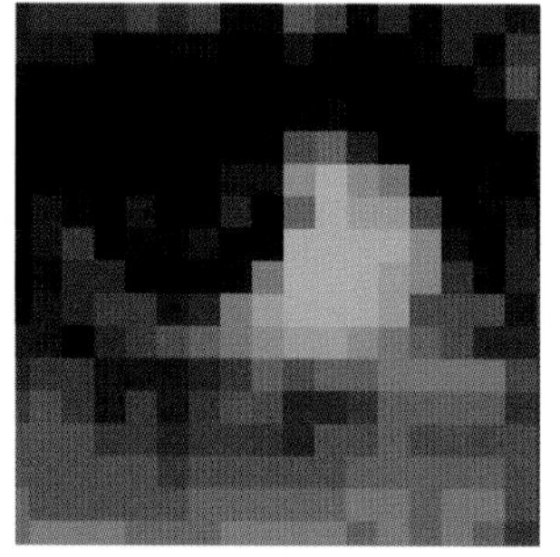

그림 2-11 영상의 부분 확대 기능의 사용

[그림 2-11]을 보면, 오른쪽 툴바의 돋보기 아이콘이 선택되어 있는 것을 알 수 있다. 이 아이콘을 선택한 후 영상의 특정 부분에 커서를 가져다 놓고 왼쪽 마우스 키를 클릭하면 영상이 확대가 되고 오른쪽을 클릭하면 영상이 축소된다. 관심 있는 부분을 최대 16배까지 확대/축소하는 것이 가능하다. 그림은 <Lenna>영상의 눈 부분을 확대한 예를 보여주고 있다.

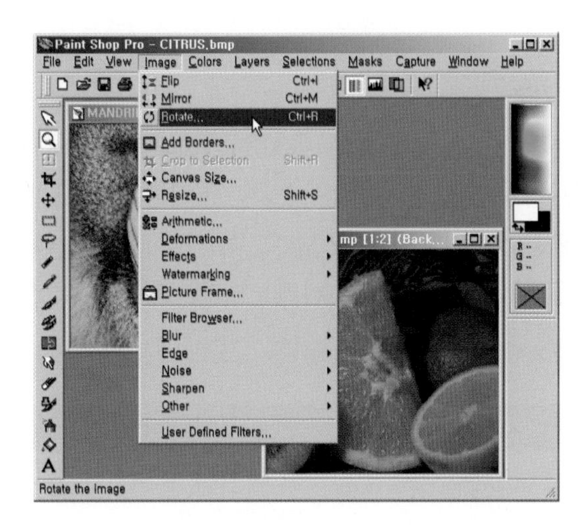

그림 2-12 영상 회전을 위한 Rotate 기능의 사용

2 반전, 거울 비추기 기능

상단의 [Image] 메뉴를 선택하면 영상처리를 수행하는 다양한 함수를 가진 부 메뉴들이 나타난다. 영상을 회전시키거나 뒤집는 함수, 영상의 크기를 바꾸는 함수, 각종 필터 함수들이 메뉴 상에 나타난다. 이러한 함수들을 선택하여 사용자가 원하는 용도에 맞게 영상을 변형하는 것이 가능하다.

원 영상

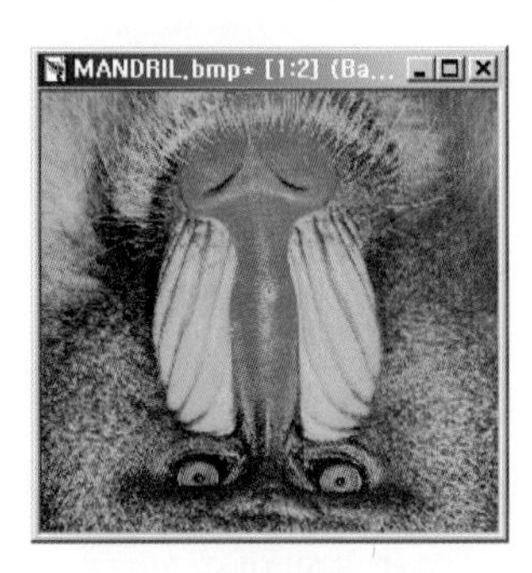

Flip 영상

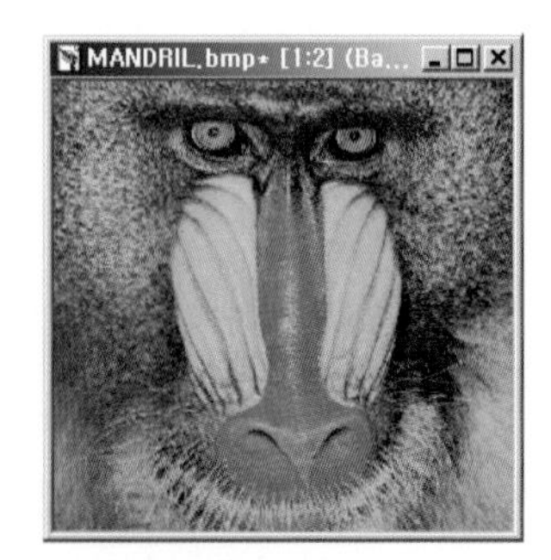

Mirror영상

그림 2-13 반전, 거울 비치기 연산의 실행

메뉴	기능
[Image] → [Flip]	영상의 위아래를 서로 뒤집는다.
[Image] → [Mirror]	영상을 거울에 비친 것처럼 만든다.

[그림 2-13]은 [Image] → [Flip], [Mirror]메뉴를 사용하여 영상을 변형한 결과를 보여준다.

3 크기 조정 기능

[그림 2-14]는 [Image] → [Canvas Size…]메뉴를 사용하여 입력 대화박스에서 영상의 크기를 조정한 경우를 보여준다. 영상의 스케일은 변하지 않고 영상의 높이와 길이만 256x256 픽셀의 크기로 줄일 수 있다. 즉, 외각크기(Canvas)만 줄이는 경우이다([그림 2-15](b)참조). [Image] → [Resize]메뉴는 영상의 크기를 변화시킨다. [그림 2-15]의 (c)는 256 × 256의 크기로 Resize시킨 결과이다.

메뉴	기능
[Image] → [Canvas Size…]	영상을 담는 외각크기만 변경. 영상크기는 불변
[Image] → [Resize…]	영상크기를 변경

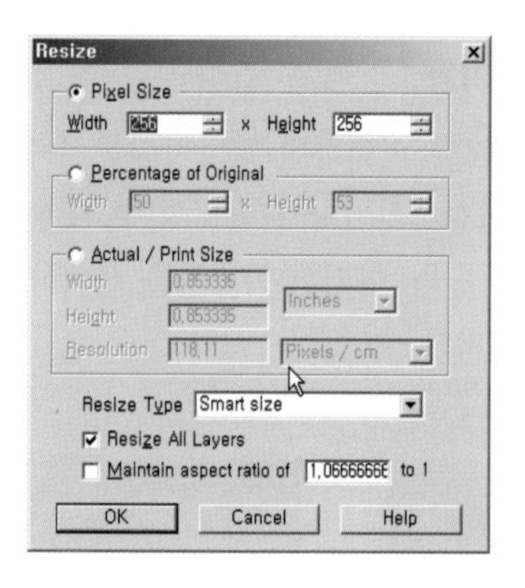

그림 2-14 영상의 크기 조정을 위한 대화박스

[Image] → [Resize…]메뉴를 선택하면 [그림 2-14]의 대화상자가 출력된다. 이 상자에 필요한 수치값을 입력함으로써 영상크기 변형이 가능하다. 픽셀 사이즈로 크기를 변경시킬 수도 있고 원 영상을 상대적인 비율(%)로 크기를 변경시킬 수도 있다. 변경될 때 가로 세로 비율을 1:1로 유지하지 않을 경우 aspect ratio부분의 체크표시를 제거하면 된다.

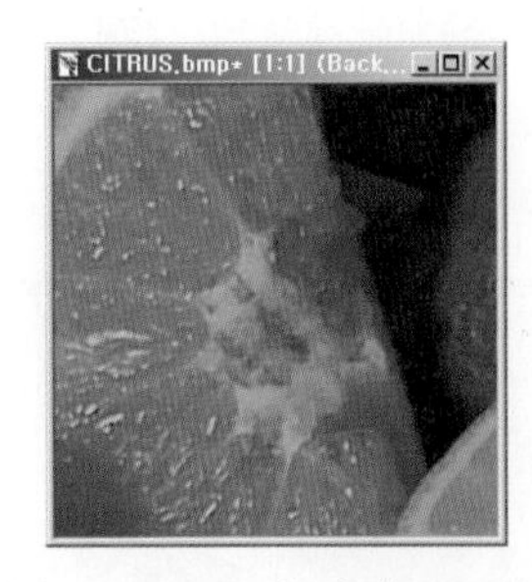

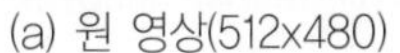

(a) 원 영상(512x480) (b) Canvas크기 변경(256x256) (c) 영상크기 변경(256x256)

그림 2-15 입력영상의 크기 및 캔버스 크기 조정

4 저역 통과 필터(low pass filter) 기능

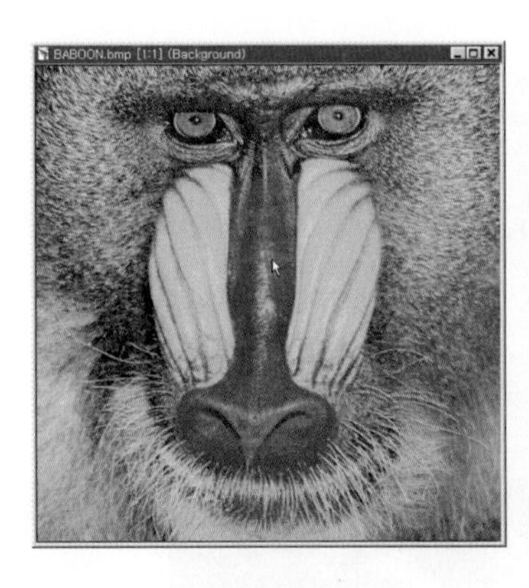

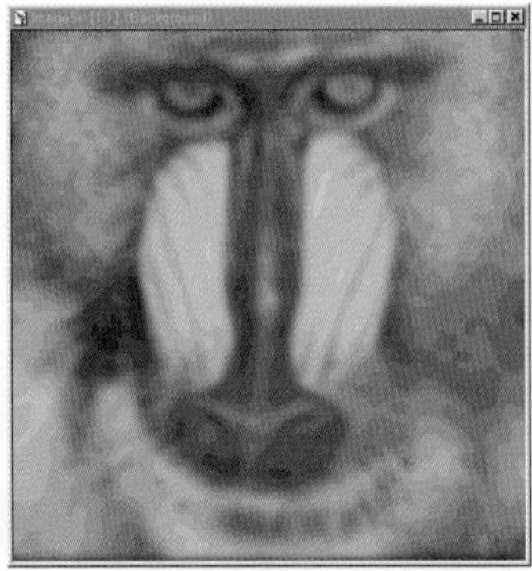

그림 2-16 영상의 저역통과 필터링(영상 평활화)

메뉴	기능
[Image] → [Blur] → [Gaussian Blur…]	영상을 흐릿하게 보이도록 만든다. 급격한 변화부분을 줄여 경계를 모호하게 만드는 역할을 한다.

저역통과 필터는 영상 내에 밝기나 컬러값이 급격히 변화하는 부분을 줄이는 효과가 있으며 영상을 전체적으로 흐릿하게 보이도록 만든다.

[그림 2-16]은 [Image] → [Blur] → [Gaussian Blur…]메뉴를 사용하여 영상을 스무딩(smoothing)시킨 결과이다. 일종의 저역통과 필터링을 한 영상처리의 결과인데 원숭이의 세밀한 털 부분(밝기나 컬러값의 변화가 세밀함: 고주파 성분들임)이 사라지고 전체적으로 흐릿한 영상이 계산되었다.

5 에지(edges) 추출 기능

에지란 영상에 나타나는 물체들의 경계 부분이다. 흑백영상에서는 밝기값이 급격하게 변화하는 부분들이다. 밝기의 변화가 존재하는 부분은 어디나 에지가 발생할 수 있다.

그림 2-17 에지의 추출

6 히스토그램 분석 처리 영상

[그림 2-18]은 히스토그램(histogram) 함수를 사용하여 동전 이미지를 Equalize하거나 Stretch한 결과 영상을 보여주고 있다. 영상 대비(contrast)의 증가로 인해 가시화가 좋아졌음을 알 수 있다. 히스토그램기법을 이용한 영상처리에 대한 상세한 내용은 6장에서 다룬다.

원 영상

Equalized 영상

Stretched 영상

그림 2-18 히스토그램 분석 처리 연산

메뉴	기능
[Colors] → [Histogram Functions] → [Equalize]	히스토그램 정규화 (영상의 밝기값이 0~255 사이에 골고루 분포되도록 영상을 변형시킴)
[Colors] → [Histogram Functions] → [Stretch]	영상의 밝기 히스토그램을 넓혀서 밝기의 분포를 넓게 펼침

7 컬러 성분 분석 기능

[Colors] → [Cannel Splitting]메뉴의 부 메뉴들을 보면 원 입력 컬러영상을 R, G, B 또는 색상(H), 명도(I), 채도(S) 채널로 분리하는 기능이 있다. 이 기능들을 이용하면 입력된 컬러 영상을 구성하는 세 가지 컬러 성분인 R, G, B 밝기값이나 색상(Hue), 명도(Luminance), 채도(Saturation) 값으로 분리하는 것이 가능하다.

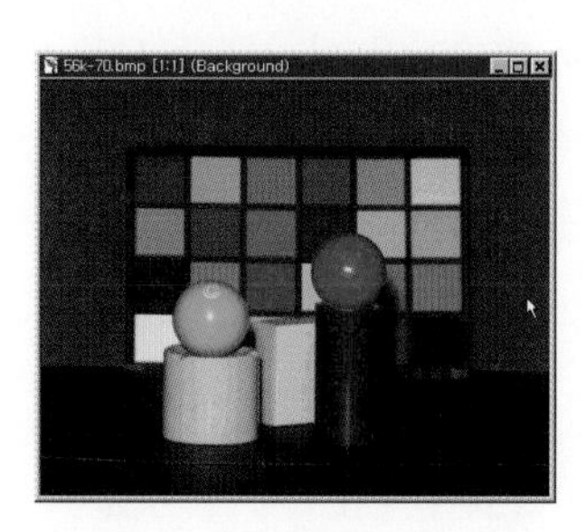

원 영상

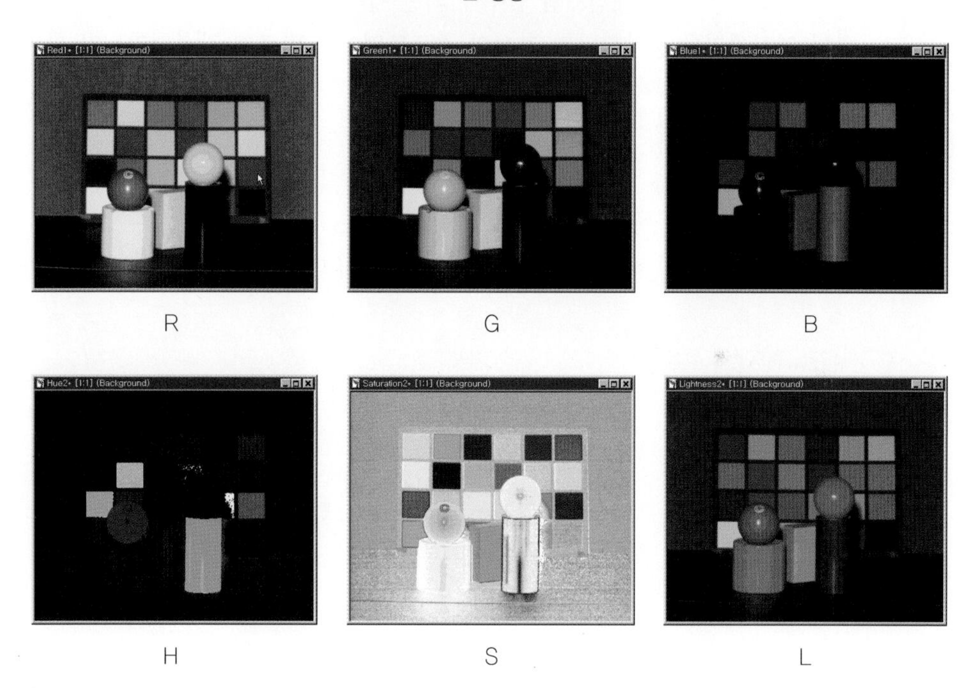

그림 2-19 컬러영상의 색 성분 분리의 예

메뉴	기능
[Colors] → [Cannel Splitting] → [Split to RGB]	히스토그램 정규화(영상의 밝기값이 0~255 사이에 골고루 분포되도록 영상을 변형시킴)
[Colors] → [Cannel Splitting] → [Split to HSL]	영상의 밝기 히스토그램을 넓혀 밝기의 분포를 넓게 펼침

[그림 2-19]는 여러 개의 컬러 패치(patches)들이 놓여 있는 컬러 chart영상에 컬러 분리를 수행한 예를 보여준다. [Colors] → [Channel Splitting] → [Split to RGB]와 [Split to HSL]메뉴를 사용하여 채널을 분리한 예이다. R채널 영상을 살펴보면 원 영상에서 붉은 공이었던 부분의 밝기가 가장 크게 나타나고, G채널을 살펴보면 원 영상에서 녹색 공이었던 부분의 밝기가 가장 크게 나타나고 있음을 알 수 있다. HSL 분리 예에서는 순색에 가까울수록 채도(S)채널의 밝기값이 커짐을 알 수 있다. L값은 영상의 밝기를 나타내는 명도이고 H값은 색상값으로 컬러값을 나타낸다. H는 0~360° 사이에서 R → … G → … B의 색상을 나타낸다. 빨강색은 0에 가깝고 파란색은 255에 가깝게 표현되었다. 128 부근의 값은 G영역값이다.

2장에서는 페인트샵 소프트웨어를 사용하여 여러 가지 영상처리 기능과 메뉴들을 실행해 보았다. 아주 쉽고 간단하게 영상에 대한 많은 정보를 얻을 수 있었고 몇 번의 키 조작으로 필요한 처리를 할 수 있었다. 3장부터는 직접 작성한 코딩을 통해 영상처리 프로그램을 만들어 보도록 하겠다. 페인트샵 함수에 의한 결과와 사용자가 직접 만든 결과를 서로 비교하며 영상처리를 공부한다면 자신의 소프트웨어가 바르게 작성되었는지 확인할 수 있을 것이다.

연습문제

1. 영상파일을 하나 읽어들인 다음 raw, bmp, jpeg, gif 형식의 또 다른 영상파일로 저장하고, 각각 파일의 크기를 조사해보시오.

2. 24bit 컬러영상파일을 입력한 다음 8bit 흑백영상파일로 저장하여 보시오.

3. bmp, raw 형식의 영상파일과 다른 형식의 영상파일과의 차이점을 쓰시오.

4. 8bit 흑백영상파일을 입력한 다음 24bit 컬러영상파일로 변환하여 저장하고 파일 크기를 비교하여 보시오.

5. 인터넷에서 다운받은 임의의 영상을 페인트샵에서 읽어들인 다음 이 영상의 내부정보(파일 형식, 사용된 컬러의 수, 화소 수, 파일 크기)를 파악하고 bmp와 raw 형식의 영상파일로 전환하여 디스크에 각각 저장하시오.

6. bmp 형식의 임의의 영상에 대해 사용된 컬러의 수와 화소 수를 이용하여 파일의 크기를 계산하시오.

7. raw 형식으로 전환되어 저장된 파일의 크기와 원본 흑백 bmp파일의 크기를 비교하시오.

8. 24비트 흑백 bmp영상과 24비트 컬러 bmp영상을 "channel split" 메뉴를 이용하여 채널분리하고 분리된 영상과 이 영상의 8bit 변환 영상과의 차이점을 비교하여 보시오.

CHAPTER 03 누구나 쉽게 구현하는 영상처리

영상처리를 처음 시작하는 초보자들은 어디서 어떻게 영상처리를 공부해야 하는지 알기가 쉽지 않다. 영상처리를 시작하기 위해서는 먼저 영상데이터를 하드디스크에서 읽을 수 있어야 하며, 처리된 결과를 다시 디스크에 기록하는 작업이 가능해야 한다. 즉, 픽셀의 집합으로 이루어진 영상데이터의 단위 픽셀값에 접근(access)하는 것이 영상처리의 시작이 된다. 다음 코드는 텍스트모드(text mode)에서 수행할 수 있는 가장 간단한 영상처리이다. 이 예는 DOS 시절에 "Turbo－C"나 "Borland－C++"을 사용하여 Text에 기반한 프로그래밍을 주로 사용한 독자들에게 익숙한 방법이다. 본격적으로 MFC를 사용하는 Windows 프로그래밍을 들어가기 전, 예전에 많이 사용했던 방법으로 프로그래밍을 해봄으로써 영상처리를 시작하자.

1. Visual-C++ 프로젝트 만들기

먼저 MicroSoft(MS)사의 Visual－C++을 실행한다. [그림 3-1]은 Visual C++의 초기화면을 보여준다.

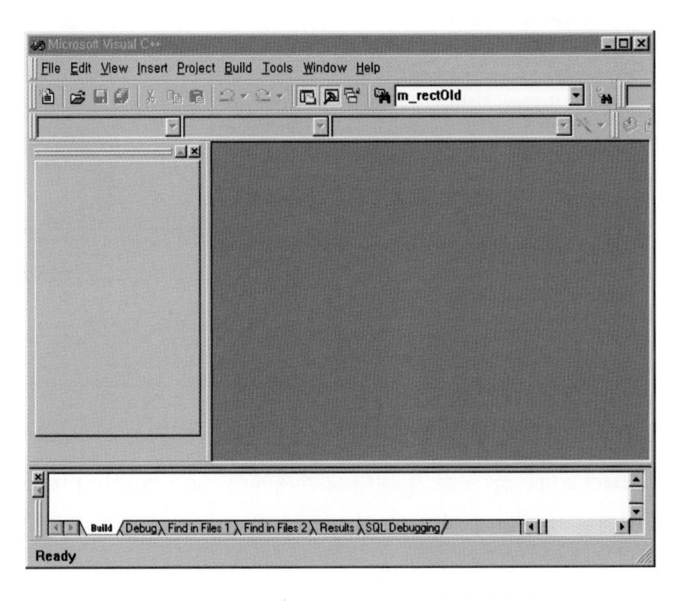

그림 3-1 Visual-C++의 초기 실행화면

[그림 3-2]에서 보이는 것처럼 [File] → [New]메뉴를 선택한다. 그러면 [그림 3-3]의 입력 다이얼로그박스가 나타난다.

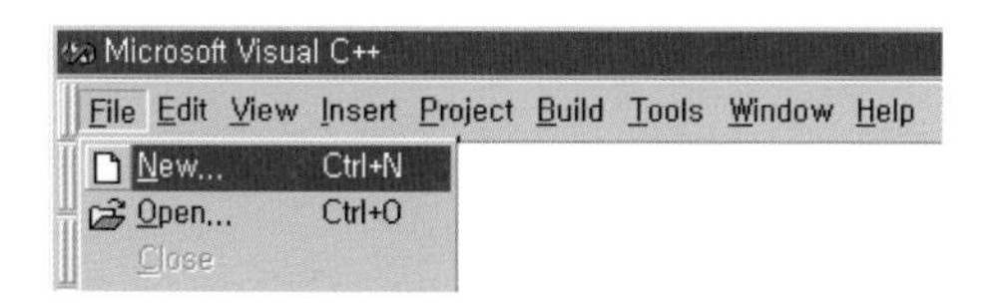

그림 3-2 새로운 프로젝트의 시작메뉴의 선택

[그림 3-3]에 보인 것처럼 [Projects] 탭을 선택하고 아래에서 <Win32 Console Application>을 선택한다. 그 다음, <Project name>으로 이동하여 "MostSimple"이라는 작성할 프로젝트 이름을 써넣는다. <Location>의 ... 버튼을 눌러 프로젝트가 저장될 디렉토리의 위치를 선택한다. 입력을 완료하였으므로 [OK]버튼을 눌러 2단계로 넘어간다.

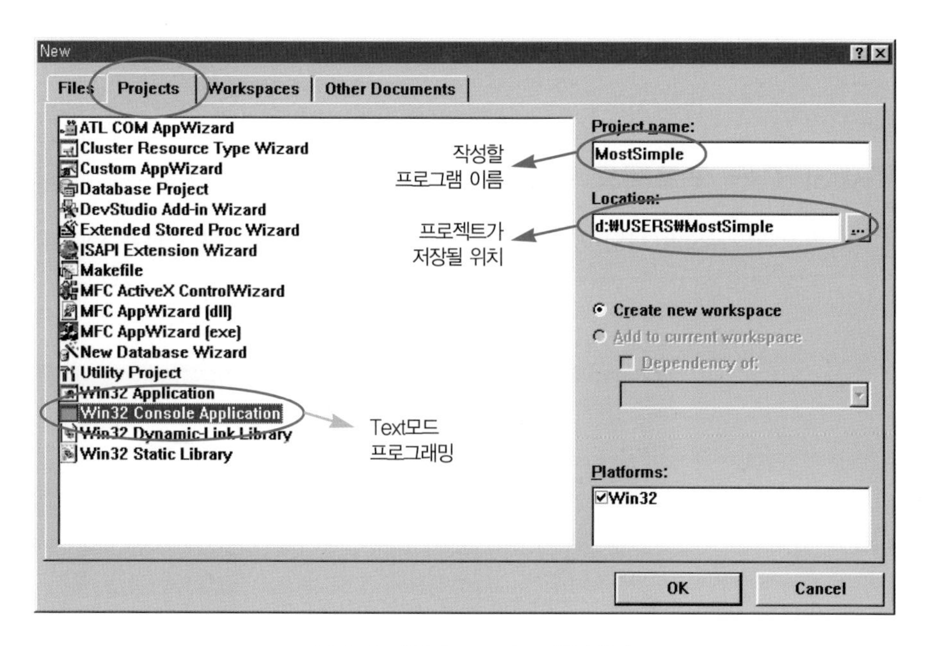

그림 3-3 1단계 프로젝트 생성화면

[그림 3-4]는 2단계의 프로젝트 생성화면을 보여준다. 이 상태에서 다시 1단계로 넘어가려면 <Back>버튼을 누르면 된다. 2단계에서 <An empty project>가 기본으로 선택되어 있다. 선택을 변경하지 말고 [Finish]버튼을 눌러 2단계를 끝낸다.

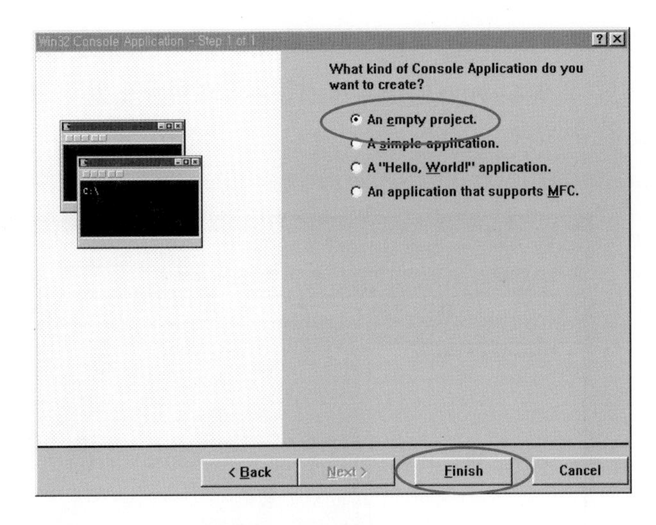

그림 3-4 2단계 다이얼로그

Console모드에서의 프로그래밍은 2단계가 끝이므로 지금까지 작업한 정보는 New Project Information 다이얼로그박스에 표시된다. [OK]버튼을 누르면 "Win32 Console Programming"을 시작하기 위한 준비가 끝난 것이 된다.

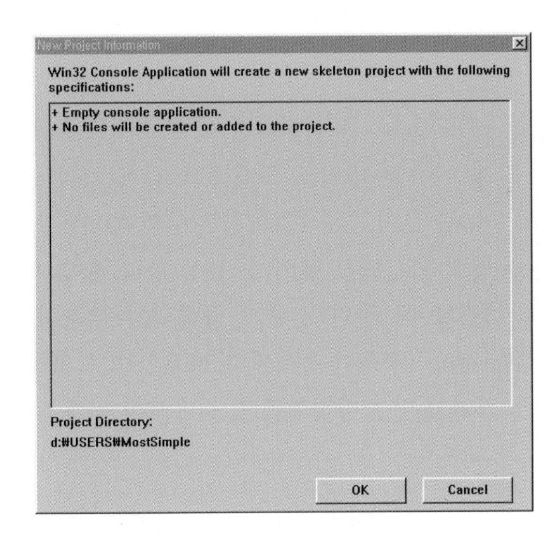

그림 3-5 생성된 프로젝트의 최종 정보를 나타내는 다이얼로그박스

처음으로 프로젝트를 생성하고 프로그래밍을 시작할 준비를 끝냈다. [그림 3-5]는 생성된 프로젝트의 정보를 보여주고 있다. 이 다이얼로그 정보에는 현재 프로젝트에 첨가되었거나 만들어진 파일이 없음을 보여주고 있다. 작성된 프로그램이 하나도 없으므로 프로젝트는 비어 있다. [그림 3-6]의 프로젝트 생성초기화면을 보면 ❶로 표시된 <Workspace영역>은

현재 오픈된 프로젝트를 관리하며 프로젝트에 소속된 파일 및 클래스들의 정보를 보여주는 곳이다. 현재 <ClassView>탭이 기본으로 선택되어 있고 "MostSimple classes"는 비어 있음을 알 수 있다.

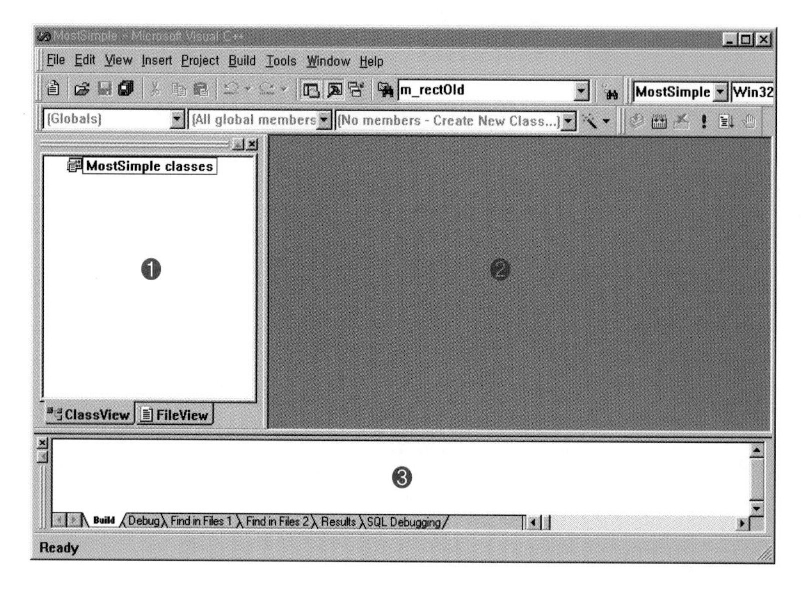

그림 3-6 생성된 프로젝트의 초기화면

탭키를 바꾸어 <FileView>를 선택하면 이 프로젝트에 포함되어 있는 파일이 무엇인지를 알 수 있다. 현재 아무런 파일도 포함되어 있지 않다. [그림 3-7]은 탭의 전환에 따른 Workspace의 변화를 보이고 있다. [그림 3-6]의 ❷영역은 작업영역으로 이 부분에서 프로그램의 내용을 입력하고 편집 및 수정 등을 한다. ❸의 영역은 프로그램을 컴파일하거나 실행, 또는 디버깅할 때 관련 정보가 출력되는 부분이다. 프로그램에 오류가 있을 때 "Errors"나 "Warning" 정보가 출력된다. 프로그램을 편리하게 작성하기 위해서는 ❸영역에서 나타나는 컴파일 및 오류정보를 잘 이용해야 한다.

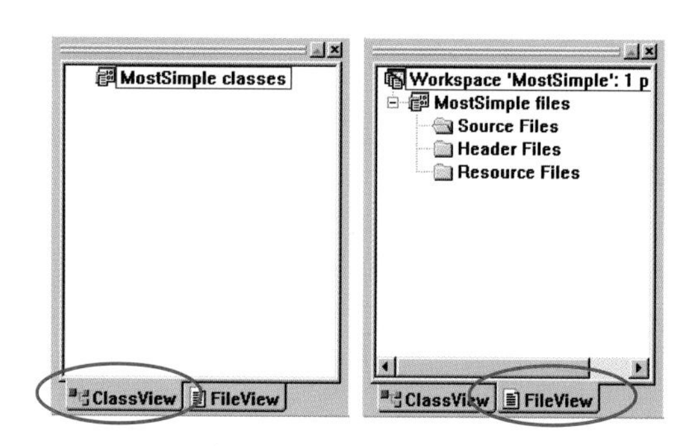

그림 3-7 탭키의 선택에 따른 Workspace의 전환

비어 있는 프로젝트에 파일을 삽입해보자. [그림 3-7]의 탭키가 <FileView>상태에서 <Source Files>부분을 선택하고 마우스의 오른쪽키를 선택하면 [그림 3-8]과 같은 팝업메뉴가 나타난다. 이 메뉴에서 [Add Files to Folder..]를 선택한다. [그림 3-9]의 입력창이 나타나면 생성할 파일의 이름을 입력한다. "MostSimple.cpp"를 입력하였다. [OK]버튼을 누르면 이 파일을 첨가할 것인지 다시 묻는데 [예(Y)]버튼을 누르면 된다.

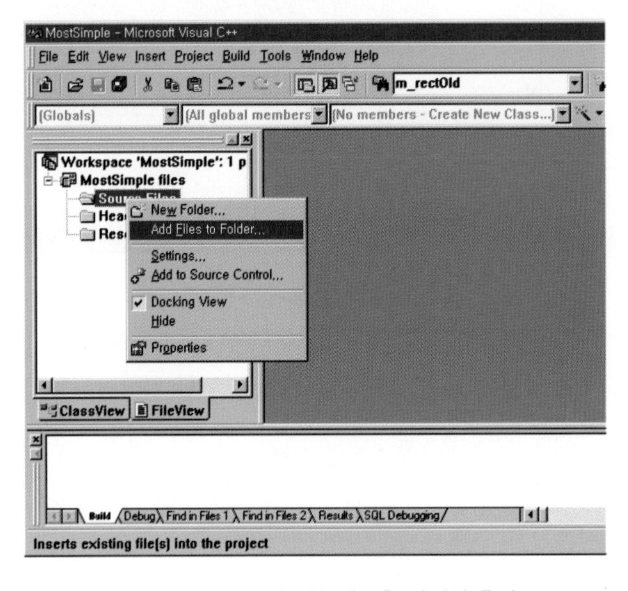

그림 3-8 프로젝트에 새로운 파일의 추가

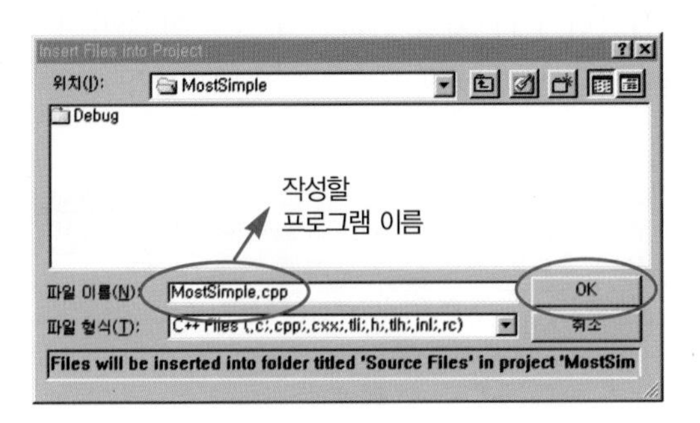

그림 3-9 첨가할 파일이름의 입력

[그림 3-10]의 ❶은 새로운 파일이 첨가된 후의 프로젝트 Workspace를 보여준다. <Source Files>부분에 "`MostSimple.cpp`" 파일이 첨가되어 있는 것이 보여진다. 이 파일을 편집하기 위해 "`MostSimple.cpp`" 파일부분을 오른쪽 마우스키로 두 번 누르고 나면 선택 다이얼로그가 나타난다. [그림 3-10]의 ❷처럼 [예(Y)]를 눌러주면 파일 생성이 끝나게 된다.

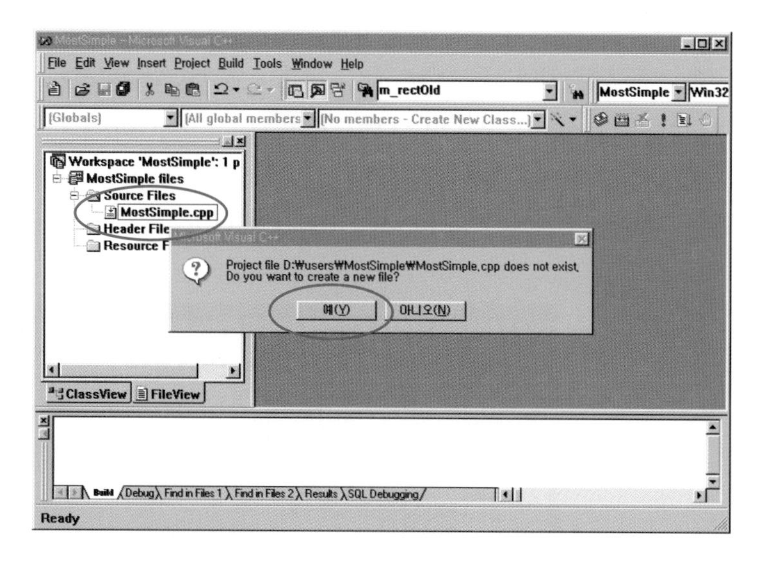

그림 3-10 첨가할 파일의 생성

이제 코드를 입력할 준비가 끝났다. 가장 간단한 영상처리를 경험하기 위해 코드를 입력해 보자.

1. "가장 간단한 영상처리 코드"의 입력

생성된 파일 내에 [리스트 3-1]의 코드를 입력한다. 코드를 입력한 후의 최종적인 프로젝트의 모양은 [그림 3-11]처럼 나타난다. 코드의 자세한 내용은 [리스트 3-1]에서 번호와 함께 차례로 설명되어 있다.

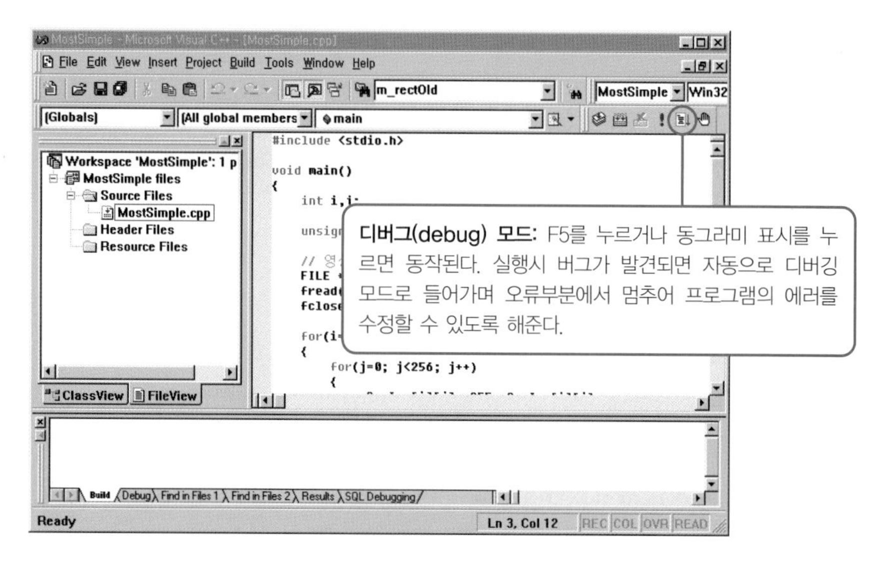

그림 3-11 최종적인 프로젝트 모양

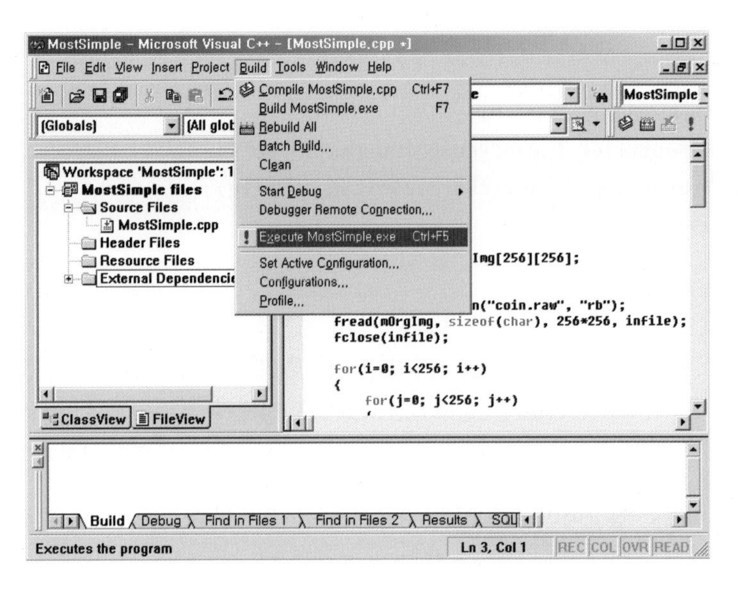

그림 3-12 역상계산 프로그램의 컴파일과 실행

[그림 3-12]에서처럼 [Build] → [Execute MostSimple.exe]버튼을 눌러 입력코드를 컴파일하고 실행하면 일련의 과정이 끝나게 된다.

리스트 3-1 입력 영상의 역상을 구하는 프로그램(가장 간단한 영상처리)

```
01 #include <stdio.h>
02
03 void main()
04 {
05    int i,j;
06    unsigned char OrgImg[256][256];
07
08    // 디스크에서 영상데이터 읽기
09    FILE *infile= fopen("coin.raw", "rb");
10    if(infile==NULL) { printf("File open error!!); return; }
11    fread(OrgImg, sizeof(char), 256*256, infile);
12    fclose(infile);
13
14    // 역상계산을 위한 영상처리
15    for(i=0; i<256; i++)
16    {
17       for(j=0; j<256; j++)
18       {
19          OrgImg[i][j]= 255-OrgImg[i][j];
20       }
```

```
21     }
22
23     // 하드디스크에 영상데이터 쓰기
24     FILE *outfile= fopen("coin_inv.raw", "wb");
25     fwrite(OrgImg,sizeof(char),256*256,outfile);
26     fclose(outfile);
27 }
```

➡ **6행** 영상파일을 저장하기 위한 이차원 배열을 선언한다. 이 파일의 크기는 가로가 256 픽셀, 세로가 256픽셀로 크기가 정해진 흑백영상파일임을 나타낸다. “unsigned char”는 부호 없는 문자형으로 0~255사이의 값을 저장할 수 있다.

➡ **9행** 영상데이터를 읽기 위해 파일을 오픈한다. 읽을 파일의 이름은 “coin.raw”파일이다. “rb”는 read와 byte를 뜻한다.

➡ **10행** 오픈명령이 수행된 후, infile에 NULL이 넘어오면 파일을 오픈하는데 오류가 발생한 경우이거나 현재 실행 디렉토리 위치에 coin.raw파일이 없는 경우이므로 프로그램을 종료한다.

➡ **11행** 오픈된 영상파일을 읽는 부분이다.

➡ **12행** 파일을 읽은 후 오픈했던 “coin.raw”파일을 닫아준다.

➡ **15행** 입력된 영상의 역상을 계산하는 부분이다.

➡ **24행** 계산된 영상파일을 다시 디스크에 쓰기 위해 출력할 파일을 열어주는 부분이다. 출력할 영상파일의 이름은 “coin_inv.raw”파일이다. “wb”는 write와 byte를 뜻한다.

➡ **25행** 영상파일을 하드디스크에 기록하는 부분이다.

➡ **26행** 기록이 끝났으면 열었던 파일을 다시 닫아준다.

Tip **“char”와 “unsigned char”의 차이**

“char”변수는 8비트 저장공간을 가지는 변수이다. 문자나 수치데이터를 저장할 수 있다. 음수인지 양수인지를 가리키는 부호비트 1비트를 제외한 나머지 7비트로 값을 표현하므로 범위는 $2^7 = 128$이다. 따라서, char 변수의 범위는 −128~127까지이다. “unsigned char”변수는 부호 없는 문자형 변수이다. “char”변수의 음수표현(부호비트)을 없애는 대신 8비트를 모두 양수부분으로 사용하므로 2^8의 범위인 0~255까지의 값을 표현할 수 있다.

이 파일을 실행하기 위해서는 "coin.raw"라는 이름의 영상파일이 필요하다. 2장에서 설명한 바와 같이 확장자가 raw인 파일은 헤드정보를 가지고 있지 않는 영상파일이고 이 파일은 페인트샵을 이용하여 만들 수 있다. 이 "coin.raw"파일이 있어야 할 위치는 반드시 프로젝트파일이 놓여 있는 디렉토리 위치가 되어야 한다. [그림 3-13]은 "MostSimple" 프로젝트가 저장되어 있는 디렉토리의 파일들을 보여주고 있다. 확장자가 "dsw"와 "dsp"인 파일들은 프로젝트 정보가 들어 있는 파일들이고 "MostSimple.cpp" 파일이 프로그램 파일이다. 입력될 원 영상파일 "coin.raw"와 처리된 결과파일 "coin_inv.raw" 파일들도 보여진다. [Debug]디렉토리는 컴파일 후 생성된 파일들과 실행파일들이 저장되어 있는 곳이다.

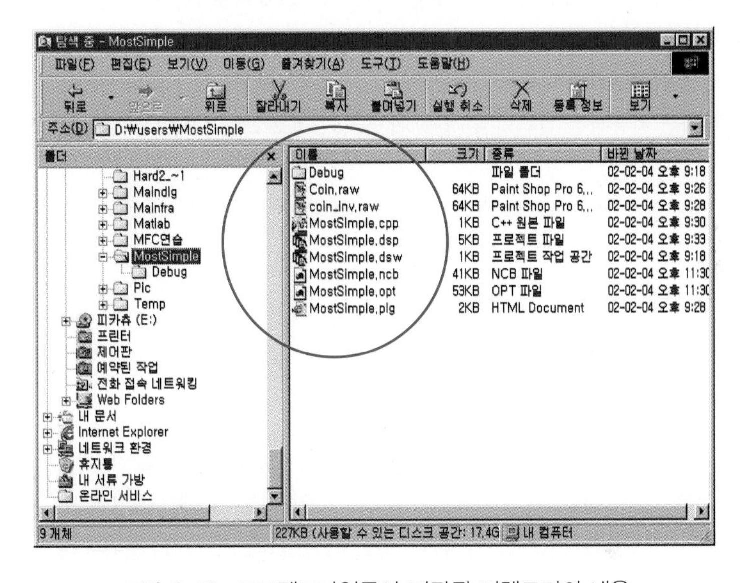

그림 3-13 프로젝트파일들이 저장된 디렉토리의 내용

[그림 3-14]는 [리스트 3-1]에 의해 수행된 영상처리의 결과를 보여준다. 원 입력영상이 역상으로 처리되어 출력됨을 알 수 있다. 처리된 결과영상을 확인하기 위해서도 페인트샵 프로그램을 사용해야 한다.

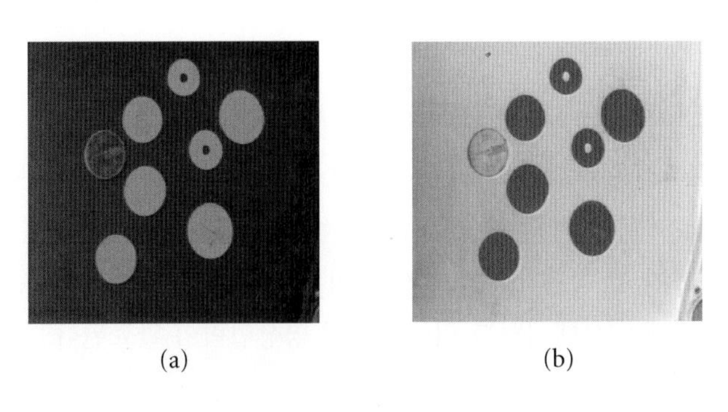

(a) (b)

그림 3-14 원 영상 "coin.raw"와 처리된 역상

RAW파일 사용의 문제점

raw파일을 읽고 쓴다는 것은 사용하기 쉽고 이해하기도 쉽다는 장점이 있으나 미리 파일의 크기를 알아야 한다는 문제점이 있다. 어떤 사람이 만들어 놓은 raw포맷의 영상파일이 주어질 때 제 3자가 이 영상파일을 읽는다는 것은 쉬운 일이 아니다. 일단 이 파일이 흑백영상인지 컬러영상파일인지를 알아야 할 것이고 다음은 이 파일의 크기를 알아야 할 것이다. 만일 이러한 정보가 미리 주어지지 않는다면 이 파일은 다루기가 어려울 것이다.

Tip RAW파일 사용의 문제점

- 영상의 크기를 알 수가 없다.
- 컬러영상인지 흑백영상인지도 알 수 없음.
- 컬러영상이라면 사용하는 컬러의 수가 몇 개인지의 정보도 알 수 없다.

3. BMP파일 입력을 통한 영상처리

BMP파일 읽기와 저장하기

MFC를 사용하는 Windows프로그래밍에 본격적으로 들어가기 전에 텍스트모드에서 가능하면 많은 것을 이해하고 넘어가는 것이 나중에 좀 더 쉬울 수 있다. [리스트 3-2]는 흑백 BMP파일을 읽고 쓰기 위한 코드이다. [리스트 3-1]처럼 [리스트 3-2]도 입력한 흑백 BMP영상의 역상을 계산하여 다시 디스크에 저장하는 영상처리 프로그램이다. RAW파일을 읽을 때 수행했던 과정을 반복하여 프로젝트를 만들고 [리스트 3-2]에 있는 코드를 [리스트 3-1] 대신 첨가하면 된다.

아무래도 헤드가 있는 파일을 다루는 일은 헤드정보가 없이 영상데이터만 들어있는 raw형식의 파일을 다루는 것보다 훨씬 복잡하다. Windows 프로그래밍의 화면 출력 형식이 BMP구조를 기반으로 하고 있으므로 BMP파일형식의 기초에 대해 잘 알아놓는 것이 추후의 학습을 위해 유용할 것이다.

[그림 3-15]는 BMP포맷을 가지는 영상파일의 실제 내부 구조이다. 파일의 내부구조에 따라 BMP파일을 열고 데이터를 차례로 읽어들이면 된다. RAW포맷의 파일과 달리 BMP파일은 파일과 영상의 정보를 저장하는 헤드부분이 존재한다. 먼저 헤드부분의 정보를 읽어 영상의 크기, 흑백인지 컬러인지의 여부, 팔레트의 크기정보 등을 얻어낸다. 이 정보를 이용하여 실제 영상데이터를 읽어들이면 영상입력이 완료된다.

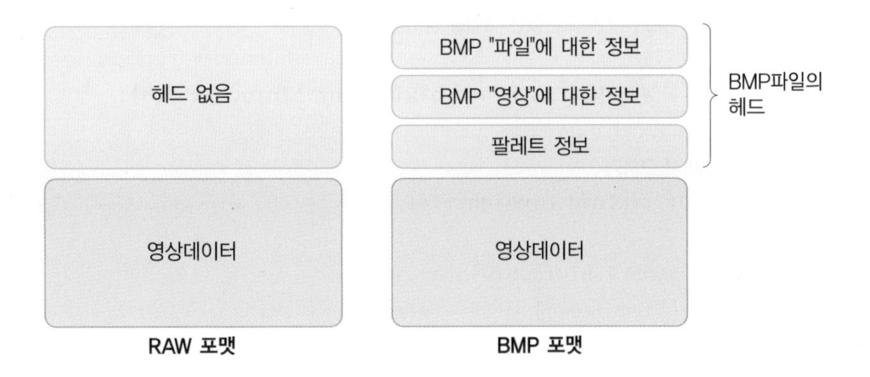

그림 3-15 RAW 및 BMP 파일 형식의 비교

영상을 출력할 때도 이런 형식에 맞추어 차례로 파일에 출력해주면 호환되는 BMP포맷의 영상파일 작성이 가능하다.

리스트 3-2 BMP형식 영상파일 입력과 출력

```
01 #include <stdio.h>
02 #include <windows.h>
03 #define WIDTHBYTES(bits)  (((bits)+31)/32*4)  // 영상의 가로줄은 4바이트의 배수
04 #define BYTE unsigned char
05
06 void main()
07 {
08    FILE *infile;
09    infile = fopen("coin.bmp", "rb"); // 입력할 파일을 오픈
10    if(infile==NULL) { printf("영상파일이 없음"); return; }
11
12    // BMP헤드정보의 입력
13    BITMAPFILEHEADER hf; // "파일정보헤드" 변수 선언
14    BITMAPINFOHEADER hInfo; // "영상정보헤드" 변수 선언
15    fread(&hf,sizeof(BITMAPFILEHEADER),1,infile); // 파일정보헤드 읽음
16    if(hf.bfType!=0x4D42) exit(1); // 파일 타입이 "BM"(0x4D42)인지 검사
17    fread(&hInfo,sizeof(BITMAPINFOHEADER),1,infile); // 영상정보헤드 읽음
18    if(hInfo.biBitCount!=8 ) { printf("Bad File format!!"); return; } // 흑백
19
20    // 팔레트정보의 입력
21    RGBQUAD hRGB[256]; // 팔레트정보를 위한 배열(흑백파일)
22    fread(hRGB,sizeof(RGBQUAD),256,infile); // 팔레트 입력
23
24    // 메모리 할당
25    BYTE *lpImg = new BYTE [hInfo.biSizeImage]; // 저장할 영상메모리 할당
26    fread(lpImg,sizeof(char),hInfo.biSizeImage,infile); // 영상데이터 읽음
```

```
27      fclose(infile); // 오픈했던 파일을 닫아줌
28
29      int rwsize = WIDTHBYTES(hInfo.biBitCount*hInfo.biWidth);
30
31      // 역상의 이미지 구하기
32      for(int i=0; i<hInfo.biHeight; i++)
33      {
34         for(int j=0; j<hInfo.biWidth; j++)
35            lpImg[i*rwsize+j] = 255-lpImg[i*rwsize+j];
36      }
37
38      // 영상 출력
39      FILE *outfile = fopen("out.bmp", "wb"); // 출력할 파일을 오픈
40      fwrite(&hf,sizeof(char),sizeof(BITMAPFILEHEADER),outfile); // 파일헤드 출력
41      fwrite(&hInfo,sizeof(char),sizeof(BITMAPINFOHEADER),outfile); //영상헤드 출력
42
43      fwrite(hRGB,sizeof(RGBQUAD),256,outfile); // 팔레트 출력
44
45      fwrite(lpImg,sizeof(char),hInfo.biSizeImage,outfile); // 영상데이터 출력
46      fclose(outfile); // 파일을 닫아줌
47
48      // 메모리 해제
49      delete []lpImg;
50  }
```

[리스트 3-2]는 흑백 BMP형식의 영상을 입력하고 저장하기 위한 코드로 비트맵구조를 이해할 수 있도록 작성되었다. [리스트 3-1] 대신 [리스트 3-2]를 프로젝트에 추가하여 실행하면 된다.

➡ **9행** 영상파일 "coin.bmp"를 읽기 위해 파일을 오픈한다.

➡ **10행** 영상파일이 없거나 오픈할 때 오류가 발생하면 프로그램을 종결한다.

➡ **13행** 파일헤드를 저장할 구조체 변수를 선언.

➡ **14행** 영상정보헤드를 저장할 구조체 변수를 선언.

➡ **15행** BMP파일의 "파일헤드" 정보를 읽는다.

➡ **16행** 이 파일이 BMP파일인지를 검사한다. BMP파일이라면 hf.bfType이 'BM'이 되어야 한다.

➡ **17행** BMP파일의 "영상헤드" 정보를 읽는다.

➡ **18행** 입력한 BMP파일이 흑백파일이 아니라면 종료한다.

➡ **21행** 팔레트정보를 읽기 위한 배열을 선언한다.

➡ **22행** 팔레트정보를 읽는다.

➡ **25행** 영상데이터를 읽기 위해 영상데이터를 저장할 메모리를 할당한다.

➡ **26행** 영상데이터를 읽는다.

➡ **27행** 오픈했던 영상파일을 닫아준다.

➡ **29행** 4의 배수가 되는 영상의 가로길이를 계산한다. 예를 들면, 가로픽셀의 개수가 6이나 7픽셀이라면 결과는 4의 배수인 8이고 9~12개가 넘어가면 12가 `rwsize`변수로 리턴된다.

➡ **32행** 입력영상의 역상을 구하는 부분이다.

➡ **35행** 각 단위 픽셀에 역상 연산을 해주는 부분.

➡ **39행** BMP포맷의 파일을 디스크에 쓰기 위해 하나의 출력파일을 열어줌.

➡ **40행** "파일헤드" 정보를 파일에 저장.

➡ **41행** "영상헤드" 정보를 저장한다.

➡ **43행** 팔레트정보를 씀.

➡ **45행** 계산된 영상정보를 씀.

➡ **46행** 열었던 파일을 닫아줌.

➡ **49행** 영상데이터 저장을 위해 할당해 줬던 메모리를 해제한다.

BMP파일은 처음 두 바이트는 "BM"이라는 문자가 기록되어 있다. 이 문자는 현재 다루고 있는 파일이 bmp파일형식이라는 의미이다. [그림 3-16]은 [리스트 3-2]의 실행 예이다.

[리스트 3-2]의 코드를 제대로 이해하기 위해서 장치독립 비트맵구조에 대해 이해를 해야 한다. 다음 장에서 장치독립 비트맵의 의미와 비트맵 영상의 특징에 대해 살펴보고 넘어가도록 하자.

그림 3-16 리스트 3-2를 사용한 "talent.bmp"영상의 입력과 역상 처리

Paintshop에서 흑백 BMP영상 만들기

흑백 BMP영상을 만들기 위해 먼저 읽어들인 영상을 흑백영상으로 만드는 것이 필요하다. 페인트샵의 [Colors] → [Gray Scale]버튼을 눌러주면 된다. 원 영상이 흑백영상이었다면 이 메뉴는 선택할 수 없게 나타날 것이다. 일단 영상을 흑백으로 만들었다면 [File] → [Save as]버튼을 선택한 후, 저장할 파일타입을 BMP형식으로 선택하여 저장해주면 된다.

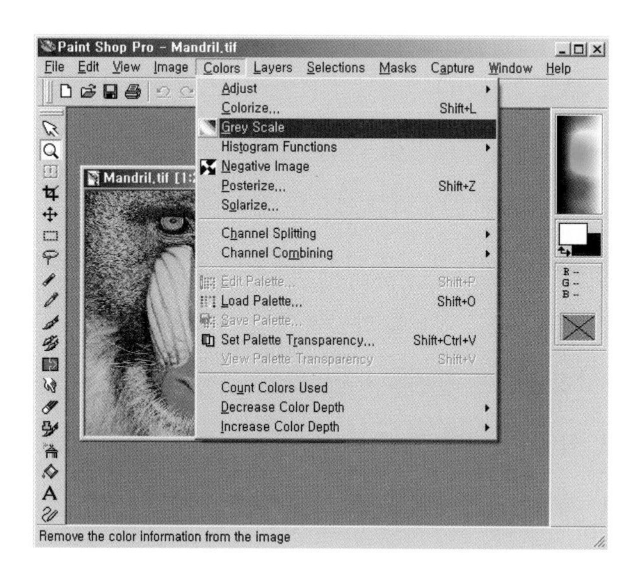

그림 3-17 페인트샵으로 흑백영상을 만드는 방법

4. 비트맵에 대한 소개

1 장치 독립 비트맵

비트맵에는 DDB와 DIB가 있다. DDB(Device Dependent Bitmap)는 디바이스에 종속적인 비트맵이고 DIB(Device Independent Bitmap)는 디바이스에 독립적인 비트맵이다.

[그림 3-18]은 Windows-XP의 디스플레이 등록정보를 보여주고 있다. 현재 화면은 픽셀 당 16비트인 하이컬러로 표현되도록 설정되어 있다. 화면 상의 한 픽셀에서 표현 가능한 컬러 수는 2^{16} = 65,536개라는 얘기이다. 따라서, DDB도 한 픽셀 당 16비트로 표현되도록 설정된다. 디바이스 종속이라는 의미는 한 픽셀이 몇 비트로 표시될 것인지가 미리 설정된, 화면설정에 종속적이라는 의미이다. 영상출력은 화면설정에 따라다니는 것이 된다.

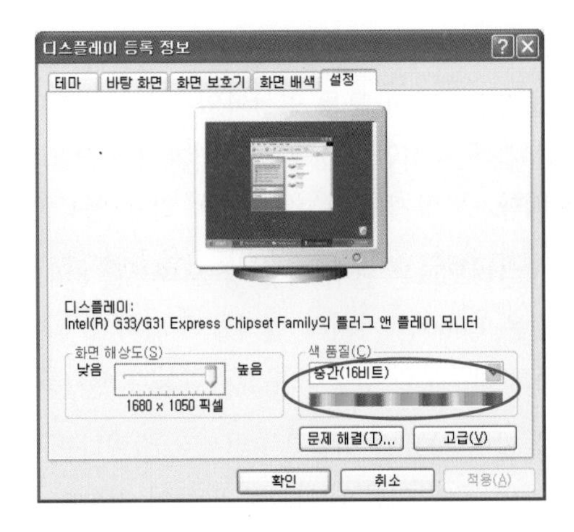

그림 3-18 Windows-XP의 디스플레이 등록정보

DDB	화면설정에 종속적인 컬러표현
DIB	화면설정에 독립적인 컬러표현. 흑백영상은 시스템 설정이나 장치에 무관하게 흑백으로 나타나고 컬러영상은 항상 컬러영상으로 보임

이와는 상대적인 개념으로 DIB는 화면설정과는 무관하게 나름대로의 색상을 표현하는 비트맵으로 이를 디바이스 독립적인 비트맵 DIB이라 한다. 우리가 다루는 보통의 영상파일들은 대부분 DIB형식의 파일들이다. 즉, 흑백영상은 어떤 컴퓨터에서 보던 흑백영상이 나오고, 컬러영상은 어느 컴퓨터에서나 컬러로 나오게 된다. 장치에 무관하게 영상자체의 정보로 흑백이나 컬러의 표현이 결정되게 된다.

2 비트맵 영상의 컬러표현

비트맵 영상의 단위 픽셀 색은 파일에 따라 정밀도가 다르다. 각각의 파일마다 내부적으로 하나의 픽셀을 몇 비트로 표현하는가에 대한 정보를 가지고 있고 이에 따른 다양한 컬러 모드가 존재한다.

트루(True) 컬러 모드

영상의 단위픽셀은 24비트를 가진다. R, G, B가 각각 8비트씩을 가지고 있으므로 한 픽셀 당 24비트를 사용한다. 당연히 영상파일의 크기는 커지게 되나 픽셀에서 표현 가능한 컬러의 수는 2^{24} = 1,600만 컬러가 되므로 최고의 컬러 수로 영상을 저장하고 표현할 수 있다.

인덱스에 의한 컬러 모드

디스크 용량이 충분하다면 모든 영상파일을 트루컬러영상으로 저장하면 가장 좋을 것이다. 그러나 대부분 물리적인 저장용량은 한계가 있으므로 영상데이터를 줄여서 저장할 필요를 느끼게 된다.

인덱스(Index) 컬러모드는 단위 픽셀 당 24비트를 8비트나 16비트로 줄여 저장하기 위한 시도이다. 사람은 1,600만 가지의 컬러를 구별하기가 힘들기 때문에 적당히 컬러의 수를 줄여서 저장해도 대부분의 경우 트루컬러영상과 차이를 느끼지 못한다.

영상에서 가장 많이 사용된 색깔을 8비트로 줄인다면 $2^8 = 256$개를 고르고 16비트라면 $2^{16} = 65,536$개만 골라 이를 테이블로 만들어 저장해 사용하면 된다. 이러한 컬러테이블을 팔레트(Palette)라고 한다.

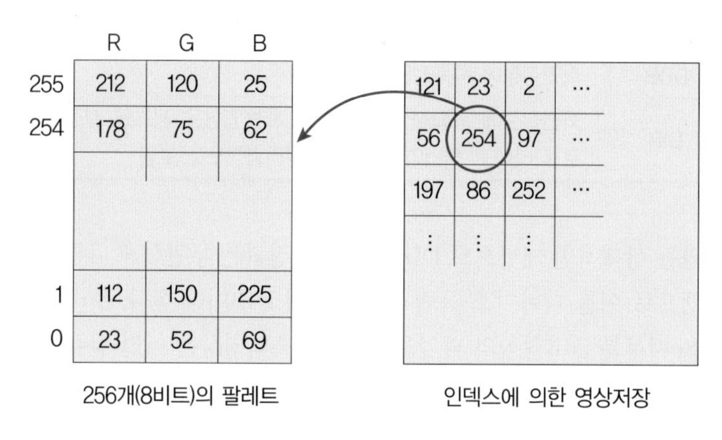

그림 3-19 팔레트와 인덱스에 의한 영상의 저장

[그림 3-19]는 8비트 인덱스로 저장된 영상데이터를 보여주고 있다. 영상데이터의 단위 픽셀에는 컬러값이 저장된 것이 아니라 팔레트의 번호를 가리키는 인덱스가 저장되어 있다. 예를 들면, (1, 1)의 픽셀 위치에는 254의 인덱스값이 저장되어 있다. 이 픽셀의 컬러값은 팔레트의 254번을 참조하여 R, G, B가 각각 178, 75, 62 값이 되는 것이다. 트루컬러 모드의 픽셀 당 3바이트의 공간필요를 1바이트로 줄여 놓았다.

흑백영상의 표현

흑백영상은 R, G, B 컬러값이 모두 동일할 때 나타난다. 따라서, 흑백영상은 인덱스 표현 컬러모드의 특별한 경우이다. R, G, B가 모두 0이면 검정색이 되고 R, G, B가 모두 255이면 가장 밝은 백색이 되는 것이다. 흑백영상은 저장된 인덱스가 바로 밝기의 값이 된다.

	R	G	B
255	255	255	255
254	254	254	254
1	1	1	1
0	0	0	0

팔레트

그림 3-20 흑백영상의 팔레트

5. 비트맵 포맷의 구조

디바이스에 독립적인 영상파일을 저장하는 표준규격으로는 JPEG, GIF, BMP, TIFF, PCX, PGM 등 여러 가지 규격이 존재한다. 보통 영상데이터는 정보량이 크기 때문에 압축을 통해 작은 크기로 변환하여 저장한다.

BMP파일포맷은 압축을 수행하지 않으며 헤드가 있는 여러 형식의 파일 중에서 구조가 가장 간단하다.

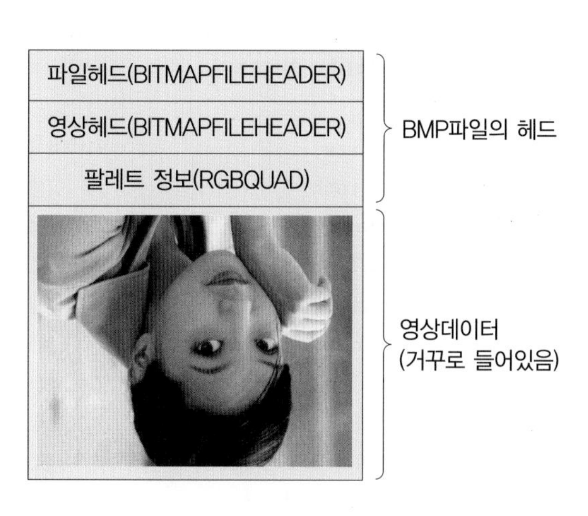

그림 3-21 BMP파일헤드를 구성하는 구조체 변수들

비트맵 파일에 대한 정보(파일헤드)

"파일자체"의 정보를 저장하고 있는 구조체로써 다음과 같이 미리 정의가 되어 있다. 사용자는 단지 구조체 변수를 선언해 사용하면 된다.

```
typedef struct tagBITMAPFILEHEADER
 {
    WORD            bfType;         // 'BM'이라는 값을 저장함
    DWORD           bfSize;         // 바이트 단위로 전체파일 크기
    WORD            bfReserved1;    // 예약된 변수
    WORD            bfReserved2;    // 예약된 변수
    DWORD           bfOffBits;      // 영상데이터 위치까지의 거리
 } BITMAPFILEHEADER;
```

오픈한 파일이 비트맵파일인지 아닌지 확인하기 위한 변수가 bfType이다. BMP파일의 처음 두 바이트는 항상 'BM' 문자가 저장되어 있다. bfReserved1과 bfReserved2의 두 변수는 혹시 미래에 추가할 정보가 있을지 대비하기 위해 미리 예약해놓은 변수이다. bfOffBits는 파일 시작부분에서 실제 영상데이터가 존재하는 위치까지 바이트 단위의 거리를 나타낸다. 오프셋(offset)이라고 한다. WORD는 2바이트(unsigned short), DWORD는 4바이트(unsigned long) 변수를 나타낸다.

"영상 자체"에 대한 정보(영상헤드)

비트맵 영상에 대한 크기나 흑백/컬러 정보, 팔레트 크기 정보 등을 저장하기 위해 파일헤드 바로 다음에 위치하는 구조체 변수이다.

```
typedef struct tagBITMAPINFOHEADER
{
    DWORD           biSize;             // 이 구조체의 크기
    LONG            biWidth;            // 픽셀단위로 영상의 폭
    LONG            biHeight;           // 영상의 높이
    WORD            biplanes;           // 비트 플레인 수(항상 1)
    WORD            biBitCount;         // 픽셀 당 비트 수(컬러, 흑백구별)
    DWORD           biCompression;      // 압축유무
    DWORD           biSizeImage;        // 영상의 크기(바이트 단위)
    LONG            biXPelsPerMeter;    // 가로 해상도
    LONG            biYPelsPerMeter;    // 세로 해상도
    DWORD           biClrUsed;          // 실제 사용 색상 수
    DWORD           biClrImportant;     // 중요한 색상인덱스
} BITMAPINFOHEADER;
```

이 구조체에서 중요한 정보는 영상화일의 크기를 나타내는 두 변수 biHeight와 biWidth, 흑백인지 컬러인지를 나타내는 biBitCount변수, 팔레트의 크기를 나타내는 biClrUsed변

수 등이다. biBitCount변수가 8이면 흑백영상이거나 2^8 = 256개의 컬러 수를 사용하는 컬러영상, 24라면 트루컬러영상, 16이면 2^{16}개의 컬러 수를 사용하는 영상이다.

팔레트

팔레트는 인덱스에 의한 컬러값을 저장하기 위한 구조체이다. 이 구조체를 사용하여 팔레트의 수만큼 배열을 할당하여 저장한다. 256컬러모드의 영상은 팔레트배열 크기가 256개, 16비트 컬러영상은 팔레트 크기가 2^{16}개이다. biClrUsed변수를 참조하면 된다.

흑백영상의 경우 팔레트는 256개이며, 트루컬러의 경우는 인덱스 저장이 아니라 데이터값을 직접 저장하므로 팔레트가 없다.

```
typedef struct tagRGBQUAD
{
   BYTE          rgbBlue;          // B성분(파랑색)
   BYTE          rgbGreen;         // G성분(녹색)
   BYTE          rgbRed;           // R성분(빨강색)
   BYTE          rgbReserved1;     // 예약된 변수
} RGBQUAD;
```

[리스트 3-2]의 21행을 보면 팔레트의 크기를 256으로 고정시켜 놓았다. 이것은 이 코드가 흑백 bmp영상의 입력을 처리하기 위한 코드라는 것을 보여준다.

DIB 사용 시 주의점

이미지는 거꾸로 저장됨

실제로 비트맵 영상이 저장될 때는 [그림 3-21]에서 보이는 것처럼 이미지가 거꾸로 저장된다. 따라서 나중에 영상처리를 위해 사용할 배열로 다시 저장할 때는 영상데이터를 거꾸로 반전시켜 저장해주면 된다.

리스트 3-3 거꾸로 저장된 이미지 반전시키기

```
01 for(i=0; i<biHeight; i++)
02 {
03    for(j=0; j<biWidth; j++)
04    {
05       GrayImg[i*biWidth+j] = lpMem[(biHeight -i-1)*rwsize+j];
06    }
07 }
```

[리스트 3-3]은 BMP에서 읽어들인 영상포인트 lpMem에 있는 영상데이터를 나중에 사용할 임의의 배열 GrayImg로 복사하는 코드이다. 이미지의 상하가 서로 반전되어 치환되고 있음을 알 수 있다. "rwsize"변수는 아래에서 설명한다.

영상 가로길이는 4바이트의 배수

비트맵은 메모리저장 시, 가로줄의 크기는 항상 4바이트의 배수가 되어야 한다. 실제 사용하는 영상의 가로길이는 4바이트의 배수가 아닐 수 있으므로 이럴 경우는 4의 배수 바이트로 바꾸어 저장한다.

예를 들면 지금 BMP로 저장할 흑백영상데이터의 실제 크기가 78 × 60이라면 가로픽셀 78은 78byte이고 4의 배수가 아니므로 80바이트로 만들고 나머지 두 바이트는 아무 값이나 넣어준다. 실제 저장되는 메모리는 80 × 60픽셀의 크기가 된다.

[리스트 3-3]의 biHeight, biWidth변수는 BITMAPINFOHEADER 구조체의 biHeight, biWidth값과 같다. rwsize변수는 구조체의 biWidth와 biBitCount값을 사용하여 다음과 같이 4바이트의 배수로 만든다.

```
#define WIDTHBYTES(bits)   (((bits)+31)/32*4)   // 4바이트 배수로 변환

호출 시: rwsize = WIDTHBYTES(biBitCount*biWidth);
```

6. 컬러 비트맵 영상의 읽고 쓰기

사실 흑백영상도 인덱스를 사용하는 컬러영상의 일종이다. 다만 인덱스 사용 컬러영상의 특별한 경우라는 것을 앞에서 살펴보았다. 최근, 컬러 휴대폰에서 정지영상이나 동영상을 사용하는 추세가 늘어나고 있는데 휴대폰의 영상출력에 많이 사용하는 컬러 수는 256컬러나 65,536개의 16비트컬러를 주로 사용한다. 24비트의 트루컬러는 영상의 원본데이터를 손실 없이 가지고 있으나 다루어야 할 BMP파일의 크기가 커지는 단점이 있다.

[리스트 3-3]은 흑백 및 256컬러 수 이상의 컬러 BMP영상을 읽어 역상을 계산하여 트루컬러 BMP영상으로 저장하기 위한 예제이다. 입력된 BMP영상이 트루컬러가 아니라면 팔레트를 사용해 컬러값을 얻어오고 있음을 코드 내에서 발견할 수 있을 것이다.

리스트 3-4 팔레트를 사용하는 BMP영상을 읽고 역상을 계산하여 트루컬러로 저장

```
01 /// 이 프로그램은 흑백영상과 256컬러 이상의 팔레트를 사용하는
02 /// 모든 컬러 BMP 영상의 역상을 계산할 수 있음
03 #include <stdio.h>
04 #include <windows.h>
05
06 #define WIDTHBYTES(bits)     (((bits)+31)/32*4)  // 4바이트의 배수여야 함
07 #define BYTE unsigned char
08
09 void main()
10 {
11    FILE *infile;
12    infile=fopen("pshop256.bmp", "rb");
13    if(infile==NULL) { printf("There is no file!!!\n"); return; }
14
15    BITMAPFILEHEADER hf;
16    fread(&hf,sizeof(BITMAPFILEHEADER),1,infile); // 파일헤드를 읽음
17    if(hf.bfType!=0x4D42) exit(1);
18
19    BITMAPINFOHEADER hInfo;
20    fread(&hInfo,sizeof(BITMAPINFOHEADER),1,infile); // 영상헤드를 읽음
21
22
23    // 256컬러 이하의 경우는 취급하지 않음
24    if(hInfo.biBitCount<8 ) { printf("Bad File format!!"); return; }
25
26    RGBQUAD *pRGB;
27    if(hInfo.biClrUsed!=0) // 팔레트가 있는 경우
28    {
29       pRGB= new RGBQUAD [hInfo.biClrUsed]; // 팔레트의 크기만큼 메모리를 할당함
30       fread(pRGB,sizeof(RGBQUAD),hInfo.biClrUsed,infile); // 팔레트를 파일에서 읽음
31    }
32
33    // 영상데이터를 저장할 메모리 할당
34    BYTE *lpImg = new BYTE [hInfo.biSizeImage];
35    fread(lpImg,sizeof(char),hInfo.biSizeImage,infile);
36    fclose(infile);
37
38    // 크기 계산, 메모리 할당
39    int rwsize = WIDTHBYTES(hInfo.biBitCount*hInfo.biWidth);
40    int rwsize2= WIDTHBYTES(24*hInfo.biWidth);
41    BYTE *lpOutImg = new BYTE [3*rwsize2*hInfo.biHeight];
```

```
42      int index, R, G, B, i,j;
43
44      if(hInfo.biBitCount==24) // 만일 입력영상이 트루(24비트) 컬러인 경우는 팔레트 없음
45      for(i=0; i<hInfo.biHeight; i++) // 역상 이미지 구하기
46      {
47         for(j=0; j<hInfo.biWidth; j++)
48         {   // 팔레트가 없으므로 영상데이터가 바로 컬러값
49            lpOutImg[i*rwsize2+3*j+2] = 255-lpImg[i*rwsize+3*j+2];
50            lpOutImg[i*rwsize2+3*j+1] = 255-lpImg[i*rwsize+3*j+1];
51            lpOutImg[i*rwsize2+3*j  ] = 255-lpImg[i*rwsize+3*j  ];
52         }
53      }
54      else // 트루컬러가 아닌 경우는 팔레트가 있음
55
56
57      for(i=0; i<hInfo.biHeight; i++) // 역상이미지 구하기
58      {
59         for(j=0; j<hInfo.biWidth; j++)
60         {
61            index = lpImg[i*rwsize+j]; // 영상데이터는 팔레트의 인덱스임
62            R = pRGB[index].rgbRed;  // 팔레트에서 실제 영상데이터를 가져옴(R)
63            G = pRGB[index].rgbGreen;  // G
64            B = pRGB[index].rgbBlue;   // B
65            R = 255-R; G = 255-G; B = 255-B; // 역상을 계산함
66            lpOutImg[i*rwsize2+3*j+2] = (BYTE)R;
67            lpOutImg[i*rwsize2+3*j+1] = (BYTE)G;
68            lpOutImg[i*rwsize2+3*j  ] = (BYTE)B;
69         }
70      }
71
72      // 계산된 역상 이미지를 하드 디스크에 출력 (24비트인 트루컬러로 출력)
73      hInfo.biBitCount =24;
74      hInfo.biSizeImage = 3*rwsize*hInfo.biHeight;
75      hInfo.biClrUsed = hInfo.biClrImportant =0;
76      hf.bfOffBits = 54; // 팔레트가 없으므로 파일의 시작부에서
77            // 영상데이터까지의 오프셋은 고정 크기임
78      hf.bfSize = hf.bfOffBits+hInfo.biSizeImage;
79
80      FILE *outfile = fopen("OutImg24.bmp","wb");
81      fwrite(&hf,sizeof(char),sizeof(BITMAPFILEHEADER),outfile);
82      fwrite(&hInfo,sizeof(char),sizeof(BITMAPINFOHEADER),outfile);
83      fwrite(lpOutImg,sizeof(char),3*rwsize*hInfo.biHeight,outfile);
84      fclose(outfile);
85
```

```
86      // 메모리 해제
87      if(hInfo.biClrUsed!=0) delete []pRGB;
88      delete []lpOutImg;
89      delete []lpImg;
90  }
```

➡ **24행** 256컬러 이하의 영상파일은 이 프로그램에서는 취급하지 않는다.

➡ **26행** 팔레트를 저장할, 배열할당을 위한 메모리 포인트를 선언한다.

➡ **27행** 팔레트가 있는지 없는지를 검사한다. 24비트 트루컬러 파일이 아니라면 팔레트는 존재한다.

➡ **29행** 팔레트의 크기만큼 메모리를 할당한다. 영상헤드에 있는 팔레트 크기정보를 이용한다.

➡ **30행** 팔레트를 파일에서 읽는다.

➡ **34행** 읽어들일 영상데이터를 저장하기 위한 메모리를 할당한다.

➡ **35행** 영상데이터를 읽는다.

➡ **39행** 입력 영상데이터의 가로 바이트 수를 계산한다.

➡ **40행** 출력할 영상데이터의 가로 바이트 수를 계산한다. 24비트 컬러영상으로 출력한다.

➡ **41행** 출력할 영상데이터의 메모리를 할당한다.

➡ **44행** 입력영상의 모드가 24비트 트루컬러인지 검사한다.

➡ **45행** 트루컬러라면 팔레트가 없고 영상데이터가 바로 컬러의 값이다.

➡ **61행** 팔레트가 존재하는 영상파일의 경우는 영상데이터가 팔레트의 인덱스이다.

➡ **62행** 인덱스를 이용하여 팔레트에서 실제 컬러의 값(R성분)을 가져온다.

➡ **65행** 각 컬러값의 역(inverse)값을 계산한다.

➡ **66행** 출력파일의 영상메모리에 계산된 결과값을 쓴다(R성분).

➡ **73행** 트루컬러이므로 24비트이다.

➡ **74행** 영상의 크기는 R, G, B의 세 데이터가 저장되어야 하므로 "가로 × 세로 × 3"이다.

➡ **75행** 트루컬러는 팔레트가 없으므로 0으로 설정한다.

➡ **76행** 팔레트가 없는 트루컬러에서는 파일의 시작부에서 영상데이터가 존재하는 부분까지의 거리가 항상 고정되며 54바이트(hf + hInfo)이다.

➡ **78행** 바이트단위로 전체파일크기는 영상데이터 위치까지의 거리와 영상크기를 더하면 된다.

➡ **80행** 역상 결과값을 저장하기 위하여 파일을 오픈한다.

[그림 3-22]는 팔레트를 가진 컬러영상을 읽고 역상을 계산한 후, 24비트의 트루컬러영상으로 다시 저장한 예를 보여주는 [리스트 3-4]의 실행 예이다.

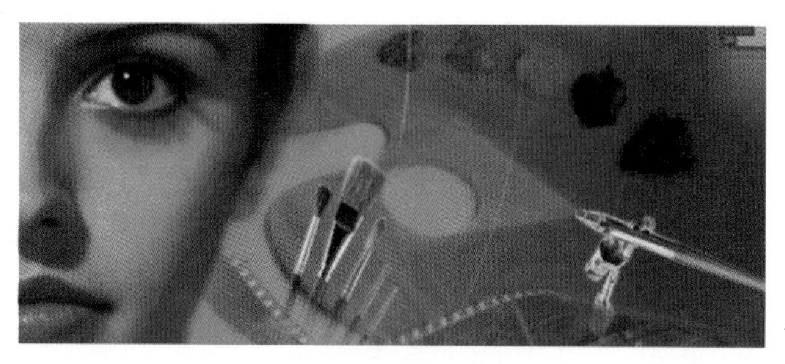

(a) 처리 전 원본 영상

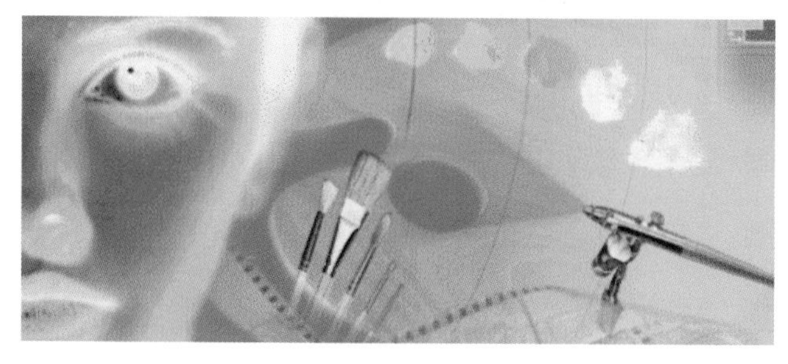

(b) 원본의 역상

그림 3-22 256개의 컬러를 가지는 PHOP256.BMP를 읽어 24비트 트루컬러의 역상으로 저장한 예

연습문제

1. 256 × 256 크기의 raw파일을 열어서 512 × 512 크기의 역상 이미지로 변환하여 저장하시오. 단, 크기를 변환하여 저장할 때 파일명에 크기정보를 기입하시오. (예: coin_512_512.raw)

2. 1번 문제에서 저장한 파일명의 크기정보를 이용하여 다양한 크기의 raw파일을 읽을 수 있는 프로그램을 작성하시오.

3. 비트맵(bmp) 파일은 팔레트를 가질 때 영상 압축의 효과가 있다. 왜 그런지 이유를 설명하시오.

4. 8비트 Gray의 bmp파일을 읽어서 raw파일로 저장하는 프로그램을 작성하시오. 단 1번 문제와 같이 파일명에는 크기정보를 삽입하시오.

5. 24비트 true color의 영상을 읽어서 팔레트가 있는 8비트 컬러 bmp로 저장하시오. 단, 24bit 영상의 색상을 최대한 표현하시오.

6. 교재 내 [리스트 3-1]을 수정하여 Mandrill이라는 영상파일을 다음과 같이 변경하는 프로그램을 작성하시오. 복사할 영역의 위치와 폭은 적절하게 사용하시오.

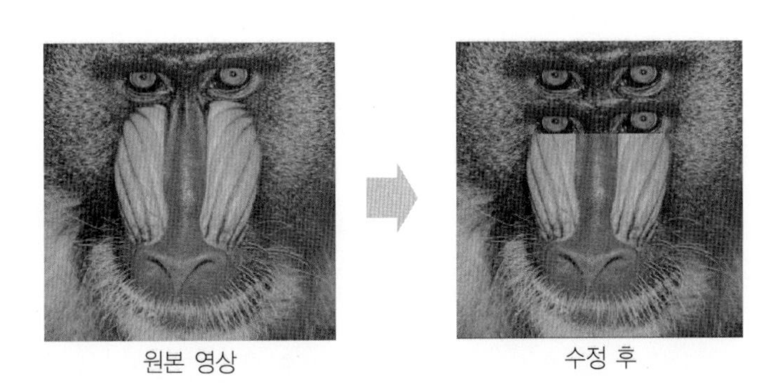

그림 p3-1 영상 내 화소접근 및 조작

7. 교재 내 [리스트 3-1]에는 영상데이터 저장을 위해 2차원 배열 OrgImg[256][256]을 사용하고 있다. 이 배열을 1차원 배열 OrgImg[256*256]로 변경하여 6번 문제와 동일한 기능을 하는 프로그램을 완성하시오.

8. 1차원 배열 OrgImg[256*256]을 사용하고 아래와 같은 흰색의 박스가 그려진 영상을 만들어 보시오.

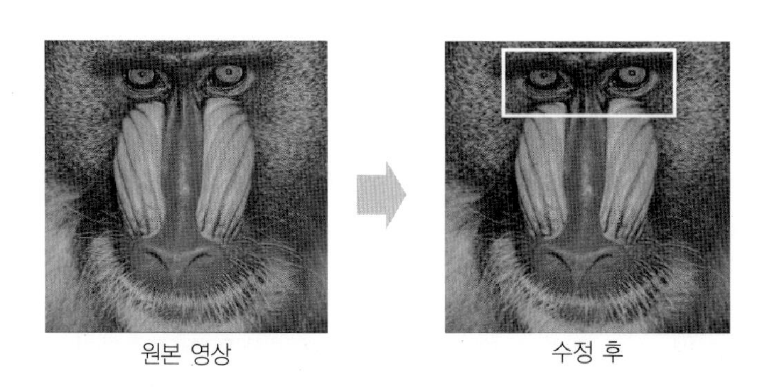

그림 p3-2 영상 내 화소접근 및 변경

CHAPTER 04 MFC를 이용한 영상처리 프로그래밍

3장에서는 영상처리 프로그래밍을 보다 쉽게 이해하기 위해 Visual-C++의 Console 애플리케이션 기능을 사용하여 텍스트 모드에서 영상처리 프로그램을 작성하였다. 이 장에서는 Visual-C++의 강력한 클래스 라이버러리인 MFC(Microsoft Foundation Class)를 사용하여 본격적으로 영상처리를 수행하는 Windows 애플리케이션을 작성해보자.

1. 애플리케이션위자드(AppWizard)를 이용한 MFC 프로젝트의 작성

Visual−C++의 [File] → [New]메뉴를 선택한다.

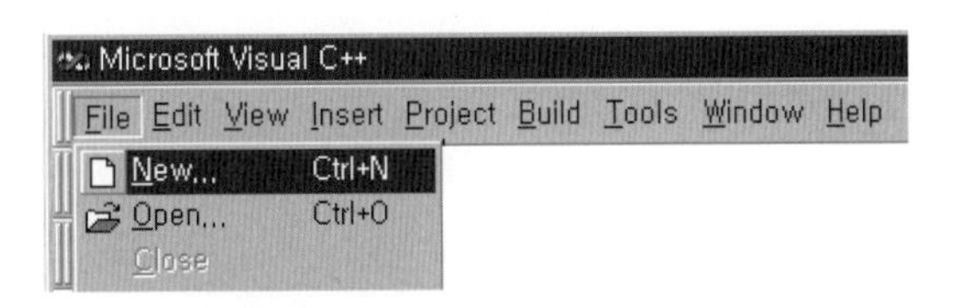

그림 4-1 새로운 프로젝트의 시작

[Project]탭을 선택하고 "MFC AppWizard[exe]"을 클릭한다. Location으로 이동해 작성할 프로젝트를 저장할 디렉토리 위치를 지정한다. 그런 다음 Project name으로 가서 작성할 프로그램 이름 "WinTest"을 입력하고 [OK]버튼을 눌러준다.

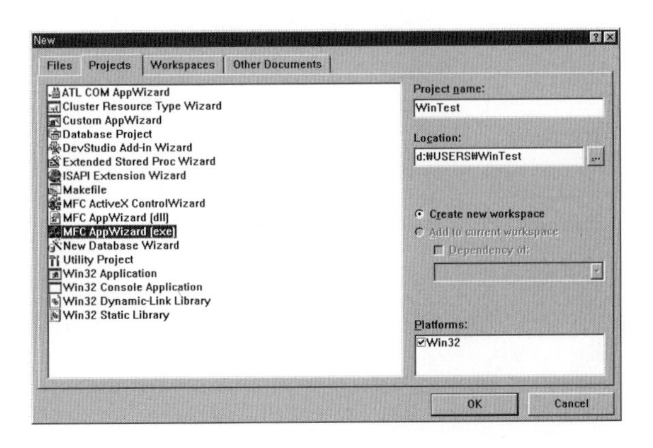

그림 4-2 프로젝트 생성화면의 시작

프로젝트 생성화면의 Step−1로 넘어가면 기본(default)으로 <Multiple documents>가 선택되어져 있다. 작성할 영상처리 프로그램은 이 구조를 가지므로 바꾸지 않는다. 언어선택에서는 기본으로 <한국어>가 선택되어 있다. 선택이 끝났으면 [Next]버튼을 누른다.

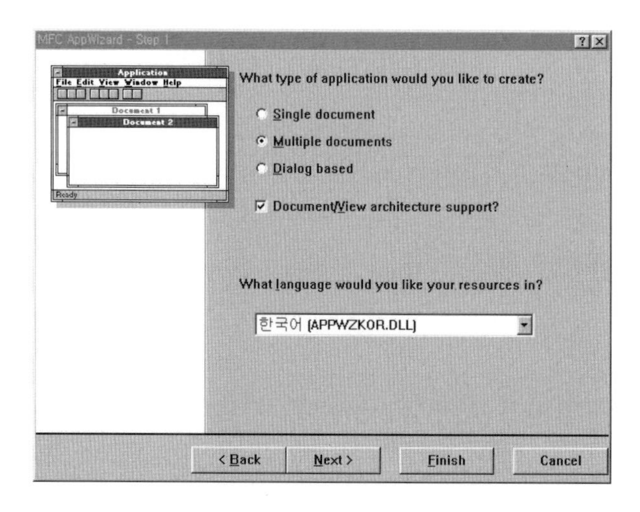

그림 4-3 프로젝트 생성단계 Step-1

[그림 4-4]는 생성할 프로젝트의 여러 가지 타입에 대한 예들을 보여준다. 프로그램 내에 하나의 창만 존재하는 <SDI구조>, 두 개 이상의 문서와 창을 허용하는 <MDI구조>, 메시지창과 같은 인터페이스를 가지는 <Dialog기반>의 구조 등이 존재한다. 이 장의 후반부에 가서 SDI구조와 MDI구조에 대해 자세히 살펴보도록 하자.

(a) Single document 타입

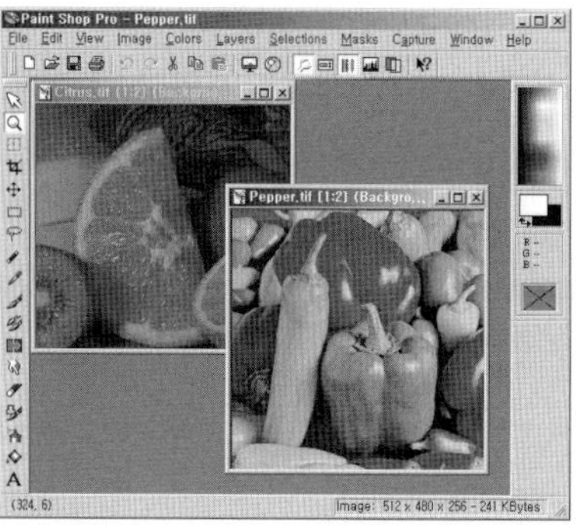

(b) Multiple document 타입

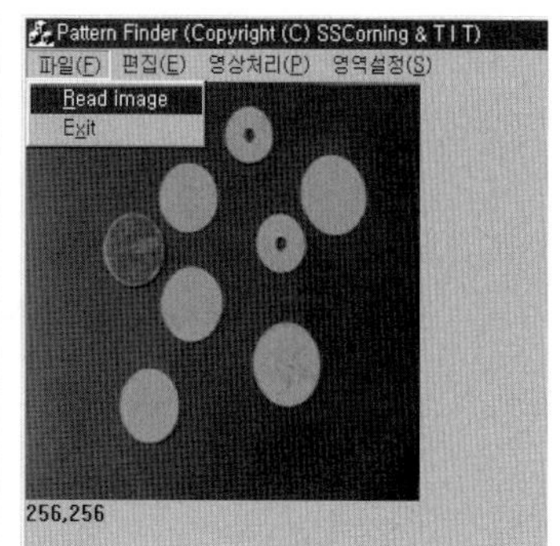

(c) Dialog based 타입의 영상처리 프로그램

그림 4-4 옵션에 따른 프로그램 타입의 종류

옵션	설명
Single documents (SDI)	하나의 프로그램에 하나의 창만 존재하는 구조. Internet Explorer는 대표적인 SDI구조이다.
Multiple documents (MDI)	PaintShop과 같이 프로그램 내에 여러 개의 창이나 문서를 열 수 있는 구조. 많은 응용 프로그램들이 이 구조를 사용함
Dialog based	메시지박스나 이와 같은 구조를 사용하는 프로그램

Step-2로 넘어가면 Database기능을 추가할 것인지 아닌지를 설정하는 단계가 나타난다. 우리가 작성할 프로그램은 Database기능이 필요 없으므로 기본인 <None>을 그대로 두면 된다. [Next]버튼을 눌러 다음단계로 넘어간다.

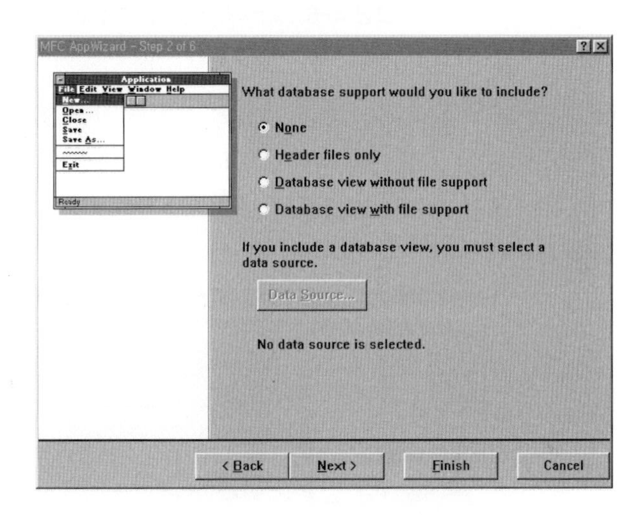

그림 4-5 프로젝트 생성단계 Step-2

Step-3에서는 OLE와 관련된 선택 사항들의 설정에 대한 단계이다. <None>을 선택한다. OLE는 "Object Linking and Embedding"의 약자로 Word와 같은 프로그램에서 "객체삽입" 등의 메뉴를 구현하기 위한 기능이다.

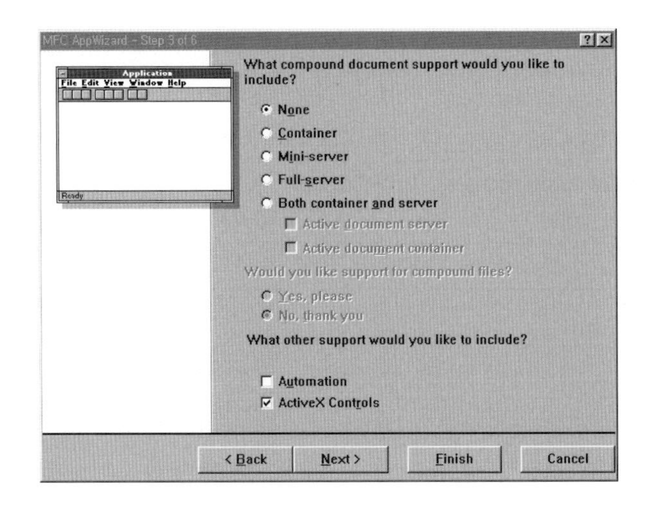

그림 4-6 프로젝트 생성화면 Step-3

프로젝트 생성화면의 Step－4는 툴바, 상태바, 프린트 기능 등을 부여할 것인지 여부를 설정하는 단계이다. <3D controls>는 출력프레임을 3차원으로 표시할 것인지 2차원으로 할 것인지를 정하는 옵션이다. 따로 바꾸지 않고 그냥 둔다.

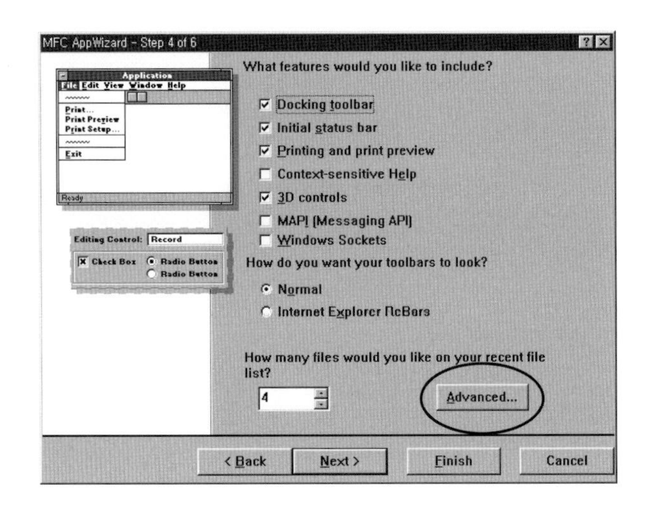

그림 4-7 프로젝트 생성화면의 Step-4

<How many…>아래에 4라고 쓰여진 부분은 최근 열어본 파일을 파일메뉴 리스트에 몇 개까지 표시할 것인지 선택하는 옵션이다. 옆의 [Advanced…]버튼을 눌러보자. 다음의 선택옵션창이 뜬다.

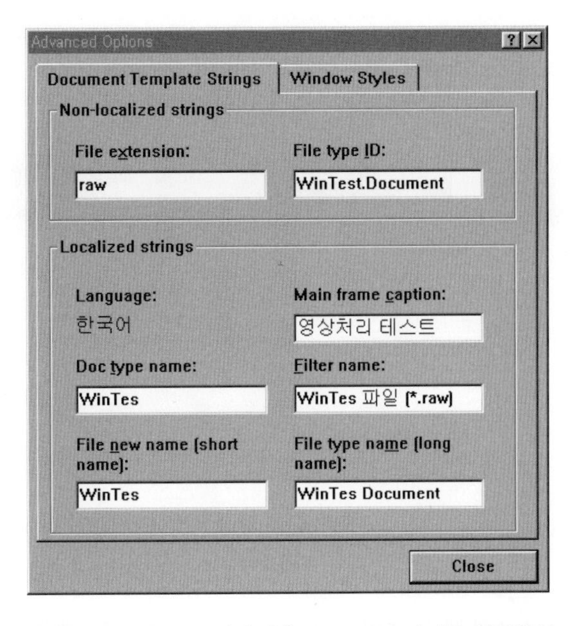

그림 4-8 Step-4 아래의 [Advanced…]버튼 선택옵션

번호	옵션	설명
❶	File extension	실행파일의 메뉴에서 읽어들일 영상파일의 확장자를 지정해줌. 이 프로젝트에서 읽을 파일은 raw파일이므로 확장자 "raw"을 적어준다.
❷	File type ID	시스템 레지스트리에 등록될 문서 타입 ID
❸	Main frame caption	프로그램 타이틀바에 나타날 이름 설정
❹	Doc type name	새로운 Doc템플릿 추가 시 사용하는 Doc 타입 이름 지정

❶과 ❸의 설정을 마친 후 [Close]버튼을 눌러 Step-4로 돌아가고 다시 여기서 [Next]버튼을 누르면 다음 화면으로 넘어간다.

Step-5에서는 실행될 프로그램의 스타일과 설명문(주석문)을 자동으로 삽입할 것인지의 여부, MFC 라이브러리를 어떤 방식으로 사용할 것인지 등을 설정한다. 애플리케이션이 사용할 MFC 라이브러리들을 이 애플리케이션에 포함하지 않고 공유(shared) DLL로 할 것가에 대한 설정을 해야 한다. 공유 DLL로 사용하면 애플리케이션의 실행파일의 크기를 줄일 수 있다.

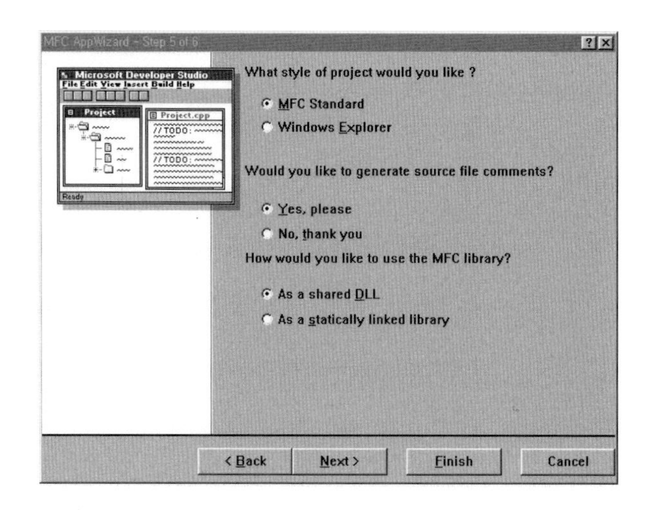

그림 4-9 프로젝트 생성화면 Step-5

작성된 프로그램의 프레임 스타일을 Windows탐색기처럼 만들고 싶은 경우 옵션을 <Windows Explorer>을 선택하면 된다. 옵션들을 따로 바꾸지 않고 [Next]버튼을 눌러 다음 화면으로 넘어간다.

마지막으로 옵션을 선택할 수 있는 Step−6화면이 [그림 4-10]에 보여진다.

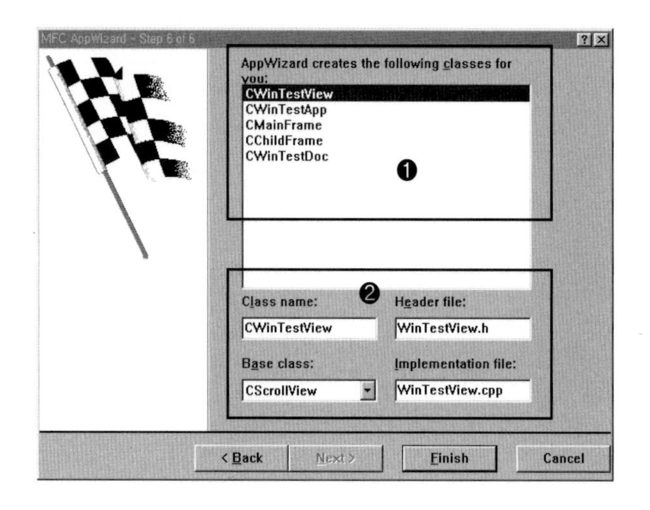

그림 4-10 프로젝트 생성화면 Step-6

마우스로 ❶부분에 있는 여러 클래스들을 차례로 선택해보자. 선택에 따라 아래 ❷부분의 내용들이 변경될 것이다. <CWinTestView>을 선택하고 아래의 <Base class>부분으로 가서 <CSrollView>을 지정해준다. ScrollView란 영상의 크기가 현재 열린 창의 크기보다 커서 영상 전체가 창 내부에 표시가 안될 때 자동으로 스크롤바를 생성시켜 아래위로 이동하며 영상을 볼 수 있도록 해주는 기능이다. [Finish]버튼을 눌러 정보요약 단계로 넘어간다.

정보요약 단계에서는 지금까지 설정한 옵션을 포함해서 모든 정보가 정리되어 표시된다. 작성할 프로그램의 타입, 생성될 클래스들과 이들이 들어 있는 파일 이름들, 그리고 이 프로그램이 가지고 있는, 앞에서 설정된 특징들이 정리되어 표시된다. 살펴본 후, 만족스러우면 [OK]버튼을 눌러 프로젝트 생성을 끝내면 된다. 여기서 [Cancel]버튼을 누르면 지금까지의 선택한 내용들이 취소되며 처음부터 작업을 다시 시작할 수 있다.

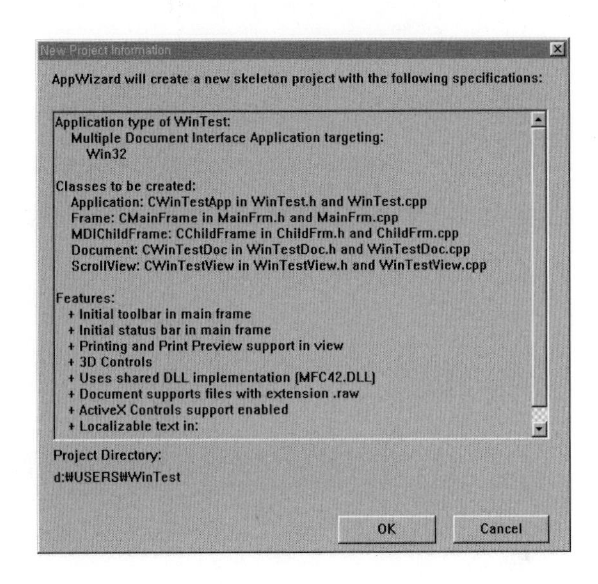

그림 4-11 생성할 프로젝트의 마지막 단계(정리정보)

프로젝트를 시작하기 위한 기본 프로그램이 완성되었다. [그림 4-12]는 생성된 프로젝트 화면을 보여준다. Windows 3.1과 Windows95 시절에 API프로그래밍을 하던 때를 생각해보면 MFC를 사용하여 프로그래밍하는 것이 상당히 편리하다는 것을 알 수 있다. API 프로그래밍의 경우, 필요한 메뉴, 다이얼로그, 버튼 등을 하나하나 사용자가 모두 설계하고 메시지 흐름들을 설정해주었다. MFC를 사용한 프로그래밍에서는 몇 가지 필요한 기본설정만으로 프로젝트를 시작하기 위한 기본 준비를 끝낸 것이 된다. 지금까지 여러분들은 단 한 줄의 코드도 입력하지 않고 [그림 4-13]처럼 하나의 실행되는 프로그램을 작성할 수 있다.

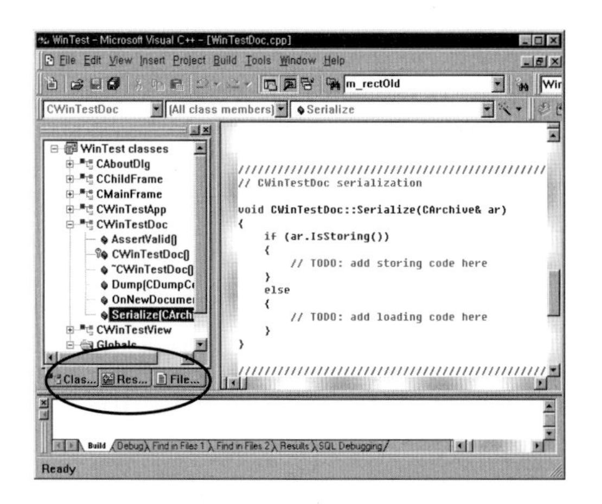

그림 4-12 생성된 프로젝트의 모습

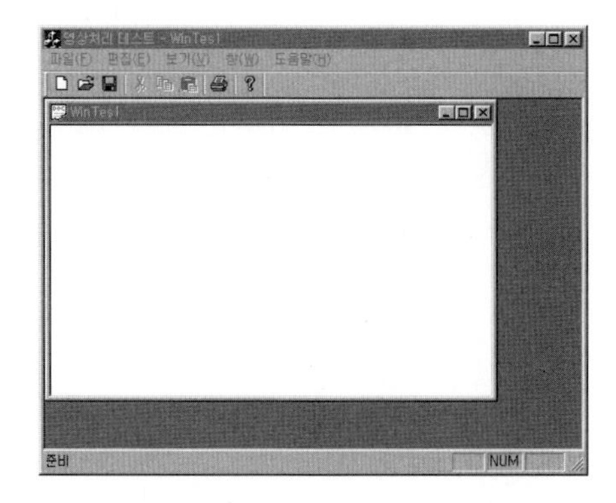

그림 4-13 생성한 프로젝트의 실행화면

[그림 4-12]에서 타원부분에 3개의 탭이 보인다. 이 탭들을 차례로 선택해보자. <Workspace> 영역이 바뀌며 [그림 4-14]의 정보들이 차례로 나타나는 것을 볼 수 있을 것이다.

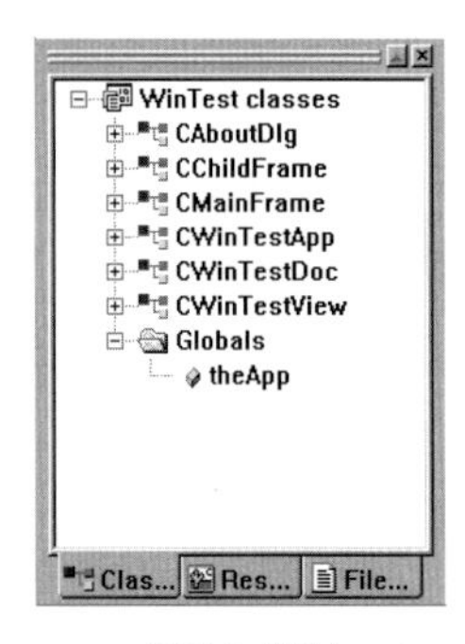

클래스 정보

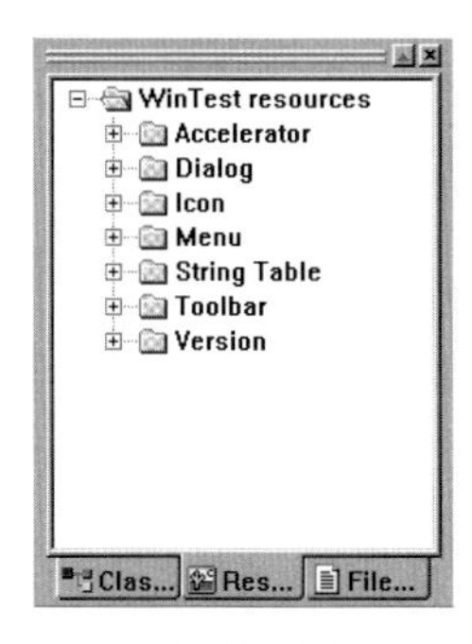

리소스 정보

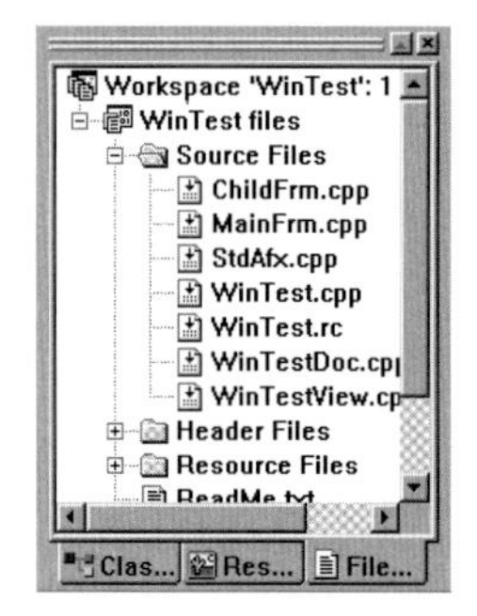

파일 정보

그림 4-14 탭의 전환에 따른 Workspace 정보들

탭 선택	설명
클래스 정보	프로젝트에 포함된 클래스들의 종류와 멤버변수, 함수 등의 정보를 보여줌
리소스 정보	프로젝트에 사용될 메뉴, 버튼, 아이콘 등의 작성과 관리
파일 정보	프로젝트에 포함된 파일이름(*.cpp)과 헤드(*.h) 파일들을 보여주고 관리함

이제 몇 줄의 코드를 입력하여 영상을 읽고 처리하는 프로그램을 완성해보자. 단 몇 줄의 코드 추가로 훌륭한 영상처리 프로그램을 작성할 수 있을 것이다.

[그림 4-14]의 클래스(Class) 정보를 보자. 6개의 클래스들이 존재한다. 가장 중요한 2개의 클래스는 문서(Document)와 뷰(View)를 나타내는 CWinTestDoc와 CWinTestView 클래스이다. 말 그대로 문서 클래스는 데이터를 읽어내 저장하고 처리하는 클래스이고 뷰 클래스는 영상데이터를 디스플레이시키는 클래스이다. 영상데이터를 읽어오고 저장하는 기능은 CWinTestDoc 클래스 내부에 Serialize라는 함수를 통하여 구현한다. 문서를 화면에 창을 통해서 나타내는 기능은 뷰 클래스인 CWinTestView의 OnDraw함수에서 담당한다.

[그림 4-14]의 CWinTestView 클래스 부분의 '+' 표시를 마우스로 누르면 [그림 4-15]와 같이 클래스가 가지고 있는 멤버함수와 변수들이 나타난다. <OnDraw>함수를 마우스로 클릭해보자.

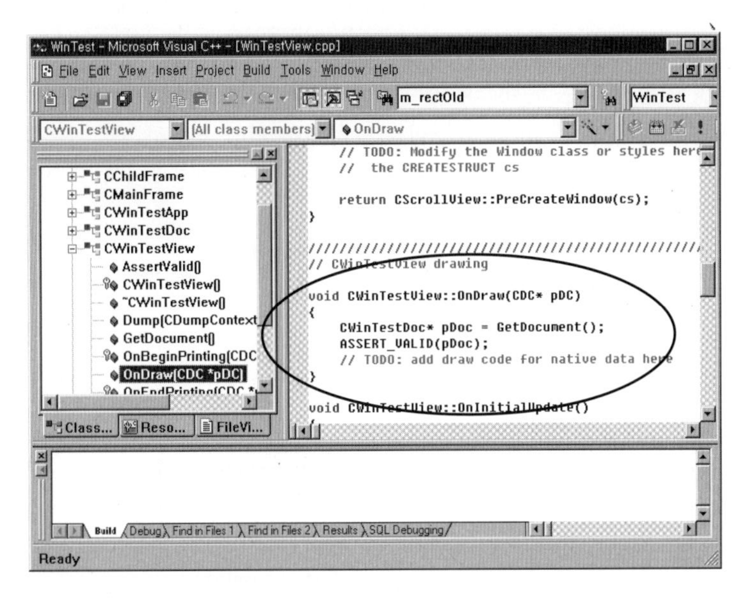

그림 4-15 View 클래스 내의 OnDraw함수

[그림 4-15]와 같이 프로그램 영역에 "OnDraw"함수가 나타난다. 여기서 화면출력을 위해 필요한 코드를 입력해주면 된다. 코딩을 시작하기 전에 MFC프로그래밍에 필요한 몇 가지 배경지식을 알아보고 넘어가자.

1 MFC프로그램의 구성요소 3가지

MDI구조의 MFC프로그램을 구성하는 3가지 요소는 메인프레임 윈도우, 문서 객체, 뷰 객체로 나누어진다.

- 메인프레임 윈도우: [그림 4-13]의 실행화면을 봤을 때 내부의 오픈된 창 부분을 제외한 나머지 부분을 가리킨다. 메뉴, 툴바, 상태바 등의 프로그램의 뼈대를 이루는 부분.
- 문서 객체: 데이터의 저장, 변환, 처리, 삭제 등을 담당하는 객체이다. 눈에 보이지 않는다.
- 뷰 객체: 문서 객체의 데이터를 화면(열린 창)에 출력하는 역할을 담당하는 객체. MFC 프로그래밍은 데이터의 처리와 데이터의 출력을 분리된 두 개의 다른 클래스에서 담당한다. 이러한 구조를 Document/View 구조라고 한다.

이 장의 후반부에 좀더 자세한 MFC프로그래밍 구조에 대한 설명이 주어질 것이다.

2 객체들간의 메시지 통신

위의 3가지 객체들은 서로 통신한다. 예를 들면 뷰 객체에서 문서 객체의 데이터를 참조(이용)할 수 있어야 화면에 처리한 영상데이터를 뿌릴 수 있을 것이다. 그렇다면, 뷰 객체에서 어떻게 다른 클래스데이터인 영상데이터를 가져올 수 있을까. 이를 위해 MFC는 객체들 사이에서 데이터나 함수의 상호참조를 위한 유용한 함수들을 제공한다.

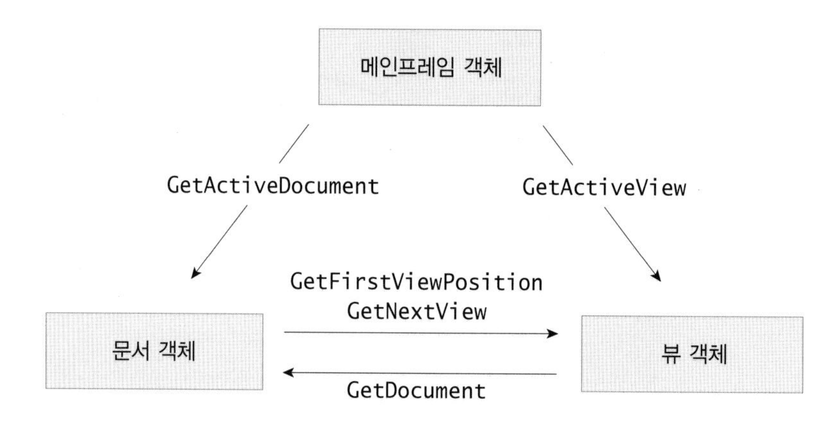

그림 4-16 객체들 사이에서 상호참조를 위한 함수들

[그림 4-15]의 "OnDraw"함수는 데이터를 화면에 출력하는 기능을 담당하는 함수라고 설명했었다. OnDraw함수는 뷰 객체의 함수이므로 [그림 4-16]에서 볼 수 있는 것처럼 다른 객체인 문서 객체의 데이터를 가져와 화면에 출력하려 할 때 필요한 함수가 GetDocument 함수이다. [그림 4-15] 내부에 GetDocument함수를 볼 수 있다.

2. MFC를 이용한 영상처리 프로그램의 작성

CTestDoc에 마우스를 두고 오른쪽 버튼을 누르면 메뉴가 나타난다. 이 메뉴상에서 <Add Member Variable..>을 선택한다.

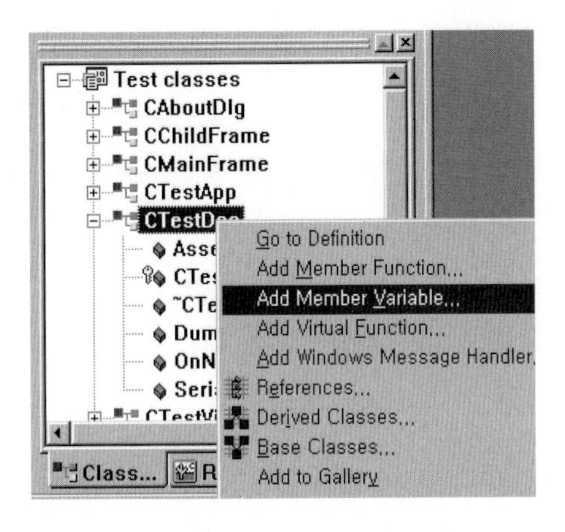

그림 4-17 도큐먼트 클래스에 새로운 멤버변수의 추가

입력대화창이 열리면 아래와 같이 [Variable Type]에는 "unsigned char", [Variable Name]에는 "m_InImg[256][256]"을 입력한다. 변수의 Access 타입은 공개형 배열이므로 디폴트 타입인 Public으로 유지한다. 똑같은 방법으로 "m_OutImg[256][256]"도 추가한다.

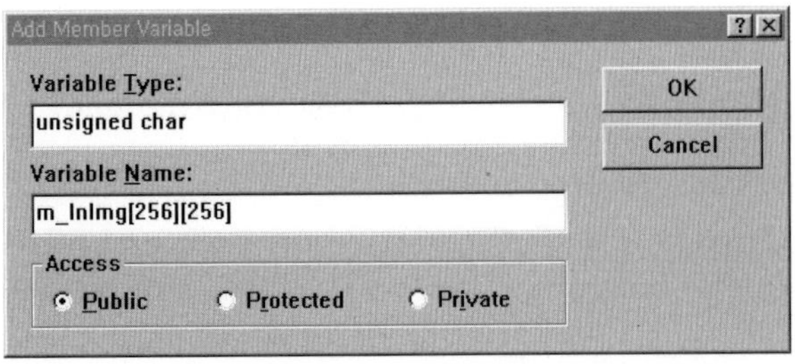

Add Member Variable
Variable Type: unsigned char
Variable Name: m_InImg[256][256]
Access: Public / Protected / Private
OK
Cancel

그림 4-18 멤버변수의 입력(영상 저장용 배열)

변수 타입	변수 명	접근(Access)
unsigned char	m_InImg[256][256]	Public
unsigned char	m_OutImg[256][256]	Public

입력 후, CTestDoc 클래스 아래에 멤버 배열 m_InImg과 m_OutImg가 추가되어있는 것을 [ClassView]및 코드에서 확인할 수 있을 것이다. "unsigned char"는 부호 없는 문자형 변수로 0~255 사이의 숫자를 저장하는 것이 가능하다.

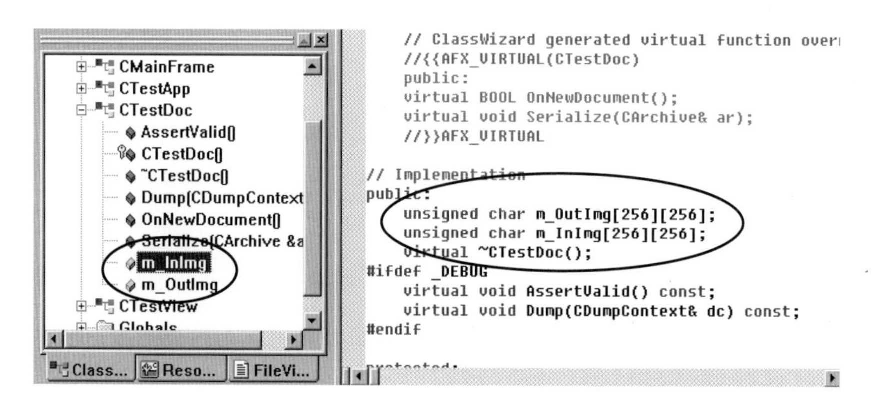

그림 4-19 추가된 멤버변수들(두 개의 배열)

CTestDoc 클래스의 멤버함수인 <Serialize>함수를 열어 다음과 같이 코드를 입력한다.

리스트 4-1 영상데이터를 읽어들이는 코드의 작성

```
01 void CTestDoc::Serialize(CArchive& ar)
02 {
03    if (ar.IsStoring())
04    }
05       // TODO: add storing code here
06       ar.Write(m_OutImg,256*256); // 처리된 영상배열 m_OutImg를 파일로 저장
07    }
08    else
09    {
10       // TODO: add loading code here
11       CFile *infile = ar.GetFile(); // 입력할 파일의 포인트를 가져옴
12       if(infile->GetLength()!=256*256) // 파일 사이즈를 검사함
13       {
14          AfxMessageBox("파일 크기가 256x256사이즈가 아닙니다.");
15          return;
```

```
16        }
17        ar.Read(m_InImg,infile->GetLength()); // 영상파일을 읽어 m_InImg배열에 저장
18     }
19 }
```

➡ **3행** 아카이브가 저장을 위해 사용되고 있다면 0이 아닌 값을 리턴하고 그렇지 않으면 0을 리턴한다.

➡ **6행** 아카이브에다 설정된 바이트 크기만큼을 저장한다.

➡ **11행** 현재 아카이브에 CFile 객체 포인트를 갖게 한다.

CArchive 클래스는 "아카이브"라고 발음하는 클래스로서, 각종 외부문서 데이터를 읽고 저장하는 기능을 지원하기 위한 클래스이다. 이 클래스를 이용하면 데이터를 파일에 저장하거나 파일로부터 데이터를 읽어들일 수 있다. 문서 파일을 디스크가 아닌 메모리나 네트워크와의 연결을 통한 저장이나 전송을 위한 처리도 이 클래스를 통하여 수행하는 것이 가능하다.

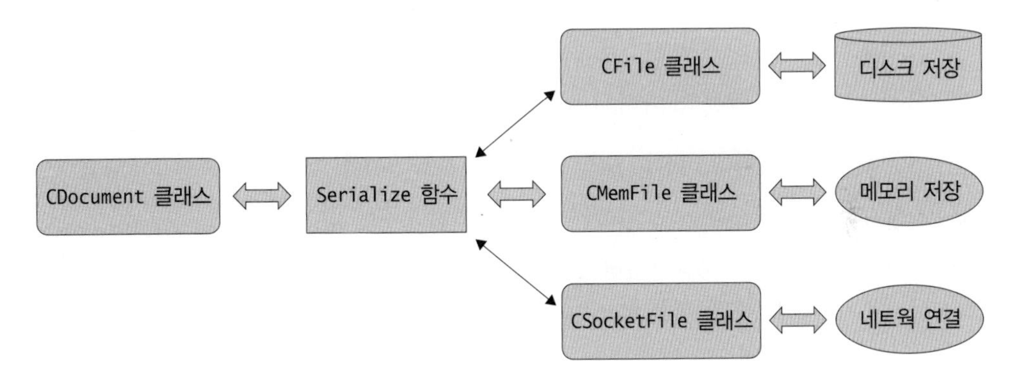

그림 4-20 CArchive 클래스를 통한 데이터의 입출력

CTestView 클래스의 멤버함수인 <OnDraw>함수를 열어 아래의 코드를 입력한다.

리스트 4-2 영상의 화면 출력함수의 작성

```
01 void CTestView::OnDraw(CDC* pDC)
02 {
03    CTestDoc* pDoc = GetDocument(); //도큐먼트 클래스 인스턴스 포인트를 가져옴
```

```
04      ASSERT_VALID(pDoc);
05      // TODO: add draw code for native data here
06
07      for(int i=0; i<256; i++)  // 세로픽셀 인덱스는 'i'
08      {
09         for(int j=0; j<256; j++) // 가로픽셀 인덱스는 'j'
10         {
11            unsigned char InVal= pDoc->m_InImg[i][j];
12            unsigned char OutVal= pDoc->m_OutImg[i][j];
13
14            pDC->SetPixel(j,i,RGB(InVal, InVal, InVal));
15            pDC->SetPixel(j+300,i,RGB(OutVal, OutVal, OutVal));
16         }
17      }
18  }
```

➡ **3행** OnDraw함수는 뷰 클래스의 멤버이고 문서(영상)데이터는 도큐먼트 클래스가 가지고 있다. 따라서, 뷰 클래스에서 문서데이터를 사용하기 위해서는 도큐먼트 클래스의 포인트를 받아와야 한다. GetDocument()함수는 이러한 참조 기능을 수행해 주는 함수이다.

➡ **4행** 참조 포인트가 유효한지 검사하는 함수이다. MFC의 Release 버전에서는 동작하지 않는다. 따라서 릴리즈 모드에서 이 명령은 없는 것과 같다.

➡ **7행** 화면에 영상을 출력하는 부분이다. 영상을 높이 256, 너비 256픽셀만큼 화면출력한다.

➡ **11행** 원본 영상데이터의 값을 가져오는 부분이다. 도큐먼트 클래스의 참조 포인트 pDoc를 이용하여 도큐먼트 클래스 멤버데이터인 m_InImg 배열값을 받아오고 있다.

➡ **12행** 처리된 영상데이터값을 가져오는 부분이다. 원본 영상데이터를 영상처리 한 후, 처리된 결과값을 저장할 배열이 도큐먼트 클래스의 m_OutImg이므로 이 값도 받아와 여기서 출력해준다.

➡ **14행** 세로위치 i 픽셀, 가로위치 j 픽셀에 원본 영상의 밝기값을 화면출력한다.

➡ **15행** 영상처리 결과를 화면에 출력하는 부분이다. 가로 위치는 j+300의 위치이다(처음에는 아무 데이터도 없다).

Tip | CDC 클래스 

GDI(Graphic Device Interface): 윈도우 시스템은 디바이스 드라이브를 이용하여 하드웨어에 독립적인 프로그래밍을 할 수 있다. 장치 의존적인 하드웨어 구동은 디바이스 드라이브가 담당하고, 윈도우 운영체제는 디바이스 드라이브를 구동하는 식이다. 따라서 애플리케이션 프로그램은 하드웨어 종류에 상관없이 동일한 명령을 사용해 그래픽 출력을 처리할 수 있고 하드웨어 독립적이 될 수 있다. 이러한 전반적인 윈도우 제공 그래픽 환경을 **GDI**라고 한다.

DC(Device Context): 그래픽에 필요한 모든 옵션을 한 곳에 모아놓은 구조체를 말한다. 선그리기, 글꼴처리, 비트맵과 팔레트 옵션, 영역처리 등의 그래픽을 처리하는 모든 옵션들을 DC에 모아놓고 제어할 수 있도록 되어있다.

CDC(Class of Device Context): MFC에서 제공하는 DC 클래스이다. 즉, CDC는 MFC에서 DC를 클래스로 구현한 것이다. 그래픽에 필요한 모든 기능은 CDC에 있으므로 화면에 뭔가를 출력하려 하는 경우에는 CDC 클래스의 인스턴스(Instance)을 얻어와 이용해야 한다. DC는 시스템 자원이므로 얻어와서 사용 후 반드시 반납해주어야 한다.

```
CDC *pDC = GetDC();  // 인스턴스를 얻어옴
pDC->TextOut(100,100,"문자출력 예");  // (100,100)위치에 문자를 출력함
ReleaseDC(pDC); // 얻어온 인스턴스를 시스템에 반환
```

입력된 영상데이터는 CTestDoc 클래스의 멤버변수인 m_InImg 배열에 저장되어 있으므로 이 데이터를 다른 클래스인 CTestView 클래스에서 이용하기 위해, View가 Document를 참조하는 함수인 GetDocument함수를 사용하여 문서의 포인트를 가져오고 있다. 포인트 "pDoc"을 이용하면 Document의 Public타입의 클래스 변수값을 참조할 수 있다. InVal과 OutVal 변수가 두 배열값을 받아오고 있으며, 이 값들을 SetPixel함수를 사용하여 화면에 출력하고 있다. "Citrus.raw" 파일을 읽어들여 화면에 출력한 예를 아래에 나타내었다. 코드에서 볼 수 있는 것처럼 출력 좌표를 나타내는 인덱스는 i, j를 사용하고 있고 두 인덱스는 화면에서 보여진 바와 같다.

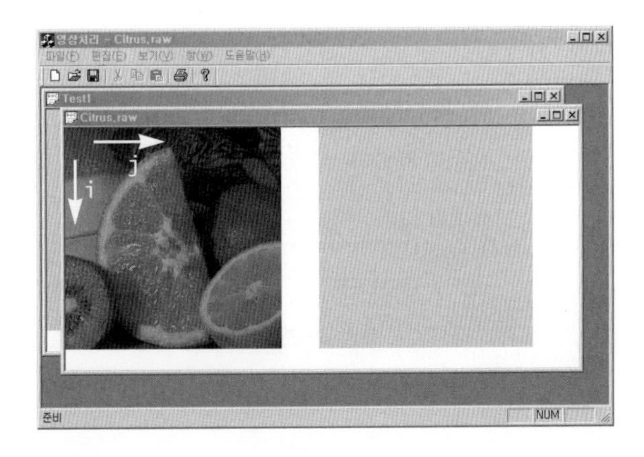

그림 4-21 흑백영상데이터의 입력과 화면출력. 'i'는 세로, 'j'는 가로 픽셀 인덱스이다

3. 역상계산을 위한 메뉴와 함수의 추가

여기서는 입력된 영상의 역상을 계산하고 계산된 역상의 이미지를 화면에 출력하기 위한 함수를 추가해보도록 하겠다. 윈도우 프로그램에 대한 명령입력은 메뉴, 툴바, 키보드 등의 다양한 방법으로 할 수 있지만 여기서는 메뉴방식의 명령입력으로 역상계산함수를 작성해보자.

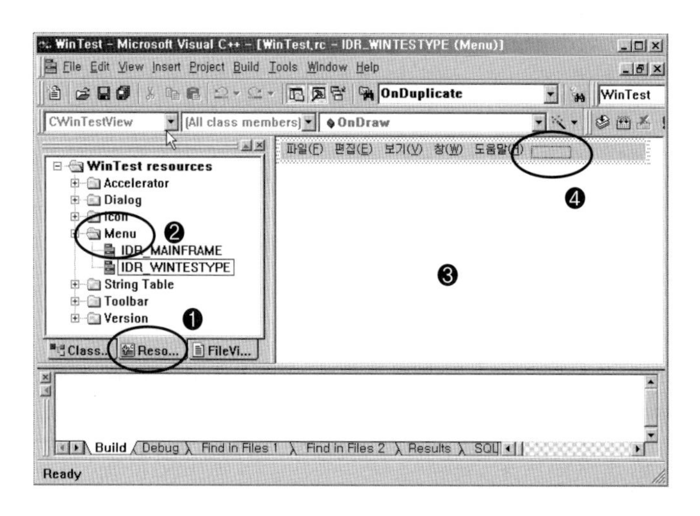

그림 4-22 메뉴 편집창에서 새로운 메뉴입력

1 Resource 편집기를 이용한 메뉴의 수정

먼저 Workspace의 <ResourceView>탭을 선택한다(❶부분). Resource 내에서 ❷의 <Menu>부분을 선택하면 그 아래에 IDR_MAINFRAME과 IDR_WINTESTYPE의 두 가지 메뉴 그룹이 나타난다. 이 중에서 두 번째인 IDR_WINTESTYPE를 클릭한다. 그러면 ❸에 보이는 메뉴를 편집할 수 있는 편집창이 나타난다. 여러 메뉴 중에서 ❹부분을 클릭해보자. 대화창이 뜨면 [그림 4-23]처럼 입력한다.

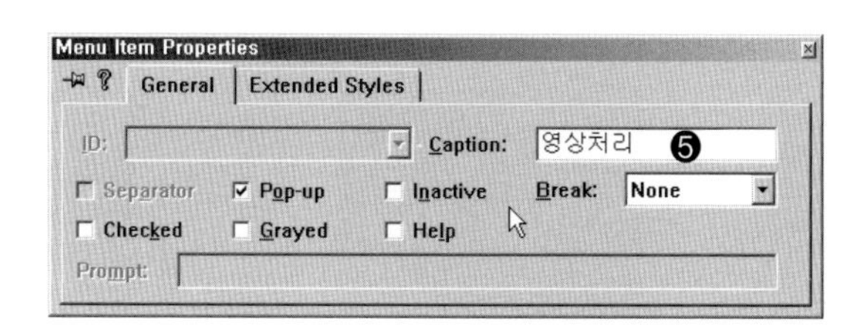

그림 4-23 영상처리 캡션 입력창

❺의 캡션부분에 "영상처리"라고 입력한 후 [Enter]키를 누른다. 그러면 영상처리 메뉴가 새로이 생기고 [그림 4-24]의 ❻번처럼 비어 있는 메뉴가 하나 붙어서 나타난다. 이 부분을 다시 마우스로 클릭해보자.

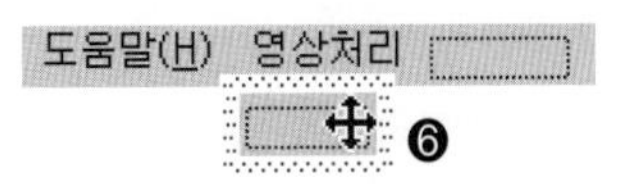

그림 4-24 메뉴에 새로운 명령입력

클릭하면, [그림 4-25]의 입력 창이 나타날 것이다. <ID>와 <Caption>, <Prompt>부분에 차례로 그림에 주어진 대로 입력한다. <Caption>부의 (&R)부분은 단축키 명령이다. 마우스로 메뉴를 선택하는 대신 키보드 "R" 버튼으로도 명령 입력이 되도록 하기 위함이다. Prompt는 명령 메뉴 선택 시 실행창의 상태바 부분에 이 명령의 기능을 표시해주는 설명문을 나타낸다.

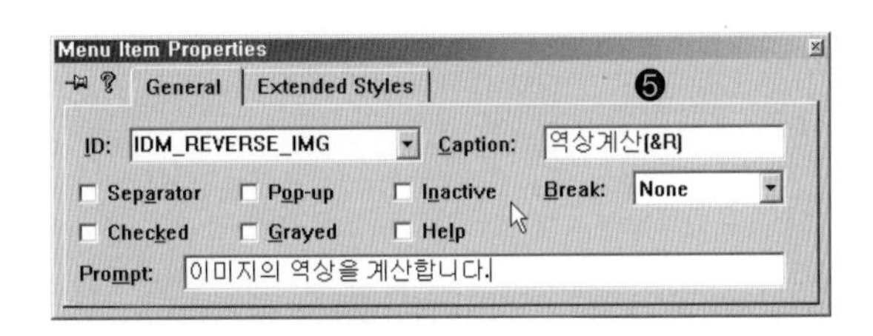

그림 4-25 메뉴 아이템의 내용 추가

입력하고 [Enter]키를 다시 누르면 "영상처리" 메뉴 아래 비어있었던 부분에 "역상계산"이라는 부메뉴가 하나 추가되어 있음을 확인할 수 있을 것이다. 메뉴편집을 완료하였으므로 이제는 이 메뉴가 선택되었을 때 실행할 함수를 입력해보자.

그림 4-26 추가된 메뉴 명령

2 클래스위자드(Classwizard)를 이용한 메뉴처리함수의 구현

명령을 입력할 메뉴를 추가하였으므로 여기서는 이 메뉴가 눌러졌을 때 수행될 함수를 클래스위자드를 이용해 구현하도록 한다.

[View] → [Classwizard]를 선택한다. 클래스위자드의 대화창이 화면에 나타나면, 그림처럼 <Class name>에는 [CWinTestDoc]을 선택(❶)하고 ,<Object IDs>는 메뉴 편집할 때 추가하였던 ID인 "IDR_REVERSE_IMG" (❷)를 <Messages>는 "COMMAND"을 마우스로 클릭(❸)하여 선택한다.

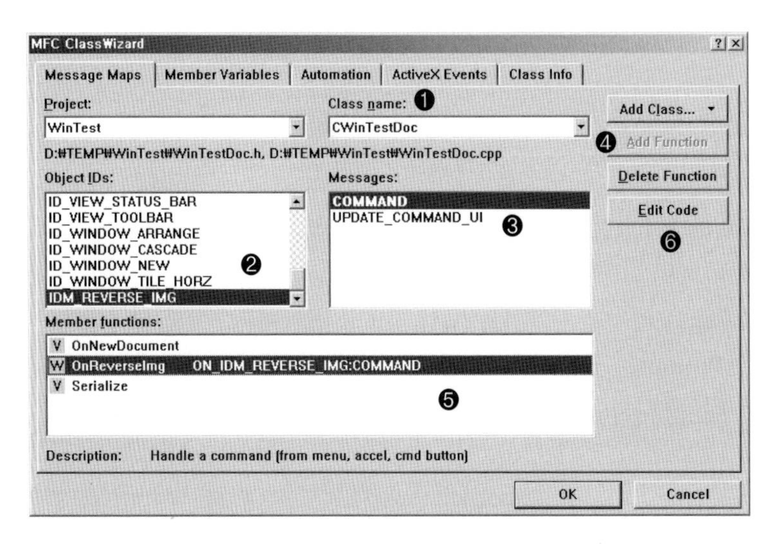

그림 4-27 클래스마법사(ClassWizard)를 이용한 명령처리함수 추가

함수 추가를 위해 [Add Function]버튼(❹)을 클릭한다. 클릭 후, 멤버함수를 추가할 것인지 물어보는 [그림 4-28]의 대화창이 나타난다. 추가할 멤버의 기본 함수명은 "OnReverseImg"로 설정되어 있다. 따로 바꾸지 않고 [OK]버튼을 클릭한다. 그러면 [그림 4-27] <Member functions>부분에 새로운 멤버함수가 추가됨을 확인할 수 있을 것이다. 이제 함수를 구현할 준비가 끝났다. 멤버함수 OnReverseImg를 선택(❺)한 상태에서 마지막으로 [Edit Code]버튼을 클릭(❻)한다.

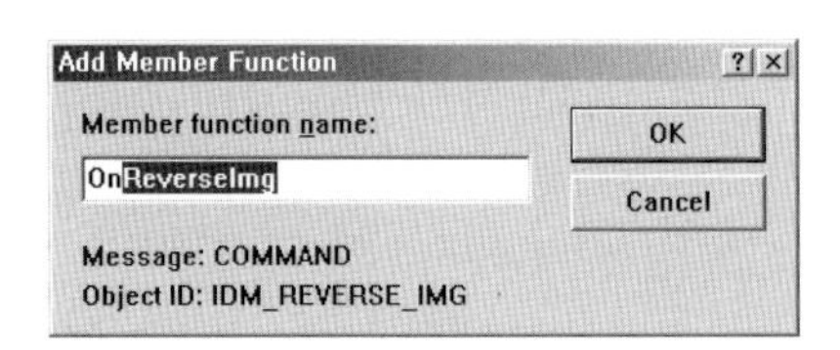

그림 4-28 명령을 처리할 멤버함수의 추가

CTestWinDoc 클래스에 "OnReverseImg" 멤버함수가 추가되면 코드를 입력할 수 있도록 [그림 4-29]처럼 코드편집창이 나타난다. 이 코드에 추가할 함수의 내용인 역상계산을 위한 코드를 입력하면 된다.

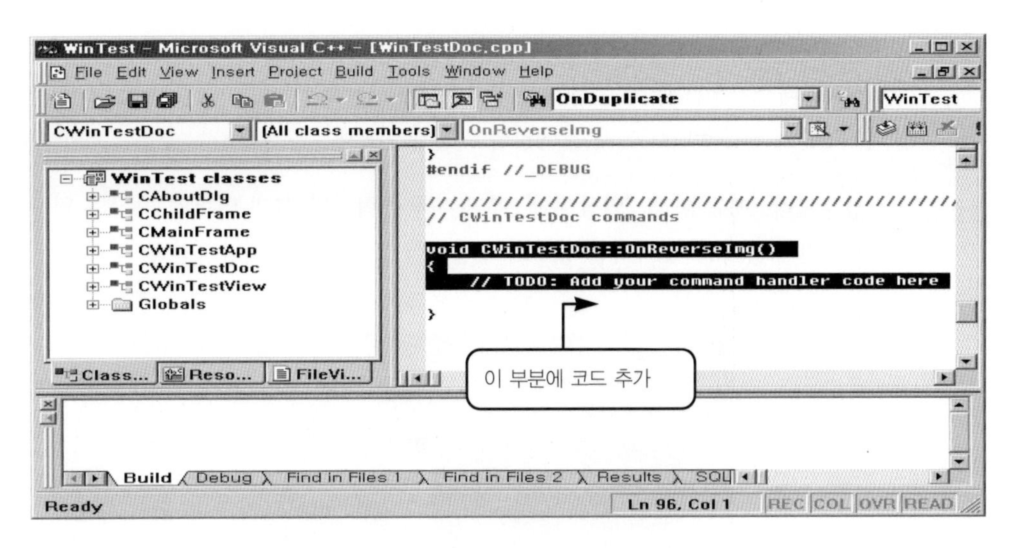

그림 4-29 멤버함수 입력부

다음의 코드를 입력해보자.

리스트 4-3 도큐먼트 클래스에 추가된 역상계산을 위한 함수

```
01 void CWinTestDoc::OnReverseImg()
02 {
03    // TODO: Add your command handler code here
04    for(int i=0; i<256; i++)
05    {
06       for(int j=0; j<256; j++) m_OutImg[i][j] = 255-m_InImg[i][j];
07    }
08
09    UpdateAllViews(NULL);   // 현재 출력된 윈도우 화면을 갱신하여 다시 출력
10 }
```

➡ **4행** 역상계산을 위한 픽셀 인덱스이다. i는 영상의 세로방향 인덱스이다.

➡ **6행** 도큐먼트 클래스의 멤버 배열인 원본 영상데이터의 역상을 계산하여 결과영상데이터에 치환하고 있다. 두 배열 모두 도큐먼트 클래스의 멤버이고, 현재 작업 위치는 도큐먼트 클래스의 멤버함수 내부이므로 두 배열 모두 참조연산을 사용할 필요 없이 직접 사용할 수 있다. 뷰 클래스 내부에서는 이 배열을 사용하기 위해 GetDocument() 함수를 이용하여 도큐먼트 클래스 인스턴스 포인트를 받아왔음을 상기하라.

➡ **9행** 화면 갱신을 위한 함수이다. 현재 화면에 출력되어 있는 뷰를 다시 출력해준다.

UpdateAllViews 함수는 현재 윈도우에 나타나 있는 출력 화면을 갱신하는 함수이다. View클래스에서 사용하는 유사한 함수는 Invalidate()라는 함수가 있다. 역상계산을 위한 작업이 끝났으므로 이제 컴파일하고 실행해보자.

"영상처리" 메뉴 아래 "역상계산" 부메뉴를 클릭하면 현재 입력된 영상의 역상이 계산되어 화면에 출력된다. 이러한 방식으로 필요한 함수를 추가해나가면 될 것이다.

그림 4-30 역상계산함수의 수행

3 추가할 역상처리함수를 뷰 클래스에 두는 경우

앞에서 보인 역상처리함수의 경우, 역상처리 메뉴입력을 처리하는 함수를 도큐먼트 클래스 아래에 추가하였다. 메뉴 선택 명령을 도큐먼트 클래스에 추가하는 것 대신 뷰 클래스 아래에도 유사하게 추가하는 것이 가능하다. 앞의 "2. 클래스위자드~" 부분에 나오는 코드 대신 아래 설명 부분을 대신 치환하면 된다.

[영상처리] → [역상처리]라는 메뉴를 <ResourceView>의 메뉴편집기능을 사용하여 만든다. 메뉴의 <역상처리> 부분에 커서를 올리고 오른쪽 마우스 키를 클릭하면 [그림 4-31]과 같은 팝업메뉴가 뜬다. 여기서 <ClassWizard…>메뉴를 선택한다.

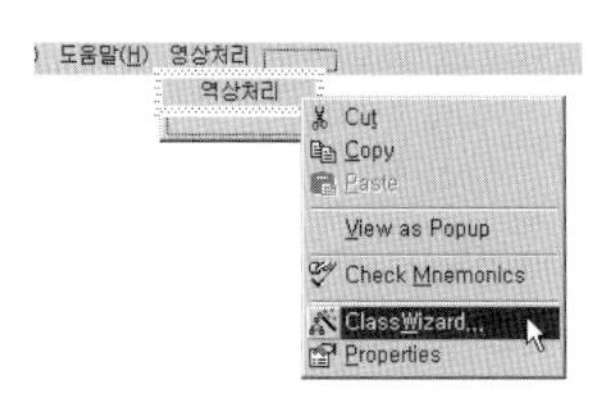

그림 4-31 메뉴처리를 위한 클래스위자드 호출

화면에 나타난 대화창에 아래와 같이 입력한다. <Class name:>에는 도큐먼트 클래스인 CWinTestDoc 대신 뷰 클래스인 CWinTestView을 선택(❶)하고 <Object Ids:>에는 <역상처리>메뉴 작성 시 입력하였던 ID를 선택(❷)한다. <Messages:>에는 COMMAND을 선택(❸)하고 [Add Function]버튼(❹)을 클릭해 멤버함수를 추가한다. 아래의 대화창에 추가된 멤버함수가 나타나 있다. 이 멤버함수를 선택(❺)한 후, [Edit Code]버튼을 클릭(❻)하여 멤버함수를 편집한다.

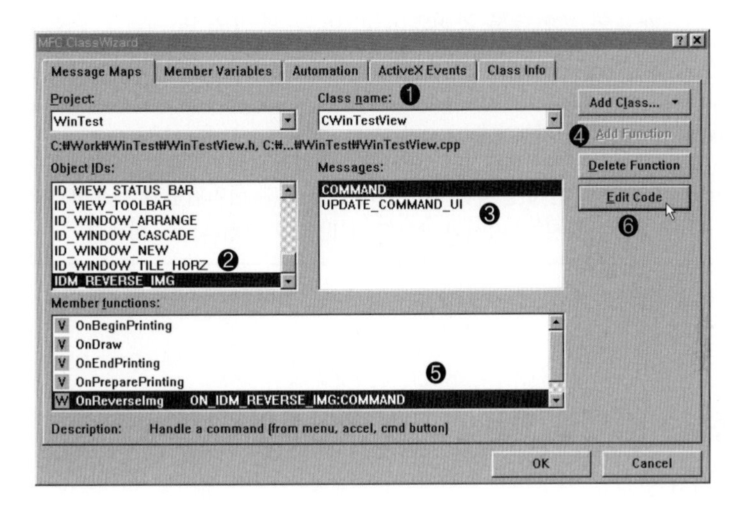

그림 4-32 뷰 클래스에 역상처리함수 추가를 위한 클래스위자드의 이용

아래의 코드처럼 멤버함수를 편집한다.

리스트 4-4 뷰 클래스에 추가된 역상계산함수

```
01 void CWinTestView::OnReverseImg()
02 {
03    // TODO: Add your command handler code here
04    CTestMDIDoc* pDoc = GetDocument();
05    ASSERT_VALID(pDoc);
06
07    int i,j;
08    for(i=0; i<256; i++)
09    {
10       for(j=0; j<256; j++)
11       {
12          pDoc->m_OutImg[i][j] = 255-pDoc->m_InImg[i][j];
13       }
```

```
14      }
15
16      Invalidate(FALSE); // 화면 갱신
17  }
```

m_OutImg와 m_InImg의 영상데이터를 나타내는 두 배열은 뷰 클래스 멤버가 아니라 도큐먼트 클래스의 멤버이다. 따라서, 뷰 클래스에서 이 두 배열에 직접 접근할 수는 없고, 도큐먼트 객체의 포인트를 얻어와(4행) 이 두 멤버의 변수들을 참조하고 있다.

Tip | Invalidate(FALSE) 

화면갱신(update)명령으로 현재 출력된 윈도우 화면과 실제 데이터값을 비교하여 서로 "다른 부분"만을 다시 출력한다. 화면 전체를 갱신하는 Invalidate(TRUE)보다 실행속도가 빠르다.

4. 장치 독립 비트맵을 이용한 고속 화면출력

앞에서 살펴보았던 역상계산을 위한 프로그램은 영상의 화면출력을 위해 SetPixel()함수를 사용하고 있다. 이 함수는 [리스트 4-2]의 OnDraw함수를 보면 알 수 있다. SetPixel함수는 사용하기 편리하고 간단한 측면이 있으나 픽셀 단위로 화면에 점을 찍듯 영상을 출력하기 때문에 영상의 화면출력 속도가 오래 걸리는 단점이 있다. 페인트샵과 같은 상용 프로그램을 보면 영상의 화면출력이 사용자가 느낄 수 없을 만큼 순식간에 이루어진다. 이러한 기능은 SetPixel함수가 아닌 다른 영상 출력함수를 사용하고 있기 때문이다. 여기서는 영상의 고속 화면출력을 위한 방법에 대해 다루어 보도록 하겠다.

먼저 [그림 4-33]처럼 CWinTestView에 마우스 커서를 대고 오른쪽 버튼을 클릭하여 <Add Member Variable..>을 선택한다.

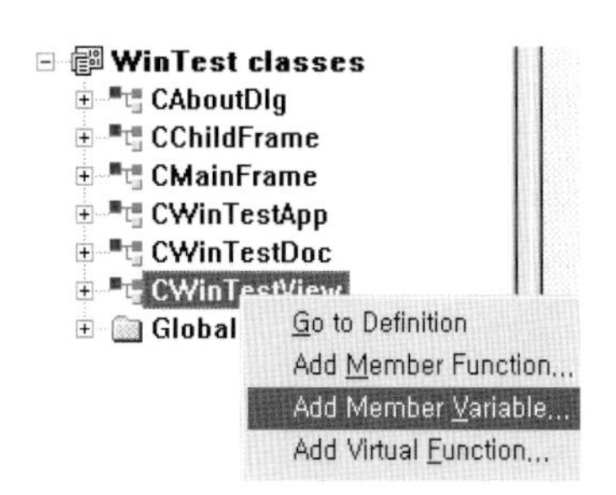

그림 4-33 뷰 클래스에 새로운 멤버변수 추가

변수의 입력을 위한 대화창이 뜨면 [그림 4-34]처럼 변수 타입과 변수 명을 입력한다. 변수 타입에는 윈도우 기반의 장치 독립 비트맵변수를 나타내는 BITMAPINFO 구조체 타입을 입력하고 변수 명으로는 "*BmInfo"를 입력한다. Access부분은 바꾸지 않고 Public으로 유지한다. 같은 방법으로 테이블에 있는 것처럼 unsigned char타입의 배열 m_RevImg[256][256]과 정수형(int)의 두 변수 height, width도 입력한다.

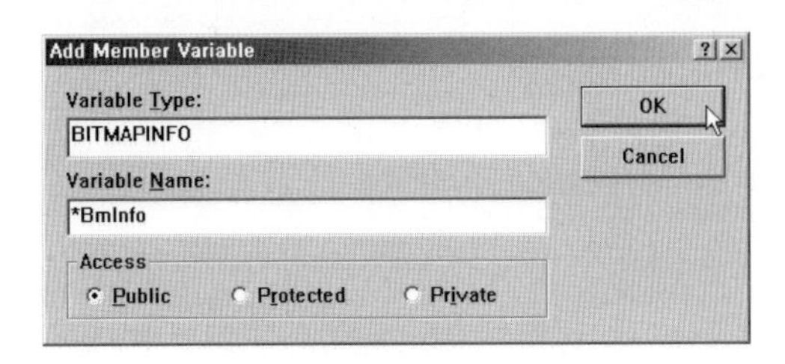

그림 4-34 멤버변수의 입력

변수 타입	변수 명	접근(Access)
BITMAPINFO	*BmInfo	Public
int	height	Public
int	width	Public
unsigned char	m_RevImg[256][256]	Public

입력 후, CWinTestView 클래스 내에 추가한 변수들이 나타남을 확인할 수 있을 것이다. 마찬가지로 "WinTestView.h"파일 내의 public 부에서 이러한 변수들의 추가를 확인할 수 있을 것이다.

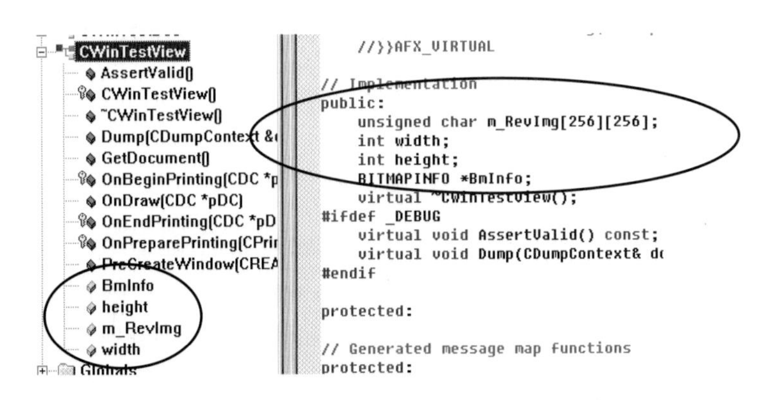

그림 4-35 추가된 멤버변수들

CWinTestView 클래스의 멤버함수 <CWinTestView> 내에 [리스트 4-5]의 코드를 추가한다. 이 코드는 흑백 BMP영상을 만들기 위한 영상헤드의 정보를 설정하는 부분이다. 팔레트의 색 수는 256개이고 각 팔레트의 R, G, B값을 동일한 값으로 설정해주는 부분은 이 BMP가 흑백영상을 위한 것임을 말해준다.

리스트 4-5 뷰 클래스 생성자(constructor)에 BMP파일의 영상헤드부 및 팔레트 설정

```
01 CWinTestView::CWinTestView()
02 {
03    // TODO: add construction code here
04    height = width = 256;
05    int rwsize = (((width)+31)/32*4);   // 영상 폭은 항상 4바이트의 배수여야 함
06 
07    BmInfo = (BITMAPINFO*)malloc(sizeof(BITMAPINFO)+256*sizeof(RGBQUAD));
08 
09    BmInfo->bmiHeader.biBitCount=8;
10    BmInfo->bmiHeader.biClrImportant=256;
11    BmInfo->bmiHeader.biClrUsed=256;
12    BmInfo->bmiHeader.biCompression=0;
13    BmInfo->bmiHeader.biHeight = height;
14    BmInfo->bmiHeader.biPlanes=1;
15    BmInfo->bmiHeader.biSize=40;
16    BmInfo->bmiHeader.biSizeImage=rwsize*height;
17    BmInfo->bmiHeader.biWidth =width;
18    BmInfo->bmiHeader.biXPelsPerMeter=0;
19    BmInfo->bmiHeader.biYPelsPerMeter=0;
20    for(int i=0; i<256; i++) // Palette number is 256
21    {
22       BmInfo->bmiColors[i].rgbRed=
23             BmInfo->bmiColors[i].rgbGreen = BmInfo->bmiColors[i].rgbBlue = i;
24       BmInfo->bmiColors[i].rgbReserved = 0;
25    }
26 }
```

[리스트 4-5]는 256 × 256 크기의 흑백 이미지만을 출력한다. 이미지의 크기가 다른 흑백 이미지를 출력하기 위해서는 4행만을 해당 이미지 크기로 바꾸어 주면 된다. 물론, 이미지 데이터를 담아두는 m_InImg, m_OutImg 배열의 크기도 이미지 크기에 맞게 바뀌어야 할 것이다(3장 참조).

```
typedef struct tagBITMAPINFO {
    BITMAPINFOHEADER bmiHeader;
    RGBQUAD bmiColors[1];
} BITMAPINFO;
```

BITMAPINFO 구조체는 **윈도우에 기반하는 장치 독립비트맵** 표현을 위한 구조체로, BMP파일의 영상헤드(BITMAPINFOHEADER)와 팔레트(RGBQUAD)정보를 포함하고 있음에 주목하자. 구조체의 멤버로써, BMP의 영상헤드 정보를 가지는 bmiHeader와 팔레트값을 저장하는 bmiColors가 있다는 것을 알 수 있다.

CWinTestView 클래스의 생성자에서 BITMAPINFO 구조체의 포인트변수를 메모리 할당해서 사용하였으므로 소멸자에는 할당된 메모리를 해제시켜주는 명령을 삽입한다.

리스트 4-6 뷰 클래스 소멸자(destructor)에 메모리 해제부 추가

```
01 CWinTestView::~CWinTestView()
02 {
03     free(BmInfo);
04 }
```

마지막으로 OnDraw()함수 내에 위 [리스트 4-7]의 코드를 삽입한다. 삽입된 코드에 대한 상세한 설명은 아래와 같다.

리스트 4-7 고속화면출력을 위한 OnDraw함수의 작성

```
01 void CWinTestView::OnDraw(CDC* pDC)
02 {
03     CWinTestDoc* pDoc = GetDocument();
04     ASSERT_VALID(pDoc);
05     // TODO: add draw code for native data here
06 
07     // 배열을 아래위가 반전된 형태로 만든다 원 영상(m_InImg)의 화면출력
08     for(int i=0; i<height; i++)
09         for(int j=0; j<width; j++) m_RevImg[i][j]=pDoc->m_InImg[height-i-1][j];
10 
11     SetDIBitsToDevice(pDC->GetSafeHdc(),0,0,width,height,
12                         0,0,0,height,m_RevImg,BmInfo, DIB_RGB_COLORS);
13 
14     // 처리한 결과영상(m_OutImg)의 화면출력을 위한 부분
15     for(i=0; i<height; i++)
```

```
16      for(int j=0; j<width; j++) m_RevImg[i][j]=pDoc->m_OutImg[height-i-1][j];
17
18    SetDIBitsToDevice(pDC->GetSafeHdc(),300,0,width,height,
19                      0,0,0,height,m_RevImg,BmInfo, DIB_RGB_COLORS);
20 }
```

➡ **3행** OnDraw()함수는 CWinTestView 클래스의 멤버함수이며 이 함수 내에서 CWinTest-Doc의 멤버 배열인 m_InImg와 m_OutImg 배열을 사용하려 하고 있다. 따라서, 도큐먼트 클래스 인스턴스의 포인트를 가져와야 이러한 데이터를 참조할 수가 있다.

➡ **4행** 가져온 포인트가 유효한지를 검사하는 함수이다. 가져온 포인트가 NULL이 되는지를 체크한다. 이 함수는 MFC의 Release 모드에서는 동작하지 않는다.

➡ **9행** 비트맵의 영상데이터는 영상정보가 상하가 반전되어 들어있다. 이러한 반전영상을 만들기 위해 m_RevImg 배열을 사용하고 있다.

➡ **11행** SetDIBitsToDevice()함수를 사용하여 영상을 화면의 특정 영역에 출력한다. 여기서는 원본 입력 영상을 화면에 출력한다.

➡ **16행** 처리된 결과영상을 출력하기 위해 영상의 상하를 반전시켜준다.

➡ **18행** 결과영상을 화면에 출력한다. 가로방향으로 300픽셀만큼 오프셋을 주어 화면을 출력하고 있다.

OnDraw()함수를 살펴보면 영상의 화면출력을 위해 SetPixel 함수 대신에 새로운 함수인 <SetDIBitsToDevice>함수를 사용하고 있음을 알 수 있다. SetDIBitsToDevice()는 장치 독립 비트맵 영상데이터를 화면의 특정한 영역에 출력하기 위한 함수이다. 이 함수의 파라미터들은 다음과 같다.

```
int SetDIBitsToDevice(
   HDC hdc,                          // DC에 대한 핸들
   int XDest,                        // 출력할 영상영역의 왼쪽 위 x좌표
   int YDest,                        // 출력할 영상영역의 왼쪽 위 y좌표
   DWORD dwWidth,                    // 영상의 가로 폭(픽셀 단위)
   DWORD dwHeight,                   // 영상의 높이(픽셀 단위)
   int XSrc,                         // 출력할 소스영상의 왼쪽-아래 x좌표
   int YSrc,                         // 출력할 소스영상의 왼쪽-아래 y좌표
   UINT uStartScan,                  // 배열에서 출력할 첫 번째 스캔 라인
   UINT cScanLines,                  // 출력할 스캔 라인의 수
   CONST VOID *lpvBits,              // 영상데이터(장치 독립 비트맵의 비트 배열)
   CONST BITMAPINFO *lpbmi,          // 영상데이터의 비트맵 정보
```

```
    UINT fuColorUse                    // RGB 또는 팔레트 정보
);
```

BITMAPINFO는 BMP파일 포맷의 헤드부에서 BITMAPFILEHEADER만을 제거한 것과 같다. 따라서 영상헤드인 BITMAPINFOHEADER와 팔레트 RGBQUAD만을 가진 구조체이다.

5. MFC프로그램의 구조

앞에서 WINDOWS 애플리케이션 프로그램을 작성하는 방법이 크게 SDI 구조, MDI 구조, 그리고 Dialog 기반 구조의 세 가지로 구분된다는 것을 살펴보았다. 영상처리 프로그램도 유사하게 세 가지 구조 중의 한 가지로 작성할 수 있다. 여기에서는 MFC 프로그래밍의 중요한 두 가지 구조인 SDI 구조와 MDI 구조의 내부에 대해 살펴보는 기회를 갖도록 하겠다. 먼저, MFC 프로그램의 구조에 대해 간단히 살펴보자.

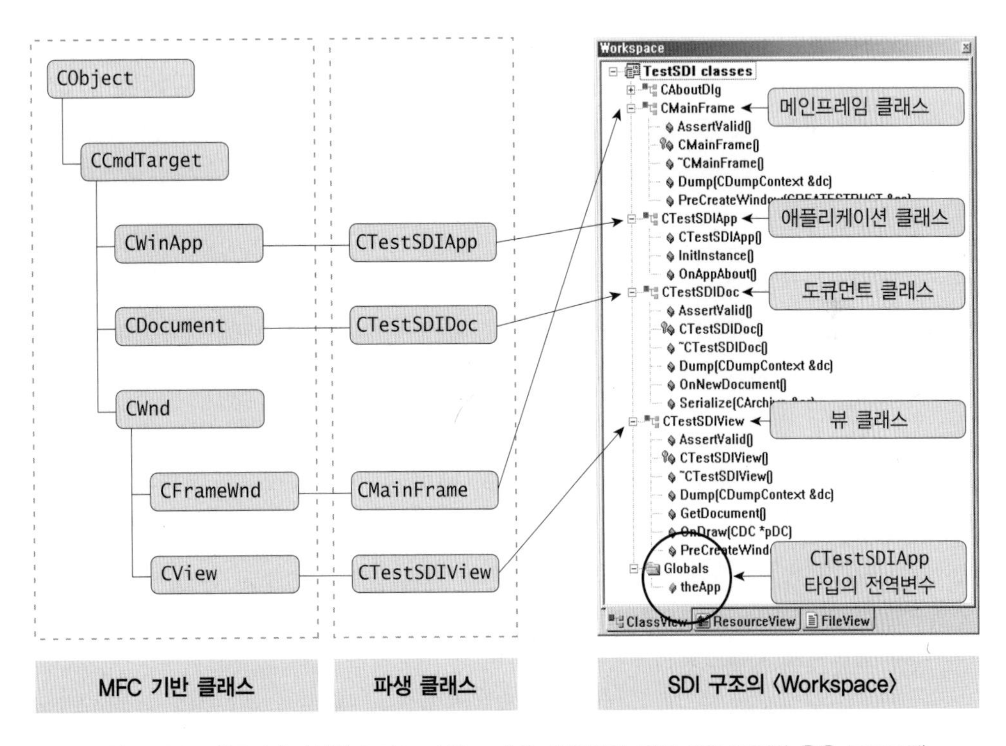

그림 4-36 애플리케이션위자드(AppWizard)를 이용하여 만든 SDI 구조의 응용 프로그램

MFC를 사용하여 응용프로그램을 만들기 위해서는 MFC의 애플리케이션위자드(AppWizard)를 사용하여 프로그램의 기본 뼈대를 만든다. 애플리케이션위자드는 MFC

의 기반 클래스로부터 상속을 받아 프로그램을 이루는 중요한 몇 가지의 클래스들을 자동으로 생성시킨다. 즉, 애플리케이션위자드는 사용자가 실제로 단 한 줄도 코딩하지 않아도 실행되는 기본적인 프로그램의 골격을 완성시켜 준다. 상속을 통해 우리는 MFC 기반 클래스인 부모 클래스가 가지고 있는 많은 강력한 함수들을 그대로 이어받아 사용할 수 있다.

[그림 4-36]은 마법사(AppWizard)를 이용해 만든 SDI 구조의 응용 프로그램을 보여준다. MFC 기반 클래스에서 상속된 파생 클래스에는 SDI 구조를 이루는 프로그램의 중요한 4개 클래스가 있다. <Mainframe 클래스>, <Document 클래스>, <View 클래스>, 그리고 이 세 가지 클래스를 연결해주는 <Application 클래스>이다. 이들 중에서 프로그램의 뼈대를 만드는 애플리케이션 클래스가 프로그램의 핵심부이다.

```
CTestSDIApp theApp;
```

애플리케이션 클래스의 상위 클래스인 <CWinApp>클래스는 프로그램을 구동시켜주는 부분을 가지고 있다. [그림 4-36]에서 <Workspace>의 맨 아래부분을 보면 전역변수 <theApp>가 보이는데 이 변수는 프로그램에서 유일한 전역변수이며 애플리케이션 클래스변수이다. 클래스는 그 자체로는 의미가 없다. 붕어빵을 찍어내는 틀에 불과하다. 인스턴스(instance)를 생성해야 실체가 생성되어 실제로 그 클래스를 사용할 수 있게 된다. 전역변수의 인스턴스는 프로그램이 실행되는 동시에 생성되었다가 프로그램이 종료되면서 소멸된다.

따라서 프로그램 실행이란 `CWinApp` 클래스에서 상속받은 클래스인 `CTestSDIApp` 클래스의 인스턴스를 하나 생성시키는 것이 전부이다. 이 클래스에서 메인프레임과 뷰 윈도우 등 다른 클래스들의 인스턴스를 생성시키고 프로그램을 구동시키며, 메시지를 뿌리는 일들을 해준다.

프로그램 실행과정이란 전역변수인 `CWinApp` 파생 클래스 `CTestSDIApp`의 전역변수인 `theApp`를 만들어 주고 이 인스턴스의 멤버함수를 C 프로그램에서 `main` 함수 역할을 하는 `WinMain` 함수에서 차례로 호출한다고 보면 된다.

1 프로그램 실행구조

C프로그램은 프로그램의 시작부로 `main()`을 가지고 있다. Windows 프로그램에서는 `WinMain` 함수를 가지고 있다. 실제로는 사용자가 AppWizard를 사용하여 응용 프로그램을 만들기 때문에 `WinMain` 함수를 직접 작성하지는 않는다. 이것은 클래스 라이버러리 형태로 숨겨져서 제공되고 프로그램이 동작할 때 자동으로 호출된다. Visual-C++의 소스 디렉토리에서 <winmain.cpp>파일을 참조하라.

WinMain 함수는 윈도우 클래스들을 등록하고 프로그램의 초기화, 수행, 종결 등을 담당한다. 사용자는 WinMain이 호출하는 CWinApp 멤버함수들을 오버라이딩(overriding)함에 의해 사용자 고유의 필요한 프로그램을 작성할 수 있다. [그림 4-36]에서 CWinApp 클래스의 파생 클래스인 CTestSDIApp 클래스의 InitInstance 함수는 오버라이딩된 함수의 하나이다.

SDI 타입의 MFC프로그램 실행단계

```
01 #include <stdafx.h>              // c코드에서 stdio.h, 윈도우 API프로그램에서 windows.h에 대응
02
03 CTestSDIApp theApp;               // 유일한 전역변수의 선언, CWinApp의 파생 클래스 객체
04
05 WinMain()                         // C 프로그램의 main()함수에 해당됨
06 {
07     …
08     theApp->InitApplication();    // 윈도우 클래스 등록
09     theApp->InitInstance();       // CTestSDIApp멤버함수 호출:
10                                   // 애플리케이션 인스턴스를 초기화, 윈도우 생성
11
12     theApp->Run();                // CWinApp멤버함수 호출:
13                                   // 메시지 루프를 돌면서 프로그램이 실행되는 동안
14                                   // 각종 메시지들을 처리함
15 }
```

➡ **3행** 프로그램이 시작되기 전에 먼저 전역변수인 CTestSDIApp 클래스변수인 전역변수인 theApp 객체가 선언된다. 전역변수이기 때문에 WinMain이 시작되기 전에 미리 생성되게 된다.

➡ **9행** WinMain 함수 내에 InitInstance 함수가 호출되어 실행되는데 이 함수는 전역객체 theApp의 멤버함수이다. 이 멤버함수는 CWinApp 클래스의 멤버함수를 파생 클래스인 CTestSDIApp에서 오버라이딩한 멤버함수로 멤버함수 내부에 프로그램의 초기화에 관련된 명령들이 들어간다. 창을 만들고 등록하여 화면에 띄우는 중요한 역할을 수행한다. 이 함수에서 FALSE를 반환하면 프로그램이 시작되지 못하고 종결하게 된다. 사용자는 개인적으로 필요한 프로그램 초기화 관련부분을 오버라이딩된 이 InitInstance 함수 내에 직접 코딩해주면 된다. 물론 오버라이딩된 InitInstance 함수는 이미 만들어져 있으므로 필요한 코드를 추가해주는 것만으로도 충분하다. 오버라이딩(overriding)이란 상위 클래스(부모 클래스)의 마음에 들지 않는 멤버함수를 하위(자식) 클래스에서 새로운 함수로 작성하여 기능을 추가하거나 변경하는 것을 의미한다.

➡ **12행** 프로그램이 실행되는 대부분의 시간을 여기서 차지한다. 순환(while)루프를 돌면서 윈도우에서 발생하는 각종 메시지(Messages)를 처리한다. 프로그램 실행동안 사용자가 발생시키는 각종 명령은 메시지 형태로 메시지 큐(Queue)에 저장된다. 루프를 돌면서 메시지 큐에 쌓여있는 메시지를 읽어와 차례로 처리한다. 큐로부터 `WM_QUIT`를 받을 때까지 계속 반복된다. 사용자가 윈도우 종결 명령(`WM_QUIT`)을 내렸을 때 `Run` 함수의 루프를 빠져 나와 `ExitInstance` 함수를 호출한 후, `WinMain` 함수로 되돌아 온 후, 프로그램은 종결되게 된다.

Tip | 윈도우 프로그램의 동작

- 윈도우를 등록(InitApplication)
- 윈도우를 생성(InitInstance)
- while(루프)문을 돌면서 사용자 입력인 이벤트(event)를 처리함(Run).

※ 이벤트(event): 마우스의 움직임, 버튼클릭, 키보드 입력 등이 윈도우 메시지(Windows message) 형태로 발생하는 것을 가리킴.

프로그램이 시작하면서 `WinMain`은 `InitApplication()`함수에서 윈도우 클래스를 등록하고 애플리케이션 객체의 멤버함수인 `InitInstance`함수를 호출한 후, 메시지 루프를 실행시키기 위해 `Run` 멤버함수를 호출한다. 메시지 루프를 도는 동안 프로그램에서 발생하는 다양한 메시지들에 대하여 이 메시지에 연결된 함수들을 호출하여 동작시키게 된다. 프로그램이 종결 시 루프를 종결하고 `Run`함수는 애플리케이션 객체의 `ExitInstance` 멤버함수를 호출한다.

윈도우 프로그램의 실행구조를 더 자세히 알고 싶다면 Windows **API**(Application Programming Interface)를 공부할 것을 권한다.

2 SDI 구조

SDI구조는 세 가지 클래스를 주요 구성요소로 결합함에 의해 형성되는 구조를 가지고 있다. 메인프레임(Mainframe)과 뷰(View) 윈도우, 그리고 도큐먼트(Document) 세 부분이 합쳐져서 하나의 템플릿(Template)을 이루며 이 템플릿을 화면에 나타냄으로써 표현되는 구조이다. 각 구성요소의 기능은 아래와 같다. 화면출력 ❹는 ❶, ❷, ❸의 세 가지 내부 구성 요소들을 결합해 화면에 출력하는 구조로 이루어져 있다.

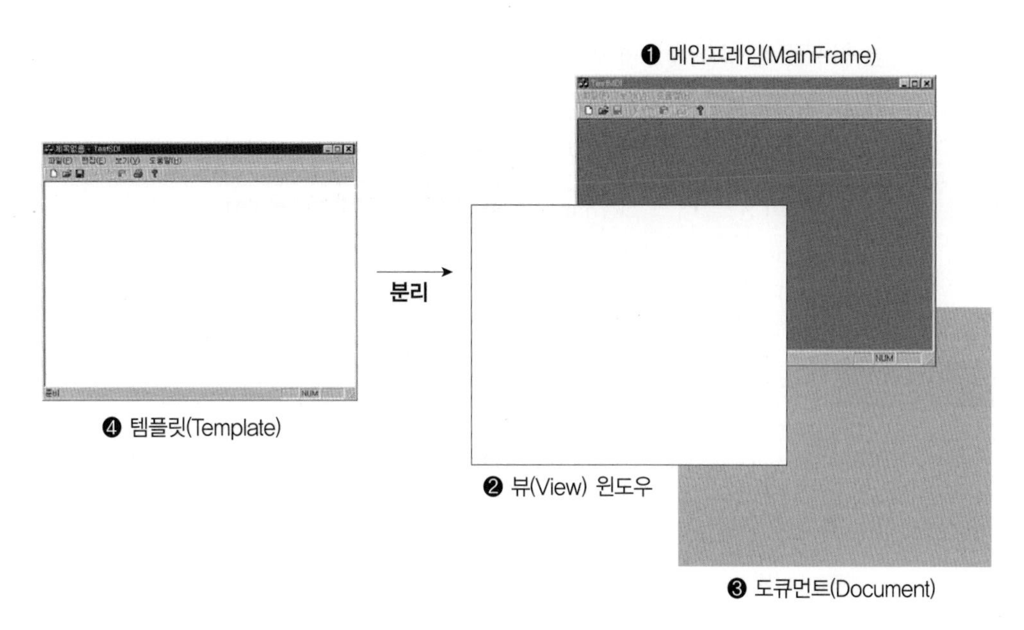

그림 4-37 SDI형 MFC 프로그램의 구조

이 템플릿을 분리시키면 [그림 4-37]의 오른쪽의 구성요소로 분할된다. 각 구성요소의 내용은 다음과 같다.

❶ **메인프레임**(**MainFrame**): 윈도우의 외각을 둘러싸는 경계이며 메뉴, 툴바, 상태바 등을 다른 자식 윈도우로 가지고 있는 외각 프레임 윈도우이다. 내부에 View 윈도우가 있다. 모든 자식 윈도우를 포함하고 있는 부모 윈도우이다.

❷ **뷰**(**View**) 윈도우: 실제 화면출력을 담당하는 윈도우로서 문자출력, 영상출력, 그래픽출력 등을 담당한다. 프로그램이 가진 데이터를 화면에 출력한다.

❸ **도큐먼트**(**Document**): 눈에 보이지는 않지만 View와 쌍이 되어 데이터를 디스크에서 읽고, 저장하는 기능을 하는 클래스. 데이터는 도큐먼트 클래스가 가지고 있으며 이 데이터의 표시는 뷰가 담당하는 구조이다.

❹ **템플릿**(**Template**): 메인프레임, 뷰, 도큐먼트가 합쳐져 하나의 템플릿을 이룬다. 화면에 출력되는 것은 이 세 가지가 합쳐진 하나의 템플릿 형태가 된다.

실제로 SDI 구조의 구성요소 확인을 위해 "TestSDI"라는 이름으로 SDI에 기반하고 있는 프로젝트를 AppWizard를 이용하여 만들면 생성되는 클래스들은 아래와 같이 주어진다.

클래스	설명	생성된 파일 및 헤드 이름
CMainFrame	❶ 메인프레임 클래스	MainFrm.cpp / MainFrm.h
CTestSDIView	❷ 뷰 클래스	TestSDIView.cpp / TestSDIView.h
CTestSDIDoc	❸ 도큐먼트 클래스	TestSDIDoc.cpp / TestSDIDoc.h
CTestSDIApp	❹ 애플리케이션 클래스	TestSDI.cpp / TestSDI.h

표에서 볼 수 있는 것처럼 3개의 주요 클래스가 생기는데 각각은 [그림 4-37]의 내부 구성 요소 각각에 대응한다. 메인프레임, 뷰, 도큐먼트의 세 클래스들을 묶어서 템플릿으로 포함하는 애플리케이션(Application) 클래스가 CTestSDIApp이다.

애플리케이션 클래스 CWinApp의 파생 클래스인 CTestSDIApp 클래스의 멤버함수인 InitInstace 함수를 보면 메인프레임, 뷰, 도큐먼트의 세 클래스를 묶어 등록해주는 부분을 확인 할 수 있다.

리스트 4-8 CWinApp 파생 애플리케이션 클래스의 InitInstance 함수 내부

```
01 BOOL CTestSDIApp::InitInstance()
02 {
03    …
04
05    // 애플리케이션의 도큐먼트 템플릿을 등록
06    // 도큐먼트 템플릿은 프레임윈도우, 도큐먼트, 뷰 사이를 상호 연결해 주는 역할을 한다
07    CSingleDocTemplate* pDocTemplate;
08    pDocTemplate = new CSingleDocTemplate(
09    IDR_MAINFRAME,
10       RUNTIME_CLASS(CTestSDIDoc),
11       RUNTIME_CLASS(CMainFrame),
12       RUNTIME_CLASS(CTestSDIView));
13    AddDocTemplate(pDocTemplate);
14
15    // 도큐먼트 객체와 메인프레임 및 뷰 객체를 생성시켜주는 부분
16    // 등록한 템플릿을 이용하여 CTestSDIDoc와 CMainFrame 클래스 객체 생성
17    // 생성 후, CWinApp멤버인 m_pMainWnd에 CMainFrame의 인스턴스 대입
18    ProcessShellCommand(cmdInfo);
19    …
20
21    return TRUE; // 여기서 FALSE를 리턴하면 프로그램은 시작되지 않는다
22 }
```

Tip | SDI 프로그램의 생성과정

❶ InitInstance()의 ProcessShellCommand()가 호출되면

❷ CWinApp::OnFileNew()함수가 호출됨

이 함수는 파일열기 메뉴(ID_FILE_NEW)로도 호출됨

❸ 이 함수의 처리결과로 CTestSDIDoc / CMainFrame 인스턴스 생성

❹ CMainFrame 객체가 생성될 때 호출되는 OnCreate()에서 child 윈도우 클래스인 CTestSDIView 생성

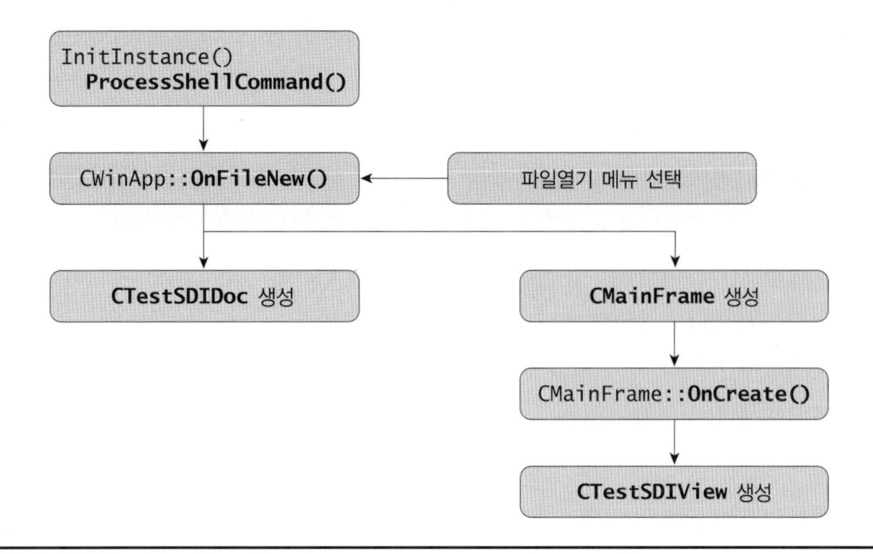

3 MDI 구조

MDI 구조는 메인프레임 내부에 독립적인 여러 개의 템플릿을 가지고 있으며 SDI 구조와는 다르게 템플릿의 구성요소는 자식프레임(ChildFrame), 도큐먼트, 뷰의 세 클래스가 된다. 메인프레임은 MDI 구조에서 독립적으로 설정된다.

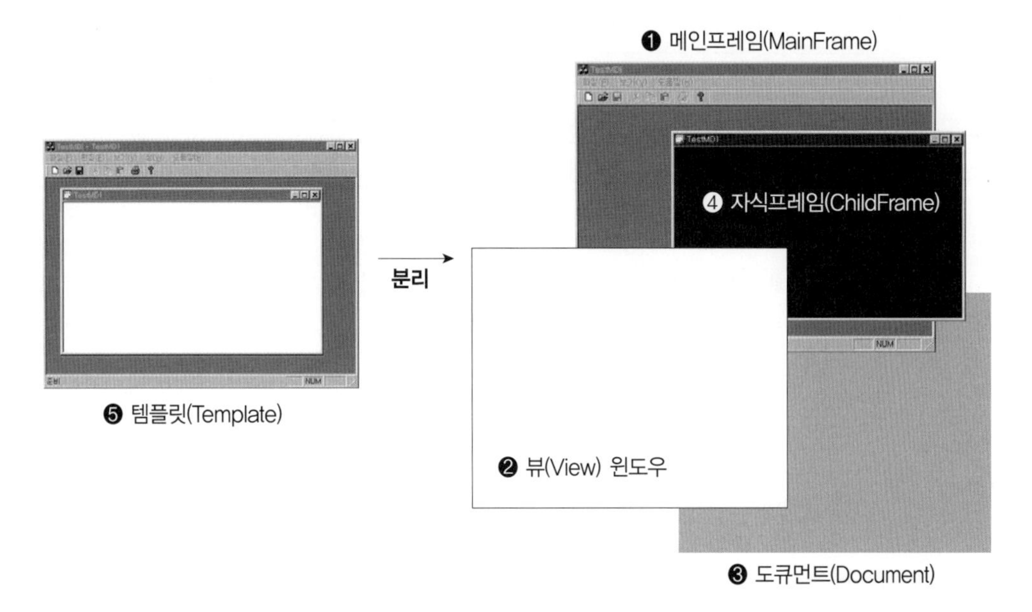

그림 4-38 MDI형 MFC 프로그램의 구조

❶ **메인프레임(MainFrame)**: 윈도우의 외각을 둘러싸는 경계로 메뉴, 툴바, 상태바 등을 다른 자식 윈도우로 가지고 있는 외각프레임 윈도우이다. 내부에 여러 개의 템플릿을 가질 수 있다.

❷ **뷰(View)** 윈도우: 실제 화면처리를 담당하는 윈도우로서 문자출력, 영상출력, 그래픽출력 등을 담당한다. 프로그램이 가진 데이터를 여기서 화면에 출력한다.

❸ **도큐먼트(Document)**: 눈에는 보이지 않으며 View와 쌍이 되어 데이터를 디스크에서 읽고, 처리하고, 저장하는 기능을 하는 클래스이다. 데이터는 도큐먼트가 처리하며 이 데이터의 표시는 뷰가 담당한다.

❹ **자식프레임(ChildFrame)**: SDI 구조의 메인프레임 역할을 MDI 구조에서는 자식프레임이 대신한다. 메인프레임 내부에 있는 자식창의 프레임이다.

❺ **템플릿(Template)**: 자식프레임, 뷰, 도큐먼트가 합쳐져 하나의 템플릿을 이룬다. 메인프레임 내에서 이 템플릿이 여러 개 출력되는 것이 가능하다.

"TestMDI"라는 이름으로 MDI에 기반하고 있는 프로젝트를 AppWizard를 이용하여 만들면 생성되는 클래스들이 아래와 같다.

클래스	설명	생성된 파일 및 헤드 이름
CMainFrame	❶ 메인프레임 클래스	MainFrm.cpp / MainFrm.h
CTestMDIView	❷ 뷰 윈도우 클래스	TestMDIView.cpp / TestMDIView.h
CTestMDIDoc	❸ 도큐먼트 클래스	TestMDIDoc.cpp / TestMDIDoc.h
ChildFrame	❹ 자식프레임 클래스	ChildFrm.cpp / ChildFrm.h
CTestMDIApp	❺ 애플리케이션 클래스	TestMDI.cpp / TestMDI.h

5개의 클래스가 생기는데 각각은 [그림4-38]에서의 다섯 가지 구성요소에 대응한다. SDI 구조와는 달리 자식프레임, 뷰와 도큐먼트 클래스들을 묶어서 이것을 템플릿으로 하고, 다수의 템플릿을 포함하는 메인프레임 클래스가 `CMainFrame`이다. 이 모든 것을 포함하는 것이 애플리케이션 클래스이다. 파생 애플리케이션 클래스인 `CTestMDIApp` 클래스의 `InitInstance` 멤버함수 내부를 보면 자식프레임, 도큐먼트, 뷰 사이를 상호 연결해주는 부분이 있다.

리스트 4-9 MDI 구조에서의 파생 애플리케이션 클래스 멤버함수 **InitInstance**

```
01 BOOL CTestMDIApp::InitInstance()
02 {
03     ...
04
```

```
05      // 애플리케이션의 도큐먼트 템플릿을 등록
06      // 도큐먼트 템플릿은 자식프레임, 도큐먼트, 뷰 사이를 상호 연결해주는 역할을 함
07      CMultiDocTemplate* pDocTemplate;
08      pDocTemplate = new CMultiDocTemplate(
09         IDR_TESTMDTYPE,
10         RUNTIME_CLASS(CTestMDIDoc),
11         RUNTIME_CLASS(CChildFrame),  // custom MDI child frame
12         RUNTIME_CLASS(CTestMDIView));
13      AddDocTemplate(pDocTemplate);
14
15      // 도큐먼트 객체와 메인프레임 및 뷰 객체를 생성시켜주는 부분
16      …
17
18      return TRUE;
19  }
```

4 클래스 객체끼리의 데이터 주고 받기

TestMDI 프로그램에서 클래스 객체간에 정보를 주고받기 위한 개념도가 [그림 4-39]에 주어져 있다. 메인프레임 클래스는 "MainFrm.cpp/MainFrm.h" 코드 내에 있는 CMainFrame 클래스이고 이 클래스에 의해 형성된 객체가 통신의 주체가 된다. 마찬가지로 도큐먼트 클래스는 "TestMDIDoc.h/TestMDIDoc.cpp" 코드 내에 주어진다. "TestMDIView.h/TestMDIView.cpp"에는 뷰와 관련된 클래스 및 객체가 있다. 뷰(CTestMDIView) 객체에서 도큐먼트(CTestMDIDocument) 객체가 가지고 있는 영상데이터를 화면에 출력하기 위해 [그림 4-39]에 보여진 것처럼 GetDocument 함수를 이용하여 도큐먼트 객체에 있는 영상데이터를 가져올 수 있어야 한다. TestMDIView 클래스의 OnDraw함수 내에서 이 기능을 확인할 수 있다. [리스트 4-10]의 코드에서 이 부분을 확인할 수 있다.

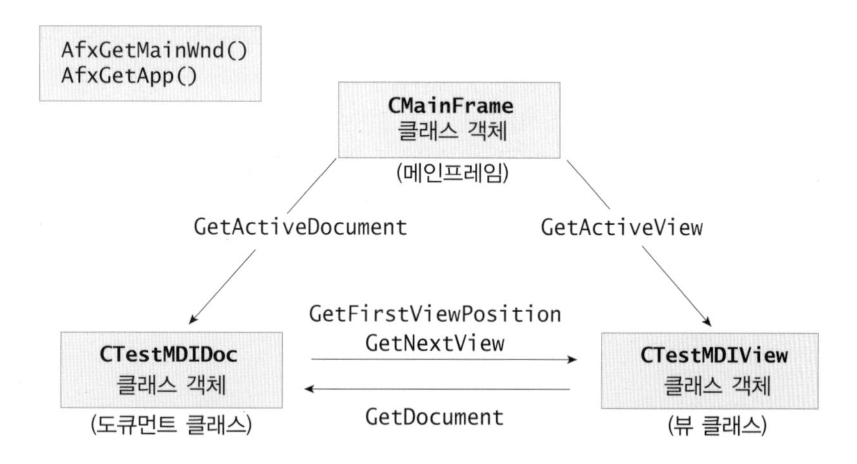

그림 4-39 "TestMDI" 프로젝트에서 클래스 객체간 통신

리스트 4-10 뷰 클래스에서 도큐먼트 클래스의 데이터 가져오기

```
01 void CWinTestView::OnDraw(CDC* pDC)
02 {
03    CWinTestDoc* pDoc = GetDocument();
04    ASSERT_VALID(pDoc);
05
06    // TODO: add draw code for native data here
07    for(int i=0; i<256; i++)
08    {
09       for(int j=0; j<256; j++)
10       {
11          unsigned char InVal= pDoc->m_InImg[i][j];
12          unsigned char OutVal= pDoc->m_OutImg[i][j];
13
14          pDC->SetPixel(j,i,RGB(InVal,InVal,InVal));
15          pDC->SetPixel(j+300,i,RGB(OutVal,OutVal,OutVal));
16       }
17    }
18 }
```

➡ **3행** 도큐먼트 인스턴스의 주소를 얻어오는 부분

➡ **11, 12행** 처리 전 영상과 처리된 결과를 나타내는 m_InImg과 m_OutImg 영상을 나타내는 멤버 배열은 둘 다 도큐먼트 클래스의 멤버이다. 뷰 클래스에서 이 멤버들을 사용하기 위해서는 도큐먼트 클래스의 인스턴스를 얻어와 이를 이용해 두 멤버 데이터를 참조해야 한다.

AfxGetMainWnd함수는 메인프레임 클래스의 인스턴스 포인트를 알려주는 역할을 한다. 전역함수이므로 프로그램 어디에서나 호출하여 사용할 수 있다. AfxGetApp함수도 CWinApp 파생 클래스의 인스턴스 포인트를 반환해주는 함수로 전역함수이다. MFC 제공 함수들이 Afx~로 시작할 경우 이 함수는 전역함수라는 의미이다. 유사한 경우로 소문자 afx~로 시작하면 전역변수의 의미이다. 해당 클래스의 인스턴스 포인트를 이러한 함수들을 통해 얻고 이 포인트값으로 내부 멤버 데이터나 함수에 접근하는 것이 가능하다.

연습문제

1. MFC에서 도큐먼트 클래스, 뷰 클래스를 나눈 이유가 무엇인지 쓰시오.

2. 3장의 2번 문제의 코드를 이용하여 다양한 크기의 raw파일을 읽고 영상이 화면에 출력되도록 MFC 프로그램을 작성하시오.

3. 두 개의 raw파일을 읽고 두 영상을 화면 왼쪽, 오른쪽에 출력하는 MFC 프로그램을 작성하시오.

4. 3장의 bmp파일을 읽는 코드를 이용하여 MFC에서 bmp파일을 읽고 화면에 출력하는 프로그램을 작성하시오.

5. MFC에서 bmp파일을 읽고 쓸 수 있는 기능의 클래스를 새로 만들어 추가하시오.

6. Windows API 프로그래밍을 사용하여 SDI 구조의 윈도우를 프로그램해보고 MFC 코드와 비교해보시오.

05 포인트 처리

포인트 처리는 영상처리에서 가장 기본이 되는 기법이다. 영상처리에 생소한 초보자도 포인트 처리로 간단하고 쉽게 영상처리를 시작할 수 있다. 영상처리라는 것이 사용자가 영상데이터를 읽고 처리하여 변환시키는 작업으로 볼 때, 포인트 처리는 화소(또는 픽셀)들의 집합으로 이루어진 영상데이터에 접근하기 위한 기초 단계라 할 수 있다.

한마디로 포인트 처리는 영상데이터에 대한 사용자 접근의 시작이다. 포인트 처리는 단순하지만 강력한 기능을 수행하며 특히 영상을 취급하는 디지털 전자기기에 관련된 응용분야에 많이 적용되는 기법이다. 포인트 처리란 수많은 픽셀(pixel)들로 이루어진 영상에서 하나하나의 단위픽셀 각각을 독립적으로 연산하는 것을 말한다.

1. 픽셀단위의 산술 연산

아래에 8 × 8의 작은 크기의 영상이 하나 있다고 가정하고 영상 내부에 존재하는 각각의 픽셀밝기값을 산술 연산으로 변화시킨다고 하자.

20	20	20	20	20	20	20
50	50	60	60	60	60	60
50	50	60	70	70	70	60
60	60	60	70	70	80	70
60	70	70	70	80	80	70
70	80	70	80	80	90	80
80	80	80	80	90	90	90

그림 5-1 작은 크기의 샘플 영상

이 영상의 4 × 4번째 위치 픽셀밝기값은 70이다. 이 픽셀값에 30이라는 값을 더하면 새로운 픽셀값은 100이 되며, 변화된 픽셀의 밝기값은 30만큼 더 커지게 된다. 이처럼 픽셀의 덧셈처리에서는 기존의 70을 새로운 픽셀값 100으로 만들기 위해 4 × 4위치에 있는 픽셀값 하나만을 사용하였는데 이러한 연산이 바로 포인트 처리이다. 만일 100이라는 새로운 값을 만들기 위해 엷은 색으로 표시한 것처럼 인접하는 8점을 (평균 등을 통해) 동시에 사용했다면 이것은 점 처리가 아니라 인접영역에 기반한 커널(kernel)기반 영상처리가 된다.

1 상수값에 의한 산술 연산

픽셀단위의 산술 연산은 각각의 픽셀값에 덧셈, 뺄셈, 곱셈, 나눗셈의 사칙연산을 적용할 수 있으며 산술 연산 시 상수값을 더하거나 빼는 것처럼 각각 픽셀의 밝기값에 상수값을 더하거나 빼 새로운 영상을 형성하는 처리 방법이다.

덧셈 연산	OutImg[x][y] = InImg[x][y] + C_1
뺄셈 연산	OutImg[x][y] = InImg[x][y] - C_2
곱셈 연산	OutImg[x][y] = InImg[x][y] * C_3
나눗셈 연산	OutImg[x][y] = InImg[x][y] / C_4

여기서 C1~C4는 임의의 상수값이며 0~255 사이의 적당한 값을 선정할 수 있다. InImg[x][y]는 원본영상이다. 흑백영상은 0~255 사이의 값만을 저장하므로 상수값을 이용한 산술 연산 후에 OutImg[x][y]에 저장될 결과값도 0~255 사이의 값이 되어야 한다. 클립핑(Clipping)을 이용하여 이 문제를 해결할 수 있다.

```
OutImg[x][y] = OutImg[x][y] > 255 ? 255 : OutImg[x][y];
OutImg[x][y] = OutImg[x][y] < 0 ? 0 : OutImg[x][y];
```

위의 두 명령은 연산의 결과값이 0과 255 사이가 되어야 하는 것을 나타내고 있다. 위의 명령들을 다시 C언어로 풀어 쓰면 다음과 같은 모양이 된다.

```
if(OutImg[x][y] > 255) OutImg[x][y]=255; else OutImg[x][y]=OutImg[x][y];
if(OutImg[x][y] <   0) OutImg[x][y]=  0; else OutImg[x][y]=OutImg[x][y];
```

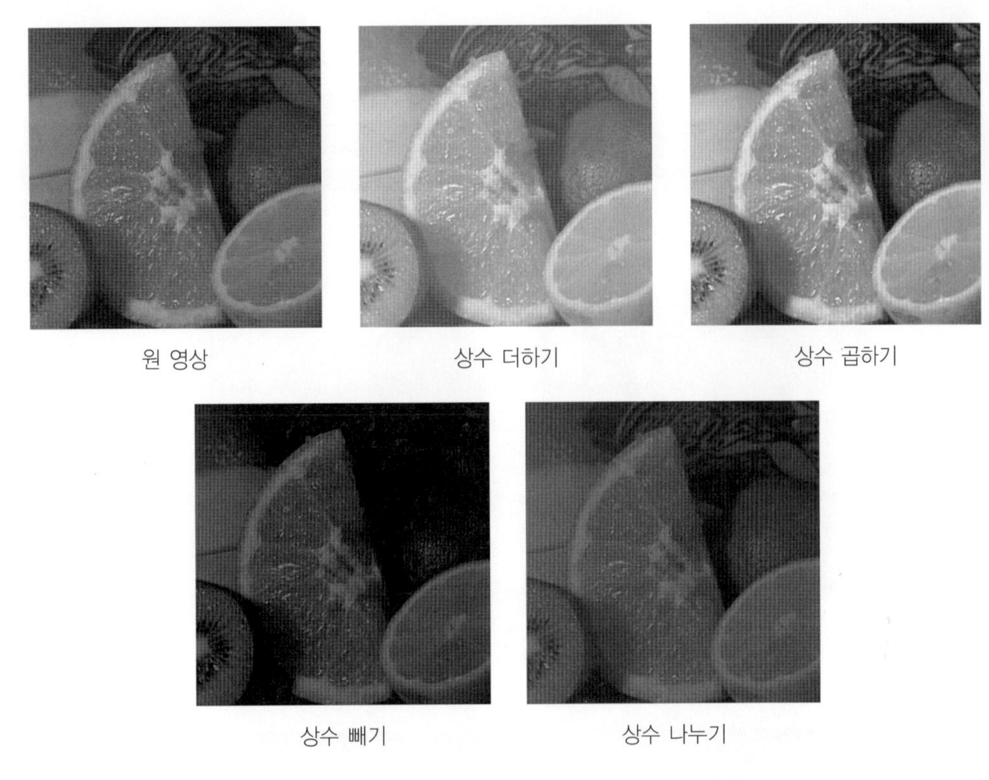

그림 5-2 (a) 원 영상(original image) (b) 원 영상+60
(c) 원 영상*1.4 (d) 원 영상-60 (e) 원 영상/1.4

Tip | 상수에 의한 산술 연산의 효과

원 입력영상에 일정한 값인 상수를 산술 연산할 경우 더하기와 곱하기의 결과가 비슷하고 빼기와 나누기 결과도 비슷하게 나타난다. 더하기와 곱하기 연산의 경우에는 둘다 원본영상데이터의 값을 증가 시켜주는 효과를 가진다. 더하기 연산이 모든 영상데이터를 일정한 값만큼 증가시키는데 반해 곱하기의 경우는 원래 작은 값은 작게 증가시키고 큰 값은 더 크게 증가 시켜 밝기의 대비(contrast)를 키우는 효과가 있다. 따라서 영상의 가시화가 더 좋아지는 효과를 낸다. 역으로 나눗셈은 빼기보다 대비를 더 크게 떨어뜨린다.

2 두 영상 사이의 산술 연산

서로 다른 두 영상 사이의 산술 연산은 프레임 연산(frame operation)이라고도 하며 실용적으로 많은 응용 예를 가질 수 있다. 프레임 연산은 서로 다른 "두" 영상의 픽셀값에 대한 산술 연산이다. 프레임 연산은 영상합성, 공장자동화문제에서 결함검사, 자동감시시스템의 침입자감지 등 많은 응용분야에서 사용될 수 있다. 프레임 연산을 위해서는 입력으로 두 개의 원본영상이 필요하다.

덧셈 연산	OutImg[x][y] = InImg1[x][y] + InImg2[x][y]
뺄셈 연산	OutImg[x][y] = InImg1[x][y] - InImg2[x][y]
곱셈 연산	OutImg[x][y] = InImg1[x][y] * InImg2[x][y]
나눗셈 연산	OutImg[x][y] = InImg1[x][y] / InImg2[x][y]

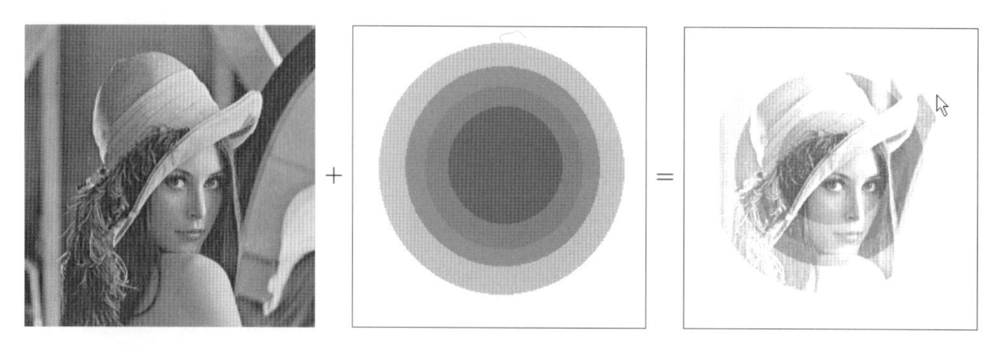

그림 5-3 서로 다른 두 영상의 합(SUM)

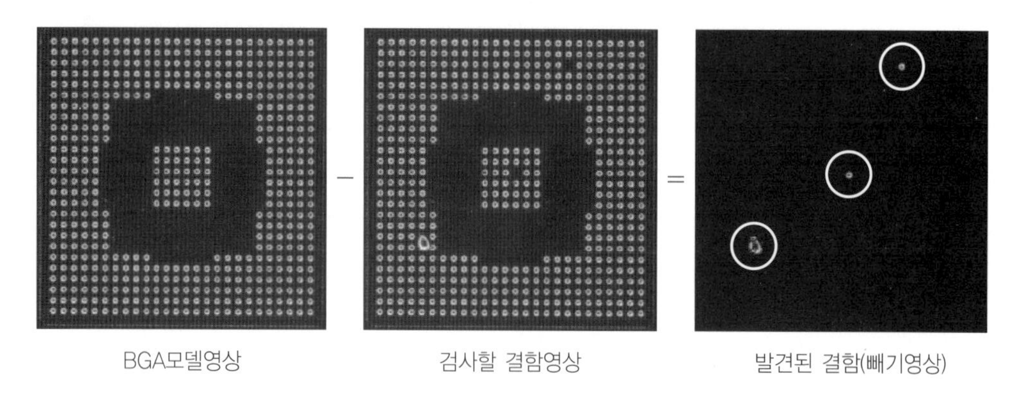

그림 5-4 빼기연산을 이용한 반도체칩(IC)의 BGA(Ball Grid Array)에서 불량 검사

그림 5-5 빼기연산을 이용한 움직임(침입자) 검출 예

[그림 5-3]은 서로 다른 두 영상 내 각각 대응 픽셀의 밝기값을 합해서 나온 결과영상을 보여주고 있다. 합한 후 픽셀의 밝기값이 255를 초과하는 경우는 모두 255값으로 둔 경우이다. [그림 5-4]는 CPU제작에서 많이 사용하는 BGA 타입의 반도체(IC)핀에서 발생한 핀 결함을 찾는 영상처리 예를 보여주고 있다. 핀이 없는 부분과 핀이 눌러붙어 있는 결함부분을 BGA모델영상을 사용해 두 프레임 간의 빼기연산으로 쉽게 찾을 수 있는 경우를 보여주고 있다. [그림 5-5]는 고정된 정지 카메라에서 특정물체(운동물체)가 나타났을 때 이것을 추출하여 보여주는 예를 나타낸다. 자동 침입자 감지 프로그램에 사용될 수 있다.

상수값에 의한 산술 연산에 사용되었던 상수값들 대신에 새로운 한 장의 입력영상이 사용되었다. 프레임간 연산은 하나의 출력영상을 만들기 위해 두 개의 입력영상이 필요하다. 마찬가지로 연산의 결과값은 0~255 사이의 값을 가져야 한다.

×
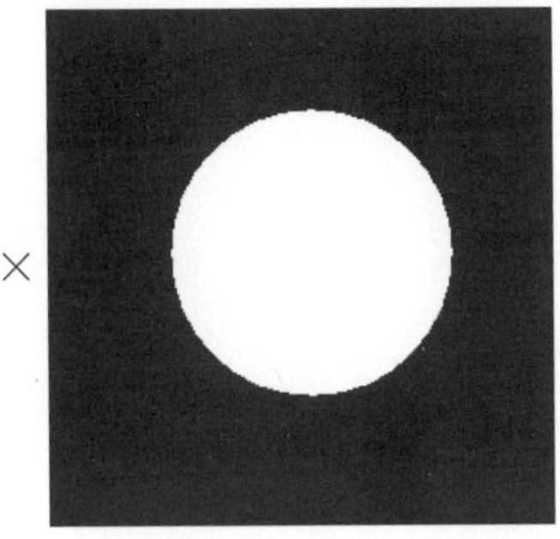
=

그림 5-6 두 영상의 곱셈 연산

3 룩업 테이블(Lookup table) 연산

룩업 테이블(Lookup Table: LUT)은 산술 연산을 고속으로 수행하기 위해 사용된다. 예를 들면 입력된 원 영상에 일정한 값을 곱해 영상의 대비를 증가시키는 연산을 행한다고 가정한다. 이러한 작업을 하는 프로그램은 다음과 같다.

리스트 5-1 상수 곱하기 연산의 경우

```
01 for( i=0; i<height; i++)
02 {
03    for( j=0; j<width; j++)
04    {
05       temp = (int)( InImg[i][j]*1.4);
06       OutImg[i][j]= temp > 255 ? 255 : temp;
07    }
08 }
```

이 프로그램을 살펴보면 출력영상 OutImg[i][j]을 얻기 위해 입력된 원 영상에 1.4의 값을 곱하는 작업을 영상에 존재하는 단위픽셀의 수(height*width)만큼 반복하여 수행하고 있음을 알 수 있다. 곱셈 연산은 프로그램의 속도 저하에 많은 영향을 준다. 따라서, 고속동작을 위한 프로그램 작성을 위해서는 미리 필요한 곱셈 연산을 계산하여 임의의 테이블에 저장해놓고 사용할 수 있다. 이러한 경우, 곱셈산술 연산의 결과는 미리 생성된 테이블(Lookup table: LUT)에서 저장된 하나의 값을 가져오는 것만으로 해결될 수 있으므로 곱셈 연산의 수를 크게 줄이고 그만큼 계산속도의 개선이 가능하다.

리스트 5-2 상수곱하기 연산을 LUT를 이용하여 실행하는 경우

```
01 unsigned char LUT[256]; // LUT로 사용할 메모리를 선언
02
03 // LUT값을 계산한다
04 for(i=0; i<256; i++)
05 {
06    int temp=(int)( i*1.4 );
07    LUT[i] = temp > 255 ? 255 : temp;
08 }
09
10 // LUT를 통하여 영상을 처리한다
11 for(i=0; i<height; i++)
12 {
13    for(j=0; j<width; j++) OutImg[i][j]=LUT[InImg[i][j]];
14 }
```

[리스트 5-1]과 [리스트 5-2]의 결과를 비교해보면 곱셈횟수가 height*width번에서 256번으로 줄었다는 것을 알 수 있다. 이것은 상당한 연산량의 감소이다.

2. Visual C++을 이용한 포인트 처리 연산의 구현

1 상수값 더하기의 구현

리소스 편집기로 이동하여 메뉴 리소스 내의 IDR_WINTESTYPE 메뉴를 선택한다. 메뉴가 출력되면 추가할 공백 메뉴 부분을 마우스로 두 번 클릭하자. 메뉴 아이템 대화상자가 출력된다.

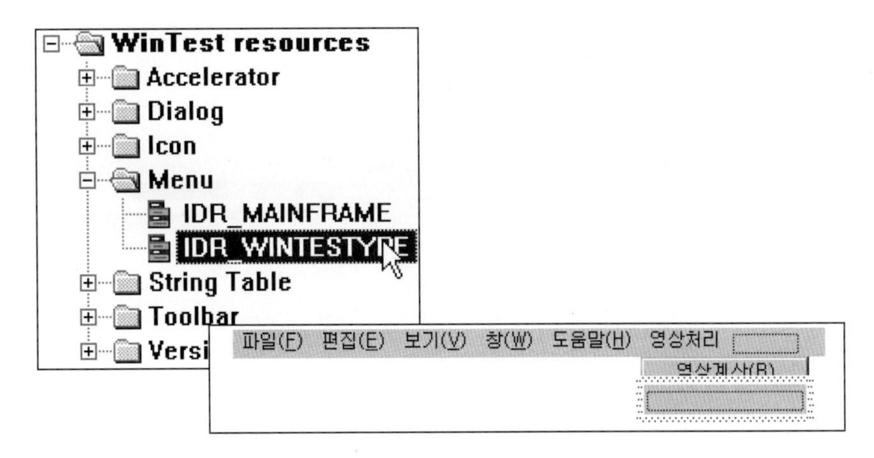

그림 5-7 〈Workspace〉에서 〈ResourceView〉

메뉴 아이템 대화상자에 아래 표와 같이 입력한다.

ID	IDM_CONST_SUB
Caption	상수값 더하기
Prompt	입력영상에 일정한 상수값을 더합니다.

Menu Item Properties
General | Extended Styles
ID: IDM_CONST_ADD Caption: 상수값 더하기
Separator Pop-up Inactive Break: None
Checked Grayed Help
Prompt: 입력영상에 일정한 상수 값을 더합니다.

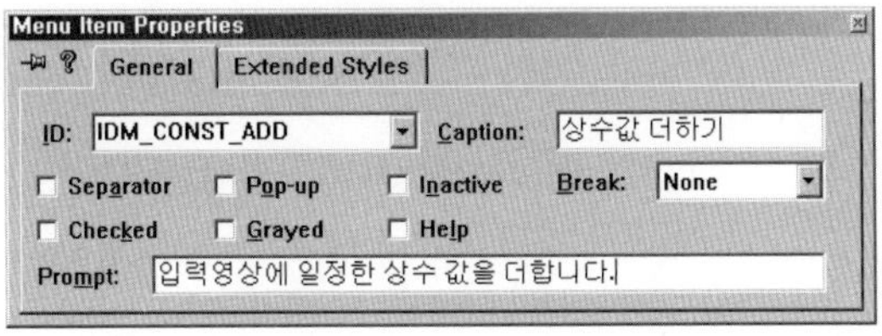

그림 5-8 메뉴 아이템의 입력

[Classwizard]을 열어 대화창에서 다음처럼 선택하고 입력한다.

Class name	CWinTestView
Object IDs	IDM_CONST_ADD
Messages	COMMAND

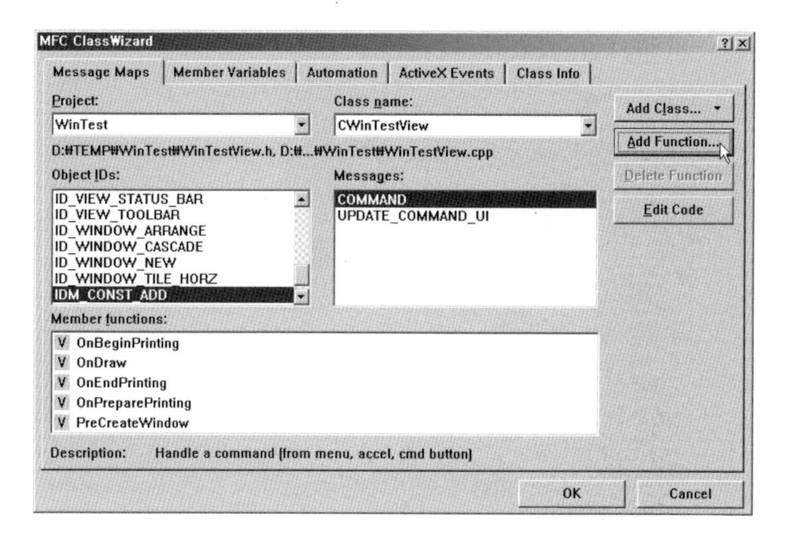

그림 5-9 클래스위자드(ClassWizard)에서의 입력

<Add Function>버튼을 클릭해 "OnConstAdd"라는 멤버함수를 추가한다. 대화창에 기본으로 뜬 값을 수정하지 않고 그대로 사용한다.

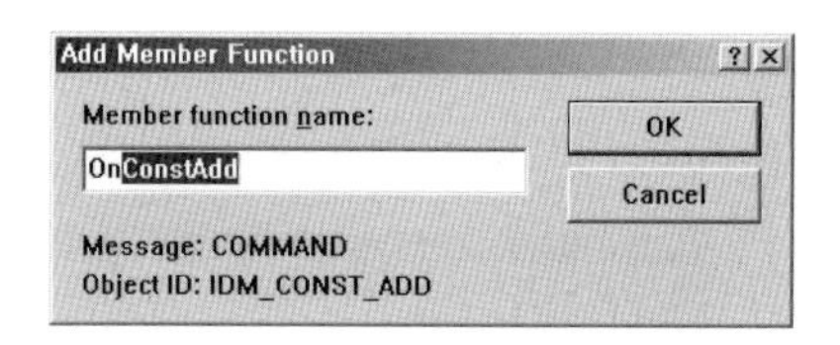

그림 5-10 멤버함수의 입력

[그림 5-10]에서 [OK]버튼을 눌러 함수를 추가하고 추가된 함수를 편집하기 위해 다시 [그림 5-9]의 [Edit Code]버튼을 클릭하면 OnConstAdd()함수로 이동하게 된다. 이제 코드 입력을 시작하자.

리스트 5-3 상수값 더하기 함수

```
01 void CWinTestView::OnConstAdd()
02 {
03     // TODO: Add your command handler code here
04     CWinTestDoc* pDoc = GetDocument();    // 도큐먼트 클래스를 참조하기 위해
05     ASSERT_VALID(pDoc);                   // 인스턴스 주소를 가져옴
06
07     for(int i=0; i<height; i++)
08     {
```

```
09        for(int j=0; j<width; j++)
10        {
11           int tempVal = pDoc->m_InImg[i][j]+60; // 더할값은 60
12           tempVal = tempVal > 255 ? 255: tempVal;
13           pDoc->m_OutImg[i][j] = (unsigned char)tempVal;
14        }
15     }
16
17     Invalidate(FALSE); //화면 갱신
18  }
```

코드 입력이 끝났으면 컴파일하고 실행한다. [그림 5-11]은 실행 예를 보여주고 있다. 입력영상에 상수값 60이 더해져 보다 밝아진 영상이 결과영상으로 출력되고 있다.

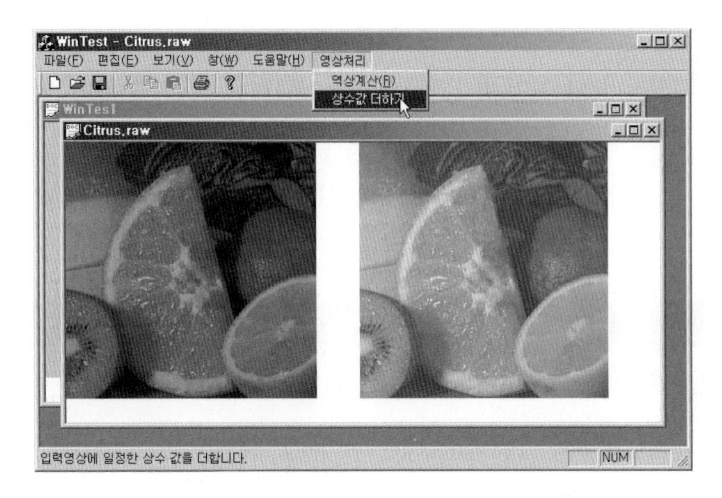

그림 5-11 상수값 더하기 연산의 실행 예

2 상수값 빼기의 구현

리소스 편집기로 이동하여 메뉴리소스에 있는 [그림 5-11] 메뉴부의 빈 메뉴부분을 선택한다.

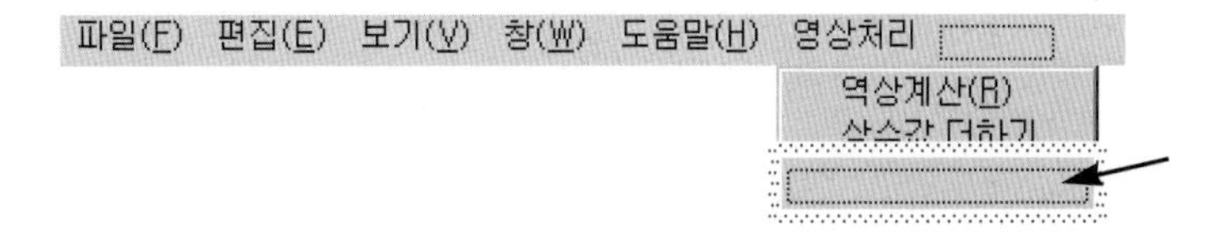

그림 5-12 메뉴 편집

메뉴아이템 대화상자에 아래 표와 같이 입력한다.

ID	IDM_CONST_SUB
Caption	상수값 빼기
Prompt	입력영상에 일정한 상수값을 뺍니다.

[Classwizard]을 열어서 다음처럼 대화창에 입력한다.

Class name	CWinTestView
Object IDs	IDM_CONST_SUB
Messages	COMMAND

<Add Function>버튼을 클릭하여 "OnConstSub"라는 멤버함수를 추가한다. 대화창에 기본으로 뜬 값을 수정하지 않고 그대로 사용한다.

함수를 추가하고 난후 <Edit Code>버튼을 클릭하면 OnConstSub()함수로 이동하게 된다. 이제 코드 입력을 시작하자.

리스트 5-4 상수값 빼기 함수의 구현

```
01 void CWinTestView::OnConstSub()
02 {
03    // TODO: Add your command handler code here
04    CWinTestDoc* pDoc = GetDocument();    // 도큐먼트 클래스를 참조하기 위해
05    ASSERT_VALID(pDoc);                   // 인스턴스 주소를 가져옴
06
07    for(int i=0; i<height; i++)
08    {
09       for(int j=0; j<width; j++)
10       {
11          int tempVal = pDoc->m_InImg[i][j]-60;
12          tempVal = tempVal <   0 ?   0: tempVal;
13          pDoc->m_OutImg[i][j] = (unsigned char)tempVal;
14       }
15    }
16    Invalidate(FALSE); //화면 갱신
17 }
```

코드 입력이 끝났으면 실행한다. 입력영상에 상수값 60을 빼기 때문에 초기의 영상보다 더 어두운 영상이 결과영상으로 나타나게 된다.

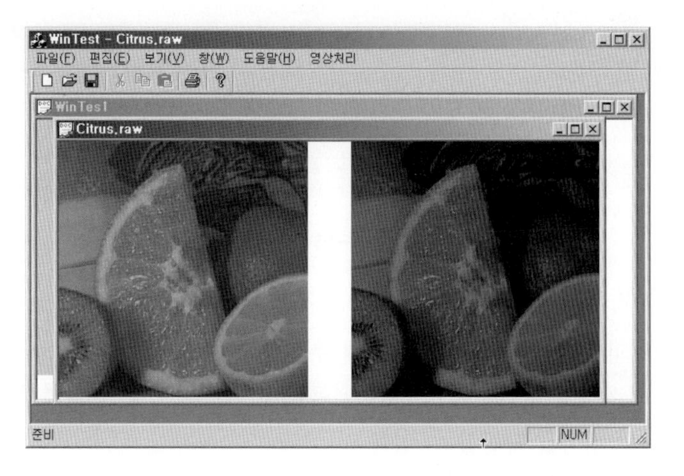

그림 5-13 상수값 빼기연산의 실행 예

3 아이콘 버튼을 이용한 명령 입력

빼기연산을 실행하는 아이콘 버튼을 툴바에 추가해보자. 이 버튼을 클릭함으로써 메뉴를 선택한 경우와 동일하게 상수값 빼기연산이 수행되도록 한다.

<Workspace>의 <ResourceView>탭을 선택하여 리소스 편집기로 이동한다.

<Workspace>의 <Toolbar>부분에서 [+]부분을 클릭한 후, <IDR_MAINFRAME>을 선택한다.

툴바를 추가하기 위해 오른쪽 편집부의 빈 툴박스를 클릭하여 필요한 그림을 그린다. 여기서는 동그란 원 하나를 그렸고 내부의 절반은 검은 색으로 칠하였다.

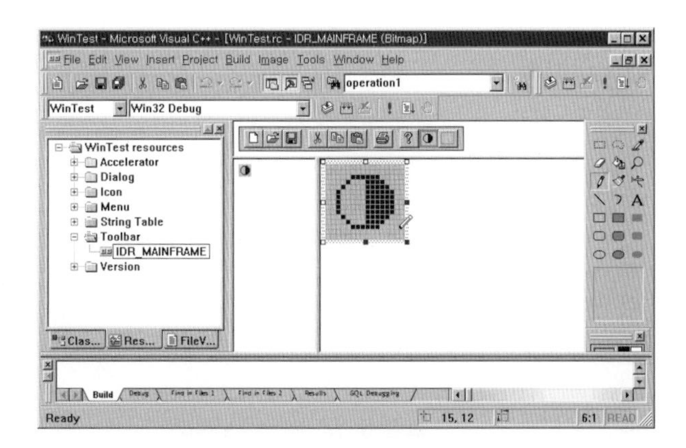

그림 5-14 새로운 툴바의 추가 및 편집

방금 색칠한 툴바 부분을 마우스로 클릭하면 다음의 대화창이 뜬다. 툴바와 연결할 서브메뉴의 ID를 상수값 빼기 함수의 ID인 <IDM_CONST_SUB>로 선택한다.

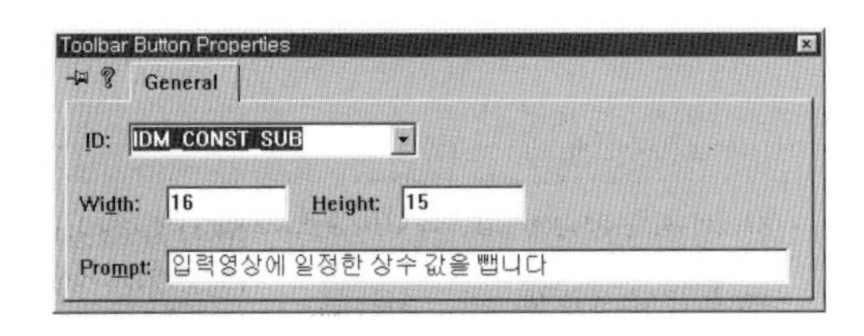

그림 5-15 툴바에 서버메뉴의 ID연결

다시 컴파일하고 실행한다. 새롭게 추가된 툴바가 실행창에 나타남을 알 수 있다. 영상을 하나 입력하여 읽어들이고 추가된 툴바를 클릭해보자. 입력영상에서 상수값 빼기연산의 결과가 실행됨을 확인할 수 있을 것이다.

그림 5-16 추가한 툴바에 의한 명령 실행

4 상수값 곱하기 구현

리소스 편집기로 이동하여 메뉴리소스에 있는 [그림 6-16]의 메뉴 중 빈 부분을 클릭한다.

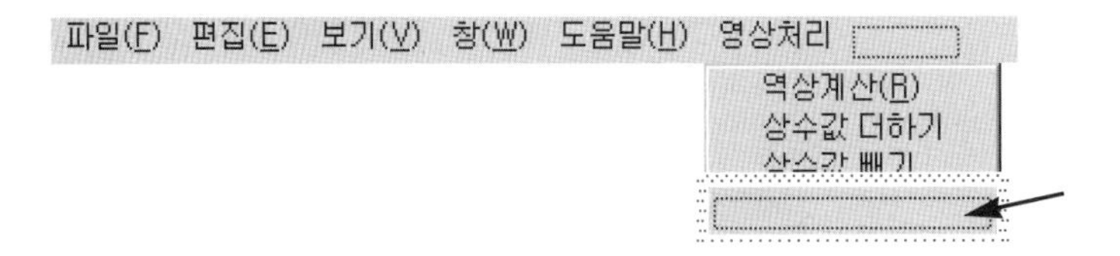

그림 5-17 상수값 곱하기 메뉴의 추가

메뉴아이템 대화상자에 아래 표와 같이 입력한다.

ID	IDM_CONST_MUL
Caption	상수값 곱하기
Prompt	입력영상에 일정한 상수값을 곱한다.

[Classwizard]을 열어서 아래의 표처럼 대화창에 입력한다.

Class name	CWinTestView
Object IDs	IDM_CONST_MUL
Messages	COMMAND

<Add Function>버튼을 클릭하여 "OnConstMul"라는 멤버함수를 추가한다.

함수를 추가하고 난후 <Edit Code>버튼을 클릭하면 OnConstMul()함수로 이동하게 된다. 다음 코드 입력을 시작하자.

리스트 5-5 상수값 곱하기 함수의 구현

```
01 void CWinTestView::OnConstMul()
02 {
03     // TODO: Add your command handler code here
04     CWinTestDoc* pDoc = GetDocument();    // 도큐먼트 클래스를 참조하기 위해
05     ASSERT_VALID(pDoc);                   // 주소를 가져옴
06
07     for(int i=0; i<height; i++)
08     {
09         for(int j=0; j<width; j++)
10         {
11             int tempVal = (int)(pDoc->m_InImg[i][j]*1.4);
12             tempVal = tempVal > 255 ? 255: tempVal;
13             pDoc->m_OutImg[i][j] = (unsigned char)tempVal;
14         }
15     }
16     Invalidate(FALSE); //화면 갱신
17 }
```

코드 입력 후 컴파일하고 실행한다. 입력영상에 상수값 1.4를 곱하기 때문에 초기의 영상보다 전체적으로 더 밝아진 영상이 나타난다.

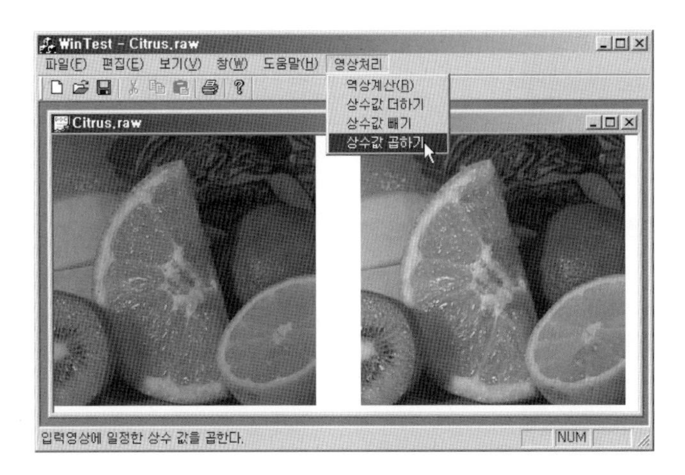

그림 5-18 상수값 곱하기 연산의 실행

5 상수값에 의한 나누기 구현

상수 나눗셈 연산도 앞의 경우와 유사하게 메뉴와 함수를 만든 후 [리스트 5-6]의 함수를 작성하고 실행하면 된다.

리스트 5-6 상수값 나누기 연산의 구현

```
01 void CWinTestView::OnConstDiv()
02 {
03    // TODO: Add your command handler code here
04    CWinTestDoc* pDoc = GetDocument();    // 도큐먼트 클래스를 참조하기 위해
05    ASSERT_VALID(pDoc);                   // 인스턴스 주소를 가져옴
06
07    for(int i=0; i<height; i++)
08    {
09       for(int j=0; j<width; j++)
10       {
11          int tempVal = (int)(pDoc->m_InImg[i][j]/1.4);
12          tempVal = tempVal > 255 ? 255: tempVal;
13          tempVal = tempVal <   0 ?   0: tempVal;
14          pDoc->m_OutImg[i][j] = (unsigned char)tempVal;
15       }
16    }
17    Invalidate(FALSE); //화면 갱신
18 }
```

코드 입력 후 컴파일하고 실행하면 초기의 영상보다 전체적으로 더 어두워진 영상이 나타난다. 입력영상에 상수값 1.4를 나누었기 때문이다.

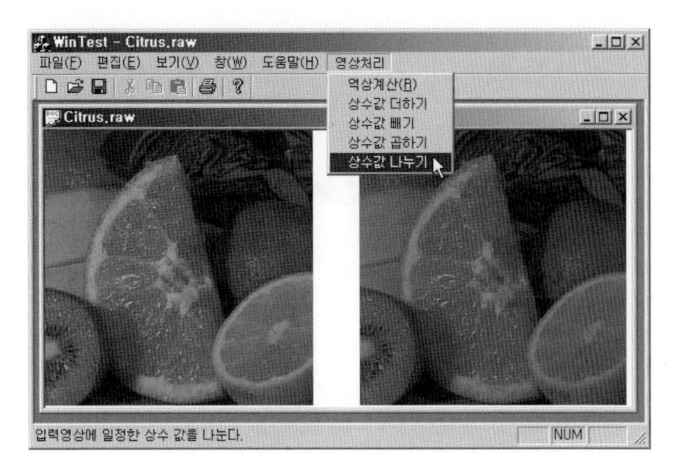

그림 5-19 상수값 나누기 연산의 실행

3. 프레임간 연산

1 두 프레임의 더하기 영상 구하기

도큐먼트 클래스 아래에 더할 두 개의 이미지 저장 배열을 설정한다. <Workspace>의 <ClassView>에서 <Add Member Variable…>메뉴를 선택하여 두 개의 배열 `m_InImg1[256][256]`과 `m_InImg2[256][256]`을 입력한다.

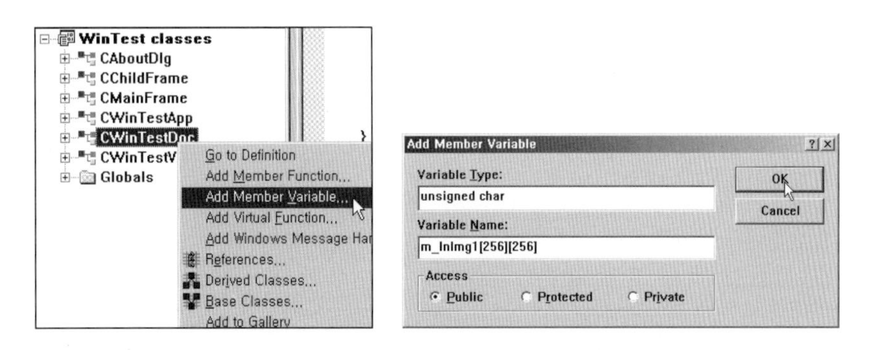

그림 5-20 도큐먼트 클래스에 두 멤버변수(두 개의 이미지 배열)를 추가

도큐먼트 클래스 내에 두 영상을 읽어들일 함수를 만든다. <Add Member Function>메뉴를 이용하여 함수를 추가한다. 함수 이름은 "TwoImgLoad()"로 한다.

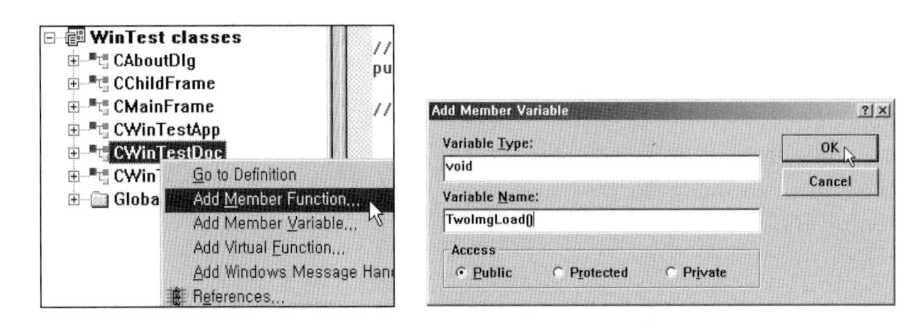

그림 5-21 도큐먼트 클래스에 이미지를 읽어들일 멤버함수를 추가

TwoImgLoad()함수에 다음의 코드를 입력한다.

리스트 5-7 두 개의 서로 다른 두 영상을 읽어들이는 함수의 구현

```
01 void CWinTestDoc::TwoImgLoad()
02 {
03    CFile file;
04    CFileDialog opendlg1(TRUE); //공통 대화상자(첫 번째 파일 오픈)
05    if(opendlg1.DoModal()==IDOK)
06    {  // 첫 번째 이미지 읽기
07       file.Open(opendlg1.GetFileName(), CFile::modeRead);
08       file.Read(m_InImg1,sizeof(m_InImg1));
09       file.Close();
10    }
11
12    CFileDialog opendlg2(TRUE); //공통 대화상자(두 번째 파일 오픈)
13    if(opendlg2.DoModal()==IDOK)
14    {  // 두 번째 이미지 읽기
15       file.Open(opendlg2.GetFileName(), CFile::modeRead);
16       file.Read(m_InImg2,sizeof(m_InImg2));
17       file.Close();
18    }
19 }
```

[리스트 5-7]를 보면 CFileDialog의 DoModal() 멤버함수를 사용하고 있는데 이 함수는 다이얼로그박스를 출력하고 사용자가 어떤 선택을 할 수 있도록 해주는 함수이다.

Tip | CFileDialog 대화상자 

CFileDialog는 윈도우의 공통대화상자(common file dialog box) 클래스이고 파일의 저장이나 입력을 처리하는 대화상자이다. 사용자로 하여금 열거나 저장할 파일이름을 선택할 수 있도록 해준다. 이 대화상자를 오픈하면 다음과 같은 모양의 다이얼로그박스가 호출된다.

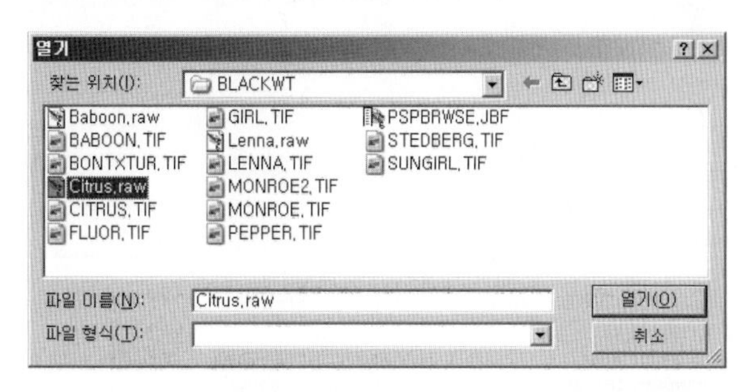

리소스 편집기로 이동해 메뉴리소스에서 아래의 빈 메뉴를 선택한다.

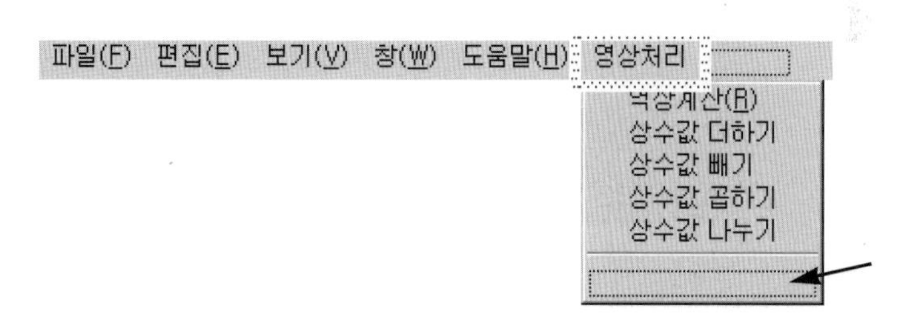

그림 5-22 "프레임 더하기" 메뉴의 추가

메뉴아이템 대화상자에 다음 표와 같이 입력한다.

ID	IDM_FRM_ADD
Caption	프레임 더하기
Prompt	두 영상을 더한다.

그림 5-23 프레임 더하기 메뉴의 입력

[Classwizard]을 열어서 다음처럼 대화창에 입력한다.

Class name	CWinTestView
Object IDs	IDM_FRM_ADD
Messages	COMMAND

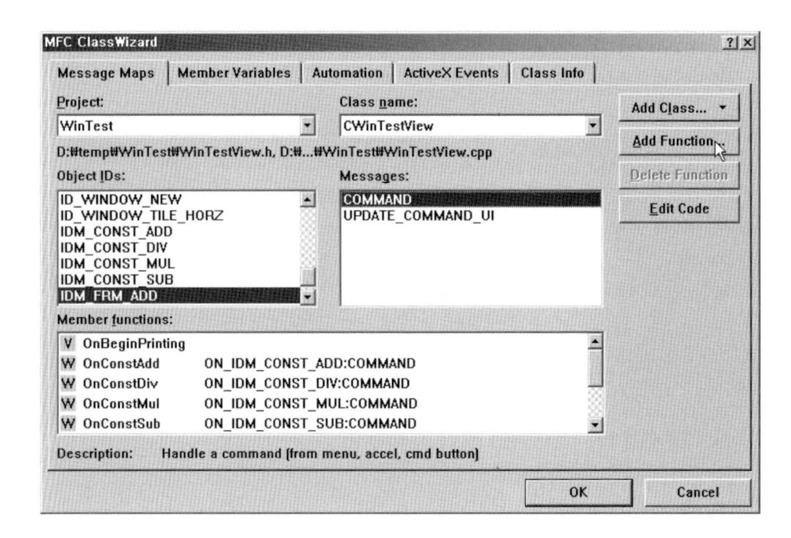

그림 5-24 클래스위자드에서 함수 추가

<Add Function>버튼을 클릭하여 "OnFrmAdd"라는 멤버함수를 추가한다. 대화창에 기본으로 뜬 값을 수정하지 않고 그대로 사용한다.

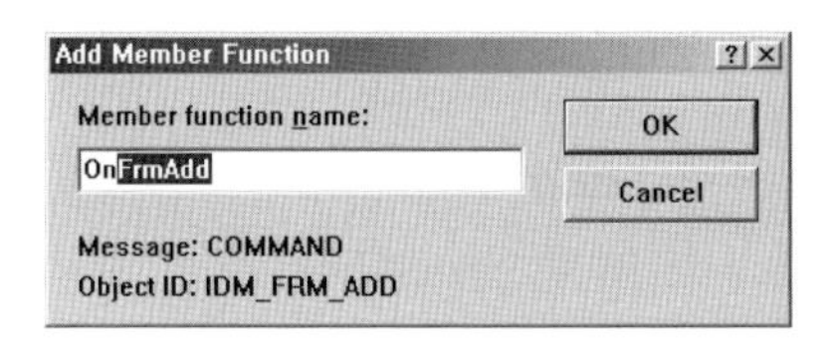

그림 5-25 멤버함수 추가

함수를 추가하고 난 후 <Edit Code> 버튼을 클릭하면 `OnFrmAdd()`함수로 이동하게 된다. 이제 코드 입력을 시작하자.

리스트 5-8 두 프레임 더하기 함수의 구현

```
01 void CWinTestView::OnFrmAdd()
02 {
03    // TODO: Add your command handler code here
04    CWinTestDoc* pDoc = GetDocument();    // 도큐먼트 클래스를 참조하기 위해
05    ASSERT_VALID(pDoc);                   // 인스턴스 주소를 가져옴
06
07    pDoc->TwoImgLoad();                   // 더하기 연산을 할 두 영상을 입력한다
08    for(int i=0; i<height; i++)
09    {
10       for(int j=0; j<width; j++)
11       {
12          int tempVal = pDoc->m_InImg1[i][j]+pDoc->m_InImg2[i][j];
13          tempVal = tempVal > 255 ? 255: tempVal;
14          pDoc->m_OutImg[i][j] = (unsigned char)tempVal;
15       }
16    }
17    Invalidate(FALSE); //화면 갱신
18 }
```

코딩이 끝났으면 컴파일하고 실행한다. "Lenna.raw"와 "Baboon.raw"의 두 영상을 입력으로 선택하면 선택된 두 영상이 합쳐진 모양의 출력이 아래처럼 나타난다.

그림 5-26 두 프레임 더하기 연산의 실행

2 두 프레임의 빼기 영상 구하기

리소스 편집기로 이동해 메뉴리소스에 있는 아래의 메뉴를 선택한다.

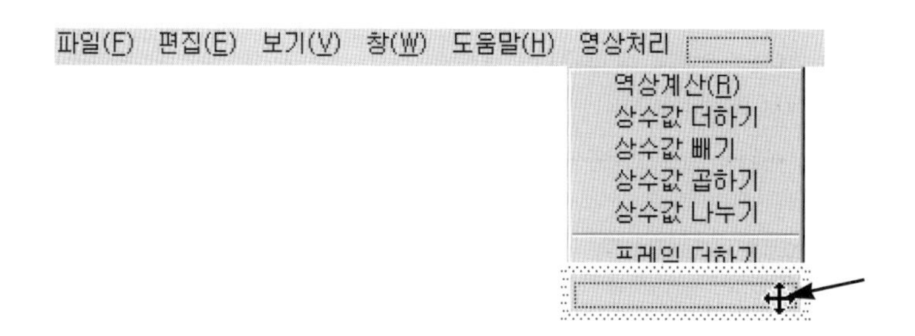

그림 5-27 "프레임간 빼기" 메뉴의 추가

메뉴아이템 대화상자에 아래 표와 같이 입력한다.

ID	IDM_FRM_SUB
Caption	프레임 빼기
Prompt	서로 다른 두 프레임의 차영상을 구합니다.

[Classwizard]을 열어 다음처럼 대화창에 입력한다.

Class name	CWinTestView
Object IDs	IDM_FRM_SUB
Messages	COMMAND

<Add Function> 버튼을 클릭해 "OnFrmSub"라는 멤버함수를 추가한다. 대화창에 기본으로 뜬 값을 수정하지 않고 그대로 사용한다.

함수를 추가하고 난후 <Edit Code>버튼을 클릭하고 OnFrmSub()함수로 이동하여 다음과 같은 코드를 입력한다.

리스트 5-9 서로 다른 두 영상의 "빼기연산"의 구현

```
01 void CWinTestView::OnFrmSub()
02 {
03    // TODO: Add your command handler code here
04    CWinTestDoc* pDoc = GetDocument();    // 도큐먼트 클래스를 참조하기 위해
05    ASSERT_VALID(pDoc);                   // 인스턴스 주소를 가져옴
06    pDoc->TwoImgLoad();                   // 빼기연산을 할 두 영상을 입력한다
07    for(int i=0; i<height; i++)
08    {
09       for(int j=0; j<width; j++)
10       {
11          int tempVal =
12             (abs)(pDoc->m_InImg1[i][j]-pDoc->m_InImg2[i][j]);
13          tempVal = tempVal > 255 ? 255: tempVal;
14          tempVal = tempVal <   0 ?   0: tempVal;
15          pDoc->m_OutImg[i][j] = (unsigned char)tempVal;
16       }
17    }
18    Invalidate(FALSE); //화면 갱신
19 }
```

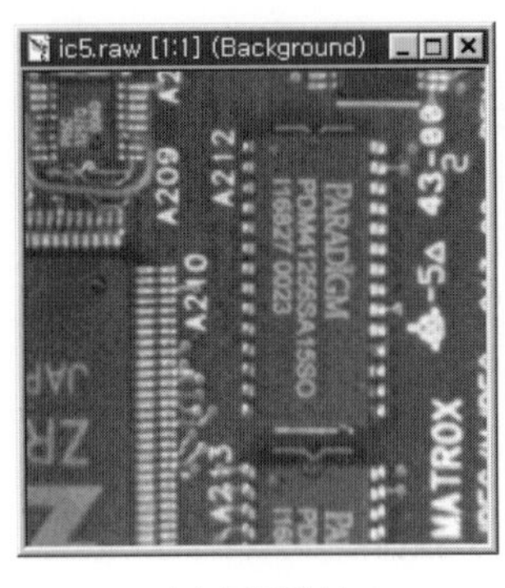

(a) 모델영상

(b)검사영상

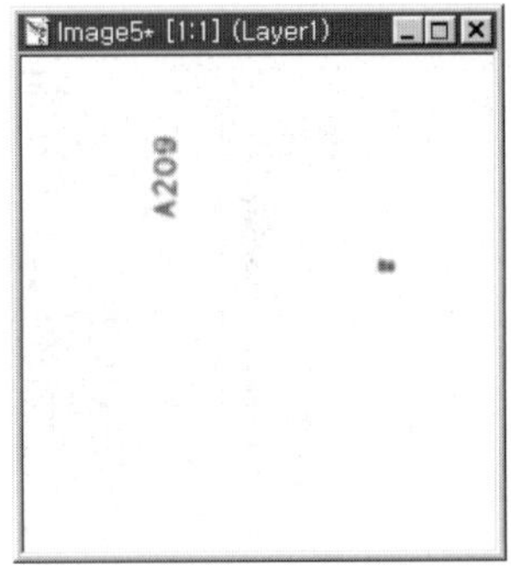

(c)빼기영상의 역상

그림 5-28 프레임 빼기연산을 이용한 PCB의 결함 검사

코드의 입력이 끝났으면 컴파일하고 실행한다.

[그림 5-28]에서 PCB의 결함을 검사하는 예제가 있다. 조명을 잘 제어한 상태에서 모델영상에서 검사할 영상을 빼면 인쇄오류나 납땜오류를 자동으로 추출하는 것이 가능하다.

3 두 프레임의 곱 영상 구하기

리소스 편집기로 이동해 메뉴리소스에 있는 추가할 메뉴를 선택한다.

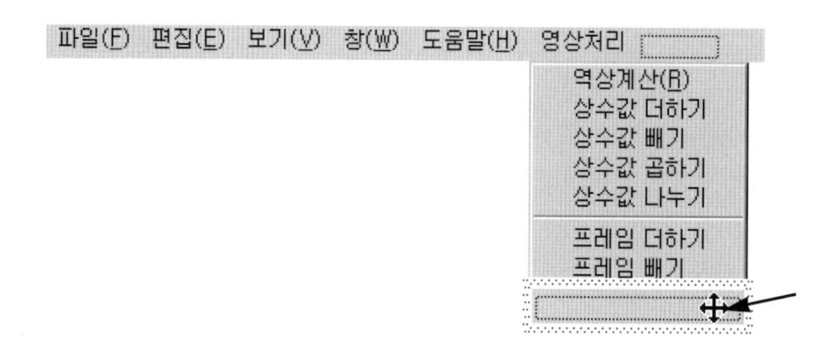

그림 5-29 ""프레임 곱하기" 메뉴의 추가

메뉴아이템 대화상자에 아래 표와 같이 입력한다.

ID	IDM_FRM_MUL
Caption	프레임 곱하기
Prompt	서로 다른 두 프레임의 곱 영상을 구합니다.

[Classwizard]을 열어서 다음처럼 대화창에 입력한다.

Class name	CWinTestView
Object IDs	IDM_FRM_MUL
Messages	COMMAND

<Add Function> 버튼을 클릭해 "OnFrmMul"라는 멤버함수를 추가한다. 대화창에 기본으로 뜬 값을 수정하지 않고 그대로 사용한다.

함수를 추가하고 난 후 <Edit Code>버튼을 클릭하고 OnFrmMul()함수로 이동해 다음과 같은 코드를 입력한다.

리스트 5-10 프레임 곱하기 함수의 구현

```
01 void CWinTestView::OnFrmMul()
02 {
03    // TODO: Add your command handler code here
```

```
04     CWinTestDoc* pDoc = GetDocument();     // 도큐먼트 클래스를 참조하기 위해
05     ASSERT_VALID(pDoc);                     // 주소를 가져옴
06
07     pDoc->TwoImgLoad();                     // 곱연산을 할 두 영상을 입력한다
08     for(int i=0; i<height; i++)
09     {
10        for(int j=0; j<width; j++)
11        {
12           int tempVal = pDoc->m_InImg1[i][j] & pDoc->m_InImg2[i][j];
13           tempVal = tempVal > 255 ? 255: tempVal;
14           tempVal = tempVal <   0 ?   0: tempVal;
15           pDoc->m_OutImg[i][j] = (unsigned char)tempVal;
16        }
17     }
18     Invalidate(FALSE); //화면 갱신
19 }
```

코드의 입력이 끝났으면 컴파일하고 실행한다. 곱할 두 영상으로 "Lenna.raw"와 "Lennaface.raw"을 택하면 아래의 실행결과가 얻어진다.

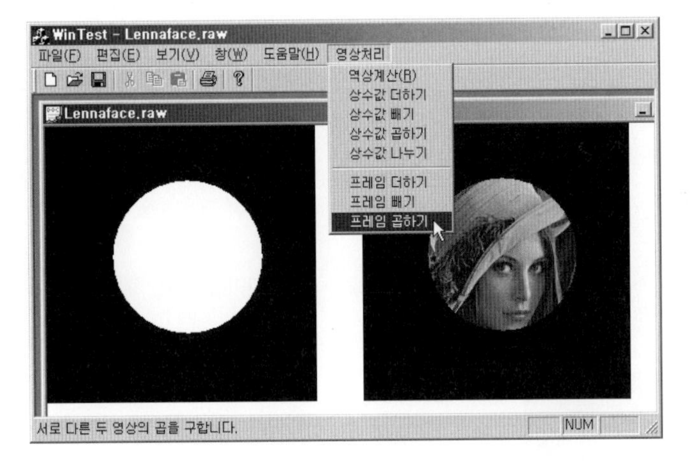

그림 5-30 두 프레임의 곱하기 연산의 실행

4. 영상의 고속변환을 위한 룩업 테이블 연산의 구현

<Workspace> 리소스뷰 아래의 메뉴리소스를 선택해 메뉴를 편집한다. 분리선(Separator)을 메뉴에 달기 위해 [그림 5-31]의 메뉴부를 마우스로 클릭한다. 화면에 뜬 대화창에서 <Separator>부분을 클릭한다.

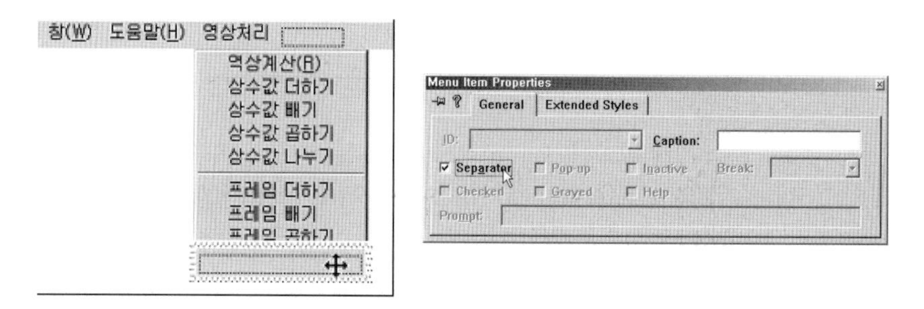

그림 5-31 메뉴 내에 분리선 추가

[LUT이용 곱하기]라는 메뉴를 추가된 분리선 아래에 첨가한다.

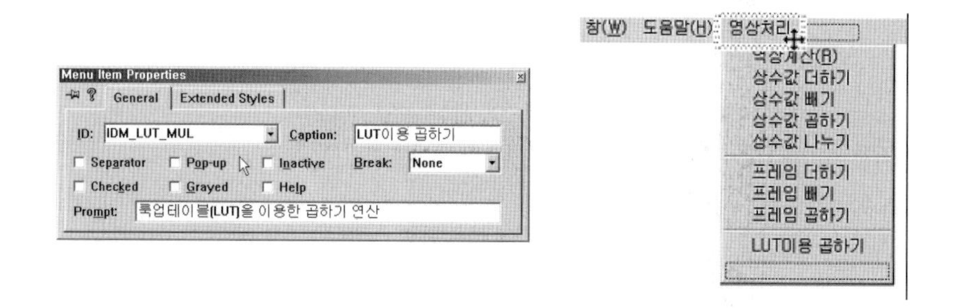

그림 5-32 "룩업 테이블" 연산 메뉴의 추가

ID	IDM_LUT_MUL
Caption	LUT이용 곱하기
Prompt	룩업 테이블(LUT)을 이용한 곱하기 연산

추가된 <LUT이용 곱하기>메뉴 부분에 마우스를 대고 "오른쪽" 버튼을 클릭하면 아래 그림에 주어진 팝업메뉴가 추가로 나타난다. 여기서 <ClassWizard>을 선택한다.

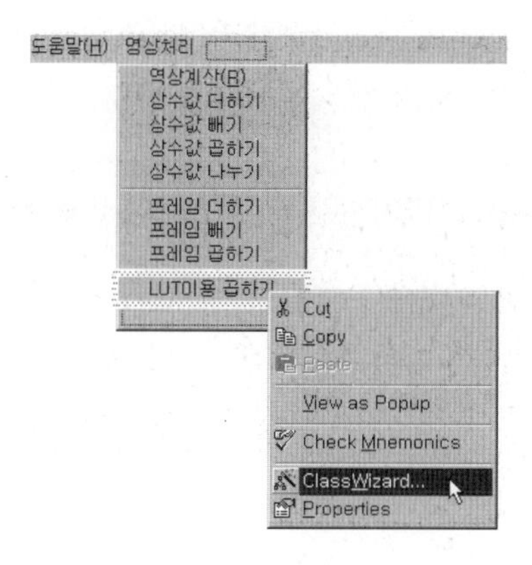

그림 5-33 추가된 메뉴에서 〈클래스위자드〉로 바로 가기

클래스위자드 대화창에 다음처럼 입력한다.

Class name	CWinTestView
Object IDs	IDM_LUT_MUL
Messages	COMMAND

입력한 후 <Add Function>버튼을 클릭하면 아래의 그림처럼 추가할 멤버함수를 묻는 대화창이 나타난다. [OK]버튼을 클릭하여 주어진 이름대로 멤버함수를 추가한다.

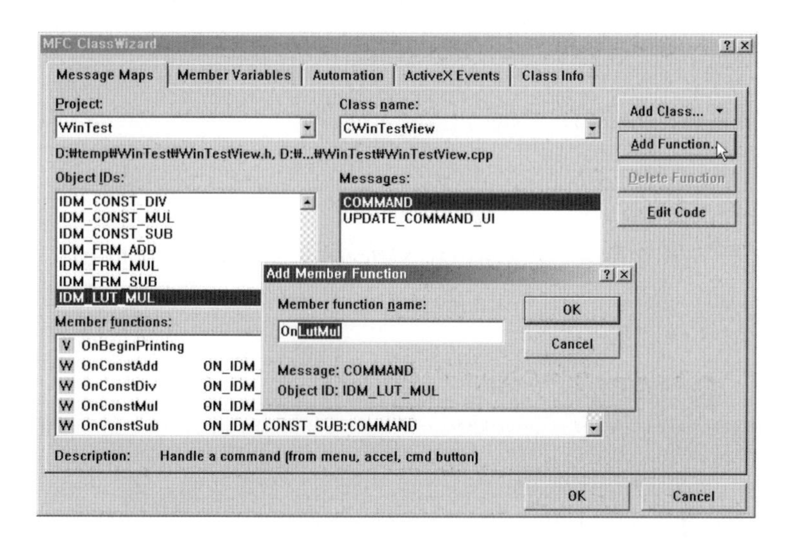

그림 5-34 클래스마법사를 이용한 "LUT이용 연산"함수의 추가

추가된 함수를 선택한 후 [Edit Code]버튼을 클릭하면 <CWinTestView>클래스 아래에 있는 함수 내에 코드를 입력할 수 있다.

아래에 주어진 코드를 추가된 멤버함수에 입력한다.

리스트 5-11 LUT를 이용한 고속의 상수곱하기 연산 함수의 구현

```
01 void CWinTestView::OnLutMul()
02 {
03    // TODO: Add your command handler code here
04    CWinTestDoc* pDoc = GetDocument(); // 도큐먼트 클래스를 참조하기 위해
05    ASSERT_VALID(pDoc);                // 인스턴스 주소를 가져옴
06
07    unsigned char LUT[256]; // LUT로 사용할 메모리를 선언
08
09    // LUT값을 계산한다
10    for(int i=0; i<256; i++)
11    {
12       int temp=(int)((float)i*1.4);
13       LUT[i] = temp > 255 ? 255 : temp;
14    }
15
16    // LUT를 통하여 영상을 처리한다
17    for(i=0; i<height; i++)
18    {
19       for(int j=0; j<width; j++)
20       {
21          pDoc->m_OutImg[i][j]=LUT[pDoc->m_InImg[i][j]];
22       }
23    }
24    Invalidate(FALSE); //화면 갱신
25 }
```

코드 입력이 끝났으면 컴파일하고 링크하여 실행한다. 추가한 메뉴를 선택하면 상수곱셈 연산이 고속으로 실행되어 나타남을 확인 할 수 있다.

그림 5-35 LUT이용 고속연산의 실행

연습문제

1. 룩업 테이블을 이용하여 영상의 밝기나 색상에 변화를 줄 수가 있다. 이러한 방법을 포스트라이징이라고 한다. 다음은 계단식의 룩업 테이블을 이용하여 여러 레벨의 포스트라이징 변화를 나타내는 그림이다.

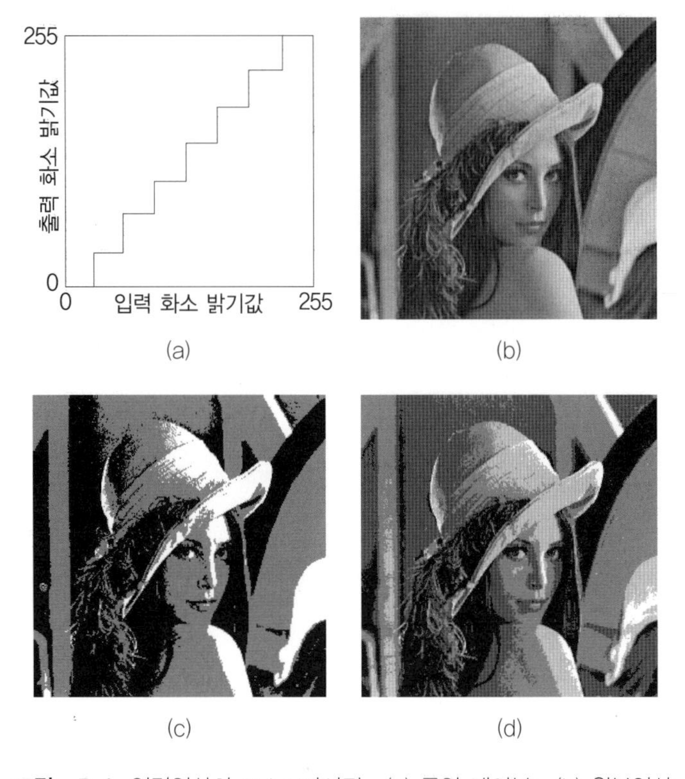

그림 p5-1 입력영상의 포스트라이징. (a) 룩업 테이블; (b) 원본영상; (c) 3레벨 포스트라이징; (d) 5레벨 포스트라이징

주어진 룩업 테이블을 참고하여 8레벨의 포스트라이징을 구현하시오. 단, 룩업 테이블을 나타내는 [그림 p5-1(a)]의 가로축은 입력영상의 픽셀밝기값, 세로축은 출력 영상의 픽셀 밝기값이다.

2. 다음 [그림 p5-2(a)]의 룩업 테이블을 구현하여 0과 255의 두 가지 색상의 영상으로 만드시오. 또 [그림 p5-2(b)]의 룩업 테이블을 구현하여 구간 선형 변환 영상으로 만드시오.

다양한 이미지 변환을 위해 "Fred' s ImageMagick" 사이트 http://www.fmwconcepts.com/imagemagick/페이지를 참조하시오.

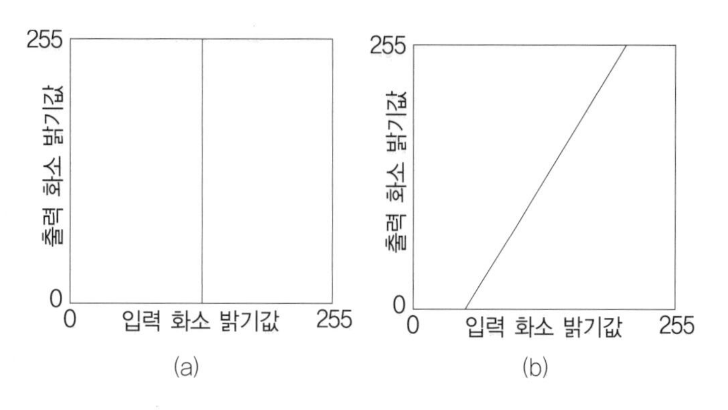

그림 p5-2 다양한 룩업 테이블의 예

3. 감마변환이란 영상 내 픽셀밝기값의 입출력 관계의 변환이 $Output = Input^{\gamma}$의 형태로 표현되는 변환이다. γ의 값을 0.5~2.0 사이에서 0.5씩 변화시켜가며 출력영상을 비교하시오. 단, 영상변환을 위해 룩업 테이블을 사용하시오.

4. [그림 p5-3]의 우측의 영상과 같이 256 × 256 크기의 영상 가운데 밝기값이 255인 사각형이 있는 흑백영상을 페인트샵을 이용하여 만들고 이름을 box.raw로 저장하시오. 그 다음 좌측의 Madrill.raw 영상과 box.raw영상을 XOR(배타 적합)연산을 수행하시오. 이때, 최상위비트(MSB)만 XOR을 수행하여 사각형 배경에 Madrill 원본영상이 보이도록 프로그램을 작성하시오. 여기서 MSB란 8비트 정수값을 이진수로 고쳤을 때 가장 왼쪽의 비트값을 말한다.

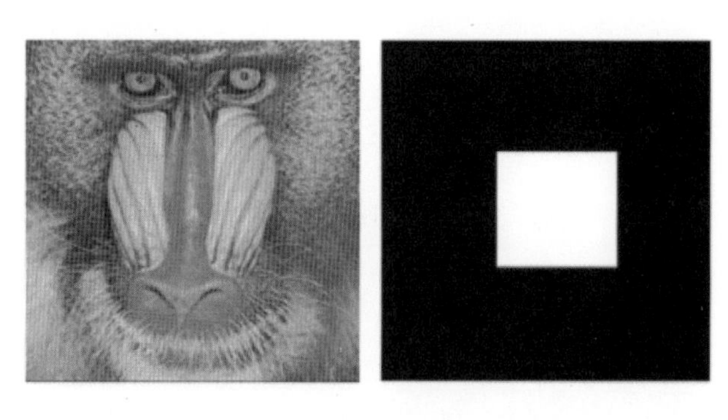

그림 p5-3 XOR연산을 위한 시험영상

06 히스토그램을 이용한 영상처리

히스토그램이란 영상의 밝기값에 대한 분포를 보여주는 그래프로 영상분석을 위한 중요한 도구이다. 입력되는 영상의 히스토그램을 분석함으로써 영상의 밝기 구성, 명암의 대비 등에 대한 정보를 알 수 있으며 이러한 분석정보를 이용하여 영상개선 및 화질향상을 위한 출발점으로 사용할 수 있다.

Tip | 히스토그램(Histogram)

영상의 밝기(intensity)값을 수평축으로 하고 수평축의 밝기값에 대응되는 크기를 가진 픽셀 수가 영상 안에서 몇 개나 되는지 나타내는 빈도수(frequency)를 수직축으로 해서 만든 그래프이다. 따라서, 흑백영상의 경우 수평축은 0~255의 범위의 값을 가지며 수직축의 값은 영상의 크기와 밝기의 분포에 따라 달라진다.

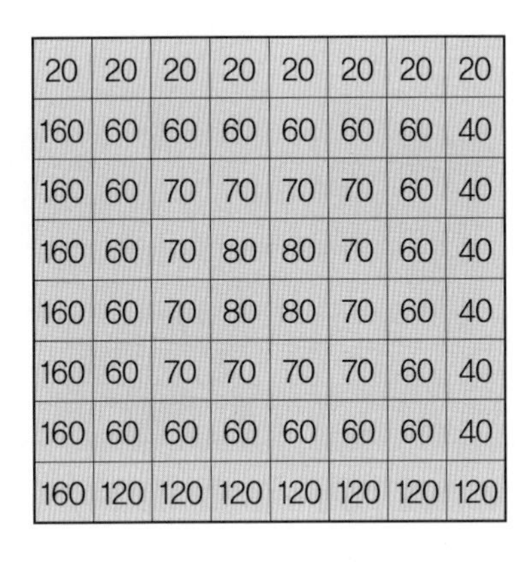

20	20	20	20	20	20	20	20
160	60	60	60	60	60	60	40
160	60	70	70	70	70	60	40
160	60	70	80	80	70	60	40
160	60	70	80	80	70	60	40
160	60	70	70	70	70	60	40
160	60	60	60	60	60	60	40
160	120	120	120	120	120	120	120

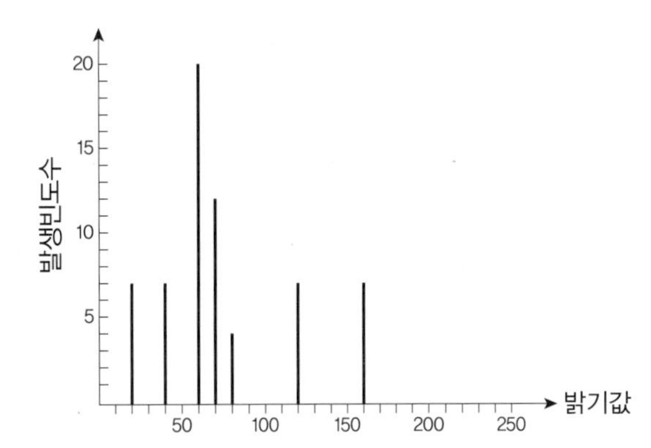

그림 6-1 작은 크기의 샘플영상에 대한 히스토그램

[그림 6-1]은 8 × 8크기의 샘플영상에 대한 밝기 빈도수의 분포를 나타내고 있다. 64개의 픽셀영상에서 60의 밝기값을 가진 픽셀의 개수는 20개이며 120의 밝기값을 가진 픽셀의 개수는 7개임을 알 수 있다. 픽셀의 빈도수를 나타낸 이러한 그래프가 히스토그램(Histogram)이다. 밝기값은 0에서 255까지 존재하므로 수평축은 밝기값을 나타내는 0~255까지의 값을 나타내고 수직축은 각각의 밝기값이 나타난 픽셀의 빈도수를 나타낸다.

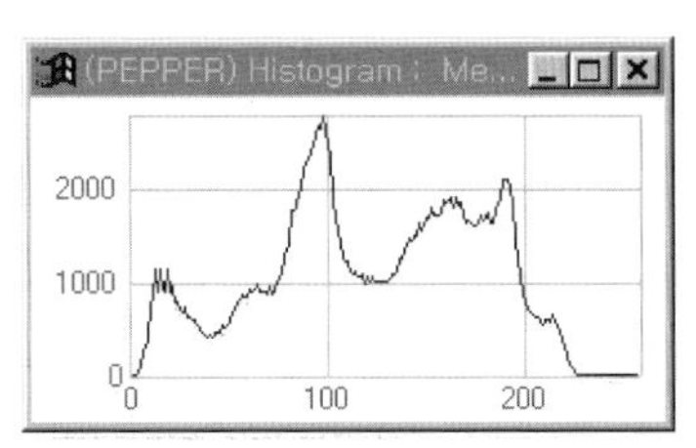

그림 6-2 흑백영상에 대한 히스토그램

[그림 6-2]는 임의의 실사입력영상(real input image)에 대한 밝기 히스토그램을 보여주고 있다. 흑백영상이므로 수평축은 0~255의 밝기값이 되고 수직축은 대응 밝기값이 나타나는 픽셀들의 빈도수를 표시한다. 밝기값이 100부근에서는 3000개에 가까운 픽셀이 존재한다는 것을 알 수 있다. 입력된 영상의 픽셀 명암값 분포 특징에 따라 히스토그램이 대응하여 나타난다.

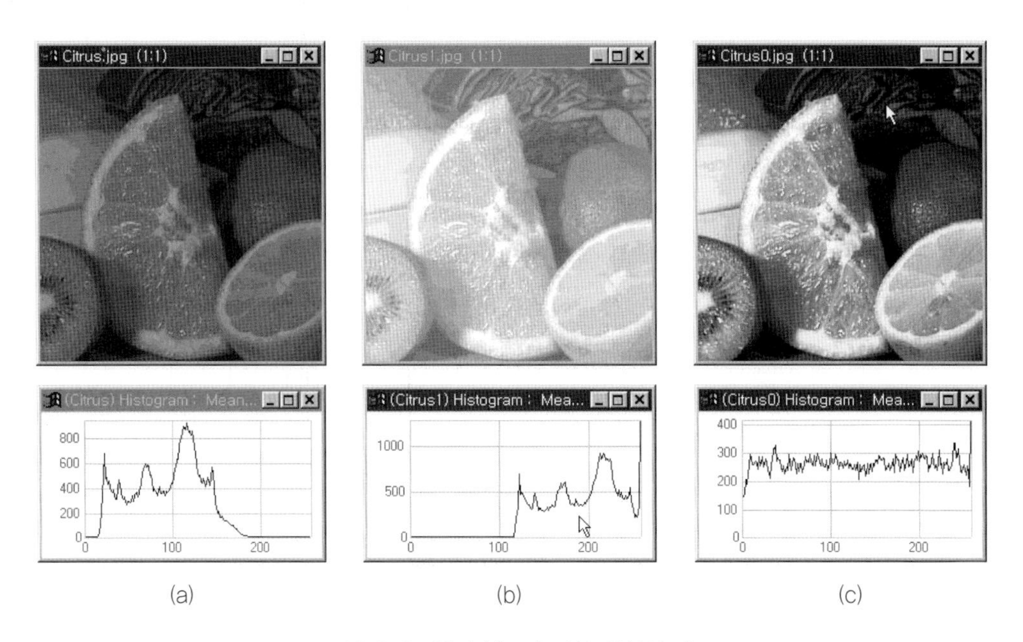

그림 6-3 밝기 분포가 다른 영상의 예

[그림 6-3]은 또 다른 영상을 보여준다. [그림 6-3(a)]는 입력된 원 영상(original image)으로 영상을 이루는 픽셀들이 어두운 영역에 집중되어 있다. [그림 6-3(b)]는 전체적으로 픽셀들이 밝은 영역에 집중되어 있다. 두 경우 모두 대비가 좋지 않아 선명하지 못한 영상

이다. [그림 6-3(c)]는 영상처리를 통해 히스토그램을 개선한 영상을 나타낸다. 0~255사이의 모든 밝기 영역에서 픽셀들이 비교적 골고루 분포하고 있음을 알 수 있다.

1. 히스토그램의 용도

1 화질 향상

가끔 텔레비전이나 신문을 보면 우주탐사선이 화성이나 목성의 대기를 찍은 사진을 보여줄 때가 있다. 이때, 찍은 사진은 우주공간에서 여러 가지 잡영(image noises)의 영향으로 화질이 나쁘게 나타난다. 이때, 화질을 개선하기 위해 히스토그램 분석법이 사용될 수 있다. 히스토그램의 조작을 통해 사람이 훨씬 알아보기 좋은 선명한 화질의 영상을 만드는 것이 가능하다. 사람의 눈은 영상의 밝기(intensity)보다 대비(contrast)에 훨씬 민감하다는 특징을 이용하여 히스토그램을 펼친 조작을 행하면 선명한 사진을 만들 수 있다.

(a) 원 영상

(b) 처리된 영상

그림 6-4 화질 향상의 예

2 물체인식

공장 자동화용 영상처리는 자동화용 카메라(FA-Camera)를 이용하여 획득한 영상정보를 해석, 생산공정에 놓여 있는 물건의 결함을 검사하거나 형상을 인식하기 위해 많이 사용되고 있다. 자동화용 영상처리는 검사를 위한 조명을 제어하기가 용이하므로 영상이치화(binarization)를 통한 물체분리를 많이 사용한다. 이때 히스토그램의 형태를 분석하여 영상이치화를 수행한다.

Tip | **영상이치화(image binarization)** 

- **원본 영상**: 영상 픽셀의 밝기값이 0~255사이에 골고루 존재한다.
- **이치화된 영상**: 영상 픽셀의 밝기값이 0 아니면 255 두 값(binary values) 중 하나를 가진다.

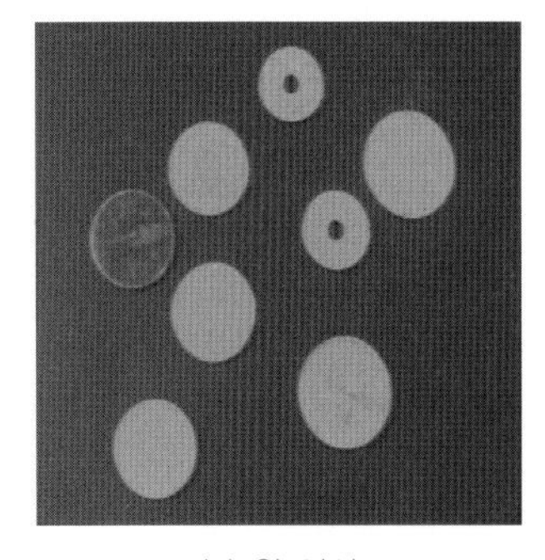

(a) 원 영상

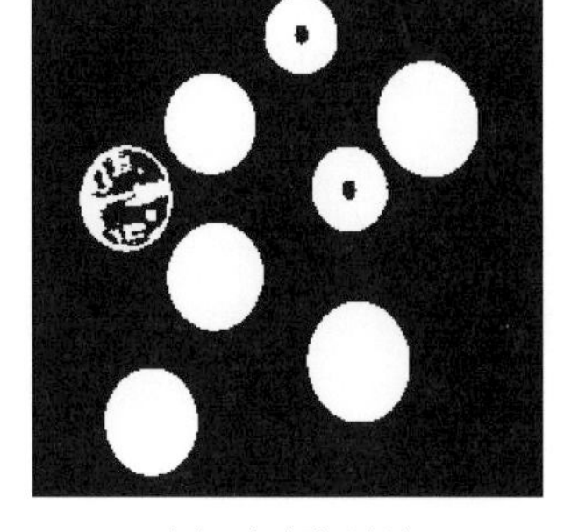

(b) 이치화 영상

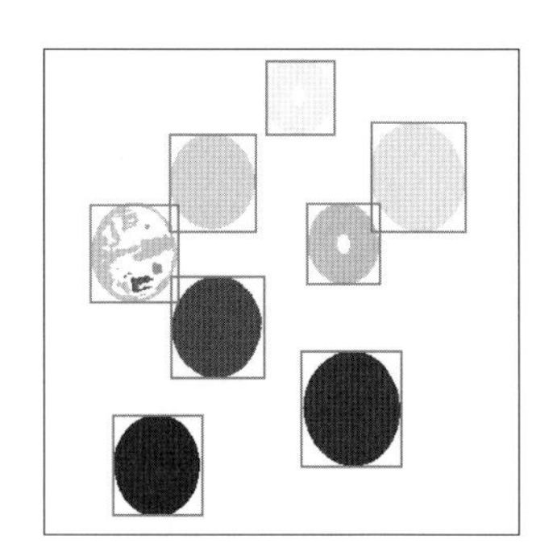

(c) 인식된 영상

그림 6-5 영상 이치화(binarization)의 예

[그림 6-5]는 동전(coins)의 크기를 인식하여 동전을 분류하기 위한 영상처리의 예를 보여주고 있다. 이때 선결할 과제는 영상 내에서 동전을 뒤의 배경부분과 분리하는 일이 된다. 이때 영상을 이치화 시키는 것이 필요하게 된다. 원본 입력영상은 밝기값이 0~255사이의 값이므로 임의의 상수 기준값을 하나 잡아서 이 값보다 밝기값이 작은 것은 0으로, 큰 것은 255로 바꾸어 주는 처리를 하는 것이 필요하다. [그림 6-5(b)]는 기준값을 80으로 하였을 때의 이치화된 영상을 나타내고 있다. 이때, 상수 기준값을 임계치(threshold value)라고 한다. 영상인식을 주 연구테마로 하는 컴퓨터비젼(computer vision) 분야에서는 이러한 임계치의 결정이 어려운 문제의 하나로 취급된다. [그림 6-5(c)]는 이치화된 영상을 이용해 동전을 배경에서 분리하여 인식한 예를 보여주고 있다. 각각의 영역이 서로 다른 밝기값으로 나타나므로 임의의 한 동전영역만 분리가 가능하다.

Tip | 이치화 임계치(threshold value)

- **이치화 임계치**: 영상이치화를 위해 선택하는 상수값(T)

높이 *height*와 너비 *width* 픽셀의 크기를 가지는 영상에 대한 영상이치화 계산은 아래의 코드를 이용한다. 임계치상수 `T`를 이용하여 원 영상 `InImg`를 이치화 영상 `OutImg`로 바꾸어 준다.

```
for(i=0; i<height; i++)
{
    for(j=0; j<width; j++) OutImg[i][j] = InImg[i][j]>T ? 255 : 0;
}
```

임계치의 값을 어떻게 선정하는가는 물체분리의 어려움을 결정한다. [그림 6-6]의 경우 잘못된 임계치의 선정으로 동전이 배경에 묻혀버리는 경우를 보여주고 있다.

이때 영상 히스토그램이 사용된다. 동전의 히스토그램을 살펴보면 다음과 같은 형상이 나타난다. 일반적으로, 영상에서 물체 내부의 밝기값은 유사한 크기의 밝기 분포를 가지고 있다. 마찬가지로 배경의 밝기값도 크기는 다르지만 또 다른 유사한 밝기값을 가지므로 밝기의 빈도를 나타내는 히스토그램에서 두 개의 산과 하나의 계곡으로 나타난다. 이러한 산과 계곡의 값을 분석하면 정확한 배경 분리가 가능하게 된다.

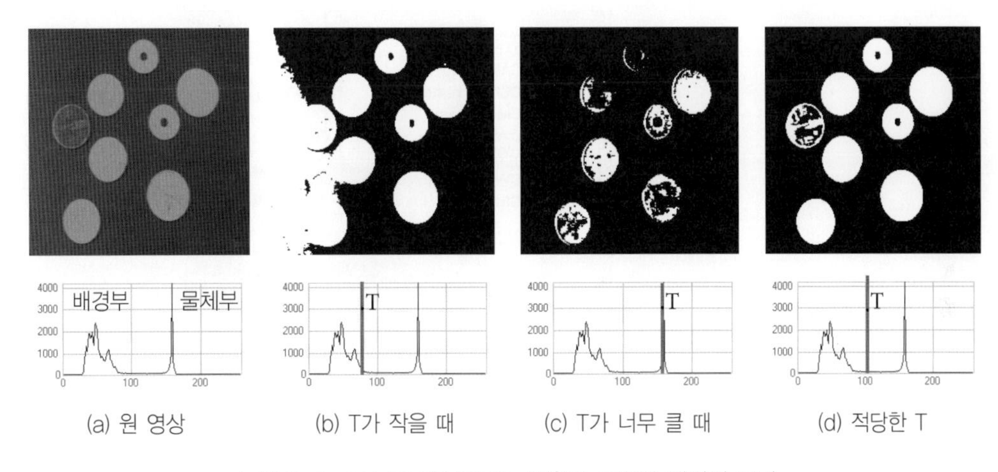

그림 6-6 히스토그램 정보를 이용한 물체와 배경의 분리

Tip | 히스토그램을 사용한 이치화(산과 계곡의 분리)

[그림 6-6]의 동전영상의 히스토그램을 살펴보면 물체(동전) 영역은 170근방의 밝기값을 집중적으로 가지고 있으며 배경은 50근처의 밝기값에 분포가 집중되어 있음을 알 수 있다. 따라서, 임계치를 계곡 부분인 100정도로 취하면 배경과 동전의 분리가 적절하게 수행된다.

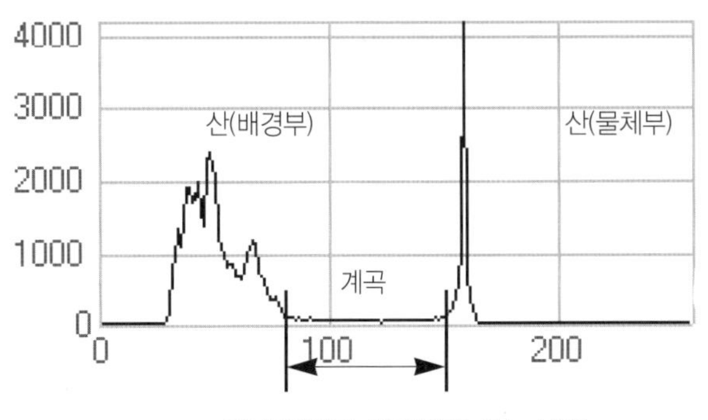

2. 히스토그램 출력 프로그램의 구현

히스토그램 연산을 위한 기본 프로그램으로 입력영상에 대해 히스토그램을 출력해주는 프로그램을 작성해보자. 입력영상의 히스토그램 모양을 살펴봄으로써 영상조작을 위한 출발점으로 삼는다.

<Workspace>의 클래스뷰 탭에서 CWinTestDoc 클래스에 마우스를 대고 오른쪽 버튼을 클릭해 새로운 <멤버변수>를 추가한다.

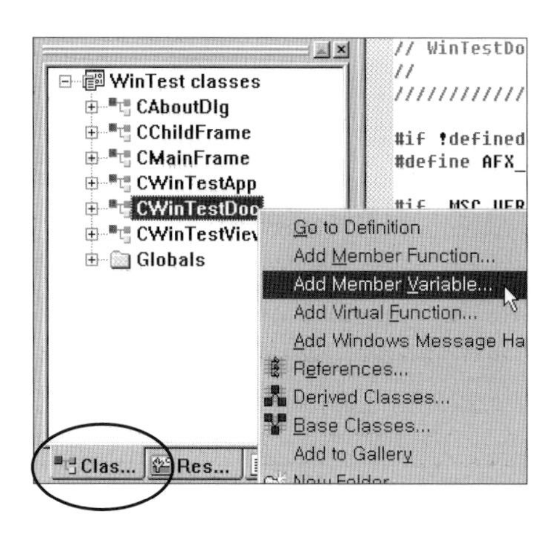

그림 6-7 새 멤버변수의 추가

추가할 멤버변수는 m_HistoArr[256]로 정수형 배열이다. 오픈된 대화창의 <Variable Type>부에는 "int"를, <Variable Name>부에는 "m_HistoArr[256]"을 입력한다. 이 배열의 접근타입은 <Protected>로 한다. 즉, CWinTestDoc 클래스 밖에서는 이 배열을 접근할 수 없도록 하여 데이터를 보호해준다.

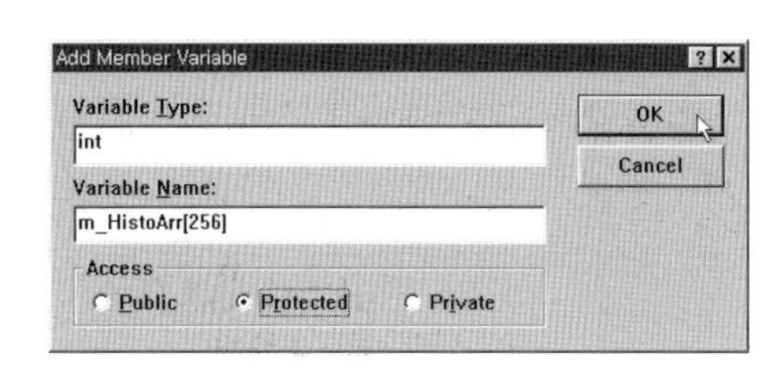

그림 6-8 멤버변수의 입력

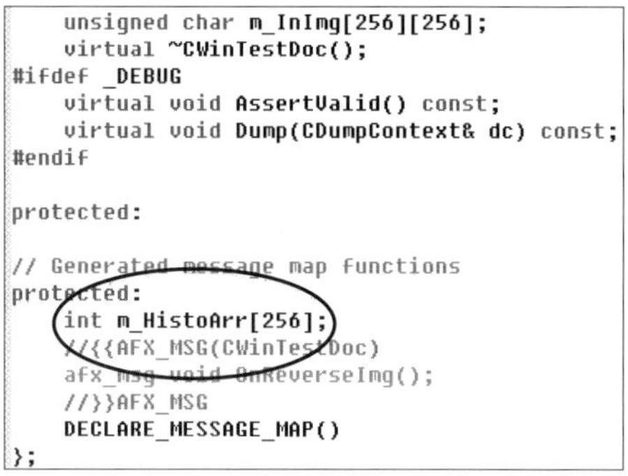

```
    unsigned char m_InImg[256][256];
    virtual ~CWinTestDoc();
#ifdef _DEBUG
    virtual void AssertValid() const;
    virtual void Dump(CDumpContext& dc) const;
#endif

protected:

// Generated message map functions
protected:
    int m_HistoArr[256];
    //{{AFX_MSG(CWinTestDoc)
    afx_msg void OnReverseImg();
    //}}AFX_MSG
    DECLARE_MESSAGE_MAP()
};
```

그림 6-9 입력된 멤버변수의 확인

멤버배열 데이터 삽입 후 해당 클래스의 헤드파일을 열어보면 배열이 삽입되어 있음을 확인할 수 있다 ([그림 6-9]).

다시 <Workspace>의 클래스뷰 탭에서 CWinTestDoc 클래스에 마우스를 대고 오른쪽 버튼을 클릭해 새로운 멤버를 추가한다. 이번에는 멤버함수를 추가한다. 오픈된 대화창에 "void"형의 "m_ImgHisto(int height, int width)"함수를 입력한다.

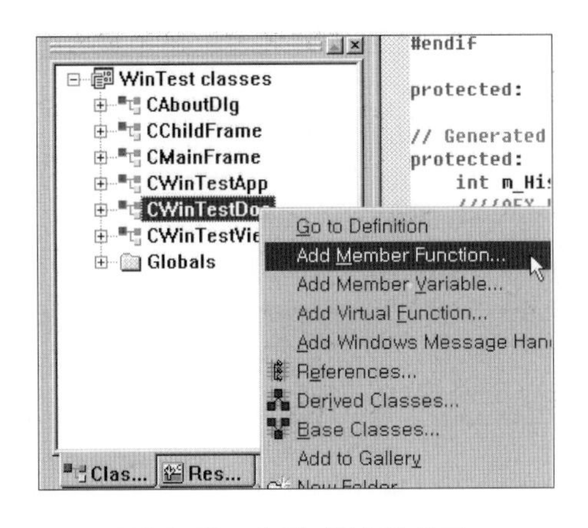

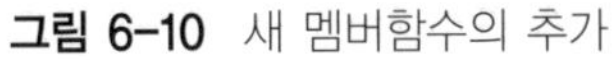
그림 6-10 새 멤버함수의 추가

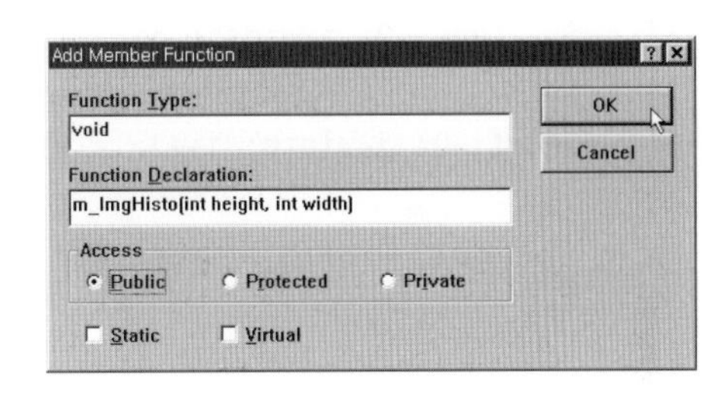

그림 6-11 멤버함수의 입력

추가된 멤버함수에 히스토그램을 계산하는 아래의 코드를 입력한다.

리스트 6-1 히스토그램 계산함수의 구현

```
01 void CWinTestDoc::m_ImgHisto(int height, int width)
02 {
03    int i,j,gv, vmax,vmin;
04    for(i=0; i<256; i++) m_HistoArr[i]=0; // 히스토그램 배열 초기화
05
06    for(i=0; i<height; i++)
07    {
08       for(j=0; j<width; j++)
09       {
10          gv = (int)m_InImg[i][j];
11          m_HistoArr[gv]++; // 밝기값에 따른 히스토그램 voting
12       }
13    }
14
15    // 히스토그램 크기 정규화(화면 출력을 위해)
16    vmin = 1000000; vmax =0;
17    for(i=0; i<256; i++)
18    {
19       if(m_HistoArr[i]<=vmin) vmin = m_HistoArr[i];
```

```
20        if(m_HistoArr[i]>=vmax) vmax = m_HistoArr[i];
21     }
22     if(vmax==vmin) return;
23
24     float vd = (float)(vmax-vmin);
25     for(i=0; i<256; i++)
26     {
27        m_HistoArr[i] = (int)( ((float)m_HistoArr[i]-vmin)*255.0/vd);
28     }
29
30     // 히스토그램의 화면출력(히스토그램 화면출력을 위해 m_OutImg를 사용)
31     for(i=0; i<height; i++)
32        for(j=0; j<width; j++) m_OutImg[i][j] = 255;
33
34     for(j=0; j<width; j++)
35     {
36        for(i=0; i<m_HistoArr[j]; i++) m_OutImg[255-i][j] = 0;
37     }
38  }
```

➡ **11행** 입력된 영상을 픽셀밝기값에 따라 히스토그램 배열에 보팅(voting)하여 빈도를 계산한다.

➡ **16행** 보팅픽셀의 개수에 따라 히스토그램 배열 요소의 크기가 달라지므로 정규화 시키기 위해 최소값과 최대값을 구한다.

➡ **24행** 최대값, 최소값을 이용하여 히스토그램 배열의 크기가 0~255사이에 들어 오도록 정규화시켜준다.

➡ **31행** m_OutImg로 히스토그램을 화면 출력하기 위한 대입을 수행한다.

이제 히스토그램 처리함수를 호출하는 메뉴명령을 추가해보자. 먼저 [그림 6-12]처럼 <Workspace>의 리소스뷰 탭에서 메뉴를 편집한다. 빈 메뉴 부분에 마우스를 대고 클릭하면 [그림 6-13]처럼 메뉴입력 대화창이 열린다. [그림 6-13]에 주어진 것처럼 메뉴작성에 필요한 항목을 입력한다.

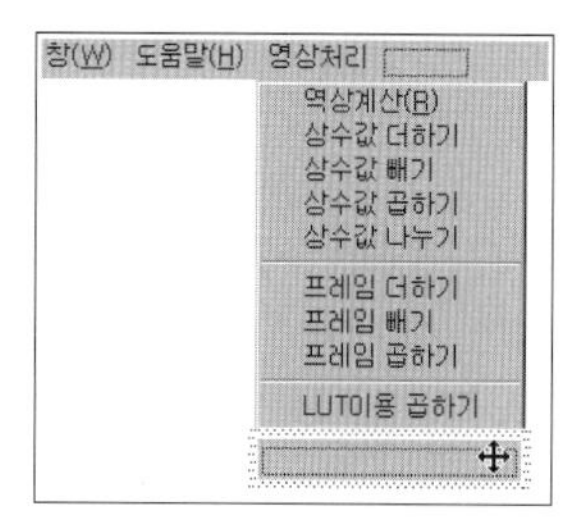

그림 6-12 새 메뉴의 입력

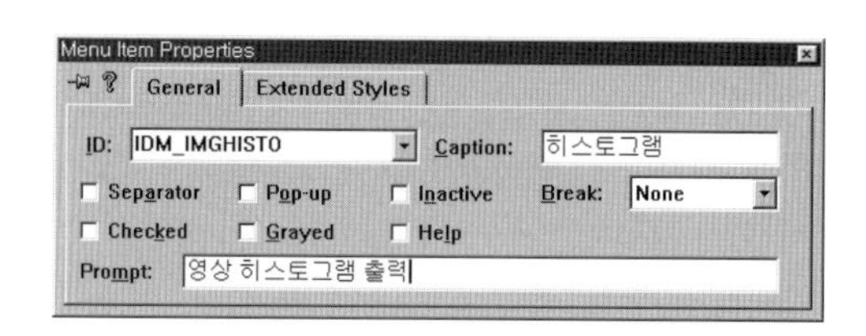

그림 6-13 메뉴 항목의 작성

추가된 메뉴항목 <히스토그램>에 마우스를 대고 오른쪽 버튼을 클릭하면 [그림 6-14]의 팝업메뉴가 출력되는데 여기서 <ClassWizard> 부분을 클릭한다.

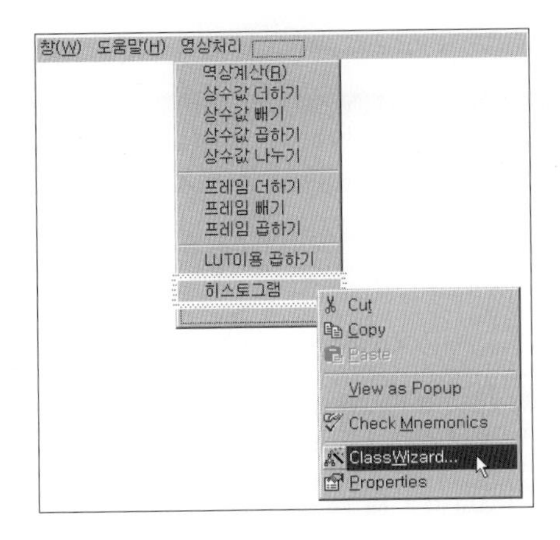

그림 6-14 클래스위자드의 호출

오픈된 클래스위자드 입력창에서 [그림 6-15]에 주어진 순서로 차례로 입력한다. 먼저❶의 <Class name>부에서 [CWinTestView]를 선택한다. 다음 ❷의 <Object IDs>부에서 [IDM_IMGHISTO]을 선택한다. 이 ID는 [그림 6-13]에서 히스토그램처리 명령을 호출하기 위해 만들어 주었던 메뉴의 ID이다. 다음 ❸의 <Messages>부에서 [COMMAND]를 선택하고 ❹에서 멤버함수를 추가하기 위해 버튼을 클릭한다. 오픈된 멤버함수 입력창에는 기본으로 주어지는 멤버함수가 입력되어 있다. 이것을 바꾸지 말고 바로 ❺의 [OK]버튼을 클릭한다.

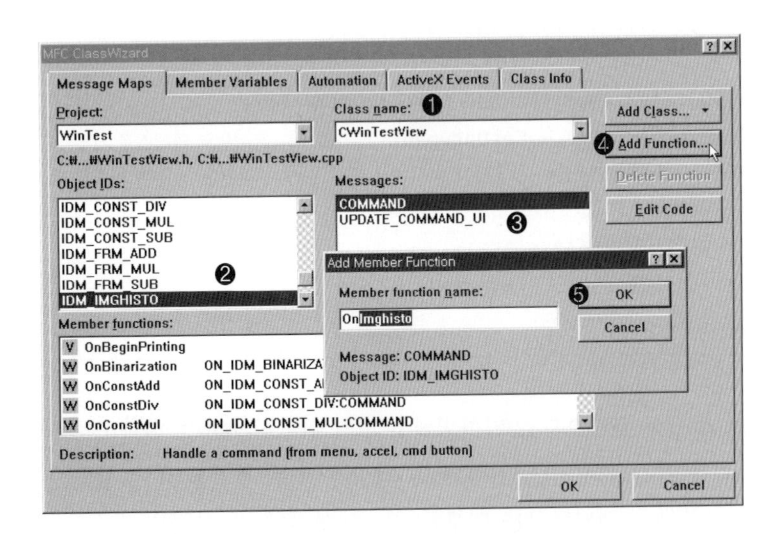

그림 6-15 멤버함수의 입력

[OK]버튼을 클릭하면 새로운 멤버함수가 CWinTestView 클래스 아래에 추가되고 이 함수는 [그림 6-16]의 ❻처럼 나타난다. 이 부분을 두 번 클릭하거나 ❼의 코드 편집 버튼을 누르면 추가된 멤버함수를 편집하는 것이 가능하다.

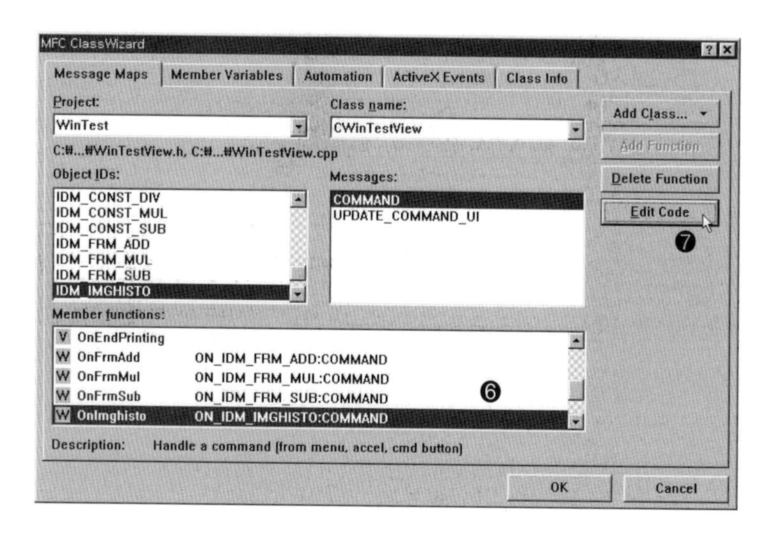

그림 6-16 멤버함수의 편집

[리스트 6-2]의 코드처럼 뷰 클래스 멤버함수를 작성한다. 이 코드는 도큐먼트 클래스 아래에 있는 히스토그램 처리 계산함수 m_ImgHisto를 호출하는 함수이다.

리스트 6-2 히스토그램 계산함수를 호출하는 뷰 클래스 멤버함수의 구현

```
01 void CWinTestView::OnImghisto()
02 {
03     // TODO: Add your command handler code here
04     CWinTestDoc* pDoc = GetDocument();      // 도큐먼트 클래스를 참조하기 위해
05     ASSERT_VALID(pDoc);                     // 인스턴스 주소를 가져옴
06 
07     pDoc->m_ImgHisto(256,256);              // 히스토그램 계산함수 호출
08     Invalidate(FALSE); //화면 갱신
09 }
```

코드작성이 끝났으므로 컴파일하고 링크하여 실행한다. 실행하면 [그림 6-17]처럼 히스토그램 보기가 수행된다. 입력된 원 영상은 회로 기판을 찍은 샘플영상으로 문자부나 IC의 다리 부분을 제외하고는 대부분 영역에서 밝기가 어두운 화소로 구성되어 있다. 따라서, 히스토그램은 낮은 밝기 쪽에 픽셀이 집중된 형상을 띠고 있다.

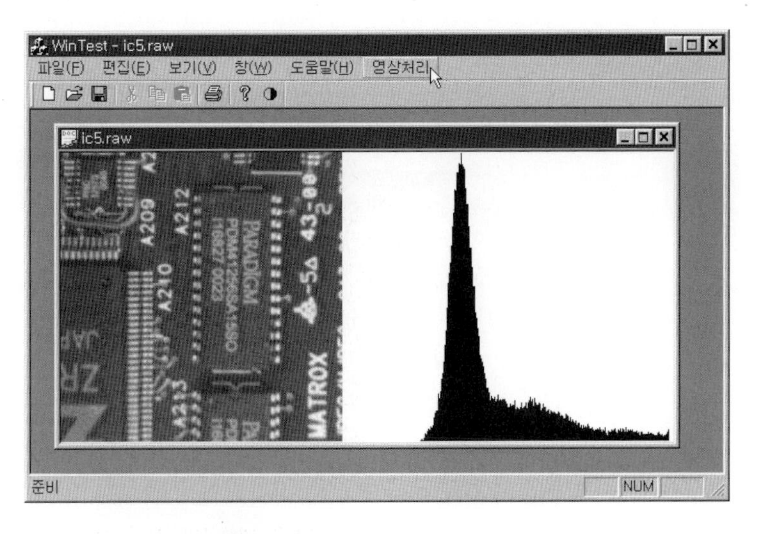

그림 6-17 히스토그램 보기의 실행

3. 히스토그램을 이용한 영상이치화 프로그램의 구현

입력된 영상이 어떤 영상이든지 상관없이 영상이치화 연산은 가능하다. 영상이치화는 픽셀기반 연산의 가장 단순한 예로 입력영상을 0과 255 두 값 중 하나로 바꾸는 작업을 수행한다.

먼저 이치화를 처리하는 메뉴를 삽입하자. <Workspace>의 리소스뷰 탭을 선택해 메뉴편집부로 들어간다. [그림 6-18]처럼 빈 메뉴부분에 마우스를 대고 클릭하면 [그림 6-19]의 입력창이 열리며 그림에 주어진 것처럼 ID, Cation, Prompt부분을 입력한다.

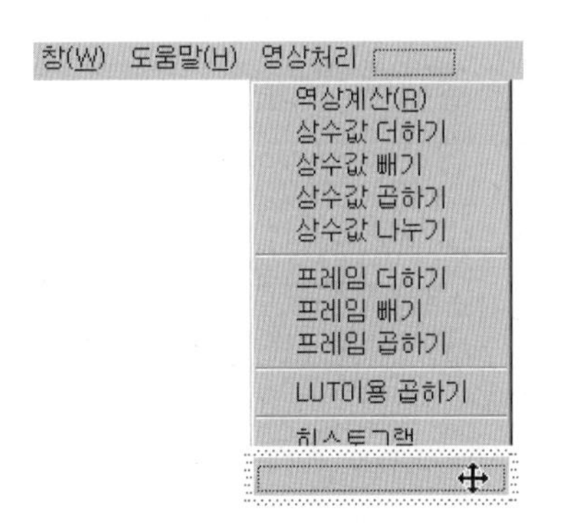

그림 6-18 이치화처리 메뉴 추가

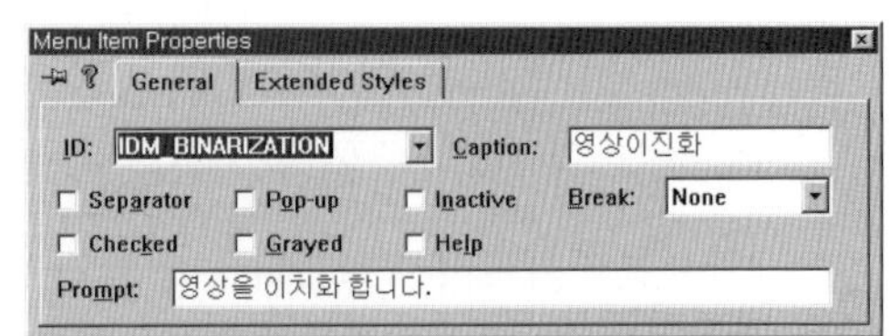

그림 6-19 이치화처리 메뉴의 입력

[그림 6-20]은 새롭게 입력된 메뉴 <영상이진화>를 보여준다. 이 메뉴 부분에 마우스를 대고 오른쪽 버튼을 클릭하여 <ClassWizard>부분을 선택한다.

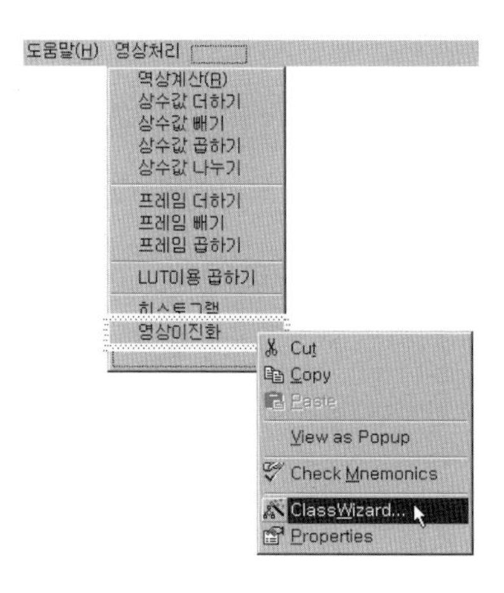

그림 6-20 클래스위자드 호출

[그림 6-21]처럼 클래스위자드 대화창이 열리면 히스토그램 출력함수의 작성에서 처리했던 순서로 새로운 멤버함수를 `CWinTestView` 클래스 아래에 추가한다. 추가된 멤버함수를 편집하기 위해 [그림 6-22]에 보여진 것처럼 <Edit Code> 버튼을 클릭하여 추가된 멤버함수 `OnBinarization`으로 이동한다.

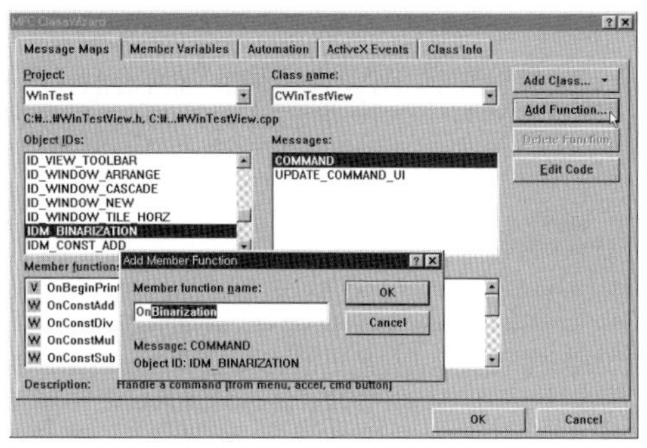

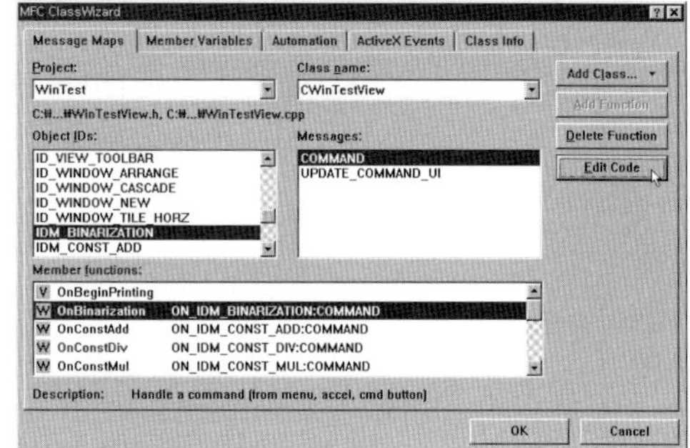

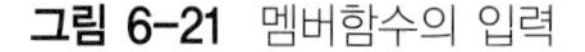

그림 6-21 멤버함수의 입력

그림 6-22 추가된 멤버함수로 이동

[리스트 6-3]은 영상이진화를 수행하는 함수의 코드를 보여준다. 11행에 보여진 것처럼 입력된 영상을 이치화하기 위한 임계치(threshold value)를 "100"으로 사용하고 있다. 이 임계치값을 바꿔주면 이치화영상은 달라진다.

리스트 6-3 영상이진화함수의 구현

```
01 void CWinTestView::OnBinarization()
02 {
03    // TODO: Add your command handler code here
04    CWinTestDoc* pDoc = GetDocument(); // 도큐먼트 클래스를 참조하기 위해
05    ASSERT_VALID(pDoc);   // 인스턴스 주소를 가져옴
06
07    for(int i=0; i<height; i++)
08    {
09       for(int j=0; j<width; j++)
10       {
11          if(pDoc->m_InImg[i][j]>100) pDoc->m_OutImg[i][j]=255;
12          else pDoc->m_OutImg[i][j]=0;
13       }
14    }
15    Invalidate(FALSE); //화면 갱신
16 }
```

코드 및 메뉴 작성이 끝났으므로 컴파일하여 실행한다. [그림 6-23]은 실행 예를 보여준다. 입력영상의 픽셀밝기값이 100보다 작으면 0의 값으로, 크면 255의 값으로 바꾸어진 결과영상이 출력되고 있다. 결과영상에는 0과 255의 두 값만 존재하게 되므로 영상 이진화라고 한다.

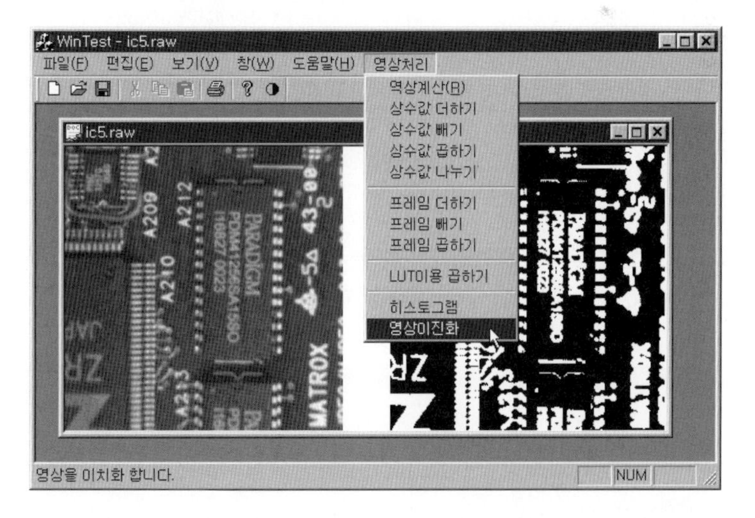

그림 6-23 영상이치화 연산의 실행

4. 슬라이드 컨트롤을 이용한 영상이진화의 동적 제어

영상이진화를 수행하는 함수를 앞에서 작성해보았다. 영상이진화를 위한 임계치값에 따라 영상의 이치화 레벨은 달라지며 입력되는 영상에 따라 적당한 값의 임계치를 지정해 주어야 한다. 이러한 임계치값을 자동으로 결정하는 것은 어려운 일이며 주어지는 영상의 히스토그램의 모양에 따라 임계치값을 입력해 주는 것이 일반적이다. 자동임계치 결정을 위한 방법은 Otzu법 등이 알려져 있다.

여기서는 MFC의 슬라이드 컨트롤을 사용하여 임계치값을 동적으로 입력해 주는 함수를 작성한다. 슬라이드 컨트롤의 움직임에 따라 영상이치화가 동적으로 실행되는 프로그램을 작성해 보도록 하겠다.

1 다이얼로그박스의 작성

먼저 슬라이드 컨트롤을 위한 슬라이드를 놓을 다이얼로그박스를 만들어보자. <Workspace>의 리소스뷰 탭을 선택하고 리소스 중에서 다이얼로그 부분에 마우스를 대고 오른쪽 버튼을 클릭하면 [그림 6-24]와 같은 메뉴가 나타난다. 여기서 <Insert Dialog>을 선택한다.

그림 6-24 새로운 다이얼로그박스의 추가

생성된 다이얼로그박스에는 [그림 6-25]의 왼쪽처럼 두 개의 버튼이 붙어 있다. 이 두 버튼을 제거하여 아무것도 없는 다이얼로그로 만든다.

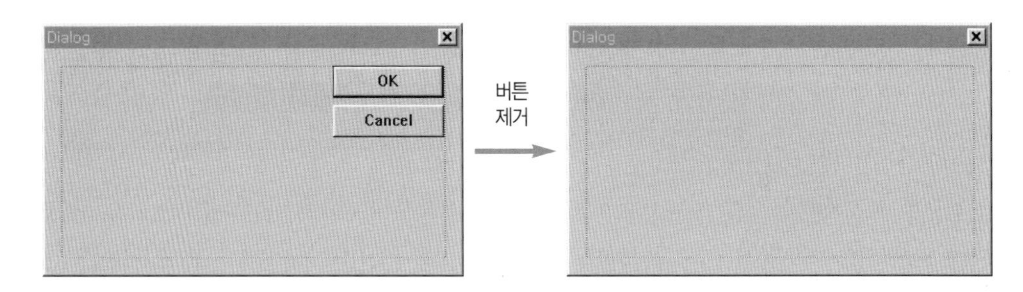

그림 6-25 다이얼로그박스의 편집

[그림 6-26]에 보여진 것처럼 오른쪽에 있는 툴박스에서 몇 가지 컨트롤을 가져와 다이얼로그박스에 첨가한다. 슬라이드바와 버튼, 에디터박스 등을 붙여준다.

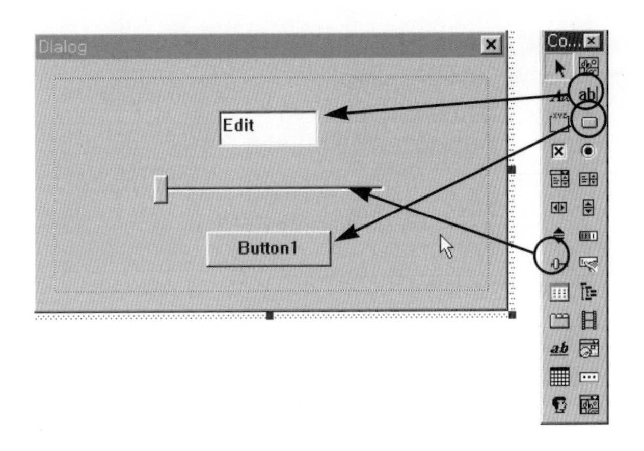

그림 6-26 다이알로그박스에 툴들을 추가

다이얼로그박스에 붙여준 툴들의 특성을 입력한다. 먼저, [그림 6-27]에서 에디터박스를 마우스로 선택(❶)하여 오른쪽 버튼을 누르면 팝업메뉴가 나타나고 이 메뉴에서 <Properties>을 선택(❷)한다. 입력창이 뜨면 <Style>탭을 선택(❸)한 후, <Align text>부분은 [Right]로 선택(❹)하고 <Read-only>부분에도 체크(❺)한다.

설정한 두 옵션은 에디터박스가 입력은 받아들이지 않고 정보의 출력만으로 사용되며오른쪽 끝에 맞추어 문자를 출력한다는 것을 지정한 것이다.

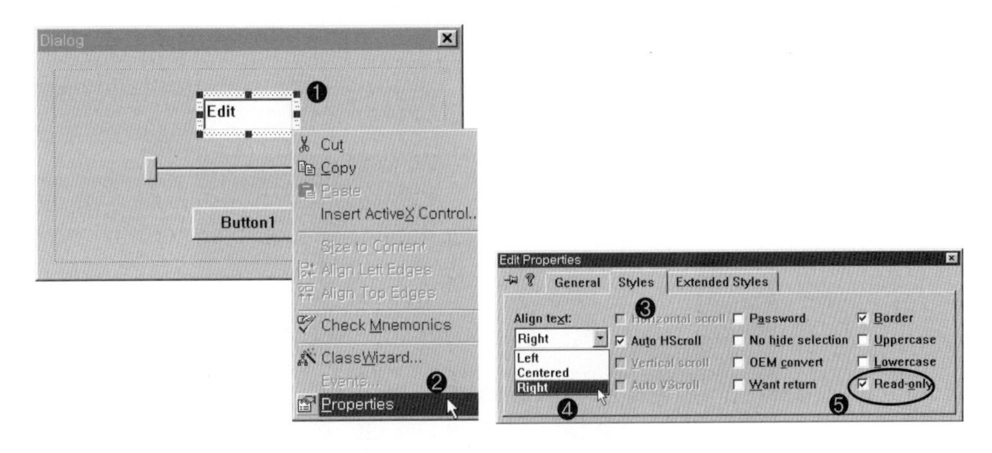

그림 6-27 에디터박스 특성 입력

에디터박스의 경우처럼 명령입력 버튼에 대해서도 특성을 입력한다. <ID>부에 [IDC_BUTTON1]을 입력하고 <Caption>부에는 [종료]라고 쓴다.

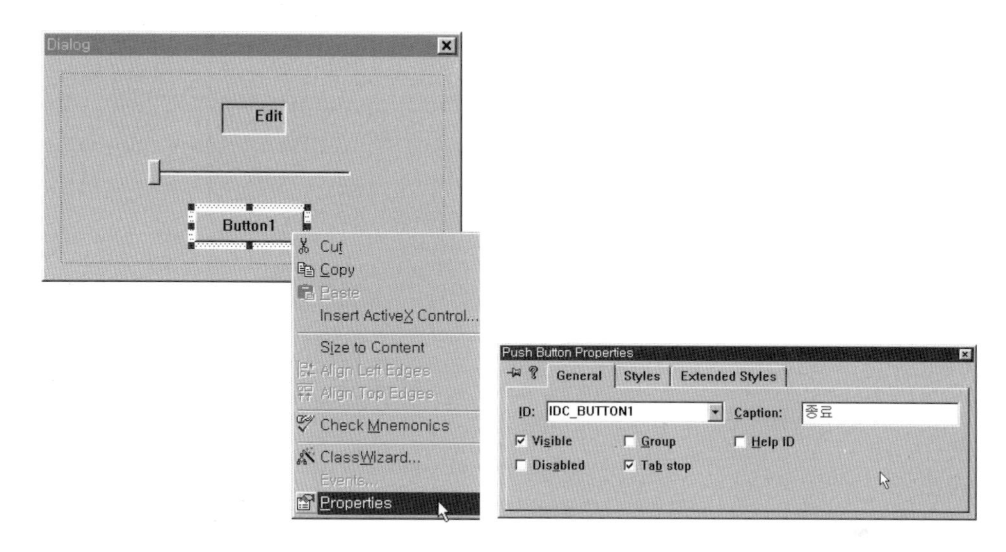

그림 6-28 명령버튼의 특성 입력

다이얼로그박스에 대응하는 클래스를 작성하기 위해 클래스위자드를 이용한다. [그림 6-28]의 ❶부분에 마우스를 대고 오른쪽 버튼을 누르면 팝업메뉴가 나타나고 여기서 ❷의 <ClassWizard>을 선택한다. 클래스위자드가 수행되면서 새로운 클래스를 삽입할지 묻는다. ❸의 <OK>버튼을 클릭하면 바로 [그림 6-30]의 클래스 정보 입력창이 열린다. <Name>부에 [CBinCntrlDlg]라고 입력(❹)하고 [OK]버튼을 클릭(❺)한다.

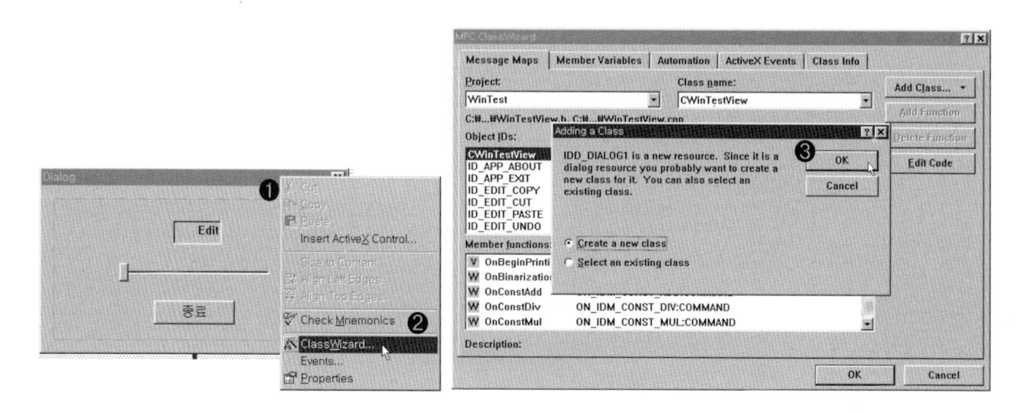

그림 6-29 다이얼로그박스에 대한 클래스의 작성

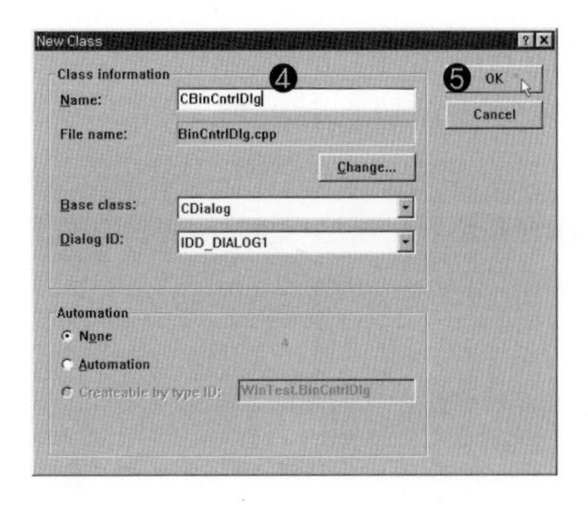

그림 6-30 다이얼로그 클래스 이름 입력

2 다이얼로그 클래스의 멤버함수 작성

종료버튼이 눌려졌을 때 실행할 멤버함수를 작성해보자. [그림 6-30]에 주어진 것처럼 다이얼로그 클래스 CBinCntrlDlg 아래에 새로운 멤버함수를 추가한다.

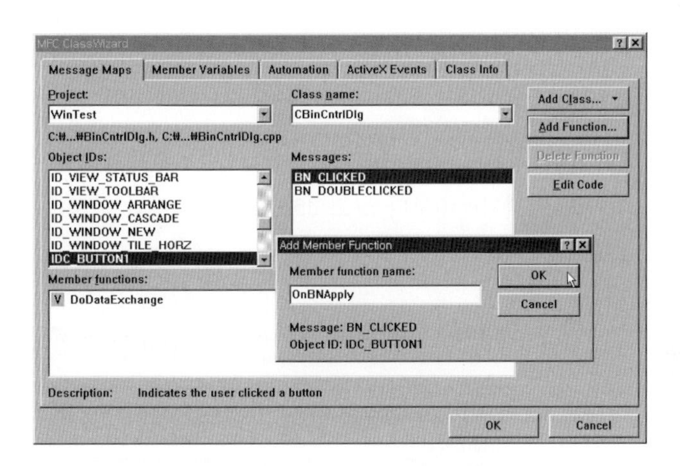

그림 6-31 종료버튼에 대한 멤버함수의 추가

멤버함수를 추가한 후, 이 멤버함수를 편집하기 위해 [그림 6-31]의 <Edit Code>버튼을 이용하여 함수를 편집한다. [리스트 6-4]처럼 코드를 입력한다.

리스트 6-4 종료버튼에 대한 멤버함수의 구현

```
01 void CBinCntrlDlg::OnBNApply()
02 {
03     // TODO: Add your control notification handler code here
04     OnOK(); // 대화박스를 종결
05 }
```

다시 클래스위자드를 오픈하여 <Class name>부에서 [`CBinCntrlDlg`] 클래스를 선택한 다음 <Member Variables>탭을 클릭(❶)한다. 다음 <Control IDs> 부에서 에디터박스를 가리키는 ❷번의 [`IDC_EDIT1`]을 선택하고 ❸번의 <Add Variable> 버튼을 클릭한다. 변수명은 [`m_binValDisp`]으로 하고 <Member variable name>에 입력(❹)한다. 변수의 <Category>는 [Value]로 하고(❺) <Variable type>은 [int]로 설정(❻)한다.

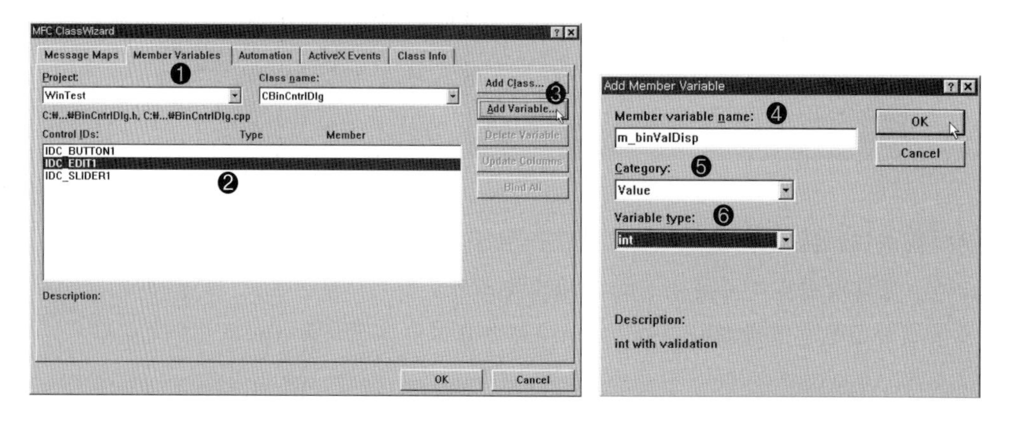

그림 6-32 에디터박스 대응변수의 추가 및 추가변수 이름 입력

이제 추가한 정수의 범위를 설정하자. [그림 6-32]처럼 최소값과 최대값을 설정해 준다. 이치화 임계치는 0보다 크고 255보다는 작아야 하므로 최대 및 최소값을 0과 255로 설정해주었다.

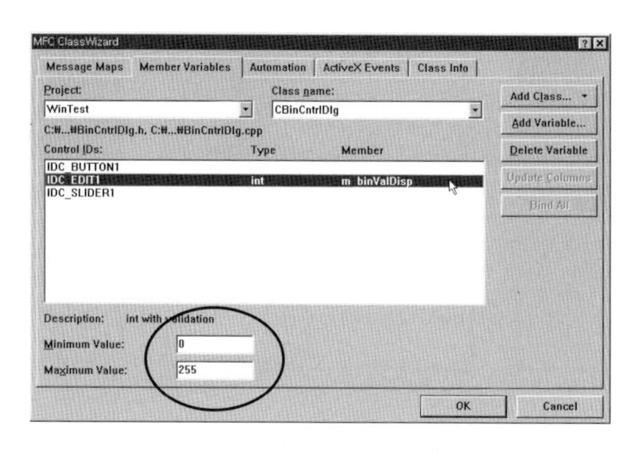

그림 6-33 추가변수의 범위 설정

에디터박스에 대한 속성처럼 슬라이드바에 대한 속성도 유사하게 설정해보자. <Control IDs>에서 [`IDC_SLIDER1`]을 선택한 후, [Add Variable]버튼을 클릭한다. 클릭 후 오픈된 대화창에 [그림 6-34]에 주어진 속성을 설정한다. 단, <Category>는 `value`가 아니라

[Control]이고 <Variable type>은 슬라이드컨트롤 클래스 타입인 [CSliderCtrl]로 선택한다.

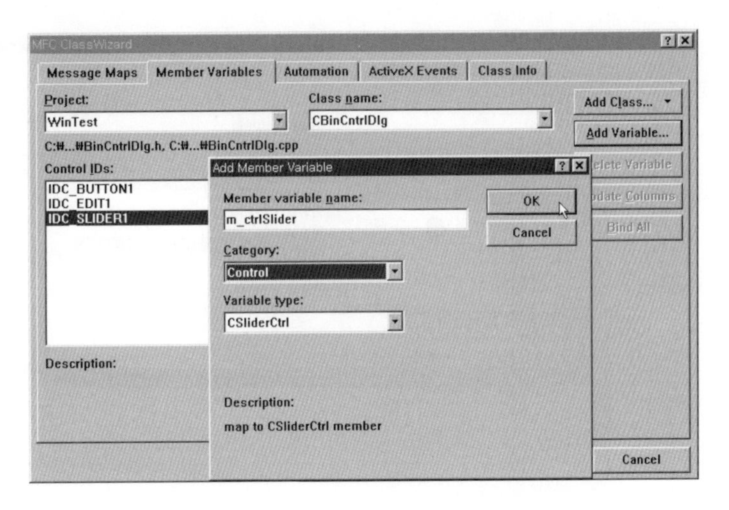

그림 6-34 슬라이드 컨트롤 변수 추가와 속성 설정

다이얼로그 클래스의 헤드파일인 <BinCntrlDlg.h> 파일을 열어보면 추가된 멤버변수들을 확인할 수 있다. [그림 6-35]는 추가된 두 개의 멤버변수들을 보여준다.

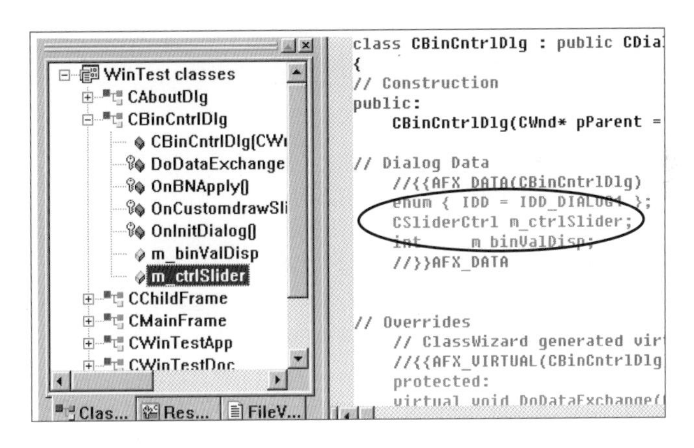

그림 6-35 추가된 두 멤버 변수들의 확인

다이얼로그박스가 열 때 실행되는 초기화함수를 작성하자. 다이얼로그박스 내에는 여러 가지 컨트롤들과 컨트롤에 연관된 변수들이 있으므로 이러한 변수들의 초기화가 필요하다. 클래스위자드를 오픈하여 <Class name>에 [**CBinCntrlDlg**]을 선택(❶)하고 <Object IDs>에는 [**CBinCntrlDlg**](❷)을 <Messages>부에는 [WM_INITDIALOG]을 선택(❸)한다. 다음 <Add function>버튼(❹)을 누르면 <Member functions>부에 [그림 6-36]처럼 새

로운 멤버함수 OnInitDialog가 추가(❺)되게 된다. 마지막으로 <Edit Code>버튼(❻)을 눌러 이 함수를 편집하자.

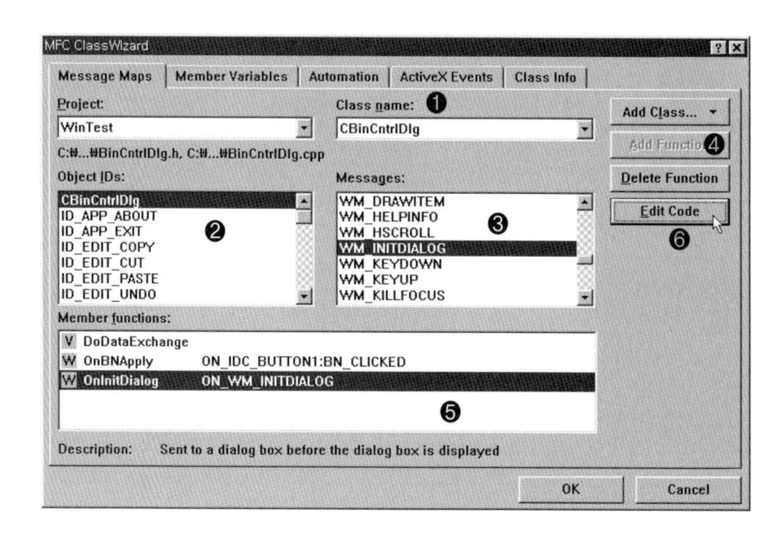

그림 6-36 다이얼로그 초기화 멤버함수의 추가

[리스트 6-5]에 주어진 것처럼 다이얼로그박스가 오픈될 때 **CBinCntrlDlg** 클래스의 변수 및 컨트롤들을 초기화하는 함수를 작성한다.

리스트 6-5 다이얼로그 초기화 멤버함수의 구현

```
01 BOOL CBinCntrlDlg::OnInitDialog()
02 {
03     CDialog::OnInitDialog();
04
05     // TODO: Add extra initialization here
06     m_ctrlSlider.SetRange(0,255); // 슬라이드바의 값의 범위 설정
07     m_ctrlSlider.SetPos(100); // 슬라이드바의 초기 상태 설정
08
09     m_binValDisp = m_ctrlSlider.GetPos(); // 현재 설정되어 있는 값을 잡아온다
10     UpdateData(FALSE); // 설정된 데이터값으로 다이얼로그박스의 표시부 갱신
11
12     return TRUE;
13 }
```

➡ **6행** 슬라이드바가 가질 수 있는 값의 최소 및 최대값의 범위를 설정한다.

➡ **7행** 다이얼로그박스가 열릴 때 가져야 하는 슬라이드바의 초기 상태를 설정한다.

➡ **9행** 현재 슬라이드바에 설정되어 있는 값을 가져온다.

➡ **10행** 현재 설정된 데이터값으로 다이얼로그의 모든 컨트롤들을 갱신해 표시한다.

다음으로는 슬라이드컨트롤이 있는 다이얼로그박스에서 설정 이치화임계치값을 받아 이치화를 수행하는 함수를 작성한다. 이치화처리함수는 **CWinTestDoc** 클래스 아래에 추가한다. [그림 6-37]처럼 <Workspace>의 클래스뷰 탭에서 <**CWinTestDoc**> 클래스 부분을 선택한 후 마우스의 오른쪽 버튼을 클릭하여 <Add Member Function> 부분을 클릭한다. 출력된 대화창에 [그림 6-38]처럼 함수의 타입과 함수의 선언부를 입력한다.

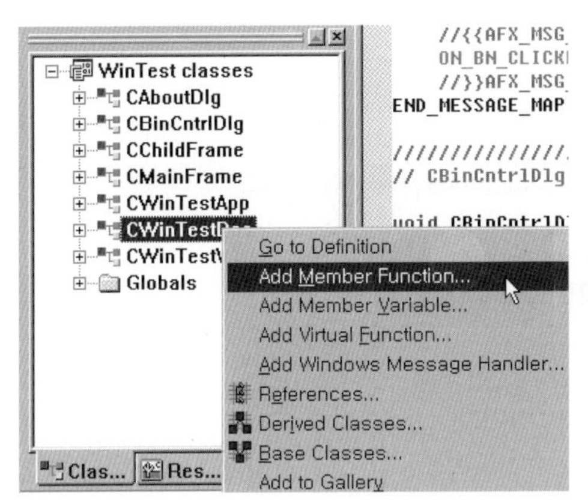

그림 6-37 이치화 멤버함수의 추가

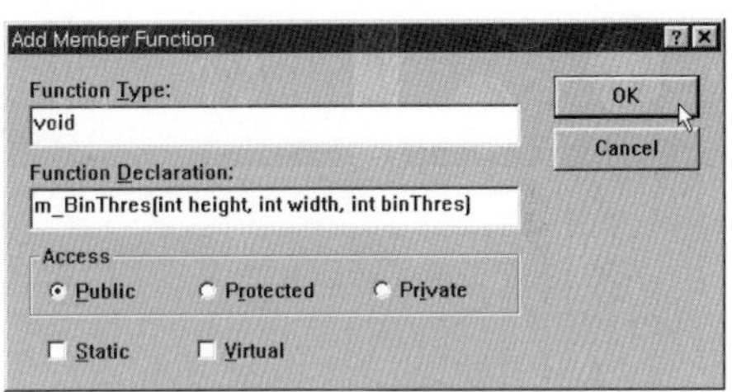

그림 6-38 이치화 멤버함수 입력

CWinTestDoc 클래스에 추가된 함수에 [리스트 6-6]처럼 코드를 입력한다. 함수의 인수는 3개이며 3번째 인수가 슬라이드컨트롤에서 설정되어 넘어올 이치화 임계치의 값이다.

리스트 6-6 이치화처리 멤버함수의 구현

```
01 void CWinTestDoc::m_BinThres(int height, int width, int binThres)
02 {
03    for(int i=0; i<height; i++)
04    {
05       for(int j=0; j<width; j++)
06       {
07          if(m_InImg[i][j]>binThres) m_OutImg[i][j] = 255;
08          else m_OutImg[i][j] = 0;
09       }
10    }
11    UpdateAllViews(FALSE); //화면출력의 갱신
12 }
```

CBinCntrlDlg 클래스의 함수에서 도큐먼트 클래스의 멤버 데이터에 접근하기 위해 메인프레임, Child 프레임, 도큐먼트 클래스의 인스턴스 주소를 참조해야 하므로 [그림 6-39]처럼 BinCntrlDlg.cpp 파일의 상부에 해당 클래스의 헤드파일을 첨가하여 준다.

```
// BinCntrlDlg.cpp : implementation file
//

#include "stdafx.h"
#include "WinTest.h"
#include "BinCntrlDlg.h"

#include "MainFrm.h"
#include "ChildFrm.h"
#include "WinTestDoc.h"

#ifdef _DEBUG
#define new DEBUG_NEW
#undef THIS_FILE
static char THIS_FILE[] = __FILE__;
#endif
```

그림 6-39 헤드파일의 추가

슬라이드 컨트롤의 동작에 대응하는 함수를 작성하기 위해 [그림 6-40]처럼 슬라이드를 선택한 후 오른쪽 마우스 버튼을 클릭하면 팝업메뉴가 화면에 나타난다. 여기서 클래스위자드를 선택한다.

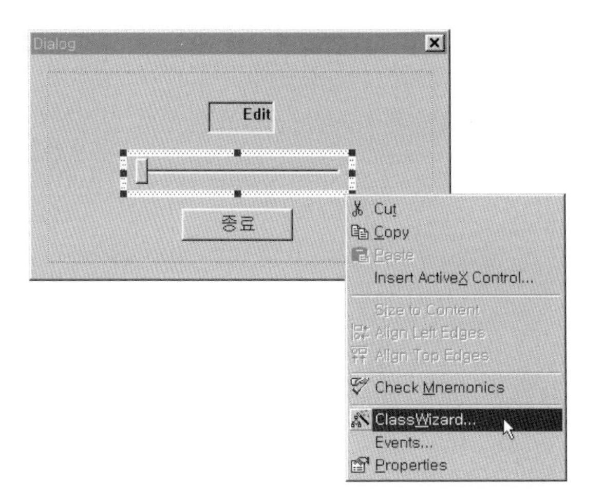

그림 6-40 슬라이드컨트롤함수의 추가

클래스위자드 대화창에서 [그림 6-41]에서 주어진 번호처럼 차례로 필요한 설정을 수행한다. ❸번의 NM_CUSTOMDRAW는 슬라이드가 움직일 때마다 추가한 멤버함수가 호출되는 옵션이다.

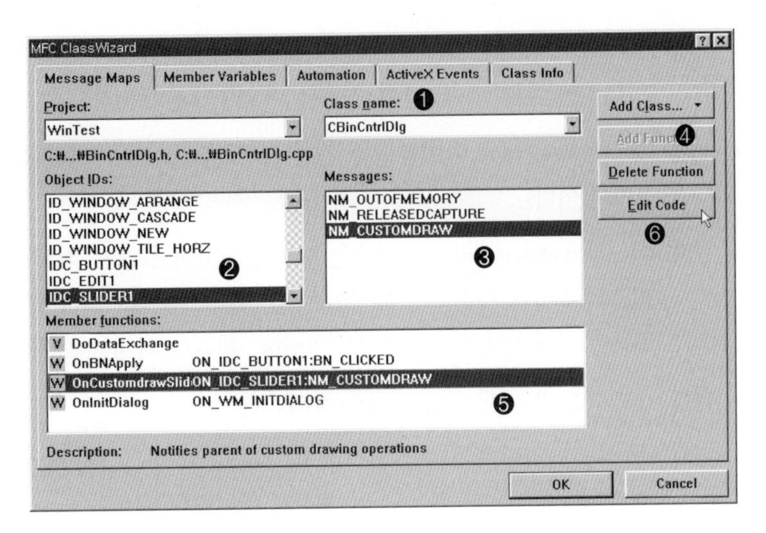

그림 6-41 슬라이드컨트롤 멤버함수의 추가

[리스트 6-7]은 다이얼로그박스에 있는 슬라이드 바가 움직일 때 마다 호출되는 함수이다. 이 함수는 다이얼로그박스에 있는 슬라이드가 움직일 때 슬라이드의 현재 위치를 잡아와 이 위치값으로 도큐먼트 클래스에 있는 이치화 처리 함수를 호출하는 역할을 한다.

리스트 6-7 슬라이드컨트롤 대응함수의 구현

```
01 void CBinCntrlDlg::OnCustomdrawSlider1(NMHDR* pNMHDR, LRESULT* pResult)
02 {
03     CMainFrame *pFrame= (CMainFrame*)AfxGetMainWnd();
04     ASSERT(pFrame);
05     CChildFrame *pChild = (CChildFrame*)pFrame->GetActiveFrame();
06     ASSERT(pChild);
07     CWinTestDoc *pDoc = (CWinTestDoc*)pChild->GetActiveDocument();
08     ASSERT(pDoc);
09
10     // Slider의 현재 위치를 잡아온다
11     m_binValDisp = m_ctrlSlider.GetPos();
12     UpdateData(FALSE); // 잡아온 데이터값으로 다이얼로그박스의 표시부 갱신
13
14     // 현재 활성화 도큐먼트클래스 아래의 이치화 계산함수를 호출
15     pDoc->m_BinThres(256,256,m_binValDisp); // 슬라이드설정 이치화 계수치를 넘겨줌
16 }
```

➡ **3행** **AfxGetMainWnd** 함수는 현재 활성화되어 있는 애플리케이션 메인프레임윈도우의 주소를 가져오는 함수이다. Afx로 시작하므로 어디에서나 호출이 가능한 전역함수임을 뜻한다.

➡ **4행** pFrame이 유효한지를 검사함. Release 모드에서는 동작하지 않는다. 오류가 발생하면 파일 이름과 몇 번째 줄에서 오류가 발생했는지를 출력해준다.

➡ **5행** `GetActiveFrame` 멤버함수는 현재 활성화된 `Child` 윈도우의 주소를 가져오는 멤버함수이다.

➡ **7행** `GetActiveDocument` 멤버함수는 현재 활성화되어 있는 뷰에 붙어 있는 도큐먼트 클래스의 주소를 가져오는 멤버함수이다. 결국 현재 출력된 활성화 영상에 대응하는 도큐먼트 클래스의 주소를 받아오기 위해 3행 ~7행까지를 차례로 수행한 것이 된다.

➡ **11행** 슬라이드의 현재 설정 위치를 잡아온다.

➡ **12행** 슬라이드 위치가 바뀌었으므로 이 표시값을 갱신하기 위해 `UpdateData` 함수를 호출한다.

➡ **15행** 슬라이드 바의 설정값을 도큐먼트 클래스의 멤버함수로 넘겨 이치화 연산을 수행한다.

3 동적이치화 실행 메뉴와 호출함수의 작성

다이얼로그 클래스와 슬라이드 제어함수의 작성이 끝났으므로 동적이치화를 호출하는 메뉴를 작성하자.

<Workspace>의 리소스뷰 탭의 메뉴편집창에서 [그림 6-42]처럼 빈 메뉴를 클릭하여 [그림 6-43]에서 보이는 바와 같이 메뉴 설정값들을 입력한다.

그림 6-42 동적이치화 메뉴 추가

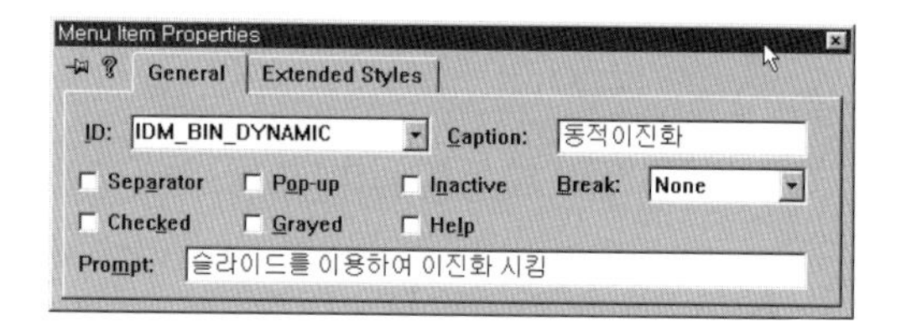

그림 6-43 메뉴 설정치 입력

[동적이진화] 연산함수를 호출하기 위한 함수를 작성하자. 메뉴의 <동적이진화>위치에 마우스를 대고 오른쪽 버튼을 클릭하여 클래스위자드를 호출한다.

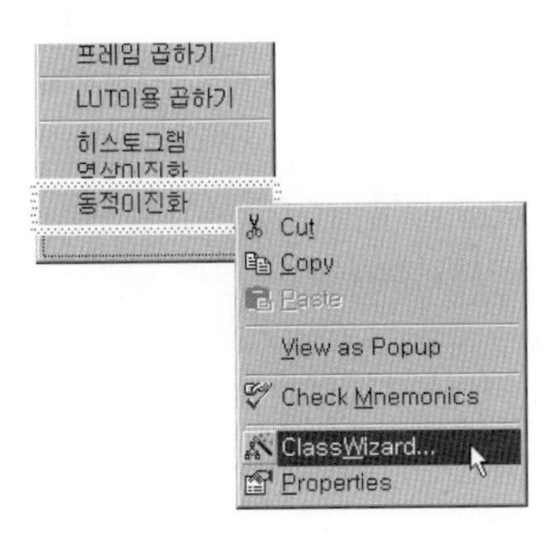

그림 6-44 클래스위자드 실행

[그림 6-45]에 주어진 순서처럼 클래스위자드에서 뷰 클래스 멤버함수를 추가한다.

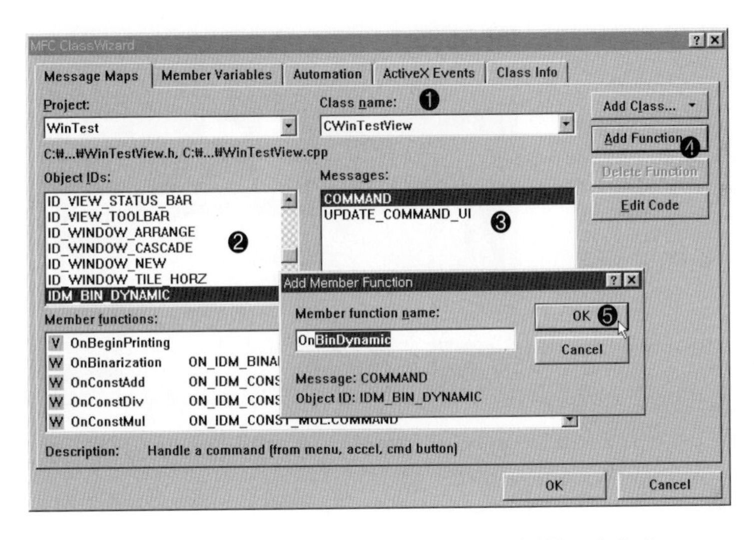

그림 6-45 뷰 클래스에 동적이치화 호출 멤버함수의 추가

뷰 클래스에서 슬라이드가 있는 다이얼로그 클래스 **CBinCntrlDlg**를 호출하기 위해 다이얼로그 클래스 헤드파일을 WinTestView.cpp 파일부에 삽입해준다.

```
// WinTestView.cpp : implementation of the CWinTe
//

#include "stdafx.h"
#include "WinTest.h"

#include "WinTestDoc.h"
#include "WinTestView.h"

#include "BinCntrlDlg.h"

#ifdef _DEBUG
#define new DEBUG_NEW
#undef THIS_FILE
static char THIS_FILE[] = __FILE__;
#endif
/////////////////////////////////////////////
// CWinTestView
```

그림 6-46 다이얼로그 클래스 헤드파일 추가

동적이치화 호출함수를 [리스트 6-8]처럼 구현한다.

리스트 6-8 동적이치화 호출함수의 구현

```
01 void CWinTestView::OnBinDynamic()
02 {
03     // TODO: Add your command handler code here
04     CBinCntrlDlg pbinCtrlDlg;     // 슬라이드컨트롤 클래스 변수의 선언
05     pbinCtrlDlg.DoModal();        // 슬라이드컨트롤박스의 호출
06 }
```

프로그램 작성이 끝났으므로 컴파일하여 실행한다. [그림 6-47]는 실행 예를 보여준다.

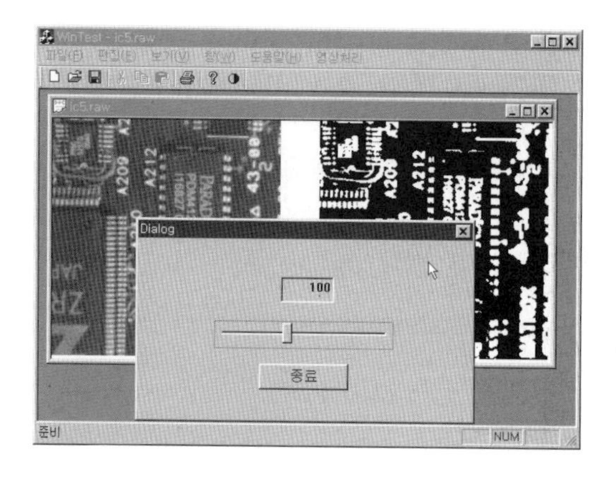

그림 6-47 동적이진화를 위한 슬라이드컨트롤 실행 예

[그림 6-48]처럼 슬라이드박스를 띄운 상태에서 슬라이드의 위치를 변경시켜 보자. 슬라이드의 움직임에 따라 영상의 이치화가 자동으로 변하며 나타난다.

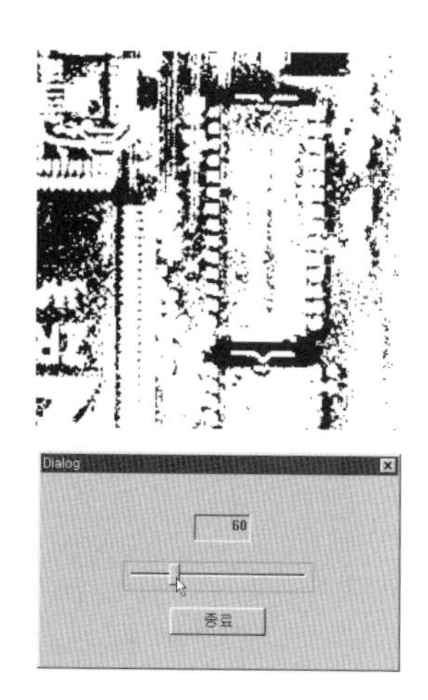

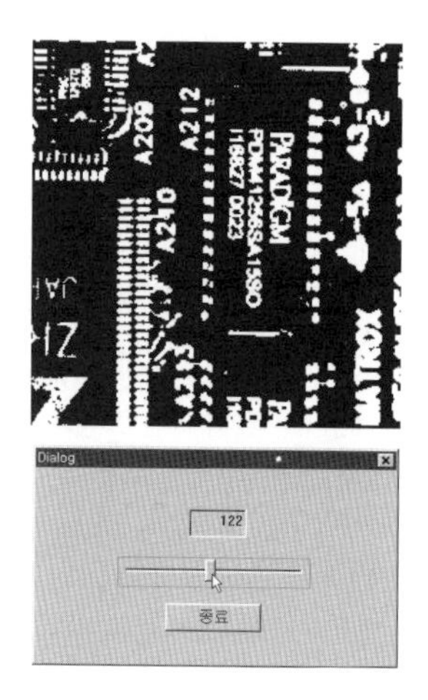

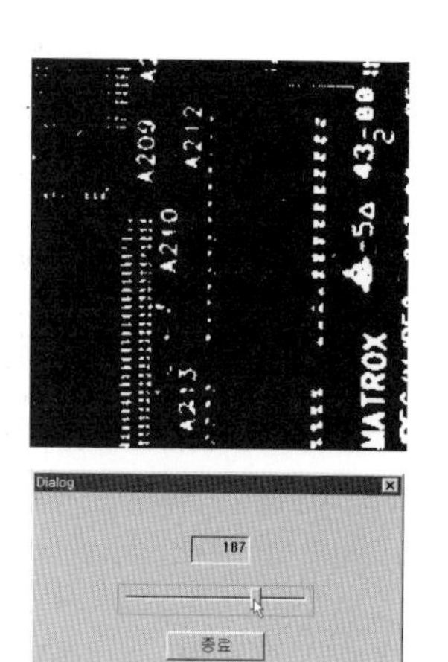

그림 6-48 슬라이드 이동에 따른 이치화영상의 변화

5. 히스토그램 평활화

[그림 6-49]를 살펴보자. 동전영상의 원본입력영상과 히스토그램 평활화(Histogram Equalization)가 처리된 결과영상이 나타나 있다. 평활화처리된 영상이 훨씬 알아보기 쉬움을 알 수 있다. 히스토그램 평활화는 원본영상을 개선하기 위해 추가적으로 데이터를 더 첨가 하지는 않는다. 다만, 히스토그램의 형상을 분석하여 밝기 분포가 특정한 부분으로 치우친 것을 좀더 넓은 영역에 걸쳐 밝기 분포가 존재하도록 히스토그램을 펼쳐준 것에 불과하다. 따라서 존재하는 데이터의 양이 바뀌지는 않는다.

인간의 눈은 영상의 절대적 밝기의 크기보다 대비가 증가할때 인지도가 증가하므로 이를 이용한 것이다. 영상의 밝기가 단지 전체적으로 밝아진다고 해서 가시도가 향상되는 것은 아니다. 오히려 넓은 영역에서 골고루 밝기값이 존재하는 것이 훨씬 인식하기가 쉬워진다.

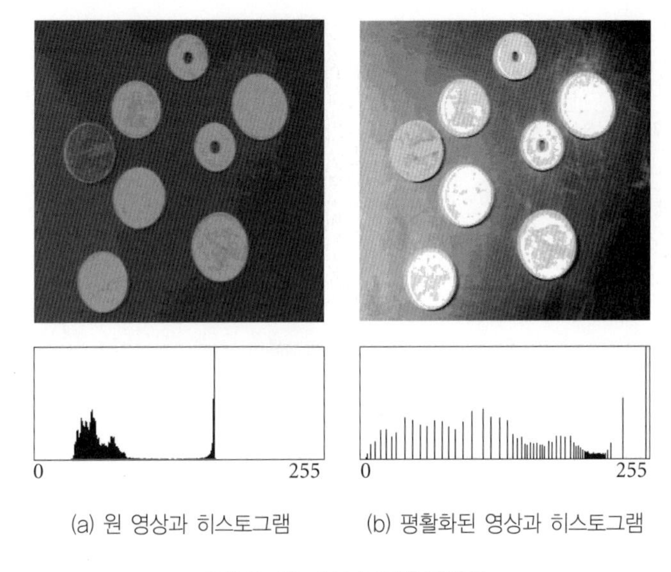

(a) 원 영상과 히스토그램 (b) 평활화된 영상과 히스토그램

그림 6-49 히스토그램 평활화

[그림 6-49(a)]을 살펴보면 원시영상의 히스토그램은 밝기가 좁은영역(약 50~150사이)에서 집중되어 있음을 알 수 있다. 이 영상을 평활화 시키면 [그림 6-49(b)]처럼 히스토그램 밝기 분포가 훨씬 넓은 영역으로 펼쳐지게 됨을 알 수 있다. 히스토그램이 펼쳐짐으로써 대비가 증가되어 가시도가 개선된다. 히스토그램 평활화를 위한 단계는 다음과 같다.

Tip | 히스토그램 평활화의 단계

- **Step-1)** 원시 입력영상의 밝기값에 대한 히스토그램을 생성한다.
- **Step-2)** 생성된 히스토그램을 정규화합 히스토그램으로 변형한다.
- **Step-3)** 정규화합 히스토그램을 이용하여 입력영상을 다시 매핑한다.

Step-2)에서 정규화합의 계산을 위한 변환식은 다음과 같다.

$$h(i) = \frac{G_{max}}{N_t} H(i) \tag{6-1}$$

이식에서 H(*i*)는 원본 입력영상의 누적 히스토그램이고 *h*(*i*)는 정규화합 히스토그램이다. G_{max}는 영상의 최대밝기값이므로 일반적인 흑백영상에서255이고 N_t는 입력영상 내부에 존재하는 픽셀의 개수이다. 만일 입력영상이 가로 크기가 200이고 세로가 100이라면 200 × 100 = 20,000이 된다. 물론 *i*값의 범위는 0~255이다. 이 *h*(*i*)값을 이용해 입력영상을 변형하면 히스토그램 평활화된 영상이 출력되게 된다.

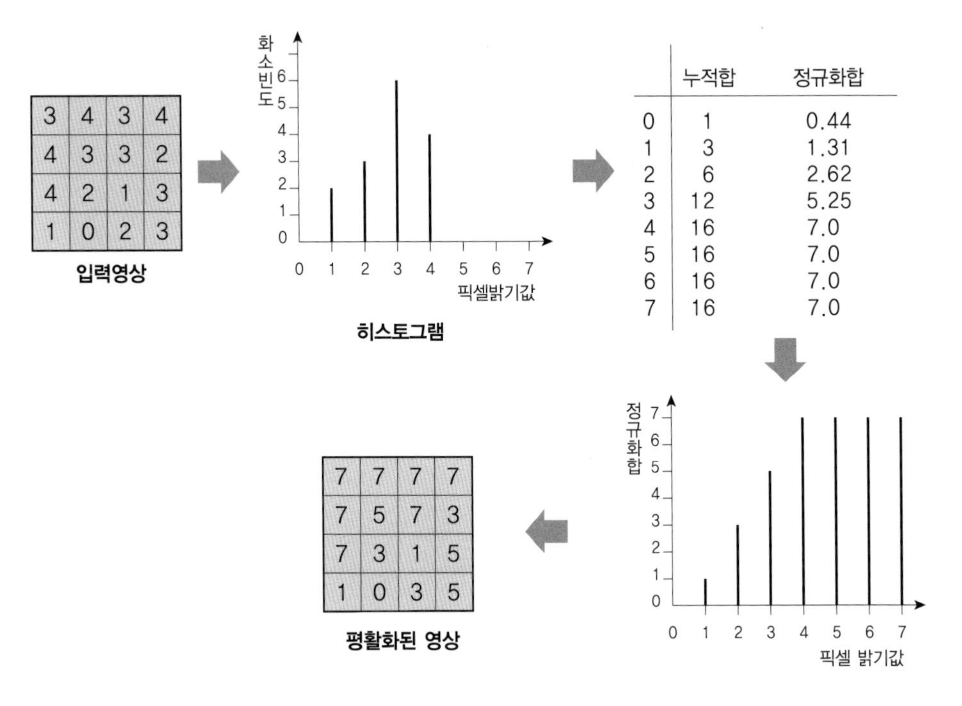

그림 6-50 히스토그램 평활화의 단계

[그림 6-50]은 16개의 픽셀이 존재하는 작은 샘플영상에 대한 히스토그램 평활화의 예를 보여준다. 가능한 밝기값의 범위는 0~7이라고 가정한다. 히스토그램으로부터 누적합과 (식 6-1)을 이용한 정규화합(누적합 × $\frac{7}{16}$)의 값을 구한다. 이때, 정규화합의 값은 원 영상을 평활화영상으로 변환하는 LUT의 역할이 된다. 입력영상의 밝기값은 대응되는 정규화합 히스토그램 그래프에 따라 변환된다. 정규화합 히스토그램에서 입력밝기값 3(가로축)은 수직축의 대응값이 5이므로 5의 값으로 변환된다.

1 Visual C++을 이용한 히스토그램 평활화의 구현

<Workspace>의 클래스뷰 탭에서 메뉴편집으로 들어가서 빈 메뉴부분을 클릭하여 새로운 메뉴를 삽입한다. <ID>와 <Caption>을 [그림 6-51]처럼 입력한다.

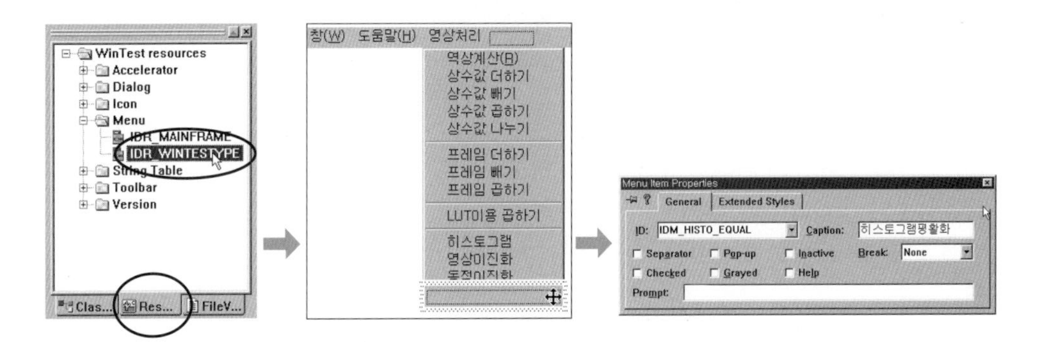

그림 6-51 새로운 메뉴의 추가

도큐먼트 클래스 아래에 히스토그램 평활화를 처리할 새로운 클래스 멤버함수를 추가한다. 멤버함수 입력창에서 [void] 타입의 함수 [m_HistoEqual(int height, int width)]을 입력한다.

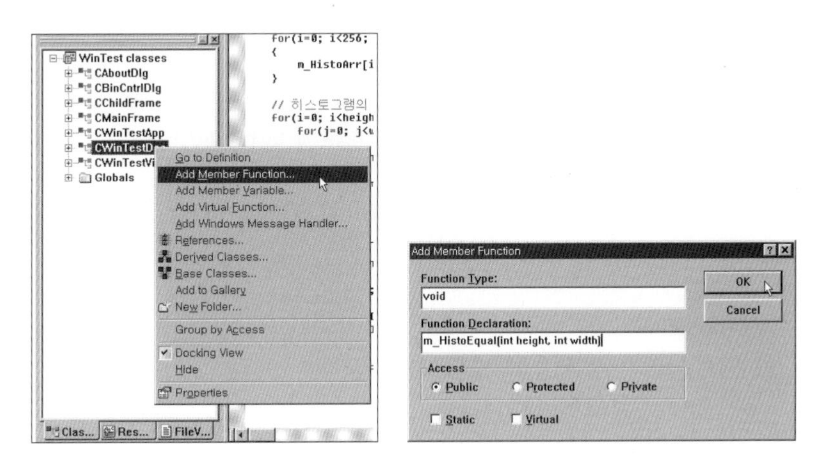

그림 6-52 도큐먼트 클래스에 새로운 멤버함수의 추가

추가된 멤버함수를 [리스트 6-9]처럼 코딩한다.

리스트 6-9 히스토그램 평활화 멤버함수의 작성

```
01  void CWinTestDoc::m_HistoEqual(int height, int width)
02  {
```

```
03      int i,j;
04      /// histogram연산을 위해 사용할 배열메모리를 할당
05      unsigned int *histogram = new unsigned int [256];
06      unsigned int *sum_hist = new unsigned int [256];
07
08      /// histogram배열을 초기화
09      for(i=0; i<256; i++) histogram[i]=0;
10
11      /// 영상의 histogram을 계산
12      for(i=0; i<height; i++)
13      {
14         for(j=0; j<width; j++) histogram[m_InImg[i][j]]++;
15      }
16
17      int sum=0;
18      float scale_factor=255.0f/(float)(height*width);
19
20      /// histogram의 정규화된 합을 계산
21      for(i=0; i<256; i++)
22      {
23         sum += histogram[i];
24         sum_hist[i] =(int)((sum*scale_factor) + 0.5);
25      }
26
27      /// LUT로써 정규화합(sum_hist)배열을 사용하여 영상을 변환
28      for(i=0; i<height; i++)    // (변환영상은 m_OutImg에 저장)
29      {
30         for(j=0; j<width; j++) m_OutImg[i][j]=sum_hist[m_InImg[i][j]];
31      }
32
33      // 메모리를 해제
34      delete []histogram; delete []sum_hist;
35   }
```

➡ **14행** 입력된 영상의 밝기값을 histogram배열에 보팅하여 픽셀밝기값에 대응하는 히스토그램을 작성한다.

➡ **24행** 히스토그램의 누적합을 이용하여 정규화합 히스토그램을 계산한다.

➡ **30행** 정규화합 히스토그램을 이용하여 입력영상 m_InImg을 출력영상 m_OutImg으로 변환한다.

클래스위자드를 사용해 <히스토그램평활화> 메뉴가 눌러졌을 때 동작할 멤버함수를 작성한다. 추가한 메뉴에 마우스를 대고 오른쪽 버튼을 클릭하여 클래스위자드를 실행한다. 새로 추가되는 멤버함수는 뷰 클래스 아래에 추가하며 함수 이름은 [OnHistoEqual]로 한다.

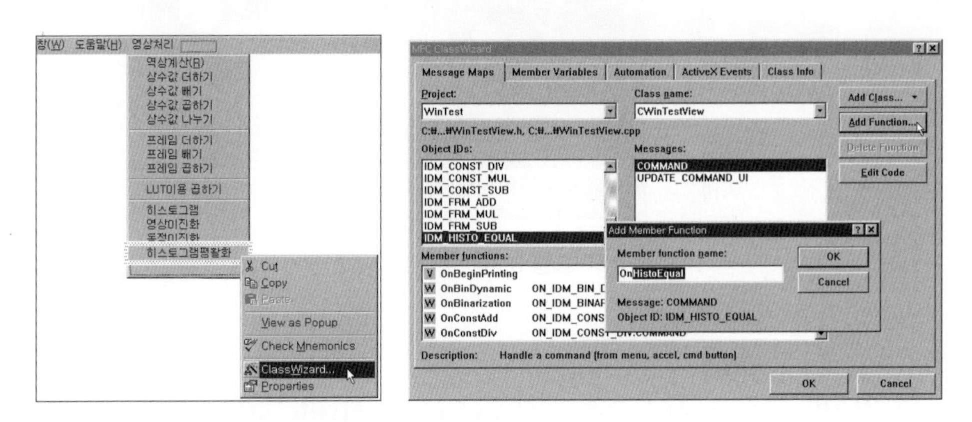

그림 6-53 메뉴 선택 시 실행될 뷰 클래스 멤버함수의 추가

추가된 뷰 클래스 멤버함수에 [리스트 6-10]처럼 코딩 한다. 뷰 클래스에서 도큐먼트 클래스 멤버함수를 호출하므로 먼저 도큐먼트 클래스의 인스턴스를 받아오고 이 포인트를 이용해 Document 클래스의 멤버함수를 호출한다.

리스트 6-10 히스토그램 평활화 호출함수의 작성

```
01 void CWinTestView::OnHistoEqual()
02 {
03    // TODO: Add your command handler code here
04    CWinTestDoc* pDoc = GetDocument();     // 도큐먼트 클래스를 참조하기 위해
05    ASSERT_VALID(pDoc);                    // 인스턴스 주소를 가져옴
06
07    // 도큐먼트 클래스에 있는 히스토그램 평활화 함수 호출
08    pDoc->m_HistoEqual(256,256);
09
10    Invalidate(FALSE);                     //화면 갱신
11 }
```

프로그램 작성이 끝났으므로 컴파일하고 실행한다. [그림 6-54]는 히스토그램평활화의 실행 예를 보여준다.

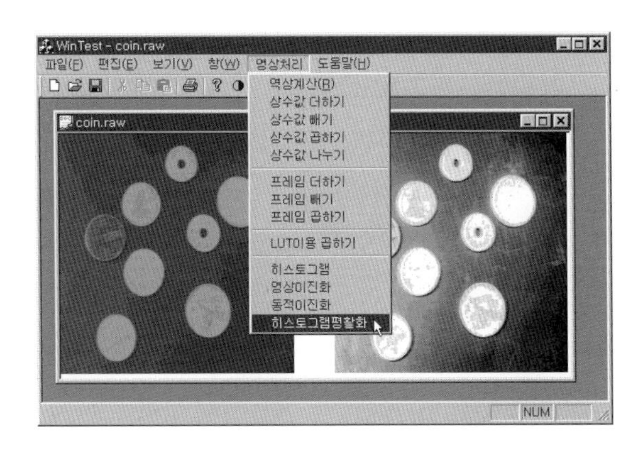

그림 6-54 히스토그램 평활화의 실행 예

6. 명암대비 히스토그램 스트레칭(Contrast stretching)

특정밝기 영역에 영상픽셀의 밝기값이 집중되어 있으면 영상의 가시도가 좋지 않다. 예를 들면 전체적으로 어두워 보이거나 밝아 보이는 영상 또는 특정 부분의 밝기 영역에 히스토그램이 집중되는 영상 등이다.

이는 영상의 명암 대비를 통해 알 수 있으며 높은 명암 대비를 가진 영상은 어둡거나 밝은 영역을 골고루 포함하고 있으나 그렇지 않은 영상은 특정 영역에만 밝기가 몰려 있게 되는 것이다.

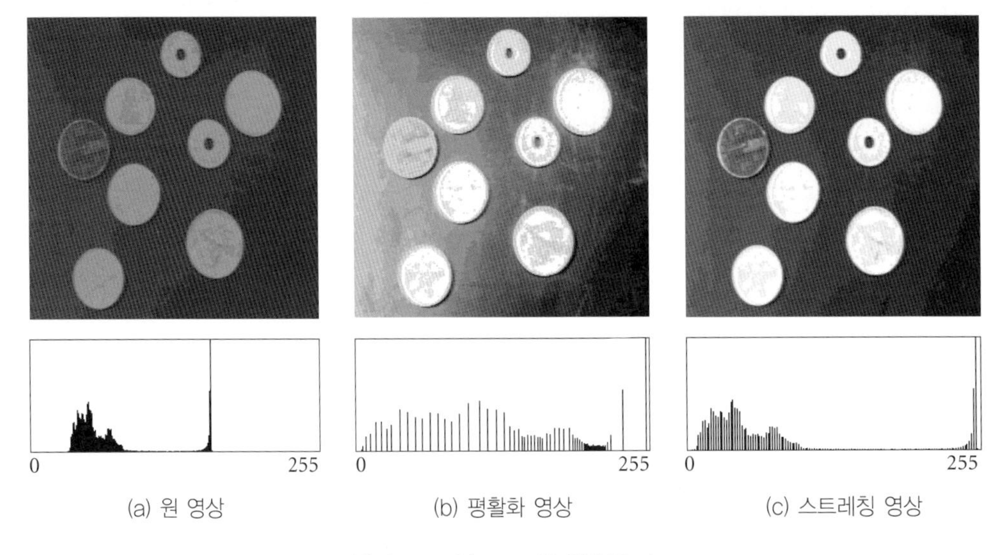

(a) 원 영상 (b) 평활화 영상 (c) 스트레칭 영상

그림 6-55 히스토그램 연산의 비교

[그림 6-55] 영상들은 낮은 명암 대비와 높은 명암 대비를 가진 두 영상의 밝기 히스토그램을 비교하여 보여준다. [그림 6-55(a)]는 처리할 원본 영상이고 [그림 6-55(b)]와 [그림 6-55(c)]는 히스토그램을 펼쳐서 처리한 영상들을 보여준다. 어느쪽 영상이 알아보기 좋은가, 당연히 원 영상보다는 명암대비가 좋고 밝기가 골고루 분포되어 있는 영상쪽일 것이다. 명암대비 스트레칭은 낮은 명암대비 영상의 명암값 분포의 히스토그램을 펼쳐서 보다 넓은 영역으로 명암값 분포를 갖게 하기 위한 방법이다. [그림 6-55(a)]의 원 영상과 비교하면 [그림 6-55(b)], [그림 6-55(c)] 두 영상 모두 히스토그램이 펼쳐져 있음을 알 수 있다.

Tip | 히스토그램 스트레칭 공식

$$\text{OutImg[x][y]} = \frac{\text{InImg[x][y]} - Low}{High - Low} \times 255 \tag{6-2}$$

히스토그램 스트레칭을 위한 식 (6-2)에서 *High*와 *Low* 값은 영상내의 픽셀에서 가장 낮은 밝기값과 가장 높은 밝기값의 크기를 나타낸다.

Tip | 스트레칭과 평활화의 비교

스트레칭은 히스토그램 평활화와 비교할 때 단순히 영상 내 픽셀 밝기의 최소, 최대값의 비율을 이용해 고정된 비율로 영상을 낮은 밝기와 높은 밝기로 당겨준 것에 불과하다. 히스토그램이 펼쳐진 효과는 평활화 처리에서 훨씬 크다.

1 명암대비 스트레칭함수의 구현

명암대비 스트레칭함수의 구현은 히스토그램 평활화 함수의 작성처럼 도큐먼트 클래스 아래에 먼저 스트레칭을 수행하는 함수를 추가해놓고 이 함수를 호출하는 뷰 클래스의 멤버함수를 작성하면 된다. 두 클래스의 멤버함수를 [리스트 6-11]과 [리스트 6-12]에서 보여주고 있다.

리스트 6-11 히스토그램 스트레칭함수의 작성

```
01 void CWinTestDoc::m_HistoStretch(int height, int width)
02 {
03     int i,j;
04     int lowvalue=255, highvalue=0;
05
06     // 가장 작은 밝기값 구함
07     for(i=0; i<height; i++)
08     {
```

```
09        for(j=0; j<width; j++) if(m_InImg[i][j]<lowvalue) lowvalue = m_InImg[i][j];
10     }
11
12     // 가장 큰 밝기값 구함
13     for(i=0; i<height; i++)
14     {
15        for(j=0; j<width; j++) if(m_InImg[i][j]>highvalue) highvalue = m_InImg[i][j];
16     }
17
18     // Histogram 스트레칭 계산
19     float mult = 255.0f/(float)(highvalue-lowvalue);
20     for(i=0; i<height; i++)
21     {
22        for(j=0; j<width; j++)
23           m_OutImg[i][j] = (unsigned char)((m_InImg[i][j]-lowvalue)*mult);
24     }
25  }
```

리스트 6-12 히스토그램 스트레칭 호출함수의 작성

```
01  void CWinTestView::OnHistoStretch()
02  {
03     // TODO: Add your command handler code here
04     CWinTestDoc* pDoc = GetDocument();     // 도큐먼트 클래스를 참조하기 위해
05     ASSERT_VALID(pDoc);                    // 인스턴스 주소를 가져옴
06
07     // 도큐먼트 클래스에 있는 히스토그램 스트레칭함수 호출
08     pDoc->m_HistoStretch(256,256);
09
10     Invalidate(FALSE);                     //화면 갱신
11  }
```

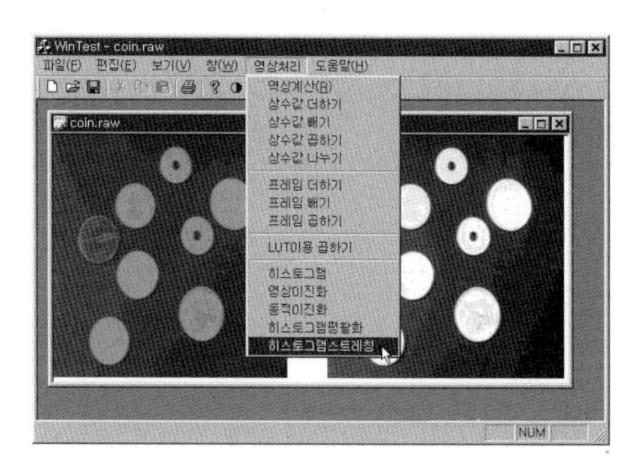

그림 6-56 히스토그램 스트레칭의 실행 예

7. 개선된 명암대비 스트레칭

단순한 히스토그램 스트레칭은 특정밝기 영역에 픽셀명암이 집중된 경우는 효과가 있지만 (식 6-3)에서 알 수 있는 것처럼 만일 원본입력영상 `InImg`내에서 *Low*가 0이고 *High*가 255인 픽셀이 존재한다면 스트레칭의 효과가 떨어지게 된다. 이러한 경우에 사용할 수 있는 방법이 엔드인 탐색(ends-in search)법이 있다.

Tip | 엔드인 탐색법

$$\text{OutImg}[x][y] = \begin{cases} 0 & ,\text{for InImg}[x][y] \le Low \\ \dfrac{\text{InImg}[x][y] - Low}{High - Low} \times 255 & ,\text{for } Low \le \text{InImg}[x][y] \le High \\ 255 & ,\text{for InImg}[x][y] > Low \end{cases} \quad (6\text{-}3)$$

엔드인 탐색법은 두 개의 입력값을 사용자가 지정해주어야 하는데, 전체 픽셀의 수(height *width)에 대해 0의 밝기값과 255의 밝기값으로 둘 픽셀의 퍼센트(%)를 지정해야 한다.

퍼센트를 지정하게 되면 (식 6-3)의 *Low*값과 *High*값이 결정되므로 스트레칭 연산이 가능하다. 즉, 영상 내 픽셀 중에서 값을 0과 255의 값으로 만들어 버릴 픽셀의 비율(percent)을 미리 정해주자는 것이다.

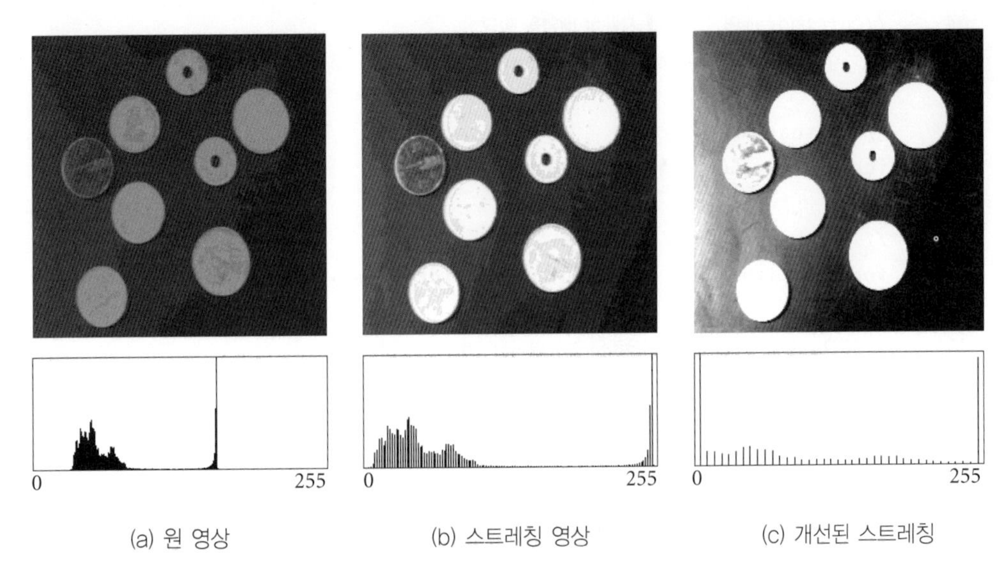

(a) 원 영상 (b) 스트레칭 영상 (c) 개선된 스트레칭

그림 6-57 히스토그램 연산의 비교

[그림 6-57]은 개선된 스트레칭과 일반적 스트레칭의 비교를 보여준다. 스트레칭에서 0과 255의 값으로 둘 픽셀의 비율을 각각 20%로 주었다. 처리 후, 영상 내에 존재하는 픽셀의 40%는 0이거나 255의 값을 가져야 한다. [그림 6-57(c)]에서 처리결과 영상에 대한 히스토그램을 보면 0과 255의 값에 높은 빈도의 히스토그램이 나타남을 알 수 있다.

상하한 비율을 각각 20%로 했을 때 COIN영상의 경우, [리스트 6-13]의 코드를 수행하면 39 이하의 밝기값을 가지는 픽셀들은 모두 0으로 변환되고, 77 이상의 밝기값의 화소들은 모두 255로 변환된다. 39와 77의 중간 밝기값의 화소들은 일반 스트레칭처럼 처리된다.

1 개선된 명암대비 스트레칭함수의 구현

개선된 명암대비 스트레칭함수의 구현도 앞의 두 경우와 유사하게 도큐먼트 클래스 아래에 먼저 스트레칭을 수행하는 함수를 추가한 후, 이 함수를 호출하는 멤버함수를 뷰 클래스 아래에 작성하면 된다.

즉, [리스트 6-13]과 [리스트 6-14]을 앞의 코드 [리스트 6-11]과 [리스트 6-12]대신 사용하여 일반 스트레칭에서의 구현처럼 함수와 메뉴를 작성하면 된다.

리스트 6-13 개선된 히스토그램 스트레칭함수의 구현

```
01 void CWinTestDoc::m_HistoUpStretch(int height, int width, int lowPercent, int highPercent)
02 {
03    int i, j;
04    // histogram연산을 위해 사용할 배열을 할당
05    unsigned int *histogram = new unsigned int [256];
06
07    // histogram배열을 초기화
08    for(i=0; i<256; i++) histogram[i]=0;
09
10    // 영상의 histogram을 계산
11    for(i=0; i<height; i++) for(j=0;j<width; j++) histogram[m_InImg[i][j]]++;
12
13    // 0으로 만들 픽셀비율에 대응하는 픽셀밝기값 lowthresh
14    unsigned int runsum=0;
15    int lowthresh=0, highthresh=255;
16    for(i=0; i<256; i++)
17    {
18       runsum += histogram[i];
19       if ( (runsum*100.0/(float)(height*width)) >= lowPercent)
20       {
21          lowthresh =i; break;
22       }
```

```
23     }
24
25     // 255로 만들 픽셀비율에 대응하는 픽셀밝기값 highthresh
26     runsum =0;
27     for(i=255; i>=0; i--)
28     {
29        runsum += histogram[i];
30        if ( (runsum*100.0/(float)(height*width)) >= highPercent)
31        {
32           highthresh =i; break;
33        }
34     }
35
36     // 변환을 위한 LUT를 계산
37     unsigned char *LUT=new unsigned char [256];
38
39     for(i=0; i<lowthresh; i++) LUT[i]=0;
40     for(i=255; i>highthresh; i--) LUT[i]=255;
41
42     float scale = 255.0f/(float)(highthresh-lowthresh);
43     for(i=lowthresh; i<=highthresh; i++)
44        LUT[i] = (unsigned char)((i-lowthresh) * scale);
45
46     // LUT를 사용하여 영상을 변환
47     for(i=0; i<height; i++) for(j=0; j<width; j++) m_OutImg[i][j]=LUT[m_InImg[i][j]];
48
49     // 메모리를 해제
50     delete []histogram; delete []LUT;
51  }
```

리스트 6-14 히스토그램 스트레칭연산을 호출하는 뷰 클래스 멤버함수의 작성

```
01  void CWinTestView::OnHistoUpstretch()
02  {
03     // TODO: Add your command handler code here
04     CWinTestDoc* pDoc = GetDocument();      // 도큐먼트 클래스를 참조하기 위해
05     ASSERT_VALID(pDoc);                     // 인스턴스 주소를 가져옴
06
07     // 도큐먼트 클래스에 있는 개선된 히스토그램 스트레칭함수 호출
08     pDoc->m_HistoUpStretch(256,256,20,20);
09
10     Invalidate(FALSE);                      //화면 갱신
11  }
```

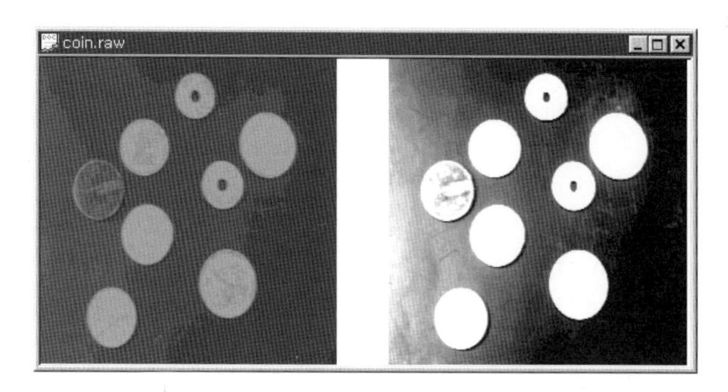

그림 6-58 개선된 히스토그램 스트레칭의 실행 예

8. 히스토그램 지정(Histogram specification)

히스토그램 지정이란 원본 영상을 처리한 출력영상의 히스토그램 모양이 원하는 대로 나오도록 임의로 지정하는 것이다. 히스토그램 지정은 두 단계를 거쳐 수행된다.

Tip | 히스토그램 지정연산의 단계

- 입력영상의 정규화합 히스토그램을 계산한다.
- 입력영상의 정규화합 히스토그램과 지정한 히스토그램의 정규화합 히스토그램을 이용해 입력영상값을 변환한다.

(a) 원 입력영상 (b) 지정한 히스토그램 영상 (c) 변환된 영상

그림 6-59 히스토그램 지정연산의 수행

[그림 6-59(a)]는 처리할 입력영상으로 목성(Saturn)을 찍은 사진이다. 목성 배경의 밝기는 0이므로 0인 픽셀의 밝기값은 배제하고 나머지 밝기값에 대한 히스토그램만을 보여주고 있다. 영상 구성 픽셀값이 밝기가 높은 부분에 집중되어 있어 가시화가 떨어져 있음을 알 수 있다. [그림 6-59(b)]영상은 또 다른 상황에서 찍은 사진으로 가시화가 좋은 상태에서 획득한 목성 영상의 하나를 보여준다. 이 영상의 히스토그램을 보면 중간 밝기 부분에 구성픽셀의 값이 집중되어 있음을 알 수 있다. 즉, 가시화가 좋은 상태의 목성 히스토그램 분포는 이처럼 나타난다고 예상하자. 이때, 원 입력영상의 히스토그램을 [그림 6-59(b)]영상의 히스토그램처럼 만들면 가시도가 개선되지 않을까하는 생각을 할 수 있다.

이러한 영상처리가 히스토그램 지정이다. 즉, 변형 영상의 히스토그램 모양을 미리 지정하는 것이다. [그림 6-59(b)]처럼 결과영상의 히스토그램을 지정한 후, 처리를 행하면 원 입력영상은 [그림 6-59(c)]처럼 개선된 영상으로 바뀌게 되고 히스토그램은 지정한 [그림 6-59(b)]에 유사한 히스토그램을 주게 된다.

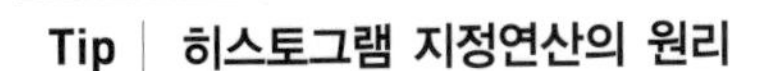

Tip | 히스토그램 지정연산의 원리

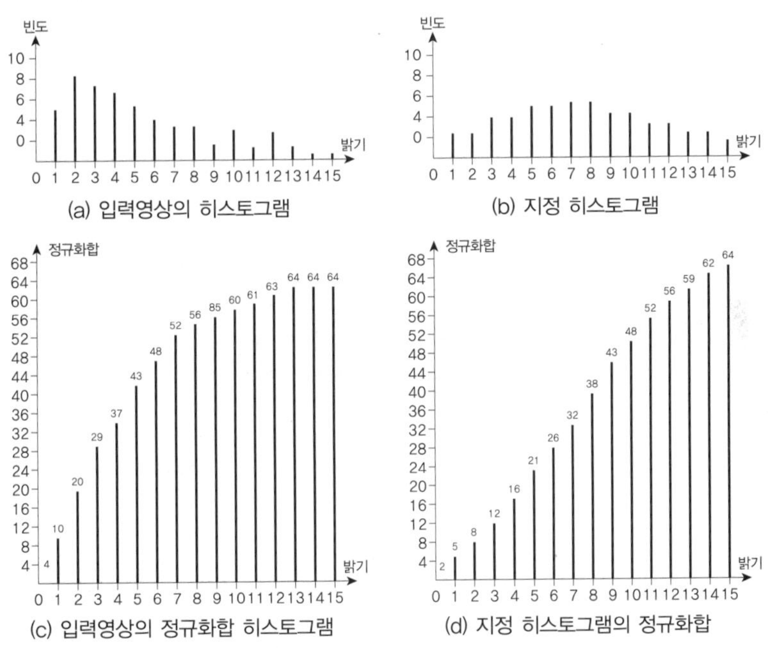

그림 6-60 히스토그램 지정연산의 원리

[그림 6-60(a)]는 입력된 영상의 히스토그램이고, [그림 6-60(b)]는 우리가 원하는 모양으로 지정한 히스토그램이라 하자. 이때 [그림 6-60(c)]와 [그림 6-60(d)]는 각각 [그림 6-60(a)]와 [그림 6-60(b)]에 대응되는 정규화합 히스토그램이다. 이 두 정규화합 히스토그램을 이용해 영상변환을 수행한다.

[그림 6-60(c)]의 명암값 0에서 히스토그램 값은 4이고, 이 값은 [그림 6-60(d)]의 밝기 1에 대한 히스토그램값 5에 가장 가깝다. 따라서, 입력영상에서 0의 밝기값은 출력영상에서 1로 변환된다. [그림 6-60(c)]에서

명암값 2에 대응하는 히스토그램값은 20이고 이 값에 가장 가까운 [그림 6-60(d)]에서의 값은 명암값 5에서 21에 대응한다. 따라서, 입력영상의 2의 밝기값은 출력영상에서 5로 변환된다.
이러한 방식으로 입력영상의 픽셀들을 모두 변환하면 히스토그램 지정 연산이 완료된다.

1 히스토그램 지정연산의 구현

히스토그램 지정을 위해서는 두 가지 메뉴가 필요하다. 지정 히스토그램을 위한 모델영상을 입력하는 메뉴 하나와 히스토그램 지정연산을 수행하기 위한 메뉴로 두 메뉴를 만들어야 한다. 두 메뉴를 메뉴편집기에서 추가한다.

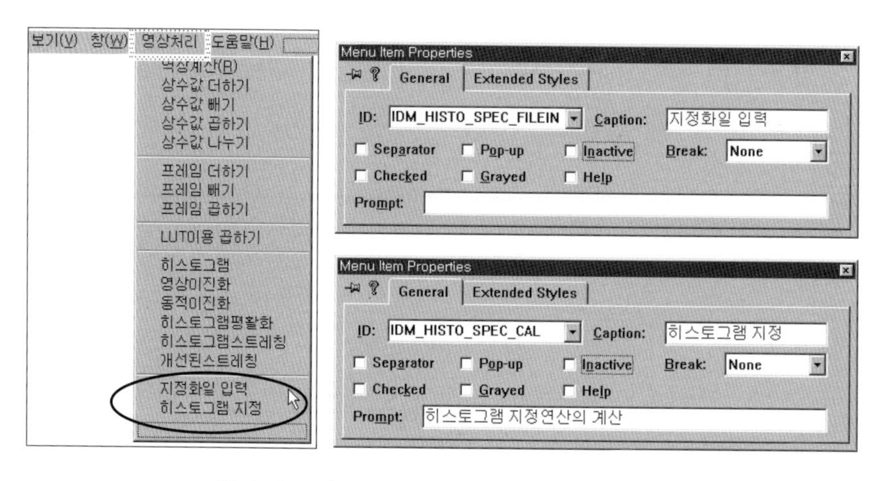

그림 6-61 히스토그램 지정을 위한 두 메뉴의 추가

지정한 히스토그램을 가진 영상을 입력하기 위한 함수와 히스토그램 지정연산을 수행하는 멤버함수를 도큐먼트 클래스 아래에 추가한다.

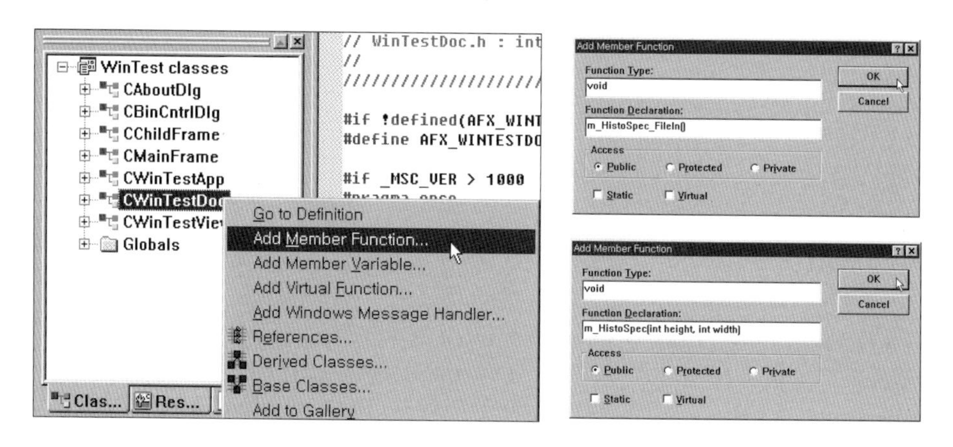

그림 6-62 히스토그램 지정연산을 위한 두 멤버함수의 추가

모델로 지정할 히스토그램을 가진 영상을 입력하는 도큐먼트 클래스 멤버함수를 [리스트 6-15]처럼 코딩한다.

리스트 6-15 지정 히스토그램 영상의 입력

```
01 void CWinTestDoc::m_HistoSpec_FileIn()
02 {
03    CFileDialog opendlg1(TRUE); //공통 대화 상자(히스토그램을 지정할 영상파일 입력)
04    CFile file;
05
06    if(opendlg1.DoModal()==IDOK)
07    {
08       file.Open(opendlg1.GetFileName(), CFile::modeRead);
09       file.Read(m_InImg1,sizeof(m_InImg1));
10       file.Close();
11    }
12 }
```

히스토그램 지정연산을 처리할 도큐먼트 클래스 멤버함수를 [리스트 6-16]에 주어진 것처럼 코딩한다.

리스트 6-16 히스토그램 지정연산을 위한 멤버함수의 작성

```
01 void CWinTestDoc::m_HistoSpec(int height, int width)
02 {
03    int i, j;
04    // histogram연산을 위해 사용할 배열을 할당
05    unsigned int *histogram = new unsigned int [256];
06    unsigned int *sum_hist = new unsigned int [256];
07    unsigned int *desired_histogram = new unsigned int [256];
08    unsigned int *desired_sum_hist = new unsigned int [256];
09
10    // histogram배열을 초기화
11    for(i=0; i<256; i++) histogram[i]=desired_histogram[i]=0;
12
13    // 영상의 histogram을 계산하라
14    for(i=0; i<height; i++)
15    {
16       for(j=0; j<width; j++)
17       {
18          histogram[m_InImg[i][j]]++;              // 입력영상의 히스토그램
19          desired_histogram[m_InImg1[i][j]]++;     // 지정영상의 히스토그램
```

```
20    }}
21
22
23    int sum=0;
24    float scale_factor=255.0f/(float)(height*width);
25
26    // histogram의 정규화된 합을 계산
27    for(i=0; i<256; i++)
38    {
39       sum += histogram[i];
30       sum_hist[i] =(int)((sum*scale_factor) + 0.5);
31    }
32
33    // 지정히스토그램(desired histogram)에 대한 정규화된 합을 계산
34    sum=0;
35    for(i=0; i<256; i++)
36    {
37       sum += desired_histogram[i];
38       desired_sum_hist[i] =(int)(sum * scale_factor);
39    }
40
41    // 가장 가까운 정규화합 히스토그램 값을 주는 index를 찾음
42    int *inv_hist =new int [256];
43    int hist_min, hist_index, hist_diff;
44    for(i=0; i<256; i++)
45    {
46       hist_min = 1000;
47       for(j=0; j<256; j++)
48       {
49          hist_diff = abs(sum_hist[i]-desired_sum_hist[j]);
50          if(hist_diff < hist_min)
51          {
52             hist_min = hist_diff;
53             hist_index = j;
54          }
55       }
56
57       inv_hist[i] = hist_index;
58    }
59
60    // 입력영상의 변환
61    for(i=0; i<height; i++) for(j=0; j<width; j++) m_OutImg[i][j]=inv_hist[m_InImg[i][j]];
```

```
62
63     // 메모리 해제
64     delete []inv_hist; delete []histogram; delete []desired_histogram;
65     delete []sum_hist; delete []desired_sum_hist;
66 }
```

지정할 히스토그램을 가진 영상을 입력하는 멤버함수를 호출하기 위한 뷰 클래스 멤버함수를 추가한다. 추가한 뷰 클래스 멤버함수를 클릭해 [리스트 6-17]에 주어진 것처럼 코딩한다.

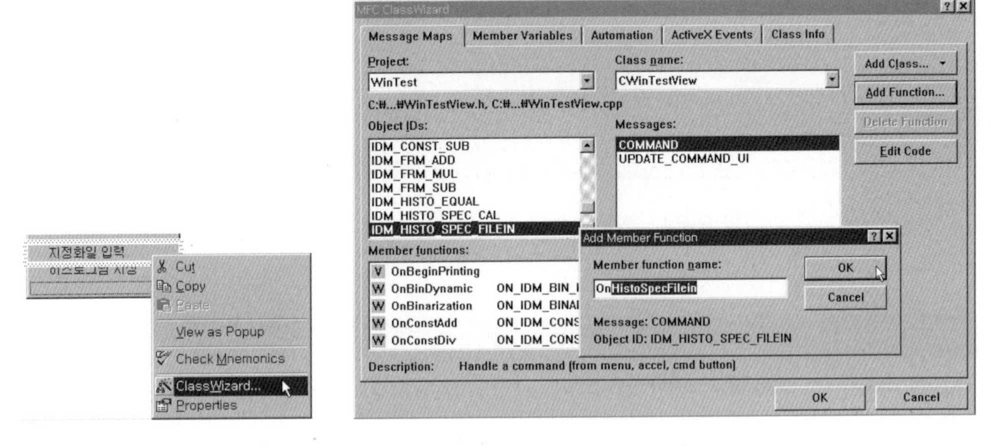

그림 6-63 히스토그램 지정연산 호출함수의 추가

리스트 6-17 지정 히스토그램을 가진 모델영상 입력 호출함수의 작성

```
01 void CWinTestView::OnHistoSpecFilein()
02 {
03     // TODO: Add your command handler code here
04     CWinTestDoc* pDoc = GetDocument();     // 도큐먼트 클래스를 참조하기 위해
05     ASSERT_VALID(pDoc);                     // 인스턴스 주소를 가져옴
06
07     // 도큐먼트 클래스에 있는 히스토그램지정을 위한 영상입력함수 호출
08     pDoc->m_HistoSpec_FileIn();
09 }
```

마지막으로 히스토그램 지정연산을 수행하고 결과를 화면에 출력하기 위한 함수를 뷰 클래스 멤버함수로 작성한다. [리스트 6-18]에 주어진 것처럼 뷰 클래스에서 도큐먼트 클래스에 있는 히스토그램 지정연산을 호출하는 함수를 작성한다.

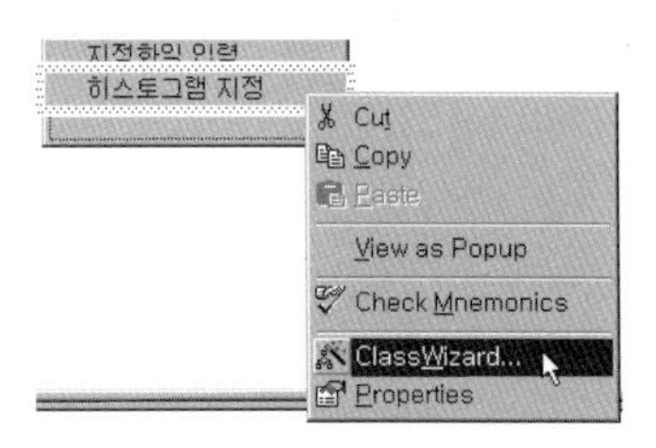

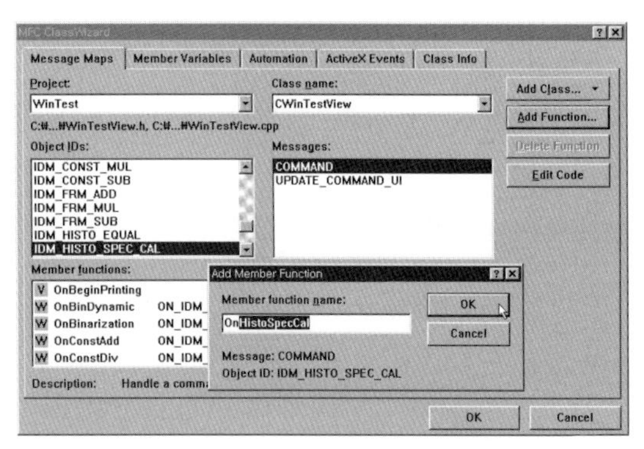

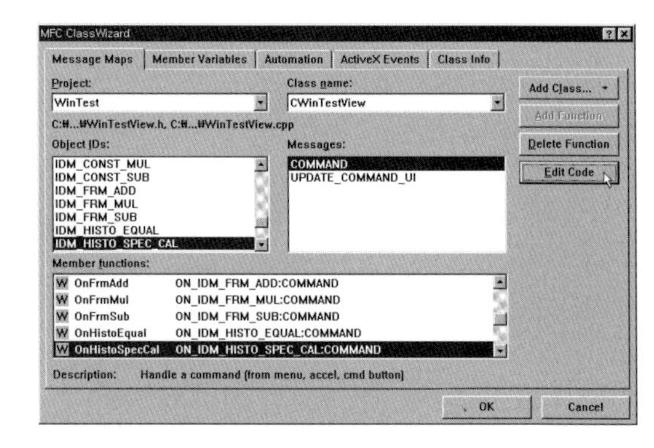

그림 6-64 클래스마법사를 이용한 히스토그램 지정연산 호출함수

리스트 6-18 개선된 히스토그램 스트레칭 호출함수의 작성

```
01 void CWinTestView::OnHistoSpecCal()
02 {
03
04     // TODO: Add your command handler code here
05     CWinTestDoc* pDoc = GetDocument();    // 도큐먼트 클래스를 참조하기 위해
06     ASSERT_VALID(pDoc);                   // 인스턴스 주소를 가져옴
07
08     // 도큐먼트 클래스에 있는 히스토그램지정 연산함수 호출
09     pDoc->m_HistoSpec(256, 256);
10
11     Invalidate(FALSE);                    //화면 갱신
12 }
```

프로그램 작성이 완료되었으므로 컴파일하고 실행한다. [그림 6-65]와 [그림 6-66]은 실행 예를 보여주고 있다. 그림 [그림 6-65]는 히스토그램지정 처리할 입력영상과 그 히스토그램을 보여준다. 밝기값 0에 높은 값이 나타나는 것은 입력영상의 배경에 밝기가 0인 픽셀의 수가 많기 때문이다. 물체영역에서는 히스토그램이 밝기가 높은 영역에 치우쳐 가시화가 좋지않음을 알 수 있다. 먼저, 이 입력영상을 처리하기 위해 모델 히스토그램을 가진 영상을 입력하자.

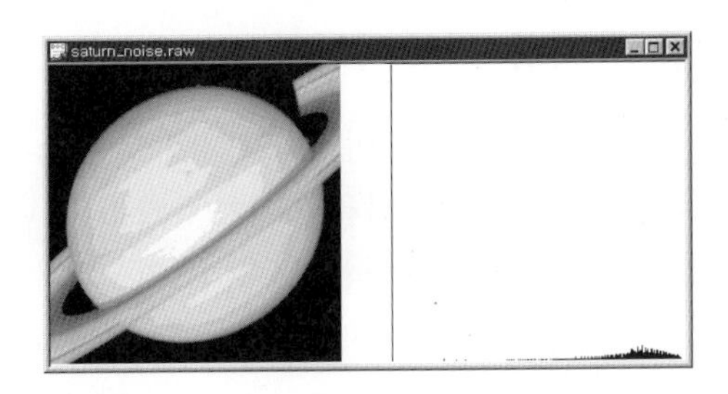

그림 6-65 히스토그램 지정연산을 처리할 입력영상

[그림 6-66]은 모델 히스토그램을 가진 영상을 입력하기 위한 메뉴의 선택을 보여준다. 파일입력 대화창에서 지정 히스토그램을 가진 영상을 선택하여 입력한다.

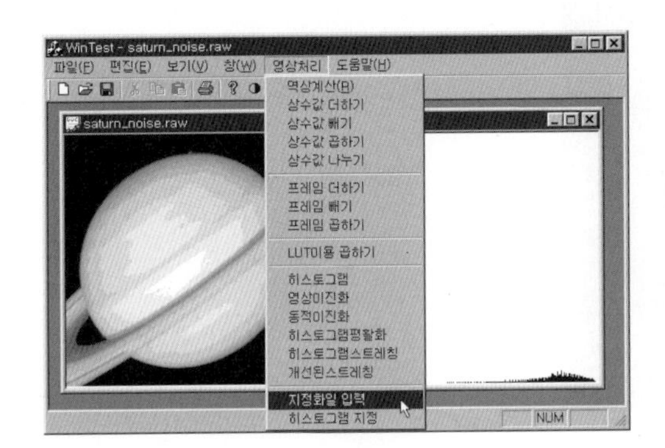

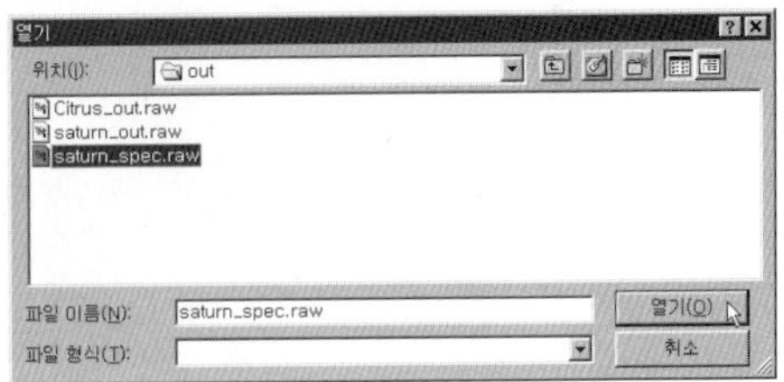

그림 6-66 모델 히스토그램을 가진 영상의 입력

지정 히스토그램을 가진 모델영상 입력 후, 마지막으로 히스토그램 지정연산 실행을 호출한다. [그림 6-67]은 지정연산을 호출하는 메뉴의 선택을 보여준다. 메뉴를 클릭하면 처음 입력된 원 영상은 히스토그램이 개선되어 가시화가 향상된 영상으로 [그림 6-67]의 오른쪽 영상처럼 출력된다.

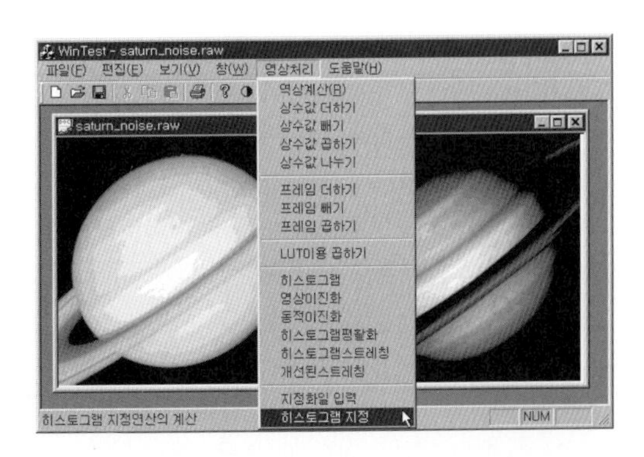

그림 6-67 히스토그램 지정연산의 수행

9. 히스토그램을 이용한 자동 영상이치화

앞에서 기술하였던 영상이치화는 이치화할 영상의 히스토그램 모양을 살펴보고 산과 계곡을 분리할 수 있는 적당한 이치화용 임계치(threshold value)를 사용자가 직접 입력하였다. 그러나 공장에서의 검사라인이나 자동화된 영상검사가 필요한 많은 분야에서 주변환경의 밝기변화에 따라 모양이 달라질 수 있는 히스토그램의 모양을 직접 살펴보고 사용자가 일일이 임계치를 입력하는 것은 귀찮고 성가신 일이다.

따라서 히스토그램의 모양에서 직접 임계치를 결정할 수 있는 자동화된 영상이치화 알고리즘이 필요해진다.

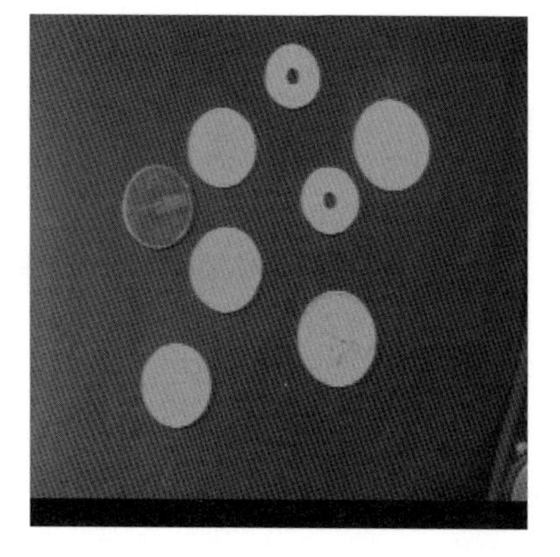

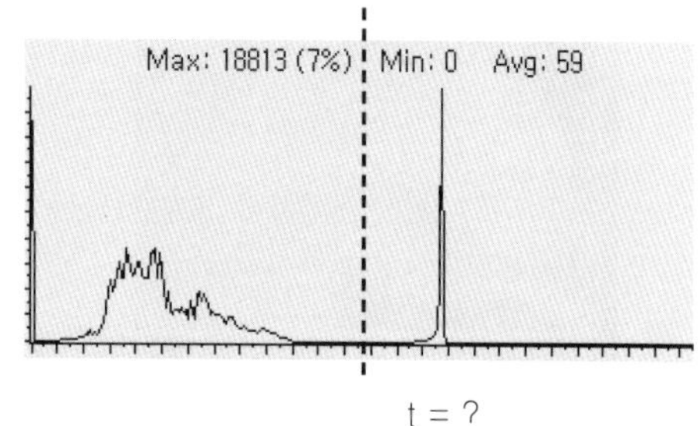

그림 6-68 입력영상과 그 영상의 히스토그램

[그림 6-68]을 보면 원 입력영상과 이 영상에 대응하는 히스토그램을 보여주고 있다. 히스토그램 모양을 보면 배경은 어두운색 부분에 픽셀밝기값이 몰려있고 동전을 이루는 화소들은 밝은 부분에 집중된 화소값을 나타내고 있음을 피크의 모양으로부터 알 수 있다. 자동이치화의 여러가지 방법 중 Otzu 법[1]은 가장 빈번하게 사용되는 방법중의 하나이다.

Tip | Otzu법의 원리

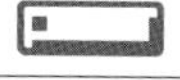

Otzu법의 원리는 영상 히스토그램이 배경을 나타내는 피크와 물체를 나타내는 피크 두 개로 이루어졌으며 각각의 피크는 확률분포 중의 하나인 정규분포(normal distribution)를 이루고 있다고 가정한다. 따라서 두 히스토그램 피크의 분포를 두 개의 정규분포로 모델링함에 의해 히스토그램을 표현한다.

정규분포는 평균(mean)과 분산(variance)의 두 파라메터값에 의해 표현되는데 배경과 물체가 각각 비슷한 밝기값에 집중되어 있다면 개별 분포의 밝기는 유사성이 높을 것이며 이는 그 확률분포가 작은 크기의 분산값을 가지게 될 것이다.

따라서 배경부와 물체부 두 그룹이 가능한 한 낮은 분포값을 가지도록 두분포를 분리하는 임계치 t를 결정해주면 물체와 배경을 가장 잘 분리해 줄 수 있는 히스토그램 임계치를 설정해 주는 것이 될 것이다.

두 분포의 분산의 합은 다음과 같이 가중치 $q_1(t)$와 $q_2(t)$를 이용해 표현한다:

$$\sigma_w^2(t) = q_1(t)\sigma_1^2(t) + q_2(t)\sigma_2^2(t)$$

이 식에서 $\sigma_1^2(t)$와 $\sigma_2^2(t)$는 두 정규분포의 분산값이다. 가중치와 분산값은 모두 임계치 t의 함수이며 t의 값은 0~255사이의 값 중 하나를 가질 수 있다. 위 수식의 값들은 t의 함수로 아래와 같이 결정된다.

$P(i) = \#\{(r, c) \mid \text{image}(r, c) == i\}/(\#R \times C)$: **밝기 i의 히스토그램 확률**

$q_1(t) = \sum_{i=1}^{t} P(i)$: **$t$보다 작은 픽셀그룹 확률**

$q_2(t) = \sum_{i=t+1}^{t} P(i)$: **$t$보다 큰 픽셀그룹 확률**

$\mu_1(t) = \sum_{i=1}^{t} iP(i)/q_1(t)$: $\quad \sigma_1^2(t) = \sum_{i=1}^{t} [i - \mu_1(t)]^2 P(i)/q_1(t)$

$\mu_2(t) = \sum_{i=t+1}^{t} iP(i)/q_2(t)$: $\quad \sigma_2^2(t) = \sum_{i=t+1}^{t} [i - \mu_2(t)]^2 P(i)/q_2(t)$

상기한 식들에서 $P(i)$는 가로의 크기가 C, 세로의 크기가 R인 영상 영역 내에 밝기가 i인 화소(픽셀)의 개수를 영상 내 존재하는 전체 화소 수로 나눈 값을 표현한다. 즉, $P(i)$는 히스토그램을 확률분포로 나타냈을 때 밝기 i에 대응되는 히스토그램 확률이다. 가중치 $q_1(t)$는 밝기값이 t보다 작은 모든 픽셀들의 합을 전체 화소 수로 나눈 값을 나타내고, $q_2(t)$는 임계치 t보다 밝기값이 큰 모든 화소 수를 영상 내 전체 화소 수로 나눈 값을 표현한다.

$\mu_1(t)$는 임계치 t보다 작은 히스토그램분포를 하나의 정규분포로 표현한다고 가정할 때, 그 분포의 평균값이고, $\mu_2(t)$는 t보다 큰 히스토그램분포를 또 다른 하나의 정규분포로 가정시 그 분포의 평균값이다. 두 정규분포의 분산(표준편차)값도 이와 같은 방식으로 $\sigma_1^2(t)$과 $\sigma_2^2(t)$로 표현한다.

이때, 최적의 t값은 상기한 두 분산의 합인 $\sigma_w^2(t)$값을 최소화시킬 수 있도록 결정해주면 되며 이것은 t를 최소값인 0에서 최대값인 255로 변화시켜 주면서 $\sigma_w^2(t)$를 계산하면 간단하게 결정할 수 있다.

[그림 6-69]는 Otzu방법을 동전영상에 대해 실행한 예를 보여준다. 동전이 놓여 있는 영상과 이 영상에서 얻어진 히스토그램에 대해 두 정규분포의 분산의 합을 최소화시켜주는 임계치 t는 100으로 얻어졌으며 이때, 각 분포의 평균과 분산값이 그림에 표시되어 있다. 히스토그램 모양에서 볼 수 있는 것처럼 배경부의 분산값은 큰데 반해 동전의 분산값은 작은데 이것은 Otzu방법에서 계산한 분산값이 각각 448.17과 133.49로 계산된 것에서도 확인할 수 있다.

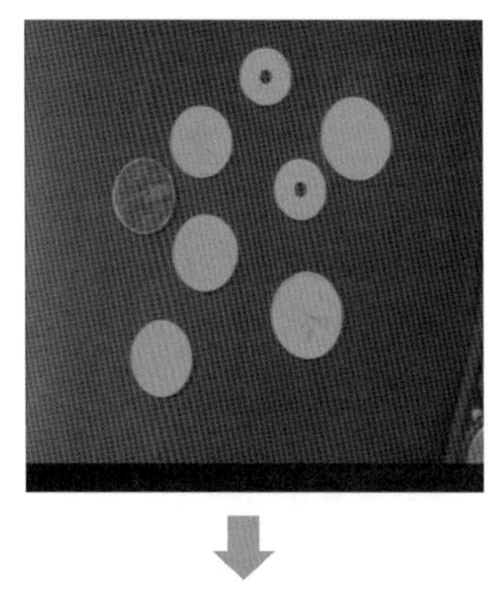

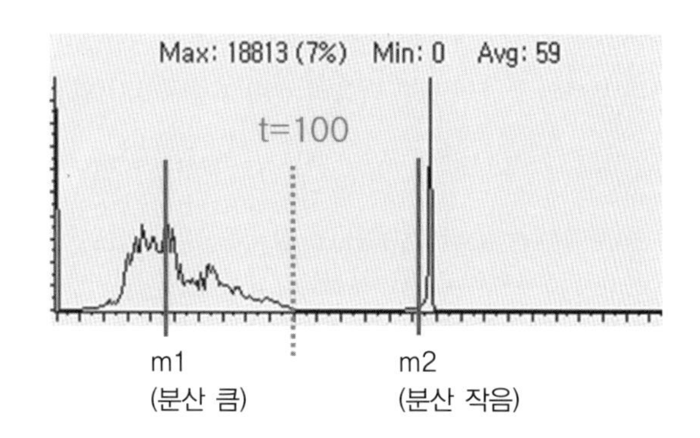

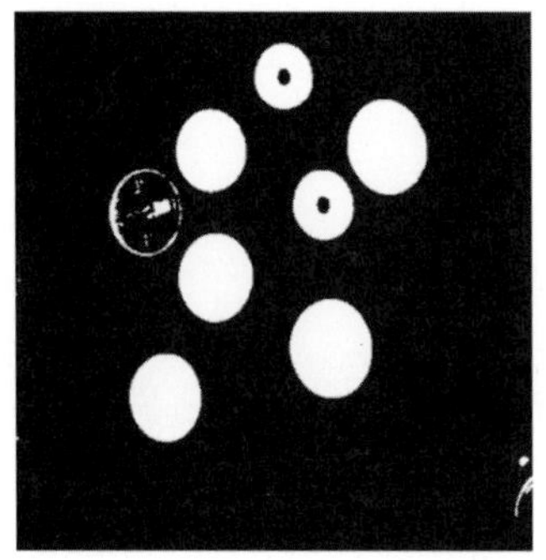

실험결과
- Optimal threshold: 100
- Group 1 Mean: 46.575
  Group 2 Mean: 152.622
- Group 1 Variance: 448.173
  Group 2 Variance: 133.493

그림 6-69 Otzu방법에 의한 이치화용 임계치의 자동 결정

[리스트 6-19]는 Console 모드에서 구현한 Otzu이치화 알고리즘의 C++코드이다. 프로그램 실행 후, 이치화를 수행할 흑백영상을 입력하면 이치화된 결과 영상을 얻을 수 있다.

리스트 6-19 Otzu이치화 수행 프로그램

```
01 void CWinTestDoc::OnBinarOtzu()
02 {
03    // TODO: Add your command handler code here
04    int height = 256, width = 256;
05    register int i,j;
06 
07    unsigned char* orgImg = new unsigned char [height*width];
08    unsigned char* outImg = new unsigned char [height*width];
09 
10    for(i=0; i<height; i++) for(j=0; j<width; j++) orgImg[i*width+j] = m_InImg[i][j];
11 
12    Otzu_Threshold(orgImg, outImg, height, width);
13 
14    for(i=0; i<height; i++) for(j=0; j<width; j++) m_OutImg[i][j] = outImg[i*width+j];
```

```
15
16     delete []orgImg;
17     delete []outImg;
18
19     UpdateAllViews(NULL);
20  }
21
22  void CWinTestDoc::Otzu_Threshold(unsigned char *orgImg, unsigned char *outImg,
                     int height, int width)
23  {
24     register int i,t;
25
26     // Histogram set
27     int   hist[256];
28     float prob[256];
29     for(i=0; i<256; i++) { hist[i]=0; prob[i] = 0.0f; }
30     for(i=0; i<height*width; i++) hist[(int)orgImg[i]]++;
31     for(i=0; i<256; i++) prob[i] = (float)hist[i]/(float)(height*width);
32
33     float wsv_min = 1000000.0f;
34     float wsv_u1, wsv_u2, wsv_s1, wsv_s2;
35     int wsv_t;
36
37     for(t=0; t<256; t++)
38     {
39        // q1, q2 계산
40        float q1 = 0.0f, q2 = 0.0f;
41
42        for(i=0; i<t; i++) q1 += prob[i];
43        for(i=t; i<256; i++) q2 += prob[i];
44        if(q1==0 || q2==0) continue;
45
46        // u1, u2 계산
47        float u1=0.0f, u2=0.0f;
48        for(i=0; i<t; i++) u1 += i*prob[i]; u1 /= q1;
49        for(i=t; i<256; i++) u2 += i*prob[i]; u2 /= q2;
50
51        // s1, s2 계산
52        float s1=0.0f, s2=0.0f;
53        for(i=0; i<t; i++) s1 += (i-u1)*(i-u1)*prob[i]; s1 /= q1;
54        for(i=t; i<256; i++) s2 += (i-u2)*(i-u2)*prob[i]; s2 /= q2;
55
```

```
56          float wsv = q1*s1+q2*s2;
57
58          if(wsv < wsv_min)
59          {
60             wsv_min = wsv; wsv_t = t;
61             wsv_u1 = u1; wsv_u2 = u2;
62             wsv_s1 = s1; wsv_s2 = s2;
63          }
64       }
65
66       // thresholding
67       for(i=0; i<height*width; i++) if(orgImg[i]<wsv_t) outImg[i]=0; else outImg[i]=255;
68 }
```

10. 적응이치화 알고리즘

Otzu 알고리즘과 같은 전역이치화 알고리즘(즉, 한 프레임의 영상에 대해 이치화 임계치 1개를 사용하는 방법)은 영상 내 추출할 물체의 배경에 밝기의 불균일 분포가 존재할 때 물체 추출이 어려워진다.

실외나 공장 같은 일반적 환경 하에서는 영상의 밝기를 결정하는 조명을 직접 제어하기는 어려우며 이러한 조명의 불균일성으로 인해 영상 내 물체나 배경의 불균일 밝기 분포가 발생한다. [그림 6-70]은 전역이치화로써 Otzu이치화 알고리즘에 의해 카메라교정 스케일 영상 내 교정점을 추출하기 위한 이치화 적용을 보여준다.

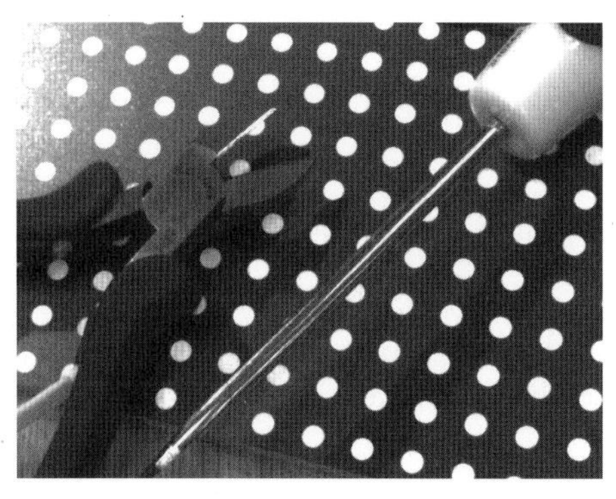

(a) 입력영상

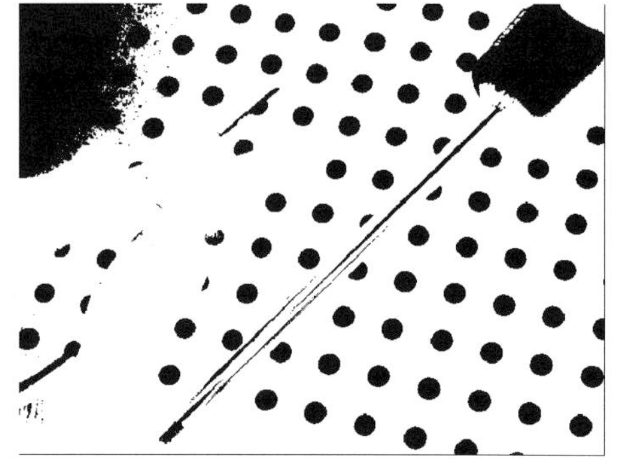

(b) Otzu이치화 영상

그림 6-70 조명의 불균일성으로 인해 배경의 밝기 분포가 일정하지 않은 경우의 Otzu이치화 결과영상

[그림 6-70(a)]는 영상 내 왼쪽 상단에 존재하는 밝기값의 불균일 분포 때문에 이 영상을 전역이치화 알고리즘으로 이치화 했을 때 [그림 6-70(b)]처럼 불균일부에서는 교정점이 잘 추출되지 않게 된다.

전역이치화는 하나의 임계치만을 사용하기 때문에 이 문제에 대한 해결방법으로 적응이치화(adaptive binarization) 알고리즘을 사용할 수 있다. 적응이치화는 밝기변동이 존재하는 영상의 각 부분에서 밝기변동을 반영하는 각각의 이치화 임계치를 결정하는 것이다.

개발된 여러 방법 중, 구현하기 간단하면서 효과적인 결과를 주는 하나의 방법은 Niblack 법[2]이다.

Tip | Niblack의 적응이치화 알고리즘

Niblack 이치화는 영상 내 영역 위치에 따라 이치화를 위한 임계치를 그 부분의 영역정보를 반영하게 계속 바꾸어 나가는 것이다. 임계치 선택은 영상 내의 현재 위치의 주변영역을 설정하고 그 영역내의 밝기 평균(mean)과 분산(variance) 값을 임계치 결정에 사용하는 것이다. Niblack의 이진화 식은 다음과 같이 주어진다:

$$T = m\left[1 - k\cdot\left(1 - \frac{\sigma}{R}\right)\right]$$

이 식에서 R은 128로 주어지는 표준편차의 최대범위이고 k는 상수로 사용자가 설정하며 주로 0.02로 주어진다. 임계치 T는 설정되는 부분영역의 크기에 그리 민감하지는 않으나 응용사례에 따라 적당하게 결정해 주어야 한다. 주어진 수식의 임계치 결정에는 부분영역 내에서 평균, 분산값을 반복해서 계산하여야 하며 이러한 값의 계산속도는 영역크기에 의존적이다. 큰 부분영역의 경우 계산량이 크므로 고속으로 평균과 분산값을 결정할 수 있는 알고리즘이 필요하다. 최근 영상처리에 많이 사용되고 있는 Integral image 기법[3]은 평균과 분산값의 실시간 결정을 위해 사용될 수 있는 좋은 방법이다.

[그림 6-71]은 Niblack의 적응형이치화 알고리즘을 적용했을 경우의 이치화 결과를 보여준다. 입력영상에 대한 전역이치화와 적응형이치화의 차이를 영상 내 하단부에서 확인할 수 있다.

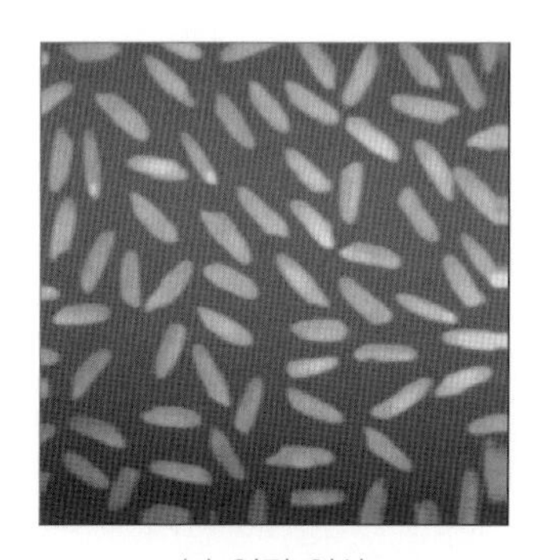

(a) 입력 영상

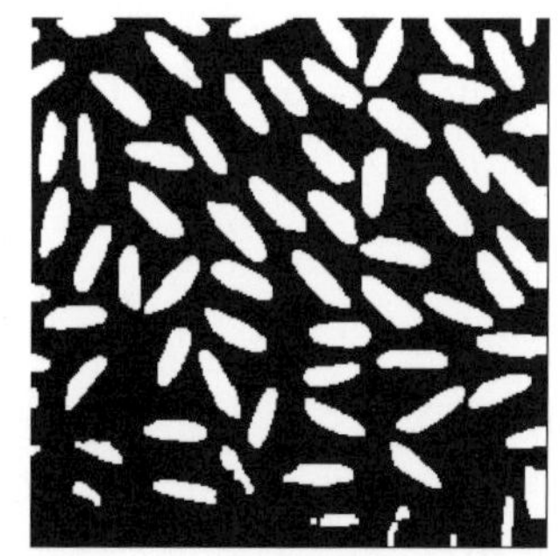

(b) 전역이치화

(c) 적응이치화

그림 6-71 밝기의 불균일성이 존재하는 영상에 대한 전역이치화(Otzu법)와 적응이치화(Niblack법)의 비교

리스트 6-20 Niblack이치화 프로그램

```
01 void CWinTestDoc::OnBinarAdap()
02 {
03    // TODO: Add your command handler code here
04    int height = 256, width = 256;
05    register int i,j;
06
07    unsigned char* orgImg = new unsigned char [height*width];
08    unsigned char* outImg = new unsigned char [height*width];
09
10    for(i=0; i<height; i++) for(j=0; j<width; j++) orgImg[i*width+j] = m_InImg[i][j];
11
12
13    AdaptiveBinarization(orgImg, outImg, height, width);
14
15
16    for(i=0; i<height; i++) for(j=0; j<width; j++) m_OutImg[i][j] = outImg[i*width+j];
17
18    delete []orgImg;
19    delete []outImg;
20
21    UpdateAllViews(NULL);
22 }
23
24 void CWinTestDoc::AdaptiveBinarization(unsigned char *orgImg, unsigned char *outImg,
                     int height, int width)
25 {
26    register int i,j, k, l;
27    int gval, index1, index2;
28    float mean, vari, thres;
29    int W = 20;
30
31    for(i=0; i<height*width; i++) outImg[i] = 255;
32
33    for(i=0; i<height; i++)
34    {
35       index2 = i*width;
36       for(j=0; j<width; j++)
37       {
38          float gsum = 0.0f;
39          float ssum = 0.0f;
40          int count = 0;
```

```
41
42            for(k=i-W; k<=i+W; k++)
43            {
44               index1 = k*width;
45               if(k<0 || k >= height) continue;
46
47               for(l=j-W; l<=j+W; l++)
48               {
49                     if(l<0 || l >= width) continue;
50
51                     gval = orgImg[index1+l];
52                     gsum += gval;
53                     ssum += gval*gval;
54                     count++;
55               }
56            }
57
58            mean      = gsum/(float)count;
59            vari      = ssum/(float)count-mean*mean;
60
61            if(vari<0) vari = 0.0f;
62
63            thres     = mean*(1.0f-0.02f*(1-(float)sqrt(vari)/128));
64
65            if(orgImg[index2+j]<thres) outImg[index2+j] = 0;
66         }
67     }
68 }
```

[그림 6-72]는 또 다른 입력영상에 대한 이치화 알고리즘의 결과영상이다.

(a) 입력영상

(b) 전역이치화

(c) 적응이치화

그림 6-72 전역이치화(Otzu법)와 적응이치화(Niblack법) 비교

금속판 위에 인식할 문자가 각인된 물체 위에서 조명이 측면으로 비추어져 만들어진 영상으로 조명각으로 인해 금속면 위에 밝기의 불균일성이 존재한다. 이와 같은 영상의 경우 전역이치화를 통해서는 최적의 임계치를 구할 수 없으며 적응이치화를 사용하여야 한다. [그림 6-73]은 자동이치화 프로그램의 실행결과를 보여준다. 단, 적응이치화 적용 시, 마크가 없는 배경부에서도 평균과 분산값에 따라 T가 결정되어 잡영이 많은 이치화가 수행될 수 있으므로 분산값을 체크하여 분산값이 낮은 경우에는 이치화값을 0으로 만들 수도 있다.

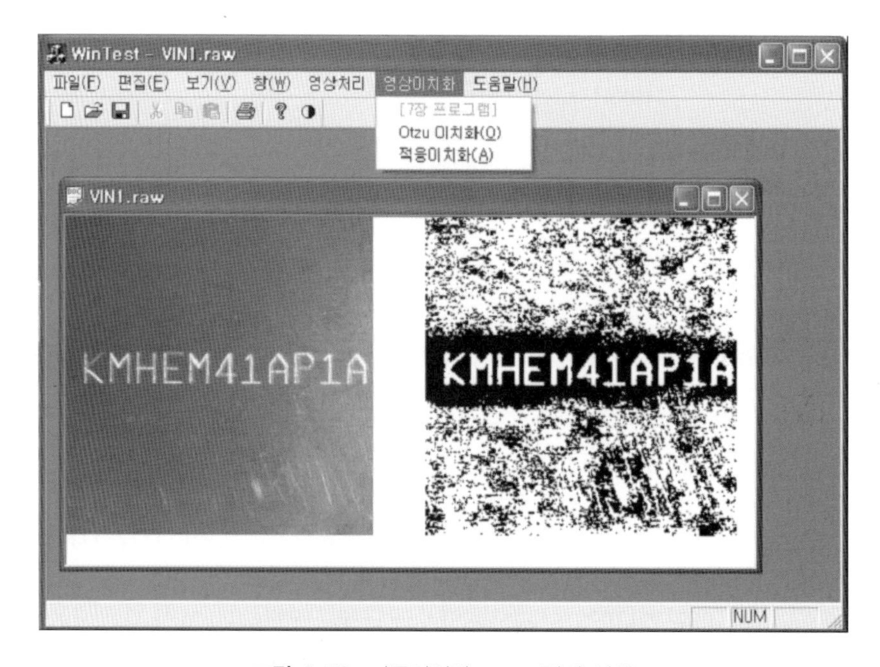

그림 6-73 자동이치화 프로그램의 실행

• **참고문헌**

[1] Otsu, N., "A Threshold Selection Method from Gray-Level Histograms," IEEE Trans. on Systems, Man, and Cybernetics, Vol. SMC-9, pp. 62-66, 1979.

[2] Wolf, C., Jolion, J.M., "Extraction and Recognition of Artificial Text in Multimedia Documents," http://rfv.insalyon.fr/wolf/papers/tr-rfv-2002-01.pdf, 2002.

[3] http://en.wikipedia.org/wiki/Integral_image

연습문제

1. 컬러BMP파일을 읽고, R, G, B의 각 채널에 대하여 히스토그램을 그리는 프로그램을 작성하시오.

2. 아래 두 영상의 히스토그램을 그리고 두 히스토그램의 모양을 비교해본다. 결과가 비슷하면 왜 그런지, 다르면 왜 그런지 이유에 대해 설명하시오.

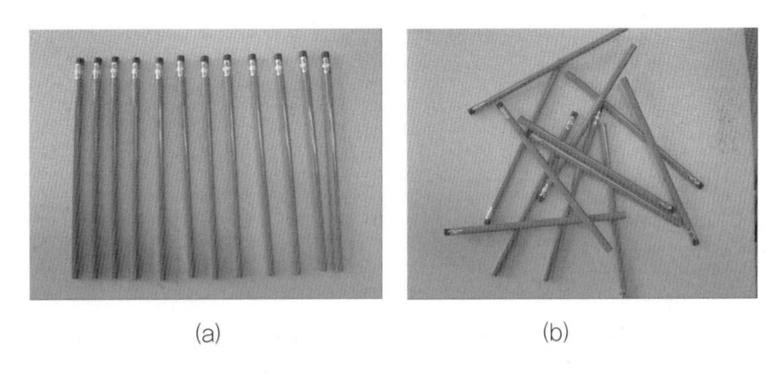

(a) (b)

그림 p6-1 히스토그램 비교를 위한 두 영상

3. 적응이치화를 위한 Niblack 알고리즘은 영상 내 부분영역의 밝기 평균과 분산값을 계산하여야 한다. 계산량을 줄여 처리속도를 높이기 위해 인티그럴이미지(integral image) 기법을 평균, 분산의 계산에 적용하는 프로그램을 작성하시오. 단, 인티그럴이미지 기법은 참고문헌 [3]을 참조하시오.

4. Niblack 알고리즘의 파라미터(부분영역의 윈도우 크기, k의 값 등) 변화에 따른 자동이치화 결과를 비교하고 다양한 영상의 밝기분포에 따른 적절한 파라미터값을 결정해 보시오.

07 마스크 기반 영상처리

1. 개요

일반적으로 영상처리는 낮은 레벨, 중간 레벨, 상위 레벨의 처리로 분류할 수 있으며, 낮은 레벨의 영상처리는 입력영상에서 노이즈를 제거한다든지 특징을 추출하기 위한 기본적인 연산을 수행한다. 중간 레벨의 연산은 이러한 추출된 특징치들로부터 하나의 조합을 해내는 과정이다. 상위 레벨은 이러한 추출 물체로부터 추론 과정을 통하여 물체의 인식 등을 수행하는 과정이다. 본 장에서 다루는 마스크 기반 영상처리의 경우 영상처리를 통하여 의미있는 결과를 추출하기 위해 가장 먼저 적용하는 과정으로 주어진 목적에 따라 상응하는 마스크를 선택하여야 한다.

예를 들면, 영상 내에서 차를 검출하기 위해서는 차가 무엇이냐는 정의부터 수행하여야 한다. 사람의 경우 학습을 통해 어떠한 것들이 차인지 쉽게 알 수 있지만 영상처리를 통해서 이를 구현하기 위해서는 다양한 절차가 필요하게 된다. 영상 인식의 경우 다양한 방법론이 존재하며 가장 복잡한 접근 방식으로 학습을 통한 방법이고 보다 간단한 인식 방법론은 인식하고자 하는 물체의 특징치 조합을 영상으로부터 추출해 정의한 뒤 현재 영상내에 모델의 특징치 조합과 부합하는 부분이 있는지 탐색함으로써 해결할 수 있다. 특정 직선의 조합 및 각 직선간의 특정 관계를 가지는 것을 차로 설정을 한 후 영상 내에서 모델의 조건을 만족하는 후보들을 탐색을 통하여 구하게 된다. 이러한 모델 구축 및 탐색의 과정에서 특징치에 관한 값들을 구해야 하며 이러한 가장 기본적인 연산은 일반적으로 본 절에서 다루는 마스크를 이용한 영상처리 기법을 이용하게 된다.

마스크의 구성은 용도에 맞게 구성을 하게 되며, 이는 필터 디자인과 관련된 문제이다. 일반적으로 이는 중첩 이론(convolution theory)으로 설명될 수 있다.

이해의 편의를 돕기 위해 일차원 상에서 생각하기로 한다. 어떤 연속 신호 $f(t)$가 있는 경우 여기에 $h(t)$라는 함수를 중첩 연산하는 것은 원래의 신호 $f(t)$는 고정하고 $h(t)$를 이동하면서 각 지점에서 $f(t)$와 $h(t)$의 곱하기 연산 수행 후 그 값을 취하는 과정이다. 이와 같은 과정을 통해 원래의 신호 $f(t)$와는 다른 신호를 얻을 수 있게 된다. 주어진 목적에 따라 $h(t)$를 디자인하면 되는 것이다. 위의 예는 연속 신호에 대한 경우이며, 이를 디지털 영상에 적용하기 위해서는 이산화를 거친 후에 유한한 크기의 $h(t)$를 이용해 계산을 수행하면 된다.

$$f(t) \times h(t) = \int_{-\infty}^{\infty} f(\alpha)h(t-\alpha)d\alpha \tag{7-1}$$

영상처리 분야에서는 일반적으로 주어진 목적에 따라 영상을 평활화(smoothing)하거나, 노이즈를 제거하거나, 윤곽 정보를 추출하는 등 전처리 과정을 가장 먼저 수행하게 된다.

각각의 경우에 널리 사용되는 마스크의 형태는 다음과 같다.

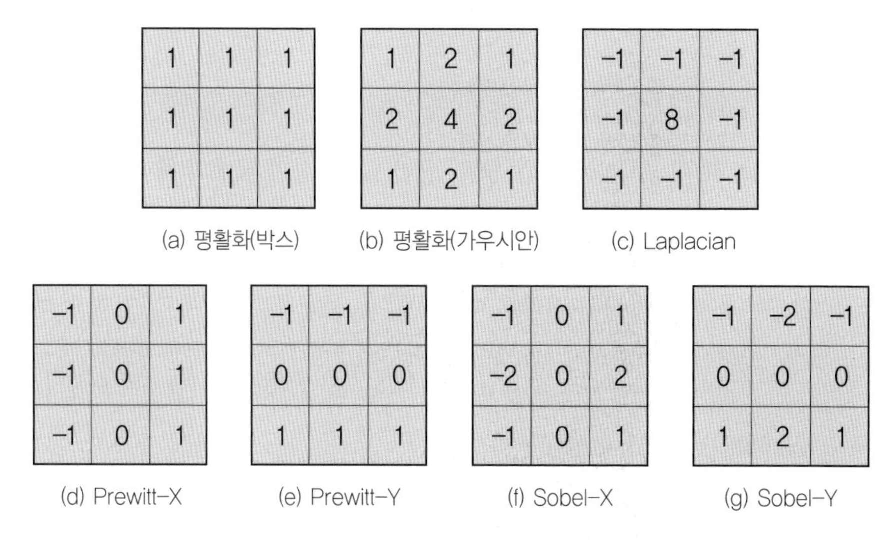

그림 7-1 일반적인 마스크들

위의 [그림 7-1]에서 모든 마스크의 크기는 3X3의 형태이며, 이 사이즈는 변경할 수 있다. 위의 마스크의 이미지로의 적용과정은 다음과 같다. 마스크를 원 이미지상의 계산 지점에 올려 놓은 후 해당 마스크의 계수값과 해당 이미지상의 값을 곱한 다음 모두 더한 값이 현재 지점에서의 새로운 값이 된다. 이는 [그림 7-2]에 나타나 있다.

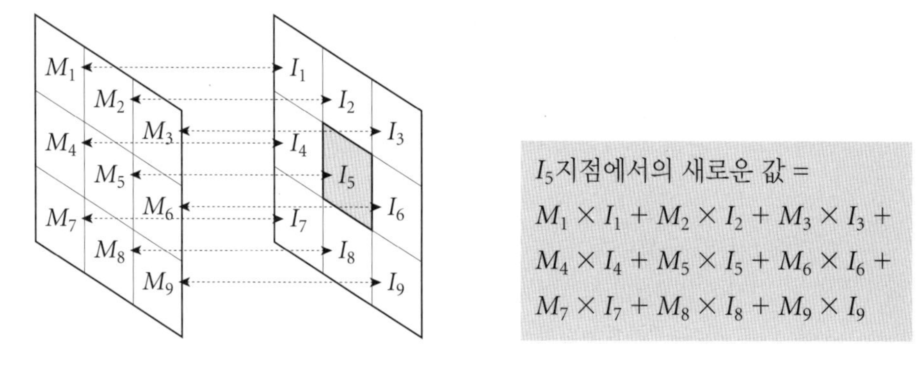

그림 7-2 마스크의 이미지에로의 적용

2. 영상의 평활화

[그림 7-3]은 평활화 연산자를 적용한 예이다. 평활화 연산의 경우 일반적으로 이미지상의 노이즈를 제거하기 위해 적용하며, [그림 7-1]의 마스크들 (a)박스 (b)가우시안 마스크가 이에 해당한다. 마스크 계수값을 보면 모두 양수로써 주변 픽셀의 값을 더한 후 이를 평균하여 결과값을 계산함을 알 수 있다. 이를 통하여 노이즈 성분은 그 크기가 줄어들게 됨을 알 수 있다.

[그림 7-3]의 결과에서 알 수 있듯이 평활화 연산의 경우 원 이미지상에서 나타나는 경계 등에서의 상세함이 많이 사라짐을 알 수 있다. 노이즈 제거하는 목적을 달성함과 더불어 이미지 내의 상세 정보의 상실이라는 점이 뒤따르게 된다.

(a) 원 이미지

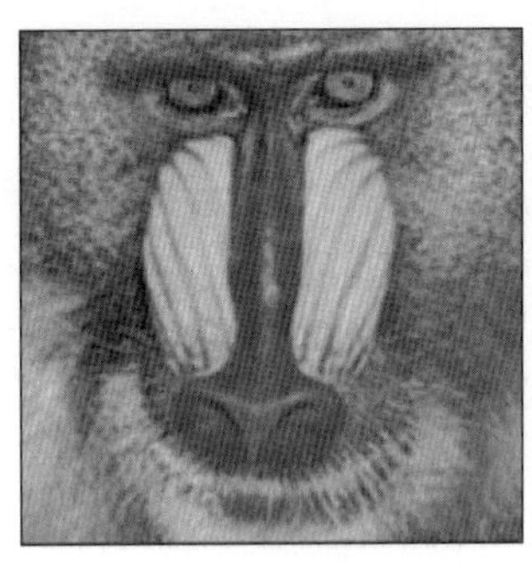

(b) 박스 평활화

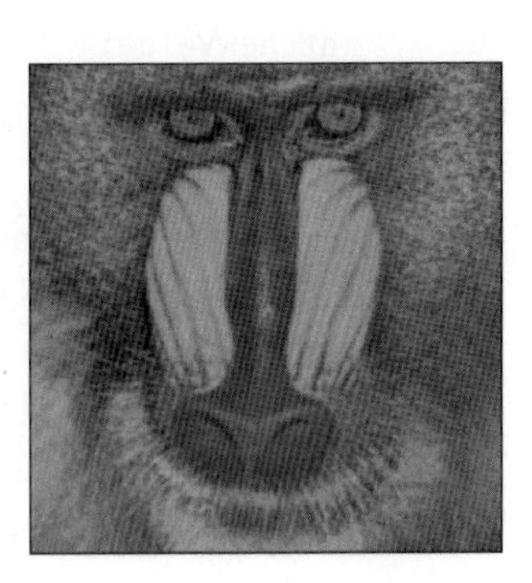

(c) 가우시안 평활화

그림 7-3 평활화 마스크를 적용한 예

1 영상 평활화 구현

<Workspace>의 클래스뷰 탭에서 CWinTestDoc 클래스에 마우스를 대고 오른쪽 버튼을 클릭하여 새로운 <멤버함수>를 추가한다. [그림 7-5]의 다이얼로그창에서 멤버함수를 추가한다.

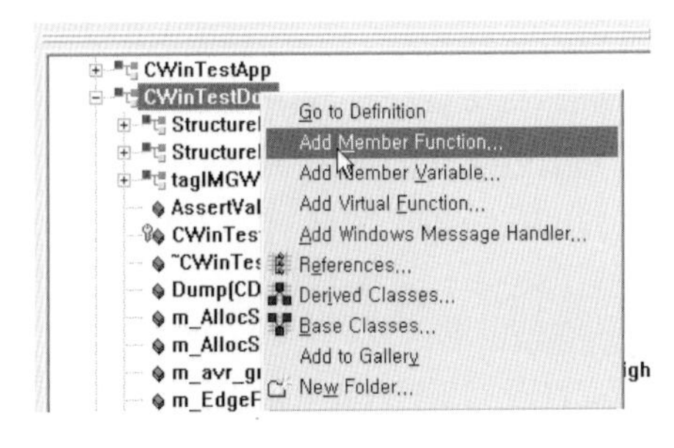

그림 7-4 새 멤버함수 추가

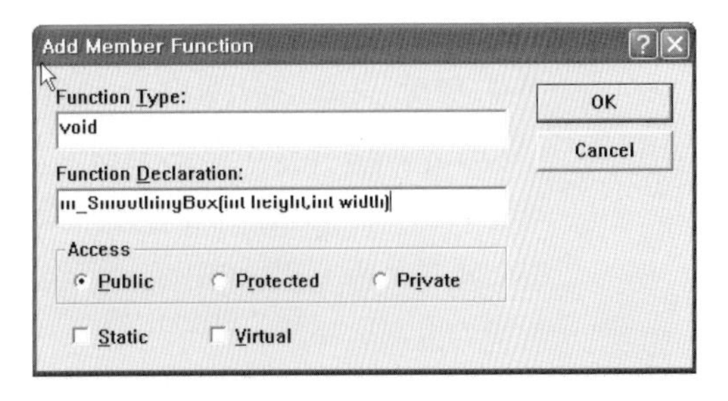

그림 7-5 새 멤버함수의 입력

추가된 멤버함수에 해당하는 코드를 [리스트 7-1]과 같이 입력한다.

[리스트 9-1]에서 각 픽셀에서 마스크 적용 후 값의 범위를 0에서 255로 한정하기 위해 최종적으로 마스크 계수의 합으로 나누어 주고 있다.

리스트 7-1 영상 평활화의 구현

```
01 void CWinTestDoc::m_SmoothingBox(int height, int width)
02 {
03     int MaskBox[3][3]={{1,1,1},{1,1,1},{1,1,1}};//3X3 박스 평활화 마스크
04     int heightm1=height-1; //중복 계산을 피하기 위해 사용
05     int widthm1=width-1; //중복 계산을 피하기 위해 사용
06     int mr,mc;
07     int newValue;
08     int i,j;
09 
10     //결과 이미지 0으로 초기화
11     for(i=0;i<height;i++)
12        for(j=0;j<width;j++)
13           m_OutImg[i][j]=0;
14 
15     for(i=1; i<heightm1; i++){
16        for(j=1; j<widthm1; j++){
17           newValue=0;     //0으로 초기화
18           for(mr=0;mr<3;mr++)
19              for(mc=0;mc<3;mc++)
20                 newValue+=(MaskBox[mr][mc]*m_InImg[i+mr-1][j+mc-1]);
21           newValue/=9; //마스크의 합의 크기로 나누기: 값의 범위를 0에서//255로 함
22                         //255로 함
23           m_OutImg[i][j]=(BYTE)newValue;//BYTE값으로 변환
24        }
25     }
26 }
```

이제 영상 축소 처리함수를 호출하는 메뉴 명령을 추가한다. 먼저 [그림 7-6]처럼 <Workspace>의 리소스뷰 탭에서 메뉴를 편집한다. 빈 메뉴 부분에 마우스를 대고 클릭하면 [그림 7-7]처럼 메뉴입력 대화창이 열린다. [그림 7-7]에 주어진 것처럼 메뉴작성에 필요한 항목을 입력한다.

밝기평균
밝기분산
GLCM
COOC헬렐
[7장 마스크 기반 영상처리]

그림 7-6 새 메뉴의 입력

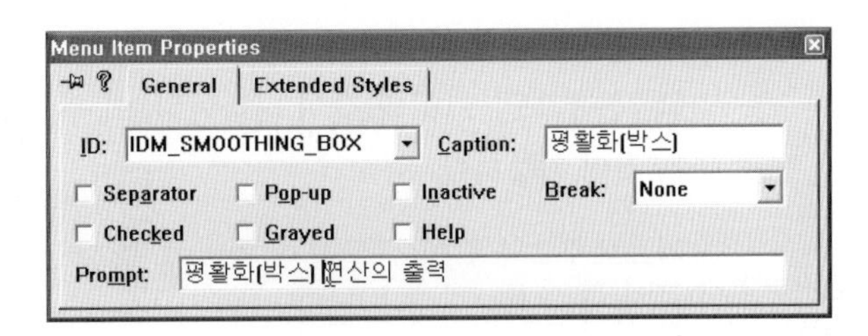

그림 7-7 메뉴 항목의 작성

추가된 메뉴항목 <평활화(박스)>에 마우스를 대고 오른쪽 버튼을 클릭하면 [그림 7-8]의 팝업메뉴가 출력되는데 여기서 <ClassWizard> 부분을 클릭한다.

그림 7-8 클래스위자드의 호출

오픈된 클래스위자드 입력창에서 [그림 7-9]에 주어진 순서를 차례로 입력한다. 먼저 <Class name>부에서 [CwinTestView]를 선택한다. 다음으로 <Object Ids>부에서 [IDM_SMOOTHING_BOX]을 선택한다. 이 ID는 [그림 7-7]에서 영상 평활화처리 명령을 호출하기 위해 만들어 두었던 메뉴의 ID이다. 다음으로 <Messages>부에서 [COMMAND]를 선택하고 멤버함수를 추가하기 위해 더블 클릭한다. 오픈된 멤버함수 입력창에는 기본으로 주어지는 멤버함수가 입력되어 있다. 이것을 바꾸지 말고 [OK]버튼을 클릭한다.

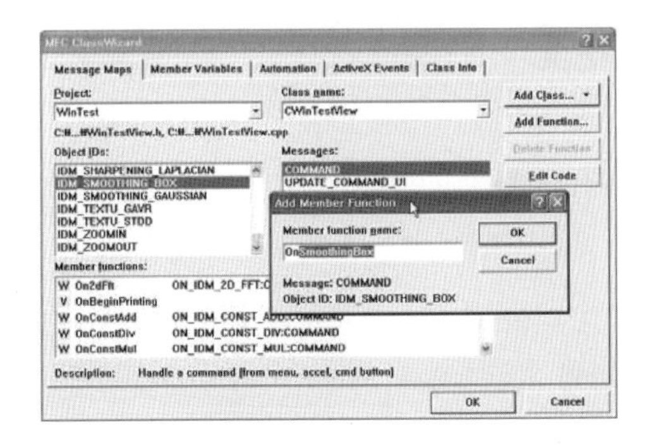

그림 7-9 멤버함수의 입력

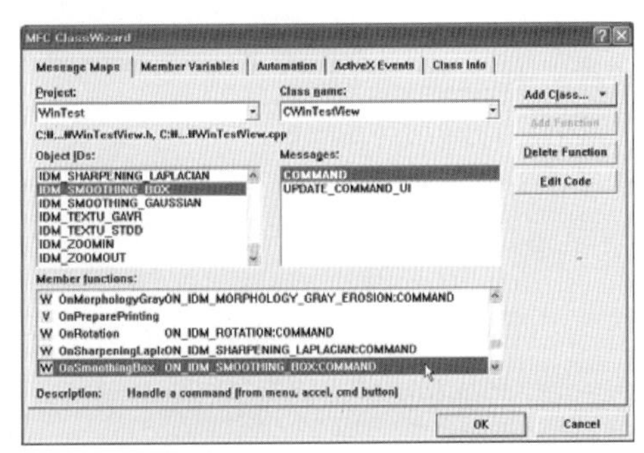

그림 7-10 멤버함수의 편집

[OK]버튼을 클릭하면 새로운 멤버함수가 <CWinTestView> 클래스 아래에 추가되고 이 함수는 [그림 7-10]과 같이 나타난다. 이 부분을 더블 클릭하면 추가된 멤버함수를 편집하는 것이 가능하다.

리스트 7-2와 같이 코드를 입력하고 뷰 클래스의 멤버함수를 작성한다. 이 코드는 도큐먼트 클래스 하의 영상축소처리함수 m_SmoothingBox()을 호출한다.

리스트 7-2 영상평활화함수를 호출하는 뷰 클래스 멤버함수의 구현

```
01 void CWinTestView::OnSmoothingBox()
02 {
03     // TODO: Add your command handler code here
04     CWinTestDoc* pDoc = GetDocument();    // 도큐먼트 클래스를 참조하기 위해
05     ASSERT_VALID(pDoc);                   // 주소를 가져옴
06
07     pDoc->m_SmoothingBox(256,256);
08     Invalidate(FALSE);                    // 화면 갱신
09 }
```

코드 작성이 끝났으므로 컴파일하고 링크하여 실행한다. [그림 7-11]은 실행결과이다.

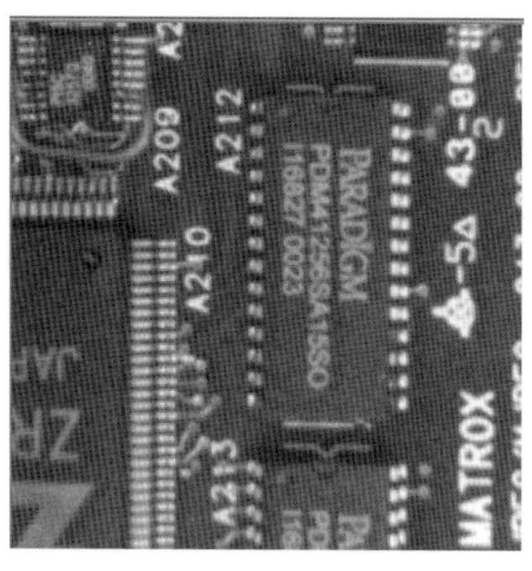

(a) 원 영상

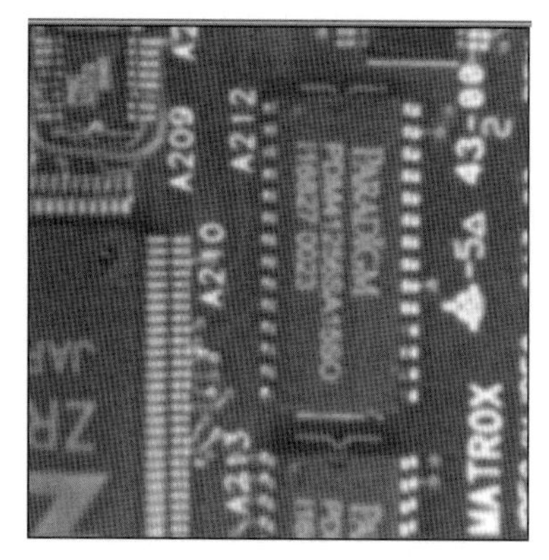

(b) 평활화처리 후의 영상

그림 7-11 평활화처리의 결과

가우시안 평활화 마스크 연산의 경우도 위의 과정과 동일하게 수행하며 3 × 3 마스크의 계수값들만 수정을 하면 된다. 이와 함께 최종적으로 결과이미지의 값을 0에서 255 범위 내로 만들어 주기 위해 가우시안 평활화 마스크의 계수값을 모두 더한 20으로 계산값을 나누어주면 된다.

3. 밝기값 차이의 강조

영상 내에서 주변 화소와 차이가 많이 나는 부분을 보다 강조하기 위한 방법으로 라플라시안 마스크를 주로 이용한다.

1 밝기값 차이 강조 구현

<Workspace>의 클래스뷰 탭에서 CWinTestDoc 클래스에 마우스를 대고 오른쪽 버튼을 클릭하여 새로운 <멤버함수>를 추가한다. [그림 7-13]의 다이얼로그창에서 멤버함수를 추가한다.

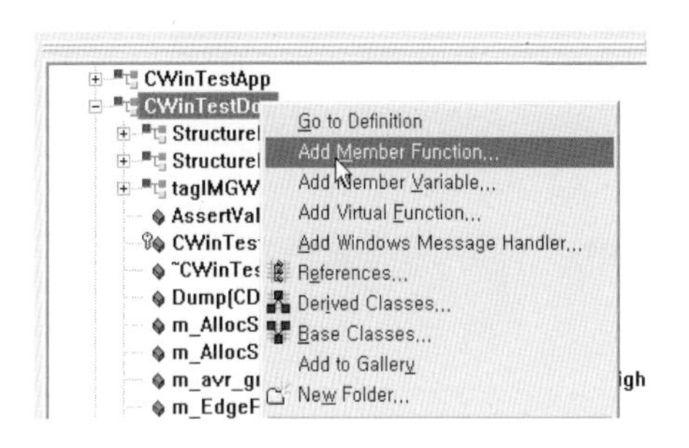

그림 7-12 새 멤버함수 추가

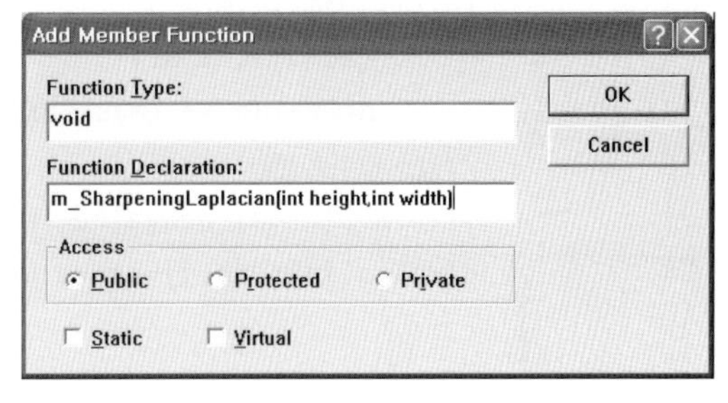

그림 7-13 새 멤버함수의 입력

추가된 멤버함수에 해당하는 코드를 [리스트 7-3]와 같이 입력한다.

라플라시안 마스크 적용 후의 값은 0에서 255 사이의 범위가 아니므로 먼저 정수형을 가지는 동적 메모리 배열을 할당하여 사용하도록 한다. 프로그램의 종료 전에 동적으로 할당한 메모리 배열은 반드시 해제하도록 한다.

리스트 7-3 라플라시안 마스크의 구현

```
01 void CWinTestDoc::m_SharpeningLaplacian(int height, int width)
02 {
03     int MaskBox[3][3]={{-1,-1,-1},{-1,8,-1},{-1,-1,-1}};
04     int heightm1=height-1;
05     int widthm1=width-1;
06     int mr,mc,newValue,i,j,min,max;
07     int *pTmpImg;
08     float constVal1,constVal2;
09
10     //정수값을 갖는 이미지 동적 메모리 할당
11     pTmpImg=new int[height*width];
```

```
12
13      //결과이미지 0으로 초기화
14      for(i=0;i<height;i++)
15         for(j=0;j<width;j++){
16            m_OutImg[i][j]=0;
17            pTmpImg[i*width+j]=0;
18         }
19
20      for(i=1; i<heightm1; i++){
21         for(j=1; j<widthm1; j++){
22            newValue=0; //0으로 초기화
23            for(mr=0;mr<3;mr++)
24               for(mc=0;mc<3;mc++)
25                  newValue += (MaskBox[mr][mc]*m_InImg[i+mr-1][j+mc-1]);
26            //값을 양수로 변환
27            if(newValue<0) newValue=-newValue;
28            pTmpImg[i*width+j]=newValue;
29         }
30      }
31
32      //디스플레이를 위해 0에서 255사이로 값의 범위를 매핑
33      //이를 위해 먼저 최대,최소값을 찾은후 이를 이용하여 매핑한다
34      min=(int)10e10;
35      max=(int)-10e10;
36      for(i=1; i<heightm1; i++){
37         for(j=1; j<widthm1; j++){
38            newValue=pTmpImg[i*width+j];
39            if(newValue<min) min=newValue;
40            if(newValue>max) max=newValue;
41         }
42      }
43      //변환 시 상수값을 미리 계산
44      constVal1=(float)(255.0/(max-min));
45      constVal2=(float)(-255.0*min/(max-min));
46      for(i=1; i<heightm1; i++){
47         for(j=1; j<widthm1; j++){
48            //[min,max]사이의 값을 [0,255]값으로 변환
49            newValue=pTmpImg[i*width+j];
50            newValue=constVal1*newValue+constVal2;
51            m_OutImg[i][j]=(BYTE)newValue;
52         }
```

```
53      }
54      //동적 할당 메모리 해제
55      delete [] pTmpImg;
56  }
```

이제 영상 축소 처리함수를 호출하는 메뉴 명령을 추가한다. 먼저 [그림 7-14]처럼 <Workspace>의 리소스뷰 탭에서 메뉴를 편집한다. 빈 메뉴 부분에 커서를 대고 클릭하면 [그림 7-15]처럼 메뉴입력 대화창이 열린다. [그림 7-15]에 주어진 것처럼 메뉴작성에 필요한 항목을 입력한다. 라플라시안 마스크 적용 후의 값의 범위는 0에서 255사이의 값이 아니며 이를 저장하기 위해 int형의 동적 메모리를 할당하여 사용했다. 디스플레이를 위해서 결과값의 범위를 0에서 255로 매핑하기 위해 계산값 중 최소값과 최대값을 찾은 후 이를 이용하여 변환을 수행하도록 한다.

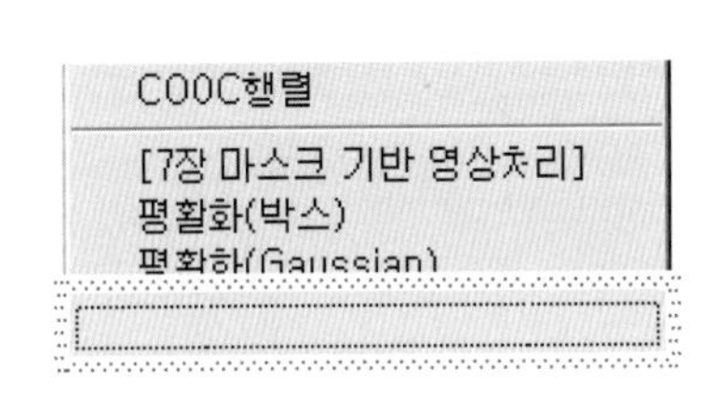

그림 7-14 새 메뉴의 입력

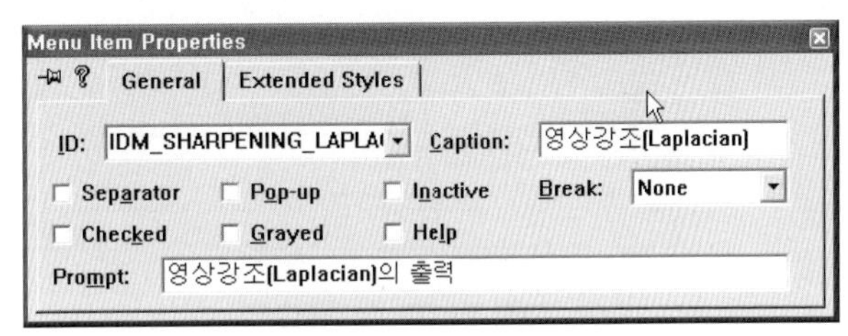

그림 7-15 메뉴 항목의 작성

추가된 메뉴 항목 <영상강조(Laplacian)>에 커서를 대고 오른쪽 버튼을 클릭하면 [그림 7-16]의 팝업메뉴가 출력되는데 여기서 <ClassWizard> 부분을 클릭한다.

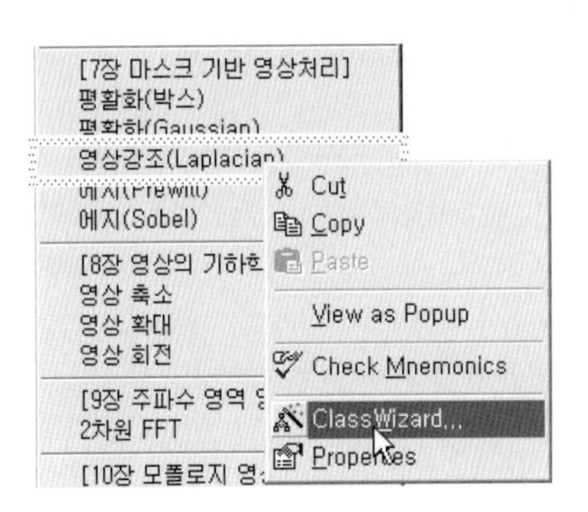

그림 7-16 클래스위자드의 호출

오픈된 클래스위자드 입력창에서 [그림 7-17]에 주어진 순서를 차례로 입력한다. 먼저 <Class name> 부에서 [CWinTestView]를 선택한다. 다음으로 <Object Ids> 부에서

[IDM_SHARPENING_LAPLACIAN]을 선택한다. 이 ID는 [그림 7-15]에서 영상 강조처리 명령을 호출하기 위해 만들어 두었던 메뉴의 ID이다. 다음으로 <Messages>부 에서 [COMMAND]를 선택하고 멤버함수를 추가하기 위해 더블 클릭을 수행한다. 오픈된 멤버함수 입력창에는 기본으로 주어지는 멤버함수가 입력되어 있다. 이것을 바꾸지 말고 [OK]버튼을 클릭한다.

[OK]버튼을 클릭하면 새로운 멤버함수가 <CWinTestView> 클래스 아래에 추가되고 이 함수는 [그림 7-18]과 같이 나타난다. 이 부분을 더블 클릭하면 추가된 멤버함수를 편집하는 것이 가능하다.

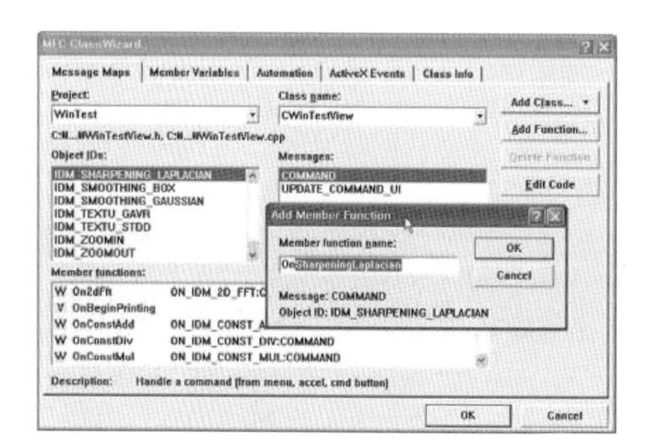

그림 7-17 멤버함수의 입력

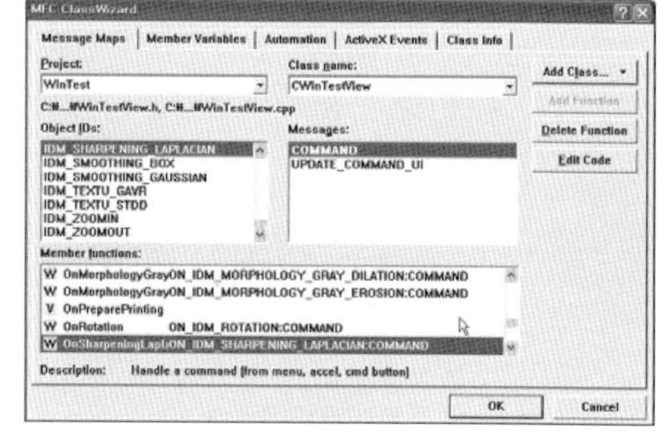

그림 7-18 멤버함수의 편집

[리스트 7-4]와 같이 코드를 입력하고 뷰 클래스의 멤버함수를 작성한다. 이 코드는 도큐먼트 클래스 하의 영상 축소 처리함수 m_SharpeningLaplacian()을 호출한다.

리스트 7-4 영상 강조함수를 호출하는 뷰 클래스 멤버함수의 구현

```
01 void CWinTestView::OnSharpeningLaplacian()
02 {
03    // TODO: Add your command handler code here
04    CWinTestDoc* pDoc = GetDocument();    // 도큐먼트 클래스를 참조하기 위해
05    ASSERT_VALID(pDoc);                   // 주소를 가져옴
06
07    pDoc->m_SharpeningLaplacian(256,256);
08    Invalidate(FALSE);                    // 화면 갱신
09 }
```

코드 작성이 끝났으므로 컴파일하고 링크하여 실행한다. [그림 7-19]는 실행결과이다.

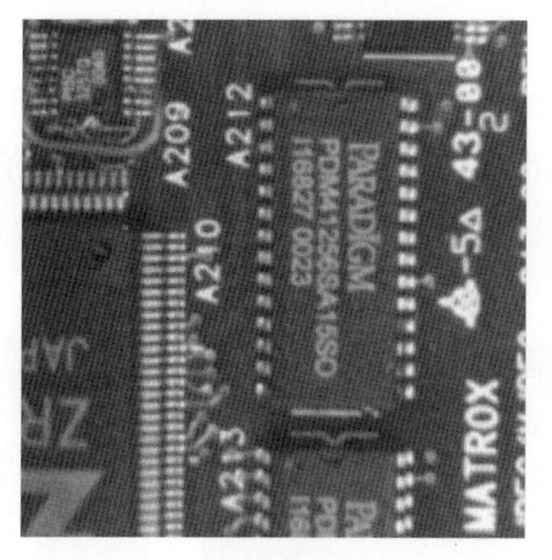

(a) 원 영상

(b) 라플라시안 마스크 적용

그림 7-19 라플라시안 마스크 적용 결과

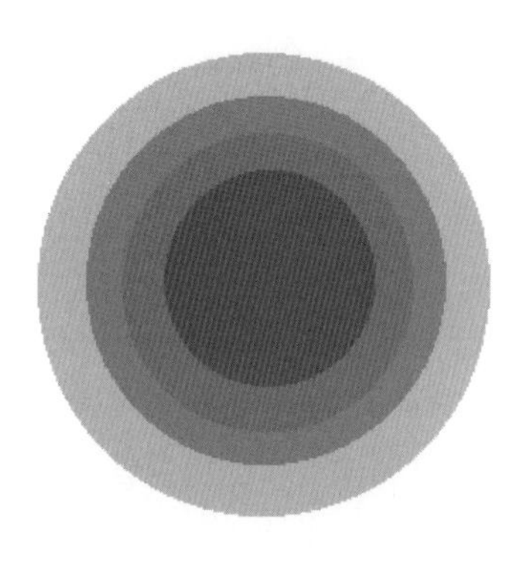

(a) 원 영상

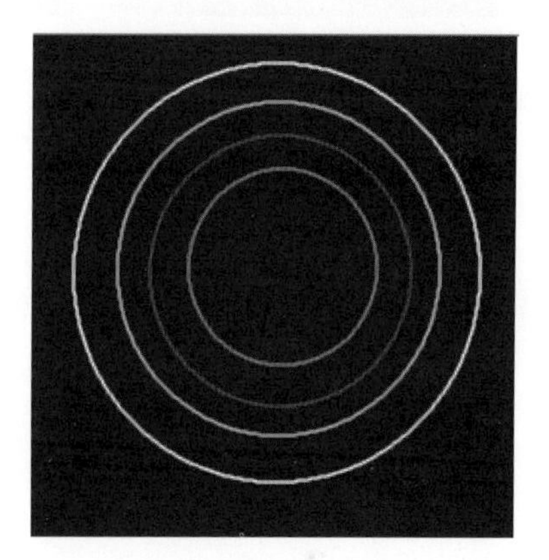

(b) 라플라시안 마스크 적용

그림 7-20 라플라시안 마스크 적용 결과

[그림 7-20]의 결과에서 알 수 있듯 라플라시안 마스크 적용을 통해 영상 내의 밝기값 차이가 두드러진 부분을 보다 잘 강조할 수 있다. 일반적으로 라플라시안 마스크의 경우 밝기값의 차이가 있는 부분을 경계로 하여 양쪽 지점에서 큰 값을 리턴하며 이는 [그림 7-19]에서 확인할 수 있다.

4. 경계에서의 밝기값 차이 강조

[그림 7-21]은 경계 강조 마스크의 적용 결과이며 결과영상을 고찰해보면 밝기값의 차이가 심한 부분은 밝게 나타나며 밝기값 차이가 덜한 부분은 어둡게 나타남을 알 수 있다. 결과이미지에서와 같이 본 절의 마스크의 역할은 밝기값 차이가 많이 나는 부분을 강조하는

것이며 주로 이 결과를 이용하여 물체의 경계를 추출하는데 많이 사용한다. 이와 관련된 마스크는 주로 X방향과 Y방향으로의 밝기값의 차이(구배)를 구하기 위한 마스크를 적용하며 결과는 두 방향의 크기를 이용하여 구하게 된다. 밝기값 차이(구배)의 크기뿐만 아니라 밝기값의 변화가 가장 심한 방향도 알 수 있게 된다.

(a) 원 이미지

(b) Prewitt 마스크 적용

(c) Sobel 마스크 적용

그림 7-21 경계 강조 마스크 적용 결과

1 경계에서의 밝기값 차이 강조 구현

<Workspace>의 클래스뷰 탭에서 `CWinTestDoc` 클래스에 커서를 대고 오른쪽 버튼을 클릭하여 새로운 <멤버함수>를 추가한다. [그림 7-23]의 다이얼로그창에서 멤버함수를 추가한다.

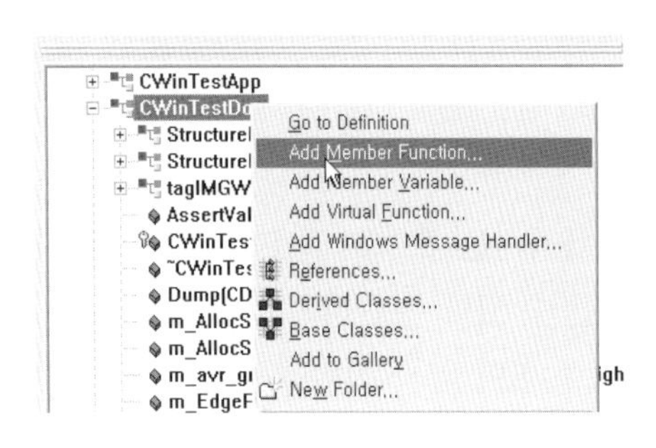

그림 7-22 새 멤버함수 추가

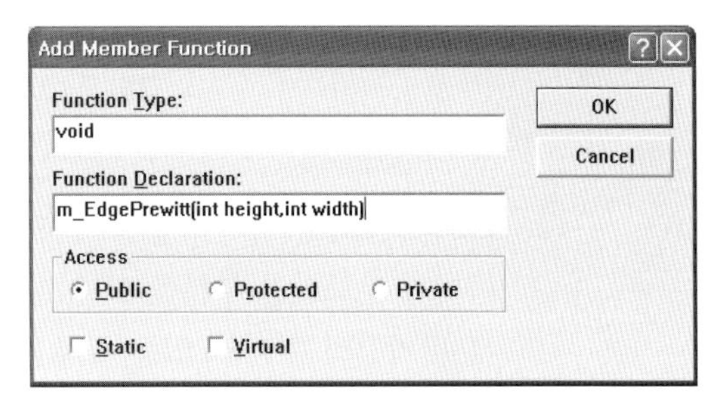

그림 7-23 새 멤버함수의 입력

추가된 멤버함수에 해당하는 코드를 [리스트 7-5]와 같이 입력한다. 마스크 적용 후의 값의 범위는 0에서 255 사이의 값이 아니며 이를 저장하기 위해 `int`형의 동적 메모리를 할당하여 사용하였다. 디스플레이를 위해서 결과값의 범위를 0에서 255로 매핑하기 위해 계산값 중 최소값과 최대값을 찾은 후 이를 이용하여 변환을 수행하도록 한다.

리스트 7-5 에지 마스크의 구현

```
01 void CWinTestDoc::m_EdgePrewitt(int height, int width)
02 {
03     intMaskPrewittX[3][3]={{-1,0,1},{-1,0,1},{-1,0,1}};
04     int MaskPrewittY[3][3]={{1,1,1},{0,0,0}, {-1,-1,-1}};
05     int heightm1=height-1,widthm1=width-1;
06     int mr,mc,newValue,i,j;
07     int *pImgPrewittX,*pImgPrewittY;
08     int min,max,where;
09     float constVal1,constVal2;
10 
11     //정수값을 갖는 이미지 동적 메모리 할당
12     pImgPrewittX=newint[height*width];
13     pImgPrewittY=new int[height*width];
14 
15     //결과이미지 0으로 초기화
16     for(i=0;i<height;i++)
17        for(j=0;j<width;j++){
18           m_OutImg[i][j]=0;
19           where=i*width+j;
20           pImgPrewittX[where]=0;
21           pImgPrewittY[where]=0;
22        }
23     //X방향 에지 강도 계산
24     for(i=1; i<heightm1; i++){
25        for(j=1; j<widthm1; j++){
26           newValue=0; //0으로 초기화
27           for(mr=0;mr<3;mr++)
28              for(mc=0;mc<3;mc++)
29                 newValue+=(MaskPrewittX[mr][mc]*
30                         m_InImg[i+mr-1][j+mc-1]);
31           pImgPrewittX[i*width+j]=newValue;
32        }
33     }
34     //Y방향 에지 강도 계산
35     for(i=1; i<heightm1; i++)
36        for(j=1; j<widthm1; j++){
37           newValue=0; //0으로 초기화
38           for(mr=0;mr<3;mr++)
39              for(mc=0;mc<3;mc++)
40                 newValue+=(MaskPrewittY[mr][mc]*
41                         m_InImg[i+mr-1][j+mc-1]);
```

```
42          pImgPrewittY[i*width+j]=newValue;
43       }
44    //에지 강도 계산 절대값(X)+절대값(Y)후 pImgPrewittX[]에 저장
45    for(i=1;i<heightm1;i++)
46       for(j=1;j<widthm1;j++){
47          where=i*width+j;
48          constVal1=pImgPrewittX[where];
49          constVal2=pImgPrewittY[where];
50          if(constVal1<0)    constVal1=-constVal1;
51          if(constVal2<0)    constVal2=-constVal2;
52          pImgPrewittX[where]=constVal1+constVal2;
53       }
54
55    //디스플레이를 위해 0에서 255사이로 값의 범위를 매핑
56    //이를 위해 먼저 최대, 최소값을 찾은 후 이를 이용하여 매핑한다
57    min=(int)10e10;
58    max=(int)-10e10;
59    for(i=1; i<heightm1; i++){
60       for(j=1; j<widthm1; j++){
61          newValue=pImgPrewittX[i*width+j];
62          if(newValue<min)
63             min=newValue;
64          if(newValue>max)
65             max=newValue;
66       }
67    }
68    //변환 시 상수값을 미리 계산
69    constVal1=(float)(255.0/(max-min));
70    constVal2=(float)(-255.0*min/(max-min));
71    for(i=1; i<heightm1; i++){
72       for(j=1; j<widthm1; j++){
73          //[min,max]사이의 값을 [0,255]값으로 변환
74          newValue=pImgPrewittX[i*width+j];
75          newValue=constVal1*newValue+constVal2;
76          m_OutImg[i][j]=(BYTE)newValue;
77       }
78    }
79    //동적 할당 메모리 해제
80    delete [] pImgPrewittX;
81    delete [] pImgPrewittY;
82 }
```

이제 영상 경계 강조함수를 호출하는 메뉴 명령을 추가한다. 먼저 [그림 7-24]처럼 <Workspace>의 리소스뷰 탭에서 메뉴를 편집한다. 빈 메뉴 부분을 클릭하면 [그림 7-25] 처럼 메뉴입력 대화창이 열린다. [그림 7-25] 주어진 것처럼 메뉴작성에 필요한 항목을 입력한다.

[7장 마스크 기반 영상처리]
평활화(박스)
평활화(Gaussian)

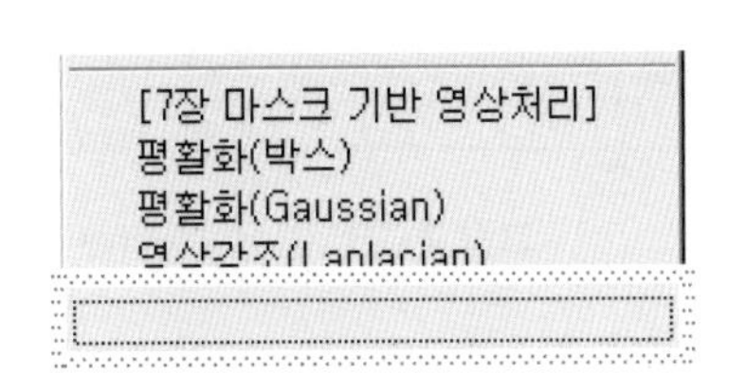

그림 7-24 새 메뉴의 입력

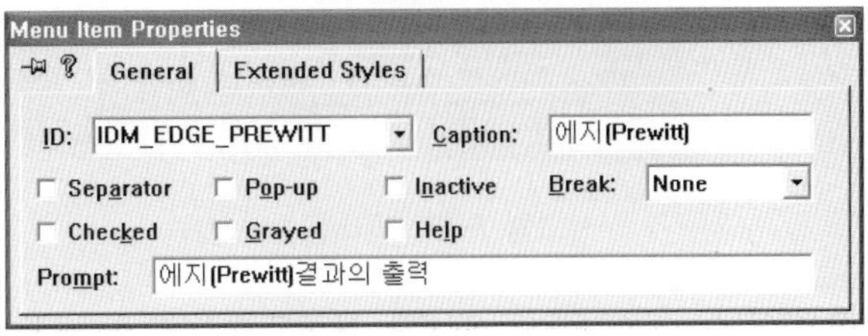

Menu Item Properties
General
Extended Styles
ID:
IDM_EDGE_PREWITT
Caption:
에지(Prewitt)
Separator
Pop-up
Inactive
Break:
None
Checked
Grayed
Help
Prompt:
에지(Prewitt)결과의 출력

그림 7-25 메뉴 항목의 작성

추가된 메뉴항목 <에지(Prewitt)>에 마우스를 대고 오른쪽 버튼을 클릭하면 [그림 7-26]의 팝업메뉴가 출력되는데 여기서 <ClassWizard> 부분을 클릭한다.

[7장 마스크 기반 영상처리]
평활화(박스)
평활화(Gaussian)
에지(Prewitt)
Cut
Copy
Paste
View as Popup
Check Mnemonics
ClassWizard...
Properties
2차원 FFT
이진 침식

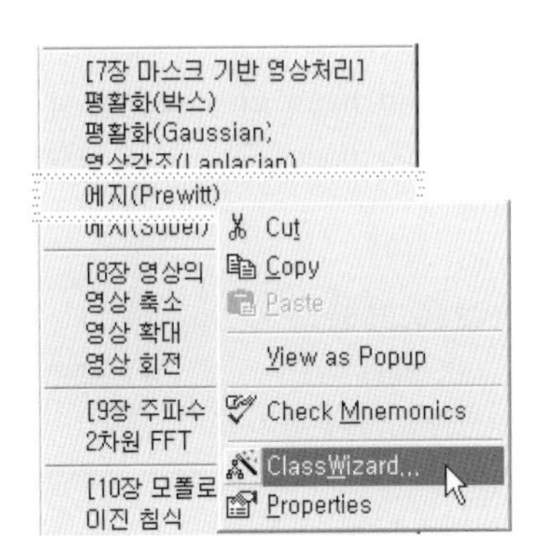

그림 7-26 클래스위자드의 호출

오픈된 클래스위자드 입력창에서 [그림 7-27]에 주어진 순서를 차례로 입력한다. 먼저 <Class name> 부에서 [CWinTestView]를 선택한다. 다음으로 <Object Ids> 부에서 [IDM_EDGE_PREWITT]을 선택한다. 이 ID는 [그림 7-25]에서 영상 경계 강조 처리 명령을 호출하기 위해 만들어 두었던 메뉴의 ID이다. 다음으로 <Messages> 부에서 [COMMAND]를 선택하고 멤버함수를 추가하기 위해 더블 클릭을 수행한다. 오픈된 멤버함수 입력창에는 기본으로 주어지는 멤버함수가 입력되어 있다. 이것을 바꾸지 말고 [OK]버튼을 클릭한다.

[OK]버튼을 클릭하면 새로운 멤버함수가 <CWinTestView> 클래스 아래에 추가되고 이 함수는 [그림 7-28]과 같이 나타난다. 이 부분을 더블 클릭하면 추가된 멤버함수를 편집하는 것이 가능하다.

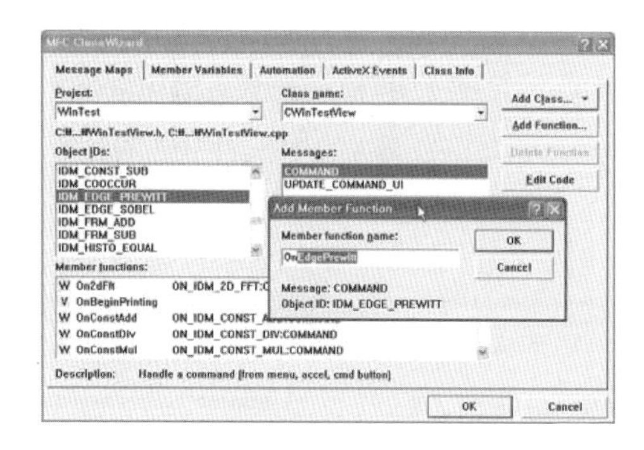

그림 7-27 멤버함수의 입력

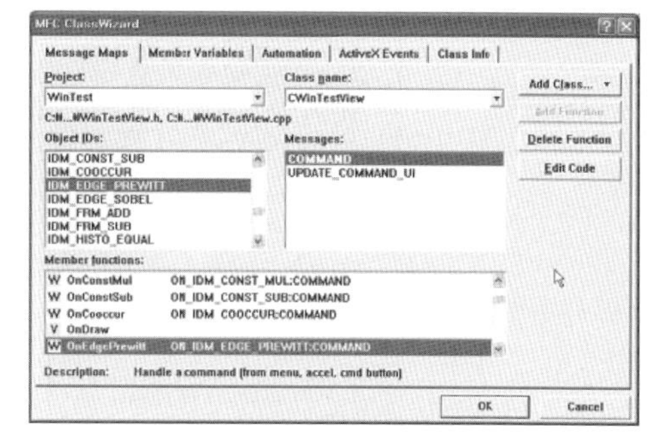

그림 7-28 멤버함수의 편집

[리스트 7-6]과 같이 코드를 입력하고 뷰 클래스의 멤버함수를 작성한다. 이 코드는 도큐먼트 클래스 하의 영상 축소 처리함수 m_EdgePrewitt()을 호출한다.

리스트 7-6 영상 경계 강조 함수를 호출하는 뷰클래스 멤버함수의 구현

```
01 void CWinTestView::OnEdgePrewitt()
02 {
03    // TODO: Add your command handler code here
04    CWinTestDoc* pDoc = GetDocument();    // 도큐먼트 클래스를 참조하기 위해
05    ASSERT_VALID(pDoc);                   // 주소를 가져옴
06
07    pDoc->m_EdgePrewitt(256,256);
08    Invalidate(FALSE);                    // 화면 갱신
09 }
```

코드 작성이 끝났으므로 컴파일하고 링크하여 실행한다. [그림 7-29]는 실행결과이다.

(a) 원 영상

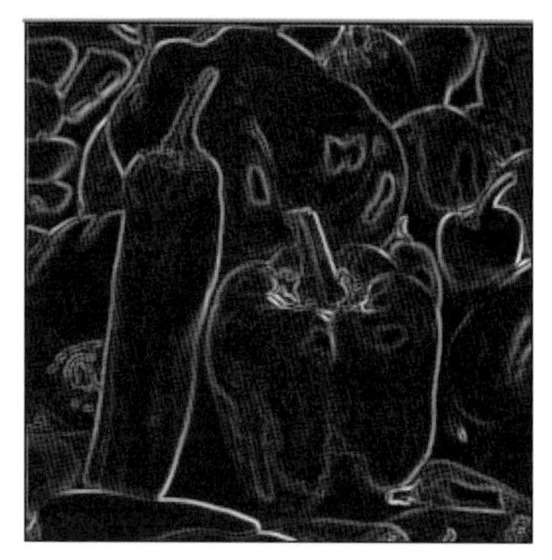

(b) Prewitt 마스크 결과

그림 7-29 경계 강조 처리결과

(a) 원 영상

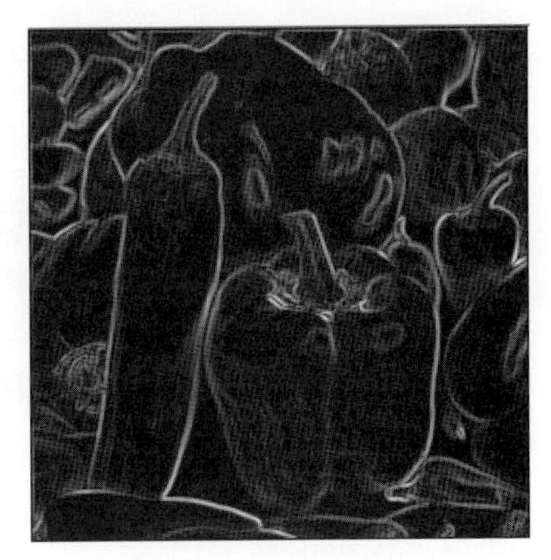

(b) Sobel 마스크 적용 결과

그림 7-30 경계 강조 처리결과

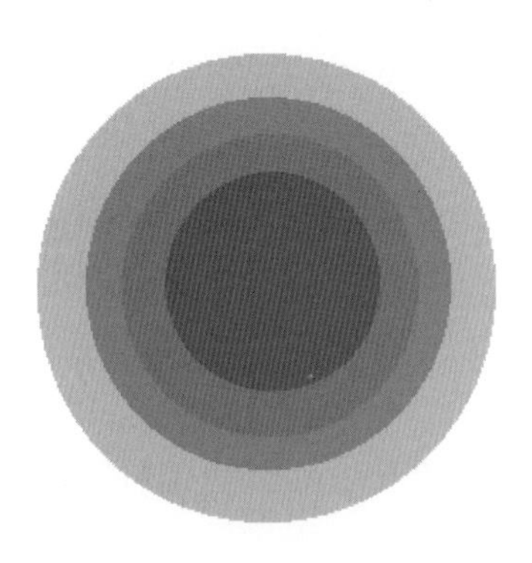

(a) 원 영상

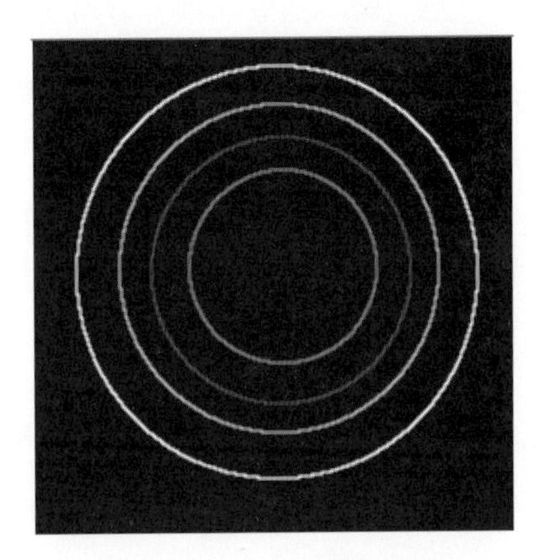

(b) Sobel 마스크 적용 결과

그림 7-31 에지 강조 처리결과

연습문제

1. 3 × 3 크기를 가지는 마스크에서 각 마스크의 값을 일정 정수 범위 내에서 임의로 발생시켜 이를 이미지에 적용한 결과를 보이시오.

2. 3 × 3 크기의 Sobel 에지 마스크를 이미지에 적용한 다음 결과 이미지에 대하여 에지 크기 히스토그램과 에지 각도 히스토그램을 구해보시오.

❶ *Ix*를 x방향의 에지 크기, *Iy*를 y방향의 에지 크기라고 할 때 에지 크기는 $\sqrt{(I_x^2 + I_y^2)}$ 이다.

❷ 에지 각도는 $\tan^{-1} = \left(\frac{I_y}{I_x}\right)$이며 <math.h>에 포함되어 있는 `atan()`함수를 이용하면 된다. 각도 구간은 임의의 구간 개수 크기(예, 한 구간의 크기 20°로 설정 시 360° 구간을 18개 구간으로 등분)로 설정하시오.

3. 다음과 같은 과정을 거쳐 3 × 3 크기를 가지는 median 필터를 구현하시오.

❶ 현재 픽셀 주위의 3 × 3 영역의 9개의 픽셀을 구한다.

❷ 9개의 픽셀 밝기를 크기 순으로 정렬(sorting)한다.

❸ 정렬된 값들 가운데 중간 값을 현재 지점의 새로운 밝기값으로 한다.

4. 3번 문제의 median 필터 구현을 임의의 크기를 가지는 N × N 크기로 확장하시오.

CHAPTER 08 영상의 기하학적 변환

1. 개요

영상의 기하학적 변환으로 간단한 것들로는 영상의 확대 및 축소, 영상의 회전, 영상의 반사, 영상의 이미지 모델에 의한 변환 등이 있다. 이보다 복잡한 것으로는 우리가 지정한 객체(사각형, 구, 타원체 등)상으로 영상을 매핑하는 것도 일종의 기하학적 변환이라 볼 수 있다.

기하학적 변형 후의 영상을 만드는 방법을 방향으로 분류하면 2가지로 나눌 수 있다. 첫 번째는 원래의 이미지에서 목적 이미지로 구현하는 것이며, 두 번째는 목적 이미지에서 원래 이미지로의 구현이다. 첫 번째 방법을 순방향 매핑(forward mapping)이라 하며, 두 번째 방법을 역방향 매핑(backward mapping)이라고 한다.

실제 구현상에서는 역방향 매핑을 많이 사용하며 이는 목적 이미지의 각 위치를 스캔하면서 해당 목적 이미지로 매핑되는 원 이미지상의 좌표를 계산하여 해당 밝기값을 가져오면 되기 때문이다. 순방향 매핑을 구현하는 경우, 목적 이미지상에서 공백이나 과다한 충돌 등이 발생하게 되며, 추가적으로 이 공백을 채우거나 충돌을 해결하는 기법을 사용해야 한다.

역방향 매핑의 실제 구현 시 해당하는 이미지상의 좌표가 정수가 아니라 실수값인 경우가 많다. 이와 같은 경우 해당 지점의 밝기값의 결정 시 주변 정수 지점의 값을 이용하며 이들 중 한 방법인 이중선형 보간(bilinear interpolation)방법이 [그림 8-1]에 나타나 있다.

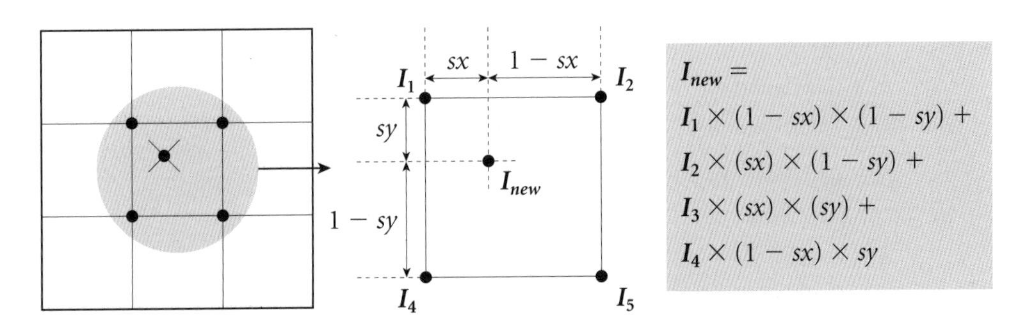

그림 8-1 이중 선형 보간(bilinear interpolation)에 의한 밝기값의 결정

위의 그림에서 I_1, I_2, I_3, I_4 지점은 보간 지점과 이웃한 네 지점의 밝기값이며 이중선형 보간(bilinear interpolation) 방법의 경우 보간 지점과의 떨어진 거리에 비례하여 가중치를 두고 있다.

이중선형 보간의 실제 구현은 [리스트 8-1]과 같다.

리스트 8-1 이중선형 보간의 구현

```
01 I1=(float)m_InImg[i_orgr][i_orgc];//(org_r,org_c)
02 I2=(float)m_InImg[i_orgr][i_orgc+1];//(org_r,org_c+1)
03 I3=(float)m_InImg[i_orgr+1][i_orgc+1];//(org_r+1,org_c+1)
04 I4=(float)m_InImg[i_orgr+1][i_orgc];//(org_r+1,org_c)
05
06 //이중선형 보간을 통한 새로운 밝기값 계산
07 newValue=(BYTE)(I1*(1-sc)*(1-sr)+I2*sc*(1-sr)+I3*sc*sr+I4*(1-sc)*sr);
```

2. 영상의 확대, 축소

영상의 확대는 주어진 영상보다 큰 영상을 만드는 과정이며, 일반적으로 정수배의 확대를 많이 이용하고 있다. 정수배의 확대에 국한되지 않고 실수배의 영상 확대를 수행하는 것도 가능하다. 정수배의 확대의 경우 역방향 매핑을 이용하면 쉽게 구현할 수 있다. 먼저 목적하는 이미지의 크기를 배율에 의해 계산한 후 각각의 위치를 스캔하면서 각 위치에 해당하는 원 이미지상에서의 위치를 계산하여 그 지점에서 밝기값을 가져오면 된다.

영상의 축소의 경우에도 동일하게 역방향 매핑을 사용해 구현하면 되지만, 한 가지 고려할 사항이 발생하게 된다. 목적 이미지상에서의 밝기값을 선택할 때 간단하게 원 이미지상의 한 점에서의 밝기값을 선택하기도 하고, 목적에 따라 이웃이미지의 밝기값을 이용하여 대표 밝기값을 구하기도 한다. 여기에서는 전 절에서 언급한 이중선형 보간 방법을 이용하도록 한다.

$$
\begin{aligned}
x_{new} &= s_x \times x_{org} \qquad & x_{org} &= \frac{1}{s_x} \times x_{new} \\
y_{new} &= s_y \times y_{org} \qquad & y_{org} &= \frac{1}{s_y} \times y_{new}
\end{aligned}
\tag{8-1}
$$

(식 8-1)의 앞쪽 부분이 순방향 매핑에 관한 식이며 뒤쪽 부분의 식이 역방향 매핑에 관련된 식이다. (식 8-1)에서와 같이 먼저 x, y 방향으로의 스케일 s_x, s_y가 주어진 경우(양의 정수, 실수값 모두 가능), 역방향 매핑을 이용하여 새로운 이미지의 좌표를 스캔하며 값을 대입하면 원 이미지상의 좌표값을 알 수가 있다. 원 이미지상의 좌표값이 정수가 아닌 경우 [그림8-1]의 이중선형 보간 과정을 통하여 밝기값을 계산할 수 있다.

1 영상 축소의 구현

<Workspace>의 클래스뷰 탭에서 CWinTestDoc 클래스에 커서를 대고 오른쪽 버튼을 클릭하여 새로운 <멤버함수>를 추가한다. [그림 8-3]의 다이얼로그창에서 멤버함수를 추가한다.

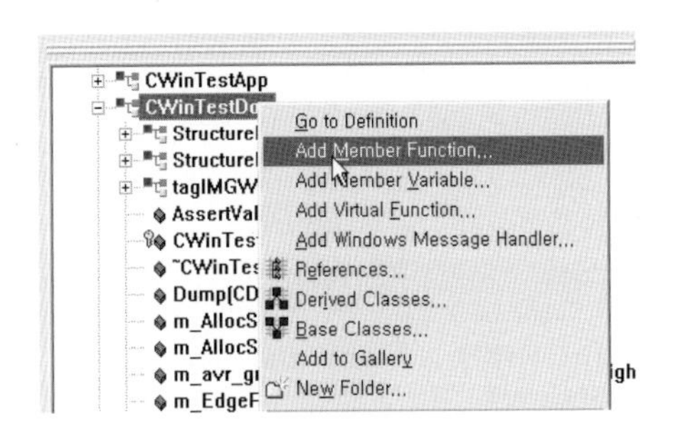

그림 8-2 새 멤버함수 추가

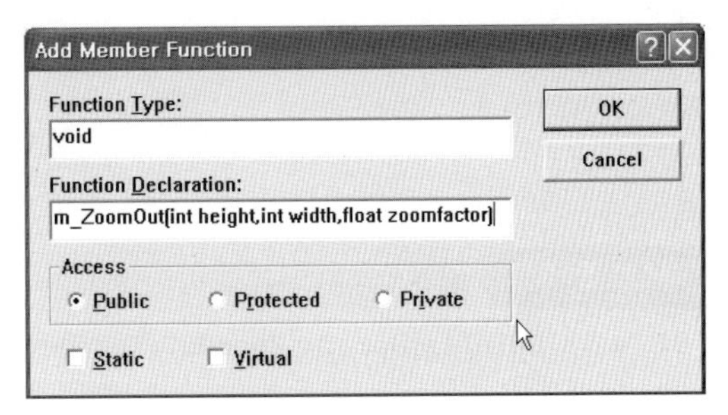

그림 8-3 새 멤버함수의 입력

추가된 멤버함수에 해당하는 코드를 [리스트 8-2]와 같이 입력한다.

이제 영상 축소 처리함수를 호출하는 메뉴 명령을 추가한다. 먼저 [그림 8-4]처럼 <Workspace>의 리소스뷰 탭에서 메뉴를 편집한다. 빈 메뉴 부분에 커서를 대고 클릭하면 [그림 8-5]처럼 메뉴입력 대화창이 열린다. [그림 8-5]에 주어진 것처럼 메뉴작성에 필요한 항목을 입력한다.

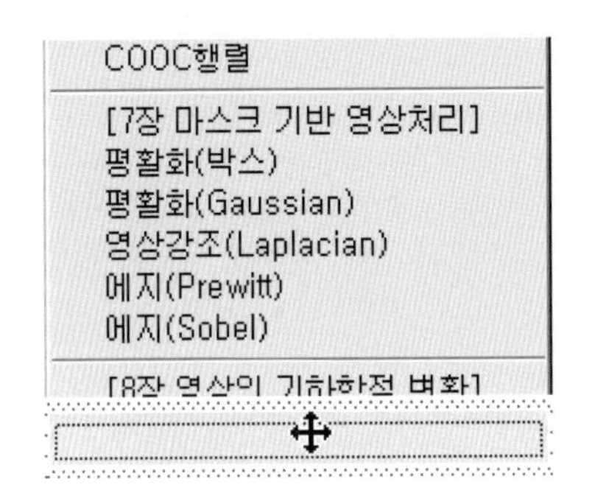

그림 8-4 새 메뉴의 입력

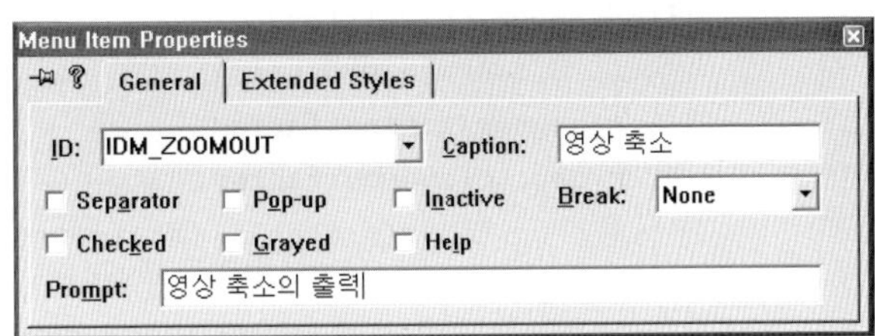

그림 8-5 메뉴 항목의 작성

추가된 메뉴 항목 <영상 축소>에 커서를 대고 오른쪽 버튼을 클릭하면 [그림 8-6]의 팝업 메뉴가 출력되는데 여기서 <ClassWizard> 부분을 클릭한다.

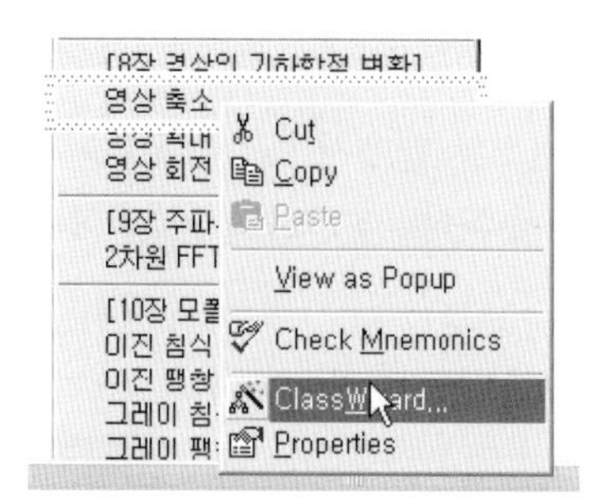

그림 8-6 클래스위자드의 호출

리스트 8-2 영상 축소의 구현

```
01 void CWinTestDoc::m_ZoomOut(int height, int width, float zoomoutfactor)
02 {
03    BYTE *pZoomImg;
04    BYTE newValue;
05    int new_height=(int)(height*zoomoutfactor);//새로운 이미지의 높이 계산
06    int new_width=(int)(width*zoomoutfactor);//새로운 이미지의 폭 계산
07    int heightm1=height-1,widthm1=width-1,where,org_where;
08    int r,c;//타겟 이미지 좌표
09    float r_orgr,r_orgc;//원 이미지상의 해당 좌표 (실수값)
10    int i_orgr,i_orgc;//원 이미지상의 해당 좌표 (정수값)
11    float sr,sc;// 예 1.24-1=0.24
12    float I1,I2,I3,I4;
13
14    //ZoomImage를 위한 동적 메모리 할당
15    pZoomImg=new BYTE[new_height*new_width];
16    for(r=0;r<new_height;r++)
17       for(c=0;c<new_width;c++){
18          r_orgr=r/zoomoutfactor;
19          r_orgc=c/zoomoutfactor;
20          i_orgr=floor(r_orgr);//예: floor(2.8)=2.0
21          i_orgc=floor(r_orgc);
22          sr=r_orgr-i_orgr;
23          sc=r_orgc-i_orgc;
24          //범위 조사
25          //원 이미지의 범위를 벗어나는 경우 0값 할당
26          if(i_orgr<0 || i_orgr>heightm1 || i_orgc<0 || i_orgc>widthm1){
27             where=r*new_width+c;
28             pZoomImg[where]=0;
29          }
30          //원 이미지의 범위 내에 존재 이중선형 보간 수행
31          else{
32             I1=(float)m_InImg[i_orgr][i_orgc];//(org_r,org_c)
```

```
33              I2=(float)m_InImg[i_orgr][i_orgc+1];//(org_r,org_c+1)
34              I3=(float)m_InImg[i_orgr+1][i_orgc+1];//(org_r+1,org_c+1)
35              I4=(float)m_InImg[i_orgr+1][i_orgc];//(org_r+1,org_c)
36              //이중선형 보간을 통한 새로운 밝기값 계산
37              newValue=(BYTE)(I1*(1-sc)*(1-sr)+I2*sc*
38                     (1-sr)+I3*sc*sr+I4*(1-sc)*sr);
39              where=r*new_width+c;
40              pZoomImg[where]=newValue;
41          }
42      }
43
44      for(r=0;r<new_height;r++)
45          for(c=0;c<new_width;c++)
46              m_OutImg[r][c]=pZoomImg[r*new_width+c];
47
48      //동적 할당 메모리 해제
49      delete [] pZoomImg;
50  }
```

오픈된 클래스위자드 입력창에서 [그림 8-7]에 주어진 순서로 차례로 입력한다. 먼저 <Class name>부에서 [CWinTestView]를 선택한다. 다음으로 <Object Ids>부에서 [IDM_ZOOMOUT]을 선택한다. 이 ID는 [그림 8-5]에서 영상 축소처리 명령을 호출하기 위해 만들어 두었던 메뉴의 ID이다. 다음으로 <Messages>부에서 [COMMAND]를 선택하고 멤버함수를 추가하기 위해 더블 클릭을 수행한다. 오픈된 멤버함수 입력창에는 기본으로 주어지는 멤버함수가 입력되어 있다. 이것을 바꾸지 말고 [OK]버튼을 클릭한다.

[OK]버튼을 클릭하면 새로운 멤버함수가 <CWinTestView> 클래스 아래에 추가되고 이 함수는 [그림 8-8]과 같이 나타난다. 이 부분을 더블 클릭하면 추가된 멤버함수를 편집하는 것이 가능하다.

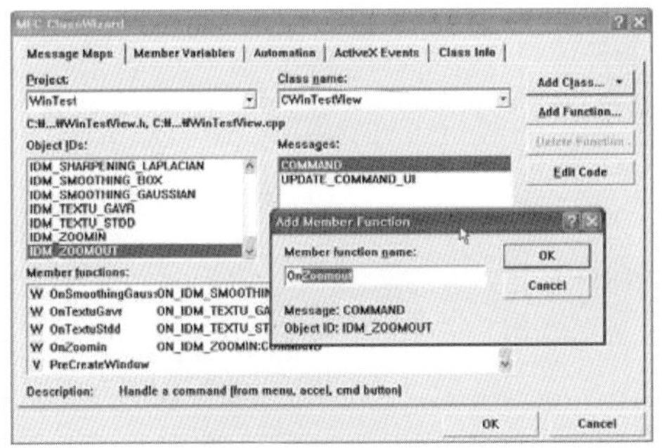
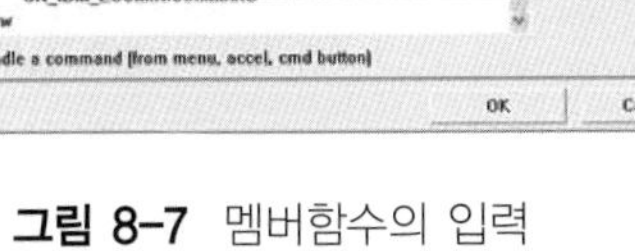

그림 8-7 멤버함수의 입력

그림 8-8 멤버함수의 편집

[리스트 8-3]과 같이 코드를 입력하고 뷰 클래스의 멤버함수를 작성한다. 이 코드는 도큐먼트 클래스하의 영상 축소 처리함수 m_ZoomOut()을 호출한다.

리스트 8-3 영상 축소함수를 호출하는 뷰 클래스 멤버함수의 구현

```
01 void CWinTestView::OnZoomout()
02 {
03     // TODO: Add your command handler code here
04     CWinTestDoc* pDoc = GetDocument();    // 도큐먼트 클래스를 참조하기 위해
05     ASSERT_VALID(pDoc);                   // 주소를 가져옴
06
07     pDoc->m_ZoomOut(256,256,0.7);
08     Invalidate(FALSE);                    // 화면 갱신
09 }
```

코드 작성이 끝났으므로 컴파일하고 링크하여 실행한다. [그림 8-9]가 실행결과이며 이는 영상을 0.7배 축소한 결과이다. 0.7배 축소된 영상의 크기는 원 영상의 크기 256 × 256에서 179 × 179 크기로 변경되며 프로그램에서는 임시로 BYTE형의 일차원 배열을 생성한다. 이 배열에 계산결과를 저장한 후 최종적으로 디스플레이를 위해 결과이미지에는 축소 이미지의 크기 179 × 179에 해당하는 부분만 복사하고 있다. [리스트 8-3]의 m_ZoomOut()의 호출 시 세 번째 인자가 축소 배율에 해당하며 이를 변경을 통해 다양한 배율에 대해 결과를 볼 수 있다.

(a) 원 영상

(b) 축소 영상

그림 8-9 영상의 축소

2 영상 확대의 구현

<Workspace>의 클래스뷰 탭에서 CWinTestDoc 클래스에 커서를 대고 오른쪽 버튼을 클릭하여 새로운 <멤버함수>를 추가한다. [그림 8-3]의 다이얼로그창에서 멤버함수를 추가한다.

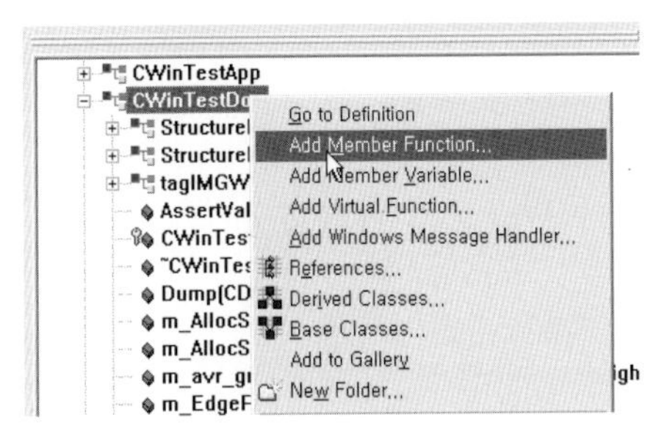

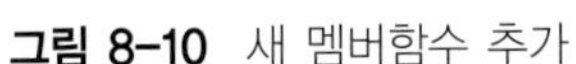

그림 8-10 새 멤버함수 추가

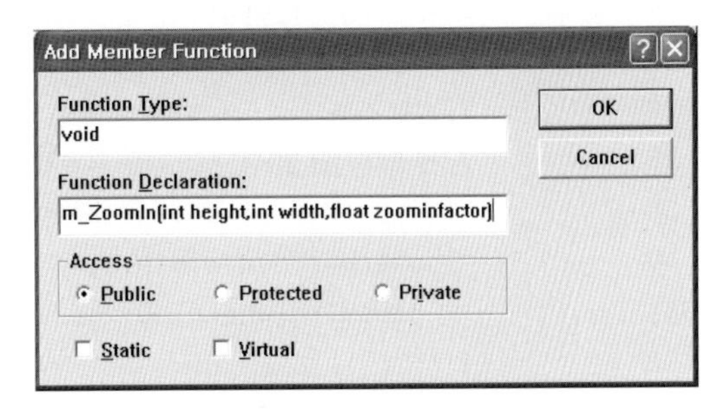

그림 8-11 새 멤버함수의 입력

추가된 멤버함수에 해당하는 코드를 [리스트 8-4]와 같이 입력한다. 프로그램에서는 확대된 영상의 크기에 해당하는 BYTE형의 일차원 배열을 임시로 할당하고 계산을 수행한 다음 원 이미지의 크기에 해당하는 부분만 결과이미지에 복사하고 있다.

리스트 8-4 영상 확대의 구현

```
01 void CWinTestDoc::m_ZoomIn(int height, int width, float zoominfactor)
02 {
03     BYTE *pZoomImg;
04     BYTE newValue;
05     int new_height=(int)(height*zoominfactor);    // 새로운 이미지의 높이 계산
06     int new_width=(int)(width*zoominfactor);      // 새로운 이미지의 폭 계산
07     int heightm1=height-1;
08     int widthm1=width-1;
09     int where,org_where;
10     int r,c;//타겟 이미지 좌표
11     float r_orgr,r_orgc;  // 원 이미지상의 해당 좌표(실수값)
12     int i_orgr,i_orgc;    // 원 이미지상의 해당 좌표(정수값)
13     float sr,sc;          // 예 1.24-1=0.24
14     float I1,I2,I3,I4;
15
16     //ZoomImage를 위한 동적 메모리 할당
17     pZoomImg=new BYTE[new_height*new_width];
18
```

```
19      for(r=0;r<new_height;r++)
20         for(c=0;c<new_width;c++){
21            r_orgr=r/zoominfactor;
22            r_orgc=c/zoominfactor;
23            i_orgr=floor(r_orgr);    //예: floor(2.8)=2.0
24            i_orgc=floor(r_orgc);
25            sr=r_orgr-i_orgr;
26            sc=r_orgc-i_orgc;
27            //범위 조사
28            //원 이미지의 범위를 벗어나는 경우 0값 할당
28            if(i_orgr<0 || i_orgr>heightm1 || i_orgc<0 || i_orgc>widthm1){
30               where=r*new_width+c;
31               pZoomImg[where]=0;
32            }
33            //원 이미지의 범위 내에 존재 이중선형 보간 수행
34            else{
35               I1=(float)m_InImg[i_orgr][i_orgc];//(org_r,org_c)
36               I2=(float)m_InImg[i_orgr][i_orgc+1];//(org_r,org_c+1)
37               I3=(float)m_InImg[i_orgr+1][i_orgc+1];//(org_r+1,org_c+1)
38               I4=(float)m_InImg[i_orgr+1][i_orgc];//(org_r+1,org_c)
39               //이중선형 보간을 통한 새로운 밝기값 계산
40               newValue=(BYTE)(I1*(1-sc)*(1-sr)+I2*sc*
41                        (1-sr)+I3*sc*sr+I4*(1-sc)*sr);
42               where=r*new_width+c;
43               pZoomImg[where]=newValue;
44            }
45         }
46      for(r=0;r<height;r++)
47         for(c=0;c<width;c++)
48            m_OutImg[r][c]=pZoomImg[r*new_width+c];
49      //동적 할당 메모리 해제
50      delete [] pZoomImg;
51   }
```

이제 영상 축소 처리함수를 호출하는 메뉴 명령을 추가한다. 먼저 [그림 8-12]처럼 <Workspace>의 리소스뷰 탭에서 메뉴를 편집한다. 빈 메뉴 부분에 커서를 대고 클릭하면 [그림 8-13]처럼 메뉴입력 대화창이 열린다. [그림 8-13]에 주어진 것처럼 메뉴작성에 필요한 항목을 입력한다.

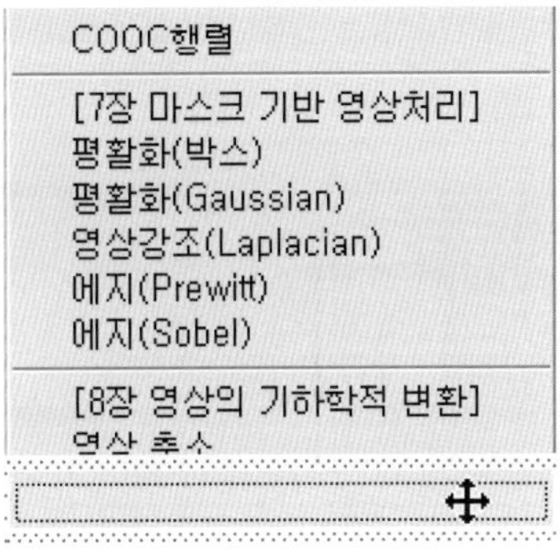

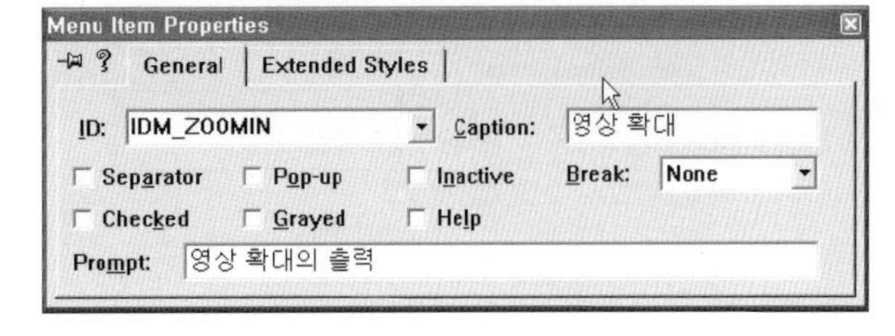

그림 8-12 새 메뉴의 입력

그림 8-13 메뉴 항목의 작성

추가된 메뉴항목 <영상 축소>에 커서를 대고 오른쪽 버튼을 클릭하면 [그림 8-14]의 팝업메뉴가 출력되는데 여기서 `<ClassWizard>` 부분을 클릭한다.

그림 8-14 클래스위자드의 호출

오픈된 클래스위자드 입력창에서 [그림 8-15]에 주어진 순서로 차례로 입력한다. 먼저 <Class name> 부에서 [`CWinTestView`]를 선택한다. 다음으로 <Object Ids>부에서 [`IDM_ZOOMIN`]을 선택한다. 이 ID는 [그림 8-13]에서 영상 축소처리 명령을 호출하기 위해 만들어 두었던 메뉴의 ID이다. 다음으로 <Messages> 부에서 [COMMAND]를 선택하고 멤버함수를 추가하기 위해 더블 클릭을 수행한다. 오픈된 멤버함수 입력창에는 기본으로 주어지는 멤버함수가 입력되어 있다. 이것을 바꾸지 말고 [OK]버튼을 클릭한다.

[OK]버튼을 클릭하면 새로운 멤버함수가 `<CWinTestView>` 클래스 아래에 추가되고 이 함수는 [그림 8-16]과 같이 나타난다. 이 부분을 더블 클릭하면 추가된 멤버함수를 편집하는 것이 가능하다.

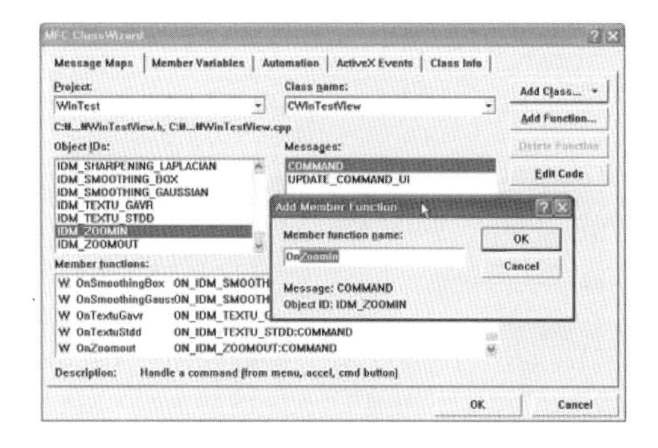

그림 8-15 멤버함수의 입력

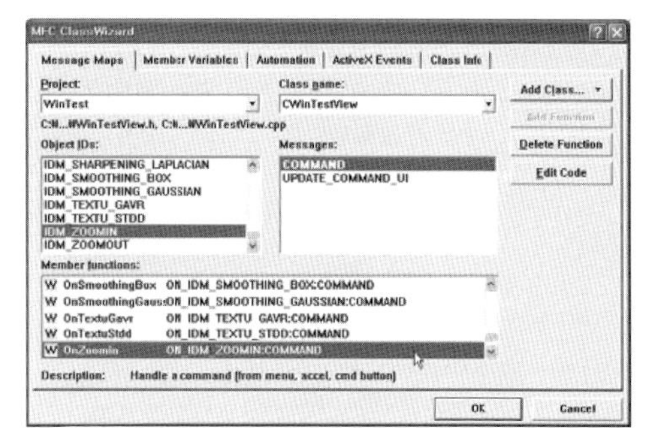

그림 8-16 멤버함수의 편집

리스트 8-5 영상 확대함수를 호출하는 뷰 클래스 멤버함수의 구현

```
01 void CWinTestView::OnZoomin()
02 {
03     // TODO: Add your command handler code here
04     CWinTestDoc* pDoc = GetDocument();      // 도큐먼트 클래스를 참조하기 위해
05     ASSERT_VALID(pDoc);                     // 주소를 가져옴
06
07     pDoc->m_ZoomIn(256,256,1.3);
08     Invalidate(FALSE);                      // 화면 갱신
09 }
```

[리스트 8-5]와 같이 코드를 입력하고 뷰 클래스의 멤버함수를 작성한다. 이 코드는 도큐먼트 클래스하의 영상 축소 처리 함수 m_ZoomIn()을 호출한다.

코드 작성이 끝났으므로 컴파일하고 링크하여 실행한다. [그림 8-17]은 실행결과이며 이는 영상을 1.3배 확대한 결과이다. 1.3배 확대된 영상의 크기는 원 영상의 크기 256 × 256에서 333 × 333으로 변경되며 프로그램에서는 임시로 BYTE형의 일차원 배열 생성 후 이 배열에다 계산결과를 저장하고 최종적으로 디스플레이를 위해 결과 이미지에는 결과이미지의 크기 256 × 256에 해당하는 부분만 복사하고 있다. [리스트 8-5]의 m_ZoomIn()의 호출 시 세 번째 인자가 확대 배율에 해당하며 이를 변경을 통해 다양한 배율에 대해 결과를 볼 수 있다.

(a)원 영상

(b)확대 영상

그림 8-17 영상의 확대

3. 영상의 회전

영상의 회전은 이미지 평면상에서 원하는 각도만큼 영상을 회전시키는 것이다. 이 과정도 역방향 매핑을 이용하는 경우 쉽게 구현할 수 있다. 목적 이미지상에서 각 지점의 위치와 회전각을 이용해 원 이미지상에서의 위치를 결정하고 원 이미지상에서의 밝기값을 이용하면 된다. 이 경우 원 이미지상의 위치가 정수값이 아니라 실수값일 경우 보간(interpolation)기법을 이용하여 대표 밝기값을 결정하도록 한다. 가장 많이 사용하는 보간법으로는 이중선형 보간(bilinear interpolation)방법이 있다. 이 방법은 현재 위치(실수값) 근처의 이웃하는 네 점(정수값)의 밝기값을 이용하며 현재 위치와 각 지점과의 거리에 따라 반비례하여 가중치를 달리하는 기법이다.

영상의 회전을 구현하기 위해서 회전 전의 좌표와 회전 후의 영상의 좌표를 연관짓는 식을 먼저 구해야 한다. 이는 [그림 8-18]을 참조하면 (식 8-2)와 같이 구할 수 있다.

$$\begin{pmatrix} x_{new} \\ y_{new} \end{pmatrix} = \begin{pmatrix} \cos\theta & -\sin\theta \\ \sin\theta & \cos\theta \end{pmatrix} \begin{pmatrix} x_{org} + c_x \\ y_{org} + c_y \end{pmatrix} + \begin{pmatrix} c_x \\ c_y \end{pmatrix} \tag{8-2}$$

(식 8-2)에서 (x_{org}, y_{org})는 영상의 회전 전의 원 이미지상 좌표값을 나타내며 (x_{new}, y_{new})는 영상의 회전 후의 새로운 이미지상의 좌표값을 나타낸다. (c_x, c_y)는 원 영상에서의 회전 중심의 좌표값 나타내며 θ는 회전각을 나타낸다. (식 8-2)에 의한 영상의 회전을 구현하기 위해서는 위에서 언급한 바와 같이 역방향 매핑과정을 이용하면 간단하게 구현을 할 수가 있다. 이를 먼저 (식 8-2)를 다음과 같이 변환할 필요가 있다.

$$\begin{pmatrix} x_{org} \\ y_{org} \end{pmatrix} = \begin{pmatrix} \cos\theta & \sin\theta \\ -\sin\theta & \cos\theta \end{pmatrix} \begin{pmatrix} x_{new} - c_x \\ y_{new} - c_y \end{pmatrix} + \begin{pmatrix} c_x \\ c_y \end{pmatrix} \tag{8-3}$$

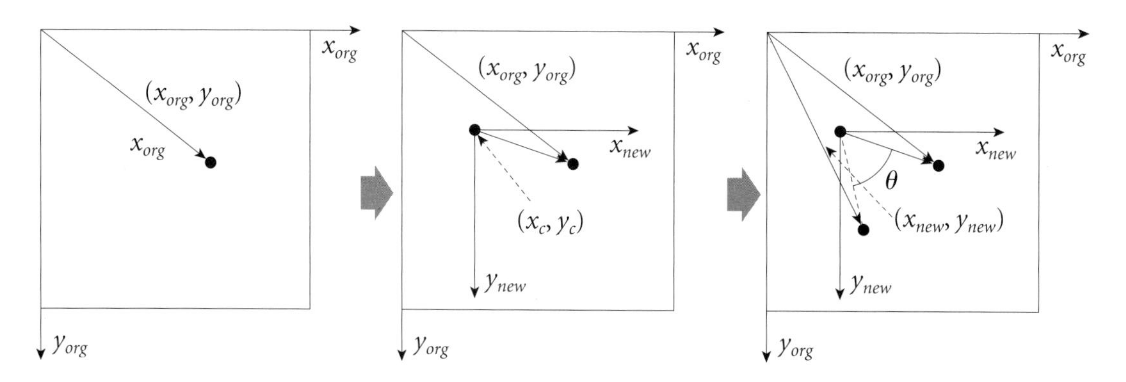

그림 8-18 영상의 회전과 관련된 기하학적 좌표 변환

(식 8-3)의 실제 구현은 다음과 같다.

리스트 8-6 영상 회전 부분의 구현

```
01    cosAngle=(float)cos(rotationAngleRad);
02    sinAngle=(float)sin(rotationAngleRad);
03    //회전 전의 원 이미지상의 좌표 구함
04    r_orgr=-sinAngle*(c-center_c)+cosAngle*(r-center_r)+center_r;
05    r_orgc=cosAngle*(c-center_c)+sinAngle*(r-center_r)+center_c;
06    i_orgr=floor(r_orgr);//예: floor(2.8)=2.0
07    i_orgc=floor(r_orgc);
08    sr=r_orgr-i_orgr;
09    sc=r_orgc-i_orgc;
```

(식 8-3)에서와 같이 원 이미지에서의 회전 중심 (c_x, c_y)와 회전 중심을 기준으로 한 회전각 θ가 주어진 경우, 역방향 매핑에 의한 (식 8-3)을 이용하여 새로운 이미지상에서의 좌표를 스캔하면서 값을 대입하면 원 이미지상의 좌표값을 알 수가 있다. 원 이미지상의 좌표값이 정수가 아닌 경우 [그림 8-1]의 보간 과정을 통하여 밝기값을 계산할 수 있다.

1 영상 회전의 구현

[스텝 1] <Workspace>의 클래스뷰 탭에서 CWinTestDoc 클래스에 커서를 대고 오른쪽 버튼을 클릭하여 새로운 <멤버함수>를 추가한다. [그림 8-20]의 다이얼로그창에서 멤버함수를 추가한다. 멤버함수는 `void m_Rotation(int height,int width,int center_r,int center_c,float rotationAngle)`로써 세 번째, 네 번째 인자는 회전 중심의 좌표값을 나타낸다.

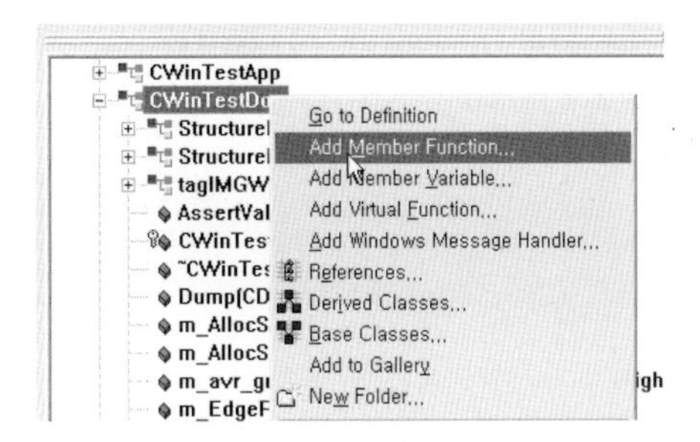

그림 8-19 새 멤버함수 추가

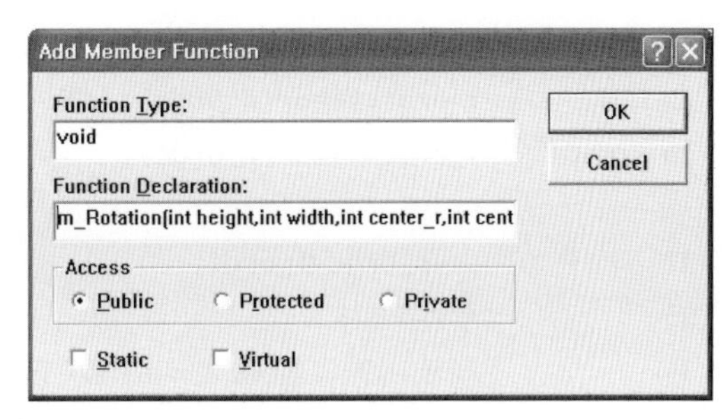

그림 8-20 새 멤버함수의 입력

추가된 멤버함수에 해당하는 코드를 [리스트 8-7]과 같이 입력한다.

리스트 8-7 영상 회전의 구현

```
01 //center_r: 회전 중심의 y 좌표, center_c: 회전 중심의 x 좌표
02 void CWinTestDoc::m_Rotation(int height,int width,int center_r,int center_c,
03                              float rotationAngle)
04 {
05    BYTE *pRotationImg;
06    BYTE newValue;
07    int heightm1=height-1; // 계산의 중복을 피하기 위해 사용
08    int widthm1=width-1;   // 계산의 중복을 피하기 위해 사용
09    int where,org_where;
10    int r,c;//타겟 이미지 좌표
11    float r_orgr,r_orgc;   // 원 이미지상의 해당 좌표(실수값)
12    int i_orgr,i_orgc;     // 원 이미지상의 해당 좌표(정수값)
13    float sr,sc;           // 예 1.24-1=0.24
14    float I1,I2,I3,I4;
15    float cosAngle,sinAngle;
16    float rotationAngleRad=(float)(rotationAngle*3.14159265/180);//angle->radian
17                                                                 //으로 변환
18
19    //Rotation Image를 위한 동적 메모리 할당
20    pRotationImg=new BYTE[height*width];
21
22    for(r=0;r<height;r++)
23       for(c=0;c<width;c++){
24          cosAngle=(float)cos(rotationAngleRad);
25          sinAngle=(float)sin(rotationAngleRad);
26          //회전 전의 원 이미지상의 좌표 구함
27          r_orgr=-sinAngle*(c-center_c)+cosAngle*(r-center_r)+center_r;
```

```
28          r_orgc=cosAngle*(c-center_c)+sinAngle*(r-center_r)+center_c;
29          i_orgr=floor(r_orgr);//예: floor(2.8)=2.0
30          i_orgc=floor(r_orgc);
31          sr=r_orgr-i_orgr;
32          sc=r_orgc-i_orgc;
33          //범위 조사
34          //원 이미지의 범위를 벗어나는 경우 0값 할당
35          if(i_orgr<0 || i_orgr>heightm1 || i_orgc<0 || i_orgc>widthm1){
36             where=r*width+c;
37             pRotationImg[where]=0;
38          }
39          //원 이미지의 범위 내에 존재 이중선형 보간 수행
40          else {
41             I1=(float)m_InImg[i_orgr][i_orgc];//(org_r,org_c)
42             I2=(float)m_InImg[i_orgr][i_orgc+1];//(org_r,org_c+1)
43             I3=(float)m_InImg[i_orgr+1][i_orgc+1];//(org_r+1,org_c+1)
44             I4=(float)m_InImg[i_orgr+1][i_orgc];//(org_r+1,org_c)
45             //이중선형 보간을 통한 새로운 밝기값 계산
46             newValue=(BYTE)(I1*(1-sc)*(1-sr)+I2*sc*(1-sr)+
47                        I3*sc*sr+I4*(1-sc)*sr);
48             where=r*width+c;
59             pRotationImg[where]=newValue;
50          }
51       }
52
53    for(r=0;r<height;r++)
54          for(c=0;c<width;c++)
55             m_OutImg[r][c]= pRotationImg[r*new_width+c];
56
57    //동적 할당 메모리 해제
58    delete[] pRotationImg;
59 }
```

이제 영상 축소 처리함수를 호출하는 메뉴 명령을 추가한다. 먼저 [그림 8-21]처럼 <Workspace>의 리소스뷰 탭에서 메뉴를 편집한다. 빈 메뉴 부분에 커서를 대고 클릭하면 [그림 8-22]처럼 메뉴입력 대화창이 오픈된다. [그림 8-22]에 주어진 것처럼 메뉴작성에 필요한 항목을 입력한다.

그림 8-21 새 메뉴의 입력

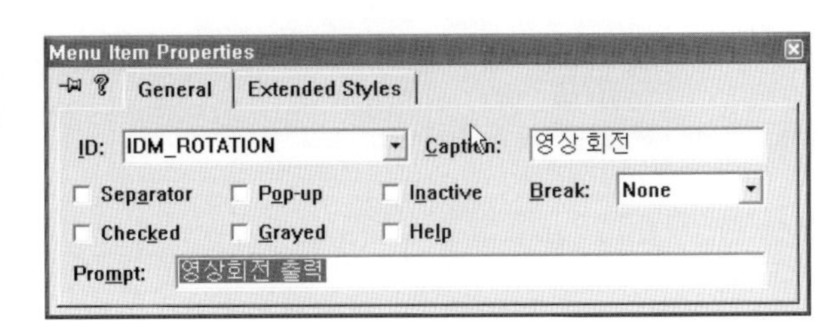

그림 8-22 메뉴 항목의 작성

추가된 메뉴 항목 <영상 축소>에 커서를 대고 오른쪽 버튼을 클릭하면 [그림 8-23]의 팝업메뉴가 출력되는데 여기서 `<ClassWizard>` 부분을 클릭한다.

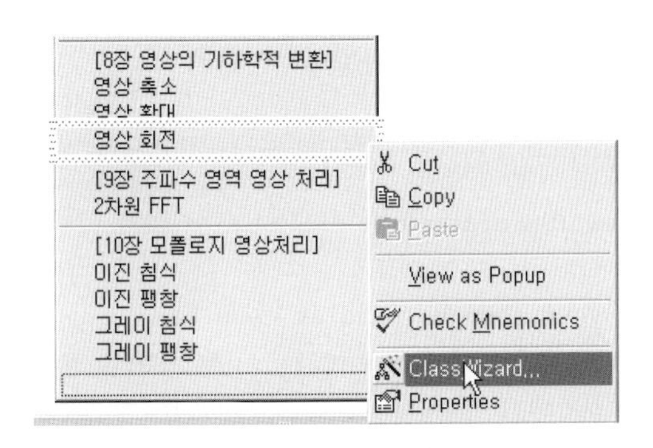

그림 8-23 클래스위자드의 호출

오픈된 클래스위자드 입력창에서 [그림 8-24]에 주어진 순서로 차례로 입력한다. 먼저 <Class name> 부에서 [`CWinTestView`]를 선택한다. 다음으로 <Object Ids> 부에서 [`IDM_ROTATION`]을 선택한다. 이 ID는 [그림 8-22]에서 영상 축소처리 명령을 호출하기 위해 만들어 두었던 메뉴의 ID이다. 다음으로 <Messages>부에서 [COMMAND]를 선택하고 멤버함수를 추가하기 위해 더블 클릭을 수행한다. 오픈된 멤버함수 입력창에는 기본으로 주어지는 멤버함수가 입력되어 있다. 이것을 바꾸지 말고 [OK]버튼을 클릭한다.

[OK]버튼을 클릭하면 새로운 멤버함수가 `<CWinTestView>` 클래스 아래에 추가되고 이 함수는 [그림 8-25]과 같이 나타난다. 이 부분을 더블 클릭하면 추가된 멤버함수를 편집하는 것이 가능하다.

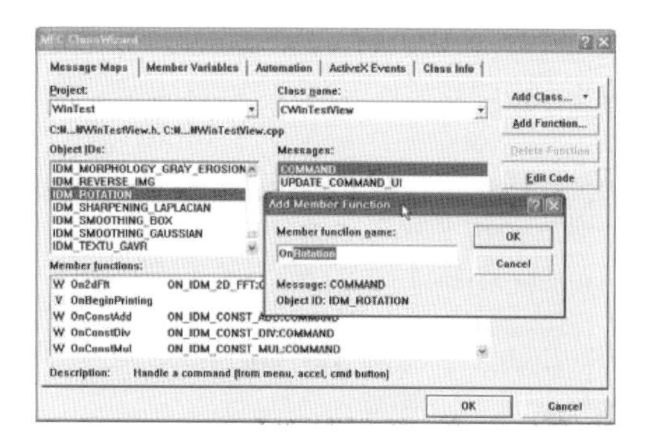

그림 8-24 멤버함수의 입력

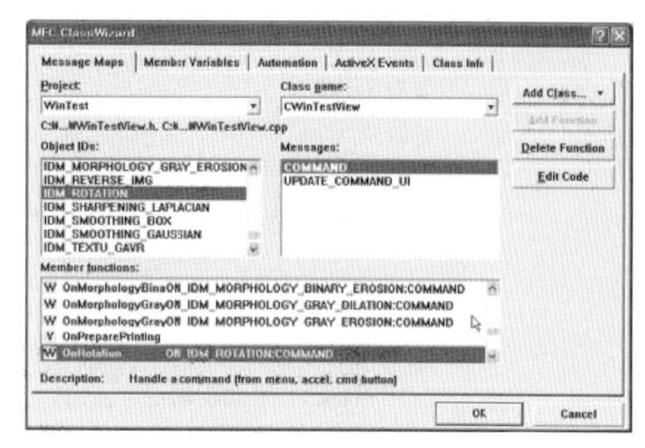

그림 8-25 멤버함수의 편집

[리스트 8-8]와 같이 코드를 입력하고 뷰 클래스의 멤버함수를 작성한다. 이 코드는 도큐먼트 클래스하의 영상 축소 처리함수 m_Rotation()을 호출한다. m_Rotation()함수의 세 번째, 네 번째 인자는 영상의 회전 중심의 좌표값을 설정하는 것이며, [리스트 8-8]에서는 영상의 중심을 회전 중심으로 하였다.

리스트 8-8 영상 회전함수를 호출하는 뷰 클래스 멤버함수의 구현

```
01 void CWinTestView::OnRotation()
02 {
03    // TODO: Add your command handler code here
04    CWinTestDoc* pDoc = GetDocument();     // 도큐먼트 클래스를 참조하기 위해
05    ASSERT_VALID(pDoc);                    // 주소를 가져옴
06
07    pDoc->m_Rotation(256,256,(256/2),(256/2),35);
08
09    Invalidate(FALSE);                     // 화면 갱신
10 }
```

코드 작성이 끝났으므로 컴파일하고 링크하여 실행한다. [그림 8-26]는 실행결과이며 회전 중심은 영상의 중심으로 하고 원 영상을 시계 방향으로 35° 회전한 결과이다.

[그림 8-28]은 [그림 8-27 (a)]의 원 영상을 이용하여 회전 중심과 회전각을 달리한 경우이다. [그림 8-28 (a)]는 회전 중심을 (0, 0)으로 하고 시계 방향으로 45° 회전한 경우이며, [그림 8-28 (b)]는 회전 중심을 (256, 256)으로 하고 반 시계 방향으로 45° 회전한 경우이다. 이의 구현은 [리스트 8-8]에서 m_Rotation()함수의 인자값의 변경을 통해 가능하다.

(a) 원 영상 (b) 회전 영상

그림 8-26 영상 회전의 구현 결과

(a) 원 영상 (b) 회전 영상

그림 8-27 영상의 회전 구현 결과

DIGITAL IMAGE PROCESSING

연습문제

1. 영상을 다음과 같은 순서대로 변환한 후 각 단계의 결과 및 최종 결과를 보이시오.

2배 확대 → (50, 50) 위치 이동 → 45° 회전 적용

2. 이미지 상에서의 Affine 변환은 다음과 같은 식으로 표현된다.

$$\begin{pmatrix} x_{new} \\ y_{new} \end{pmatrix} = \begin{pmatrix} a & b \\ c & d \end{pmatrix} \begin{pmatrix} x_{old} \\ y_{old} \end{pmatrix} + \begin{pmatrix} e \\ f \end{pmatrix}$$

❶ Affine 변환 계수 (a, b, c, d, e, f)를 임의로 발생시킨 후 변환을 적용한 이미지를 구하시오.

❷ 직사각형을 포함하는 이미지를 만들어 (2-1)의 과정을 적용한 다음, 직사각형 형태가 계수값에 따라 어떠한 형태로 변화되는지 나타내시오.

❸ Affine 변환 계수 (a, b, c, d, e, f)들의 각각의 변환 시 역할에 대해 설명하시오.

3. 이미지상에서의 Projective 변환은 다음과 같은 식으로 표현된다.

$$\begin{pmatrix} x_{new} \\ y_{new} \\ 1 \end{pmatrix} = \begin{pmatrix} a & b & c \\ d & e & f \\ g & h & i \end{pmatrix} \begin{pmatrix} x_{old} \\ y_{old} \\ 1 \end{pmatrix} \rightarrow \begin{cases} x_{new} = \dfrac{ax_{old} + dy_{old} + c}{gx_{old} + gx_{old} + i} \\[2ex] y_{new} = \dfrac{ax_{old} + dy_{old} + c}{gx_{old} + gx_{old} + i} \end{cases}$$

❶ Projective 변환 계수 ($a, b, c, d, e, f, g, h, i$)를 임의로 발생시킨 후 변환을 적용한 이미지를 구하시오.

❷ 직사각형을 포함하는 이미지를 만들어 (2-1)의 과정을 적용한 다음 직사각형 형태가 계수값에 따라 어떠한 형태로 변화되는지 나타내시오.

❸ Projective 변환 계수 ($a, b, c, d, e, f, g, h, i$)들의 각각의 변환 시 역할에 대해 설명하시오.

❹ 2번 연습문제의 affine 변환과의 차이점에 대해 설명하시오.

CHAPTER 09 주파수 영역에서의 영상처리

1. 개요

지금까지 영상처리의 주된 관점은 영상의 2차원 공간상의 처리를 다루었다. 이와는 달리 영상의 공간적인 분석이 아니라 영상을 이루고 있는 주파수 영역으로 변환을 통해 영상 내의 또 다른 유용한 정보를 추출할 수 있다.

7장의 마스크 기반 영상처리의 경우 새로운 이미지를 얻기 위해 주변 화소를 이용하고 있다. 이는 국소 영상처리라고 볼 수 있다. 본 절에서 다루는 주파수 영역에서의 영상처리 기법의 경우 새로운 한 지점의 값은 영상내의 모든 값에 영향을 미치며 이는 전역 영상처리의 일종이라고 볼 수 있다.

[그림 9-1]은 다양한 영상의 이산 푸리에 변환을 통한 주파수 영역으로의 영상의 변환예이다. 원 영상은 위의 열에 해당하며 각각의 영상의 주파수 영역으로 변환 결과는 바로 밑 열에 나타나 있다.

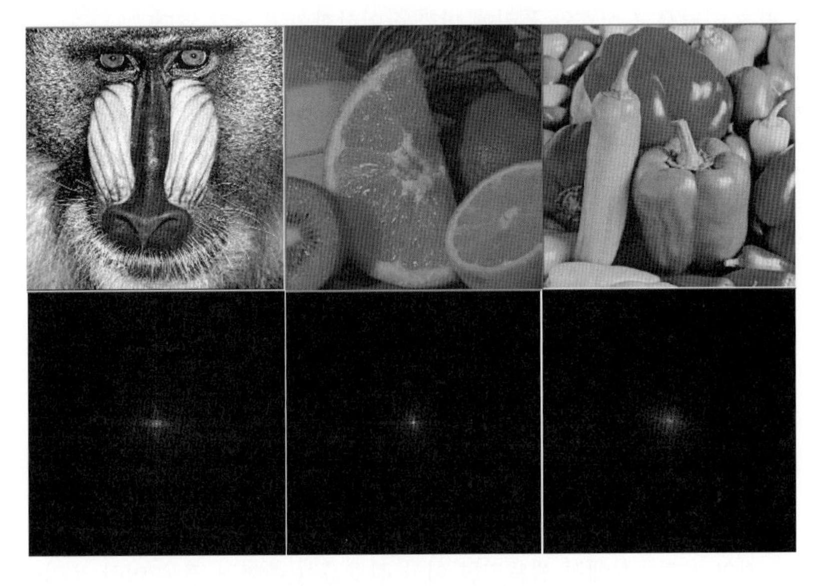

그림 9-1 영상의 주파수 변환 예

[그림 9-1]의 결과를 통해 우리는 원 영상에서의 복잡한 밝기값의 변화가 주파수 영역으로의 변환 후 그 변화의 정도가 현저히 줄어듬을 알 수 있다. 위의 세 영상 모두 저주파 성분(변환 후의 중앙 부분)이 지배적임을 알 수 있다. 이러한 성질을 이용한 것이 최근에 영상 압축 표준 등에서 널리 쓰이고 있는 DCT(Discrete Cosine Transformation)이다. 이는 본절에서 다루는 이산 푸리에 변환과 유사한 과정을 통해 구현할 수 있다.

2. 이론적인 배경

영상 신호의 경우 삼차원 공간상에 발생하는 사건을 2차원 평면상 특정 시간에 매핑한 것으로 볼 수 있으며, 이해의 편의를 돕기 위해 이를 1차원 신호에 대해 생각하기로 한다.

우리가 흔히 접하는 신호의 표현 방식은 시간축(종축)에 따라 신호의 세기(횡축)에 표현하는 방식이다. 이는 신호의 시간에 따른 변화를 직관적으로 알 수 있게 한다. 이들 신호는 다시 주파수를 기준으로 나타낼 수 있으며 이와 관련된 수학적인 기법으로는 푸리에 변환(Fourier Transformation)이 있다. 푸리에 변환은 모든 함수를 기저 함수의 조합들로 나타낼 수 있다는 것이며 이는 (식 9-1)에 나타나 있다. (식 9-1)에서는 기저 함수로써 $\sin(t)$과 $\cos(t)$함수를 사용하고 있으며 각각의 항에서 각 $\sin(t)$함수와 $\cos(t)$의 주기를 주파수와 연관지을 수 있고 또한 각 항의 계수를 그 주파수대에서의 신호의 크기와 연관지을 수 있다. (식 9-1)은 연속 신호에 관한 것이며 이를 디지털 영역에서 사용하기 위해서는 원래의 연속 아날로그 신호와 푸리에 변환을 이산화할 필요가 있다.

$$S(f) = \int_{-\infty}^{+\infty} s(t)[\cos(2\pi ft) - j\sin(2\pi ft)]dt = \int_{-\infty}^{+\infty} s(t)e^{-2\pi ft}dt$$

$$s(t) = \frac{1}{2\pi}\int_{-\infty}^{+\infty} S(f)e^{j2\pi ft}df \tag{9-1}$$

$$[e^{jt} = \cos(t) + j\sin(t)]$$

(식 9-1)은 연속 신호인 경우에 해당하며, 이를 이산 신호에 적용하기 위해서는 먼저 연속 신호를 시간축에 대해 샘플링을 수행할 필요가 있다. 이와 함께 각 시간상에서의 신호의 크기도 컴퓨터상에서 사용할 수 있도록 일정 값을 가져야 한다(양자화). 연속 신호를 이산 신호로 변경한 뒤 이산 푸리에 변환(DFT:Discrete Fourier Transformation)을 이용하여 신호의 주파수 영역에서의 특성을 알아낼수 있다.

N개의 시간축상에서 샘플링한 이산 신호값이 주어진 경우 이산 푸리에 변환을 통해 N개의 주파수상에서의 변환값을 알 수 있다. 이산 푸리에 변환은 다음의 수식과 같다.

$$S(f) = \frac{1}{N}\sum_{n=0}^{N-1}\left[s(n)e^{-\frac{2\pi kn}{N}j}\right] = \frac{1}{N}\sum_{n=0}^{N-1}\left[s(n)X_N^{kn}\right]$$
$$\left(X_N = e^{-\frac{2\pi}{N}j}, n = (0, 1, \ldots, N-1), k = (0, 1, \ldots, N-1)\right) \quad (9\text{-}2)$$

주파수 영역에서 시간영역으로의 변환은 다음식과 같다.

$$S(n) = \frac{1}{N}\sum_{k=0}^{N-1}\left[s(k)e^{\frac{2\pi kn}{N}j}\right] = \frac{1}{N}\sum_{k=0}^{N-1}\left[S(k)X_N^{-kn}\right]$$
$$\left(X_N = e^{-\frac{2\pi}{N}j}, n = (0, 1, \ldots, N-1), k = (0, 1, \ldots, N-1)\right) \quad (9\text{-}3)$$

(식 9-2)와 (식 9-3)을 이용하면 시간축상의 이산 신호를 주파수 영역으로 변경하고 또한 그 역과정도 계산할 수 있다. (식 9-2)를 이용하여 계산시 S(0), ..., S($N-1$) 각각의 계산할 경우 N개의 곱셈과 (N-1)번의 덧셈이 필요함을 알 수 있다. 이로부터 N개의 점이 주어진 경우 이산 푸리에 변환 시 경우 N^2의 곱셈이 필요함을 알 수 있다.

3. 고속 푸리에 변환

단순한 계산 시보다 빠른 계산 성능을 보장하는 알고리즘으로는 고속 푸리에 변환(FFT:Fast Fourier Transform)이라는 방법이 있다.

이 방법은 (식 9-2)의 실제 계산에서 나타나는 X_N^{-kn}항의 주기성과 대칭성을 이용하고 있다. 주어진 신호의 개수 N이 다음을 따른다고 가정한다.

$$N = 2^n \quad (9\text{-}3)$$

N은 짝수 개이므로 이를 이등분할 수 있으며 이는 다음과 같이 나타낼 수 있다.

$$N = 2L \quad (9\text{-}4)$$

(식 9-4)를 (식 9-2)에 대입하면 다음과 같다.

$$\begin{aligned} S(k) &= \frac{1}{2L}\sum_{n=0}^{2L-1}\left[s(n)e^{-\frac{2\pi kn}{2L}j}\right] = \frac{1}{2L}\sum_{n=0}^{2L-1}\left[s(n)X_{2L}^{kn}\right] \\ &= \frac{1}{2}\left[\frac{1}{L}\sum_{n=0}^{L-1}\left(s(2n)X_{2L}^{k(2n)}\right) + \frac{1}{L}\sum_{n=0}^{L-1}\left(s(2n+1)X_{2L}^{k(2n+1)}\right)\right] \end{aligned} \quad (9\text{-}5)$$

(식 9-5)에서 N점의 계산 시 이를 각각 짝수 번째와 홀수 번째의 그룹으로 나누어 계산할 수 있음을 알 수 있다.

$$
\begin{aligned}
X_{2L}^{k(2n)} &= e^{-\frac{2\pi k(2n)}{2L}j} = e^{-\frac{2\pi k(n)}{L}j} = X_L^{kn} \\
X_{2L}^{k(2n+1)} &= X_{2L}^{k(2n)} X_{2L}^{k} = X_L^{kn} X_{2L}^{k}
\end{aligned}
\tag{9-6}
$$

(식 9-6)을 (식 9-5)에 대입하면 다음과 같다.

$$
S(k) = \frac{1}{2}\left[\frac{1}{L}\sum_{n=0}^{L-1}\left(s(2n)X_{2L}^{kn}\right) + \frac{1}{L}\sum_{n=0}^{L-1}\left(s(2n+1)X_L^{kn}X_{2L}^{k}\right)\right] \tag{9-7}
$$

(식 9-7)을 구성하고 있는 두 항목 각각에 대해 다음과 같이 정의할 수 있다.

$$
\begin{aligned}
S_{even}(k) &= \frac{1}{L}\sum_{n=0}^{L-1}\left[s(2n)X_L^{kn}\right] \\
S_{odd}(k) &= \frac{1}{L}\sum_{n=0}^{L-1}\left[s(2n+1)X_L^{kn}\right]
\end{aligned}
\tag{9-8}
$$

(식 9-8)에서 $S_{even}(k)$항은 주어진 N개의 점들 중 짝수 번째에 해당하는 점들 $N/2$개를 이용하여 계산한 값이며, $S_{odd}(k)$항은 주어진 N개의 점들 중 짝수 번째에 해당하는 점들 $N/2$개를 이용하여 계산한 값이다.

(식 9-8)을 (식 9-7)에 대입하면 다음과 같다.

$$
S(k) = \left[S_{even}(k) + S_{oddn}(k)X_{2L}^{k}\right] \tag{9-9}
$$

(식 9-9)를 이용하여 N개의 점이 주어진 경우 이를 각각 짝수 번째 점들과 홀수 번째 점들 두 그룹으로 나누어 계산과정을 수행한 후 $S(0), \cdots, S(L-1) = S(N/2-1)$까지의 값을 구할 수 있다. 나머지 $S(L) = S(N/2), S(L+1), \cdots, S(N-1)$의 값은 다음의 식으로부터 구할 수 있다.

$$
\begin{aligned}
S(k+L) &= \frac{1}{2}\left[\frac{1}{L}\sum_{n=0}^{L-1}\left(s(2n)X_L^{(k+L)n}\right) + \frac{1}{L}\sum_{n=0}^{L-1}\left(s(2n+1)X_L^{(k+L)n}X_{2L}^{k+L}\right)\right] \\
&= \frac{1}{2}\left(S_{even}(k) - S_{oddn}(k)X_{2L}^{k}\right) \\
&\left(\begin{aligned}
X_L^{k+L} &= e^{-\frac{2\pi(k+n)}{L}j} = e^{-\frac{2\pi k}{L}j}e^{-2\pi kj} = e^{-\frac{2\pi k}{L}j} = X_L^{k} \\
X_{2L}^{k+L} &= e^{-\frac{2\pi(k+n)}{2L}j} = e^{-\frac{2\pi k}{2L}j}e^{-\pi kj} = -e^{-\frac{2\pi k}{2L}j} = -X_{2L}^{k}
\end{aligned}\right)
\end{aligned}
\tag{9-10}
$$

(식 9-10)을 통해 나머지 절반의 점들의 계산 시 기존의 계산결과를 그대로 이용할 수 있음을 알 수 있으며, 이를 통해 고속 연산이 가능하게 된다. 위의 경우에는 N개의 신호점들을 $N/2$개의 짝수 번째 신호점들과 $N/2$개 홀수 번째 그룹으로 나눈것이며, 동일하게 $N/2$개의 짝수 번째 신호점들을 또 다시 $N/4$개의 짝수 그룹과 N/4개의 홀수 그룹으로 나눌 수 있다. 이와 같은 과정을 최종적으로 2개의 신호점으로 이루어진 그룹까지 수행한 뒤 (식 9-9)와 (식 9-10)을 이용하여 계산하게 된다.

8개의 신호점이 주어진 경우에 대해 예를 들어보기로 한다. 그림 9-2에서 트리의 왼쪽 자식은 짝수 번째 신호점들의 그룹이며 오른쪽 자식은 홀수 번째 신호점들의 그룹이다. 최종적으로는 2개의 신호점으로 이루어진 그룹까지 트리가 분기함을 알 수 있다. [그림 9-2]에서 보는 바와 같이 (식 9-9)와 (식 9-10)을 이용한 고속 푸리에 계산 시 입력 신호의 재배치 과정이 필요함을 알 수 있다. 트리의 최하단에서 각각 2점을 이용한 계산을 수행해 이를 트리의 상단으로 전파시키며 각각 4점에 의한 연산, 8점에 의한 연산 등의 결과를 얻을 수 있다. 이를 통해 기존의 계산결과를 이용함으로 고속 연산이 가능하게 된다.

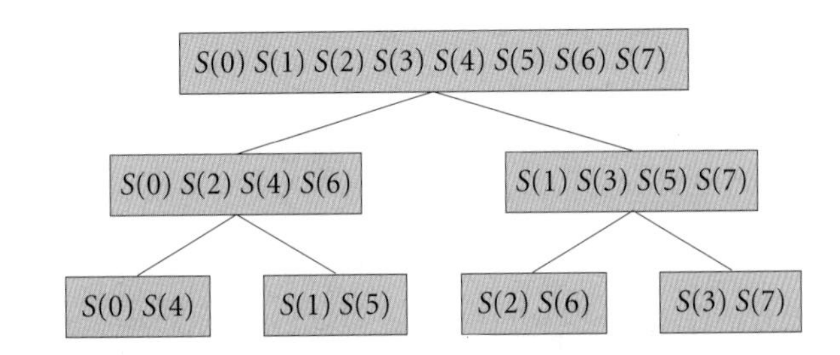

그림 9-2 8점의 고속 푸리에 연산을 위한 입력 신호의 재배치

[그림 9-3]의 비교에서 알 수 있듯이 8점에 대한 이산 푸리에 변환의 계산 시 (식 9-2)의 단순 적용에 의한 계산결과인 [그림 9-3(a)]는 $8 \times 8 = 64$번의 곱셈이 필요하며, (식 9-9)와 (식 9-10)에 의한 고속 푸리에 계산의 경우 [그림 9-3(b)]에서와 같이 $8 \times 3 = 24$번의 곱셈이 필요하다.

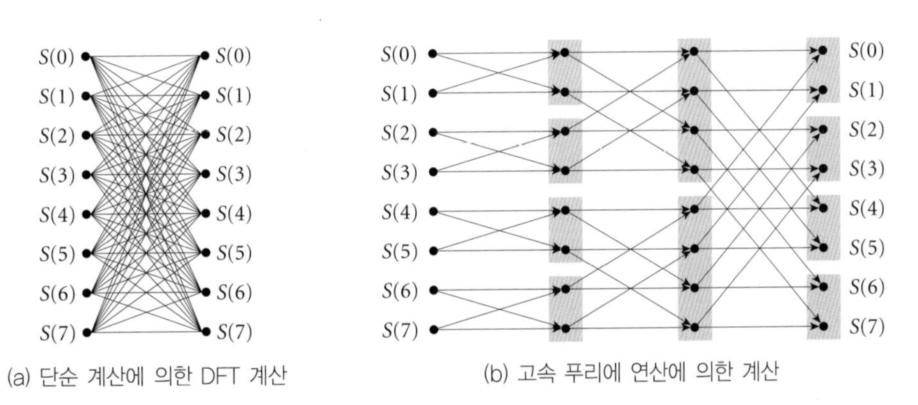

그림 9-3 단순 계산과 고속 푸리에 연산과의 비교

지금까지는 일차원의 이산 신호에 대해서 다루었으며, 우리가 다루는 영상 이미지의 경우 일차원 신호가 아니라 2차원 신호의 형태이므로 주파수 영역으로의 변환 시 2차원 함수에 대한 이산 푸리에 변환(DFT)를 이용한다.

$$
\begin{aligned}
S(u,v) &= \frac{1}{N}\sum_{r=0}^{N-1}\sum_{c=0}^{N-1}\left[s(r,c)e^{-j2\pi\left(\frac{cv}{N}-\frac{ru}{N}\right)}\right] \\
&= \frac{1}{N}\sum_{r=0}^{N-1}\left[\sum_{c=0}^{N-1}\left(s(r,c)e^{-j2\pi\frac{cv}{N}}\right)\right]e^{-j2\pi\frac{ru}{N}}
\end{aligned}
\qquad (9\text{-}11)
$$

(식 9-11)은 2차원 이산 푸리에 변환(DFT)를 나타내고 있으며, 위의 식 중 2번째 열에서 나타난 바와 같이 2차원 이산 푸리에 변환 계산 시에는 분리 성질을 이용할 수 있다. 먼저 열이나 행 중 하나의 방향으로 고속 푸리에 변환(FFT)를 수행하고 그 결과를 이용해 나머지 한 방향으로 고속 푸리에 변환(FFT)를 수행하면 2차원 이산 푸리에 변환(DCF)결과를 얻을 수 있다. 2차원 이산 푸리에 변환의 계산 시 이와 같은 성질을 이용해 1차원 고속 푸리에 변환을 두 번 수행하면 된다. 1차원 신호에 대한 고속 푸리에 변환에 관한 코드는 [리스트 9-1]과 같다. [리스트 9-1]의 전반부는 [그림 9-2]와 같은 입력 신호의 재배치를 수행하는 과정이며 후반부는 재배치된 신호를 이용해 고속 푸리에 변환을 구현하고 있다.

리스트 9-1 일차원 고속 푸리에 변환의 구현

```
01 //NumData 2의 지수승이어야 한다
02 //Foward: 1인 경우 Discrete Fourier Transform (Forward)
03 //        0인 경우 Inverse Discrete Fourier Transform (Backward)
04 void CWinTestDoc::m_FFT1D(int NumData, float *pOneDRealImage, float
05 *pOneDImImage, int Forward)
06 {
07    int log2NumData;
08    int HalfNumData;
09    int i,j,k,mm;
10    int step;
11    int ButterFly,ButterFlyHalf;
12    float RealValue,ImValue;
13    double AngleRadian;
14    float CosineValue,SineValue;
15    float ArcRe,ArcIm,ReBuf,ImBuf,ArcBuf;
16
17    //scramble 과정 수행
18    //입력 데이터의 순서를 바꿈
19    log2NumData=0;
20    while(NumData != (1<<log2NumData))
21       log2NumData++;
```

```
22      HalfNumData=NumData>>1;
23      j=1;
24      for(i=1;i<NumData;i++)
25      {
26         if(i<j)
27         {
28            RealValue=pOneDRealImage[j-1];
29            ImValue=pOneDImImage[j-1];
30            pOneDRealImage[j-1]=pOneDRealImage[i-1];
31            pOneDImImage[j-1]=pOneDImImage[i-1];
32            pOneDRealImage[i-1]=RealValue;
33            pOneDImImage[i-1]=ImValue;
34         }
35         k=HalfNumData;
36         while(k<j)
37         {
38            j -= k;
39            k=k>>1;
40         }
41         j += k;
42      }
43      //butterfly 과정 수행
44      for(step=1;step<=log2NumData;step++)
45      {
46         ButterFly=1<<step;
47         ButterFlyHalf=ButterFly>>1;
48         ArcRe=1;
49         ArcIm=0;
50         AngleRadian=(double)(3.141592/ButterFlyHalf);
51         CosineValue=(float)cos(AngleRadian);
52         SineValue=(float)sin(AngleRadian);
53
54         if(Forward) //Foward
55            SineValue=-SineValue;
56
57         for(j=1;j<=ButterFlyHalf;j++)
58         {
59            i=j;
60            while(i<=NumData)
61            {
62               mm=i+ButterFlyHalf;
63               ReBuf=pOneDRealImage[mm-1]*ArcRe-
64                           pOneDImImage[mm-1]*ArcIm;
65               ImBuf=pOneDRealImage[mm-1]*ArcIm+
```

```
66                          pOneDImImage[mm-1]*ArcRe;
67                  pOneDRealImage[mm-1]=pOneDRealImage[i-1]-ReBuf;
68                  pOneDImImage[mm-1]=pOneDImImage[i-1]-ImBuf;
69                  pOneDRealImage[i-1]=pOneDRealImage[i-1]+ReBuf;
70                  pOneDImImage[i-1]=pOneDImImage[i-1]+ImBuf;
71                  i += ButterFly;
72              }
73              ArcBuf=ArcRe;
74              ArcRe=ArcRe*CosineValue-ArcIm*SineValue;
75              ArcIm=ArcBuf*SineValue+ArcIm*CosineValue;
76          }
77      }
78      if(Forward) //Forward
79      {
80          for(j=0;j<NumData;j++)
81          {
82              pOneDRealImage[j] /= NumData;
83              pOneDImImage[j] /= NumData;
84          }
85      }
86  }
```

일차원 고속 푸리에 변환을 수행하면 각 지점에서 실수부와 허수부로 이루어진 복소수 결과가 나오는 [리스트 9-1]에서는 이를 위해 각각 실수부와 허수부의 일차한 원 배열을 할당한 후 포인터를 넘겨주어 구현하고 있다.

1 주파수 영상처리의 구현

<Workspace>의 클래스뷰 탭에서 CWinTestDoc 클래스에 커서를 대고 오른쪽 버튼을 클릭하여 새로운 <멤버함수>를 추가한다. [그림 9-5]의 다이얼로그창에서 멤버함수를 추가한다.

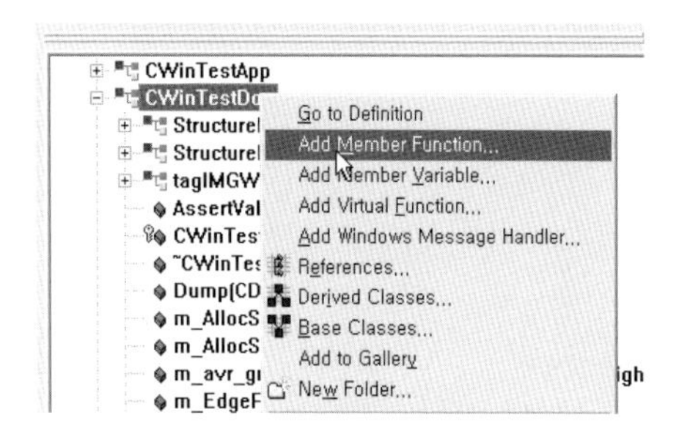

그림 9-4 새 멤버함수 추가

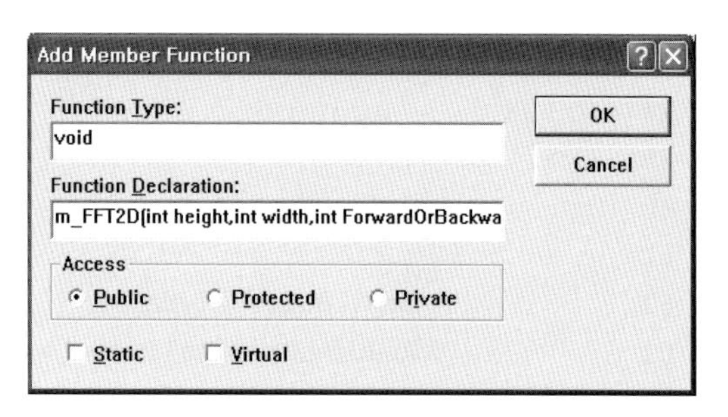

그림 9-5 새 멤버함수의 입력

추가된 멤버함수에 해당하는 코드를 [리스트 9-2]와 같이 입력한다. 2차원 이미지에 대한 고속 푸리에 변환은 전 절에서 살펴본 바와 같이 일차원 고속 푸리에 변환을 두 번 수행하면 된다. 전체 계산의 흐름도는 다음과 같다.

❶ 원 이미지로부터 FFT연산을 위한 초기값 설정
❷ 각각의 행에 대해 일차의 고속 푸리에 변환 수행
❸ 2번 결과의 저장
❹ 3번의 결과이미지에 대해 각각의 열에 대해 일차의 고속 푸리에 변환 수행
❺ 주파수 영역에서의 크기 계산 후 이를 0에서 255로 변환(디스플레이를 위해서임)
❻ 주파수 영역의 재배치(디스플레이를 위해서임)

리스트 9-2 주파수 영역에서의 영상처리의 구현

```
001 //height와 width는 동일한 값을 가져야 하며 2의 지수승이어야 한다
002 //Foward: 1인 경우 Discrete Fourier Transform (Forward)
003 //        0인 경우 Inverse Discrete Fourier Transform (Backward)
004 void CWinTestDoc::m_FFT2D(int height, int width, int Forward)
005 {
006 
007    int r,c,where;
008    float *pTwoDRealImage;             // FFT연산의 실수부에 해당
009    float *pTwoDImImage;               // FFT연산의 허수부에 해당
010    float *pOneDRealImage;             // 한 행 또는 한 열에 대한 FFT의 실수부에 해당
011    float *pOneDImImage;               // 한 행 또는 한 열에 대한 FFT의 허수부에 해당
012    float magnitude,phase,real,imag;   // 직교 좌표계상의 정보를 극좌표계 변경
013    float max,Const,BVal;
014 
015    //동적 메모리 할당
016    pOneDRealImage=new float[height];
017    pOneDImImage=new float[height];
018    pTwoDRealImage=new float[height*width];
019    pTwoDImImage=new float[height*width];
020 
021    //원 이미지로부터 FFT  연산을 위한 초기값 설정
022    for(r=0;r<height;r++)
023       for(c=0;c<width;c++){
024          where=r*width+c;
025          pTwoDRealImage[where]=m_InImg[r][c];
026          pTwoDImImage[where]=0;
027       }
```

```
028   //->방향으로 1차의 FFT 수행
029   for(r=0;r<height;r++){
030      //해당하는 행의 데이터 복사
031      for(c=0;c<width;c++){
032         where=r*width+c;
033         pOneDRealImage[c]=pTwoDRealImage[where];
034         pOneDImImage[c]=pTwoDImImage[where];
035      }
036      //1차의 FFT 수행
037      m_FFT1D(height,pOneDRealImage,pOneDImImage,Forward);
038      //1차의 FFT 수행결과 저장
039      for(c=0;c<width;c++){
040         where=r*width+c;
041         pTwoDRealImage[where]=pOneDRealImage[c];
042         pTwoDImImage[where]=pOneDImImage[c];
043      }
044   }
045   //수직 방향으로 1차의 FFT 수행
046   for(c=0;c<width;c++){
047      //해당하는 행의 데이터 복사
048      for(r=0;r<height;r++){
049         where=r*width+c;
050         pOneDRealImage[r]=pTwoDRealImage[where];
051         pOneDImImage[r]=pTwoDImImage[where];
052      }
053      //1차의 FFT 수행
054      m_FFT1D(height,pOneDRealImage,pOneDImImage,Forward);
055      //1차의 FFT 수행결과 저장
056      for(r=0;r<width;r++){
057         where=r*width+c;
058         pTwoDRealImage[where]=pOneDRealImage[r];
059         pTwoDImImage[where]=pOneDImImage[r];
060      }
061   }
062   //직교 좌표계상의 정보를 Polar Coordinate으로 변경
063   for(r=0;r<height;r++)
064      for(c=0;c<width;c++){
065         where=r*width+c;
066         real=pTwoDRealImage[where];
067         imag=pTwoDImImage[where];
068         magnitude=(float)sqrt((real*real+imag*imag));
069         pTwoDRealImage[where]=magnitude;
```

```
070        }
071     //값의 범위를 [0~255]로 맞추기 위해 최대값 찾음
072     max=-1;
073     for(r=0;r<height;r++)
074        for(c=0;c<width;c++){
075           magnitude=pTwoDRealImage[r*width+c];
076           if(magnitude>max)     max=magnitude;
077        }
078     //값의 범위를[0~255]로 변환하기 위한 상수
079     Const=(float)(255.0/log10((1+max)));
080     //변환 상수값을 이용하여 변환
081     for(r=0;r<height;r++)
082        for(c=0;c<width;c++){
083           magnitude=pTwoDRealImage[r*width+c];
084           BVal=Const*log10((1+magnitude));
085           m_OutImg[r][c]=(BYTE)BVal;
086        }
087     //주파수의 재배치: 저주파 성분을 영상의 중앙부에 오도록 배치
088     int half_r=height/2,half_c=width/2;
089     int half_r_m1=half_r-1,half_c_m1=half_c-1;
090     int rr,cc;
091     for(r=0;r<height;r+=half_r)
092        for(c=0;c<width;c+=half_c){
093           for(rr=0;rr<half_r;rr++)
094              for(cc=0;cc<half_c;cc++)
095                    pTwoDRealImage[(half_r_m1-rr+r)*width+
096                          (half_c_m1-cc+c)]=m_OutImg[r+rr][c+cc];
097        }
098     for(r=0;r<height;r++)
099        for(c=0;c<width;c++)
100           m_OutImg[r][c]=(BYTE)pTwoDRealImage[r*width+c];
101     //동적 메모리 할당 해제
102     delete [] pOneDRealImage; delete [] pOneDImImage;
102     delete [] pTwoDRealImage; delete [] pTwoDImImage;
104 }
```

이제 영상 축소 처리함수를 호출하는 메뉴 명령을 추가한다. 먼저 [그림 9-6]처럼 <Workspace>의 리소스뷰 탭에서 메뉴를 편집한다. 빈 메뉴 부분에 커서를 대고 클릭하면 [그림 9-7]처럼 메뉴입력 대화창이 열린다. [그림 9-7]에 주어진 것처럼 메뉴작성에 필요한 항목을 입력한다.

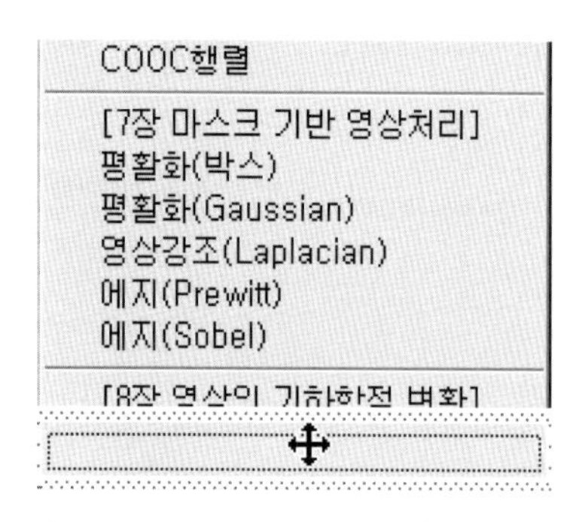

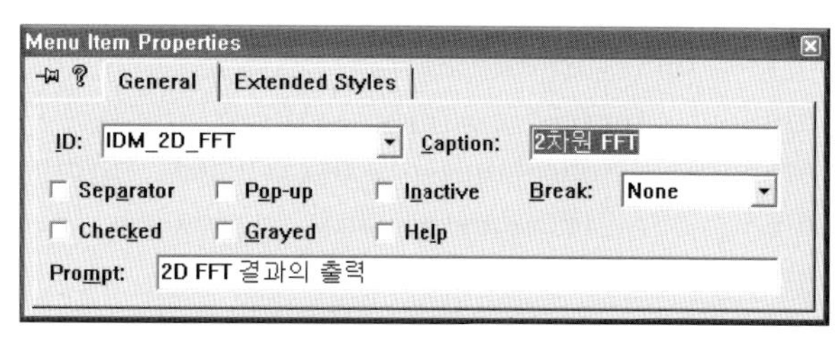

그림 9-6 새 메뉴의 입력

그림 9-7 메뉴 항목의 작성

추가된 메뉴항목 <영상 축소>에 커서를 대고 오른쪽 버튼을 클릭하면 [그림 9-8]의 팝업 메뉴가 출력되는데 여기서 <`ClassWizard`>부분을 클릭한다.

그림 9-8 클래스위자드의 호출

오픈된 클래스위자드 입력창에서 [그림 9-9]에 주어진 순서로 차례로 입력한다. 먼저 <Class name>부에서 [`CWinTestView`]를 선택한다. 다음으로 <Object Ids>부에서 [`IDM_2D_FFT`]을 선택한다. 이 ID는 [그림 9-7]에서 영상 축소처리 명령을 호출하기 위해 만들어 두었던 메뉴의 ID이다. 다음으로 <Messages>부에서 [COMMAND]를 선택하고 멤버함수를 추가하기 위해 더블 클릭을 수행한다. 오픈된 멤버함수 입력창에는 기본으로 주어지는 멤버함수가 입력되어 있다. 이것을 바꾸지 말고 [OK]버튼을 클릭한다.

[OK]버튼을 클릭하면 새로운 멤버함수가 <`CWinTestView`> 클래스 아래에 추가되고 이 함수는 [그림 9-10]과 같이 나타난다. 이 부분을 더블 클릭하면 추가된 멤버함수를 편집하는 것이 가능하다.

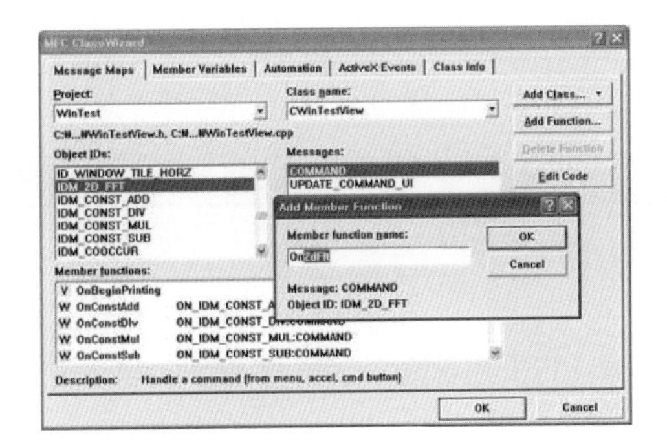

그림 9-9 멤버함수의 입력

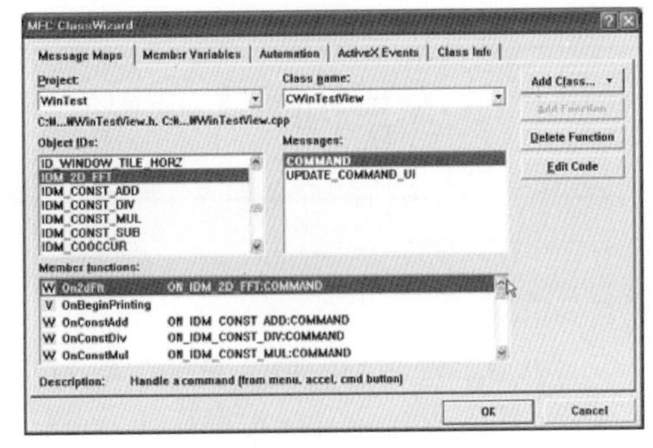

그림 9-10 멤버함수의 편집

[리스트 9-3]와 같이 코드를 입력하고 뷰 클래스의 멤버함수를 작성한다. 이 코드는 도큐먼트 클래스 하의 영상 축소 처리 함수 m_FFT2D()를 호출한다.

리스트 9-3 영상 축소 함수를 호출하는 뷰 클래스 멤버함수의 구현

```
01 void CWinTestView::On2dFft()
02 {
03     // TODO: Add your command handler code here
04     CWinTestDoc* pDoc = GetDocument();    // 도큐먼트 클래스를 참조하기 위해
05     ASSERT_VALID(pDoc);                   // 주소를 가져옴
06
07     pDoc->m_FFT2D(256,256,1);
08
09     Invalidate(FALSE);                    // 화면 갱신
10 }
```

코드 작성이 끝났으므로 컴파일하고 링크하여 실행한다. [그림 9-1]과 같은 결과를 얻을 수 있게 된다.

연습문제

1. 원 영상을 FFT 처리한 후 다시 Inverse FFT 처리한 영상과 원 영상 간의 차분 이미지를 구하여 차이가 있는지 설명하시오.

2. 주파수 영역에서 고주파 영역을 제거(0으로 치환)하는 방법을 통해 저역통과 필터링을 구현하고 이미지에 적용한 다음 원 이미지와 필터링 후 이미지 차이를 설명하시오.

3. 주파수 영역에서 저주파 영역을 제거(0으로 치환)하는 방법을 통해 고역통과 필터링을 구현하고 이미지에 적용한 다음 원 이미지와 필터링 후 이미지 차이를 설명하시오.

CHAPTER

10 모폴로지

1. 개요

7장의 마스크 기반 영상처리에서는 사각형 형태를 가지는 일정한 크기(NxN)의 마스크(필터)를 영상에 적용해 우리가 원하는 작업을 수행하였다. 본 장에서 다루는 모폴로지 기법도 목적은 동일하나 이를 수행하는 방법에 있어 마스크 기반 처리와는 특별한 차이가 있다. 가장 큰 차이는 우리가 원하는 기하학적 형태로 마스크를 구성할 수 있다는 것이다. 마스크의 형태가 사각형 형태뿐만 아니라 다양한 이차원상의 기하학적 형태를 가질 수 있다. 이를 모폴로지 기법(형태학적인 접근 기법)이라고 부른다.

모폴로지 기법의 기본 아이디어는 미리 기하학적 형태를 알고 있는 대상 물체 정보를 반영하여 영상 내에서 원하는 부분만을 추출하는 것이다. 일반적인 영상의 경우 영상내에는 다양한 물체들이 혼합되어 있으며 우리가 관심을 가지는 나머지 물체들은 노이즈 성분이라고 볼 수 있다. 이러한 경우, 우리가 원하는 물체만을 추출하기 위해서는 다양한 접근 방법이 가능하지만 본 절에서 다루는 모폴로지 기법을 이용하면 간단하게 구현할 수 있다. 모폴로지 기법은 마스크 기반 영상처리에서 마스크 역할을 수행하는 구조 요소(structuring element)를 사용하여 수행하고 있다. 중요한 점은 구조 요소의 형태를 미리 알고 있는 기하학적 형태로 구성할 수 있다는 것이다.

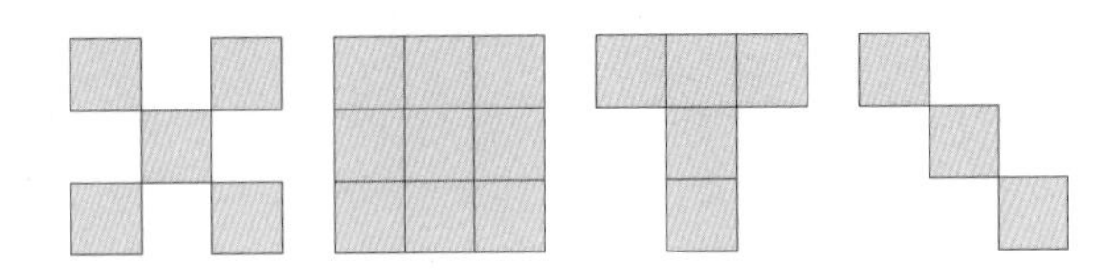

그림 10-1 다양한 구조 요소(structuring elements)들

모폴로지 기법을 구성하는 가장 기본적인 연산은 다음의 2가지가 있다.

1. 침식(Erosion) 연산
2. 팽창(Dilation) 연산

위의 2가지 연산을 복합적으로 사용한 연산으로는

1. **제거(Opening) 연산:** 팽창(Dilation)연산 수행 후 침식(Erosion)연산 수행
2. **채움(Closing) 연산:** 침식(Erosion)연산 수행 후 팽창(Dilation)연산 수행

등이 있다.

또한 모폴로지 연산은 이진 모폴로지 연산과 그레이 영상 모폴로지 연산으로 나눌 수 있으며 먼저 이진 모폴로지 연산에 대해 알아보도록 한다.

2. 이진 모폴로지 연산

먼저 0과 1 두 가지 상태를 가지는 이진영상에 대한 위의 기본적인 연산에 대해 다루도록 한다. 마스크 이미지상에서의 적용 과정처럼 구조 요소를 이미지상에 스캔하며 처리를 수행한다. 이진영상에서 침식(Erosion)연산은 영상 내에서 구조 요소의 모든 요소가 영역 내에 존재하면 현재 그 지점의 값을 1로 설정한다. 팽창(Dilation)연산은 영상 내에 구조 요소의 값 중 하나라도 영역 내에 존재하면 현재 그 지점의 값을 0으로 설정한다. 이와 같은 기본적인 연산을 사용하여 필기체 문자 인식 등에서 문자의 세선화 과정이나 영상의 분리(segmentation)나 머신 비젼 등 전처리(노이즈 제거, 특징 추출)등에 유용하게 사용되고 있다.

이진영상에 대한 침식(Erosion) & 팽창(Dilation) 연산

이진영상 Erosion

$$A \ominus B = \{ x: B + x < A\} \qquad (10\text{-}1)$$

이진영상 Dilation

$$A \oplus B = [A^c \ominus (-B)]^c \qquad (10\text{-}2)$$

침식 연산(Erosion)의 경우 원 이미지 A와 구조 요소(structural element) B에 의해 구현되며 구조 요소의 디자인에 따라 다양한 용도의 필터 역할을 할 수 있게 된다. 예를 들어 [그림 10-2(a)]의 원 영상에 [그림 10-2(b)]의 구조 요소를 적용 시 [그림 10-2(c)]의 결과를 얻게 된다.

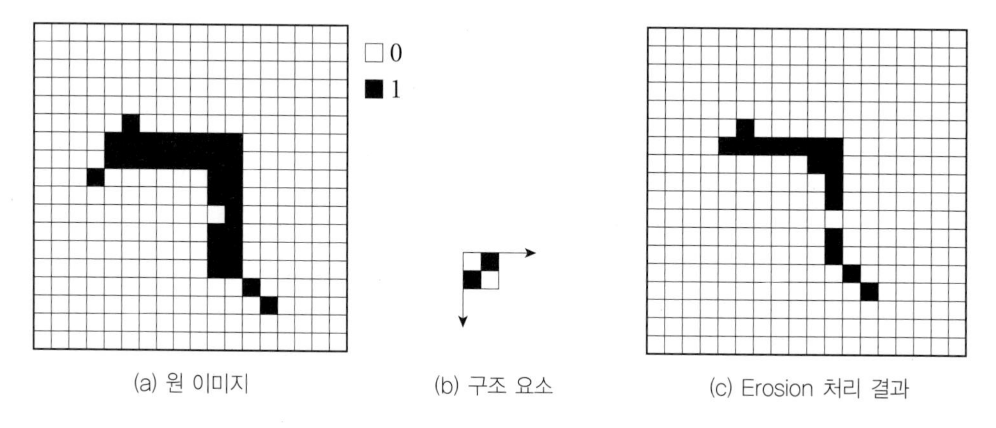

(a) 원 이미지 (b) 구조 요소 (c) Erosion 처리 결과

그림 10-2 이진영상에 대한 침식(Erosion) 연산의 예

실제 프로그램상의 구현은 구조 요소 B를 이미지상에서 스캔하면서 구조 요소 B상에 1인 영역이 모두 A 영역 안에 포함되는 경우, 그 지점의 픽셀은 1로 값을 지정하고 아니면 0으로 지정하면 된다.

팽창 연산(Dilation)의 경우 구조 요소 B상에서 1인 영역이 하나라도 A영역상에 존재하면 그 지점의 픽셀은 1로 값을 지정하고 아니면 0을 지정한다. 이와 같이 프로그램상으로 구현하는 것은 쉽지만 중요한 것은 용도에 맞게 구조 요소 B의 형태를 디자인하는 것이다.

예를 들어 [그림 10-2(a)]원 영상에 [그림 10-2(b)]의 구조 요소 적용 시 [그림 10-2(a)]의 결과를 얻게 된다.

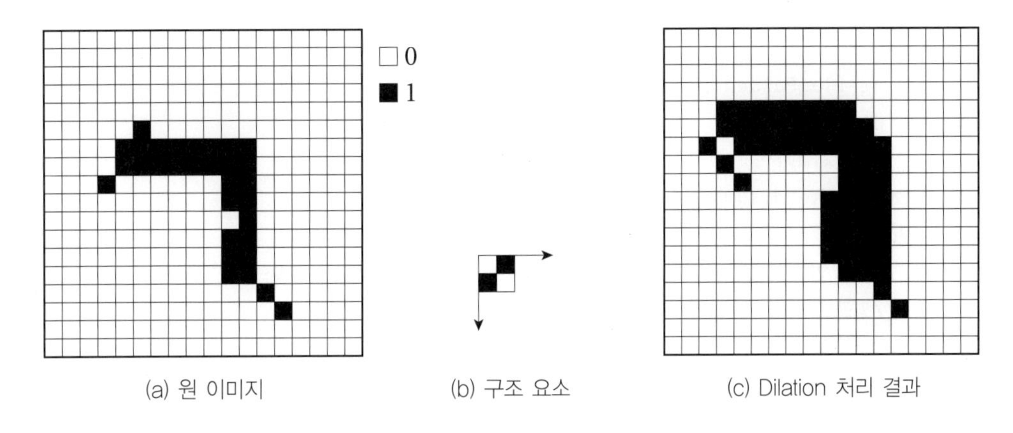

(a) 원 이미지 (b) 구조 요소 (c) Dilation 처리 결과

그림 10-3 이진영상에 대한 팽창(Dilation)연산의 예

1 이진 모폴로지 침식 연산의 구현

<Workspace>의 클래스뷰 탭에서 CWinTestDoc 클래스에 커서를 대고 오른쪽 버튼을 클릭하여 새로운 <멤버함수>를 추가한다. [그림 10-5]의 다이얼로그창에서 멤버함수를 추가한다.

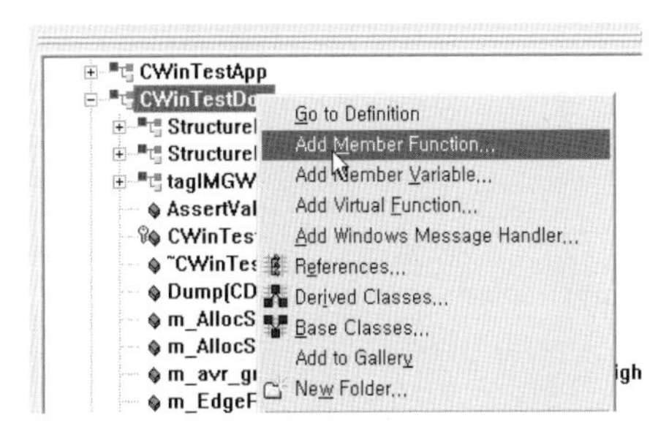

그림 10-4 새 멤버함수 추가

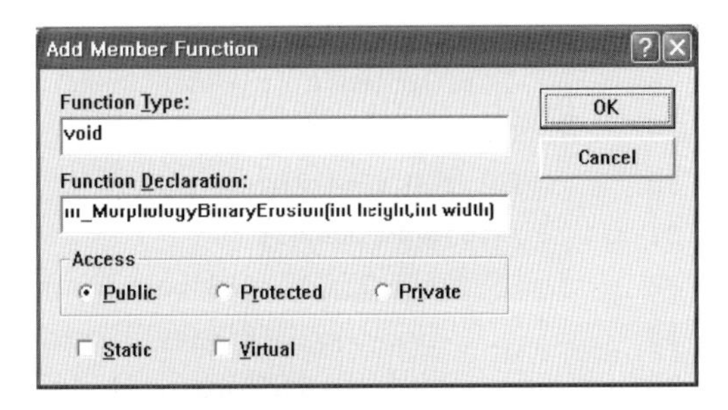

그림 10-5 새 멤버함수의 입력

추가된 멤버함수에 해당하는 코드를 [리스트 10-1]과 같이 입력한다. 그레이 영상을 입력받아 이진영상을 만들기 위해, 전체 이미지의 평균을 구한후 평균 밝기값보다 큰 픽셀은 대상 물체로 보고 평균 밝기값보다 작은 픽셀은 배경으로 지정한다.

리스트 10-1 이진영상에 대한 모폴로지 침식(Erosion) 연산의 구현

```
01 //입력영상은 이치화된 이미지를 대상으로 함
02 //입력영상에서 0: 대상 물체 - FOREGROUND
03 //입력영상에서 255: 배경 물체 - BACKGROUND
04 #define BACKGROUND 255
05 #define FOREGROUND 0
06 void CWinTestDoc::m_MorphologyBinaryErosion(int height, int width)
07 {
08    int flagPassed;
09    int r,c,i;
10    int mx,my;
11    float mean,sum;
12
13    //먼저 입력영상을 이치화함. 영상의 평균을 구한 다음 평균보다 큰 값은 0으로
14    //평균보다 작은 값은 255로 지정
15    sum=0;
16    for(r=0;r<height;r++)
17       for(c=0;c<width;c++)
18          sum += m_InImg[r][c];
19    mean=sum/(height*width);
20    for(r=0;r<height;r++)
21       for(c=0;c<width;c++)
22          if(m_InImg[r][c]>mean) m_InImg[r][c]=FOREGROUND;
23          else m_InImg[r][c]=BACKGROUND;
24
25    //결과이미지를 BACKGROUND=255값으로 모두 초기화
26    for(r=0;r<height;r++)
27       for(c=0;c<width;c++)
28          m_OutImg[r][c]=BACKGROUND;
29    for(r=0;r<height;r++)
30       for(c=0;c<width;c++){
31          flagPassed=1;
32          for(i=1;i<m_pSEBinary[0].row;i++){
33             mx=c+m_pSEBinary[i].col;
34             my=r+m_pSEBinary[i].row;
35             //범위 검사
36             if(mx>=0 && mx<width && my>=0 && my<height)
```

```
37               if(m_InImg[my][mx]==BACKGROUND)
38               //하나라도 BACKGROUND = 255값을
39               //포함하면 제일 안쪽 for loop를 빠져나감
40               {
41                  flagPassed=0;
42                  break;
43               }
44         }
45         if(flagPassed)
46            m_OutImg[r][c]=FOREGROUND;
47      }
48 }
```

이제 영상 축소 처리함수를 호출하는 메뉴 명령을 추가하자. 먼저 [그림 10-6]처럼 <Workspace>의 리소스뷰 탭에서 메뉴를 편집한다. 빈 메뉴 부분에 커서를 대고 클릭하면 [그림 10-7]처럼 메뉴입력 대화창이 열린다. [그림 10-7]에 주어진 것처럼 메뉴작성에 필요한 항목을 입력한다.

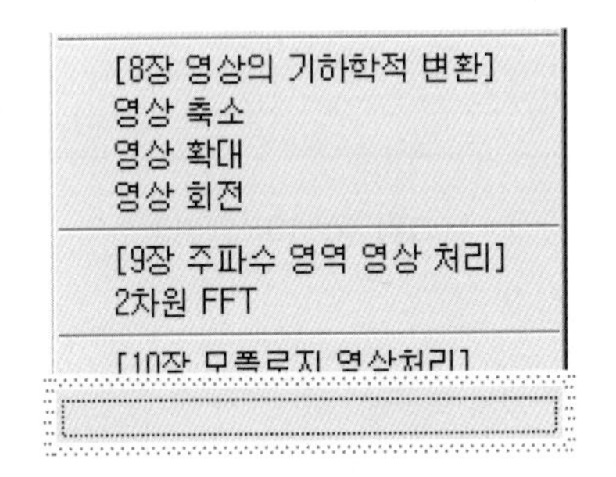

그림 10-6 새 메뉴의 입력

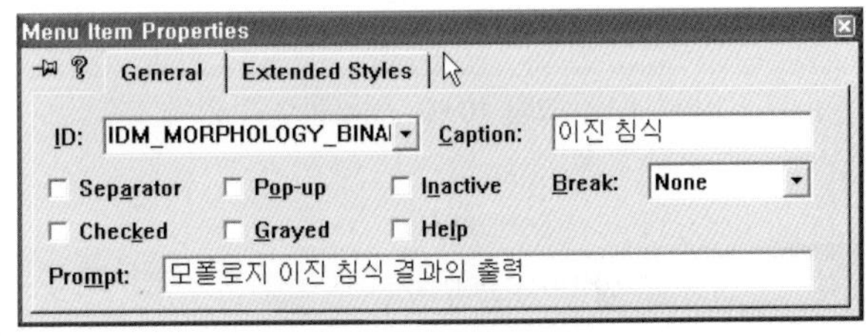

그림 10-7 메뉴 항목의 작성

추가된 메뉴항목 <영상 축소>에 커서를 대고 오른쪽 버튼을 클릭하면 [그림 10-8]의 팝업메뉴가 출력되는데 여기서 <ClassWizard>부분을 클릭한다.

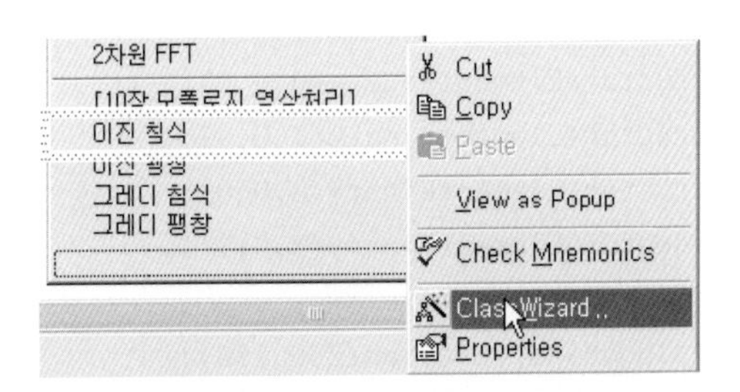

그림 10-8 클래스위자드의 호출

오픈된 클래스위자드 입력창에서 [그림 10-9]에 주어진 순서를 차례로 입력한다. 먼저 <Class name>부에서 [CWinTestView]를 선택한다. 다음으로 <Object IDs>부에서 [IDM_MORPHOLOGY_BINARY_EROSION]을 선택한다. 이 ID는 [그림 10-7]에서 영상 축소처리 명령을 호출하기 위해 만들어 두었던 메뉴의 ID이다. 다음으로 <Messages>부에서 [COMMAND]를 선택하고 멤버함수를 추가하기 위해 더블 클릭을 수행한다. 오픈된 멤버함수 입력창에는 기본으로 주어지는 멤버함수가 입력되어 있다. 이것을 바꾸지 말고 [OK]버튼을 클릭한다.

[OK]버튼을 클릭하면 새로운 멤버함수가 <CWinTestView> 클래스 아래에 추가되고 이 함수는 [그림 10-10]과 같이 나타난다. 이 부분을 더블 클릭하면 추가된 멤버함수를 편집하는 것이 가능하다.

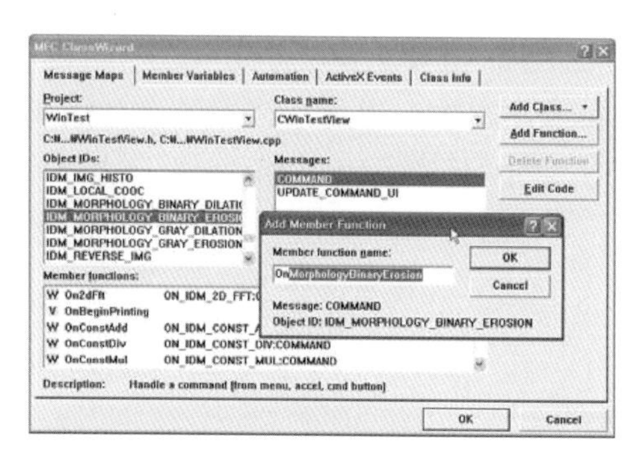

그림 10-9 멤버함수의 입력

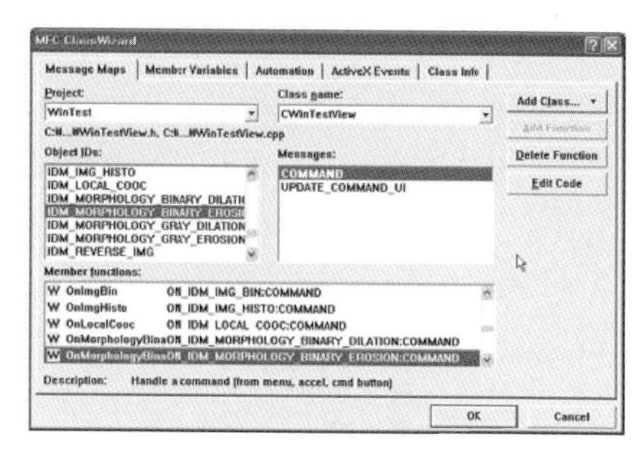

그림 10-10 멤버함수의 편집

리스트 10-2 이진 모폴로지 침식함수를 호출하는 뷰 클래스 멤버함수의 구현

```
01 void CWinTestView::OnMorphologyBinaryErosion()
02 {
03     // TODO: Add your command handler code here
04     CWinTestDoc* pDoc = GetDocument();     // 도큐먼트 클래스를 참조하기 위해
05     ASSERT_VALID(pDoc);                    // 주소를 가져옴
06
07     // 구조 요소를 생성 후 값을 지정
08     pDoc->m_AllocStructureElementBinary(4);
09     pDoc->m_SetStructureElementBinary(0,4,0);
10     pDoc->m_SetStructureElementBinary(1,0,-1);
11     pDoc->m_SetStructureElementBinary(2,0,0);
12     pDoc->m_SetStructureElementBinary(3,0,1);
13
14     pDoc->m_MorphologyBinaryErosion(256,256);
15
```

```
16     // 동적 할당 메모리 해제
17     pDoc->m_FreeStructureElementBinary();
18
19     Invalidate(FALSE); // 화면 갱신
20 }
```

[리스트 10-2]와 같이 코드를 입력하고 뷰 클래스의 멤버함수를 작성한다. 이 코드는 도큐먼트 클래스 하의 영상 축소 처리함수 m_MorphologyBinaryErosion()을 호출한다.

[리스트 10-2]를 살펴보면 m_MorphologyBinaryErosion()함수를 호출하기 전에 먼저 구조 요소 할당 후 각 구조 요소의 값들을 설정하고 있다. 처리 후에는 구조 요소를 해제하도록 한다. 이진 모폴로지 연산과 관련된 구조 요소는 다음과 같이 정의한다. 이들 구조체는 <CWinTestDoc>의 멤버변수로 선언하도록 한다.

리스트 10-3 이진 모폴로지 연산처리를 위한 구조 요소의 선언

```
01 //morphology 관련 구조체 선언
02 typedef struct {
03     int row,col; //좌표값
04 } StructureElementBinary,*pStructureElementBinary;
05 pStructureElementBinary m_pSEBinary;
```

구조 요소의 할당과 구조 요소값 설정 및 해제와 관련된 코드는 다음과 같다. 구조 요소의 첫 번째 구조체의 행값에는 구조 요소의 크기를 설정하도록 한다. [리스트 10-2]에서 이에 해당하는 부분은 pDoc -> m_SetStructureElementBinary(0,4,0)이며 구조 요소의 크기가 4임을 알 수 있다. [리스트 10-2]에서 설정하고 있는 구조 요소의 형태는 [그림 10-11]과 같은 형태이다.

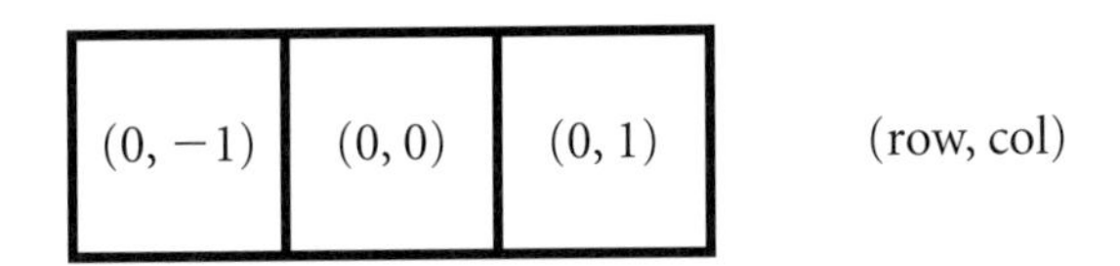

그림 10-11 [리스트 10-2]에서 설정한 구조 요소의 형태

리스트 10-4 이진 모폴로지 연산처리를 위한 구조 요소의 할당, 설정 및 해제 함수의 구현

```
01 //구조 요소를 인자 개수만큼 생성 후
02 //StructureElementBinary* m_pSEBinary에 지정
03 void CWinTestDoc::m_AllocStructureElementBinary(int HowMany)
```

```
04 {
05     m_pSEBinary=new StructureElementBinary[HowMany];
06 }
07 void CWinTestDoc::m_FreeStructureElementBinary()
08 {
09     if(m_pSEBinary!=NULL)
10         delete [] m_pSEBinary;
11 }
12 void CWinTestDoc::m_SetStructureElementBinary(int which,int row,int col)
13 {
14     m_pSEBinary[which].row=row;
15     m_pSEBinary[which].col=col;
16 }
```

코드 작성이 끝났으므로 컴파일하고 링크하여 실행한다. [그림 10-12]이 실행결과이다.

(a) 이진영상

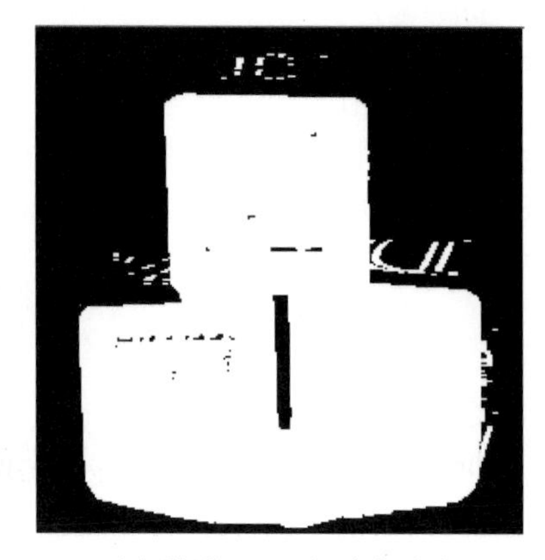

(b) 침식(Erosion) 연산 결과

그림 10-12 이진 모폴로지 침식(Erosion)연산의 결과

2 이진 모폴로지 팽창 연산의 구현

<Workspace>의 클래스뷰 탭에서 CWinTestDoc 클래스에 커서를 대고 오른쪽 버튼을 클릭하여 새로운 <멤버함수>를 추가한다. [그림 10-14]의 다이얼로그창에서 멤버함수를 추가한다.

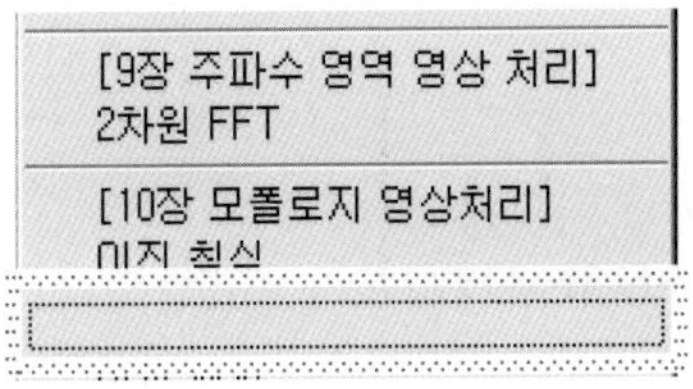

그림 10-13 새 메뉴의 입력

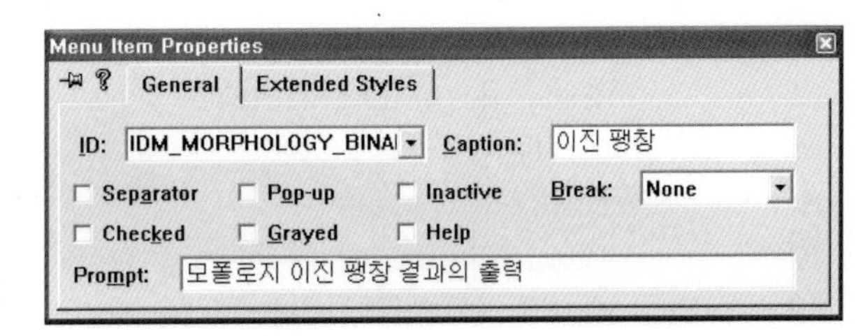

그림 10-14 메뉴 항목의 작성

추가된 멤버함수에 해당하는 코드를 [리스트 10-5]와 같이 입력한다. 구조 요소는 이진 모폴로지 침식(Erosion)연산에서 사용한 것을 이용하도록 한다.

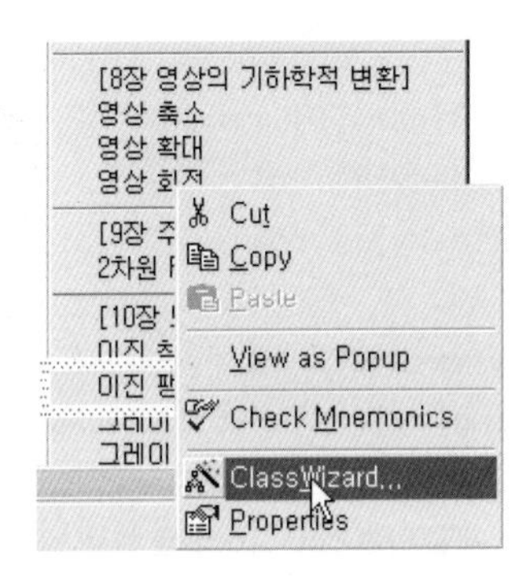

그림 10-8 클래스위자드의 호출

리스트 10-5 이진영상에 대한 모폴로지 팽창(Dilation) 연산의 구현

```
01 //입력영상은 이치화된 이미지를 대상으로 함
02 //입력영상에서 0: 대상 물체, FOREGROUND
03 //입력영상에서 255: 배경 물체, BACKGROUND
04 void CWinTestDoc::m_MorphologyBinaryDilation(int height, int width)
05 {
06    int flagPassed;
07    int r,c,i;
08    int mx,my;
09    float mean,sum;
10
11    //먼저 입력영상을 이치화함. 영상의 평균을 구한 후 평균보다 큰 값은 0으로
12    //평균보다 작은 값은 255로 지정
13    sum=0;
14    for(r=0;r<height;r++)
15       for(c=0;c<width;c++)
```

```
16          sum += m_InImg[r][c];
17          mean=sum/(height*width);
18    for(r=0;r<height;r++)
19       for(c=0;c<width;c++)
20          if(m_InImg[r][c]>mean) m_InImg[r][c]=FOREGROUND;
21          else m_InImg[r][c]=BACKGROUND;
22    //결과이미지를 BACKGROUND=255값으로 모두 초기화
23    for(r=0;r<height;r++)
24       for(c=0;c<width;c++)
25          m_OutImg[r][c]=BACKGROUND;
26
27    for(r=0;r<height;r++)
28       for(c=0;c<width;c++){
29          flagPassed=0;
30          for(i=1;i<m_pSEBinary[0].row;i++){
31             mx=c+m_pSEBinary[i].col;
32             my=r+m_pSEBinary[i].row;
33             //범위 검사
34             if(mx>=0 && mx<width && my>=0 && my<height)
35                if(m_InImg[my][mx]==FOREGROUND){
36                //하나라도 FOREGROUND=0값을
37                //포함하면 제일 안쪽 for loop를 빠져나감
38                   flagPassed=1;
39                   break;
40             }
41          }
42          if(flagPassed)
43             m_OutImg[r][c]=FOREGROUND;
44       }
45    }
```

이제 영상 축소 처리함수를 호출하는 메뉴 명령을 추가한다. 먼저 [그림 10-15]처럼 <Workspace>의 리소스뷰 탭에서 메뉴를 편집한다. 빈 메뉴 부분에 마우스를 대고 클릭하면 [그림 10-16]처럼 메뉴입력 대화창이 열린다. [그림 10-16]에 주어진 것처럼 메뉴작성에 필요한 항목을 입력한다.

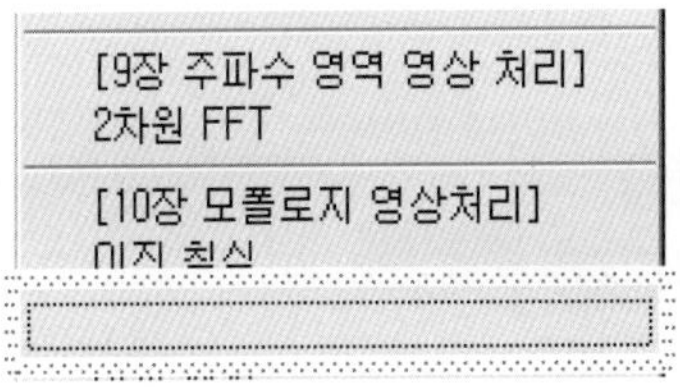

그림 10-15 새 메뉴의 입력

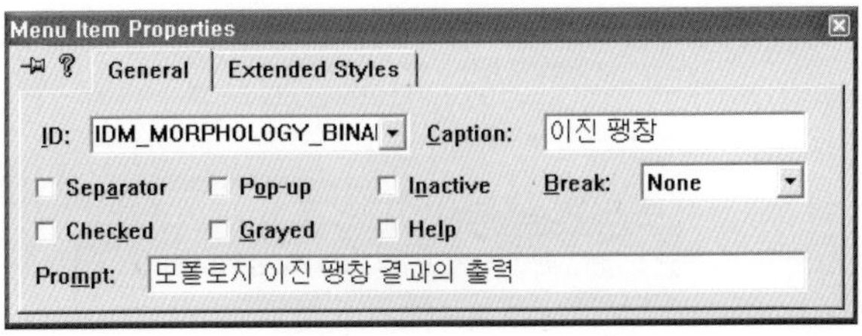

그림 10-16 메뉴 항목의 작성

추가된 메뉴항목 <이진 팽창>에 마우스를 대고 오른쪽 버튼을 클릭하면 [그림 10-17]의 팝업메뉴가 출력되는데 여기서 <ClassWizard> 부분을 클릭한다.

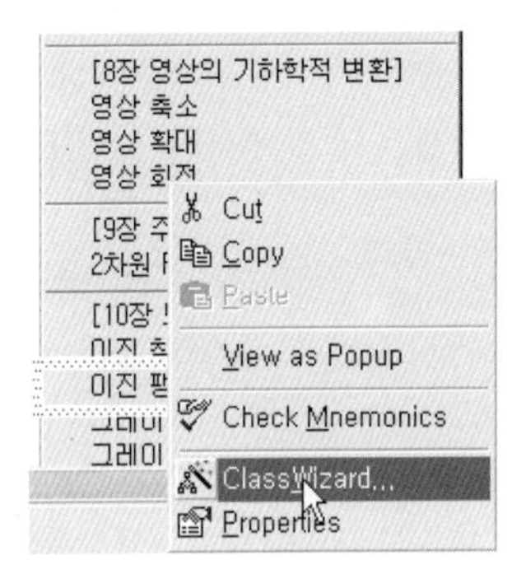

그림 10-17 클래스위자드의 호출

오픈된 클래스위자드 입력창에 [그림 10-18]에 주어진 순서를 차례로 입력한다. 먼저 <Class name>부에서 [CWinTestView]를 선택한다. 다음으로 <Object IDs>부에서 [IDM_MORPHOLOGY_BINARY_DILATION]을 선택한다. 이 ID는 [그림 10-16]에서 영상 축소처리 명령을 호출하기 위해 만들어두었던 메뉴의 ID이다. 다음으로 <Messages>부에서 [COMMAND]를 선택하고 멤버함수를 추가하기 위해 더블 클릭을 수행한다. 오픈된 멤버함수 입력창에는 기본으로 주어지는 멤버함수가 입력되어 있다. 이것을 바꾸지 말고 [OK]버튼을 클릭한다.

[OK]버튼을 클릭하면 새로운 멤버함수가 <CWinTestView> 클래스 아래에 추가되고 이 함수는 [그림 10-19]와 같이 나타난다. 이 부분을 더블 클릭하면 추가된 멤버함수를 편집하는 것이 가능하다.

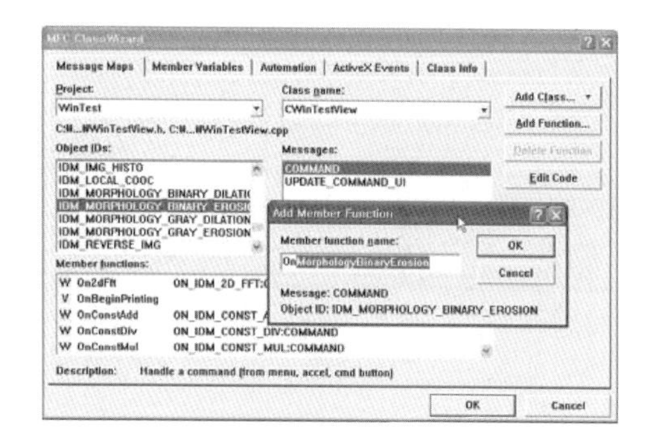

그림 10-18 멤버함수의 입력

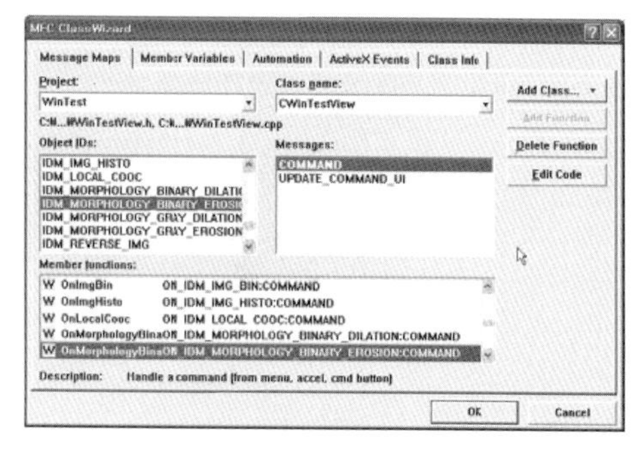

그림 10-19 멤버함수의 편집

[리스트 10-6]와 같이 코드를 입력하고 뷰 클래스의 멤버함수를 작성한다. 이 코드는 도큐먼트 클래스 하의 영상 축소 처리함수 m_MorphologyBinaryDilation()를 호출한다. 구조 요소의 할당, 설정 및 해제는 전절에서의 침식(Erosion) 연산과 동일한 것을 사용한다.

리스트 10-6 이진 모폴로지 팽창 함수를 호출하는 뷰 클래스 멤버함수의 구현

```
01 void CWinTestView::OnMorphologyBinaryDilation()
02 {
03     // TODO: Add your command handler code here
04     CWinTestDoc* pDoc = GetDocument();     // 도큐먼트 클래스를 참조하기 위해
05     ASSERT_VALID(pDoc);                    // 주소를 가져옴
06
07     //구조 요소를 생성 후 값을 지정
08     pDoc->m_AllocStructureElementBinary(4);//structure element number + 1
09     pDoc->m_SetStructureElementBinary(0,4,0);
10     pDoc->m_SetStructureElementBinary(1,0,-1);
11     pDoc->m_SetStructureElementBinary(2,0,0);
12     pDoc->m_SetStructureElementBinary(3,0,1);
13
14     pDoc->m_MorphologyBinaryDilation(256,256);
15
16     //동적 할당 메모리 해제
17     pDoc->m_FreeStructureElementBinary();
18
19     Invalidate(FALSE); // 화면 갱신
20 }
```

코드 작성이 끝났으므로 컴파일하고 링크하여 실행한다. [그림 10-20]은 실행결과이다.

(a) 이진영상

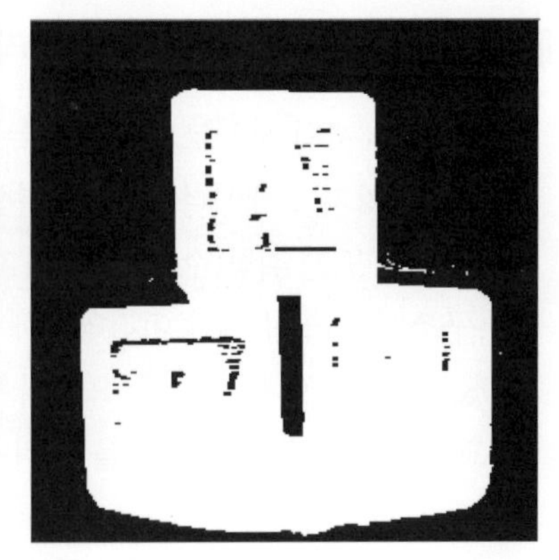

(b) 팽창(Dilation) 연산 결과

그림 10-20 이진 모폴로지 팽창(Dilation) 연산의 결과

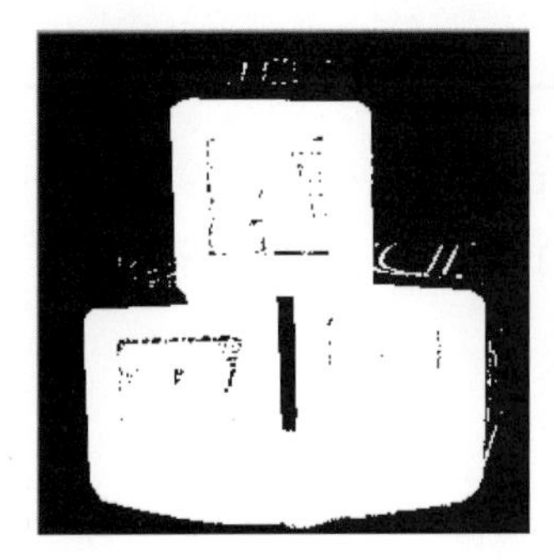

(a) 이진영상

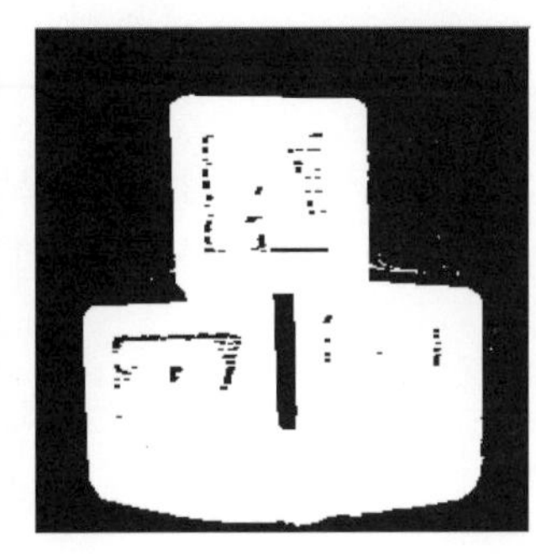

(b) 침식 연산 결과

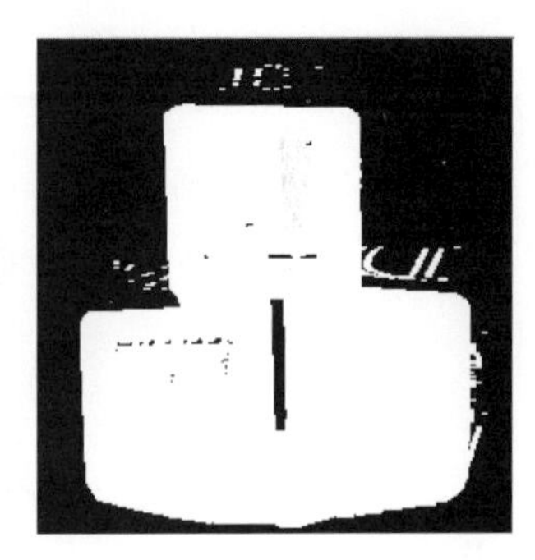

(c) 팽창 연산 결과

그림 10-21 이진 모폴로지 침식 연산과 팽창 연산의 비교

[그림 10-21]은 이진 모폴로지 침식 연산과 팽창 연산의 결과를 비교해 보여 주고 있다. 침식 연산은 [그림 10-11]에 나타난 구조 요소에 의해 경계 부분을 축소하며 팽창 연산은 경계 부분을 확장함을 알 수 있다.

Tip | 이진영상 모폴로지 제거(Opening) & 채움(Closing) 연산

제거(Opening) 연산의 경우 먼저 팽창(Dilation) 연산을 수행 후 그 결과영상에 다시 침식(Erosion)을 수행하면 되고, 채움(Closing) 연산의 경우 먼저 침식(Erosion) 연산 수행 후 그 결과영상에 팽창(Dilation) 연산을 수행하면 된다. 제거(Opening) 연산의 경우 이름에서 의미하는 바와 같이 영역 내의 갭들을 제거하는 효과가 있으며, 채움(Closing) 연산의 경우 영역 내의 갭들을 확장하는 효과가 있다.

3. 그레이 영상에서의 모폴로지 처리

이진영상에서의 모폴로지의 처리는 이진영상과 구조 요소 모두 취할 수 있는 값의 범위가 0과 1 두 가지 상태이다. 그레이 영상에서 각 픽셀이 취할 수 있는 값의 범위는 0~255이다. 구조 요소 또한 취할 수 있는 값의 범위가 더 이상 0과 1이 아니다. 이진영상 모폴로지에서는 구조 요소가 주어진 이진영상에 포함되어 있는가 있지 않는가로 판단하였으나, 그레이 영상 모폴로지에서는 구조 요소의 밝기값의 분포를 주어진 그레이 영상의 밝기값 분포와 비교하여 포함 또는 비포함을 가리게 되며 이는 수식적으로 다음과 같다.

그레이 영상 침식(Erosion) 연산

$$(f \ominus g)(x) = \max\{y: g(z - x) + y << f(z)\} \qquad (10\text{-}3)$$

그레이 영상 팽창(Dilation) 연산

$$(f \oplus g)(x) = \min\{y: -g(-(z - x)) + y >> f(z)\} \qquad (10\text{-}4)$$

위의 식에서 <<와 >>는 다음과 같다. 함수 g가 f보다 전 구간에서 작을 때 $g<<f$이며 함수 g가 f보다 전 구간에서 클 때 $g>>f$이다. 이는 [그림 10-22]에 설명되어 있다.

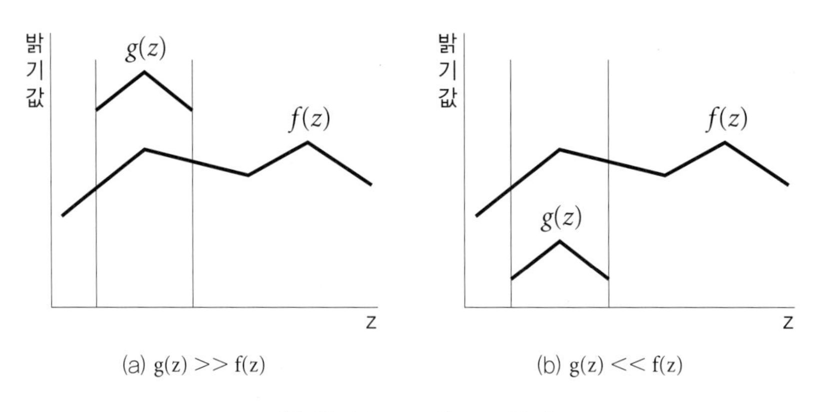

(a) g(z) >> f(z) (b) g(z) << f(z)

그림 10-22 >>와 << 관계

x지점에서 그레이 영상 침식(Erosion) 연산 결과는 구조 요소 g를 x만큼 평행 이동한 후 g의 모든 위치에서의 값이 f보다 작기 위한 y값들 중 최대의 값을 x위치에서의 값으로 선택한다.

x지점에서 그레이 영상 팽창(Dilation) 연산의 결과는 구조 요소 g를 원점에 대해 대칭 이동한 후($g(z) \rightarrow g(-z) \rightarrow -g(-z)$) g의 모든 위치에서 f보다 크기 위한 y값들 중 최소의 y값을 x위치에서의 값으로 선택한다.

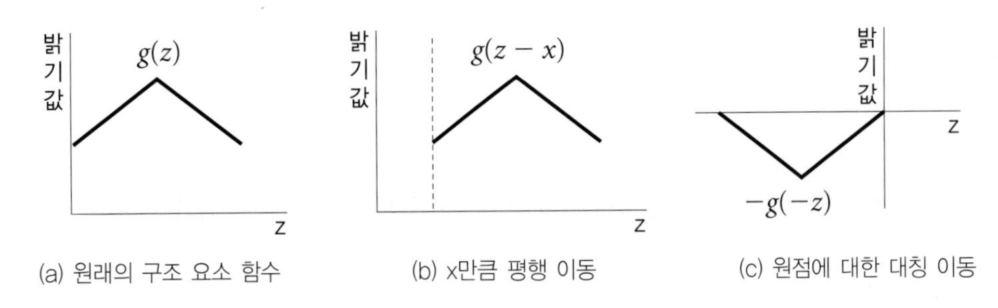

그림 10-23 구조 요소 함수의 평행 이동 및 원점 대칭 이동

일차원 신호에 대한 그레이 영상 침식(Erosion) 연산의 예를 통해 구현 과정을 살펴보자.

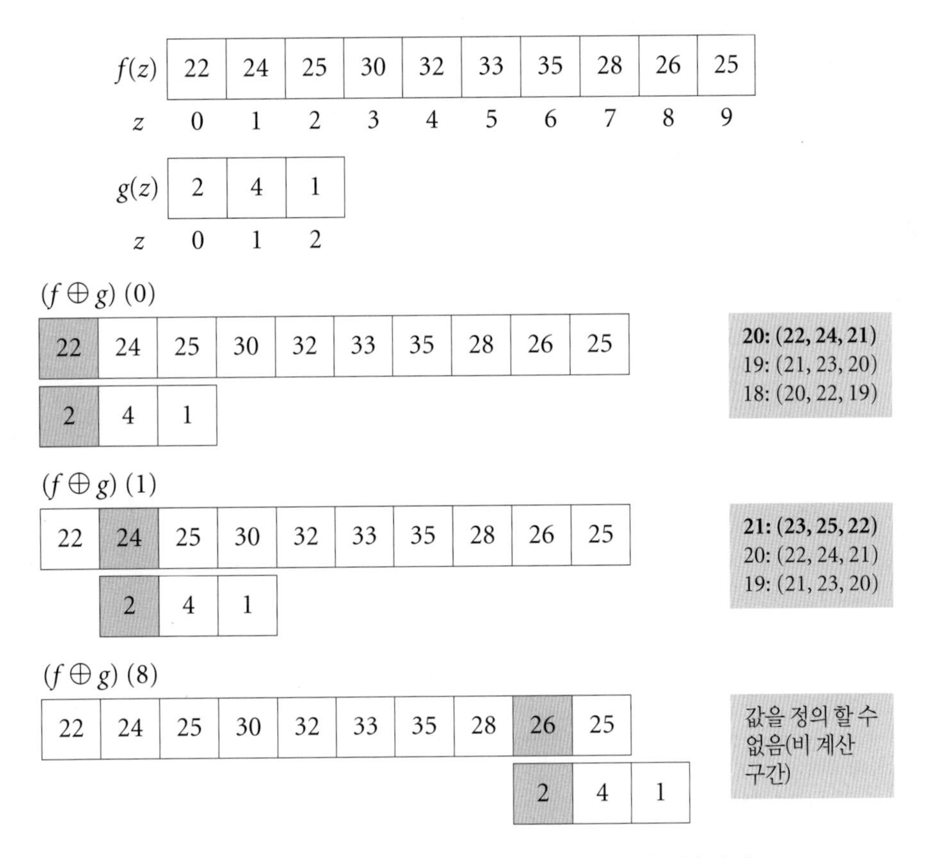

그림 10-24 그레이 영상 모폴로지 침식(Erosion) 연산의 예

[그림 10-24]에서의 계산 과정을 고찰하면 각 지점에서의 그레이 영상 모폴로지 침식(Erosion) 연산의 구현은 이미지의 밝기값과 구조 연산자값의 차이 중 최소값을 선택해 계산을 수행할 수 있음을 알 수 있다.

[그림 10-24]의 세 번째의 경우 그레이 영상 침식(Erosion) 연산을 계산할 수 없는 지점이다. 이는 구조 요소에 대응하는 이미지상의 밝기값이 없을 때 그 값을 마이너스 무한대로 보는 것이다.

일차원 신호에 대한 그레이 영상 팽창(Dilation) 연산의 예를 통해 구현 과정을 살펴보자.

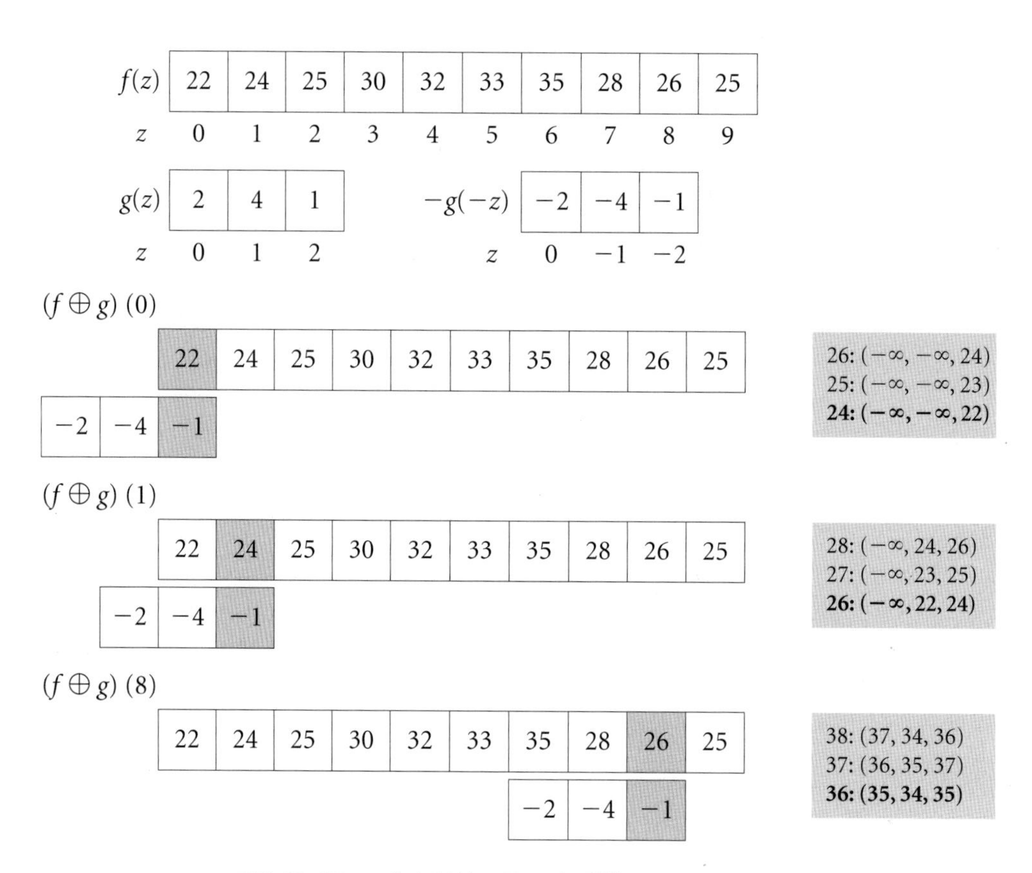

그림 10-25 그레이 영상 모폴로지 팽창(Dilation) 연산의 예

[그림 10-25]의 계산 과정을 고찰하면 각 지점에서의 그레이 영상 모폴로지 팽창(Dilation) 연산의 구현은 이미지의 밝기값에서 구조 연산자의 값을 더한 후 그 중 최대값을 선택해 계산을 수행할 수 있음을 알 수 있다.

---

1 그레이 영상 모폴로지 침식 연산의 구현

〈Workspace〉의 클래스뷰 탭에서 CWinTestDoc 클래스 위에 커서를 대고 오른쪽 버튼을 클릭해 새로운 〈멤버함수〉를 추가한다. [그림 10-27]의 다이얼로그창에서 멤버함수를 추가한다.

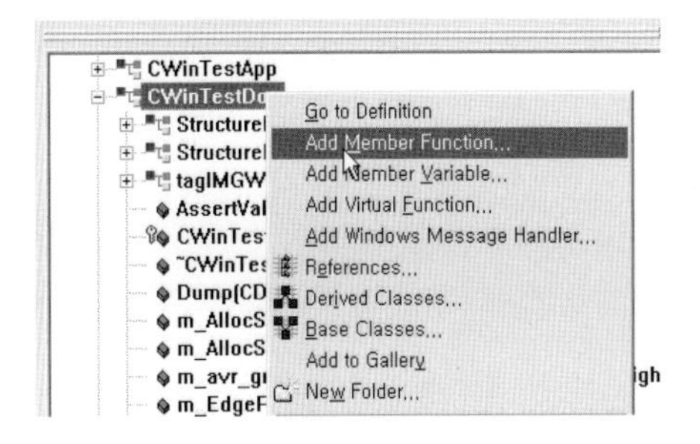

그림 10-26 새 멤버함수 추가

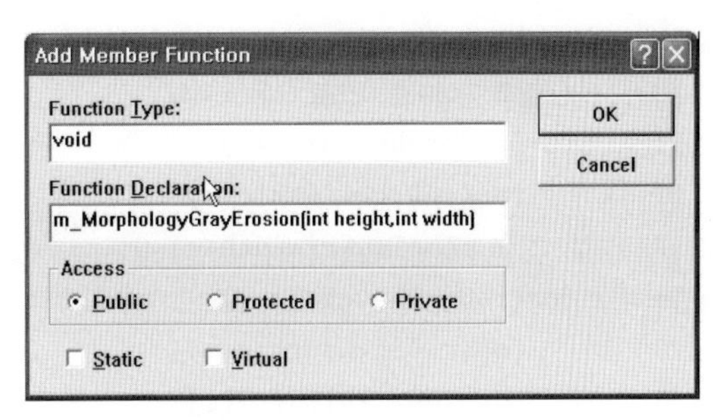

그림 10-27 새 멤버함수의 입력

추가된 멤버함수에 해당하는 코드를 [리스트 10-7]과 같이 입력한다. 그레이 영상 모폴로지 침식(Erosion) 연산의 결과값 범위는 0과 255사이를 벗어날 수 있으므로 정수형의 일차원 배열을 동적으로 할당하여 사용한다. 최종 계산 후 디스플레이를 위해 값의 범위를 다시 0과 255사이로 매핑하도록 한다. 계산결과에서 최대, 최소값을 구한 후 이를 이용하여 매핑을 수행한다.

이제 영상 축소 처리함수를 호출하는 메뉴 명령을 추가한다. 먼저 [그림 10-28]처럼 <Workspace>의 리소스뷰 탭에서 메뉴를 편집한다. 빈 메뉴 부분에 커서를 대고 클릭하면 [그림 10-29]처럼 메뉴입력 대화창이 열린다. [그림 10-29]에 주어진 것처럼 메뉴작성에 필요한 항목을 입력한다.

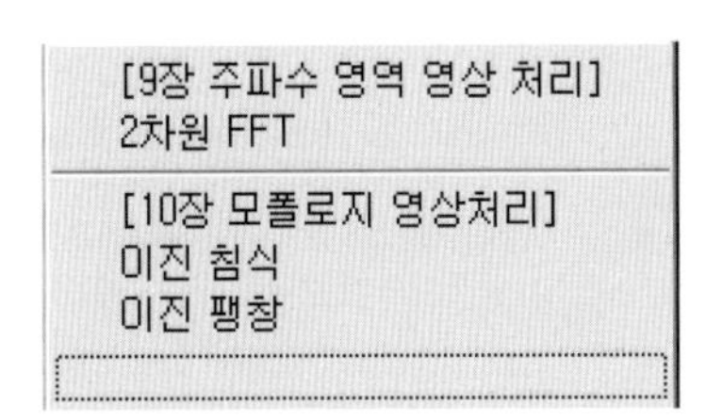

그림 10-28 새 메뉴의 입력

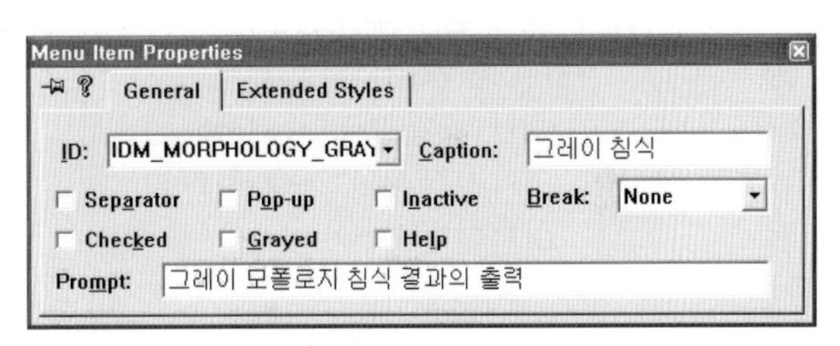

그림 10-29 메뉴 항목의 작성

리스트 10-7 그레이 영상 모폴로지 침식(Erosion) 연산의 구현

```
01 void CWinTestDoc::m_MorphologyGrayErosion(int height, int width)
02 {
03     int r,c,i;
04     int mx,my;
05     int min,max,diff,where;
06     int *pTmpImg;
07     float constVal1,constVal2,newValue;
08     //동적 이미지 할당
```

```
09      pTmpImg=new int[height*width];
10      //결과 이미지를 0으로 모두 초기화
11      for(r=0;r<height;r++)
12         for(c=0;c<width;c++)
13            pTmpImg[r*width+c]=0;
14      for(r=0;r<height;r++)
15         for(c=0;c<width;c++){
16            min=m_InImg[r][c];
17            //pSE[0].row: Structure Element의 크기
18            for(i=1;i<m_pSEGray[0].row;i++){
19               mx=c+m_pSEGray[i].col;
20               my=r+m_pSEGray[i].row;
21               //범위 검사
22               if(mx>=0 && mx<width && my>=0 && my<height){
23                  diff=m_InImg[my][mx]-m_pSEGray[i].grayval;
24                  if(diff<min)
25                     min=diff;
26               }
27            }
28            pTmpImg[r*width+c]=min;
29         }
30         //결과이미지를 0에서 255사이로 변환. 최소, 최대값을 찾은 후 변환
31         min=(int)10e10; max=(int)-10e10;
32         for(r=0;r<height;r++)
33            for(c=0;c<width;c++){
34               diff=pTmpImg[r*width+c];
35               if(diff<min) min=diff;
36               if(diff>max) max=diff;
37            }
38         //변환 시 상수값을 미리 계산
39         constVal1=(float)(255.0/(max-min));
40         constVal2=(float)(-255.0*min/(max-min));
41         for(r=1; r<height; r++)
42            for(c=1; c<width; c++){
43               //[min,max]사이의 값을 [0,255]값으로 변환
44               newValue=pTmpImg[r*width+c];
45               newValue=constVal1*newValue+constVal2;
46               m_OutImg[r][c]=(BYTE)newValue;
47            }
48         //동적 메모리 할당 해제
49         delete [] pTmpImg;
50   }
```

추가된 메뉴항목 <그레이 침식>에 커서를 대고 오른쪽 버튼을 클릭하면 [그림 10-30]의 팝업메뉴가 출력되는데 여기서 <ClassWizard>부분을 클릭한다.

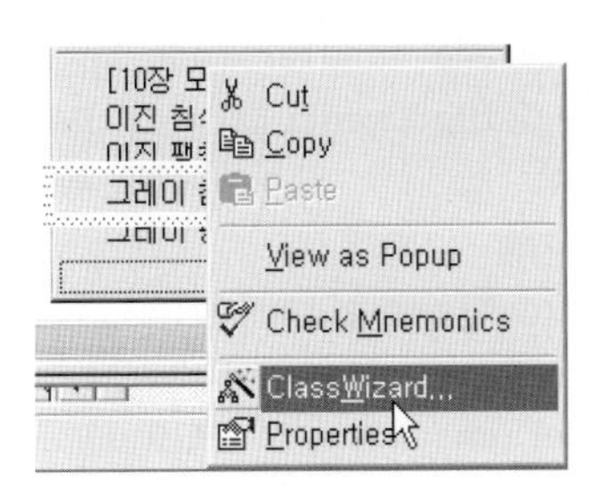

그림 10-8 클래스마법사의 호출

오픈된 클래스위자드 입력창에서 [그림 10-31]에 주어진 순서를 차례로 입력한다. 먼저 <Class name>부에서 [CWinTestView]를 선택한다. 다음으로 <Object IDs>부에서 [IDM_MORPHOLOGY_GRAY_EROSION]을 선택한다. 이 ID는 [그림 10-29]에서 영상 축소처리 명령을 호출하기 위해 만들었던 메뉴의 ID이다. 다음으로 <Messages>부에서 [COMMAND]를 선택하고 멤버함수를 추가하기 위해 더블 클릭을 수행한다. 오픈된 멤버함수 입력창에는 기본으로 주어지는 멤버함수가 입력되어 있다. 이것을 바꾸지 말고 [OK]버튼을 클릭한다.

[OK]버튼을 클릭하면 새로운 멤버함수가 <CWinTestView> 클래스 아래에 추가되고 이 함수는 [그림 10-32]와 같이 나타난다. 이 부분을 더블 클릭하면 추가된 멤버함수를 편집하는 것이 가능하다.

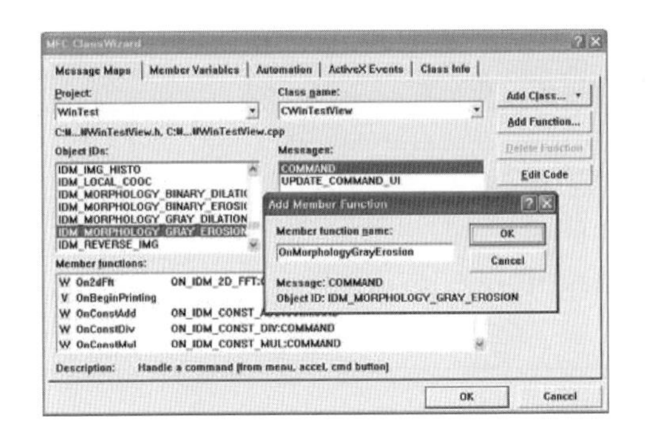

그림 10-31 멤버함수의 입력

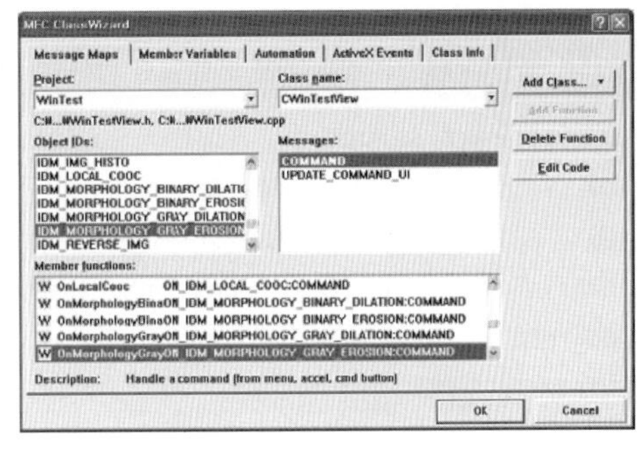

그림 10-32 멤버함수의 편집

[리스트 10-8]와 같이 코드를 입력하고 뷰 클래스의 멤버함수를 작성한다. 이 코드는 도큐먼트 클래스 하의 영상 축소 처리함수 m_MorphologyGrayErosion()을 호출한다.

리스트 10-8 이진 모폴로지 침식함수를 호출하는 뷰 클래스 멤버함수의 구현

```
01 void CWinTestView::OnMorphologyGrayErosion()
02 {
03    // TODO: Add your command handler code here
04    CWinTestDoc* pDoc = GetDocument();    // 도큐먼트 클래스를 참조하기 위해
05    ASSERT_VALID(pDoc);                   // 주소를 가져옴
06    //구조 요소를 생성 후 값을 지정
07    pDoc->m_AllocStructureElementGray(6);
08    pDoc->m_SetStructureElementGray(0,6,0,0);
09    pDoc->m_SetStructureElementGray(1,-1,0,1);
10    pDoc->m_SetStructureElementGray(2,0,-1,1);
11    pDoc->m_SetStructureElementGray(3,0,0,2);
12    pDoc->m_SetStructureElementGray(4,0,1,1);
13    pDoc->m_SetStructureElementGray(5,1,0,1);
14
15    pDoc->m_MorphologyGrayErosion(256,256);
16
17    //동적 할당 메모리 해제
18    pDoc->m_FreeStructureElementGray();
19    Invalidate(FALSE); // 화면 갱신
20 }
```

[리스트 10-8]을 살펴보면 m_MorphologyGrayErosion() 함수를 호출하기 전 먼저 구조 요소를 할당한 후 각 구조 요소의 값들을 설정하고 있다. 처리 후에는 구조 요소를 해제하도록 한다. 그레이 영상 모폴로지 연산과 관련된 구조 요소는 다음과 같이 정의한다. 이들 구조체는 <CWinTestDoc>의 멤버변수로 선언하도록 한다.

리스트 10-9 그레이 영상 모폴로지 연산 처리를 위한 구조 요소의 선언

```
01 typedef struct {
02    int row,col;//좌표값
03    int grayval;//그레이 구조 요소의 값
04 } StructureElementGray,*pStructureElementGray;
05 pStructureElementGray m_pSEGray;
```

그레이 영상 모폴로지 처리를 위한 구조 요소의 할당과 구조 요소값 설정 및 해제와 관련된 코드는 다음과 같다. 구조 요소의 첫 번째 구조체의 행값에 구조 요소의 크기를 설정하도록 한다. [리스트 10-2]에서 이에 해당하는 부분은 pDoc → m_SetStructureElementGray(0,6,0,0)이며 구조 요소의 크기가 6임을 알 수 있다. [리스트 10-8]에서 설정하고 있는 구조 요소의 형태는 [그림 10-33]과 같은 형태이다.

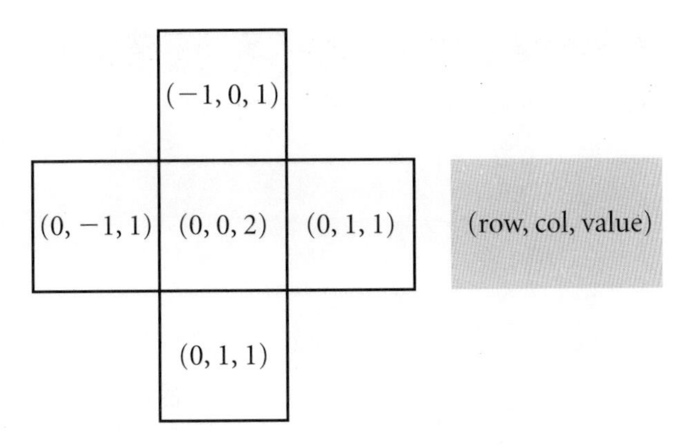

그림 10-33 리스트 10-8에서 설정한 구조 요소의 형태

리스트 10-10 그레이 모폴로지 연산처리를 위한 구조 요소의 할당, 설정 및 해제 함수의 구현

```
01 //구조 요소를 인자 개수만큼 생성 후 StructureElementGary* m_pSEGray에 지정
02 void CWinTestDoc::m_AllocStructureElementGray(int HowMany)
03 {
04     m_pSEGray=new StructureElementGray[HowMany];
05 }
06 void CWinTestDoc::m_FreeStructureElementGray()
07 {
08     if(m_pSEGray!=NULL)
09         delete [] m_pSEGray;
10 }
11 void CWinTestDoc::m_SetStructureElementGray(int which,int row,int col,int grayval)
12 {
13     m_pSEGray[which].row=row;
14     m_pSEGray[which].col=col;
15     m_pSEGray[which].grayval=grayval;
16 }
```

코드 작성이 끝났으므로 컴파일하고 링크하여 실행한다. [그림 10-34]는 실행결과이다. [그림 10-34]의 결과는 [그림 10-33]의 구조 요소를 이용한 결과이며, 이 구조 요소의 특징은 밝은 부분은 보다 밝게 하고 어두운 부분의 경우 주변으로의 확장이 일어남을 알 수 있다. 침식(Erosion) 연산의 특징에 의해 밝은 부분의 영역 감소가 일어남을 알 수 있다.

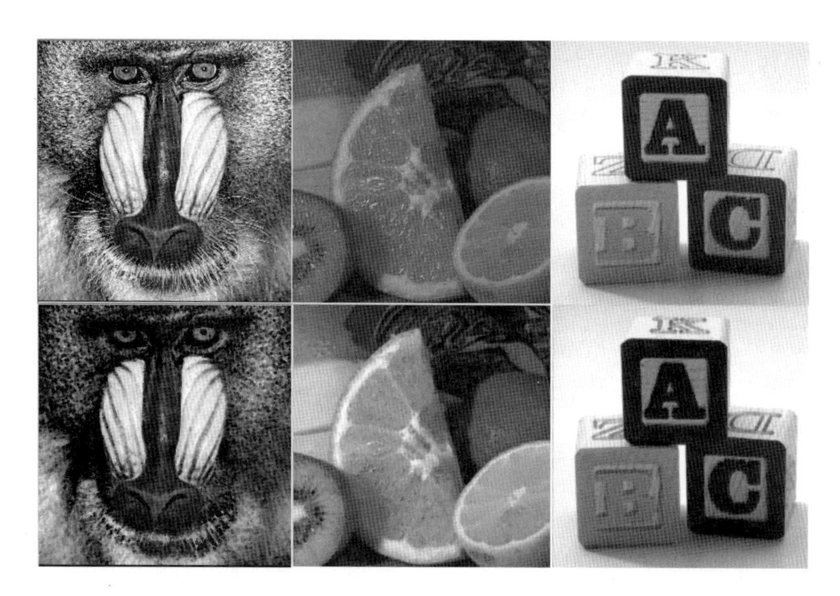

그림 10-34 [그림 10-33] 형태의 구조 요소에 의한 그레이 영상 모폴로지 침식(Erosion)연산 결과 (위 열: 원 이미지, 아래 열: 처리 결과)

2 그레이 영상 모폴로지 팽창 연산의 구현

<Workspace>의 클래스뷰 탭의 `CWinTestDoc` 클래스에 커서를 대고 오른쪽 버튼을 클릭해 새로운 <멤버함수>를 추가한다. [그림 10-36]의 다이얼로그창에서 멤버함수를 추가한다.

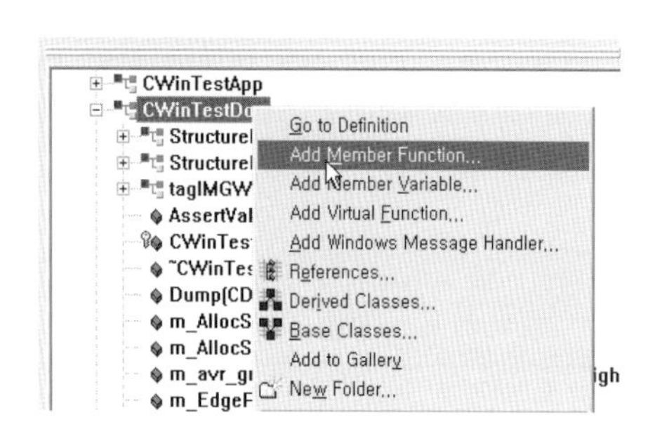

그림 10-35 새 멤버함수 추가

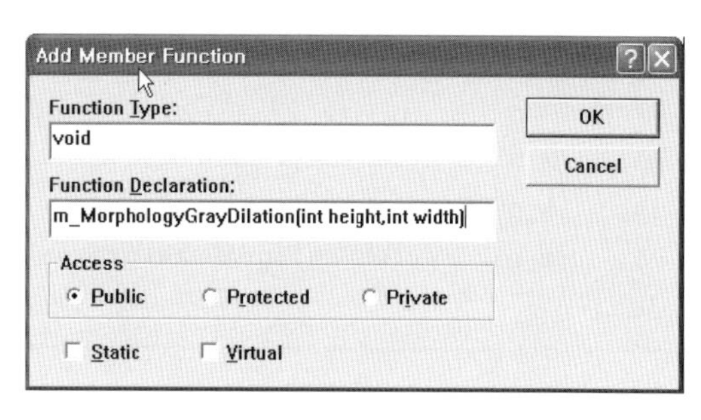

그림 10-36 새 멤버함수의 입력

추가된 멤버함수에 해당하는 코드를 [리스트 10-11]과 같이 입력한다. 그레이 영상 모폴로지 팽창(Dilation) 연산의 결과값 범위는 0과 255 사이를 벗어날 수 있으므로 정수형의 일차원 배열을 동적으로 할당해 사용한다. 최종 계산 후 디스플레이를 위해 값의 범위를 다시 0과 255 사이로 매핑하도록 한다.

리스트 10-11 그레이 영상 모폴로지 팽창(Dilation) 연산의 구현

```
01 void CWinTestDoc::m_MorphologyGrayDilation(int height, int width)
02 {
03     int r,c,i;
04     int mx,my;
05     int min,max,sum,where;
06     int *pTmpImg;
07     float constVal1,constVal2,newValue;
08     //동적 이미지 할당
09     pTmpImg=new int[height*width];
10     //결과이미지를 0으로 모두 초기화
11     for(r=0;r<height;r++)
12        for(c=0;c<width;c++)
13           pTmpImg[r*width+c]=0;
14     for(r=0;r<height;r++)
15        for(c=0;c<width;c++){
16           max=m_InImg[r][c];
17           //pSE[0].row:StructureElement의 크기
18           for(i=1;i<m_pSEGray[0].row;i++){
19              mx=c-m_pSEGray[i].col;
20              my=r-m_pSEGray[i].row;
21              //범위 검사
22              if(mx>=0 && mx<width && my>=0 && my<height){
23                 sum=m_InImg[my][mx]+m_pSEGray[i].grayval;
24                 if(sum>max)
25                    max=sum;
26              }
27           }
28           pTmpImg[r*width+c]=max;
29        }
30        //결과이미지를 0에서 255사이로 변환. 최소, 최대값을 찾은 후 변환
31        min=(int)10e10;
32        max=(int)-10e10;
33        for(r=0;r<height;r++)
34           for(c=0;c<width;c++){
35              sum=pTmpImg[r*width+c];
36              if(sum<min) min=sum;
37              if(sum>max) max=sum;
38           }
39        //변환 시 상수값을 미리 계산
40        constVal1=(float)(255.0/(max-min));
41        constVal2=(float)(-255.0*min/(max-min));
```

```
42        for(r=1; r<height; r++)
43          for(c=1; c<width; c++){
44            //[min,max]사이의 값을 [0,255]값으로 변환
45            newValue=pTmpImg[r*width+c];
46            newValue=constVal1*newValue+constVal2;
47            m_OutImg[r][c]=(BYTE)newValue;
48          }
49        //동적 메모리 할당 해제
50        delete [] pTmpImg;
51  }
```

이제 영상 축소 처리함수를 호출하는 메뉴 명령을 추가한다. 먼저 [그림 10-37]처럼 <Workspace>의 리소스뷰 탭에서 메뉴를 편집한다. 빈 메뉴 부분에 커서를 대고 클릭하면 [그림 10-38]처럼 메뉴입력 대화창이 열린다. [그림 10-38]에 주어진 것처럼 메뉴작성에 필요한 항목을 입력한다.

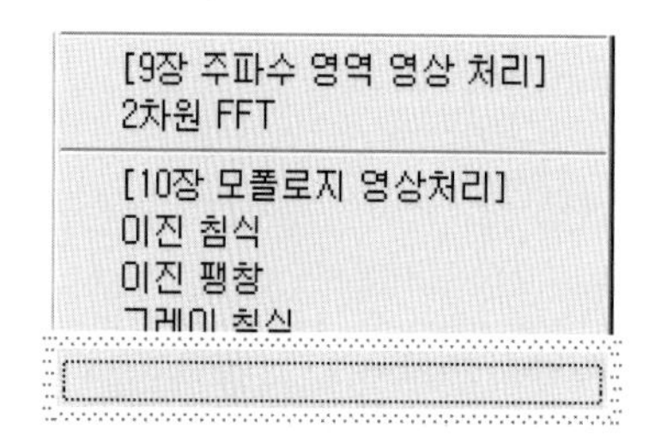

그림 10-37 새 메뉴의 입력

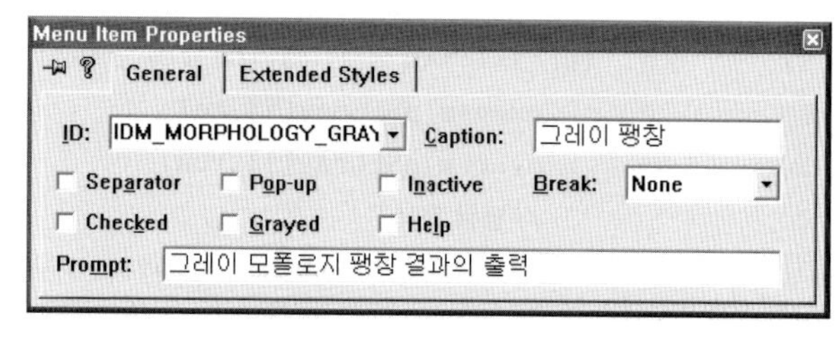

그림 10-38 메뉴 항목의 작성

추가된 메뉴항목 <그레이 침식>에 커서를 대고 오른쪽 버튼을 클릭하면 [그림 10-39]의 팝업메뉴가 출력되는데 여기서 <ClassWizard> 부분을 클릭한다.

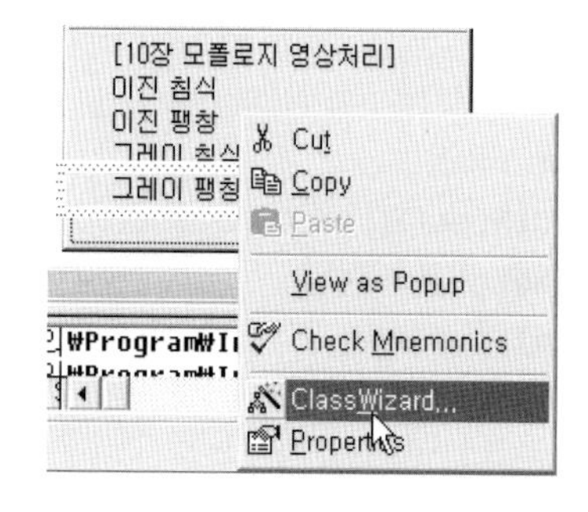

그림 10-8 클래스위자드의 호출

오픈된 클래스위자드 입력창에서 [그림 10-40]에 주어진 순서로 차례로 입력한다. 먼저 <Class name>부에서 [CWinTestView]를 선택한다. 다음으로 <Object IDs>부에서 [IDM_MORPHOLOGY_GRAY_DILATION]을 선택한다. 이 ID는 [그림 10-38]에서 영상 축소처리 명령을 호출하기 위해 만들어 두었던 메뉴의 ID이다. 다음으로 <Messages>부에서 [COMMAND]를 선택하고 멤버함수를 추가하기 위해 더블 클릭을 수행한다. 오픈된 멤버함수 입력창에는 기본으로 주어지는 멤버함수가 입력되어 있다 . 이것을 바꾸지 말고 [OK]버튼을 클릭한다.

[OK]버튼을 클릭하면 새로운 멤버함수가 <CWinTestView> 클래스 아래에 추가되고 이 함수는 [그림 10-41]과 같이 나타난다. 이 부분을 더블 클릭하면 추가된 멤버함수를 편집하는 것이 가능하다.

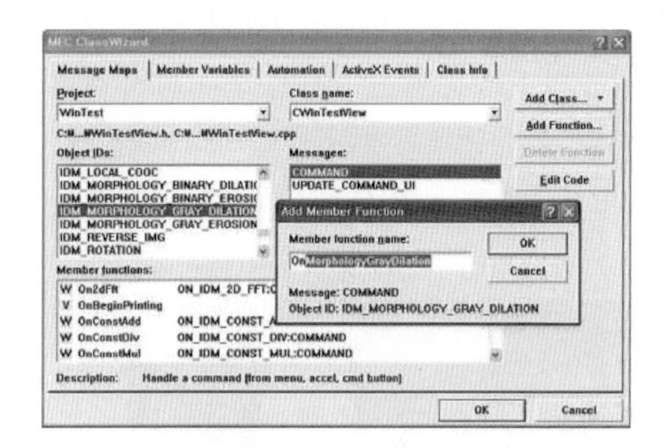

그림 10-40 멤버함수의 입력

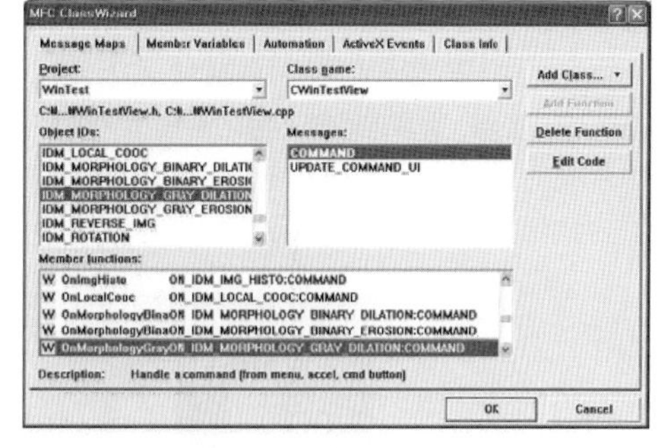

그림 10-41 멤버함수의 편집

[리스트 10-12]와 같이 코드를 입력하고 뷰 클래스의 멤버함수를 작성한다. 이 코드는 도큐먼트 클래스 하의 영상 축소 처리함수 m_MorphologyGrayDilation()을 호출한다. 구조 요소의 할당, 설정 및 해제는 전 절에서의 그레이 영상 모폴로지 침식(Erosion) 연산과 동일한 것을 사용한다.

리스트 10-12 이진 모폴로지 침식함수를 호출하는 뷰 클래스 멤버함수의 구현

```
01 void CWinTestView::OnMorphologyGrayDilation()
02 {
03     // TODO: Add your command handler code here
04     CWinTestDoc* pDoc = GetDocument();     // 도큐먼트 클래스를 참조하기 위해
05     ASSERT_VALID(pDoc);                    // 주소를 가져옴
06     //구조 요소를 생성 후 값을 지정
07     pDoc->m_AllocStructureElementGray(6);
08     pDoc->m_SetStructureElementGray(0,6,0,0);
09     pDoc->m_SetStructureElementGray(1,-1,0,1);
10     pDoc->m_SetStructureElementGray(2,0,-1,1);
```

```
11      pDoc->m_SetStructureElementGray(3,0,0,2);
12      pDoc->m_SetStructureElementGray(4,0,1,1);
13      pDoc->m_SetStructureElementGray(5,1,0,1);
14
15      pDoc->m_MorphologyGrayDilation(256,256);
16
17      //동적 할당 메모리 해제
18      pDoc->m_FreeStructureElementGray();
19      Invalidate(FALSE); // 화면 갱신
20 }
```

코드 작성이 끝났으므로 컴파일하고 링크하여 실행한다. [그림 10-42]는 실행결과이다. [그림 10-42]의 결과는 [그림 10-33]의 구조 요소를 이용한 그레이 영상 모폴로지 팽창(Dilation) 연산의 결과이다. 이 구조 요소의 특징은 밝은 부분은 보다 밝게 하고 밝은 부분의 영역의 팽창이 일어났다는 것이다. [그림 10-34]에는 동일 구조 요소에 의한 침식(Erosion) 연산 결과가 있으며 이들의 비교를 통해 두 연산의 특징을 알 수 있다.

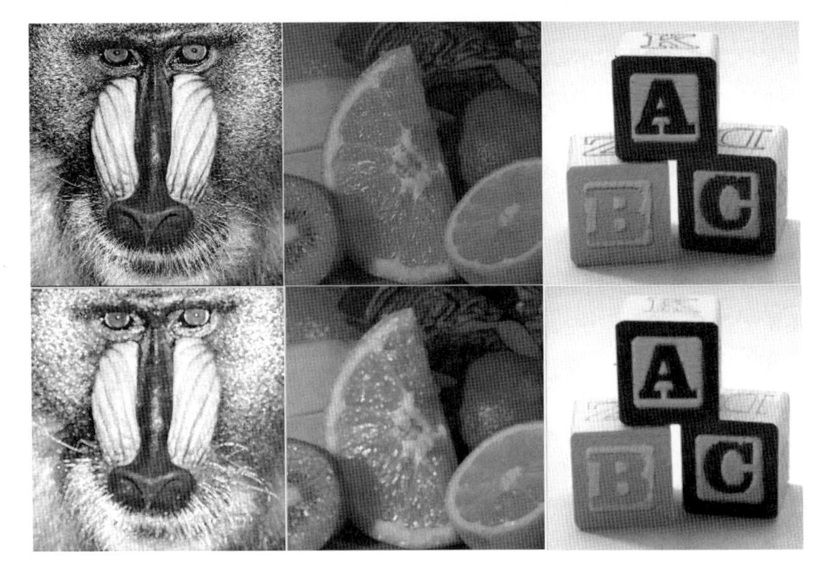

그림 10-42 [그림 10-33] 형태의 구조 요소에 의한 그레이 영상 모폴로지 팽창(Erosion)연산 결과 (위 열: 원 이미지, 아래 열: 처리 결과)

Tip | 그레이 영상 모폴로지 제거(Opening) & 채움(Closing) 연산

제거(Opening) 연산의 경우 먼저 팽창(Dilation) 연산 수행후 그 결과 영상에 다시 침식(Erosion)을 수행하면 되고, 채움(Closing) 연산의 경우 먼저 침식(Erosion) 연산 수행후 그 결과 영상에 팽창(Dilation) 연산을 수행하면 된다. 제거(Opening) 연산의 경우 이름에서 의미하는 바와 같이 영역 내의 갭들을 제거하는 효과가 있으며, 채움(Closing) 연산의 경우 영역 내의 갭들을 확장하는 효과가 있다.

4. 모폴로지를 이용한 응용

모폴로지(형태학) 알고리즘은 다양한 모양의 구조 요소를 영상에 적용하여 영상잡음을 제거하거나 사용자에게 필요한 영상 특징을 추출하는 것을 목표로 한다. 마스크 역할을 하는 작은 구조 요소(structure element)는 필요에 따라 사용자가 다양하게 설계할 수 있다.

마스크 설계 시에 주의할 점은 영상 내에 관심 있는 대상 물체의 기하학적 형태를 사용자가 미리 알아 그 정보를 반영해 주어야 하는 것이며 이렇게 설계된 마스크를 이용하여 영상 내에서 원하는 부분만을 추출하도록 시도해야 한다.

[그림 10-43]은 많이 사용되는 몇 가지 형태의 구조 요소를 보여주고 있으며 아래의 [그림 10-43]은 이러한 구조 요소가 형태에 따라 영상 내의 다양한 관심 특징을 어떻게 추출하는지 예를 보여준다.

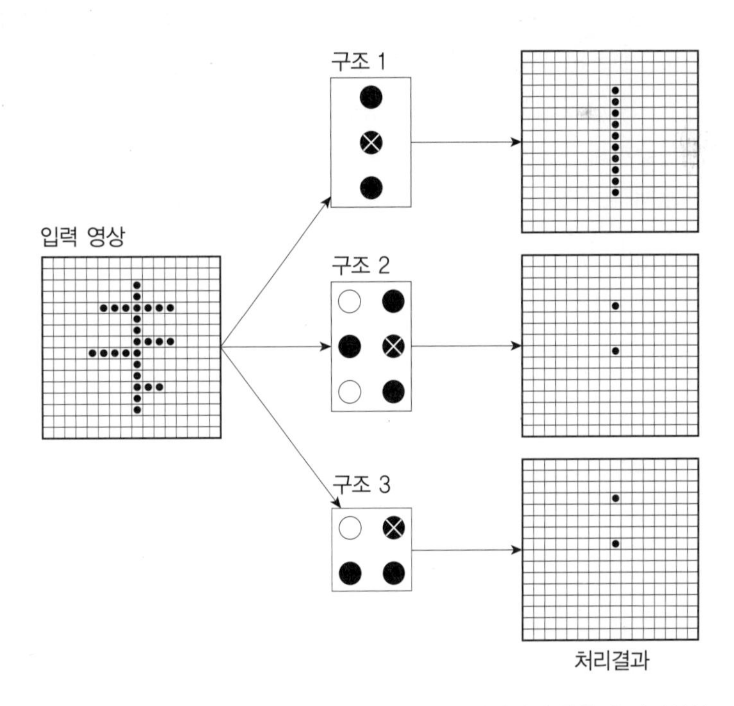

그림 10-43 마스크(구조)의 형태에 따른 입력영상에서 추출된 결과영상

Tip | 구조 요소의 적용 원리

[그림 10-43]은 몇 가지 마스크 형태에 따른 입력영상의 모폴로지 연산 처리 결과를 보여준다. [그림 10-43]의 우측 결과영상에는 사용된 각각의 세 가지 구조 요소의 적용에 따른 영상특징의 추출결과를 보여주고 있으며, 그림에서 알 수 있는 것처럼 원 영상의 직선이나 코너부가 추출되고 있음을 알 수 있다. 구조 요소 1~3에서 "x"표시된 점의 위치를 영상 내의 임의의 위치에 겹쳐 놓았을 때, 구조 요소 내의 검은색 화소점이 겹쳐진 위치에서 영상 내의 화소점이 존재할 때 "x"점의 위치에서 특징점이 추출되게 된다.

[그림 10-43]은 영상에서 추출하거나 제거할 대상의 구조적인 형태를 미리 알고 있을 때, 적당하게 설계된 마스크를 이용해 사용자가 관심 있는 특징을 추출하는 예를 보여준다. [그림 10-44]는 모폴로지의 실제 응용으로서 J.Parker가 제시하여 악보 영상에 적용된 예를 보여주고 있다[1]. 음표와 음자리표, 박자표 등의 자동 인식을 위해 오선지에서 음표만을 자동으로 추출하여야 하며, 이를 위해 모폴로지 구조연산을 적용한다.

먼저 오선지의 5개의 직선 간격은 맨 위의 선으로부터 각각 4픽셀씩 간격을 가지고 떨어져 있다고 가정한다. 이때, [그림 10-44(b)]처럼 정의된 구조 요소를 원 입력영상인 [그림 10-44(a)]에 침식(erosion)연산을 적용하면 [그림 10-44(c)]의 직선 하나가 추출된다. 이것은 구조 요소의 적용 시, [그림 10-44(b)]의 "x" 표시된 화소가 [그림 10-44(a)]의 원 영상에 겹쳐졌을 때, [그림 10-44(b)] 내의 검은색 표시 화소와 겹쳐진 원 영상 내 화소가 모두 직선상에 겹쳐졌을 때만 값이 나타나기 때문이다. 구조 요소를 다시 적용하여 [그림 10-44(c)] 영상에 [그림 10-44(d)]의 구조 요소를 팽창(dilation)연산 적용하면 [그림 10-44(e)]가 얻어지며, [그림 10-44(a)]영상에서 [그림 10-44(e)]영상을 빼게 되면 [그림 10-44(f)]가 얻어진다. 마지막으로 [그림 10-44(f)]영상은 중간중간 벌어진 간격을 채우기 위해 간단한 채움 연산을 수행하면 최종적으로 [그림 10-44(g)]영상의 결과가 얻어지며 이것은 추출된 음표들을 보여주고 있다. 이 음표들을 패턴정합이나 여러 가지 인식 기법을 이용하여 인식하면 오선지에서 자동으로 음표를 인식하는 것이 가능해진다.

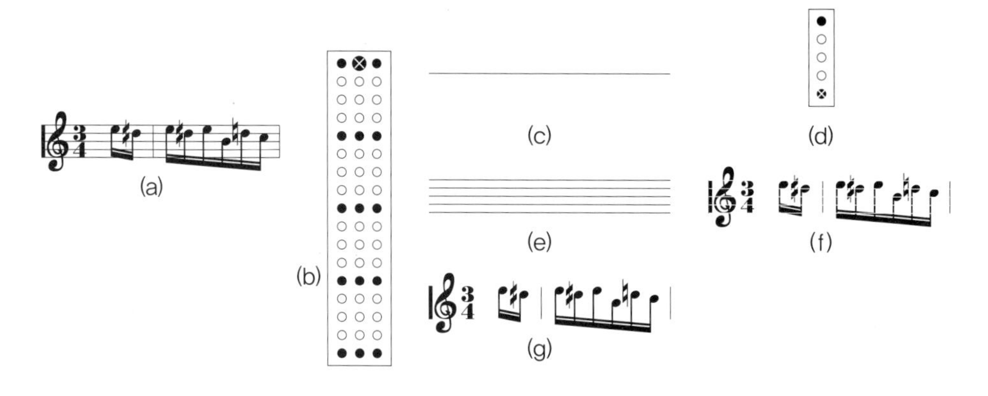

그림 10-44 구조 요소를 이용한 악보에서 음표, 박자표 등의 자동 추출

1 Top Hat 연산

Top Hat 연산은 흑백영상(Gray-scale image)에서 특정 관심물체를 추출하기 위한 모폴로지 기법 중 하나이다. 원 입력영상(A)에 열림(opening) 또는 닫힘(closing) 연산 적용 후 원 영상과의 차영상을 구함에 의해 Top Hat를 수행할 수 있으며 적용할 구조 요소 B는 추출할 물체보다 더 크게 선택한다. 아래의 두 식은 추출할 대상이 밝은 물체일 경우와 어두운 물체일 경우에 대한 Top Hat 연산 수식을 보여준다.

▶ 밝은 물체 추출:

$$\mathrm{TopHat(A, B)} = \mathrm{A} - (\mathrm{A} \circ \mathrm{B}) = \mathrm{A} - \max_{B}\left(\min_{B}(A)\right) = \mathrm{A} - [(A \otimes B) \oplus B]$$

▶ 어두운 물체 추출:

$$\mathrm{TopHat(A, B)} = (\mathrm{A} \bullet \mathrm{B}) - \mathrm{A} = \min_{B}\left(\max_{B}(A)\right) - \mathrm{A} = [(A \oplus B) \otimes B]$$

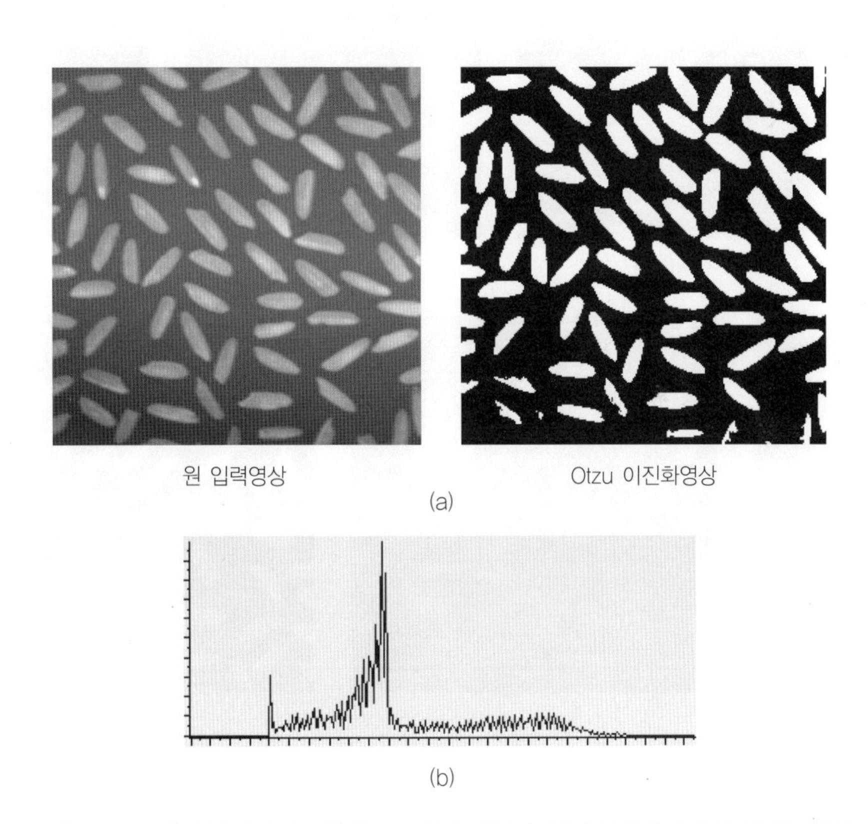

그림 10-45 배경 밝기의 불균일 분포로 인해 전역이치화에서 물체 추출이 어려운 영상

[그림 10-45]는 영상 내 배경 밝기의 불균일 분포로 인해 Otzu와 같은 전역이치화 알고리즘으로는 물체 추출이 어려운 영상(특히 영상의 하단부에서 rice가 잘 추출되지 않음)을

보여준다. [그림 10-45(a)]는 원 입력영상과 Otzu이치화의 결과를 보여주고, [그림 10-45(b)]는 원 입력영상에 대한 밝기 Histogram을 보여준다. 히스토그램 그래프에서 알 수 있는 것처럼 영상 내 픽셀들의 밝기는 아주 넓은 영역에 걸쳐 골고루 존재하며 이것은 배경 밝기의 불균일성을 나타낸다.

이러한 경우 성공적 이치화를 위해 물체 배경의 불균일 밝기영상을 먼저 추출하고 이 영상을 원영상에서 빼주어 불균일한 밝기를 제거함으로써 원영상의 배경을 균일하게 만든 후, 결과 영상에 대해 이치화를 수행한다면 성공적인 물체추출이 가능할 것이다. 따라서, 이러한 과정의 적용을 위해 배경영상의 추출이 필요하다. Top Hat은 배경영상의 추출을 위해 사용된다.

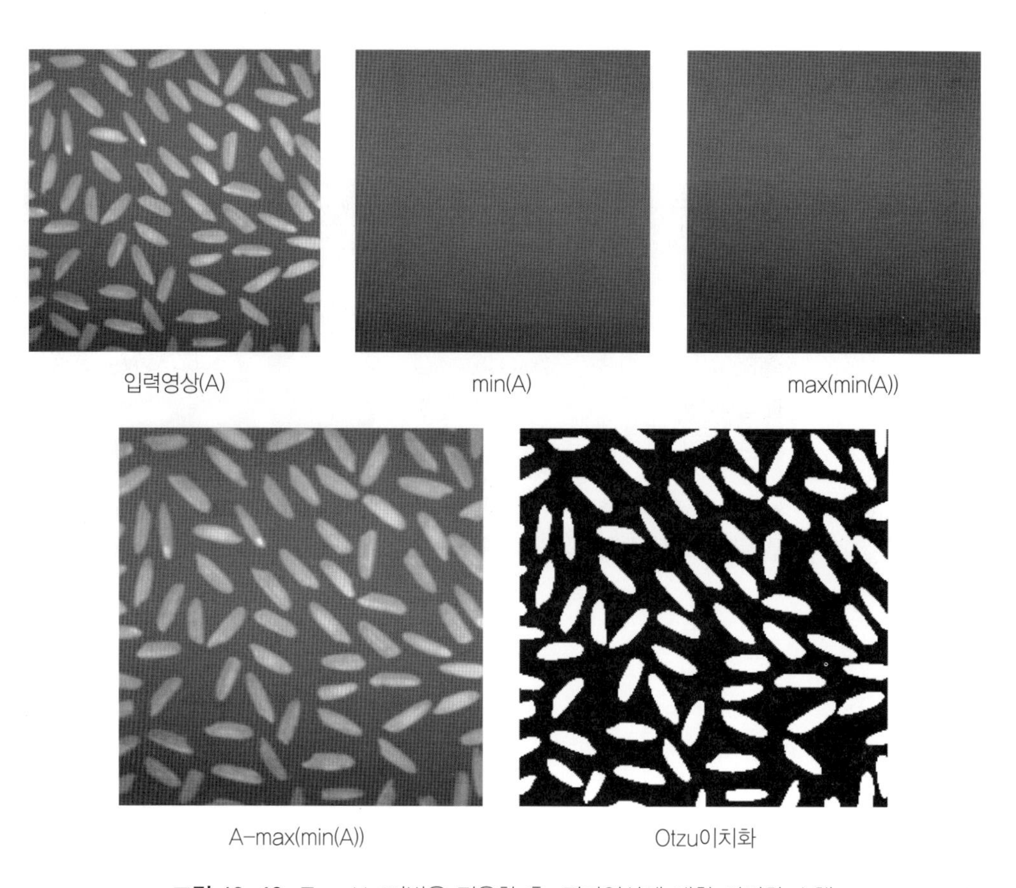

그림 10-46 Top-Hat기법을 적용한 후, 결과영상에 대한 이치화 수행

[그림 10-46]는 추출할 물체가 배경에 비해 밝은 물체 (rice)이므로 Top-Hat식 중에 첫 번째 식을 사용한다. rice영상(A)에서 불균등한 배경영상(max(min(A)))을 먼저 Top-Hat연산으로 구한 후, 원 영상에서 배경영상과의 차영상을 구하고 이 영상에 대해 Otzu이치화를

수행한 결과를 보여주고 있다. 이치화 결과영상에서 볼 수 있는 것처럼 영상 내 모든 rice들이 제대로 추출되고 있음을 알 수 있다.

[그림 10-47]은 카메라 교정을 위한 기준점 스케일 영상에 대해 기준점을 추출하기 위한 Top-Hat 모폴로지 연산의 결과를 보여준다. 추출한 기준점은 배경에 비해 밝은 원형점들이며 Top-Hat의 첫 번째 수식을 적용할 수 있다.

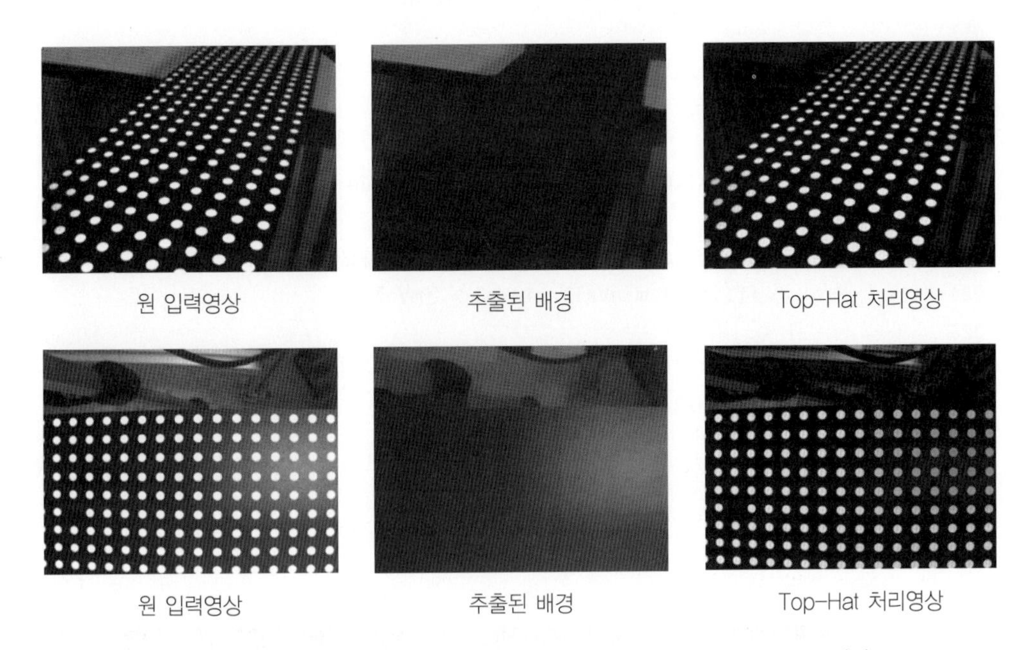

그림 10-47 카메라 교정점 추출을 위한 교정스케일 영상의 Top-Hat처리

[리스트 10-13]은 Console모드에서 구현한 Top-Hat영상의 C++코드이다. 프로그램 실행 후, "rice.bmp"나 "cali1.bmp"와 같은 흑백 bmp영상을 입력하면 Top-Hat처리된 결과 영상을 얻을 수 있다.

리스트 10-13 Top-Hat 모폴로지 연산 프로그램

```
001 uchar* GrayErosion(uchar* orgImg,int height,int width,int r)
002 {
003     r = (int)(r/2.0f);
004     register int i,j,k,l;
005     uchar* outImg = new uchar [height*width];
006     for(i=0; i<height*width; i++) outImg[i] = 0;
007 
008     for(i=0; i<height; i++)
009     {
```

```
010         int index2 = i*width;
011         for(j=0; j<width; j++)
012         {
013            int minVal = 100000;
014            for(k=-r; k<=r; k++)
015            {
016               if(i+k<0 || i+k>=height) continue;
017
018               int index1 = (i+k)*width;
019               for(l=-r; l<=r; l++)
020               {
021                  if(j+l<0 || j+l >=width) continue;
022
023                  uchar imVal = orgImg[index1+j+l];
024                  if(imVal<minVal) minVal = imVal;
025               }
026            }
027            outImg[index2+j] = (uchar)minVal;
028         }
029      }
030      return outImg;
031 }
032
033 uchar* GrayDilation(uchar* orgImg,int height,int width,int r)
034 {
035      r = (int)(r/2.0f);
036      register int i,j,k,l;
037      uchar* outImg = new uchar [height*width];
038      for(i=0; i<height*width; i++) outImg[i] = 0;
039
040      for(i=0; i<height; i++)
041      {
042         int index2 = i*width;
043         for(j=0; j<width; j++)
044         {
045            int maxVal = 0;
046            for(k=-r; k<=r; k++)
047            {
048               if(i+k<0 || i+k>=height) continue;
049
050               int index1 = (i+k)*width;
051               for(l=-r; l<=r; l++)
```

```
052             {
053                if(j+l<0 || j+l >=width) continue;
054 
055                uchar imVal = orgImg[index1+j+l];
056                if(imVal>maxVal) maxVal = imVal;
057             }
058          }
059          outImg[index2+j] = (uchar)maxVal;
060       }
061    }
062    return outImg;
063 }
064 
065 void ImgDiff(uchar* orgImg,uchar* maxImg,int height,int width,uchar* outImg)
066 {
067    for(int i=0; i<height*width; i++)
068    {
069       int diff = orgImg[i]-maxImg[i];
070       outImg[i] = diff<0?(uchar)0:(uchar)diff;
071    }
072 }
073 
074 void TopHat()
075 {
076    char mInStr[40];
077 
078    /// 흑백영상 데이타를 읽는다
079    printf("Input File: "); scanf("%s",mInStr);
080 
081    CFileIO pFile(mInStr);
082 
083    uchar* orgImg = pFile.GetOrgImg();
084    uchar* outImg = pFile.GetOutImg();
085    int height       = pFile.GetHeight();
086    int width     = pFile.GetWidth();
087 
088    int radius = 30;
089 
090    uchar* minImg = GrayErosion(orgImg,height,width,radius);
091    uchar* maxImg = GrayDilation(minImg,height,width,radius); delete []minImg;
092 
093    ImgDiff(orgImg,maxImg,height,width,outImg); delete []maxImg;
```

```
094
095    /// 출력할 파일 이름을 받아들임
096    char outName[40];
097    sprintf(outName,"out%s",mInStr);
098
099    /// 처리한 결과를 저장한다
100    pFile.WriteBMP8(outName);
101 }
```

• **참고문헌**

[1] J. R. Parker, Algorithms for image processing and Computer Vision, John Wiley & Sons, pp, 74~90, 1997.

연습문제

1. Bolts.raw 영상에 대해 다음을 수행하시오.

❶ 침식(erosion) 연산을 수행하고 결과를 보이시오.

❷ 팽창(dilation) 연산을 수행하고 결과를 보이시오.
(단, 구조 요소는 3 × 3 마스크를 사용한다.)

❸ ❶, ❷ 적용 후 경계 부분의 변화를 비교 분석하시오.

2. 다음의 Bolts.raw 영상에 대해 부품의 개수를 자동으로 추출하는 프로그램을 작성하고자 한다. 다음의 과정을 순차적으로 수행하시오(각 단계의 결과 이미지를 다음 단계의 입력 이미지로 사용).

❶ 3회 연속 팽창 후, 3회 연속 침식 연산을 수행한다.

❷ 8방향 연결성분 분석을 통해 결과 영상의 부품 개수를 자동으로 추출하시오.

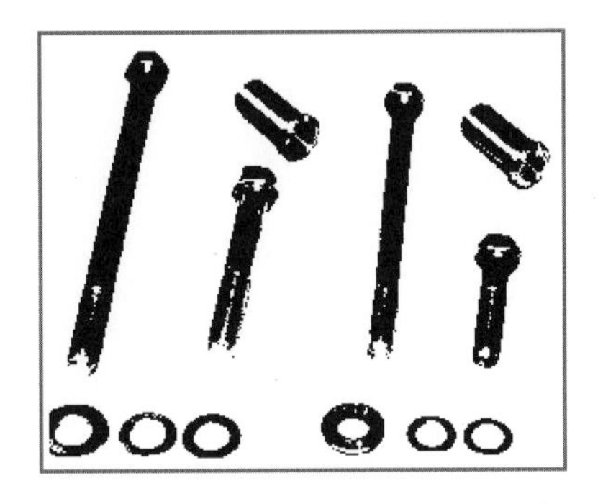

3. 다음의 Rice.raw 영상에 쌀알의 개수를 자동으로 추출하는 프로그램을 작성하고자 한다. 다음의 과정을 순차적으로 수행하시오(각 단계의 결과 이미지를 다음 단계의 입력 이미지로 사용).

❶ 그레이 영상 모폴로지를 이용하여 Top-Hat 연산을 적용하시오.

❷ Otsu이치화(자동 이치화 방법중의 하나)를 적용하시오. 또는 역치값(threshold)를 수동으로 설정하여 이치화를 적용하시오.

❸ 이치화된 결과영상에 Rice의 개수를 추출할 수 있는 프로그램을 적용하여 개수를 출력하시오.

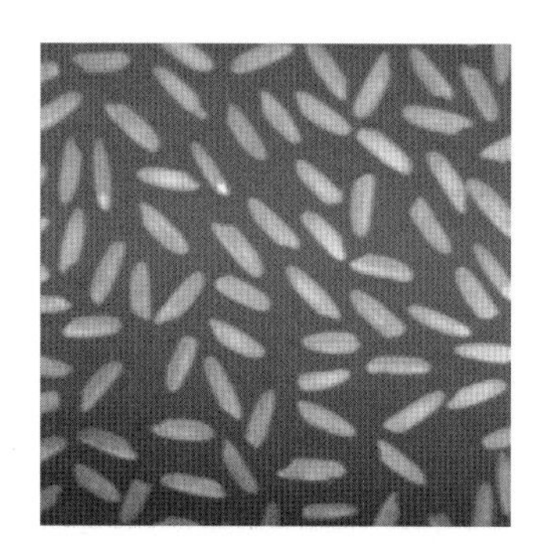

CHAPTER 11 이진영상처리를 이용한 영상인식

멀지 않은 미래에 가정용 로봇이 개발되어 사용될 것이라고 한다. 가정용 로봇은 청소하는 로봇이나 간호 로봇, 오락용 로봇 등 인간의 생활을 편리하게 하고 여가시간을 늘리기 위해 그 사회적 요구가 증가할 것으로 보여진다. 여기서, 가정용 로봇에 필요한 기술이 무엇인지 잠시 생각해보자.

Tip | 인간형 로봇에 필요한 기술

- 인공지능(각종센서 신호처리, 영상 및 음성의 인식) 기술
- 제어기술
- 시스템 설계기술

청소로봇이 자동으로 집안을 청소하기 위해서는 주위환경을 인식하고 집안에서 자기위치(좌표)를 스스로 알아야 할 것이다. 이를 위해서 초음파 센서나 영상센서 등을 이용할 수 있다. 제어기술과 시스템 설계기술은 로봇의 몸체를 구성하고 사용자가 원하는 대로 로봇을 동작시키기 위해 필요한 전기전자 및 기계적인 분야의 일들이다. 영상처리 분야에서는 로봇에 장치된 카메라로 입력된 영상신호를 해석해 자기위치 인식, 물건을 집어드는 일, 장애물을 피하고 사람을 인식하는 등의 여러 가지 유용한 일들을 할 수 있을 것이다. 음성인식기술은 로봇 스스로가 인간의 명령을 해석함으로써 스위치를 누르는 일 없이 편리하게 대화하듯 명령하는 것을 가능하게 만들 수 있다.

인간형 로봇의 눈

완구의 시각센서

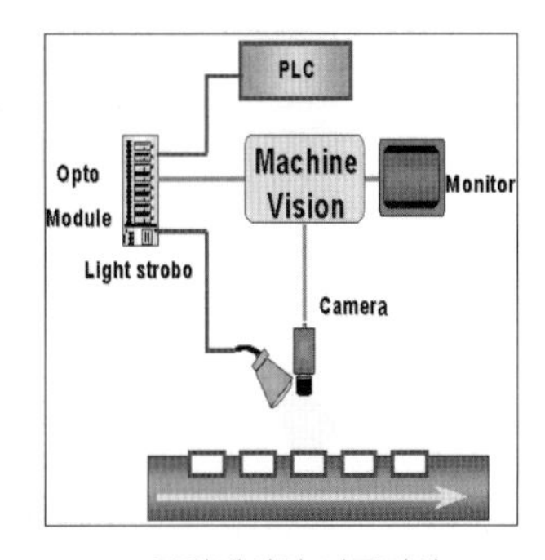

공장에서의 자동검사

그림 11-1 영상인식이 사용되는 예들

컴퓨터가 자동으로 영상의 특징을 검사하여 "OO씨의 얼굴" 또는 지금 "자신은 냉장고 옆에 있음"을 인식하는 일이 가능할까? 이미 공장에서는 카메라로 불량품을 식별하며 사무실에서는 OCR(Optical Character Recognition)로 문자를 자동으로 인식하고, 사람의 지문이나 화폐를 인식한다. 컴퓨터 기술의 발달과 함께 보다 편리한 생활을 위해 영상처리 기술은 더욱 많은 부분에서 적용될 것이다.

본 장에서는 영상을 이용한 인식의 간단한 예로써 흑백의 이진값으로 이루어진 이치화된 영상을 이용하여 물체를 분할(segmentation)하고 이를 인식하는 기법을 소개한다.

Tip | 물체분할(segmentation) 

분할은 배경(background)에서 물체(object)를 추출하는 것을 뜻한다. 음성인식에서 특별한 소리만을 인식하는 것도 분할에 해당한다. 영상에서 관심 있는 영역(semantic region)은 물체가 되고 나머지는 배경으로 취급된다. 차 안에서 사람의 목소리는 물체이고 차 소리나 바람소리는 배경 또는 잡음(noise)으로 처리된다.

영상이나 음성신호 해석에서 인식의 어려움은 관심 있는 물체를 배경으로부터 자동분할하는 데 있다. 소풍 가서 찍은 사진에서 관심 있는 친구의 얼굴을 자동으로 발견하거나 배경에서 분리하기란 쉽지않다. 집안에서 찍은 사진에서 냉장고나 텔레비전만을 영상에서 자동으로 분리해내는 일도 어려운 일들 중의 하나이다. 분할은 영상 및 음성인식에서 해결해야 할 어렵고 중요한 문제 중의 하나이다.

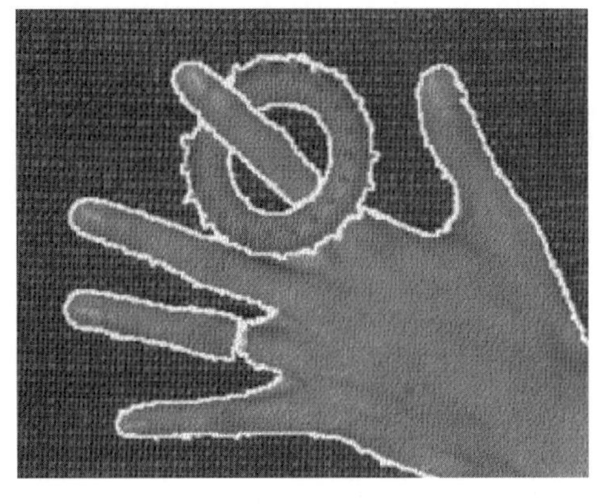

(a) 영역 분할

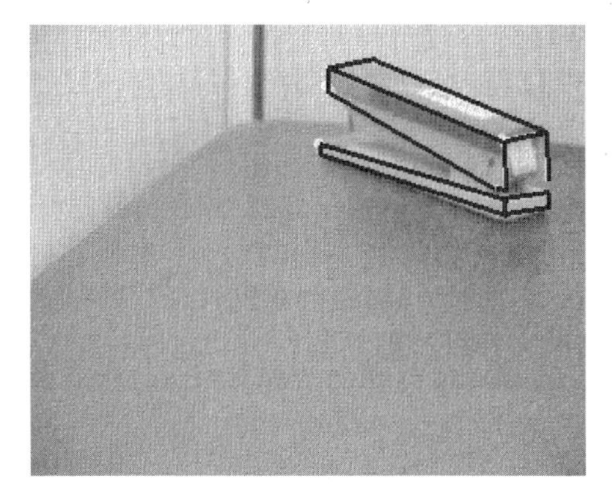

(b) 물체인식

그림 11-2 영상에서 영역분할과 물체의 인식

1. 이진영상을 이용한 물체인식

여기에서는 0과 255의 값만으로 이루어진 이치화된 영상으로부터 영상내부에 있는 물체의 형태나 크기 특징을 이용해 물체를 인식하는 방법을 제시한다.

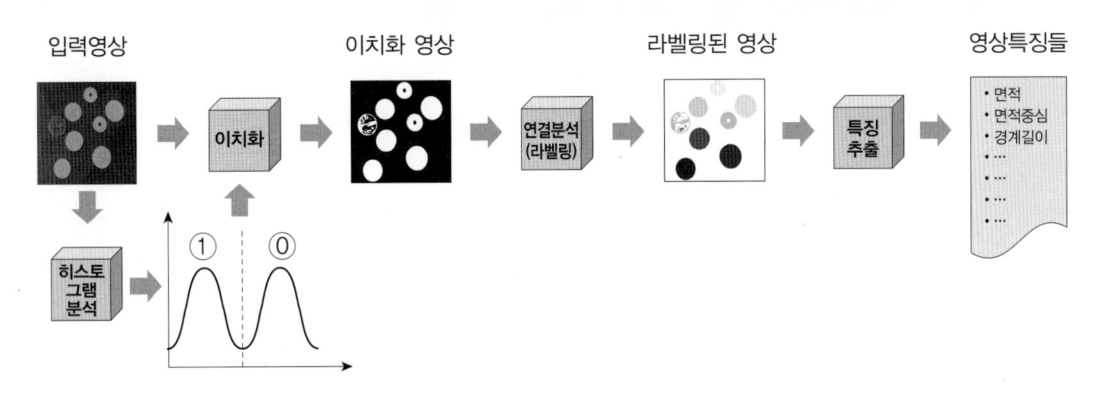

그림 11-3 영상이진화를 이용한 물체 인식의 단계

[그림 11-3]은 이러한 일련의 과정을 설명해주고 있다. 먼저 명암값을 가지는 입력영상을 히스토그램 해석을 통해 이치화된 영상으로 변환한다. 이치화된 영상에서 물체 영역을 라벨링(labeling)이라는 과정을 통해 각각의 물체를 구성하는 개개의 픽셀들을 하나의 영역으로 묶어낸다. 그런 다음 라벨링된 각각의 영역에 대해 크기나 구멍 수, 경계 형상 등 특징을 조사하여 인식하기 위한 자료로 사용한다.

Tip | 라벨링(Labeling)

"인접하여 연결" 되어 있는 모든 화소에 동일한 번호(라벨)를 붙이고 다른 연결 성분에는 또 다른 번호를 붙이는 작업

[그림 11-4]를 보면 임의의 흑백영상을 이치화 처리해 0과 255의 값만으로 이루어진 이치화 영상으로 바꾸고 이치화된 영상에 대해 라벨링을 수행하는 과정을 보여준다. 영상이 라벨링된 후에는 서로 연결된 인접화소 영역은 픽셀들 값이 동일한 하나의 번호로 라벨링되어 나타나며 다른 인접영역성분은 또 다른 번호로 나타나게 된다. 라벨링된 영상을 이용하면 물체를 쉽게 인식할 수 있다. 임의의 한 라벨을 가진 화소만 추출하면 이것은 원 입력영상에서 8개의 물체 영역 중 하나만을 배경에서 분리할 수 있게 되는 것이 된다. 단, [그림 11-4]의 경우는 화소값이 255인 픽셀에 대해서만 라벨링을 수행한 경우이다.

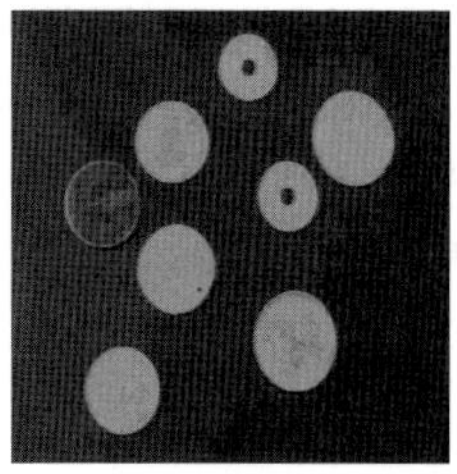

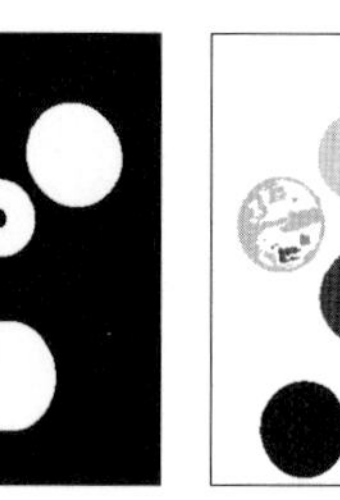

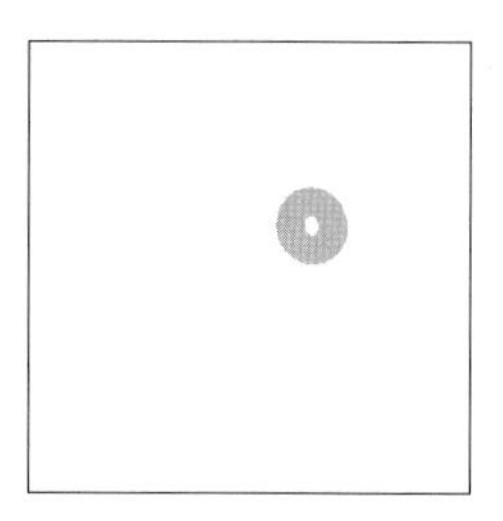

(a) 원 입력 영상 (b) 이치화된 영상 (c) 라벨링된 영상 (d) 하나의 라벨영역

그림 11-4 영상이치화를 통한 영상 라벨링

[그림 11-5]는 임의의 샘플 영상에 대한 라벨링처리 전후를 보여준다. [그림 11-5(a)]는 이치화된 영상으로 구성픽셀의 화소값이 0이 아니면 255인 화소값으로 이루어진 영상이다. 이치화 영상을 라벨링하면 인접하여 연결된 각각의 영역들은 서로 다른 번호가 붙어져 영역을 구별할 수 있도록 재구성된다. 라벨링된 영상에서 임의의 번호를 가진 영역만 추출하면 영역분리가 이루어지게 되며 특별한 영역에 대해서만 크기, 중심 좌표, 원주 길이 등을 추출해내는 것이 가능하게 된다.

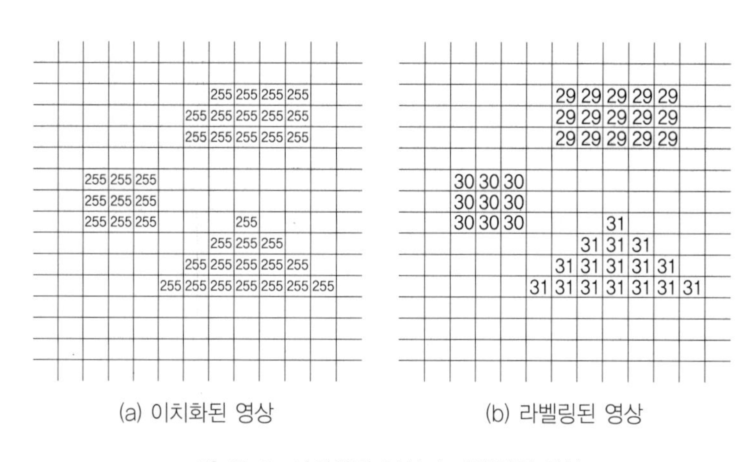

(a) 이치화된 영상 (b) 라벨링된 영상

그림 11-5 이치화된 영상과 라벨링된 영상

Tip | 픽셀의 인접성(neighborhood)

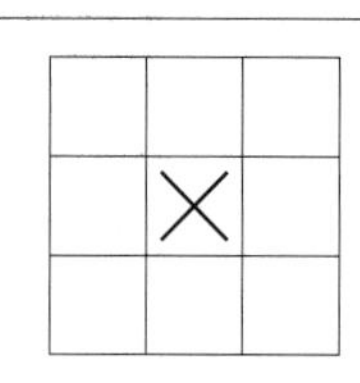

(a) 4-근방 화소들 (b) 8-근방 화소들

그림 11-6 화소의 인접성

화소가 연결되었다는 말은 디지털 영상처리에서의 화소 인접성에 대한 표현이다. 화소의 인접성은 4- 근방 또는 8-근방을 이용한다. 4- 근방화소는 [그림 11-6(a)]의 x로 표시된 관심화소(i, j)의 주위에 인접한 4개의 화소를 의미하고, 8- 근방화소는 [그림 11-6(b)]에서 관심화소(i, j)에 인접한 8개의 화소를 말한다. 라벨링 시, 인접화소의 의미로 4- 근방화소를 사용할 것인지 8- 근방화소를 사용할 것인지 결정해주어야 하며 보통 8-근방화소를 인접화소로 많이 사용한다.

라벨링의 단계는 이치화된 영상을 탐색하다 밝기가 255인 화소값을 만나면 라벨링을 수행하고 이 라벨링점을 4- 근방 또는 8- 근방의 중심으로 이동 후 다시 인접화소의 미방문 255화소값을 라벨링하는 방식으로 반복한다. [그림 11-5]의 삼각형 꼭지부분을 라벨링하면 [그림 11-7]의 단계로 라벨링이 수행된다.

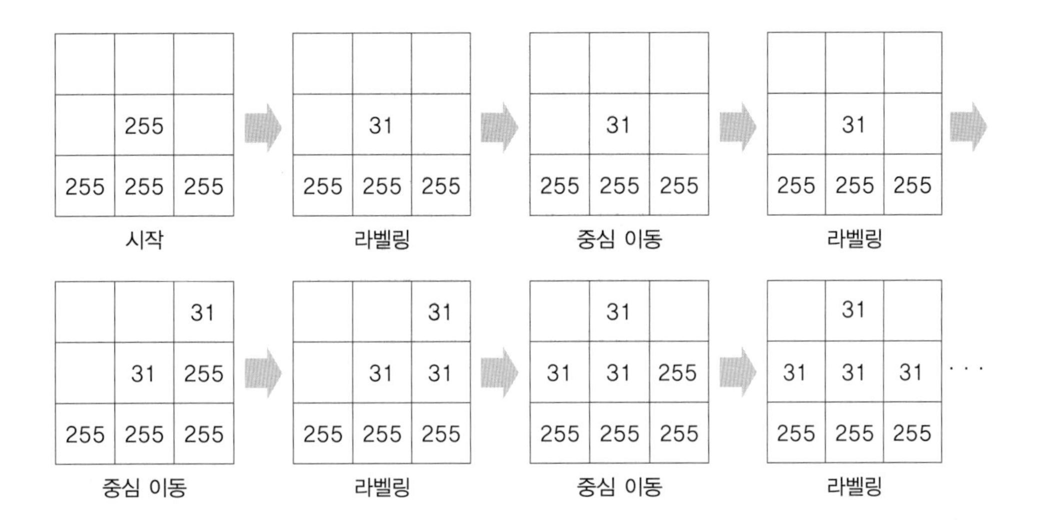

그림 11-7 영역 라벨링의 단계

2. 영역의 라벨링 방법

이치화된 영상을 라벨링하는 가장 간단한 방법은 Glassfire 알고리즘이다. Glassfire 알고리즘은 마른 잔디(glass)에서 불(fire)이 번져나가는 모양과 비슷하게 화소를 라벨링하기 때문에 붙여진 이름이다. 이 방법은 자기호출(recursive call)을 이용해 모든 인접요소가 라벨링될 때까지 현재 관심화소의 주변 인접화소를 차례로 검사하며 라벨링하는 방법이다. [리스트 11-1]과 [리스트 11-2]는 재귀호출을 이용한 GlassFire 알고리즘을 보여준다.

리스트 11-1 GlassFire 알고리즘

```
01 void CWinTestDoc::grass_label(int height, int width)
02 {
03    // 라벨링된 영상을 저장하기 위한 배열의 메모리 할당
04    short *coloring = new short [height*width]; // 영역 개수는 255개 이상도 가능(short형)
05
06    int i, j, curColor=0;
07    for(i=0; i<height*width; i++) coloring[i]=0; // 모든 화소를 미 방문점으로 일단 마킹
08
09    // 입력영상의 라벨링
10    for(i=0; i<height; i++)
11    {
12       for(j=0; j<width; j++)
13       {  // 물체영역(255)이고 미방문점이라면 라벨링 시작
14          if(m_InImg[i][j]==255 && coloring[i*width+j]==0)
15          {
16             curColor++;  // current Color값
17             grass(coloring,height,width,i,j,curColor);
18          }
19    }}
20
21    float grayGap = 250.0f/(float)curColor;
22
23    // 라벨링된 데이터를 m_OutImg 배열을 이용하여 화면출력
24    for(i=0; i<height; i++)
25    {
26       for(j=0; j<width; j++)
27       {
28          int value = (int)(coloring[i*width+j]*grayGap);
29          if(value==0) m_OutImg[i][j] = 255;
30          else m_OutImg[i][j] = value;
31    }}
32
33    delete []coloring; // 메모리 해제
34 }
```

➡ **13행** 라벨링은 아직 방문하지 않았고 화소값이 255인 픽셀에 대해서만 수행한다.

➡ **15행** curColor값은 라벨링 번호를 가리킨다. 영상 내에 있는 영역의 개수만큼 이 변수의 값이 증가될 것이다. 라벨링 번호는 1번에서 시작한다.

➡ **16행** 재귀(recursive)함수 **grass**를 호출함으로써 라벨링을 시작한다. 현재 픽셀의 위치는 (i, j)이므로 이 점의 8- 근방 주위점에 대해 255인 화소값이 있는지를 검사하여

아직 방문하지 않은 255화소값이 있다면 현재 라벨 **curColor** 값을 붙여준다. 이 과정은 재귀적으로 반복되며 **grass** 함수에서 수행된다.

➡ **20행** 번호가 매겨진 라벨영역이 10개 정도만 나왔을 때 라벨값에 따라 화면에 출력하면 1에서 10까지만 표시되므로 화면에 잘 보이지 않는다. 따라서 라벨링된 화소값을 화면에 잘 보이게 하기 위해 라벨값 사이를 넓혀준다.

➡ **27행** 화면출력을 위해 라벨링값 사이를 넓히고 m_OutImg영상 배열을 이용하여 사용자에게 보기 좋게 만들어 준다.

리스트 11-2 GlassFire 알고리즘의 재귀 호출함수

```
01 void CWinTestDoc::grass(short *coloring,int height,int width,int i, int j,int curColor)
02 {
03    int k, l, index;
04    for(k=i-1; k<=i+1; k++) // 8 근방
05    {
06       for(l=j-1; l<=j+1; l++)
07       {
08          // 영상의 경계를 벗어나면 라벨링하지 않음
09          if(k<0 || k>=height || l<0 || l>=width) continue;
10
11          index = k*width+l;
12          // 미 방문 픽셀이고 값이 물체영역(255)이라면 라벨링함
13          if(m_InImg[k][l]==255 && coloring[index]==0)
14          {
15             coloring[index] = curColor;
16             grass(coloring,height,width,k,l,curColor);
17          }
18       }
19    }
20 }
```

➡ **4행, 6행** 현재 관심 픽셀의 위치가 (i,j)라면 이 픽셀 주위의 8- 근방에 대해서 라벨링을 수행한다.

➡ **9행** 중심 픽셀 주위의 8- 근방 점들이 영상경계를 벗어나지 않도록 해야한다.

➡ **13행** 8-근방 픽셀이 미방문점이고 화소값이 255라면 다시 재귀호출 대상점이 된다.

➡ **15행** 대상점을 현재의 라벨값으로 마킹을 한다.

➡ **16행** 이 대상점을 중심점으로 해서 다시 재귀 호출함수 **grass**를 호출한다.

Glassfire 방법은 자기호출(recursive call)을 사용하기 때문에 [리스트 11-2]의 glass 함수가 자기 자신을 반복해서 호출한다. 과도한 자기호출은 시스템 스택(system stack)을 넘치게(overflow) 하기 때문에 너무 큰 크기의 물체영역을 라벨링하기에는 적당하지 않다. 또한 자기호출은 프로그램이 내부적으로 처리하는 많은 명령들로 인해 속도가 저하되는 단점이 있다.

3. 반복문(iteration)을 사용한 영역 라벨링 방법

[리스트 11-2]의 자기호출함수의 경우 스택을 사용자가 직접 설계한다면 반복문 형태의 코드로 바꾸는 것이 가능하다. [리스트11-2]의 프로그램을 반복문을 사용하여 바꾼 함수가 [리스트11-3]~[리스트11-5]와 같다.

이 함수에서는 스택을 직접 설계하여 사용하므로 스택의 크기를 프로그램 내에서 사용자가 정의하는 것이 가능하다. 고속으로 동작하면서 아주 큰 영역을 라벨링하는 것도 가능하다.

Tip | 스택(Stack)이라는 자료구조

스택은 후입선출(Last-In First-Out: LIFO) 구조를 가지는 자료구조(data structure)이다. 식당에 있는 접시 홀더(holder)처럼 자료(data)를 저장하고 출력한다. 홀더에 접시를 차곡차곡 쌓아 올린다면 맨 마지막에 넣은 접시는 꺼낼 때 제일 먼저 나가게 된다. 따라서 후입선출의 구조를 가지게 된다. 물론 접시는 저장할 데이터이다.

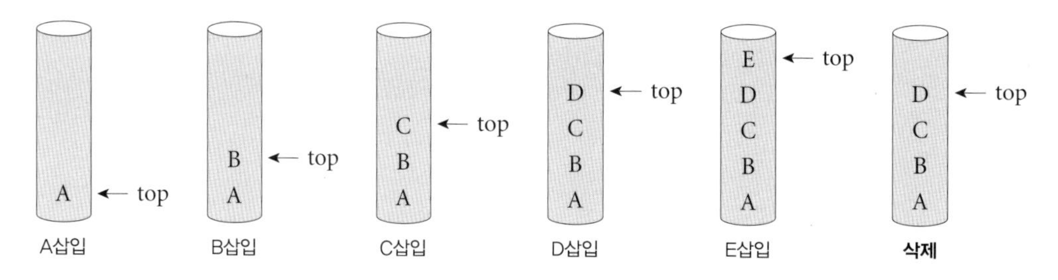

그림 11-8 스택의 동작원리

[그림 11-8]의 스택 동작원리를 보면 접시 홀더처럼 생긴 메모리에 데이터가 차례로 들어가면서 차곡차곡 쌓여 간다. **A → B → C → D → E**까지 5개의 데이터가 삽입된 후, 메모리에서 하나의 데이터를 꺼낸다. 이때 마지막으로 삽입된 데이터는 **E**이므로 출력되는 데이터는 **E**가 된다. 따라서 마지막으로 들어간 데이터가 꺼낼 때는 먼저 출력되는 구조라고 해서 **후입선출** 구조라고 부른다.

1 스택을 사용한 라벨링함수의 구현

먼저 접시홀더처럼 동작하면서 자료를 저장하고 반환하는 스택함수를 구현해보자. **push**는 데이터 저장함수, **pop**는 데이터 반환함수이다.

리스트 11-3 스택(stack)의 자료삽입함수

```
01 int CWinTestDoc::push(short *stackx, short *stacky, int arr_size, short vx, short
   vy, int *top)
02 {
03    if(*top>=arr_size) return(-1);
04    (*top)++;
05    stackx[*top]=vx;
06    stacky[*top]=vy;
07    return(1);
08 }
```

➡ **3행** 스택메모리 용량보다 더 저장되는 것을 방지한다.

➡ **4행** 스택메모리에 자료가 몇 개 저장되어 있는지를 나타내는 인덱스인 **top** 변수값을 하나 증가시켜 준다. 괄호표시는 간접(포인트)연산자 '*'와 증가연산자 '++'의 우선순위 때문에 붙여주었다. ++연산자가 *연산자보다 우선순위가 높기 때문에 괄호를 사용해 *연산이 먼저 수행되게 한다.

➡ **5행** 증가된 인덱스가 가리키는 스택 배열 위치에 자료를 저장한다.

리스트 11-4 스택(stack)의 자료삭제함수

```
01 int CWinTestDoc::pop(short *stackx, short *stacky, short *vx, short *vy, int *top)
02 {
03    if(*top==0) return(-1);
04    *vx=stackx[*top];
05    *vy=stacky[*top];
06    (*top)--;
07    return(1);
08 }
```

➡ **3행** 스택 메모리에 더 이상 저장되어 있는 자료가 없다면 -1를 리턴해준다.

➡ **4행** 저장되어 있는 값이 있다면 스택 메모리의 최상위값을 리턴해준다.

➡ **6행** 데이터가 하나 빠져나갔으므로 인덱스 **top**의 값을 하나 감소시켜준다.

리스트 11-5 반복문을 사용하여 구현한 GlassFire 알고리즘

```
01 void CWinTestDoc::m_BlobColoring(int height, int width)
02 {
03    //
04    int i,j,m,n,top,area, BlobArea[1000];
05    short curColor=0, r,c;
06
07    // 스택으로 사용할 메모리 할당
08    short* stackx=new short [height*width];
09    short* stacky=new short [height*width];
10    int arr_size = height*width;
11
12    // 라벨링된 픽셀을 저장하기 위해 메모리 할당
13    short *coloring = new short [height*width];
14    for(i=0; i<height*width; i++) coloring[i]=0; //메모리 초기화
15
16
17    for(i=0; i<height; i++)
18    {
19       for(j=0; j<width; j++)
20       {
21          // 이미 방문한 점이거나 픽셀값이 255가 아니라면 처리하지 않음
22          if(coloring[i*width+j]!=0 || m_InImg[i][j]!=255) continue;
23
24          r=i; c=j; top=0; area=1;
25          curColor++;
26
27          while(1)
28          {
29 GRASSFIRE:
30             for(m=r-1; m<=r+1; m++)
31             {
32                for(n=c-1; n<=c+1; n++)
33                {
34                   // 관심 픽셀이 영상경계를 벗어나면 처리하지 않음
35                   if(m<0 || m>=height || n<0 || n>=width) continue;
36
37                   if((int)m_InImg[m][n]==255 && coloring[m*width+n]==0)
38                   {
39                      coloring[m*width+n]=curColor; // 현재 라벨로 마크
40
```

```
41                      if(push(stackx,stacky,arr_size,(short)m,(short)n,&top) ==-1) continue;
42                      r=m;
43                      c=n;
44                      area++;
45                      goto GRASSFIRE;
46                   }
47                }
48             }
49             if(pop(stackx,stacky,&r,&c,&top) ==-1) break;
50          }
51          if(curColor<1000) BlobArea[curColor] = area;
52       }
53    }
54    float grayGap = 250.0f/(float)curColor;
55
56    // 영역의 면적을 파일로 출력
57    FILE *fout=fopen("blobarea.out","w");
58    if(fout!=NULL)
59    {
60       for(i=1; i<curColor; i++) fprintf(fout,"%i: %d\n",i,BlobArea[i]);
61       fclose(fout);
62    }
63
64    // 라벨링된 데이터를 m_OutImg배열을 이용하여 화면출력
65    for(i=0; i<height; i++)
66    {
67       for(j=0; j<width; j++)
68       {
69          int value = (int)(coloring[i*width+j]*grayGap);
70          if(value==0) m_OutImg[i][j] = 255;
71          else m_OutImg[i][j] = value;
72    }}
73
74    delete []coloring; delete []stackx; delete []stacky;
75 }
```

➡ **8행** 스택 메모리로 사용하기 위한 메모리를 할당한다. 스택메모리는 1차원 배열을 할당하여 사용한다. 픽셀좌표를 스택에 저장해야 하므로 배열의 최대크기는 영상의 크기만큼 잡아준다.

➡ **27행** while 루프를 돌며 같은 값을 가지면서 연결된 모든 화소들을 라벨링한다.

➡ **37행** 현재 관심점 (*m*,*n*)이 미 방문점이고 화소값이 **255**라면 현재의 라벨값(curColor)으로 마킹하고 난 후, 이 좌표위치를 스택에 저장(**push**)한다.

➡ **42행, 45행** 방금 라벨링된 좌표점을 중심점으로 만든 후, 다시 8- 근방을 검사하여 라벨링을 계속해 나간다.

➡ **49행** 더이상 인접 화소 중에 라벨링할 점이 없다면 스택에 저장된 픽셀좌표를 꺼내온다. 제일 마지막에 저장된 화소의 좌표값이 리턴되어온다. 즉, 인접 화소 영역을 계속 스택에 저장하면서 라벨링해나가다 8- 근방의 점 중에 더 이상 마킹할 점이 없다면 스택의 맨 마지막에 저장된 값을 꺼내와 다시 점 주위의 마킹되지 않은 점을 다시 검사하는 식으로 라벨링을 수행하는 것이 프로그램의 원리이다.

➡ **74행** 함수 내에 사용된 메모리들을 해제한다.

2 Glassfire 알고리즘을 사용한 이치화상의 라벨링 구현

<Workspace>의 메뉴편집기에서 새로운 메뉴 아이템을 만든다. 이름을 <영상인식>으로 한다.

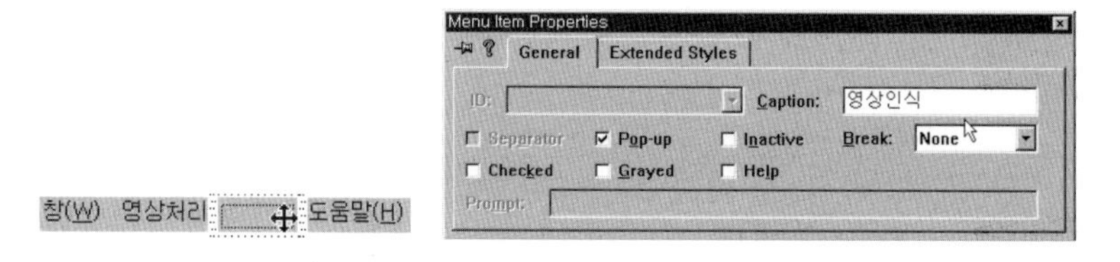

그림 11-9 새로운 메뉴 아이템 작성

부메뉴로 [그림 11-10]과 같은 메뉴를 삽입한다.

ID	IDM_BIN_LABELING
Caption	영역 라벨링(재귀호출)
Prompt	이치화영상을 라벨링한다.

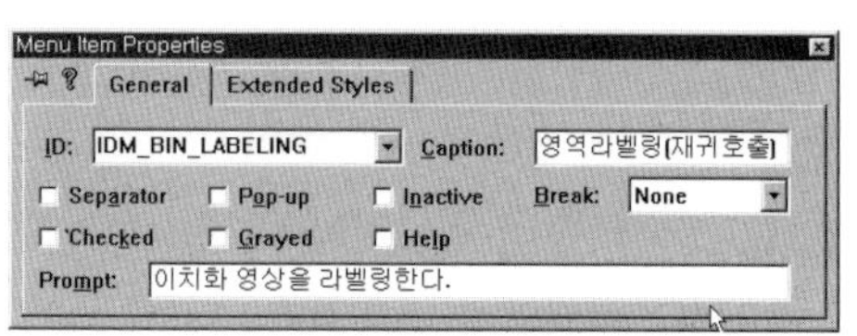

그림 11-10 부메뉴의 작성

라벨링 처리함수를 도큐먼트 클래스인 <CWinTestDoc> 클래스 아래에 멤버함수로 삽입한다. <Workspace>의 해당 클래스에 커서를 대고 오른쪽 버튼을 클릭해 <Add Member Function…>을 선택한다. 두 개의 멤버함수 grass_label과 grass를 [그림 11-11]처럼 삽입한다.

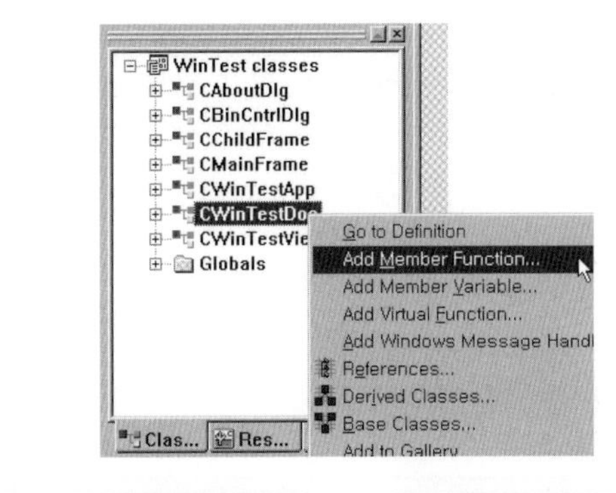

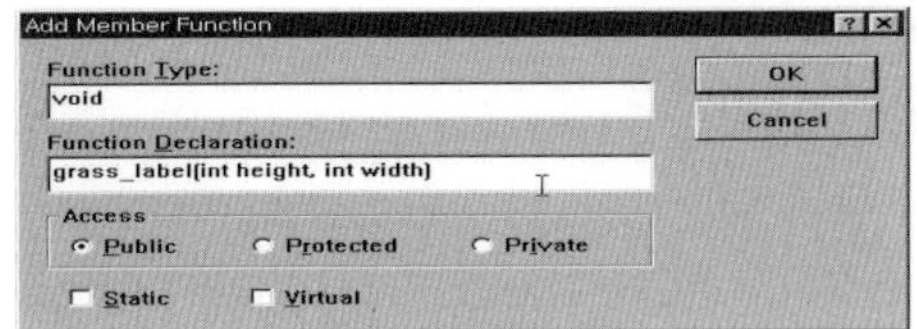

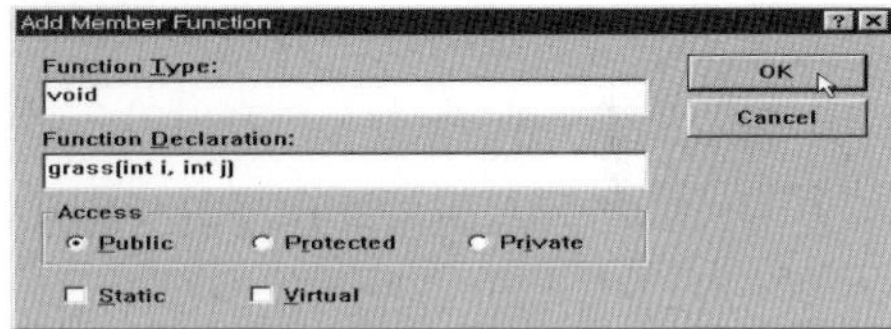

그림 11-11 도큐먼트 클래스의 두 멤버함수 삽입

삽입한 두 멤버함수에 [리스트 11-1]과 [리스트 11-2]를 코딩해준다.

[그림 11-10]에서 만들어 주었던 부메뉴에 커서를 대고 오른쪽 버튼을 클릭해 나오는 팝업메뉴에서 <ClassWizard>를 선택한다. 라벨링 처리함수를 호출하는 명령 입력함수를 <뷰 클래스>인 <**CWinTestView**> 클래스 아래에 작성한다.

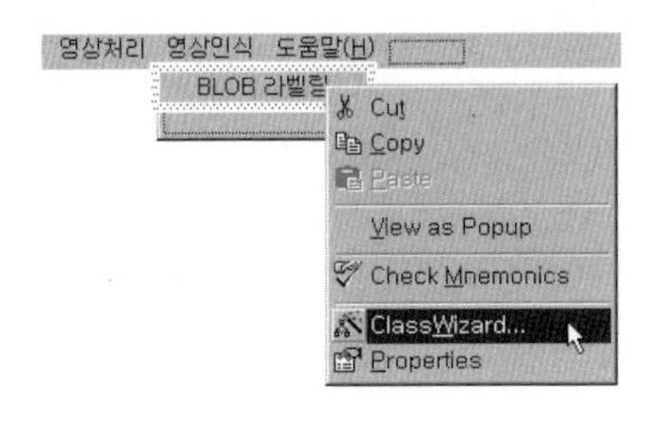

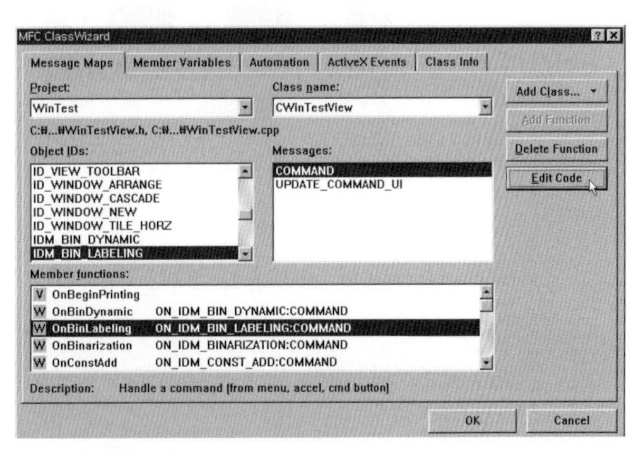

그림 11-12 영역라벨링 호출함수의 작성

추가한 뷰 클래스 멤버함수를 [리스트 11-6]처럼 작성해준다.

리스트 11-6 재귀 라벨링 호출함수의 작성

```
01 void CWinTestView::OnBinLabeling()
02 {
03     // TODO: Add your command handler code here
04     CWinTestDoc* pDoc = GetDocument(); // 도큐먼트 클래스를 참조하기 위해
05     ASSERT_VALID(pDoc);                // 인스턴스 주소를 가져옴
06 
07     // 도큐먼트 클래스에 있는 재귀 라벨링함수 호출
08     pDoc->grass_label(256, 256);
09 
10     Invalidate(FALSE); //화면 갱신
11 }
```

프로그램 작성이 완료되었으므로 컴파일하고 실행한다. [그림 11-13]은 실행의 한 예를 보여준다. 이치화된 열쇠영상에서 열쇠 영역들이 각기 다른 컬러로 라벨링된다.

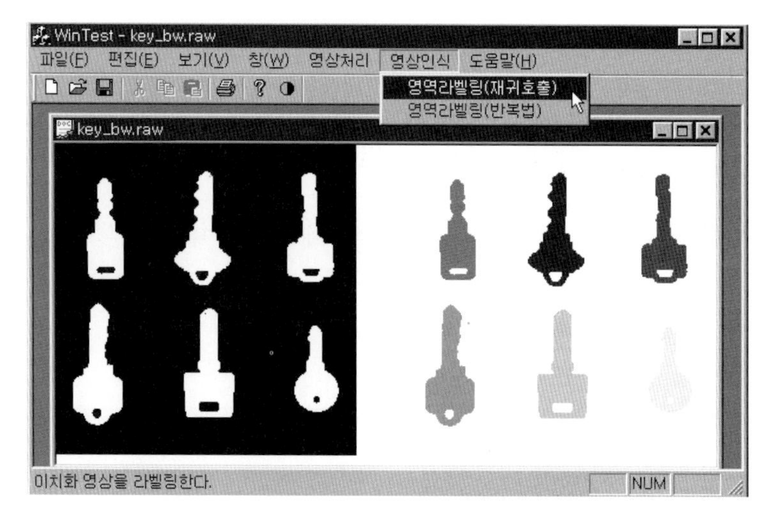

그림 11-13 재귀호출을 이용한 영역 라벨링의 예

반복문을 사용한 라벨링의 경우는 [리스트11-3]~[리스트11-5]를 [리스트11-1]과 [리스트 11-2] 대신에 이용하면 작성할 수 있다. [그림 11-13]에서 <영역라벨링(반복법)>이라는 메뉴로 작동된다. 첨부된 프로그램을 참조한다.

4. 인식을 위한 기하학적 특징들

라벨링이 완료된 후, 분할된 각각의 물체는 형상에 대한 기하학적 특징을 이용하여 인식(recognition)하는 것이 가능하다. 아래에서는 몇 가지 기하학적 특징에 대해 설명한다.

종류	원	정사각형	정삼각형
형상	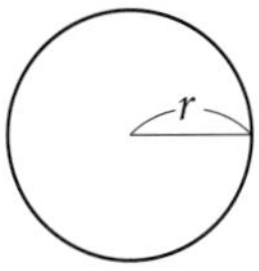 r	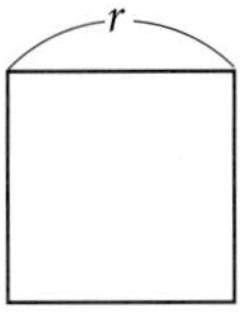 r	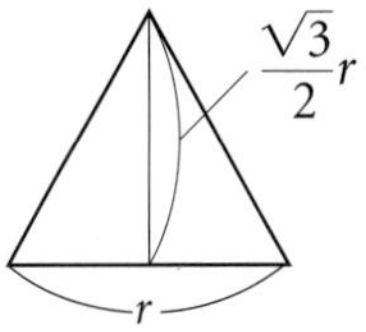 $\frac{\sqrt{3}}{2}r$, r
면적	πr^2	r^2	$\frac{\sqrt{3}}{4}r^2$
주위길이	$2\pi r$	$4r$	$3r$
원형도	1.0	$\frac{\pi}{4} = 0.79$	$\frac{\pi\sqrt{3}}{9} = 0.79$

그림 11-14 영역을 구별할 수 있는 특징값들

1 면적(Area)

물체의 면적을 이용해 인식하는 것이 가능하다. 예를 들면 100원짜리 동전은 50원짜리 동전보다 면적이 크다. 영역을 이루는 화소의 수로 표현된다.

Area(i) = 라벨링된 영상 내에서 라벨이 i와 같은 픽셀의 수 = n

2 물체의 중심

무게중심(Center of mass)이라고도 한다. 영상 내부에서 물체의 위치를 나타낸다. (식 11-1)에서 x_i와 y_i는 라벨링된 임의의 한 영역에 대한 구성픽셀의 세로와 가로 영상 좌표이다.

$$\bar{x} = \frac{1}{n}\sum_{i=0}^{n-1} x_i \quad (11\text{-}1a)$$

$$\bar{y} = \frac{1}{n}\sum_{i=0}^{n-1} y_i \quad (11\text{-}1b)$$

3 경계 길이(주위 길이)

이진화된 영역의 경계(boundary)를 추적(tracking)해 경계 길이를 픽셀의 수로 얻는 것이 가능하다. 영역의 경계 길이는 인식을 위한 유용한 형상 정보를 줄 수 있다.

4 원형도

원형도는 형상의 모양이 얼마나 원에 가까운가를 나타내는 척도로써 이상적인 원에 대해 1의 값이 나오며 원형에서 멀어질수록 값이 작아지게 된다.

원형도의 계산식은 다음과 같다.

$$e = \frac{4\pi A}{l^2} \tag{11-2}$$

(식 11-2)에서 A는 형상의 면적이고 l은 주위 길이 또는 형상의 경계 길이이다. 동일한 면적에서 들쭉날쭉한 외각 형상을 가지며 형상이 복잡해질수록 경계의 길이가 늘어나므로 원형도는 떨어지게 된다. 디지털 영상에서는 A와 l는 둘 다 픽셀의 개수로 표현된다.

5. 영역 경계의 추적

영역의 경계추적이란 이진화된 영상 또는 라벨링된 영상에서 일정한 밝기값을 가지는 영역의 경계를 추적해 경계픽셀의 순서화된 정보를 얻어내는 것이다. [그림 11-15]는 "KEY"영상에 대해 경계를 추적한 예를 보여준다. 먼저 입력영상을 이치화하고 이치화된 영상에 대해 밝기값 255를 가지는 영역의 경계를 추적한다. 경계를 추적하면 1픽셀 두께를 가지는 픽셀의 순서화(ordered)된 연속 체인(chain) 정보를 얻는 것이 가능하다.

(a) 원 입력영상

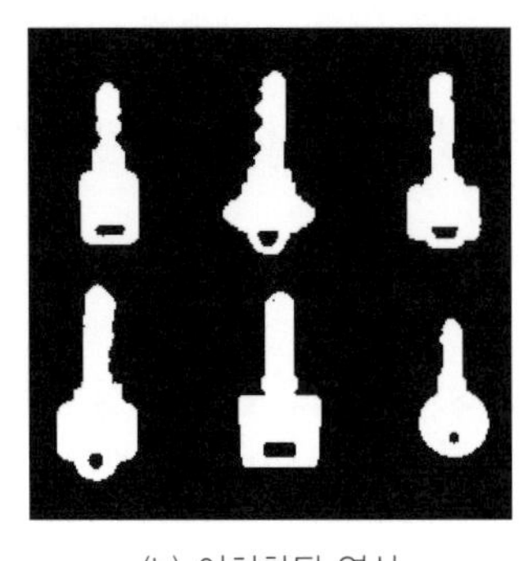
(b) 이치화된 영상

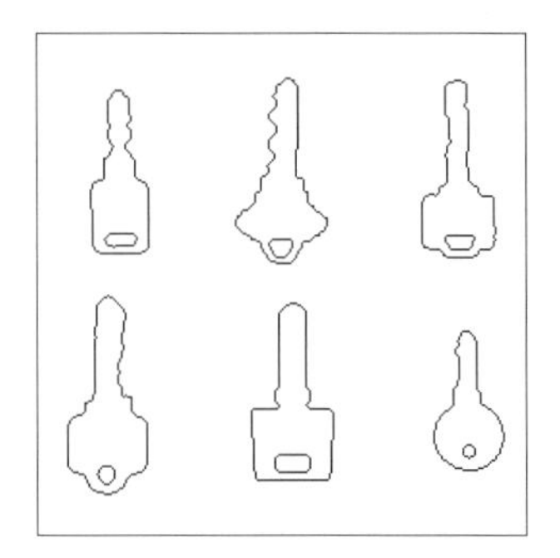
(c) 추적된 영역경계

그림 11-15 영역의 경계추적

[그림 11-16]은 세 가지 간단한 형상에 대한 영상 특징값을 추출해 보여주고 있다. 영역의 면적과 경계길이값을 이용해 각 영역의 원형도를 계산하였다. 원의 경우 원형도가 1에 가까우나 사각형, 삼각형으로 갈수록 원형도값이 떨어짐을 알 수 있다. [그림 11-14]의 이론적인 값과 유사한 값이 계산됨을 확인할 수 있다.

(a) 원영상

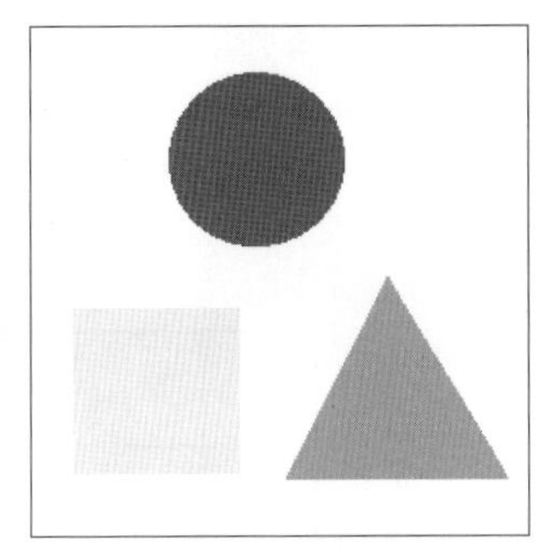

(b) 라벨링영상

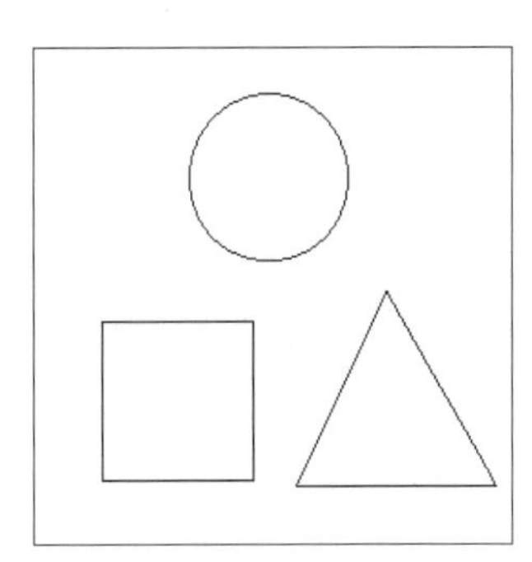

(c) 경계영상

종류	원	정사각형	삼각형
면적(pixels)	5819	6725	5487
주위길이(pixels)	282	324	349
원형도	0.92	0.80	0.57

그림 11-16 세 가지 간단한 형상에 대한 영상 특징값 추출의 예

Tip | 경계추적의 단계

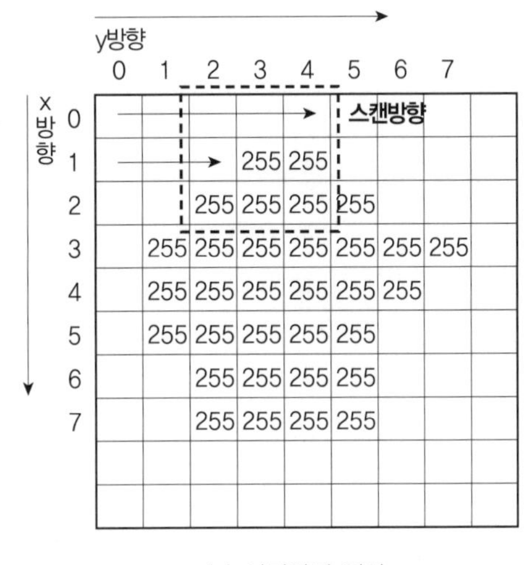

(a) 이치화된 영상

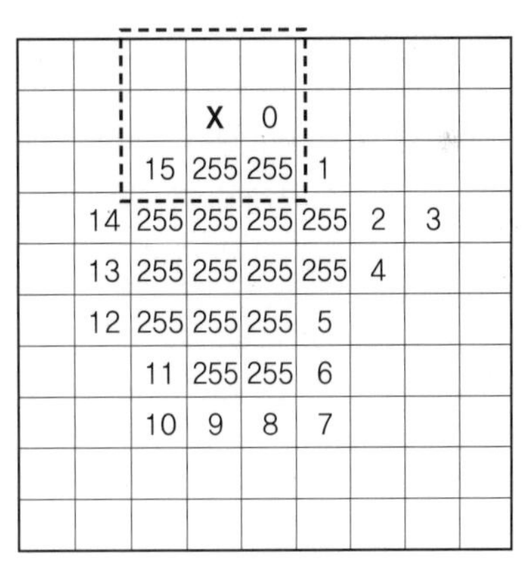

(b) 추적된 경계 위치

그림 11-17 경계 추적의 예

Step-1: 영상의 왼쪽 맨 위에 있는 픽셀부터 차례로 스캔하다가 값이 255인 픽셀값을 만나면 경계추적을 시작한다.

Step-2: (1, 3)에서 255인 픽셀을 처음 만난다. [그림 11-7(a)]에서 중심점을 (1, 3) 점([그림 11-17(b)]에서 X와 점선box로 표시)으로 하고 이 점 주위를 돌면서 값이 255인 픽셀을 찾는다. 처음 (1, 3)을 중심으로 했을 때 4번 위치에서 탐색을 시작한다. [그림 11-18]를 참조하면 (1, 3)에 상대적인 4번의 위치는 (0, 3)이고 화소값이 0이므로 다음 5번, 6번을 차례로 돌면서 255인 픽셀값을 찾는다. (1, 4)에 있는 6번 위치에서 255인 픽셀을 만나므로 이 점을 첫 번째 경계 위치로 한다. [그림 11-17(b)]에서 (0)으로 마킹했다.

3	4	5
2	X	6
1	0	7

그림 11-18 관심 픽셀의 주위 픽셀 번호

Step-3: 중심 위치는 방금 마킹한 경계 위치로 옮겨지므로 (1, 4)위치가 중심점이 된다. Step-2에서 관심점 주위의 6번 위치에서 경계를 발견하였으므로 아래에 주어진 (식11-3)을 이용하여 다음 탐색시작점을 다시 결정한다. n이 6이면 n'은 3이 된다. (1, 4)에서는 3번부터 경계를 돌기 시작한다. (2, 5)인 7번 위치에서 255를 발견하므로 이 점을 두 번째 경계점(1)으로 마킹한다.

$$n' = (n + 5) \,\&\, 7; \qquad (11\text{-}3)$$

Step-4: 다시 중심점을 (2, 5)로 옮기고 (식11-3)을 적용하여 n에 7을 대입하면 n'은 4가 나오므로 (2, 5)를 중심으로 했을 때 4번에서 탐색을 시작한다. (3, 6)위치에 있는 7번 위치에서 255인 픽셀을 발견한다. 이 픽셀을 경계(2)로 마크한다. 이러한 방식으로 계속 경계를 따라 마킹해나가다가 한바퀴를 돌아 처음 시작점(X표시 점)에 도달하면 경계추적이 종결되게 된다.

디지털 영상에서 경계길이는 수직, 수평 방향과 대각선 방향이 서로 다르다. [그림 11-19]를 보면 수직경계와 대각방향의 두 경계를 보여주고 있다. 수직, 수평 방향의 경계는 경계 화소의 개수를 바로 세면 되나 대각방향은 화소수에 $\sqrt{2}$를 곱해야 실제 길이가 된다.

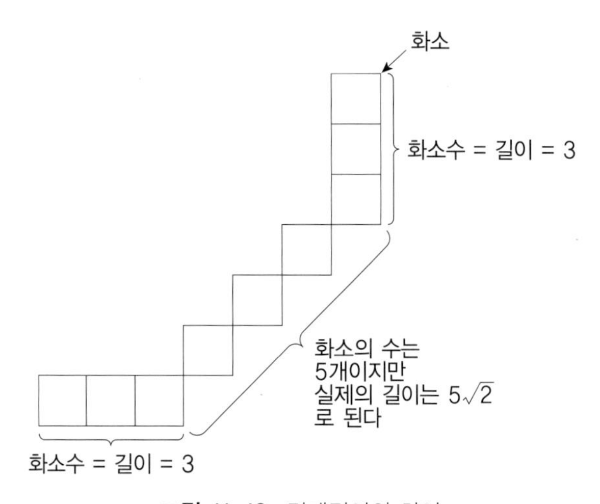

그림 11-19 경계길이의 차이

1 경계추적 알고리즘의 구현

<Workspace>의 메뉴편집기에서 메뉴아이템 <영상인식>아래에 새로운 부메뉴 <영역경계추적>을 추가한다.

ID	IDM_BORDER_FOLLOW
Caption	영역경계추적
Prompt	이치화된 영역의 경계를 추적한다.

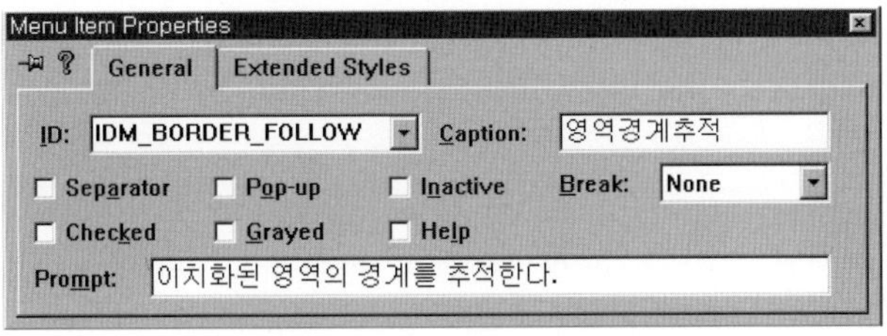

그림 11-20 부메뉴의 작성

경계추적함수를 도큐먼트 클래스인 <CWinTestDoc> 클래스 아래에 멤버함수로 삽입한다. <Workspace>의 해당 클래스에 커서를 대고 오른쪽 버튼을 클릭하여 <Add Member Function…> 선택 후, 멤버함수 m_BorderFollow를 [그림 11-21]처럼 삽입한다.

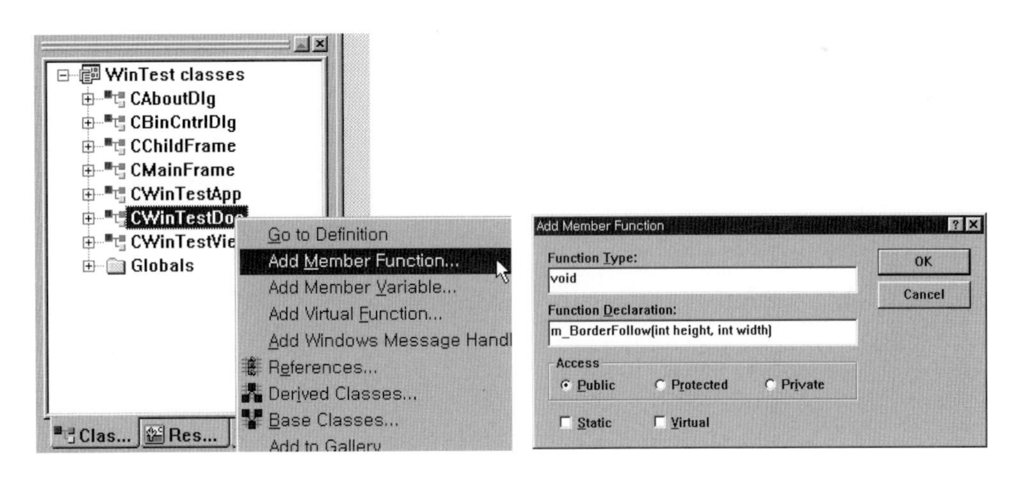

그림 11-21 도큐먼트 클래스의 경계추적 멤버함수 삽입

삽입한 멤버함수에 [리스트 11-7]을 코딩해준다.

리스트 11-7 경계추적 멤버함수의 구현

```
01 void CWinTestDoc::m_BorderFollow(int height, int width)
02 {
03    // 영역의 경계정보를 저장하기 위한 구조체 메모리
04    typedef struct tagBORDERINFO{ short *x,*y; short n, dn; } BORDERINFO;
05    BORDERINFO stBorderInfo[1000];
06
07    // 영상에 있는 픽셀이 방문된 점인지를 마크하기 위해 영상 메모리 할당
08    unsigned char *visited = new unsigned char [height*width];
09    memset(visited,0,height*width*sizeof(char)); // 메모리 초기화
10
11
12    // 추적점을 임시로 저장하기 위한 메모리
13    short *xchain = new short [10000];
14    short *ychain = new short [10000];
15
16    // 관심 픽셀의 시계 방향으로 주위점을 나타내기 위한 좌표 설정
17    const POINT nei[8] = // clockwise neighbours
18    {
19       {1,0}, {1,-1}, {0,-1}, {-1,-1}, {-1,0}, {-1,1}, {0,1}, {1,1}
20    };
21
22    int x0, y0, x, y, k, n;
23    int numberBorder=0,border_count,diagonal_count;
24    unsigned char c0,c1;
25
26    for(x=1; x < height; x++)
27    {
28       for(y=1; y < width; y++)
29       {
30          c0=m_InImg[x][y];
31          c1=m_InImg[x-1][y];
32
33          if(c0!=c1&&c0==255&&visited[x*width+y]==0 ) //c0!=c1(경계이고)
34          {
35             border_count=0;       // 경계점의 개수를 세기 위한 카운터
36             diagonal_count=0;     // 대각선 방향의 경계점 개수를 세는 카운터
37             x0 = x; y0 = y;
38             n = 4;                // 관심점 주위의 4번 점에서 경계추적 시작
39             do                    // 경계추적 loop의 시작
```

```
40          {
41            // 관심점 주위에서 같은 컬러를 가진 경계점을 찾기 위함
42            for(k=0; k < 8; k++, n=((n+1) & 7))  // 01234567
43            {                                     // 12345670
44              short  u = (short)(x + nei[n].x);
45              short  v = (short)(y + nei[n].y);
46              if(u<0 || u>=height || v<0 || v>=width) continue;
47              // 관심점의 주위를 돌다가 같은 밝기의
48              // 경계를 만나면 다음으로 추적할 점이 된다
49              if(m_InImg[u][v]==c0) break;
50            }
51            if(k == 8) break;    // isolated point occurs(고립점 발생)
52
53            visited[x*width+y]=255;           // 방문한 점으로 마크
54            xchain[border_count]=x;
55            ychain[border_count++]=y;
56
57            if(border_count>=10000) break;
58
59            x = x + nei[n].x;
60            y = y + nei[n].y;
61
62            if(n%2==1) diagonal_count++;      // 대각선 방향의 경계화소를 센다
63
64            n = (n + 5) & 7;  // 01234567
65          }                   // 56701234
66          while(!(x == x0  &&  y == y0));     // 루프를 돌다 출발점을 만나면 빠져나옴
67
68          if  (k == 8) continue;              // isolated point occurs
69
70          // 경계 정보를 저장
71          if(border_count<10) continue;       // 너무 작은 영역의 경계이면 무시한다
72
73          // 경계의 수만큼 메모리를 할당하여 저장함
74          stBorderInfo[numberBorder].x=new short [border_count];
75          stBorderInfo[numberBorder].y=new short [border_count];
76
77          for(k=0; k<border_count; k++)
78          {
79            stBorderInfo[numberBorder].x[k]=xchain[k];
80            stBorderInfo[numberBorder].y[k]=ychain[k];
81          }
```

```
82              stBorderInfo[numberBorder].n=border_count;
83              stBorderInfo[numberBorder++].dn=diagonal_count;
84
85              if(numberBorder>= 1000) break;
86           }
87        }
88     }
89
90
91     // 화면에 경계를 출력하기 위해 m_OutImg배열을 이용하자
92     memset(m_OutImg,255,height*width*sizeof(char));
93     for(k=0; k<numberBorder; k++)
94     {
95        TRACE("(%d: %d %d, %d)\n",k,stBorderInfo[k].n, stBorderInfo[k].dn,
96              (int)(sqrt(2)*stBorderInfo[k].dn)+(stBorderInfo[k].n-stBorderInfo[k].dn));
97        for(int i=0; i<stBorderInfo[k].n; i++)
98        {
99           x = stBorderInfo[k].x[i];
101          y = stBorderInfo[k].y[i];
102          m_OutImg[x][y] = 0;
103    }}
104
105    for(k=0; k<numberBorder; k++) { delete []stBorderInfo[k].x; delete []stBorderInfo[k].y; }
106    delete []visited;
107    delete []xchain; delete []ychain;
108 }
```

➡ **19행** [그림 11-18]에서는 관심 픽셀 주위에 있는 8개의 화소에 대해 번호를 할당했다. 이 번호를 할당하기 위한 좌표설정을 나타낸다.

➡ **30행** 흑백영상에서 경계(boundary)란 다른 밝기값을 가진 두 영역의 사이에 존재한다. 따라서, 두 인접 픽셀의 밝기값 c0, c1을 조사하여 값이 서로 다르다면 이 부분이 영역의 경계가 된다.

➡ **33행** 현재 관심 화소가 영역의 경계이고 미 방문점이며 또한 화소값이 255라면 이 경계는 추적 후보점이 된다.

➡ **38행** 영역 경계추적의 출발은 현재 관심점의 주위 픽셀 중 4번([그림 11-18]참조)에서 출발한다.

➡ **42행** for 루프에서 관심점 주위를 차례로 돌며 검사할 화소값이 추적하는 현재 화소의 컬러와 같은지 체크한다. 같은 밝기값(c0)을 만나면 다음 추적점을 찾았으므로

u, v값을 다시 설정하고, 인접 화소를 모두 체크할 동안 c0와 같은 밝기점을 찾지 못하면 k=8로 for 루프를 종결하게 된다. "n'=(n+1)&7"의 의미에는 n을 하나씩 증가시켜주는 명령이나 모듈라(%)연산이 들어가 있다. 즉, n=5이면 n'=6, n=6이면 n'=7이 되나 n=7일 때는 n'=0이 된다.

➡ **51행** **42행** 루프에서 k=8인채로 루프를 종결하게 되면 현재 추적할 영역이 화소가 하나밖에 없는 영역이므로 바로 경계 탐색을 끝낸다.

➡ **64행** "n' = (n + 5)&7"연산은 모듈라(%)연산과 함께 n을 일정한 값만큼 증가시켜주는 연산이다. n=1일 때 n'=6, n=2이면 n'=7, 그리고 n=3이면 n'=0이 된다.

➡ **66행** 출발점에서 영역의 경계를 따라 차례로 경계 추적을 수행하다 한 바퀴 돌아 출발점으로 다시 돌아오면 조건문이 만족되게 되므로 while 루프가 종결되게 된다.

➡ **74행** 현재 추적한 영역의 경계점의 좌표를 저장하기 위해 메모리를 할당해준다. 각각의 영역 경계 길이는 추적해보기 전에 미리 알 수는 없으므로 추적한 후, 결과값을 이용해 그 길이만큼 메모리를 할당한다. 리스트(list) 형태의 자료구조를 사용한다면 이 문제를 해결할 수 있다. 하나의 추적점마다 리스트의 노드(node)를 할당하면 된다.

➡ **93행** 추적한 경계를 화면에 표시하기 위해 m_OutImg 배열을 사용한다. TRACE 명령은 DEBUG 모드에서 컴파일 시 printf처럼 동작한다. F5를 사용하여 컴파일하면 Visual−C++의 Output 창에 변수값 출력이 나타난다. TRACE 명령을 사용해 **stBorderInfo** 구조체에 저장되어 있는 영역의 경계길이값을 출력해 볼 수 있다.

[그림 11-20]에서 만들어 주었던 부메뉴에 커서를 대고 오른쪽 버튼을 클릭하여 나오는 팝업 메뉴에서 <ClassWizard>를 선택한다. 라벨링 처리함수를 호출하는 명령입력함수를 <뷰 클래스>인 <**CWinTestView**> 클래스 아래에 작성한다.

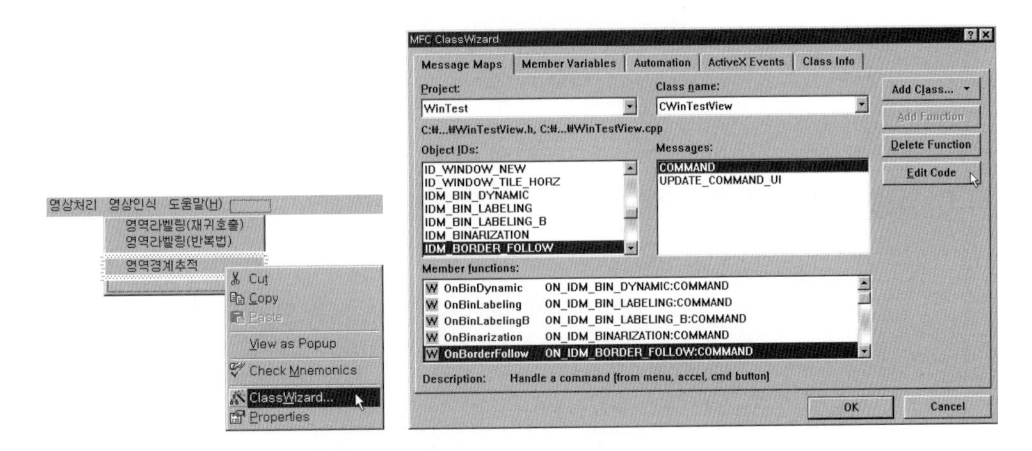

그림 11-22 경계추적함수의 호출함수의 작성

추가한 뷰 클래스 멤버함수에 [리스트 11-8]을 코딩해준다. 도큐먼트 클래스에 있는 경계 추적함수를 호출해준다.

리스트 11-8 리스트 11-8 영역의 경계추적 호출함수 작성

```
01 void CWinTestView::OnBorderFollow()
02 {
03     // TODO: Add your command handler code here
04     CWinTestDoc* pDoc = GetDocument(); // 도큐먼트 클래스를 참조하기 위해
05     ASSERT_VALID(pDoc);                // 인스턴스 주소를 가져옴
06
07     // 도큐먼트 클래스에 있는 영역경계 추적 연산함수 호출
08     pDoc->m_BorderFollow(256, 256);
09
10     Invalidate(FALSE); //화면 갱신
11 }
```

컴파일하고 실행한다. [그림 11-23]은 실행 예를 보여준다.

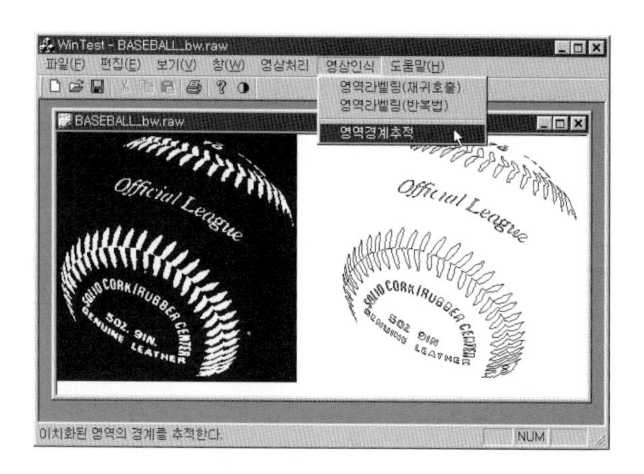

그림 11-23 영역 경계추적의 실행 예

6. 정보출력창 만들기

MFC 프로그래밍을 하다보면 프로그램 수행 중 발생하는 변수값이나 결과값을 출력해 확인해보고 싶은 경우가 많이 발생한다. 이때 사용할 수 있는 방법은 대략 세 가지인데 그 중 하나를 이용하면 된다.

❶ DEBUG 모드에서 "TRACE"함수를 사용한다.

❷ 파일 출력 명령이나 클래스를 사용해 파일을 생성하고 이 파일 내부에 데이터를 출력한다.

❸ "printf"함수를 수행하는 창을 하나 만들어 사용한다.

TRACE 함수는 C언어의 **"printf"**와 사용법이 동일하며 간단하게 사용할 수 있으나 **F5**키로 실행하는 **DEBUG** 모드에서만 동작하므로 실행파일을 만들어 놓았을 때는 사용할 수 없다. **FILE** 명령이나 **CFile** 클래스를 사용하여 출력파일을 만들고 이 파일 내에 데이터를 써넣는 방법도 가능하나 이용하기 번거로우며 파일을 열어 확인하는 일이 귀찮게 느껴진다.

따라서 여기서는 MFC 아래에 C언어의 "printf" 출력창처럼 동작하는 창을 하나 만들어 편리하게 사용하는 방법을 설명한다.

1 정보출력창 만들기의 구현

<Workspace>의 <ResourceView>탭을 누른 후, Dialog 부에 커서를 대고 오른쪽 버튼을 눌러 <Insert Dialog>를 선택한다. 리소스편집창 내부에 추가된 다이얼로그박스에서 <OK>와 <CANCEL> 버튼을 제거한 후, 커서의 오른쪽 버튼을 눌러 다이얼로그의 <Properties>를 선택한다.

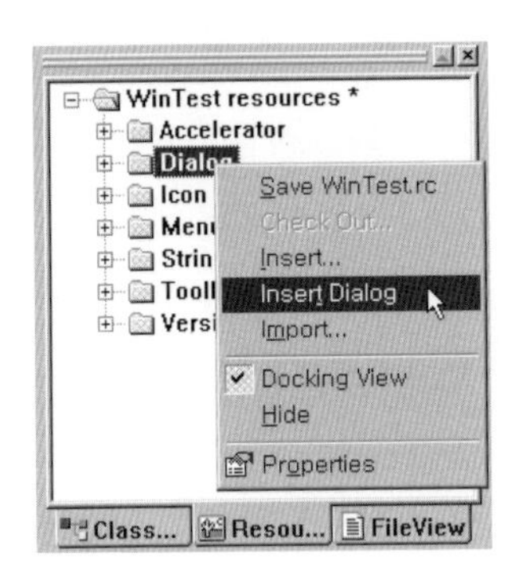

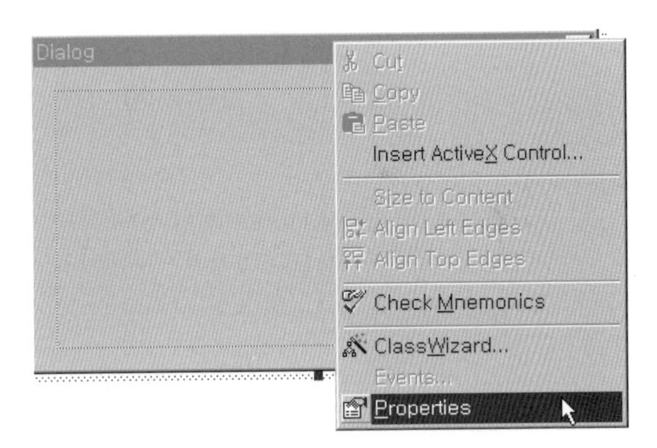

그림 11-24 다이얼로그박스 추가와 속성 입력

속성 입력창이 뜨면 [그림 11-25]처럼 속성을 선택해준다. <General>탭의 <ID>에는 <IDD_RESULTSHOWBAR>라고 입력하고 <Styles>탭에서 <Style>은 <Child>로 <Border>는 <None>으로 선정한다.

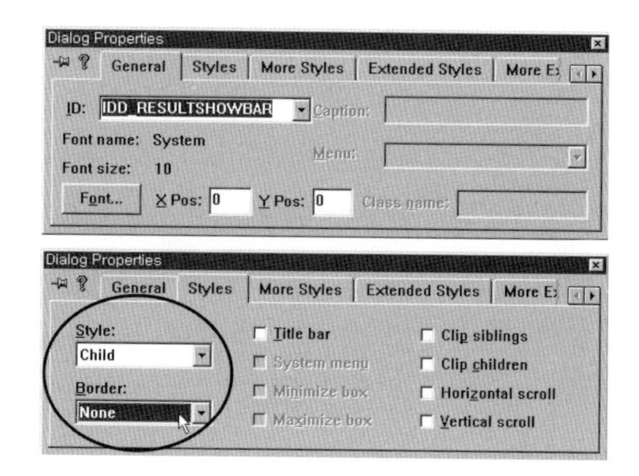

그림 11-25 다이얼로그 ID와 속성 선택

[그림 11-26]처럼 다이얼로그 편집툴박스에서 <Edit Box>을 가져와 다이얼로그박스에 추가하고 <Edit>창이 다이얼로그박스 내에 가득차도록 크기를 조정한다.

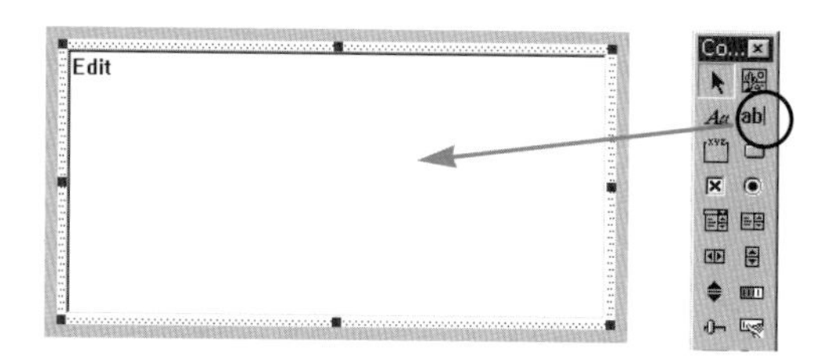

그림 11-26 〈Edit Box〉 추가와 크기조정

<Edit Box>의 속성을 선택해 준다. [그림 11-27]에 주어진 것처럼 <ID>를 <IDC_RESULTSHOW>라고 입력하고 <Styles>탭에서 <Multiline>부를 체크한 후, <Vertical scroll>과 <Auto Vscroll>부를 다시 체크해준다.

그림 11-27 〈Edit Box〉창의 속성 선택

메인프레임 클래스 **CMainFrame**에 새로운 멤버변수를 입력한다. [그림 11-28]처럼 멤버변수는 다이얼로그바 클래스 **CDialogBar**의 변수이다.

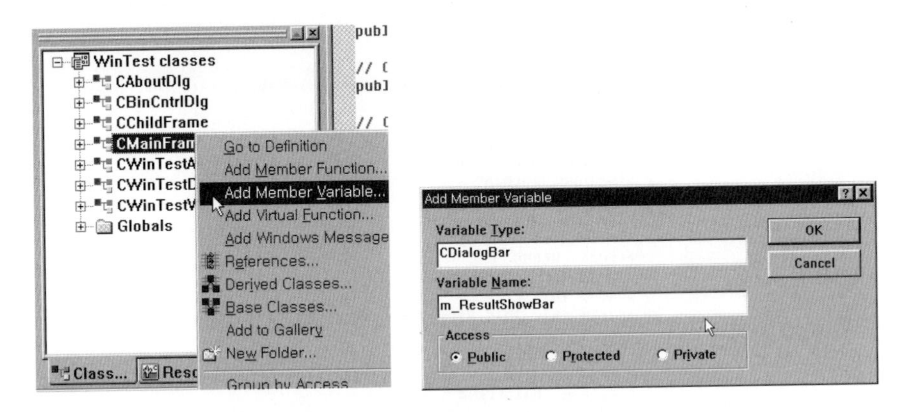

그림 11-28 메인프레임(CMainFrame) 클래스에 새 멤버변수 입력

다이얼로그바를 생성하기 위해 CMainFrame 클래스의 OnCreate 함수에 [리스트 11-9]처럼 코드를 추가한다.

리스트 11-9 다이얼로그바 생성을 위한 코드 추가

```
01 int CMainFrame::OnCreate(LPCREATESTRUCT lpCreateStruct)
02 {
03    ~~~~~~~~~~~~~(생략)~~~~~~~~~~~~~~~~~~~~~~~~~~~~~
04
05    // Result DialogBar 생성하기
06    if(!m_ResultShowBar.Create(this,IDD_RESULTSHOWBAR,CBRS_LEFT,IDD_RESULTSHOWBAR))
07    {
08       TRACE0("Failed to create dialogbar\n");
09       return -1;      // fail to create
10    }
11
12    // Result DialogBar 붙이기
13    m_ResultShowBar.EnableDocking(0);
14    m_ResultShowBar.ShowWindow(SW_HIDE); // SW_SHOW
15    m_ResultShowBar.SetWindowText("RESULT SHOW");
16
17    // TODO: Delete these three lines if you don't want the toolbar to
18    //  be dockable
10    ~~~~~~~~~~~~~(생략)~~~~~~~~~~~~~~~~~~~~~~~~~~~~~
20 }
```

도큐먼트 클래스의 헤드부에 <MainFrm.h>를 인크루드시킨다. 이것은 메인프레임 클래스에서 선언된 다이얼로그바 변수 <m_ResultShowBar>를 도큐먼트 클래스 **CWinTestDoc**에서 사용하기 위함이다.

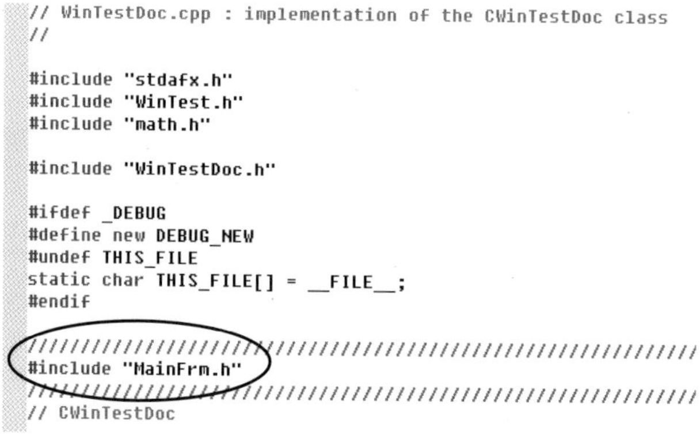

```
// WinTestDoc.cpp : implementation of the CWinTestDoc class
//

#include "stdafx.h"
#include "WinTest.h"
#include "math.h"

#include "WinTestDoc.h"

#ifdef _DEBUG
#define new DEBUG_NEW
#undef THIS_FILE
static char THIS_FILE[] = __FILE__;
#endif

////////////////////////////////////////////////////////////////////////////
#include "MainFrm.h"
////////////////////////////////////////////////////////////////////////////
// CWinTestDoc
```

그림 11-29 include문의 삽입

결과 출력을 담당할 새 멤버함수를 도큐먼트 클래스 아래에 추가한다. [그림 11-30]처럼 <void>형의 함수 선언<ResultShowDlgBar(CString str)>을 입력한다.

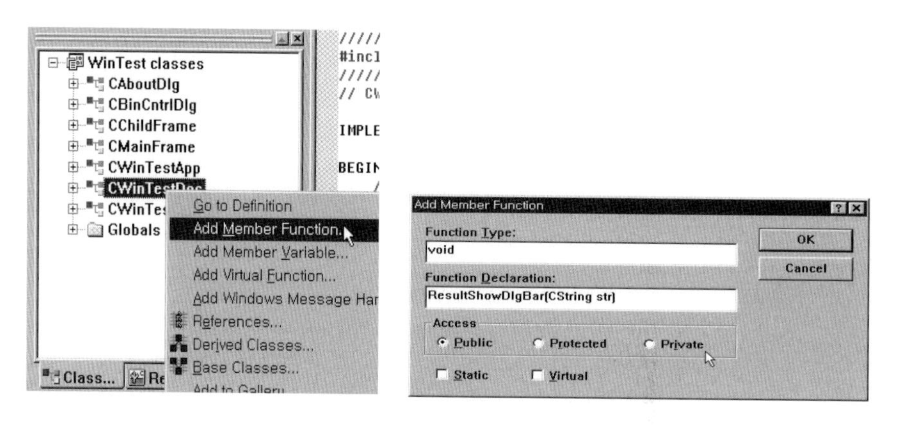

그림 11-30 도큐먼트클래스 〈CWinTestDoc〉에 새 멤버함수의 추가

추가된 멤버함수에 [리스트 11-10]처럼 코딩을 한다.

리스트 11-10 〈Edit Box〉에 결과출력을 수행하는 함수

```
01 void CWinTestDoc::ResultShowDlgBar(CString str)
02 {
03     CMainFrame *pFrame = (CMainFrame *)AfxGetMainWnd();
```

```
04     CRect rect;
05     pFrame->GetWindowRect(&rect);
06
07     if (!pFrame->m_ResultShowBar.IsWindowVisible())
08     {
09        pFrame->DockControlBar(&pFrame->m_ResultShowBar);
10        pFrame->m_ResultShowBar.ShowWindow(SW_SHOW);
11        pFrame->FloatControlBar(&pFrame->m_ResultShowBar,
                                     CPoint(rect.right-324,rect.bottom-125));
12     }
13
14     CEdit *pEdit = (CEdit *)pFrame->m_ResultShowBar.GetDlgItem(IDC_RESULTSHOW);
15     int nLength = pEdit->GetWindowTextLength();
16
17     if(nLength<10000) pEdit->SetSel(nLength, nLength);
18     else  pEdit->SetSel(nLength-10000, nLength);
19     pEdit->ReplaceSel(str);
20     pFrame->RecalcLayout();
21 }
```

결과출력창을 추가하는 과정이 끝났으므로 이제 계산결과를 결과출력창을 통해 출력해보자. 앞에서 영역 라벨링을 수행하는 함수에 [리스트 11-11]의 코드를 대신 삽입한다. 이 코드를 살펴보면 출력할 문장을 C언어 "printf"문처럼 CString 클래스의 Format 함수를 사용해 작성하고 있음을 알 수 있다. ResultShowDlgBar 함수로 문자스트링을 넘겨주면 생성한 Edit 박스에 문장이 출력되게 된다.

리스트 11-11 〈Edit〉박스에 결과출력을 수행하는 함수

```
01 void CWinTestDoc::m_BlobColoring(int height, int width)
02 {
03     ~~~~~~~~~~~~~~~~~~(생략)~~~~~~~~~~~~~~~~~~~~~~~~~~~~~~~~~~~~~~
04
05     // 영역의 면적을 Text정보로 출력
06     CString tempStr;
07     tempStr.Format("\r\n\r\n[ Blob Coloring(2) ]\r\n----------------------\r\n");
08     ResultShowDlgBar(tempStr);
09     for(i=1; i<curColor; i++)
10     {
11        tempStr.Format("%i: %d\r\n ",i,BlobArea[i]);
12        ResultShowDlgBar(tempStr);
13     }
```

```
14
15      // 라벨링된 데이터를 m_OutImg 배열을 이용하여 화면출력
16
17      ~~~~~~~~~~~~~~~~~~(생략)~~~~~~~~~~~~~~~~~~~~~~~~~~~~~~~~~~~~~~~~~
18  }
```

[그림 11-31]에서 <영역라벨링>명령을 선택하면 영역 라벨링이 수행되면서 각각의 영역에 대한 영역 정보(영역의 픽셀 수)가 출력표시창을 통해 출력된다.

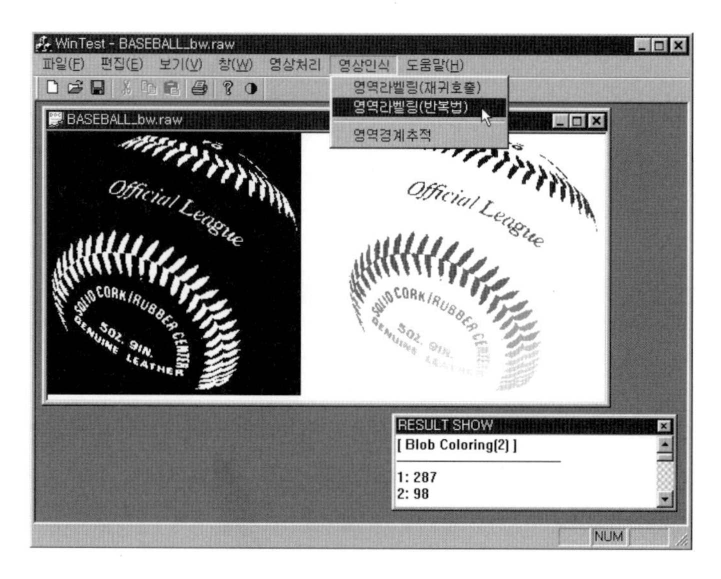

그림 11-31 결과출력창을 통한 라벨링영역 정보의 출력 예

연습문제

1. 아래 그림으로부터 비슷한 형상의 물체를 추출하는 프로그램을 작성하시오. 또한 추출된 물체의 개수, 면적, 둘레를 구하는 프로그램도 작성하시오. 단, 물체는 원형, 삼각형, 사각형의 3가지 형태를 가지며 각각의 부류로 나누어 추출해야 한다.

그림 p11-1 형상 인식을 위한 이진화영상

2. 다음의 두 영상을 이용하여 오른쪽 그림의 휴대폰영역을 사각형으로 표시하는 프로그램을 작성하시오. 단, 작성 방법은 두 영상을 차영상 후 라벨링하고 라벨링된 영역에 사각형을 그려서 완성한다.

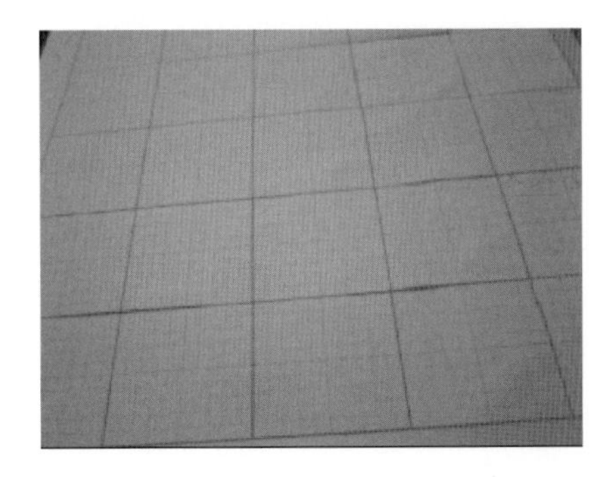

그림 p11-2 영역 추출을 위한 배경 및 시험 영상

3. 아래 주어진 영상 내의 동전의 개수를 세기 위해 다음의 단계를 차례로 수행하는 프로그램을 작성하시오.

❶ Coin.raw 영상을 입력한다.

❷ Otzu 법을 이용하여 자동이치화를 수행한다.

❸ 이치화된 영상에 대해 영역 라벨링을 수행한다.

❹ 각 blob의 영역 크기(픽셀 수)를 계산하고 너무 작은 영역은 제거한 후 동전 영역을 추출한다.

❺ 구멍이 있는 동전과 없는 동전을 인식하는 프로그램을 작성해본다.

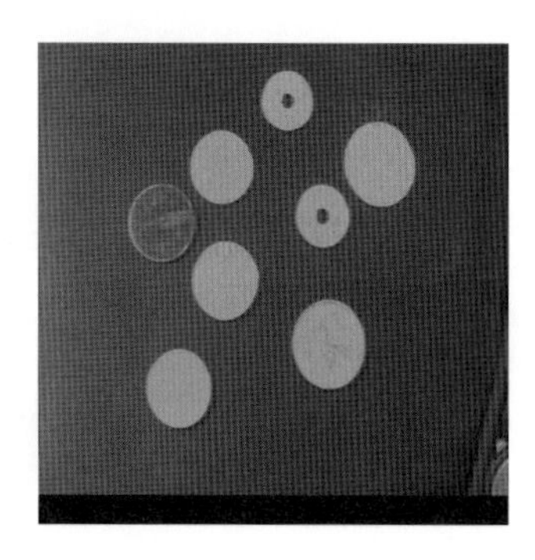

그림 p11-3 영역추출 및 형상분류를 위한 동전 영상

CHAPTER

12 템플레이트 정합을 통한 패턴인식

템플레이트는 무엇이고 정합이란 또 무엇일까? 먼저 아래 그림을 보자. 아래 [그림 12-1(a)]에 한 장의 영상이 놓여져 있고 그 영상 안에는 여러 가지 형태의 열쇠가 놓여져 있다. 이때 자신의 사무실 열쇠가 영상 내 어디에 위치하고 있는지 알고 싶다고 가정해보자. 이 물음에 대해 먼저 알아야 할 것은 내 사무실 열쇠는 무엇이고 어떻게 생겼는가에 대한 것이다. 이것은 우리가 미리 알고 있어야 하는 지식(knowledge)이다. 미리 알아야 하는 사무실 열쇠의 영상이 템플레이트(template)이다. 사무실 열쇠의 템플레이트가 [그림 12-1(b)]에 조그마한 영상으로 주어져 있다. 따라서 주어진 문제는 단순하게 다음처럼 표현된다.

Tip | 템플레이트 정합(template matching) 

검사할 영상이 주어졌을 때 미리 주어진 템플레이트 영상을 이용하여 검사할 영상내부에 있는 유사한 영상 패턴을 찾아낸다. 이때 템플레이트는 일종의 모델(model) 영상이다.

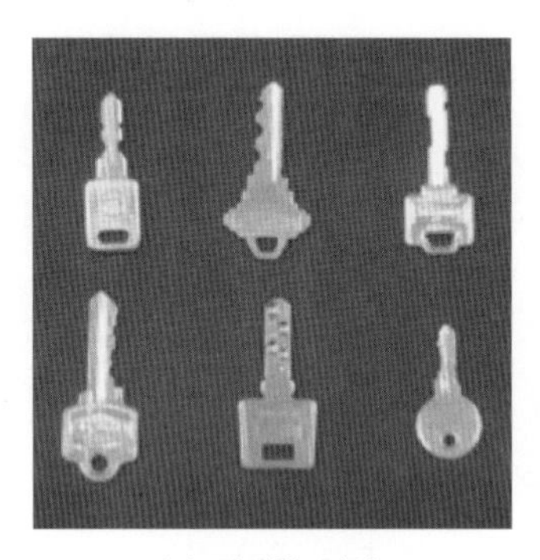

(a) 탐색할 영상

(b) 모델

그림 12-1 탐색할 영상과 템플레이트 영상

우리 눈으로 보면 아주 쉽게 템플레이트와 유사한 패턴이 영상 내부 어디에 위치하고 있는지 발견할 수 있을 것이다. 그러나 컴퓨터에게는 이것이 간단하지 않을 수도 있다.

그럼 템플레이트 정합을 어떻게 수행할 것인지 살펴보자. 템플레이트 영상을 검사할 영상에 겹쳐 나타낸 것이 [그림 12-2]에 나타나 있다. 영상의 왼쪽 맨 위 시작점에 조그마한 템플레이트를 겹쳐놓고 검사할 영상의 겹쳐진 부분과 템플레이트 영상을 서로 비교한다. 이러한 비교기준치는 용도에 따라 적당하게 선택할 수 있다. 계산된 비교기준치를 저장한 후, 다시 템플레이트를 한 픽셀 왼쪽으로 옮긴다. 그리고 다시 검사할 영상의 겹쳐진 부분과 템플레이트 영상을 비교한다.

[그림 12-2(b)]는 맨 처음 시작 부분에서 겹쳐진 검사영상 부분과 오른쪽 아래의 맨 마지막의 부분에서 검사할 영상의 겹쳐진 부분을 표시해주고 있다.

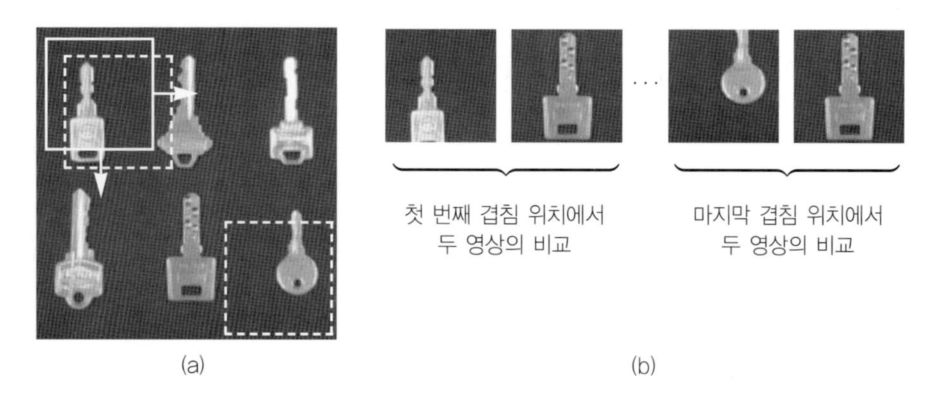

그림 12-2 템플레이트 정합

검사할 영상의 모든 영역에서 비교 기준치를 저장한 후, 이 값이 가장 최적인 위치에 우리가 찾는 모델 열쇠가 놓여 있다고 가정한다. 따라서 템플레이트 정합에서 비교 기준치를 잘 선정하는 것이 중요해진다. 다음은 비교 기준치를 결정할 때 고려해야 하는 몇 가지 포인트를 나타낸다.

- ▶ 영상 잡음(image noise)에 둔감해야 함
- ▶ 밝기 변화(intensity variation)에 둔감해야 함
- ▶ 계산량이 적어야 함

검사할 영상은 여러 가지 환경요인으로 영상 노이즈(image noise)가 나타나게 되는데 이러한 노이즈에 영향을 받지 않는 기준치가 좋은 기준치이다. 또한, 조명의 변화로 인해 밝기의 변화가 검사영상에 나타날 때도 기준치에 이러한 영향이 적으면 좋다. 기준치를 계산할 때 과도한 연산량이 요구되면 고속 영상처리기를 만들기가 힘들 것이다.

1. 비교기준치

[그림 12-2(b)]에 주어져 있는 검사할 영상의 겹쳐진 부분과 템플레이트 영상을 서로 비교하려고 할 때 어떤 기준치를 사용해야 하는가에 대한 문제를 살펴보자. 다음의 두 가지가 가장 간단하다.

$$\text{MAD} = \frac{1}{MN}\sum_{i=1}^{M}\sum_{j=1}^{N}\left|T(x_i, y_i) - I(x_i, y_i)\right| \tag{12-1-a}$$

$$\text{MSE} = \frac{1}{MN}\sum_{i=1}^{M}\sum_{j=1}^{N}\left[T(x_i, y_i) - I(x_i, y_i)\right]^2 \tag{12-1-b}$$

수식이 약간 복잡해 보이지만 어렵지 않다. 템플레이트 ***T***와 검사할 영상의 겹쳐진 영상부분 ***I***를 서로 겹쳐놓고 대응되는 픽셀의 밝기값을 서로 빼 차이값을 더하는 것이다. ***M***과 ***N***은 템플레이트의 가로 및 세로 크기이다. **MAD**(Mean Absolute Difference)는 차이의 절대값을 더하고 **MSE**(Mean Square Error)는 차이의 제곱값을 더하는 것이다. 당연히 템플레이트와 겹쳐진 부분의 영상 밝기값이 서로 비슷하다면 **MSE**나 **MAD**값이 0에 가깝게 나올 것이다. 서로 다르다면 두 값은 커질 것이다. 이러한 값들의 계산을 통해 겹침이 발생했을 시 각각의 비교치를 계산할 수 있다.

2. 연산 횟수

사무실 열쇠의 위치를 발견하기 위해 템플레이트를 검사할 영상 위에 겹쳐놓고 몇 번을 반복해서 비교해야 하는지 살펴보자.

▶ 템플레이트 크기: $M \times N$

▶ 검사할 영상의 크기: $R \times C$

▶ 겹침이 발생하는 횟수: $(R - M) \times (C - N)$

$(M \times N)$ 크기의 템플레이트와 $(R \times C)$ 크기의 검사할 영상이 주어져 있다고 가정한다면, 서로 겹쳐서 비교해보아야 할 횟수는 $(R - M) \times (C - N)$번이 발생한다. 만일 템플레이트의 크기가 100 × 100픽셀이고 검사할 영사의 크기가 640 × 480이라고 가정한다면 540 × 380의 겹침 횟수가 발생한다는 것이다. 적지 않은 횟수이다. 당연히 시간복잡도(time complexity) 문제가 발생한다. 시간복잡도가 높다면 유사한 패턴을 발견하기 위한 계산 시간이 오래 걸린다는 것을 의미한다.

Tip | 시간복잡도

앞에서 겹침 횟수가 $(R - M) \times (C - N)$번 발생한다고 가정하였다. MAD인 경우, 각각의 겹침 상태에서 뺄셈을 $M \times N$번 계산해야 하므로 총 뺄셈횟수는 $(R - M) \times (C - N) \times (M \times N)$번이다. 이것은 전산학의 시간복잡도에서 **'빅오'** 로 표현했을 때, **O(n⁴)** 의 개념이다. for를 사용하는 반복문이 네 번 겹쳐 사용된다고 간단히 이해하면 된다. 템플레이트 정합은 계산횟수가 상당함을 알 수 있다. 따라서 보다 실용적인 템플레이트 정합 기술을 개발하기 위해서 고속으로 수행되는 정합법을 개발하는 것이 필요하다.

```
(1) for(i=0; i<n; i++) sum = sum+i;   // O(n)
(2) for(i=0; i<n; i++) for(j=0; j<n; j++) sum = sum+i*j;  // O(n^2)
(3) for(i=0; i<m; i++) for(j=0; j<n; j++) sum = sum+i*j;  // O(mn)
(4) for(i=0; i<m; i++) sum = sum+i; for(j=0; j<n; j++) sum = sum+j; // O(m+n)
```

1 MAD의 구현

[리스트 12-1]은 MAD를 구현한 코드를 보여준다. 입력영상에서 미리 설정된 템플레이트 영상을 탐색해야 하므로 이 함수를 호출하기 위해서는 함수의 인자로 템플레이트 영상 데이터와 크기를 넘겨주어야 한다. 프로그램의 내용은 단순하다. 입력영상의 크기에서 템플레이트 영상의 크기를 빼준 크기인 (height − tHeight) × (width − tWidth) 크기만큼 템플레이트 영상을 입력영상에 겹쳐가며 두 겹친 부분이 얼마나 밝기가 유사한지를 검사하면 되는 것이다.

리스트 12-1 MAD의 구현

```
01 POINT CWinTestDoc::m_MatchMAD(int height, int width, unsigned char *m_TempImg,
02                                                          int tHeight, int tWidth)
03 {
04    register int i,j,m,n,index;
05    float SumD, MinCorr=255.0f*tHeight*tWidth;
06    POINT OptPos;
07
08    for(m=0; m<height-tHeight; m++)
09    {
10       for(n=0; n<width-tWidth; n++)
11       {
12          SumD = 0.0f;
13          for(i=0;i<tHeight;i++)
14          {
15             index = i*tWidth;
16             for(j=0; j<tWidth ;j++) SumD + = (float)fabs(m_InImg[m+i][n+j]-m_TempImg[index+j]);
17          }
18          if (SumD<MinCorr)
19          {
20             MinCorr=SumD;
```

```
21              OptPos.y=m;
22              OptPos.x=n;
23          }
24        }
25     }
26     MinCorr /= (float)(tHeight*tWidth); // 템플레이트 영역크기로 나누어 줌
27
28     return OptPos;
29  }
```

➡ **1행** 템플레이트 영상에 대한 데이터는 `*m_TempImg`에 들어 있으며 이 영상버퍼의 크기는 세로크기가 `tHeight` 픽셀이고 가로가 `tWidth` 픽셀이다.

➡ **5행** MAD에서는 템플레이트 영상과 이 영상에 겹친 입력영상 부분 사이의 밝기값 차이의 절대값을 더해주는 것이기 때문에 발생 가능한 최대 차이값은 템플레이트 영상의 면적에다가 255를 곱해준 값과 같아진다.

➡ **6행** MAD 차이가 가장 작은 부분의 위치를 저장하기 위한 `POINT` 변수를 선언한다.

➡ **13행** 이 부분부터 17행까지 겹쳐진 두 영상의 MAD를 계산한다. 템플레이트의 크기만큼 대응되는 모든 픽셀에 대해 차이 값의 절대값을 더해준다.

➡ **18행** 최소 MAD를 주는 픽셀 좌표값을 저장한다.

➡ **28행** 함수를 종결하기 전에 저장좌표를 리턴한다.

2 MSE의 구현

[리스트 12-2]는 MSE를 구현한 코드이다. [리스트 12-1]과 거의 유사하며 MAD대신 MSE를 계산하기 위한 부분만이 다르게 나타난다.

리스트 12-2 MSE의 구현

```
01  POINT CWinTestDoc::m_MatchMSE(int height, int width, unsigned char *m_TempImg,
02                                                      int tHeight, int tWidth)
03  {
04     register int i,j,m,n,index;
05     int diff;
06     float SumD, MinCorr=255.0f*255.0f*tHeight*tWidth;
07     POINT OptPos;
08
09     for(m=0; m<height-tHeight; m++)
10     {
```

```
11         for(n=0; n<width-tWidth; n++)
12         {
13            SumD = 0.0f;
14            for(i=0;i<tHeight;i++)
15            {
16               index = i*tWidth;
17               for(j=0; j<tWidth ;j++)
18               {
19                  diff = m_InImg[m+i][n+j]- m_TempImg[index+j];
20                  SumD += (float)(diff*diff);
21               }
22            }
23            if(SumD<MinCorr)
24            {
25               MinCorr=SumD;
26               OptPos.y=m;
27               OptPos.x=n;
28            }
29         }
30      }
31      MinCorr /= (float)(tHeight*tWidth);
32
33      return OptPos;
34   }
```

➡ **19행** 이 부분에서 MAD 대신에 MSE를 계산하고 있다.

3. 마우스를 이용한 템플레이트 영상의 설정 구현하기

비주얼 C++를 이용하여 MAD를 구현하기 위해서는 마우스로 영상의 특정 부분을 템플레이트로 설정하는 기능을 먼저 작성하여야 한다. MAD와 MSE를 프로그래밍하기 위한 선행 부로써 임의의 입력 영상에서 템플레이트 영상을 마우스로 설정하는 기능을 프로그램하자.

<Workspace>의 <ClassView>탭을 선택한 후 <CMainFrame>에 커서를 대고 오른쪽 버튼을 클릭하여 메뉴의 <Add Member Variable>을 선택한다. <unsigned char>타입의 새로운 멤버변수 <*m_TempImg>를 추가한다. 이 멤버변수는 템플레이트 영상을 저장하기 위한 이미지 버퍼이다. CMainFrame 클래스 아래에 이 변수를 추가하는 이유는 템플레이트 영상은 특별한 자식 윈도우와 상관없이 독립적으로 설정되어야 하기 때문이다.

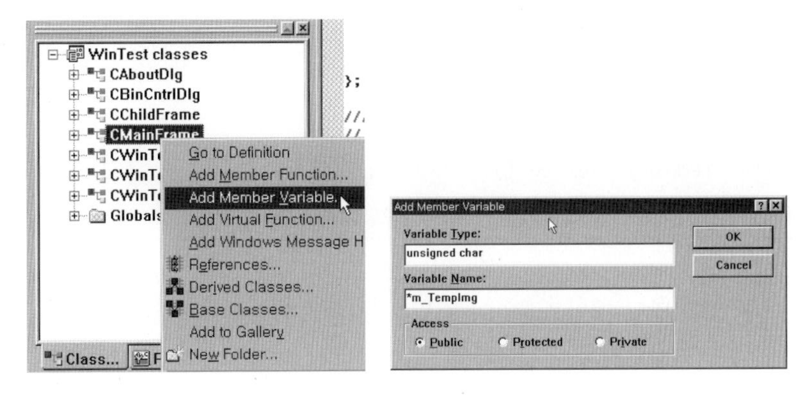

그림 12-3 CMainFrame 클래스에 새로운 멤버변수의 추가

Variable Type	Variable Name	Access
unsigned char	*m_TempImg	Public
BOOL	m_flagTemplate	Public
int	tHeight	Public
Int	tWidth	Publich

그 외에 템플레이트 영상의 설정에 관련된 변수들을 위의 표처럼 차례로 추가한다. <m_flagTemplate>는 템플레이트가 설정되었는지 아닌지를 나타내는 flag 변수이고 두 정수형 변수 <tHeight>, <tWidth>는 템플레이트 영상의 세로 및 가로의 크기이다.

추가한 변수들을 초기화 하기 위해 CMainFrame 클래스의 생성자와 소멸자 함수를 열어 [리스트 12-3]과 [리스트 12-4]처럼 코드를 추가한다.

리스트 12-3 생성자함수에 코드 추가

```
01 CMainFrame::CMainFrame()
02 {
03     // TODO: add member initialization code here
04     m_TempImg = NULL;
05     m_flagTemplate = FALSE;
06 }
```

➡ **4행** 템플레이트 저장용 영상버퍼에는 처음에는 아무 영상도 없으므로 할당된 메모리도 없는 상태이다. 따라서 초기에는 <NULL>로 설정해준다.

➡ **5행** 초기에는 템플레이트가 설정되어 있지 않은 상태이므로 <m_flagTemplate> 변수는 FALSE로 설정해준다.

리스트 12-4 소멸자 함수에 코드 추가

```
01 CMainFrame::~CMainFrame()
02 {
03     if(m_TempImg) delete []m_TempImg;
04 }
```

➡ **3행** 만일 메인프레임이 소멸되기 전에 템플레이트 영상버퍼 <m_TempImg>에 할당된 메모리가 존재한다면 이 메모리는 해제시키고 CMainFrame 클래스는 소멸되어야 한다.

<CWinTestView> 클래스에 새로운 멤버변수들을 추가한다. 영상 내의 특별한 영역을 선택하여 CMainFrame 클래스에 설정된 템플레이트 영상버퍼에 메모리를 설정할 수 있도록 필요한 변수들을 추가한다.

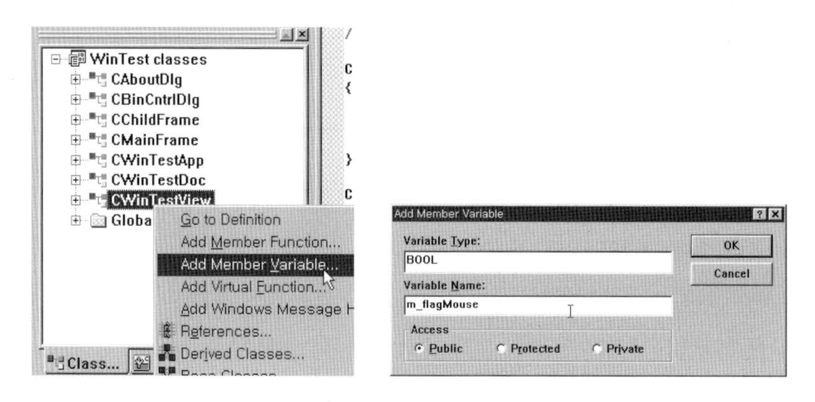

그림 12-4 CWinTestView 클래스 아래에 새로운 멤버변수의 추가

Variable Type	Variable Name	Access
BOOL	m_flagMouse	Public
BITMAPINFO	*BufBmInfo	Public
CRect	m_RectTrack	Publich

<m_flagMouse> 변수는 마우스로 영역을 설정하는데 필요한 flag를 저장하기 위한 변수이며 <*BufBmInfo> 변수는 BITMAPINFO 타입의 변수로 템플레이트 영상을 화면에 출력하기 위한 비트맵헤드 부분을 설정하는 변수이다. <m_RectTrack> 변수는 마우스로 선택한 영상 영역의 사각 영역 좌표를 저장하기 위한 변수이다.

비트맵영상의 헤드 정보를 설정하기 위해 <CWinTestView> 클래스의 생성자 및 소멸자 함수 내에 [리스트 12-5]와 [리스트 12-6]의 코딩을 삽입한다.

리스트 12-5 비트맵영상의 헤드 정보를 설정하기 위한 메모리 할당과 인자 대입

```
01 CWinTestView::CWinTestView()
02 {
03     // TODO: add construction code here
04
05 ~~~~~~~~~~~~~~~~~~~~~~(생략)~~~~~~~~~~~~~~~~~~~~
06
07     // 템플레이트 정합을 위한 설정부
08     BufBmInfo= (BITMAPINFO*)malloc(sizeof(BITMAPINFO)+256*sizeof(RGBQUAD));
09     memcpy(BufBmInfo,BmInfo,sizeof(BITMAPINFO));
10     memcpy(BufBmInfo->bmiColors,BmInfo->bmiColors,256*sizeof(RGBQUAD));
11     m_flagMouse = FALSE;
12 }
```

➡ **8행** 비트맵 헤드 정보 설정을 위한 BITMAPINFO 타입의 변수 BufBmInfo의 메모리 할당

➡ **9행** 기존에 미리 만들어져 사용하고 있는 <BmInfo> 변수의 설정값을 이용해 설정값을 <BufBmInfo> 변수로 복사해준다.

➡ **10행** 흑백영상의 출력을 위한 팔레트 정보도 <BmInfo> 변수에 기설정된 값을 이용해 복사해서 사용한다.

➡ **11행** 자식 윈도우가 열리는 초기에는 마우스 영역 선정 flag를 FALSE로 설정해준다.

리스트 12-6 자식윈도우가 소멸되기 전에 설정된 메모리 해제

```
01 CWinTestView::~CWinTestView()
02 {
03     free(BmInfo);
04     free(BufBmInfo);   // 이 부분 추가
05 }
```

➡ **4행** 자식윈도우가 소멸되기 전에 생성자에서 할당해주었던 메모리 부분을 해제해준다.

<CTestView> 클래스에서 <CMainFrame> 클래스의 멤버변수들인 *m_TempImg, m_flagTemplate등을 사용해야 하므로 <WinTestView.cpp> 파일의 헤드부에 <#include "MainFrm.h">를 첨가해준다.

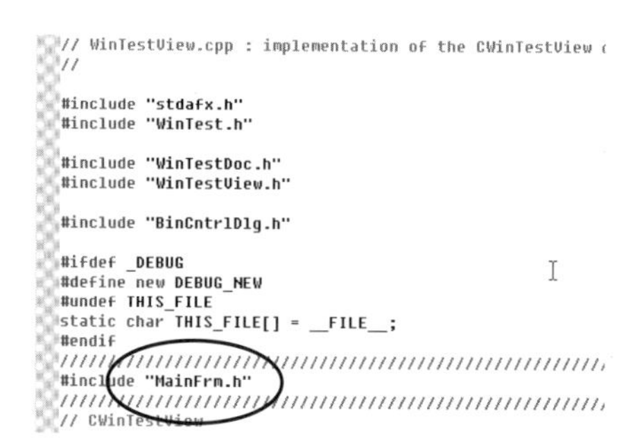

그림 12-5 CWinTestView 클래스의 구현부에 CMainFrame 클래스의 헤드 부분 추가

이제 마우스로 영상 내부의 특정 면적을 선택하기 위한 마우스 메시지처리 관련 부분을 프로그램한다. 영상의 임의의 위치에 마우스 포인트를 놓고 <왼쪽버튼>을 누른상태에서 마우스를 <움직이고> 마지막으로 마우스의 버튼을 <놓으면> 관심있는 사각 영역이 설정된다. 따라서 세 가지의 마우스 메시지가 연속해 발생하는데 이것은 <WM_LBUTTONDOWN>, <WM_MOUSEMOVE>, 그리고 <WM_LBUTTONUP>의 메시지가 차례로 발생하게 된다. 이러한 세 가지 메시지를 <CWinTestView> 클래스 아래에서 처리해주어야 한다. 먼저 왼쪽버튼누름 메시지 처리함수인 OnLButtonDown를 클래스위자드를 오픈하여 추가한다.

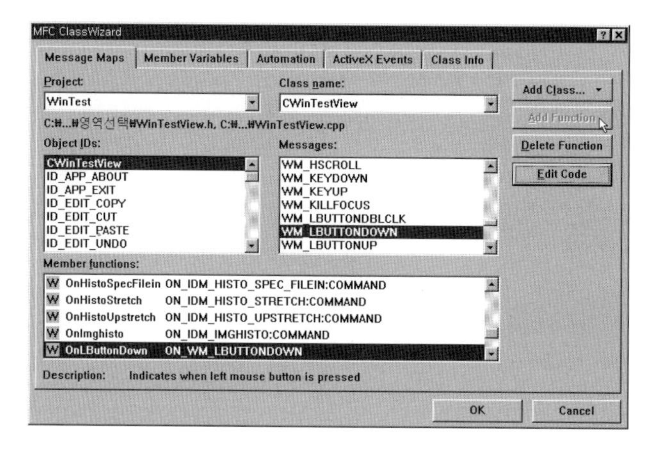

그림 12-6 마우스의 왼쪽버튼누름(WM_LBUTTONDOWN)메시지처리 함수의 추가

선택부	선정 아이템
Class name	CWinTestView
Object IDs	CWinTestView
Messages	WM_LBUTTONDOWN

추가된 함수에 대해 [리스트 12-7]을 코딩한다.

리스트 12-7 〈WM_LBUTTONDOWN〉메시지 처리함수의 구현

```
01 void CWinTestView::OnLButtonDown(UINT nFlags, CPoint point)
02 {
03     // TODO: Add your message handler code here and/or call default
04     if(point.y<0 || point.y>=height) return;
05     if(point.x<0 || point.x>=width) return;
06
07     m_RectTrack.left = m_RectTrack.right = point.x;
08     m_RectTrack.top = m_RectTrack.bottom = point.y;
09     m_flagMouse = TRUE;
10
11     CMainFrame *pFrame= (CMainFrame*)AfxGetMainWnd();
12     ASSERT(pFrame);
13     pFrame->m_flagTemplate = FALSE;
14
15     CView::OnLButtonDown(nFlags, point);
16 }
```

➡ **4행** 이 함수로는 두 개의 인자가 넘어오는데 이 중 <point>변수에는 마우스가 눌러진 위치좌표가 픽셀좌표로 넘어오게 된다. point변수에 들어 있는 좌표 정보를 이용하여 지금 마우스에서 눌러진 좌표가 영상 내에서 눌러진 좌표인지 검사한다. 수직방향으로는 (0 ~ height) 내, 수평방향으로는 (0 ~ width) 안으로 들어와야 영상내부가 된다.

➡ **7행** 설정 사각영역의 좌표를 저장하기 위한 부분으로 영역의 (left, top)부분에 마우스의 입력 위치 point를 설정한다.

➡ **9행** 마우스 flag인 m_flagMouse를 TRUE로 설정하여 마우스가 템플레이트 영상으로 사용될 사각영역 설정을 위해 움직인다는 것을 가리키게 한다. 마우스는 버튼이 눌러지지 않은 상태에서도 움직일 수 있기 때문에 이 flag는 마우스버튼이 눌러진 상태에서 움직인다는 것을 알려주기 위한 flag이다.

➡ **11행** CWinTestView 클래스에서 CMainFrame 클래스 변수에 접근하기 위해서는 CMainFrame 클래스의 인스턴스 포인트를 얻어와야 한다. 이 포인트를 얻어오기 위한 명령으로 AfxGetMainWnd()함수를 사용하였다.

➡ **13행** 일단 템플레이트 영역의 설정이 시작되면 CMainFrame에 템플레이트 영상에 대한 설정 flag를 FALSE로 만들어 준다.

다시 클래스위자드를 오픈하여 마우스가 <움직일 때> 발생하는 메시지인 WM_MOUSEMOVE를 처리하는 함수를 CWinTestView 클래스 아래에 추가한다.

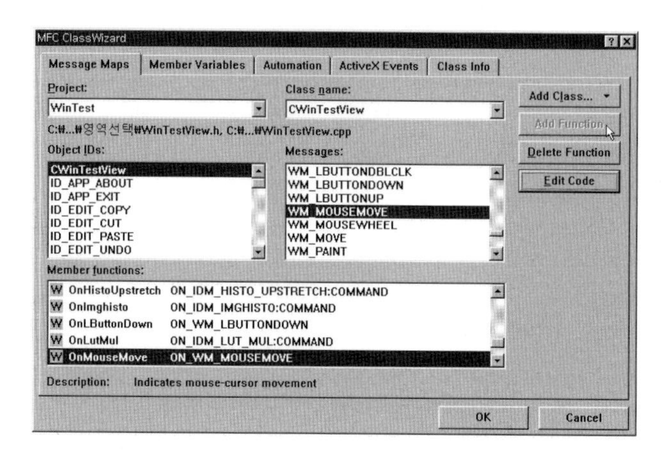

그림 12-7 마우스가 움직일 때 발생하는 메시지 처리함수의 추가

리스트 12-8 〈WM_MOUSEMOVE〉메시지 처리함수의 구현

```
01 void CWinTestView::OnMouseMove(UINT nFlags, CPoint point)
02 {
03    // TODO: Add your message handler code here and/or call default
04    if(m_flagMouse==TRUE)
05    {
06       if(point.y<0 || point.y>=height) { Invalidate(FALSE); return; }
07       if(point.x<0 || point.x>=width) { Invalidate(FALSE); return; }
08
09       m_RectTrack.right = point.x;
10       m_RectTrack.bottom = point.y;
11       Invalidate(FALSE);
12    }
13
14    CView::OnMouseMove(nFlags, point);
15 }
```

➡ **4행** 왼쪽버튼이 눌러지지 않은 상태에서 발생하는 마우스 움직임 메시지는 아무 의미가 없으므로 이 부분을 체크한다. 왼쪽 버튼이 눌러졌을 때 [리스트 12-7]에서 m_flagMouse를 TRUE로 설정했음을 기억하라.

➡ **6행** 마우스의 움직임 위치가 영상의 영역을 벗어나면 영역 설정을 무효화시킨다.

➡ **9행** 현재 움직인 위치의 좌표는 point 변수로 넘어오므로 이 위치를 사각 영역을 저장하는 변수인 m_RectTrack 변수의 (right, bottom)필드에 치환한다.

➡ **11행** 설정 영역의 위치가 변경되었으므로 화면을 갱신하여 설정 영역을 보여주기 위함이다.

클래스위자드를 오픈하여 마우스에서 <손을 뗄 때> 발생하는 메시지 WM_LBUTTONUP를 처리하는 함수를 CWinTestView 클래스 아래에 추가한다.

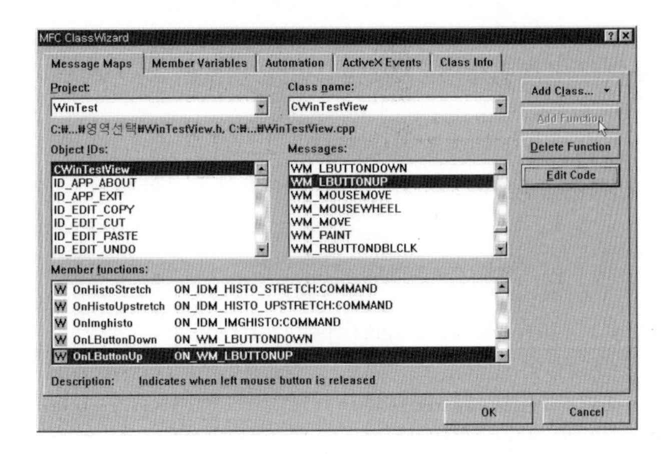

그림 12-8 마우스가 버튼이 떨어질 때 발생하는 메시지 처리함수 추가

리스트 12-9 〈WM_MOUSEMOVE〉메시지 처리함수의 구현

```
01 void CWinTestView::OnLButtonUp(UINT nFlags, CPoint point)
02 {
03    // TODO: Add your message handler code here and/or call default
04    if(m_flagMouse==TRUE)
05    {
06       CWinTestDoc* pDoc = GetDocument(); // 도큐먼트 클래스를 참조하기 위해
07       ASSERT_VALID(pDoc);                // 인스턴스 주소를 가져옴
08       CMainFrame *pFrame= (CMainFrame*)AfxGetMainWnd();
09       ASSERT(pFrame);
10
11       if(point.y<0 || point.y>=height)
         { m_flagMouse=pFrame->m_flagTemplate = FALSE; Invalidate(FALSE); return; }
12       if(point.x<0 || point.x>=width)
         { m_flagMouse=pFrame->m_flagTemplate = FALSE; Invalidate(FALSE); return; }
13       if(m_RectTrack.top>=m_RectTrack.bottom || m_RectTrack.left>=m_RectTrack.right)
         { m_flagMouse=FALSE; pFrame->m_flagTemplate=TRUE; Invalidate(FALSE); return;}
14       if(abs(m_RectTrack.right-m_RectTrack.left)<10&&
                   abs(m_RectTrack.bottom-m_RectTrack.top)<10)
         { m_flagMouse=FALSE; pFrame->m_flagTemplate=TRUE; Invalidate(FALSE); return;}
15       ///
```

```
16          m_flagMouse = FALSE;
17          pFrame->m_flagTemplate = TRUE;
18
19          pFrame->tHeight = m_RectTrack.bottom-m_RectTrack.top;
20
21          pFrame->tWidth = m_RectTrack.right-m_RectTrack.left;
22          if(pFrame->m_TempImg==NULL) pFrame->m_TempImg =
23                          new unsigned char [pFrame->tHeight*pFrame->tWidth];
24          else
25          {
26             delete []pFrame->m_TempImg;
27             pFrame->m_TempImg = new unsigned char [pFrame->tHeight*pFrame->tWidth];
28          }
29
30          int i,j,index;
31          for(i=0; i<pFrame->tHeight; i++)
32          {
33             index = i*pFrame->tWidth;
34             for(j=0; j<pFrame->tWidth; j++)
35                pFrame->m_TempImg[index+j]=
36                  pDoc->m_InImg[m_RectTrack.top+i][m_RectTrack.left+j];
37          }
38
39          Invalidate(FALSE);
40       }
41
42       CView::OnLButtonUp(nFlags, point);
43    }
```

➡ **4행** 마우스 버튼을 릴리즈하는 것도 마우스 flag가 설정되어 있을 때 만 유효하다. 이 부분을 체크하기 위한 부분이다.

➡ **6행** 도큐먼트 클래스 CWinTestDoc의 인스턴스 포인트를 얻어 오는 부분. 영상데이터는 도큐먼트 클래스가 멤버로 가지고 있기 때문에 이것을 가져오기 위해 도큐먼트 클래스 인스턴스의 포인트를 얻어와야 한다.

➡ **8행** CMainFrame 클래스의 멤버변수인 m_TempImg 등에 대한 접근을 해야 하므로 이 클래스의 인스턴스 포인트를 얻어옴.

➡ **11행** 마우스에서 손을 뗄 때 위치가 영상영역의 밖인지 내부인지를 검사하는 부분. 영상 외부에서 (right, bottom)위치가 설정되면 영역설정을 무효화 시킴.

➡ **13행** 영역설정이 (left, top)에서 (right, bottom)방향으로 이루어지지 않고 반대 방향으로 이루어진다면 영역설정을 무효화시킨다. 또한 설정한 템플레이트의 크기가 너무 작으면 뒤로 넘어가지 않고 걸러 준다.

➡ **16행** 11행과 13행에서 걸리는 문제가 없으면 마우스 flag를 FALSE로 설정해 해제해 준다.

➡ **17행** 템플레이트 영역 설정이 성공적으로 수행되었으며 이것을 가리키기 위해 템플레이트 설정 flag인 m_flagTemplate를 TRUE로 설정한다.

➡ **22행** 기존에 이미 템플레이트 영상버퍼에 메모리가 설정되어 있다면 새로운 영상을 저장하기 위해 이 버퍼의 메모리를 해제해주어야 한다. 설정되어 있지 않다면 m_TempImg는 NULL이므로 설정 영역의 크기만큼 메모리를 할당해주면 된다.

➡ **26행** 설정된 경우는 메모리를 해제하고 새로운 영상버퍼 메모리를 할당해준다.

➡ **31행** 설정된 영역의 영상 데이터를 할당된 템플레이트 메모리에 대입시켜 준다.

템플레이트 영상을 설정하는 부분의 코딩이 끝났으므로 여기서는 설정된 템플레이트를 화면에 출력하는 함수를 작성한다. 템플레이트 영상은 입력이나 출력 영상과는 달리 설정된 영상의 크기가 항상 바뀔 수 있다. 사용자가 사각 영역을 설정해주는 대로 크기가 바뀌어져야 하며, 영상출력을 위해서 비트맵영상을 화면에 출력해주는 새로운 멤버함수를 CWinTestView 클래스 아래에 추가한다. 함수의 추가 후, [리스트 12-10]에 주어진 프로그램처럼 추가된 멤버함수를 코딩한다.

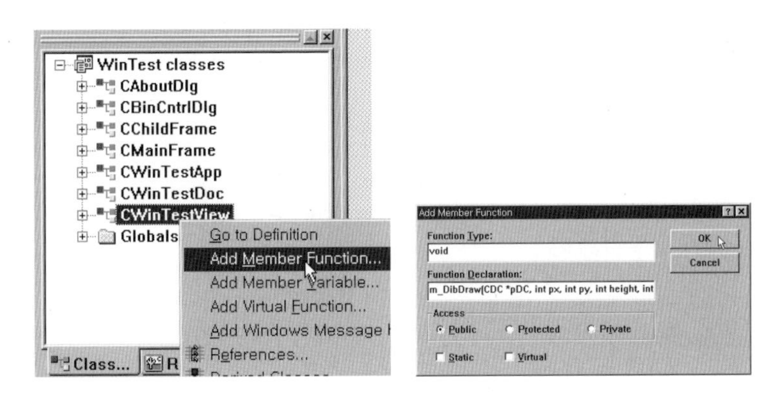

그림 12-9 템플레이트의 영상출력을 위해 새로운 멤버함수를 뷰 클래스에 추가

리스트 12-10 템플레이트 화면 출력함수의 구현

```
01 void CWinTestView::m_DibDraw(CDC *pDC, int px, int py, int height, int width, BYTE *BufImg)
02 {
03     int rwsize = (((8*width)+31)/32*4);   // 4바이트의 배수여야 함
```

```
04      BufBmInfo->bmiHeader.biHeight = height;
05      BufBmInfo->bmiHeader.biSizeImage=rwsize*height;
06      BufBmInfo->bmiHeader.biWidth =width;
07
08      unsigned char *BufRevImg = new unsigned char [height*rwsize];
09      int index1,index2,i,j;
10      for(i=0; i<height; i++)
11      {
12         index1 = i*rwsize;
13         index2 = (height-i-1)*width;
14         for(j=0; j<width; j++) BufRevImg[index1+j]=BufImg[index2+j];
15      }
16
17      SetDIBitsToDevice(pDC->GetSafeHdc(),px,py,width,height,
18            0,0,0,height,BufRevImg,BufBmInfo,DIB_RGB_COLORS);
19      delete []BufRevImg;
20  }
```

➡ **3행** 비트맵 화면출력을 위해 필요한 헤드 정보를 설정한다. 흑백영상이기 때문에 새롭게 설정할 부분은 영상의 크기를 나타내는 height와 width및 width를 4바이트의 배수로 표현한 rwsize 변수 밖에 없다.

➡ **8행** 비트맵 영상은 영상 데이터를 거꾸로 바꾸어 넣어주어야 하므로 영상을 꺼꾸로 만들어주기 위한 이미지 버퍼를 할당한다.

➡ **10행** 영상버퍼에 원본 템플레이트 영상을 대입한다.

➡ **17행** 영상을 화면에 출력한다.

➡ **19행** 할당된 메모리를 해제해준다.

마지막으로 CWinTestView 클래스의 OnDraw 멤버함수에서 템플레이트 출력함수를 호출하는 부분을 추가해준다.

리스트 12-11 템플레이트 화면 출력부의 추가

```
01  void CWinTestView::OnDraw(CDC* pDC)
02  {
03  ~~~~~~~~~~~~~~~~~~~~(생략)~~~~~~~~~~~~~~~~~~~~~~~~~~~~~
04      // 처리결과영상(m_OutImg)을 화면출력하기 위한 부분
05      ~ ~ ~ ~ ~ ~ ~ ~ ~ ~ ~ ~ ~ ~ ~ ~ ~ ~ ~ ~ ~ ~ ~ ~ ~ ~
06
07      // 템플레이트 정합을 위한 부분
08      if(m_flagMouse==TRUE) pDC->DrawEdge(&m_RectTrack,EDGE_ETCHED,BF_RECT);
```

```
09      CMainFrame *pFrame= (CMainFrame*)AfxGetMainWnd();
10      ASSERT(pFrame);
11      if(pFrame->m_flagTemplate==TRUE) // template가 설정되어 있는 경우
12      {
13         pDC->DrawEdge(&m_RectTrack,EDGE_ETCHED,BF_RECT);
14         m_DibDraw(pDC,300,0,pFrame->tHeight,pFrame->tWidth,pFrame->m_TempImg);
15      }
16  }
```

➡ **8행** 마우스 flag가 설정되어 있다면 마우스 설정 사각 영역을 화면에 그려 준다.

➡ **9행** 메인프레임 클래스 CMainFrame의 인스턴스 포인트를 얻어 온다.

➡ **11행** 템플레이트 영상이 설정되어 있는 지를 체크해 설정되어 있다면 화면에 출력해 주어야 한다.

➡ **14행** 템플레이트 화면출력함수를 호출하여 템플레이트 영상을 화면에 출력한다.

[그림 12-10]은 작성한 프로그램의 실행 예를 보여준다. 입력영상을 하나 열고 오픈된 입력영상에서 관심있는 부분을 마우스로 클릭, 사각영역을 설정하여 템플레이트 영상을 설정한다. [그림 12-10]은 특정열쇠 부분을 마우스로 선택하여 템플레이트를 설정하는 것을 보여준다. 설정된 템플레이트는 왼쪽 영역에 표시된다. 오픈된 어느 영상도 관심영역을 템플레이트로 선택해주는 것이 가능하다.

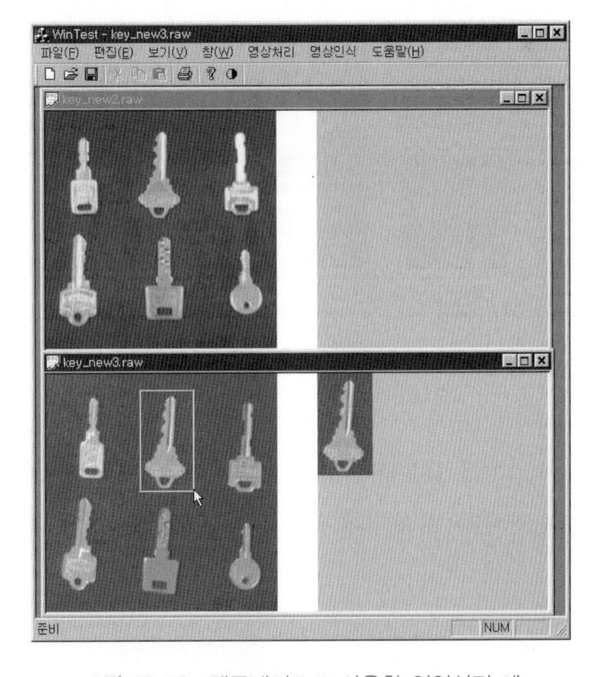

그림 12-10 템플레이트로 사용할 영역설정 예

4. Visual C++을 이용한 MAD 기능의 구현

MAD 매칭을 구현하기 위해서 매칭 실행 후 매칭된 위치를 저장할 변수를 먼저 추가해야 한다. 이를 위해 <CRect>타입의 변수 <m_MatchPos>를 CWinTestView 클래스 아래에 추가한다.

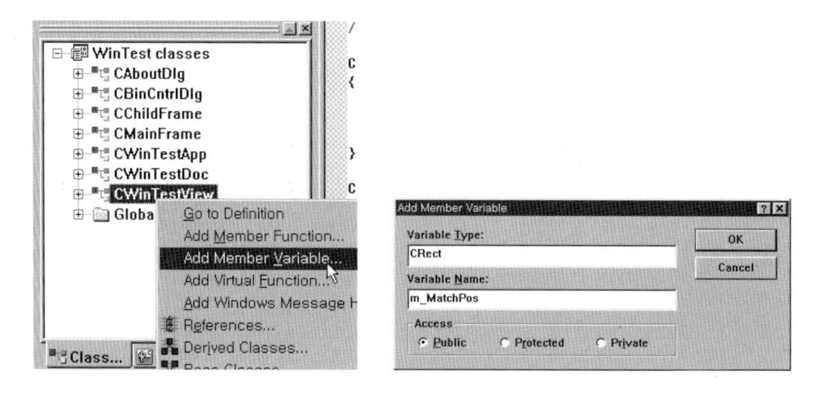

그림 12-11 템플레이트 매칭 후 정합 위치를 저장하기 위한 변수 추가

MAD 매칭을 수행하는 함수 <m_MatchMAD>를 도큐먼트 클래스 CWinTestDoc 아래에 추가한다.

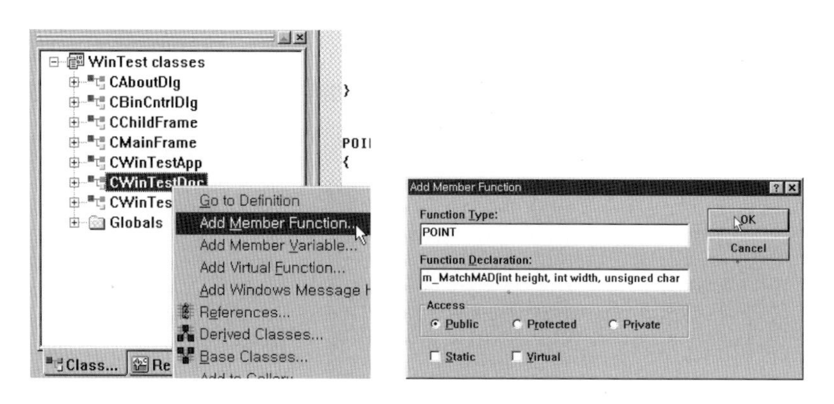

그림 12-12 MAD 정합처리함수의 추가

[리스트 12-1]을 추가된 함수 내에 코딩해주어야 하나 실제로는 결과 Text 출력부 등이 함수 내에 추가되어 [리스트 12-1]보다는 더 복잡하다. [리스트 12-12]를 코딩해준다.

리스트 12-12 MAD 처리함수의 구현

```
01 POINT CWinTestDoc::m_MatchMAD(int height, int width, unsigned char *m_TempImg,
02                                                  int tHeight, int tWidth)
03 {
04    register int i,j,m,n,index;
05    float SumD, MinCorr=255.0f*255.0f*tHeight*tWidth;
06    POINT OptPos;
07
08    // 결과의 Text 출력을 위한 설정부
09    CString tempStr;
10    tempStr.Format("\r\n[ MAD Matching Started ]\r\n----------------------\r\n");
11    ResultShowDlgBar(tempStr);
12
13    for(m=0; m<height-tHeight; m++)
14    {
15       for(n=0; n<width-tWidth; n++)
16       {
17          SumD = 0.0f;
18          for(i=0;i<tHeight;i++)
19          {
20             index = i*tWidth;
21             for(j=0; j<tWidth ;j++) SumD +=
22                         (float)fabs(m_InImg[m+i][n+j]-m_TempImg[index+j]);
23          }
24
25          if (SumD<MinCorr)
26          {
27             MinCorr=SumD;
28             OptPos.y=m;
29             OptPos.x=n;
30          }
31       }
32    }
33    MinCorr /= (float)(tHeight*tWidth);
34    tempStr.Format("Optimal Position: (%d, %d)\r\n Minimum MAD
35             Value: %7.3f\r\n",OptPos.y,OptPos.x,MinCorr);
36    ResultShowDlgBar(tempStr);
37    return OptPos;
38 }
```

MAD를 호출할 호출함수를 뷰 클래스 아래에 추가한다. 먼저 [그림 12-13]처럼 MAD를 호출할 메뉴를 작성해준다. 다음, 클래스위자드를 사용해 [그림 12-14]처럼 MAD호출함수를 뷰 클래스인 CWinTestView 아래에 추가한다.

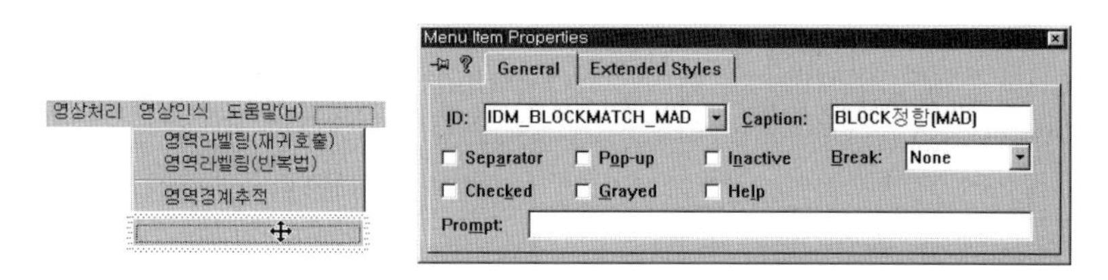

그림 12-13 MAD 호출 메뉴의 작성

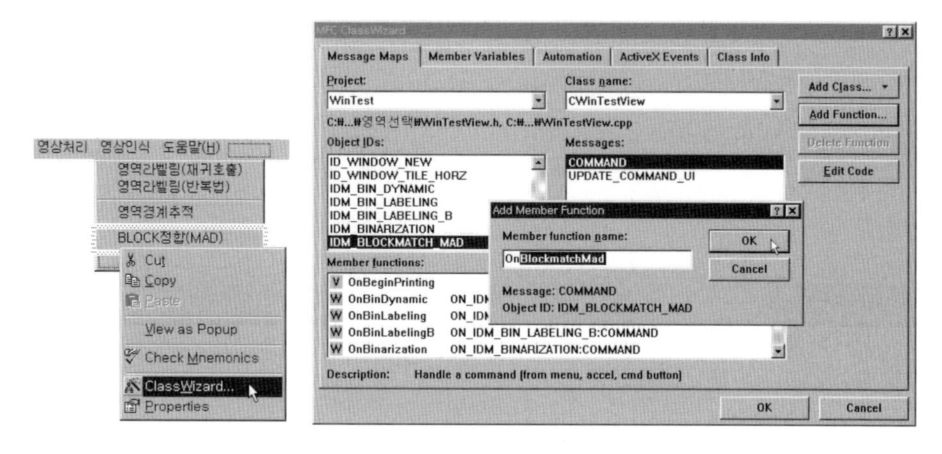

그림 12-14 MAD 호출함수의 뷰 클래스 내 추가

추가된 뷰 클래스 멤버함수를 [리스트 12-13]처럼 코딩해준다.

리스트 12-13 MAD 호출함수의 코딩

```
01 void CWinTestView::OnBlockmatchMad()
02 {
03     // TODO: Add your command handler code here
04     CWinTestDoc* pDoc = GetDocument(); // 도큐먼트 클래스를 참조하기 위해
05     ASSERT_VALID(pDoc);                // 인스턴스 주소를 가져옴
06     CMainFrame *pFrame= (CMainFrame*)AfxGetMainWnd();
07     ASSERT(pFrame);
08 
09     if(pFrame->m_flagTemplate==FALSE) return;
10 
11     POINT OptPos = pDoc->m_MatchMAD(256, 256,
                              pFrame->m_TempImg, pFrame->tHeight, pFrame->tWidth);
```

```
12      m_MatchPos.left = OptPos.x;
13      m_MatchPos.top = OptPos.y;
14      m_MatchPos.right = OptPos.x+pFrame->tWidth;
15      m_MatchPos.bottom = OptPos.y+pFrame->tHeight;
16
17      Invalidate(FALSE);
18  }
```

➡ **9행** 템플레이트가 아직 설정되어 있지 않다면 리턴한다.

➡ **11행** 도큐먼트 클래스 멤버인 MAD 계산함수를 호출하는 부분이다.

➡ **12행** 계산된 최적 정합 위치가 OptPos 변수로 넘어오면 리턴된 좌표를 화면출력을 위해 m_MatchPos 변수에 대입해준다.

➡ **17행** 매칭영역의 화면출력을 위해 화면을 갱신해준다.

마지막으로 매칭위치를 화면에 그려주는 부분을 뷰 클래스의 OnDraw 멤버함수에 추가한다. m_MatchPos의 위치를 이용해 사각영역을 화면에 그려준다.

리스트 12-14 정합 위치를 화면에 그려주는 명령의 추가

```
01  void CWinTestView::OnDraw(CDC* pDC)
02  {
03  ~~~~~~~~~~~~~~~~~~~(생략)~~~~~~~~~~~~~~~~~~~~~~~~~~~~~
04
05      // 템플레이트 정합을 위한 부분
06      ~ ~ ~ ~ ~ ~ ~ ~ ~ ~ ~ ~ ~ ~ ~ ~ ~ ~ ~ ~ ~ ~ ~ ~ ~ ~
07
08      if(!(m_MatchPos.right==0 && m_MatchPos.bottom==0))
09          pDC->DrawEdge(&m_MatchPos,EDGE_BUMP,BF_RECT);
10  }
```

[그림 12-15]는 MAD 정합의 실행 예를 보여준다. 일단 관심있는 영역을 템플레이트 영상으로 설정한다. 템플레이트 영상이 설정되면 MAD 정합을 실행할 수 있다. 메뉴의 <BLOCK정합(MAD)>을 선택하면 MAD 처리함수를 호출하여 정합을 수행한다. 정합 후 가장 최적으로 매칭된 위치가 화면에 표시된다. 설정된 템플레이트에 상대적으로 어느 입력영상이나 정합할 수 있으므로 탐색할 영상을 마우스로 선택 후 활성화시키고 메뉴를 클릭하면 활성화된 영상에 대해 정합을 수행한다. 활성화된 영상은 프레임부분이 파란색으로 나타난다. 탐색 후 최적의 매칭 계수치와 매칭 위치가 Text 출력창에 표시된다.

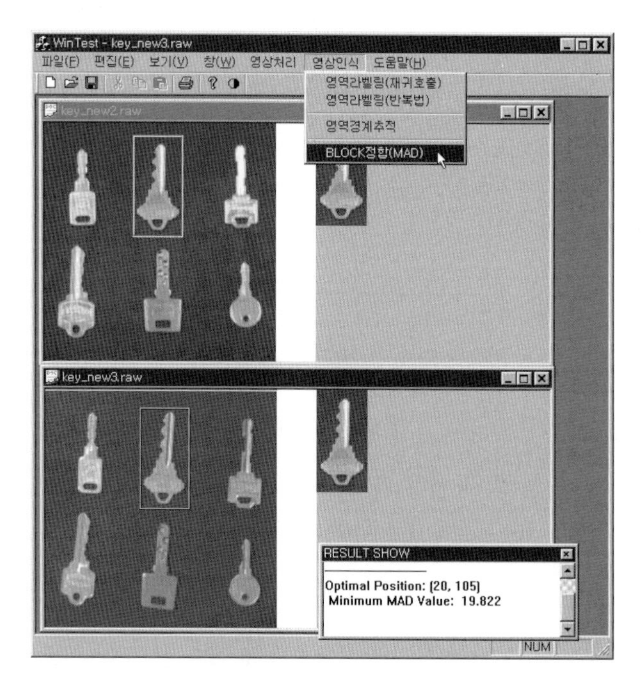

그림 12-15 MAD의 실행

MSE를 이용한 정합도 MAD와 유사하게 작성할 수 있으며 [리스트 12-1]대신에 [리스트 12-2]를 이용하여 코딩해주면 된다.

1 Progress 바를 메인프레임 윈도우에 붙이기

설정된 템플레이트를 입력된 탐색영상에 대해서 탐색할 때 탐색이 얼마나 진행되었는지를 알아보기 위해 Progress 바를 메인프레임 윈도우에 부착해 볼 수 있다. 일반적으로 탐색시간은 상당히 오래 걸리므로 지루하게 기다려야 하며 얼마만큼 탐색이 진행되었는지 궁금한 경우가 많다. Progress 바는 이러한 경우에 탐색 진도를 표시하게 되므로 유용한 인터페이스이다. 다음 예에서 Progress 바를 메인프레임 윈도우 아래에 있는 Status 바에 붙여 보자.

<Workspace>의 <ClassView>에서 <CMainFrame>에 마우스를 대고 오른쪽 버튼을 클릭하여 메뉴의 <Add Member Variable>을 선택한다. <CStatusBar> 타입의 새로운 멤버변수 <pStatusBar>을 추가한다. 이 과정을 반복하여 <CprogressCtrl> 타입의 <m_pProgressBar> 변수를 추가한다.

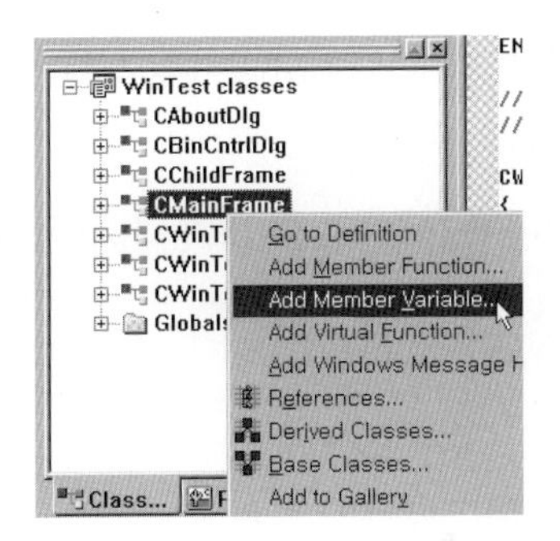

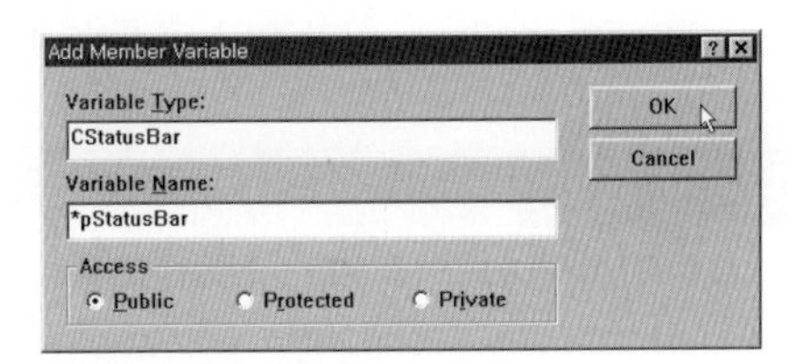

그림 12-16 새로운 변수의 추가

Variable Type	Variable Name	Access
CStatusBar	*pStatusBar	Public
CProgressCtrl	m_pProgressBar	Publich

CMainFrame 클래스의 <OnCreate> 함수를 오픈하여 아래에 표시된 부분을 추가로 코딩하여 첨가해준다.

리스트 12-15 상태바의 인스턴스포인트를 얻어와서 Progress 바 생성

```
01 int CMainFrame::OnCreate(LPCREATESTRUCT lpCreateStruct)
02 {
03
04     ~~~~~~~~~~~~~~~~~~~(생략)~~~~~~~~~~~~~~~~~~~~~~~~~~~~
05
06     // Result DialogBar 붙이기
07     ~ ~ ~ ~ ~ ~ ~ ~ ~ ~ ~ ~ ~ ~ ~ ~ ~
08
09
10     // 상태바 인스턴스의 포인트를 가져옴
11     pStatusBar = (CStatusBar*)this->GetMessageBar(); // 상태바의 인스턴스포인트 얻어옴
12     if(!pStatusBar) return -1;
13     if(!m_pProgressBar.Create(WS_CHILD|WS_VISIBLE, CRect(0, 0, 0, 0),pStatusBar, 1))
14                 return FALSE;  // Progress 바를 생성
15
16     ~~~~~~~~~~~~~~~~~~~(생략)~~~~~~~~~~~~~~~~~~~~~~~~~~~~
17
18 }
```

CMainFrame 클래스에서 Progress 바를 이용할 수 있도록 생성했기 때문에 시간이 걸리는

연산에 대해 이 Progress 바를 호출하여 사용할 수 있다. [리스트 12-16]은 MAD 연산에서 Progress 바를 호출하여 사용하고 있다.

Progress 바를 사용하는 부분은 10행에서 14행에 표시되었다.

리스트 12-16 MAD 연산에서 Progress바의 사용 예

```
01 POINT CWinTestDoc::m_MatchMAD(int height, int width,
02 unsigned char *m_TempImg, int tHeight, int tWidth)
03 {
04    register int i,j,m,n,index;
05    float SumD, MinCorr=255.0f*255.0f*tHeight*tWidth;
06    POINT OptPos;
07
08    // ProgressBar 표시를 위한 부분
09    CMainFrame *pFrame = (CMainFrame *)AfxGetMainWnd();
10    pFrame->m_pProgressBar.SetRange(0, height-tHeight);
11    pFrame->m_pProgressBar.SetStep(1);
12    CRect rc;
13    pFrame->pStatusBar->GetItemRect (0, rc);
14    pFrame->m_pProgressBar.MoveWindow(&rc);
15
16    // Text 출력창에 출력을 위한 부분
17    CString tempStr;
18    tempStr.Format("\r\n[ MAD Matching Started ]\r\n-----------------------\r\n");
19    ResultShowDlgBar(tempStr);
20
21    for(m=0; m<height-tHeight; m++)
22    {
23       for(n=0; n<width-tWidth; n++)
24       {
25          SumD = 0.0f;
26          for(i=0;i<tHeight;i++)
27          {
28             index = i*tWidth;
29             for(j=0; j<tWidth ;j++) SumD += (float)fabs(m_InImg[m+i][n+j]
30                                     -m_TempImg[index+j]);
31          }
32
33          if (SumD<MinCorr)
34          {
35             MinCorr=SumD;
36             OptPos.y=m;
```

```
37              OptPos.x=n;
38           }
39        }
40        pFrame->m_pProgressBar.StepIt();
41     }
42     tempStr.Format("Optimal Position: (%d, %d)\r\n Minimum MAD Value:
43                                          %7.3f\r\n",OptPos.y,OptPos.x,MinCorr);
44     ResultShowDlgBar(tempStr);
45     return OptPos;
46  }
```

➡ **9행** 메인프레임 CMainFrame 클래스의 멤버인 pProgressBar 변수를 얻어오기 위해 메인프레임 클래스 인스턴스의 포인트를 가져옴.

➡ **10행** 상태바의 범위를 지정. 응용 예에 따라 이 부분을 잘 지정해야 함. 탐색의 수직 범위가 (0 ~ height – tHeight)이므로 이 크기만큼 범위를 지정하였다. 루프는 (0 ~ height – tHeight)만큼 반복하기 때문에 루프의 각 단계마다 한 단계씩 Progress 바의 표시가 진행되도록 하면 됨

➡ **40행** 루프가 한 번 돌 때마다 Progress 바의 표시부가 한 번씩 진행됨

[그림 12-17]은 Progress 바의 실행 예를 보여준다. MAD 블록 정합을 시작하면 탐색의 진행에 따라 맨 아래 status 바에 있는 Progress 표시가 점차적으로 올라가서 탐색이 끝나면 표시부의 끝에 도달한다.

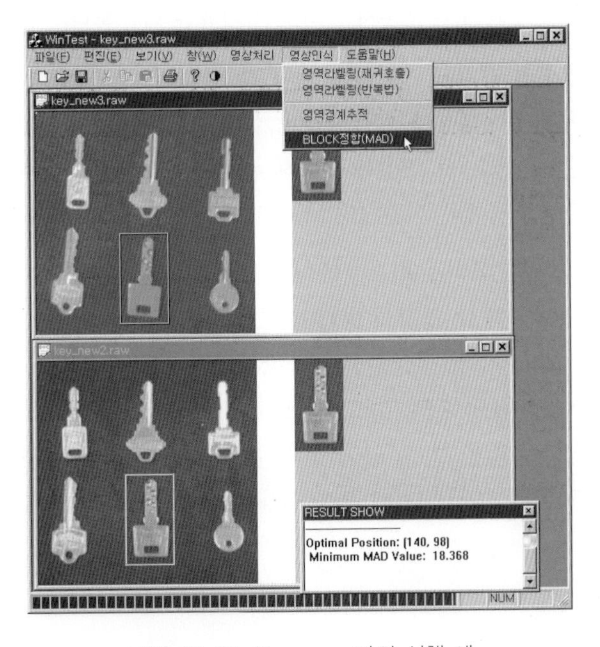

그림 12-17 Progress 바의 실행 예

5. 농담정규화 정합

앞에서 나왔던 사무실 열쇠를 찾는 문제를 다시 생각해보자. 이번에도 검사할 영상이 아래에 주어져 있다. 그런데, 무언가 변화된 부분이 존재하는 것 같지 않은가? 템플레이트 영상은 MAD의 예에 나타난 것과 동일한데 검사할 영상이 조금 달라진 것을 발견할 수 있을 것이다. 바로 전체적인 밝기가 밝아졌다는 것을 알 수 있다. 똑같은 검사영상을 밝은 곳에서 촬영한 영상이 [그림 12-18(a)]에 주어진 영상이다.

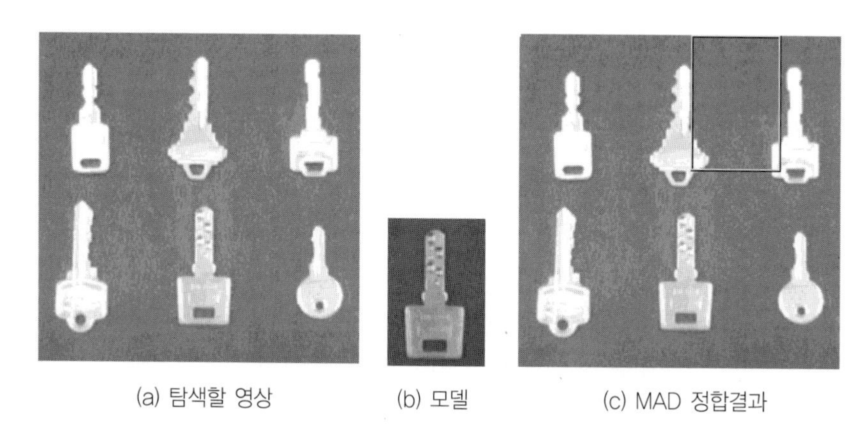

(a) 탐색할 영상　　(b) 모델　　(c) MAD 정합결과

그림 12-18 밝은곳에서 찰영된 검사영상

이 경우 MAD나 MSE를 사용하여 사무실 열쇠를 찾는다고 하자. [그림 12-18(c)]는 MAD를 사용하여 발견한 위치를 보여주고 있다. 잘못된 위치가 발견되었음을 알 수 있다. 어떻게 이런 결과가 나왔는지 살펴보면 이유는 단순하다.

검사할 영상의 밝기가 카메라로 찍을 때 더 밝은 조명 아래에서 찍혀졌기 때문에 전체적으로 밝아진 검사영상이 입력되었다. 실제로 [그림 12-18(a)]는 형광등을 켜고 찍은 영상이다. 기준 템플레이트 영상에 비교해 전체적으로 밝기가 밝아졌기 때문에 더 이상 밝기의 차이 값만을 이용하는 기준치인 MAD나 MSE는 적용하기가 힘들다는 것을 알 수 있다.

[그림 12-19]를 살펴보면 템플레이트 열쇠영상과 입력영상에서 모델열쇠영상이 놓여 있는 부분만을 취해 두 영상의 밝기의 프로파일(profile)을 비교한 그림을 보여준다. 영상 위에 표시된 가는 수평 직선을 따라가면서 흑백 밝기의 값 크기를 그래프로 보여주고 있다. 입력영상에서 취한 부분은 밝기의 프로파일 값이 템플레이트 영상보다 일정한 값만큼 증가되어 있다는 것을 알 수 있다. 이러한 영상의 밝기 증가는 단순하게 두 영상의 밝기값의 차이만을 따지는 MAD나 MSD가 실패하도록 만드는 원인이 된다.

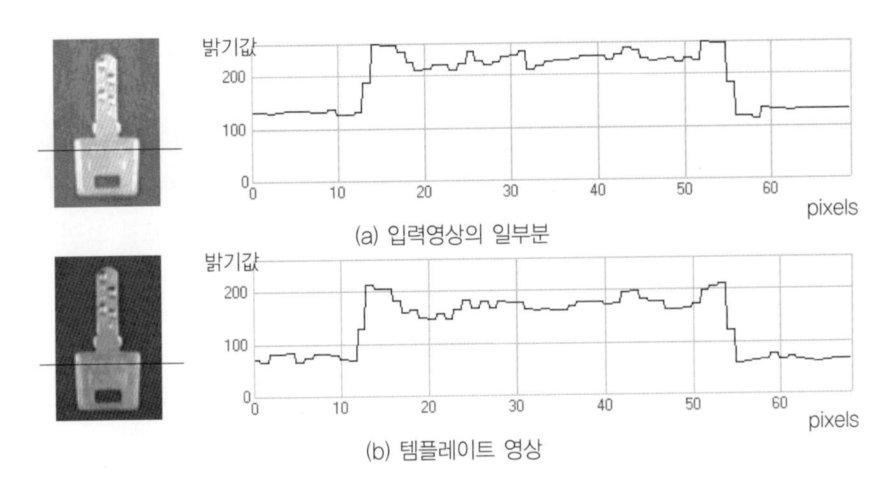

그림 12-19 두 영상의 비교

이러한 경우 두 영상을 비교하기 위한 좋은 방법을 생각해보자. 형광등을 켜고 다시 찍은 경우이기 때문에 검사할 영상의 밝기값이 영상의 모든 영역에서 전체적으로 증가되었다는 것을 알 수 있다. 따라서 입력영상에서 취한 비교할 영상영역의 밝기 평균을 구해 평균값을 빼버린 영상을 만들고, 이 영상을 비교 영상으로 사용하는 방법을 생각할 수가 있다. 이때 템플레이트 영상도 유사하게 밝기의 평균을 계산해 평균 밝기값을 템플레이트 구성화소에서 빼버린 정규화된 밝기 영상을 만드는 것이 가능하다.

이렇게 하여 템플레이트와 비교할 검사영상의 비교영역을 밝기에 대해 정규화시켜 비교한다면 균일하게 조명의 밝기가 높아지거나 낮아진다고 하여도 패턴의 비교가 가능할 것이다. 이러한 방법을 농담정규화정합법(Normalized Gray-level Correlation: NGC)이라고 한다.

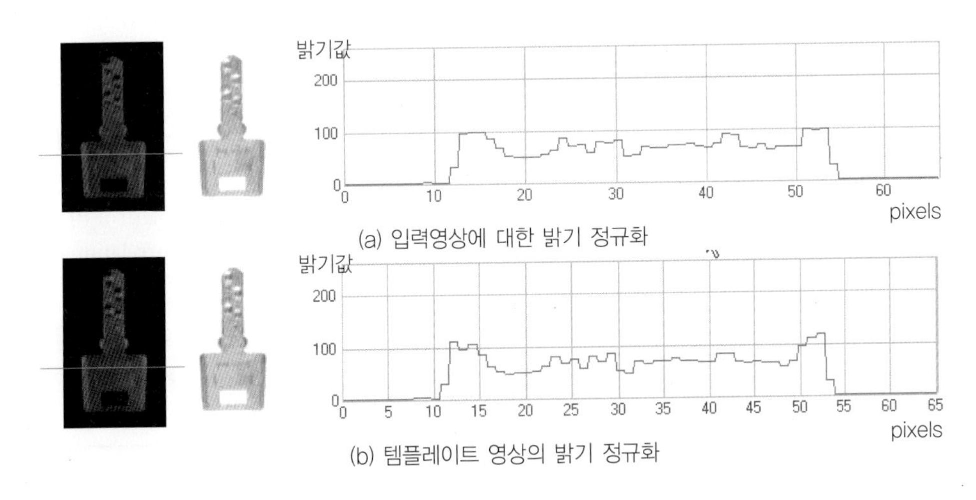

그림 12-20 영상의 밝기 정규화

[그림 12-20]은 밝기가 정규화된 두 비교 영상을 보여주고 있다. [그림 12-19]의 두 영상에서 밝기의 평균을 빼버렸기 때문에 두 영상의 밝기는 어둡게 나타난다. 바로 옆에 알아보기 좋게 두 영상의 역영상(inverse image)을 보여주고 있다. 옆의 프로파일 그래프를 살펴보면 밝기가 보상된 후 직선으로 표시된 수평라인을 따라가며 밝기의 크기를 그래프로 그려보면, 두 영상의 프로파일은 거의 높이가 유사한 밝기 분포를 보여주고 있다. 따라서 정규화된 밝기에 대해 다시 MAD나 MSE를 적용한다면 성공적인 정합이 발생할 수 있을 거라 예측할 수 있다.

Tip | 템플레이트 매칭의 수학적 배경

■ 서로 다른 두 벡터의 비교

벡터(vector)는 크기와 방향을 가지고 있다. [그림 12-21]은 2차원 평면 위에 놓여 있는 두 개의 벡터 성분 **a**와 **b**를 보여주고 있다. 이 두 벡터가 만일 동일한 벡터라면 **a**, **b** 두 벡터의 크기와 방향은 서로 같을 것이다. 수학적으로 이 두 벡터의 유사의 계산은 벡터의 내적(inner product)을 이용한다.

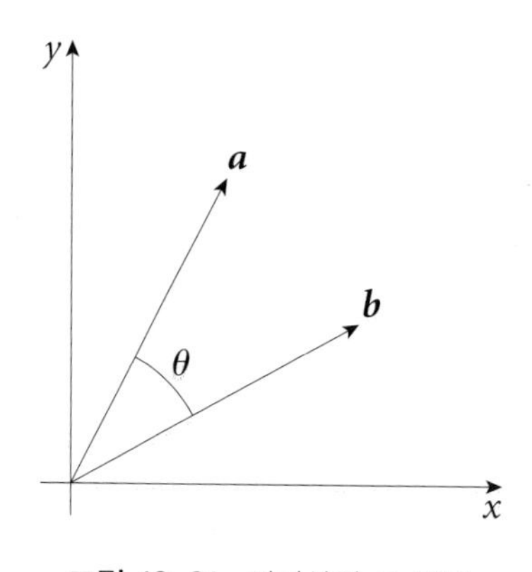

그림 12-21 평면상의 두 벡터

$$cos\theta = \frac{\mathbf{a} \cdot \mathbf{b}}{|\mathbf{a}| \cdot |\mathbf{b}|} = r \qquad (12\text{-}2)$$

$cos\theta$의 값은 -1과 1사이의 값을 항상 가지므로 두 벡터의 비교결과는 -1에서 1사이의 적당한 값이 계산되게 된다. 만일 두 벡터가 완전히 같은 크기와 방향을 가지고 있다면 각도 θ는 $0°$가 되고, $cos\theta$의 값은 1이 될 것이고 완전히 같지 않다면 0이나 -1이 계산될 것이다. 따라서 위 식을 두 벡터가 같은지 아닌지를 판별하기 위한 기준으로 사용하는 것이 가능하다. $cos\theta$을 r이라 둔다면 이 r을 상관계수(correlation coefficient)라고 부른다.

위의 수식에서 $|\mathbf{a}|$와 $|\mathbf{b}|$는 두 벡터 **a**, **b**의 크기를 나타낸다. 만일 **a** 벡터가 x축 값이 3이고 y축 값이 4라면 이 벡터의 크기는 5이고 방향은 $3/5\mathbf{i} + 4/5\mathbf{j} = 0.6\mathbf{i} + 0.8\mathbf{j}$의 값을 가질 것이다. **i**, **j**는 각각 x, y 방향의 단위 벡터이다.

서로 다른 두 벡터 **a**, **b**가 이차원 평면상의 두 벡터가 아니고 3차원 공간상의 벡터라면 두 벡터 **a**, **b**는 x, y, z의 세 방향 성분을 가지고 있을 것이며 3차원 공간상의 한 점이 될 것이다. 그래프로 나타낼 수는 없지만 **a**, **b**가 3차원보다 큰 다차원(hyper-space) 공간상에 하나의 점이라고 가정해보자. 그렇다 하더라도 상관계수를 나타내는 (식 12-2)는 그대로 적용 가능하다.

그럼 여기서 다시 영상에 대한 문제로 돌아오자. 영상도 하나의 신호이다. 영상처리를 2차원 신호처리(two-dimensional signal processing)라 부르는 사람도 많다. 영상신호도 신호라는 입장에서 보면 신호값들을 적당히 샘플링(sampling)을 통해 취하고 취한 개수만큼의 다차원 공간을 정의하고 양자화된 크기값을 표시한다면, 하나의 영상은 이렇게 정의된 공간상의 하나의 점으로 표현할 수 있다.

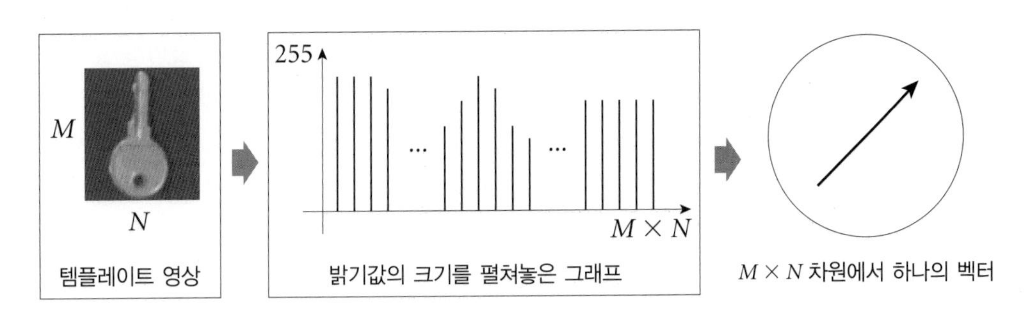

그림 12-22 다차원 공간에서 영상데이터를 표현하는 벡터의 정의

극단적으로 영상이 두 개의 화소값만을 가지고 있다고 가정해보라. 바로 2차원 평면상에 하나의 점으로 표시되는 벡터가 될 것이다. 영상 정합에서 사용되는 템플레이트 영상은 $M \times N$ 크기의 화소수를 가진다. 화소의 밝기값이 각각의 대응되는 축에 대한 크기라면 템플레이트 영상이란 $M \times N$ 크기의 차원을 가지는 다차원 공간상의 하나의 점이 되는 벡터이다. 따라서 위에서 나타낸 상관계수 r은 두 영상을 비교하는 영상 상관계수로도 그대로 사용 가능하다.

[그림 12-22]를 보면 열쇠를 표현하는 템플레이트 영상이 하나 주어져 있다. 이 영상의 크기는 $M \times N$ 이다. 화소수가 전부 MN개가 있으므로 이 화소수를 수평축으로 하고 화소의 밝기값을 수직축으로 해서 펼친 그래프가 옆에 나타낸 밝기 그래프이다. 이때, 화소수만큼 큰 이론적인 고차원을 하나 정의한다면 이 템플레이트의 화소값 데이터는 MN-차원상에 놓여 있는 하나의 벡터가 된다. 따라서 템플레이트 영상은 (식 12-2)에서 표현된 상관계수를 계산하기 위한 하나의 벡터 $\bar{a}$가 된다. 단, 2차원에서 정의된 것이 아니라 MN-차원에서 정의된 벡터라는 점만 달라진다.

Tip | 샘플링(sampling)

연속적으로 변화하는 물리량을 신호로 나타낸다면 이것을 아날로그(analog) 신호라고 한다. 아날로그 신호는 연속신호이기 때문에 디지털 컴퓨터에서 취급하기 위해서는 대표값들을 취하는 이산화(descritization)를 시켜주어야 한다. 이산화는 변수축에 대한 것과 값의 크기에 대한 것이 있는데, 변수축에 대한 것을 샘플링(sampling)이라 하고 값의 크기에 대한 이산화를 양자화(quantization)라고 한다. 이렇게 이산화된 신호를 디지털(digital)신호라고 한다. 영상신호에서 변수축은 시간축(time-domain)과 주파수축(frequency-domain)이 주로 많이 사용된다. 값의 크기축은 보통 8-bit로 양자화하기 때문에 0 ~ 255사이의 256개의 단계를 표현할 수 있다.

예를 들면, 원래 아날로그 사진에서 한 점의 밝기값의 크기가 123.4 등의 값이 존재할 수 있을 것이다. 이 값으로부터 근처의 대표값을 취하면 123이다. 이것이 양자화이다. 2-bit 데이터를 가지고 123.4를 표현하면 0이나 255 둘 중 하나의 값이 될 것이다. 화소를 표현할 수 있는 데이터 비트(bit) 수를 크게 하면 밝기의 강도에 대한 정밀한 묘사가 가능하다. 또한 사진을 표현하는 영상 화소 수를 고정된 값이 아닌 다른 더 큰 수만큼 취할 수도 있을 것이다. 이러한 화소 해상도에 관련된 내용이 샘플링이다. 더 많이 취하면 데이터를 더 정밀하게 표현할 수 있을 것이다. [그림 12-23]은 양자화와 샘플링의 차이에 따른 영상을 보여주고 있다.

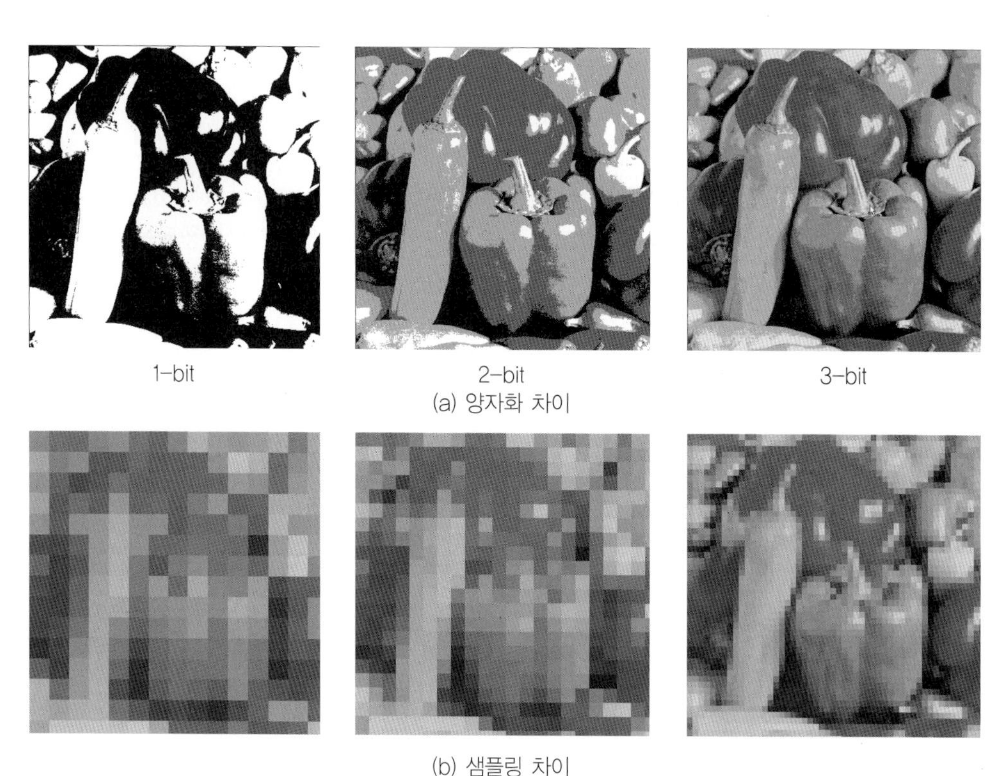

(a) 양자화 차이

(b) 샘플링 차이

그림 12-23 샘플링과 양자화

1 농담정규화 매칭법의 구현

농담정규화를 위한 수식은 (식 12-3)처럼 주어진다. 템플레이트와 입력영상에서 취한 비교되는 부분의 영상은 각각 밝기의 평균에 대해 보상(compensation)되어 이 부분을 빼버린 나머지 부분만을 가지고 비교한다.

$$r = \frac{\mathbf{a} \cdot \mathbf{b}}{|\mathbf{a}| \cdot |\mathbf{b}|} = \frac{\sum_{i=1}^{M} \sum_{j=1}^{N} a(i,j) b(i,j)}{\sqrt{\sum_{i=1}^{M} \sum_{j=1}^{N} a(i,j)^2 \sum_{i=1}^{M} \sum_{j=1}^{N} b(i,j)^2}} \tag{12-3}$$

여기서, $a(i, j) = g(i, j) - \overline{m}$, $b(i, j) = t(i, j) - \bar{t}$ 이다.

(식 12-3)에서 g와 t는 비교할 두 영상으로 입력영상 내부에서 취한 임의의 비교영역 부분과 템플레이트 영상을 가리킨다. i, j는 수직 및 수평 방향으로의 인덱스로 픽셀좌표이다. $a(i, j)$는 입력영상에서 취한 비교부에서 평균 $\overline{m}$을 빼버린 밝기값을 나타내며 $b(i, j)$는 템플레이트 영상에서 평균밝기 $\bar{t}$를 뺀 밝기값을 나타낸다. 즉, 평균밝기를 빼 정규화시킨 두 영상을 (식 12-2)의 두 벡터 비교식을 이용해 유사도를 검사하는 수식이 (식 12-3)을 나타낸다. 템플레이트의 크기는 $M \times N$이다.

$$r = \frac{\mathbf{a} \cdot \mathbf{b}}{|\mathbf{a}| \cdot |\mathbf{b}|} = \frac{(MN)\sum gt - (\sum g)\sum t}{\sqrt{[(MN)\sum g^2 - (\sum g)^2][(MN)\sum t^2 - (\sum t)^2]}} \tag{12-4}$$

(식 12-4)는 또 다른 정규화계수치 계산식으로 (식 12-3)보다 효과적으로 계산에 이용될 수 있다. 탐색 루프 안에서 반복 계산이 필요한 부분은 $\sum g$, $\sum g^2$, $\sum gt$의 세 부분 뿐이므로 이 부분을 제외한 나머지 부분들을 탐색 루프 밖에서 미리 계산해놓는다면 농담정규화 정합의 계산량을 크게 줄이는 것이 가능하다.

실제 탐색 시 음수의 계수치는 관심의 대상이 아니므로 배제한다. 수식에 들어 있는 square-root 연산은 계산량을 상당히 증가시키므로 이 값을 배제하기 위해 r값을 제곱해 준다. 따라서 최종적인 정합의 계수치는 다음과 같은 형태가 된다.

$$Score = max(r^2, 0) \tag{12-5}$$

보통의 개인용 컴퓨터(PC)에서 연산 시간을 추정해보자. 예를 들면 512×512 픽셀 영상에서 128×128 픽셀 크기의 템플레이트를 탐색한다고 가정한다. 이 경우 소모적 탐색(exhaustive search)에 필요한 곱셈 연산의 양은 $2 \times 384^2 \times 128^2$ 이고 약 50억 번의 연산이 필요하다. 이러한 계산량은 66Mhz의 80486 프로세스를 사용한다면 약 20분 정도가 소요되는 시간이다.

계산 속도를 증가시키기 위한 방법으로 기준 패턴인 템플레이트나 비교될 영상 내부의 픽셀들을 제거시켜 곱셈의 숫자를 줄이거나 임의의 랜덤(random)픽셀을 선택한 후 이 픽셀만으로 계산함으로써 계산량을 줄이는 방법 등이 사용되어 왔다.

가장 일반적으로 사용되는 방법은 영상 피라미드(image or data pyramid)를 사용하는 것이다. 영상 피라미드는 단계마다 영상 크기를 줄이면서 점차적으로 영상의 크기를 줄여나가는 기법으로 피라미드의 맨 아래에는 원래의 줄이지 않은 영상이 위치하며 맨 위에는 다운 샘플링 된 작은 크기의 영상이 존재하게 되는 구조를 가진다. 피라미드의 상위레벨에서 대략적인 매칭을 수행하고 최적 위치 근방에서 다음 단계의 피라미드에 대해 인접한 위치 근방만을 탐색하므로써 계산량을 크게 줄이는 기법이다. 피라미드 기법을 통해 일반적으로 NGC는 실시간 처리가 가능한 방법이 될 수 있다.

NGC가 많이 사용되는 FA 공정상에서는 검사할 패턴의 위치가 대략적으로 정해지므로 특정한 위치에 존재하는 패턴에 대해 이 패턴이 무슨 패턴인지 인식하는 방법으로 사용될 수 있다. 이러한 경우 시간 복잡도는 크게 문제가 되지 않는다. 실제적으로 Pentium-III 800Mhz 프로세스를 사용할 경우 0.1 ~ 0.2초 이내에서 NGC를 이용한 패턴 정합을 수행하는 것이 가능하다.

이제 **NGC**를 Visual−C++을 이용하여 구현해보자. 구현된 프로그램에서는 (4)식을 사용하여 코딩한다.

리스트 12-17 농담정규화 정합법의 구현

```
01 POINT CWinTestDoc::m_TemplateMatch(int height, int width, unsigned char *m_TempImg,
02                                                         int tHeight, int tWidth)
03 {
04    float ST=0.0f,temp;
05    float SumT=0.0f;
06    int NoT =0;
07    register int i,j,m,n,index;
08
09    // 템플레이트에 대해 미리 계산할 식은 계산해 놓는다
10    for(i=0;i<tHeight;i++)
11    {
12       index = i*tWidth;
13       for(j=0;j<tWidth ;j++)
14       {
15          temp =(float)m_TempImg[index+j];
16          SumT  += temp;
17          ST += temp * temp ;
18          NoT++;
```

```
19      }}
20
21      // 변수선언 및 설정
22      float MaxCorr=0.0f, CurCorr, a1, a2, DeNomi, Nomi;
23      float SumI, SI, ScT, tpi;
24      POINT OptPos;
25
26      // 탐색루프의 시작
27      for(m=0; m<height-tHeight; m++)
28      {
29         for(n=0; n<width-tWidth; n++)
30         {
31            SumI = SI= ScT= 0.0f;
32            for(i=0;i<tHeight;i++)
33            {
34               index = i*tWidth;
35               for(j=0; j<tWidth ;j++)
36               {
37                  temp  = (float)m_InImg[m+i][n+j];
38                  tpi   = (float)m_TempImg[index+j];
39                  SumI += temp;
40                  SI   += temp * temp ;
41                  ScT  += tpi*temp;
42               }
43            }
44
45            a1 =NoT*SI-SumI*SumI;
46            a2 =NoT*ST-SumT*SumT;
47            DeNomi = (float)( a1*a2 );
48            Nomi = ( NoT*ScT - SumI*SumT);
49
50            if (DeNomi < 0.0001 ) CurCorr = 0;
51            else                  CurCorr = Nomi*Nomi/DeNomi;
52
53            if (CurCorr>MaxCorr)
54            {
55               MaxCorr=CurCorr;
56               OptPos.y=m;
57               OptPos.x=n;
58            }
59         }
60
```

```
61      }
62      return OptPos;
63  }
```

➡ **10행** (식 12-3)에서 탐색루프를 들어가기 전 미리 계산해놓을 수 있는 부분을 계산해 놓고 나중에 탐색루프에서 사용할 수 있다. $\sum t$, $\sum t^2$, $(\sum t)^2$ 등의 값들은 미리 계산해 놓는 것이 가능하다.

➡ **27행** 탐색루프가 시작하는 곳이다. 탐색할 입력영상의 크기는 **height** × **width**이므로 이 영상 안에서 템플레이트가 돌아다닐 수 있는 범위는 세로가 0 ~ (**height** − **tHeight**)까지이고 가로는 0 ~ (**width** − **tWidth**)까지이다. 템플레이트의 크기는 **tHeight** × **tWidth**이다.

➡ **32행** 탐색 영상 내의 겹쳐진 특정 부분에서 상호 상관계수를 계산하는 부분이다. 루프는 템플레이트의 크기만큼 반복된다.

➡ **45행** (식 12-3)과 (식 12-4)를 계산하기 위해 필요한 연산을 하는 곳이다.

➡ **53행** 상관계수값이 제일 큰 위치와 최대 상관계수값을 구하는 부분이다. 전체 탐색 영역 내에서 최적의 값을 구해 저장한다.

➡ **62행** 발견된 위치를 리턴해준다.

앞에서 구현해보았던 MAD나 MSE탐색 함수 대신 NGC 구현함수 부분을 추가하여 코딩하면 밝기의 변화에 상관없는 정합결과를 얻는 것이 가능하다. [그림 12-24]는 NGC를 이용한 탐색 실행 예를 보여주고 있다.

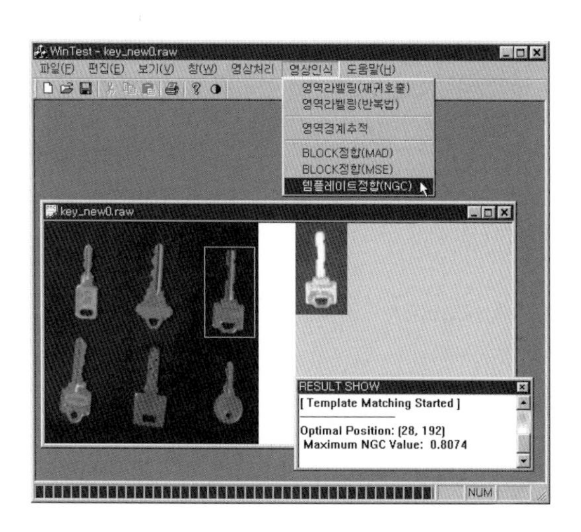

그림 12-24 농담정규화매칭(NGC)을 이용한 정합의 실행 예

[그림 12-24]를 보면 설정된 템플레이트 영상은 검사할 입력영상에 비해 매우 밝게 나타나 있다. 입력영상은 전체적으로 어두운 영역이 많으며 열쇠도 약간 오른쪽으로 기울어져 있다. 부분적인 형상 뒤틀림과 밝기의 변화(intensity variations)에도 불구하고 성공적인 농담정규화 매칭이 발생했음을 알 수 있다. 상관계수값은 0.8074이며 (h, w) = (28,192)의 위치에서 최적 정합되었다.

6. Toolbar 붙이기의 구현

페인트샵과 같은 프로그램을 보면 오른쪽이나 왼쪽 부분에 아이콘들이 모여있는 툴바를 본적이 있을 것이다. 자주 사용하는 명령들은 메뉴를 반복해서 누르는 일없이 툴바에 아이콘 명령버튼을 추가하여 편리하게 사용하는 것이 가능하다. Visual-C++을 이용하여 이때까지 만들어 놓은 프로그램에 툴바를 하나 추가하는 프로그램을 작성해보자.

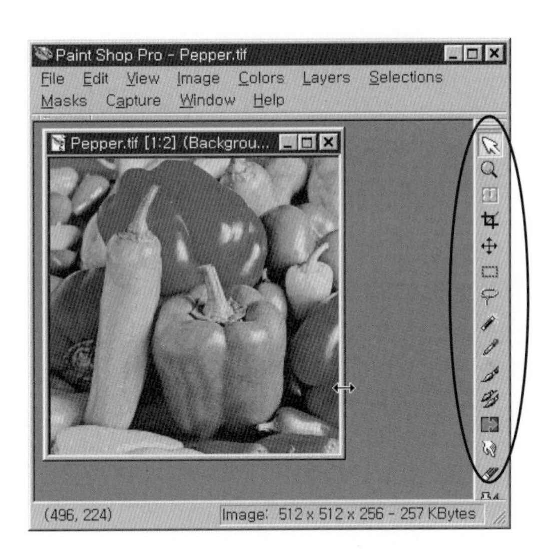

그림 12-25 툴바가 있는 프로그램

<Workspace>의 <ResourceView>를 열어 [그림 12-26(a)]처럼 <Toolbar>부에 커서를 가져다대고 오른쪽 버튼을 클릭한다. 메뉴의 내용 중 <Insert Toolbar>를 선택한다. <IDR_TOOLBAR>라는 새로운 아이템이 하나 추가되어 [그림 12-26(b)]처럼 나타난다. 이 추가된 아이템을 선택한 후 다시 마우스의 오른쪽 버튼을 클릭하고 <Properties>를 선택한다.

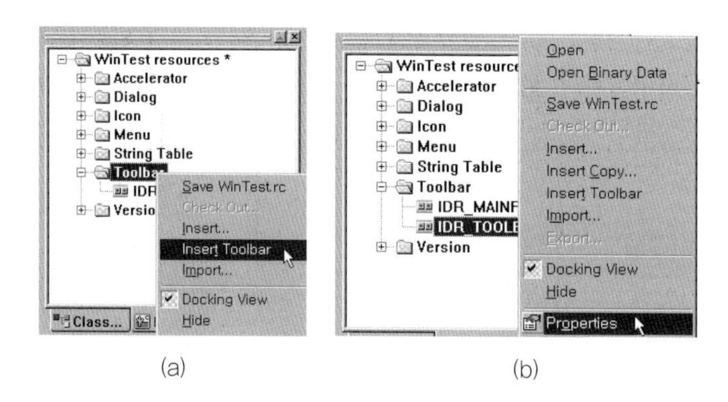

(a) (b)

그림 12-26 새로운 툴바의 추가

오픈된 대화상자에 [그림 12-27]처럼 <ID>에는 <IDR_IMAGE_TOOLBAR>라고 입력하고 <Language>에는 <English[U.S]>를 선택해준다.

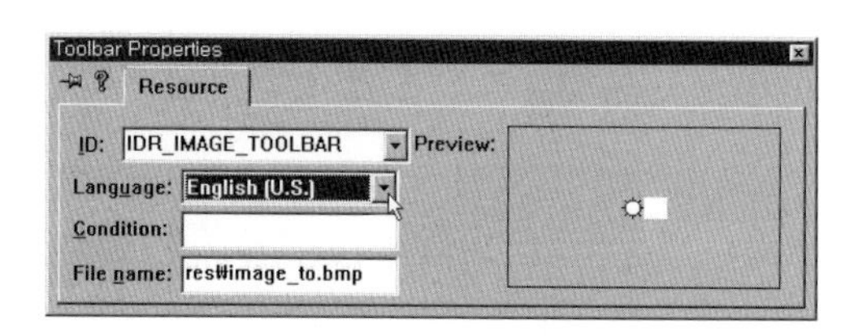

그림 12-27 추가된 툴바 속성의 결정

추가된 새로운 툴바에 대해 필요한 아이콘들을 추가하고 추가된 아이콘들의 속성을 입력해야 한다. [그림 12-28]은 입력영상에 상수값을 더해주는 명령을 추가하기 위해 새로운 아이콘을 그려주고 이 아이콘부분의 속성 대화상자를 오픈하여 <ID>부에 기존에 이미 만들어져 있는 <IDM_CONST_ADD>를 선정한 것이다. 이러한 과정을 필요한 명령의 개수만큼 반복해서 만들어준다.

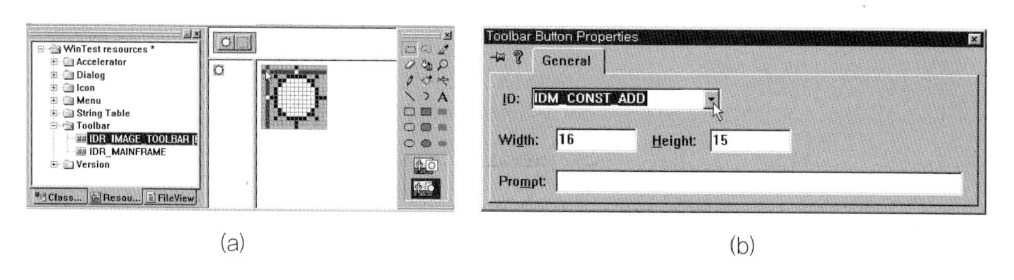

(a) (b)

그림 12-28 툴바에 명령 아이콘들을 추가

메인프레임 CMainFrame 클래스에 툴바를 생성하기 위한 새로운 멤버변수를 추가한다. <Workspace>의 <ClassView>탭을 선택하고 [그림 12-29]처럼 <CToolBar>타입의 새로운 변수 <m_wndImageToolBar>를 추가한다.

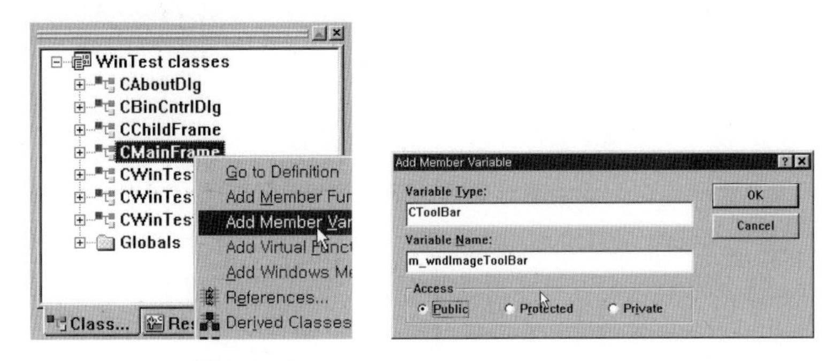

그림 12-29 툴바 생성을 위한 멤버변수의 추가

메인프레임 클래스의 OnCreate 함수를 오픈하여 툴바를 생성하기 위한 코드를 추가한다. [리스트 12-18]은 추가된 부분을 표시해주고 있다.

리스트 12-18 툴바 생성을 위한 코드의 추가

```
01 int CMainFrame::OnCreate(LPCREATESTRUCT lpCreateStruct)
02 {
03    ~~~~~~~~~~~~~~~~~~~~~(생략)~~~~~~~~~~~~~~~~~~~~~~~~~~~~~~~~~
04
05    // Result DialogBar 생성하기
06    ~ ~ ~ ~ ~ ~ ~ ~ ~ ~ ~ ~ ~ ~ ~ ~ ~ ~ ~ ~ ~ ~ ~ ~ ~ ~ ~ ~ ~ ~
07
08    // Image 처리용 툴바 생성하기
09    if (!m_wndImageToolBar.CreateEx(this, TBSTYLE_FLAT, WS_CHILD | WS_VISIBLE |
10    CBRS_TOP|CBRS_GRIPPER | CBRS_TOOLTIPS | CBRS_FLYBY |
11    CBRS_SIZE_DYNAMIC) ||!m_wndImageToolBar.LoadToolBar(IDR_IMAGE_TOOLBAR))
12    {
13          TRACE0("Failed to create toolbar\n");
14          return -1;      // fail to create
15    }
16
17    ~~~~~~~~~~~~~~~~~~~~~(생략)~~~~~~~~~~~~~~~~~~~~~~~~~~~~~~~~~
18
19    // TODO: Delete these three lines if you don't want the toolbar to
20    // be dockable
21    ~ ~ ~ ~ ~ ~ ~ ~ ~ ~ ~ ~ ~ ~ ~ ~ ~ ~ ~ ~ ~ ~ ~ ~ ~ ~ ~ ~ ~ ~
```

```
22
23     // Image 관련 툴바 붙이기
24     m_wndImageToolBar.EnableDocking(CBRS_ALIGN_ANY);
25     DockControlBar(&m_wndImageToolBar, AFX_IDW_DOCKBAR_RIGHT);
26
27     return 0;
28 }
```

프로그램 작성이 완료되었으므로 컴파일하여 실행하면 [그림 12-30]과 같은 실행창이 나타난다. 오른쪽 사이드에 추가된 툴바가 붙어서 나타나 있다. 이 중에서 하나의 아이콘을 누르면 대응되는 영상처리 명령이 실행되게 된다. [그림 12-30]에서는 영상을 반전시키는 명령을 수행하고 있다.

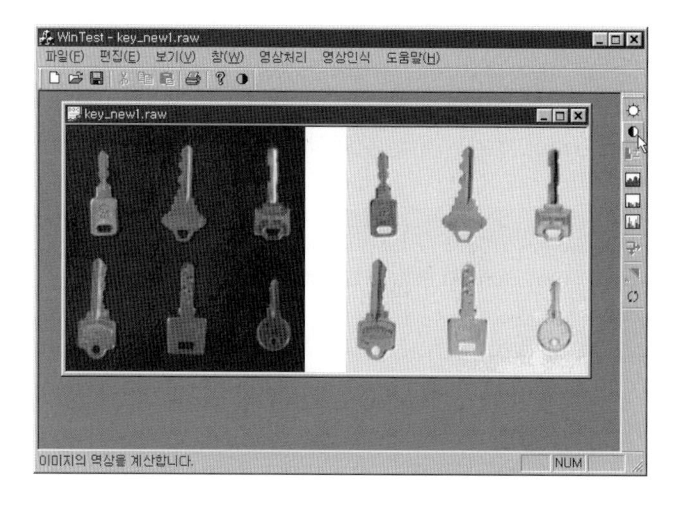

그림 12-30 툴바를 붙인 프로그램의 실행 예

연습문제

1. 아래의 영상은 회로 조립 라인에서 조립기판을 찍은 256 × 256 크기의 PCB_C0.RAW 영상이다. 그림 내 좌측 상부에 표시된 것처럼 작은 사각 영역의 콘덴서를 템플릿으로 등록한다. 등록된 콘덴서 영상의 이름은 PCB_T0.RAW로 한다.
농담정규화정합법(NGC)법을 이용하여 영상 내에 존재하는 모든 콘덴서의 위치와 개수를 출력하시오. 단, 수평 및 수직 방향으로 놓인 모든 콘덴서를 검출한다.

그림 p12-1 템플릿(콘덴서)을 포함한 NGC 시험영상

2. 아래 주어진 두 영상 left.raw와 right.raw는 스테레오 비젼(stereo vision)에서 사용하는 표준 시험 영상이다(크기는 둘 다 384 × 288 pixels이다). 점선으로 표시된 라인 위에서 좌측 영상에서 설정한 템플릿의 크기는 7 × 7로 정하고 이 템플릿을 우측의 영상에서 SAD를 사용하여 정합한다. SAD는 MAD(식12-1)에서 (1/MN)만 제거한 비교기준치이다.

❶ 60픽셀 떨어진 위치에서 좌측 영상에서 설정한 템플릿이 우측 영상 내에서 대응하는 위치를 구하시오. 우측의 정합 위치가 60픽셀이 아니라면 이 차이값을 d(disparity)라 하고 d가 발생하는 이유에 대해 생각해보시오.

❷ 좌측 영상의 점선 위 모든 위치에서 템플릿을 설정하고 우측 영상에 대해 정합하시오. 카메라와 물체 사이의 거리(depth)에 따라 d값이 달라짐을 확인하시오.

❸ 영상의 모든 위치에 대해 SAD정합을 수행하고 disparity를 표시하는 영상을 만들어보시오.

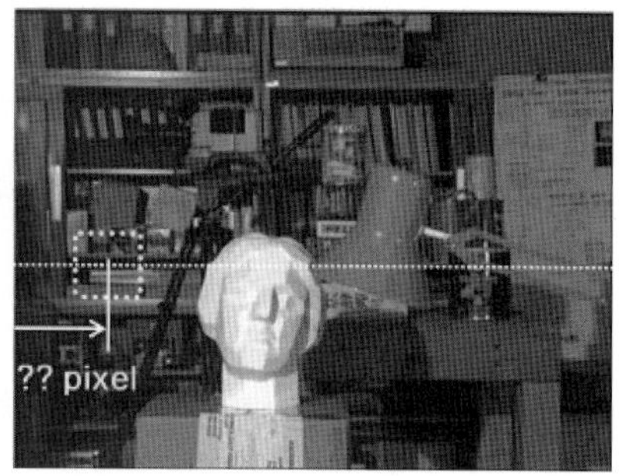

그림 p12-2 스테레오 시험영상

3. 아래 그림은 허리케인이 있는 기상사진이며 그림 내 우측 상단의 작은 영상은 허리케인의 눈을 나타내는 템플릿영상이다. 이 템플릿영상을 이용하여 전체 영상에서 허리케인의 눈의 위치를 찾는 프로그램을 작성한다. 단, 농담정규화 정합을 사용하고 상관계수의 값은 0 ~ 255 사이값으로 정규화하여 상관계수값을 나타내는 영상을 출력하고 결과를 고찰하시오.

그림 p12-3 농담정규화 정합용 시험영상

4. 아래의 두 템플릿 [p12-4(a)]는 인장 전 시편 [그림 p12-4(b)]의 좌, 우측에서 잘라낸 부분을 확대한 영상들이다. [그림 p12-4(c)]영상은 이 시편을 양측에서 잡아당겨서 길이가 늘어난 영상을 보여준다. 두 템플릿을 사용하여 인장 전, 후 시편 영상에서 NGC를 이용하여 정합하고 변형 전후의 두 정합위치 사이의 거리 변화를 계측하시오. 단, 길이 계측은 1픽셀 이하(sub-pixel resolution)의 정밀도로 측정이 되어야 한다. 이를 위해 최대 NGC 계수값을 주는 위치에서 인접한 픽셀들의 NGC값을 이용하는 보간법(interpolation)을 사용하시오.

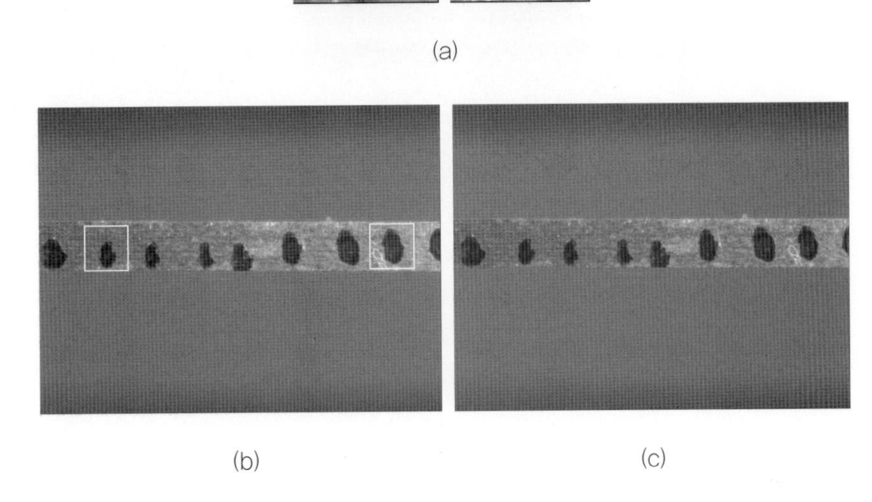

(a)

(b) (c)

그림 p12-4 농담 정규화 정합에 의한 인장 시편의 길이 계측

13 특징 추출 및 영상계측

1. 하프변환에 의한 영상 특징 추출

하프변환(Hough Transform: HT)은 영상분석, 컴퓨터비젼, 패턴인식 등의 분야에서 널리 사용되는 특징추출(feature extraction) 방법 중 하나이다. 1962년 Hough라는 사람이 영상 내 특정 형상을 발견하기 위해 이 방법을 고안하였고 특히 영상 내 여러 가지 기하학적 특징들, 예를 들면 직선(lines), 원(circles), 타원(ellipses) 등의 추출에 사용된다. 1969년 Rosenfeld가 그의 저서에서 이 방법의 잠재적 우수성을 주목한 후 1972년 Duda와 Hart가 영상 내 직선을 추출하기 위해 HT을 실질적으로 사용하였다. 이때 이후로 HT는 영상처리 분야에서 아주 폭넓게 사용되기 시작하였고 적용범위도 넓어졌으며, 최근 Probabilistic HT, Randomized HT과 같은 여러 가지 HT의 변종들도 개발되었다. HT의 기본원리는 영상 내 어떤 기하학적 형태(직선, 원, 타원 등)의 불완전한 부분들이 존재할 때, 보팅(voting) 기법에 의해 관심 형상을 찾아 내는 것이다. 보팅 과정(또는 투표과정)은 추출하려는 기하형상의 파라메터공간(parameter space)에서 수행되고 보팅이 끝난 후 파라메터공간(누적공간(accumulator space)이라고도 불림) 내에서 부분 최대치(local maxima)를 탐색함으로써형상을 찾아낼 수 있다. 영상 내 직선추출과정을 살펴보며 HT의 원리를 살펴보자.

1 Hough변환에 의한 직선의 추출

에지검출기(edge detector)는 영상 내의 물체 경계(에지)를 발견하는 것이나, 좀 더 높은 수준의 영상해석(예를 들면, 형상의 인식)을 수행하기 위해서는 이러한 픽셀단위의 에지들을 선(line)이나 곡선(contour)으로 묶어내야 해야 한다. HT을 이용한 직선의 추출은 영상 내 에지들을 직선으로 그룹화하는 방법으로 볼 수 있다.

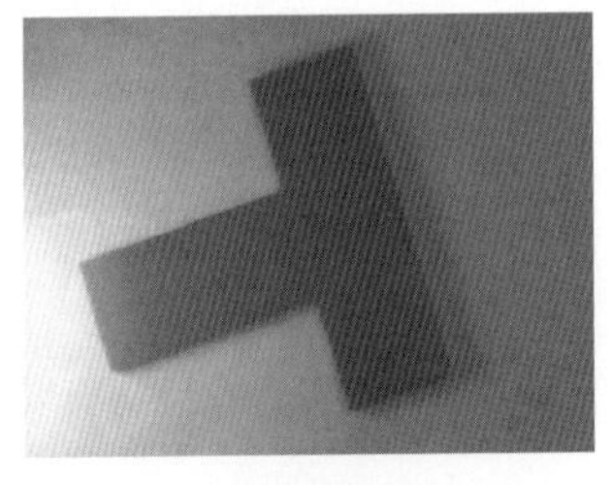
입력영상

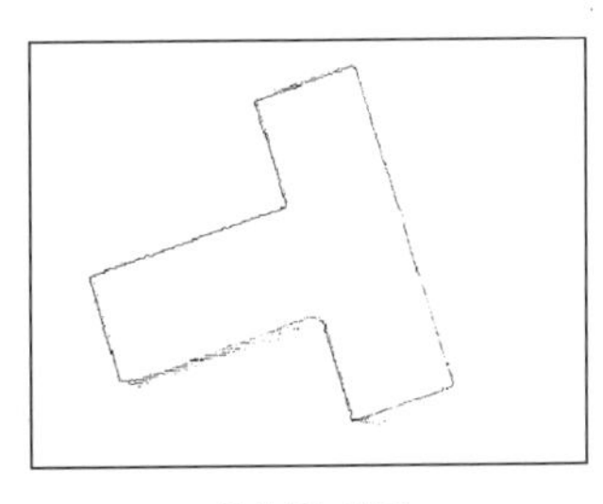
추출된 에지

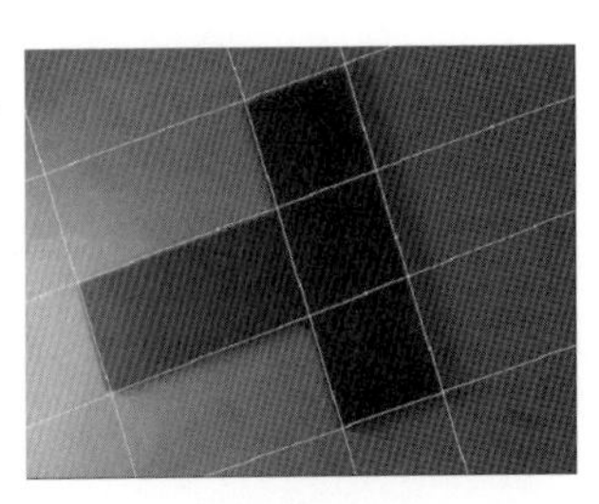
직선 추출

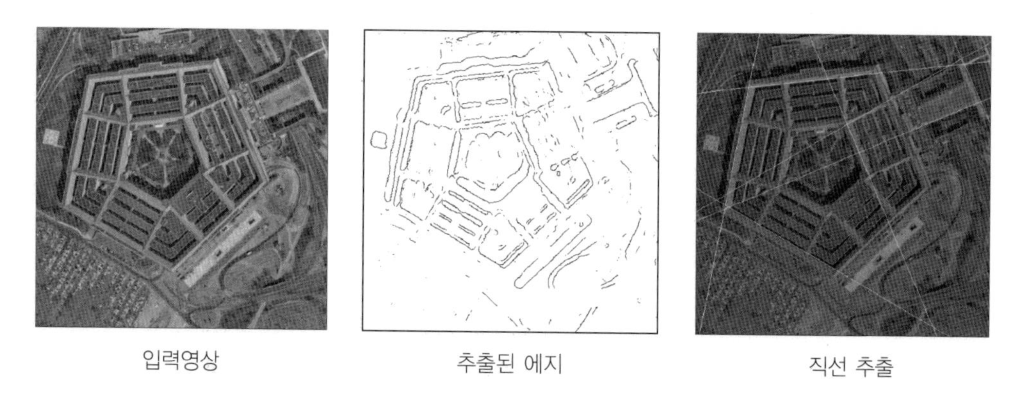
입력영상
추출된 에지
직선 추출

그림 13-1 HT에 의한 직선의 추출

[그림 13-1]은 영상 내의 5각형 물체에 존재하는 경계 에지들을 묶어 하나의 직선으로 추출해내는 예를 보여준다. 흑백입력영상에 대한 에지추출, 추출된 에지점들에 HT를 적용하여 추출한 직선들을 보여주고 있다.

HT의 기본개념은 영상 내 개별 에지점들이 속할 수 있는 가능한 모든 직선들에 대해 이 직선의 파라메터공간으로 보팅하는 것이다. 여기서 보팅이란 파라메터공간의 누적기(accumulator)를 하나 증가시키는 것이다.

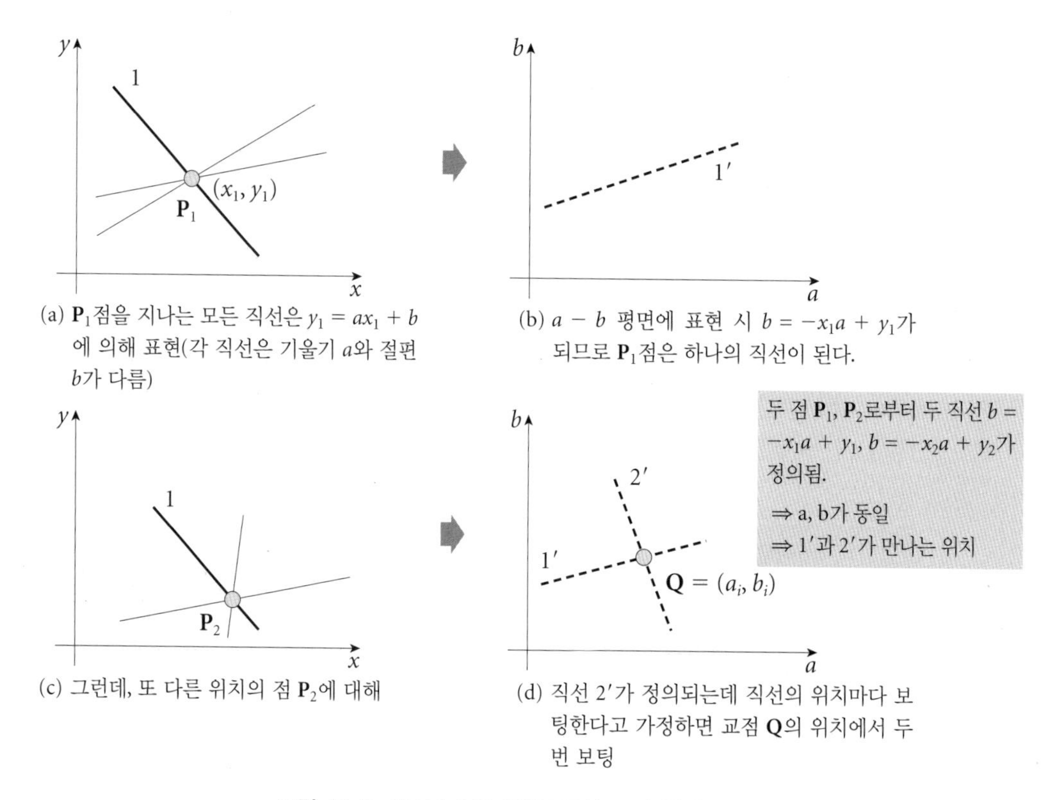
y
x
1
(x_1, y_1)
$\mathbf{P}_1$
(a) $\mathbf{P}_1$점을 지나는 모든 직선은 $y_1 = ax_1 + b$ 에 의해 표현(각 직선은 기울기 a와 절편 b가 다름)
b
a
1′
(b) $a - b$ 평면에 표현 시 $b = -x_1a + y_1$가 되므로 $\mathbf{P}_1$점은 하나의 직선이 된다.
1
$\mathbf{P}_2$
(c) 그런데, 또 다른 위치의 점 $\mathbf{P}_2$에 대해
2′
1′
$\mathbf{Q} = (a_i, b_i)$
두 점 $\mathbf{P}_1$, $\mathbf{P}_2$로부터 두 직선 $b = -x_1a + y_1$, $b = -x_2a + y_2$가 정의됨.
⇒ a, b가 동일
⇒ 1′과 2′가 만나는 위치
(d) 직선 2′가 정의되는데 직선의 위치마다 보팅한다고 가정하면 교점 $\mathbf{Q}$의 위치에서 두 번 보팅

그림 13-2 직선추출을 위한 HT의 보팅 원리

[그림 13-2]는 이미지공간에서의 에지점이 파라메터공간으로 어떻게 보팅하는지를 보여주고 있다. 먼저 [그림 13-2(a)]는 이미지공간($x - y$ 평면공간)을 나타내며 이때 이미지공간의 한 점 $\mathbf{P}_1 = (x_1, y_1)$를 지나가는 여러 직선들을 생각해보자. 이 점을 지나는 직선의 방정식은 식

$$y_1 = ax_1 + b$$

에 의해 주어진다. (x_1, y_1)점을 지나는 직선들 간의 차이는 절편값 b와 기울기값 a에 의해 결정된다. 이 점을 파라메터공간($a - b$ 평면공간)에서 표현해보면 [그림 13-2(b)]에 보여진 바와 같이 다음 식으로 표현된다:

$$b = -x_1a + y_1$$

즉, 이미지공간의 한 점을 파라메터공간으로 옮기니 이미지공간 내 위치정보인 (x_1, y_1)좌표는 파라메터공간에서 절편과 기울기로 역할이 바뀌게 되고 하나의 직선 $1'$로 표현된다. 이미지공간에서의 점은 파라메터공간에서 직선과 대응된다. 보팅의 개념으로 보면 이미지공간에서 한 점 $\mathbf{P}_1$은 파라메터공간에서 직선 $1'$의 모든 위치에 한 번씩 보팅하게 된다.

[그림 13-2(c)]에서 이미지공간의 첫 번째 점과 위치가 다른 새로운 곳에 놓여있는 점 $\mathbf{P}_2$를 생각해보자. $\mathbf{P}_2$는 $\mathbf{P}_1$과 위치가 다르기 때문에 [그림 13-2(d)]에서 보여진 바와 같이 파라메터공간에서 새로운 직선 $2'$를 정의하게 된다.

즉, $\mathbf{P}_1$과 $\mathbf{P}_2$의 두 점을 파라메터 공간에서 나타내게 되면 두 개의 직선을 따라 보팅하게 되고 두 직선이 만나는 위치 **Q**에서 두 번 보팅하게 된다. 이 점이 파라메터공간에서 $1'$선과 $2'$선이 만나는 위치의 점 $\mathbf{Q} = (a_i, b_i)$가 되고, 두 점 $\mathbf{P}_1$, $\mathbf{P}_2$가 놓여 있는 하나의 직선 1을 나타낸다.

따라서 이미지공간 내 한 직선 1상의 모든 에지점들을 파라메터공간에 보팅하면 여러 직선상을 보팅하게 되나 이 직선들이 **Q**의 위치에서 만나게 되므로 **Q**의 위치가 가장 많이 보팅되게 된다. 에지점들의 좌표를 파라메터공간으로 모두 보팅한 후 파라메터 공간을 탐색하여 보팅이 가장 많이된 위치를 추출하면 **Q**의 위치가 발견되고 **Q**의 위치값인 (a_i, b_i)는 이미지공간의 직선 1에 대한 기울기와 절편값을 나타내게 된다.

Tip | HT의 구현에 관련된 이슈들

직선의 기울기는 $-\infty < a < \infty$이고 파라메터공간에서 a의 범위는 무한대이다. 또한 $y = ax + b$와 같은 표현은 $x = c$와 같은 직선을 표현할 수 없다. 따라서 직선의 표현을 삼각함수를 이용하여 바꾸어 이러한 문제를 극복한다. [그림 13-3]은 삼각함수로 표현한 직선방정식을 보여준다.

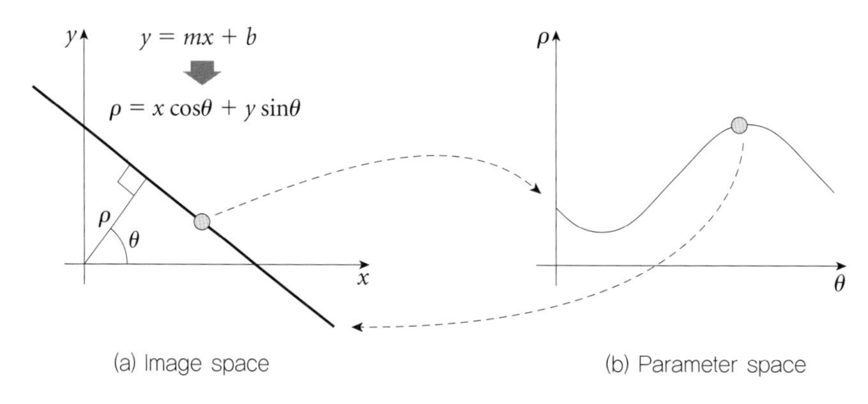

그림 13-3 삼각함수의 결합식으로 표현한 직선식

[그림 13-3(a)]에서 직선이 정해지면 이 직선을 표현하기 위해 원점에서의 수직거리 ρ와 수직선이 x축과 이루는 각도 θ값으로 직선을 표현하는 것이 가능하다. 이 직선은

$$\rho = x\cos\theta + y\sin\theta$$

와 같은 형태로 표현된다. 따라서 [그림 13-3(a)]에서 보여진 바와 같이 $x - y$ 평면상의 한 점 $\mathbf{P}_i = (x_i, y_i)$를 파라메터공간에서 표현하면 $\rho = x_i\cos\theta + y_i\sin\theta$식과 같은 곡선이 되고 가능한 각도 θ의 범위 내에서 ρ값을 표현하면 [그림 13-3(b)]와 같은 곡선이 나타나게 된다. 만일 이미지공간의 최대 대각선 크기가 d라면 ρ와 θ 값의 범위는 다음과 같다:

$$0 < \rho < d$$

$$0 < \theta < 180°$$

HT의 실제 구현 시 기울기(a)가 ∞가 되는 문제점을 해결하기 위해 직선방정식을 노말방정식[그림 13-3(a)]으로 표현하게 되며 파라메터공간은 a-b 평면공간을 $\rho - \theta$ 평면공간으로 바꾸어 사용한다.

[그림 13-4]는 주어진 입력영상에 대해 직선을 추출하기 위한 HT 적용 시 나타나는 파라메터공간 $\rho - \theta$의 보팅결과를 보여주고 있다. 이미지공간의 각 에지점들은 파라메터공간에서 하나의 $\rho - \theta$ 곡선을 나타내게 되며 같은 직선상에 존재하는 두 에지가 정의하는 두 $\rho - \theta$ 곡선은 같은 위치에서 만나 그 위치에서 두 번 보팅하게 된다. 따라서 보팅이 끝난 후, 일정한 임계치값을 정해서 이 값보다 더 많이 보팅한 위치들의 $\rho - \theta$ 값을 얻어내면 이 값들이 이미지공간에서 각각의 직선들을 나타내게 된다.

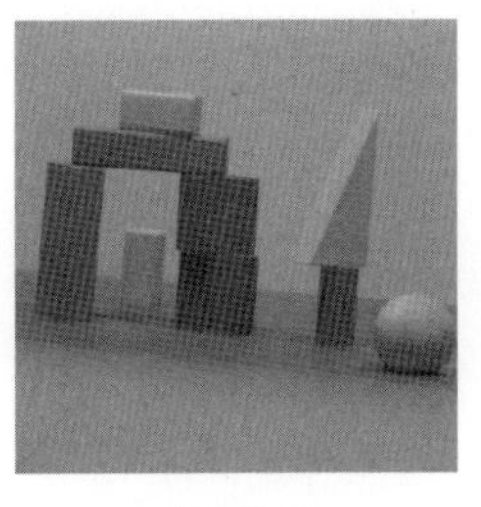
입력영상

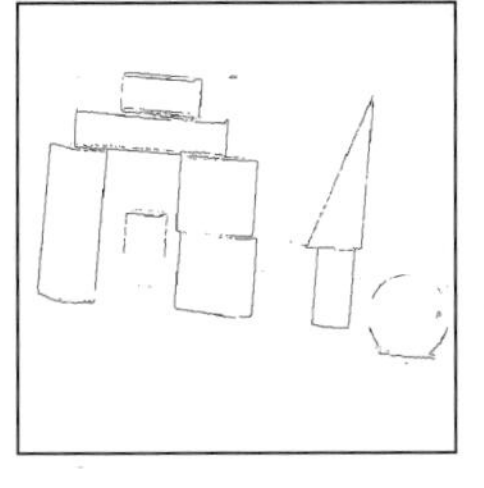
에지 추출

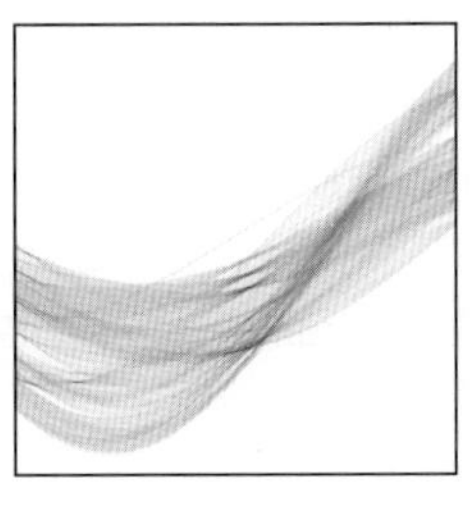
보팅공간

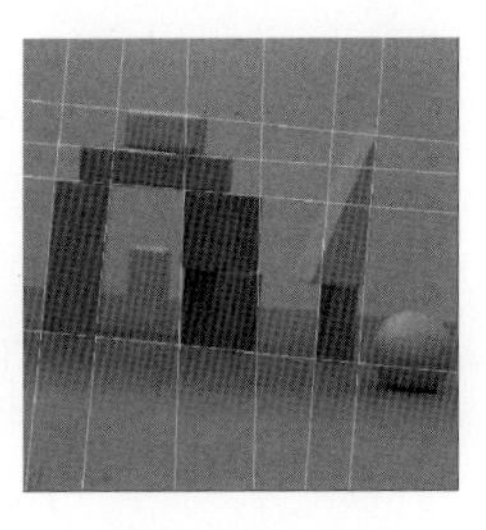
직선 추출 결과

그림 13-4 파라메터공간에서의 보팅 결과

[리스트 13-1]은 직선을 추출하기 위한 HT의 프로그램을 보여준다. 프로그램 수행속도를 높이기 위해 sin, cos과 같은 삼각함수는 미리 룩업테이블(LUT)을 만들어 값을 계산해 저장하고 루프 내에서는 재계산 없이 호출만으로 사용한다면 HT 계산량을 줄일 수 있다. [그림 13-5]는 도로에서 차선을 추출하기 위한 [리스트 13-1]의 프로그램 실행 예를 보여준다.

리스트 13-1 직선 추출을 위한 HT의 구현

```
01 void CWinTestDoc::HT_Line(unsigned char *orgImg, unsigned char *outImg,
02 int height, int width)
03 {
04    register int i,j,k;
05    int d, index;
06    float p2d = 3.141592654f/180.0f;
07
08    int H[360][362]={0};
09    int thres = 60;
10`
11    // LUT
12    float *LUT_COS = new float [360];
13    float *LUT_SIN = new float [360];
14
15    for(i=0; i<360; i++)
16    {
17       LUT_COS[i] = (float)cos(i*p2d);
18       LUT_SIN[i] = (float)sin(i*p2d);
19    }
20
21    for(i=0; i<height*width; i++) outImg[i] = orgImg[i];
22
23    // For voting
24    for(i=0; i<height; i++)
```

```
25      {
26          index = i*width;
27          for(j=0; j<width; j++)
28          {
29              if(orgImg[index+j] == 255)
30              {
31                  for(k=0; k<360; k++)
32                  {
33                      d = (int)( i*LUT_COS[k] + j*LUT_SIN[k] );
34                      if(d >=4 && d<= 360) H[k][d]++;
35                  }
36              }
37          }
38      }
39
40      // For displaying
41      for(d=4; d<=360; d++)
42      {
43          for(k=0; k<360; k++)
44          {
45              if(H[k][d] > thres)
46              {
47                  i = j = 2;
48
49                  for(j=2; j<height; j++) // vertical pixel
50                  {
51                      i = (int)( (d-j*LUT_SIN[k])/LUT_COS[k] );
52                      if( i<height && i>0) outImg[i*width+j] = 255;
53                  }
54
55                  for(i=2; i<width; i++) // horizontal pixel
56                  {
57                      j = (int)( (d-i*LUT_COS[k])/LUT_SIN[k] );
58                      if( j<height && j>0) outImg[i*width+j] = 255;
59                  }
60              }
61          }
62      }
63
64      delete []LUT_COS;
65      delete []LUT_SIN;
66  }
```

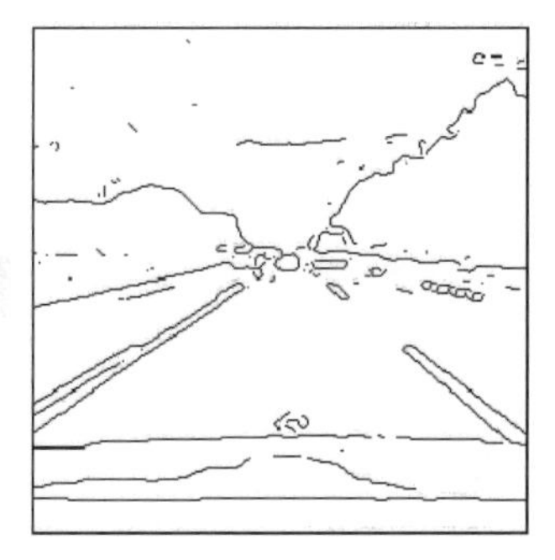
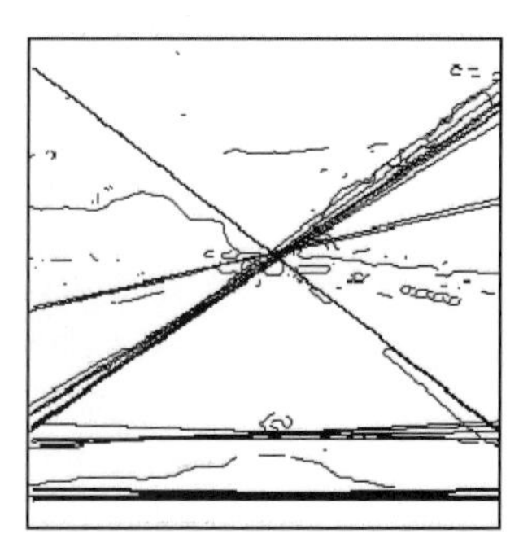

그림 13-5 하프변환을 이용한 도로의 차선 추출

[그림 13-6]은 HT에 의한 직선 추출 프로그램의 실행을 보여준다.

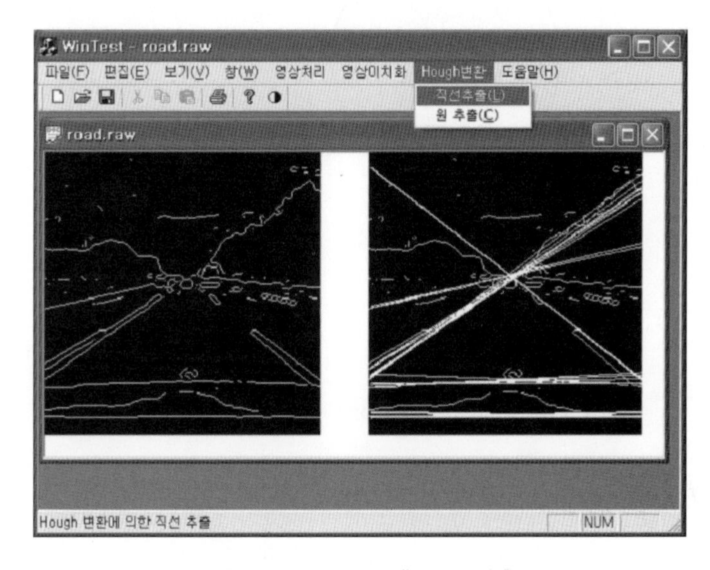

그림 13-6 HT에 의한 직선 추출

2 원 추출을 위한 하프변환

직선추출을 위한 HT의 원리는 파라메터의 개수가 더 많은 한층 복잡한 형상을 추출하기 위해 확장될 수 있다.

원(circle)은 직선과 달리 3개의 파라메터를 가지고 있으며 이것은 원의 중심좌표 (c_x, c_y)와 원의 반지름 r를 가리킨다. 따라서 보팅을 위한 하프공간은 3차원이 되어야 하며 (c_x, c_y, r)과 같은 보팅 공간을 정의해야 한다.

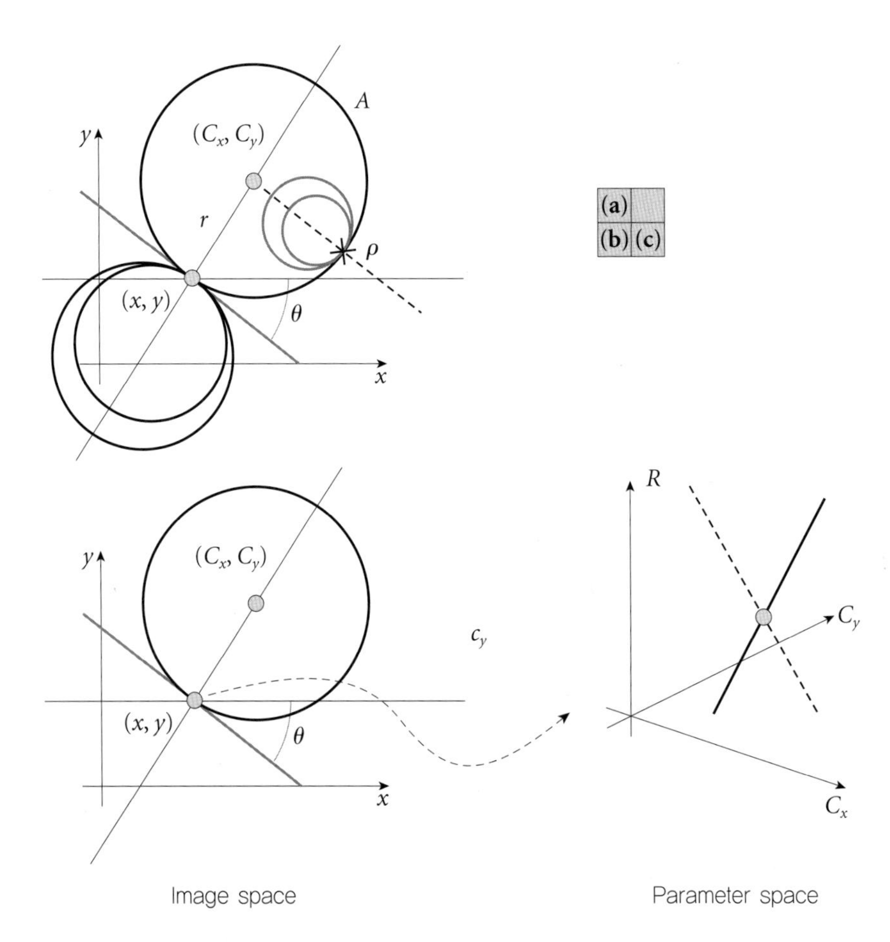

그림 13-7 원 추출을 위한 HT의 적용

이미지공간에서 하나의 에지점은 원의 중심이 놓여있을 수 있는 하나의 직선을 정의할 수 있다. 그리고 원의 반지름은 이 에지점과 원 중심위치에 의해 정의 가능하다. 이미지공간 내 임의의 에지점 (x, y)에 대해 가능한 원의 중심위치는 다음과 같이 정의된다:

$$c_x = x + r\sin\theta$$
$$c_y = y + r\cos\theta$$

이 식에서 알 수 있듯이 θ가 정해진다면 이미지공간에서 하나의 에지점 (x, y)에 대해 파라메터공간 (c_x, c_y, r)에 보팅하게 된다. 즉, [그림 13-7(a)]의 이미지공간 내 에지점을 통과할 수 있는 원은 무수히 많다. 이때, 각도 θ을 정의하여 에지점을 통과하는 원의 중심이 놓여있을 수 있는 직선의 각도를 정의하면 바뀔 수 있는 자유변수는 원의 반지름 r과 이 값의 변동에 따라 결정되는 원의 중심위치 (c_x, c_y)가 되고, 3차원 공간에서 한 점 (c_x, c_y, r)이 결정되게 된다. 이 값은 [그림 13-7(c)]의 3차원 파라메터공간에서 r의 변화에 따라 정의되는 값 (c_x, c_y)에 의해 직선으로 보팅되게 된다.

원의 중심이 놓여질 수 있는 직선 방향을 나타내는 각도 θ의 범위를 0 ~ 360°로 바꾸어가며 보팅해준다. 이미지공간의 모든 에지점들에 대해 파라메터공간으로 보팅이 끝나면 파라메터공간 내의 부분최대값(local maxima)을 검색해 특정 임계값 이상의 보팅 횟수를 가진 위치를 추출하면 이 위치값이 추출된 원이 된다.

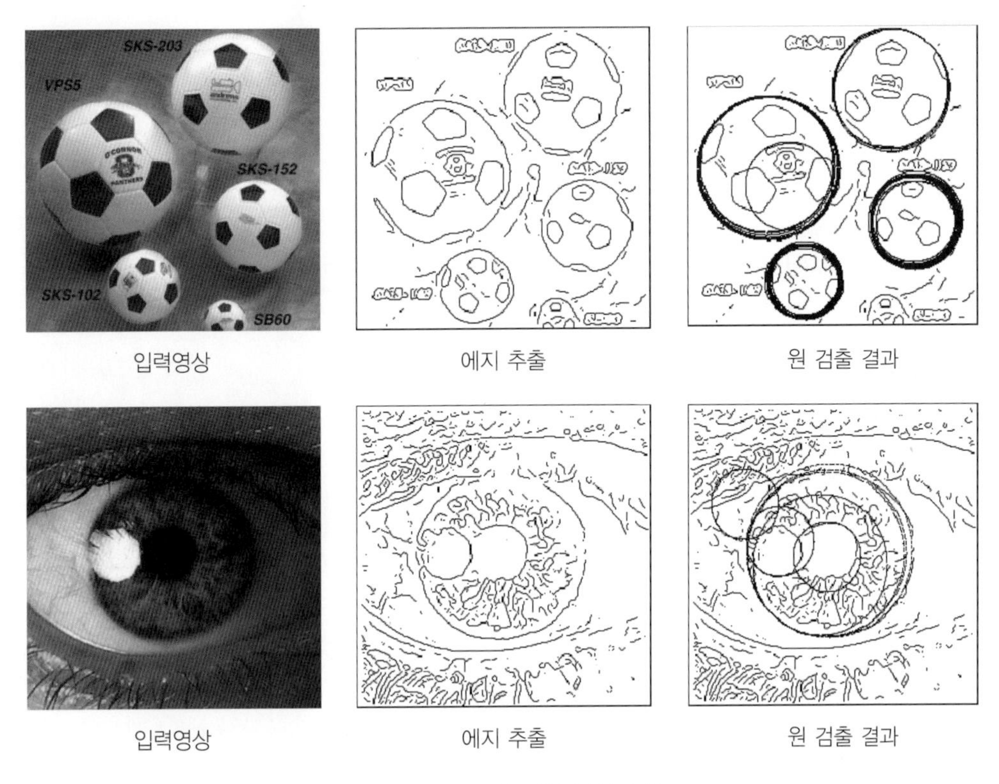

그림 13-8 HT에 의한 원의 추출

[리스트 13-2]는 원의 추출을 위한 HT의 구현 프로그램을 보여준다. 3차원 파라메터공간에서 보팅을 수행해야 하므로 보팅값 계산을 위한 연산량이 직선추출에 비해 크다. Pentium IV 기반의 데스크톱 컴퓨터에서 직선 추출은 0.2초 내외에서 처리되나 원의 추출은 4 ~ 5초 이상 걸릴 수 있으므로 처리속도를 높이기 위한 방법의 고안이 필요할 수도 있다. 보통 에지를 추출할 때 각 에지점들의 수직방향(normal direction)도 동시에 계산 가능하므로 파라미터 θ에 해당하는 이러한 정보를 동시에 이용한다면 탐색의 차수(order)를 하나 줄이는 것은 물론 원 추출의 정확도도 높이는 것이 가능하다. [그림 13-8]은 [리스트 13-2]의 프로그램을 이용하여 다양한 크기의 축구공과 사람 눈동자를 추출한 예들을 보여준다. 먼저, 입력된 흑백영상의 에지추출 후 에지들에 대해 원을 추출한 결과를 보여준다.

[리스트 13-2]의 프로그램을 보면 3차원 배열 사용을 위한 동적 메모리 할당 부분이 있는데 할당한 메모리는 시스템 자원이므로 사용한 후에 반드시 해제해주어야 한다.

리스트 13-2 원의 추출을 위한 HT 구현 프로그램

```
01 oid CWinTestDoc::HT_Circle(unsigned char *orgImg, unsigned char *outImg,
02 int height, int width)
03 {
04    register int i,j,k,ang;
05    int index, rr, cc;
06    int r_min = 30, r_max = 100;
07    float p2d = 3.141592654f/180.0f;
08
09    unsigned int thres = 90;
10
11    // Memory allocation
12    unsigned int ***H = new unsigned int** [height];
13    for(i=0; i<height; i++)
14    {
15       H[i] = new unsigned int* [width];
16       for(j=0; j<width; j++)
17       {
18          H[i][j] = new unsigned int [r_max];
19          for(k=0; k<r_max; k++) H[i][j][k] = 0;
20       }
21    }
22
23    // LUT
24    float *LUT_COS = new float [360];
25    float *LUT_SIN = new float [360];
26
27    for(i=0; i<360; i++)
28    {
29       LUT_COS[i] = (float)cos(i*p2d);
30       LUT_SIN[i] = (float)sin(i*p2d);
31    }
32
33    for(i=0; i<height*width; i++) outImg[i] = orgImg[i];
34
35
36    // For voting
37    for(i=0; i<height; i++)
38    {
39       index = i*width;
40       for(j=0; j<width; j++)
41       {
42          if(orgImg[index+j] == 255)
43          {
```

```
44              for(k=r_min; k<r_max; k++)
45              {
46                 for(ang=0; ang<360; ang++)
47                 {
48                    rr = (int)( i-k*LUT_COS[ang] );
49                    cc = (int)( j-k*LUT_SIN[ang] );
50
51                    if(rr<height && rr>0 && cc<width && cc>0) H[rr][cc][k]++;
52                 }
53              }
54           }
55        }
56     }
57
58     // For display
59     for(i=0; i<height; i++)
60     {
61        for(j=0; j<width; j++)
62        {
63           for(k=r_min; k<r_max; k++)
64           {
65              if( H[i][j][k] > thres )
66              {
67                 for(ang=0; ang<360; ang++)
68                 {
69                    rr = (int)( i+k*LUT_COS[ang] );
70                    cc = (int)( j+k*LUT_SIN[ang] );
71
72                    if(rr>0 && rr<height && cc>0 && cc<width) outImg[rr*width+cc] = 255;
73                 }
74              }
75           }
76        }
77     }
78
79
80     // Delete arrays
81     for(i=0; i<height; i++)
82     {
83        for(j=0; j<width; j++) delete [] H[i][j];
84        delete [] H[i];
85     }
86     delete []H;
87
88     delete []LUT_COS;
```

```
89     delete []LUT_SIN;
90 }
```

[그림 13-9]는 [리스트 13-2] 프로그램의 실행 예를 보여준다.

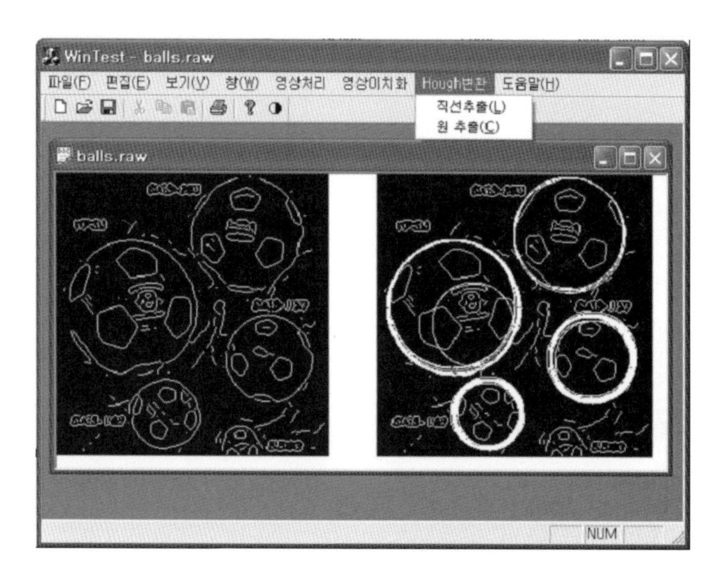

그림 13-9 하프변환에 의한 원 추출 프로그램

2. 영상계측

공장이나 기업, 학교 내 연구실 등에서 카메라센서를 이용한 물체의 치수계측이 필요한 경우는 아주 빈번하게 발생한다. 카메라를 이용한 영상계측이란 카메라센서로 영상데이터를 획득하였을 때 영상좌표(즉, 픽셀좌표)가 3차원 공간 내에서 실측좌표(즉, mm 또는 cm)와 어떻게 연관되는지를 계산하는 것이다.

이러한 연관성을 미리 알고 있다면 카메라로 봤을 때 영상 내에 적당하게 떨어진 임의의 두 화소점 사이의 거리가 실측으로는 몇 mm가 떨어졌는지 알 수 있으며 영상센서를 이용해 물체의 길이 측정이 가능할 것이다.

카메라를 이용한 물체의 실좌표 계측을 위해서는 일반적으로 복잡한 카메라교정(camera calibration)을 수행해야 한다. 카메라 교정 알고리즘은 평면이나 입체 형상 위에 존재하는 상대적 좌표가 이미 알려진 교정점들을 카메라로 영상 획득하여 각각의 교정점들의 영상좌표를 얻어내고, 이러한 영상좌표와 물체상의 대응되는 실제 좌표가 서로 어떻게 연관되는지의 관계를 ❶ 카메라에 관련된 변수(내부변수, intrinsic parameters)들과 ❷ 카메라와 물체 사이의 상대적 위치관계에 관련된 변수(외부변수, extrinsic parameters)로 풀어내는 것이다. 기하학적 · 수학적 연산이 필요하며 현장의 기술자나 일반적인 사용자가 카메라교정을 통해 물체의 길이계측에 영상센서를 적용하기는 쉽지 않다.

다행히 현장에서 편리하게 사용할 수 있는 계측방법이 존재하며 이것은 Plane Homography라 알려진 평면과 평면 사이의 대응관계를 이용하는 방법이다. 즉, 우리가 계측할 일반적인 물체는 평면상에 존재하는 경우가 많다. 입체적이고 복잡한 3차원 형상을 가진 물체의 계측에는 상기한 일반적인 카메라 교정법을 통해 미리 교정된 카메라가 2대 이상 존재해야 형상의 실측이 가능하나 측정할 물체가 평면상에 존재하며 평평한 물체일 경우에는 복잡한 카메라의 해석 없이 간단한 카메라 교정을 통해 물체의 실측을 측정하는 것이 가능하다. 또한 이 방법은 3차원 형상을 가진 물체라도 이 물체가 카메라에서 비교적 멀리 떨어져 있다면 평면으로 근사가 가능하며 대략적인 길이 측정을 위해 사용 가능하다.

Tip | 카메라 교정 시스템의 구성

[그림 13-10]은 현장에서 구성할 수 있는 카메라 교정 및 치수계측 시스템의 구성 예를 보여준다. 먼저 간격이 알려진 작은 원형의 마크가 여러 개(최소 4점 이상) 인쇄된 금속판이나 평면도가 좋은 얇은 비닐 또는 종이 등을 준비한다. 이 평면이 카메라 교정 평면이 된다. 이 평면을 자동화나 계측용 카메라를 이용하여 영상을 찍는다. 이때, 한번 설정된 카메라와 교정 평면과의 거리나 상대적 자세는 바꾸면 안되므로 서로 고정시킨다. 자동화용 정밀카메라가 없다면 화상통신용 웹 카메라를 사용해도 무관하다. 단, 영상왜곡이 심하지 않은 카메라로 준비한다. 조명은 LED조명, 할로겐 조명 또는 사무실의 형광등이나 백열등을 사용할 수 있다. 단, 교정 평면의 기준점들이 영상에서 잘 추출되도록 배치한다. 아래에서 설명할 Plane Homography 알고리즘을 이용하여 카메라를 교정한 후 교정 평면을 제거하고 교정 평면이 놓여있던 자리에 치수를 계측할 물체를 올려놓은 후 카메라로 찍어 영상에서의 픽셀좌표로 치수를 측정한다. 이 픽셀좌표를 아래 H행렬을 사용하여 변환하면 실측좌표를 얻는 것이 가능하다.

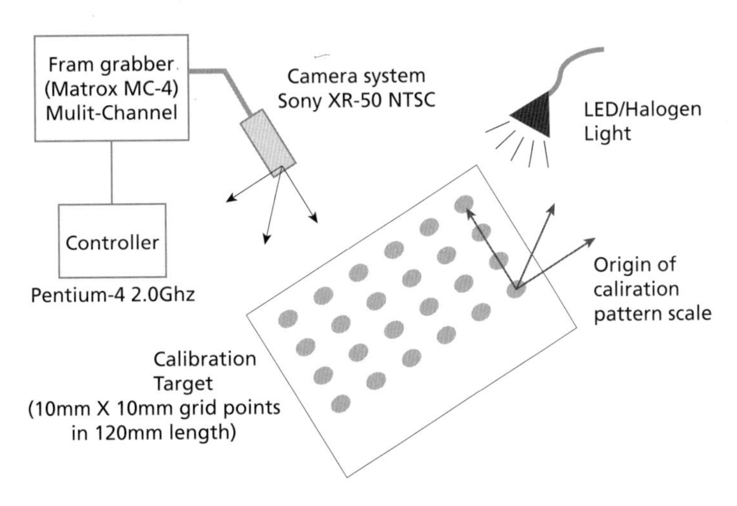

그림 13-10 평면 기반의 카메라 교정시스템 구성 예

1 평면상의 물체길이 계측 알고리즘 (Plane Homography)

계측할 물체가 평면상에 존재하는 평평한 물체라면 계측 대상은 평면이다. 이때 이 평면이 카메라를 통해 영상 면에 투영되는 영상면(image plane) 또한 평면이다. 따라서 두 평면의 대응관계가 발생하며, 이러한 평면과 평면 사이의 대응관계를 Plane Homography라고 한다. [그림 13-11]은 공간 내에 존재하는 임의의 두 평면의 대응관계를 보여준다.

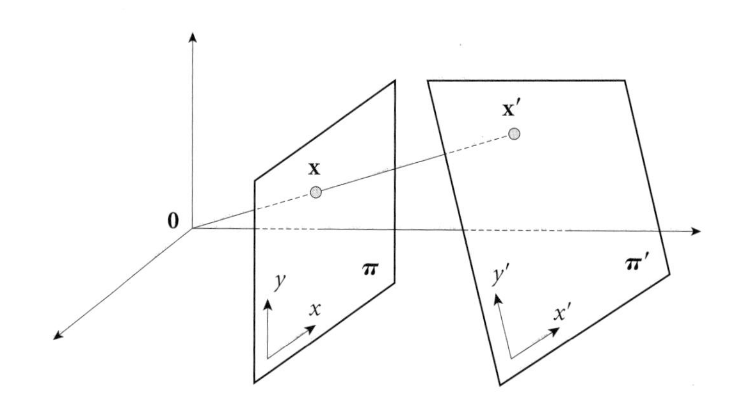

그림 13-11 공간 내 임의의 두 평면의 대응관계

위 그림의 평면 $\boldsymbol{\pi}$에 존재하는 하나의 직선이 평면변환에 의해 또 다른 평면 $\boldsymbol{\pi}'$로 변환될 때 이 직선은 여전히 직선으로 유지된다. 두 평면 사이 임의의 한 점의 변환관계는 다음과 같은 수식으로 표현된다.

$$s\mathbf{x} = s\begin{bmatrix} x \\ y \\ 1 \end{bmatrix} = \mathbf{Hx}' = \begin{bmatrix} h_{11}h_{12}h_{13} \\ h_{21}h_{22}h_{23} \\ h_{31}h_{32}h_{33} \end{bmatrix}\begin{bmatrix} x' \\ y' \\ 1 \end{bmatrix}$$

이 식에서 공간상의 평면 위에 존재하는 한 점의 월드좌표(world coordinate) $\boldsymbol{x}'$는 영상 평면상에 픽셀좌표 $\boldsymbol{x}$로 변환되며 두 변환을 연결하는 3×3 행렬 $\mathbf{H}$를 homography matrix라 부른다. 2차원 좌표 벡터 $(x, y)^T$을 $s \cdot (x, y, 1)^T$로 표기한 것을 Homogeneous 좌표 표현이라 하며, Homogeneous좌표 $(u, v, w)^T$는 2차원 좌표로 표기 시 $(u/w, v/w)^T$로 표현된다. 여기서 T는 행렬의 transpose이다.

파라메터 s는 scale factor이고 이 값은 $h_{33} = 1$의 행렬 크기에 대한 제한조건부과로 결정될 수 있다. 상기한 수식은 $h_{33} = 1$의 대입과 함께 전개 후, 다음과 같은 형태로 변경 가능하다:

$$x(h_{31}x' + h_{32}y' + 1) = h_{11}x' + h_{12}y' + h_{13}$$
$$y(h_{31}x' + h_{32}y' + 1) = h_{21}x' + h_{22}y' + h_{33}$$

점 한 개의 대응관계에서 두개의 방정식을 얻을 수 있다.

이 식은 다시 다음과 같은 행렬곱으로 변경 가능하다:

$$\mathbf{Ax} = \begin{bmatrix} x' \, y' \, 1 \, 0 \, 0 \, 0 \, -xx' & -xy' \\ 0 \, 0 \, 0 \, x' \, y' \, 1 \, -yx' & -yy' \end{bmatrix} \begin{bmatrix} h_{11} \\ h_{12} \\ h_{13} \\ h_{21} \\ h_{22} \\ h_{23} \\ h_{31} \\ h_{32} \end{bmatrix} = \begin{bmatrix} x \\ y \end{bmatrix} = \mathbf{b}$$

위의 식에서 미지수는 $h_{11} \sim h_{32}$의 8개이므로 두 평면 사이에 대응되는 4개 점의 좌표들만 알고 있다면 8개의 미지수값을 결정하는 것이 가능하다.

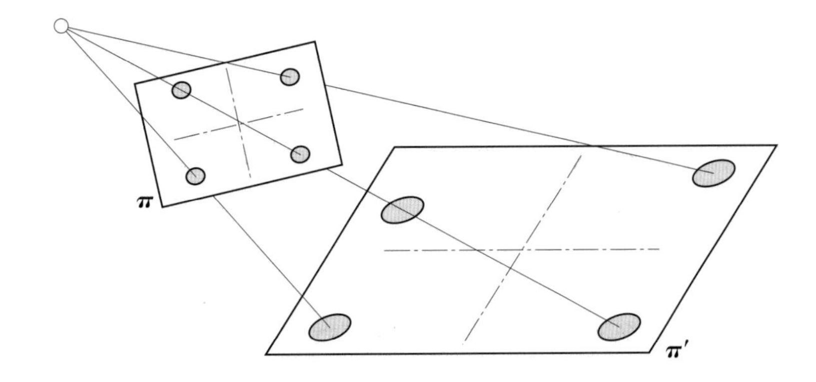

그림 13-12 카메라 교정면과 영상면 사이의 대응되는 4점

[그림 13-12]는 두 평면 사이의 대응되는 4개의 점을 보여준다. 교정 평면 $\boldsymbol{\pi}'$상의 4점은 평면 위의 임의의 한 위치를 원점으로 잡고 이 원점에 상대적인 mm좌표로 알려진 4개의 기준점이고, 영상면상에 대응되는 4점의 좌표는 단위가 픽셀좌표가 된다. 픽셀좌표는 영상면의 Left-top이 원점이다. 이 4개에 대응되는 실측과 픽셀 좌표점의 데이터를 상기한 행렬식에 넣고 풀어내면 8개의 미지수를 얻을 수 있고 $h_{33} = 1$값과 함께 $\mathbf{H}$ 행렬을 구성하면 영상픽셀좌표가 실측좌표로 또는 실측좌표가 영상좌표로 변환되는 것이 가능하게 된다. 만일 대응되는 점이 4점이 아니라 n개의 점이라면 앞의 행렬식에서 $\mathbf{A}$의 크기는 $2n \times 8$이 되므로 행렬식은 다음과 같이 표현된다:

$$\mathbf{A}_{2n\times 8}\mathbf{x}_{8\times 1} = \mathbf{b}_{2n\times 1}$$

이 행렬식을 풀기 위해서 양 변에 $\mathbf{A}_{8\times 2n}$행렬을 곱하면

$$\mathbf{A}_{8\times 2n}\mathbf{A}_{2n\times 8}\mathbf{x}_{8\times 1} = \mathbf{A}_{8\times 2n}\mathbf{b}_{2n\times 1}$$

이 되고 $\mathbf{x}_{8\times 1}$벡터는 다음처럼 얻어진다:

$$\mathbf{x}_{8\times 1} = (\mathbf{A}_{8\times 2n}\mathbf{A}_{2n\times 8})^{-1}\mathbf{A}_{8\times 2n}\mathbf{b}_{2n\times 1}$$

여기서 $(\mathbf{A}^T\mathbf{A})^{-1}\mathbf{A}^T$ 행렬을 의사역행렬(Pseudo-inverse matrix)이라 부른다.

리스트 13-3 카메라 교정을 위한 변환행렬 H계산 프로그램

```
01 % Plane to plane transformation by Homography matrix
02 % 2007.4.11 made by D.J.Kang,PNU
03 %
04 % 소수점 이하 많은 자리까지 중요하므로 "format long" 명령을 사용하여
05 % h행렬을 출력할 것
06 %
07 clear all;
08 format long;
09
10 x1=[0,0; 140,0; 140,90; 0,90;]; % 교정 평면상의 실측좌표(mm)
11 x2=[ 295.6825, 24.6023; 49.2821, 303.4359; % 대응 영상좌표(pixel)
12    87.9020,574.4706; 424.3918, 465.4169];
13
14 a =[];
15 b =[];
16 for i=1:4;
17
18    a = [a; x1(i,1) x1(i,2) 1 0 0 0 -x2(i,1)*x1(i,1) -x2(i,1)*x1(i,2);
19       0 0 0 x1(i,1) x1(i,2) 1 -x2(i,2)*x1(i,1) -x2(i,2)*x1(i,2)];
20
21    b = [b; x2(i,1); x2(i,2)];
22 end
23
24 % homography matrix
25 h = inv(a)*b;
26
27 hh = [h(1) h(2) h(3); h(4) h(5) h(6); h(7) h(8) 1;];
28
29 for i=1:4;
30
31    c = hh*[x1(i,1) x1(i,2) 1]';
32    [c(1)/c(3); c(2)/c(3)]  % H를 이용해 4점에 대해 역계산한 결과
33
34 end
```

[리스트 13-3]은 Matlab 코드로 표현한 교정 평면의 4점 좌표와 이에 대응되는 영상좌표의 4점을 이용한 변환 행렬 **H**를 구하는 프로그램이다. 일단 **H**행렬이 구해지면 영상 내 임의의 픽셀좌표 $(u, v)^T$는 $\mathbf{H}^{-1} \cdot (u, v, 1)^T$에 의해 실측좌표로 변환 가능하다.

예를 들면, 만일 영상 내 픽셀좌표 (10, 20)과 또 다른 픽셀좌표 (30, 40)사이의 교정 평면상 실측 거리를 계산할 경우,

$$\mathbf{x}_1 = \mathbf{H}^{-1} \cdot [10 \;\; 20 \;\; 1]^T = [71.36 \;\; -61.9 \quad 0.5136]^T$$
$$\mathbf{x}_2 = \mathbf{H}^{-1} \cdot [30 \;\; 40 \;\; 1]^T = [69.80 \;\; -53.86 \;\; 0.5481]^T$$

이고 $\mathbf{x}_1$과 $\mathbf{x}_2$의 두 좌표 모두 Homogeneous 좌표표현이므로 2차원 좌표표현으로 바꾸면

$$\mathbf{p}_1 = [71.36/0.5136, -61.9/0.5136]^T = [138.95, -120.54]^T$$
$$\mathbf{p}_2 = [69.80/0.5481, -53.86/0.5481]^T = [123.70, -98.26]^T$$

이므로 두 점 사이의 거리는 $|\mathbf{p}_1 - \mathbf{p}_2|$에 의해 27 mm가 된다.

상기한 [리스트 13-3]의 Visual−C++ 구현은 행렬곱과 역행렬 등의 수학연산을 필요로 하므로 이 연산을 수행할 수 있는 라이브러리를 구하던지 사용자가 직접 작성해야 한다. ezMTL과 같은 C++ 행렬연산 클래스가 존재하므로 필요한 경우 사용할 수 있다.

[리스트 13-4]는 ezMTL C++라이브러리를 이용하여 console 모드에서 [리스트 13-3]의 Matlab 코드를 구현한 C++프로그램이다.

리스트 13-4 C++로 구현한 Plane Homography 구현 프로그램

```
01 // C++ implementation of Plane Homography
02 // Using ezMTL C++ library for handling matrices
03 // Made by DJKang, 2008 PNU
04 #include <stdio.h>
05 #include "./ezmtl/Matrix.h"
06
07 void main()
08 {
09    Matrix<double> a(10,8), x1(5,2), x2(5,2), b(10,1);
10    int i;
11
12    x1(1,1) =   0;  x1(1,2)  =   0;
13    x1(2,1) = 140;  x1(2,2)  =   0;
14    x1(3,1) = 140;  x1(3,2)  =  90;
15    x1(4,1) =   0;  x1(4,2)  =  90;
```

```
16
17
18      x2(1,1) = 295.6825;  x2(1,2)  =   24.6023;
19      x2(2,1) =  49.2821;  x2(2,2)  =  303.4359;
20      x2(3,1) =  87.9020;  x2(3,2)  =  574.4706;
21      x2(4,1) = 424.3918;  x2(4,2)  =  465.4169;
22
23
24
25      for(i=0; i<4; i++)
26      {
27         a(2*i+1,3) = 1.0;
28         a(2*i+1,4) = a(2*i+1,5) = a(2*i+1,6) = 0.0;
29
30         a(2*i+2,1) = a(2*i+2,2) = a(2*i+2,3) = 0.0;
31         a(2*i+2,6) = 1.0;
32      }
33
34
35      for(i=0; i<4; i++)
36      {
37         a(2*i+1,1) =  x1(i+1,1);
38         a(2*i+1,2) =  x1(i+1,2);
39         a(2*i+1,7) = -x2(i+1,1)*x1(i+1,1);
40         a(2*i+1,8) = -x2(i+1,1)*x1(i+1,2);
41
42         a(2*i+2,4) =  x1(i+1,1);
43         a(2*i+2,5) =  x1(i+1,2);
44         a(2*i+2,7) = -x2(i+1,2)*x1(i+1,1);
45         a(2*i+2,8) = -x2(i+1,2)*x1(i+1,2);
46
47         b(2*i+1,1) =  x2(i+1,1);
48         b(2*i+2,1) =  x2(i+1,2);
49      }
50
51   // a.Print(cout,"h");
52
53      int retCode;
54      Matrix<double> x(8,1);
55      x = Inv(Transpose(a)*a,&retCode)*Transpose(a)*b;
56   // x.Print(cout,"Val ");
```

```
57
58     Matrix<double> hh(3,3), w(3,1), c(3,1);
59     hh(1,1) = x(1,1); hh(1,2) = x(2,1); hh(1,3) = x(3,1);
60     hh(2,1) = x(4,1); hh(2,2) = x(5,1); hh(2,3) = x(6,1);
61     hh(3,1) = x(7,1); hh(3,2) = x(8,1); hh(3,3) = 1.0;
62
63     hh.Print(cout, "H matrix: ");
64
65
66     for(i=0; i<4; i++)
67     {
68        w(1,1) = x1(i+1,1);
69        w(2,1) = x1(i+1,2);
70        w(3,1) = 1.0;
71
72        c = hh*w;
73
74        double row = c(1,1)/c(3,1) ;
75        double col = c(2,1)/c(3,1) ;
76
77        double dist = hypot(row-x2(i+1,1),col-x2(i+1,2));
78
79        printf("Dist error: %7.4f\n",dist);
80     }
81  }
```

```
H matrix:  2 3 3
          -1.513       0.5474      295.68
          3.5126       3.9299      24.602
       0.0050124 -0.0020799           1

Dist error:  0.0000
Dist error:  0.0000
Dist error:  0.0000
Dist error:  0.0000
Press any key to continue
```

그림 13-13 실행결과

[그림 13-13]은 [리스트 13-4]의 실행결과를 보여준다. 계산된 **H** 행렬과 이 행렬을 이용하여 두 평면변환 사이의 대응되는 점들끼리의 변환 후 오차값을 보여준다. 오차가 0이므로 **H** 행렬이 잘 계산되었다는 것을 알 수 있다.

[그림 13-14]는 평면기반의 영상계측에 사용할 수 있는 교정스케일의 예이다. 이러한 교정 스케일영상을 이진화(binarization)와 교정점의 영역추출(blob coloring)을 통해 교정점의 영상좌표를 얻고 해당되는 실측좌표와 함께 카메라 교정에 사용할 수 있다.

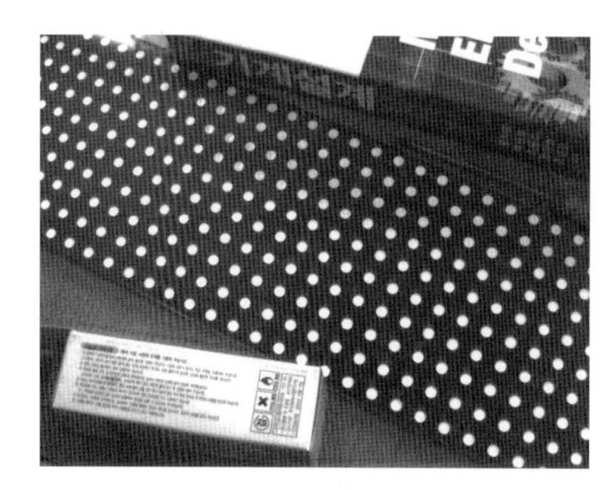

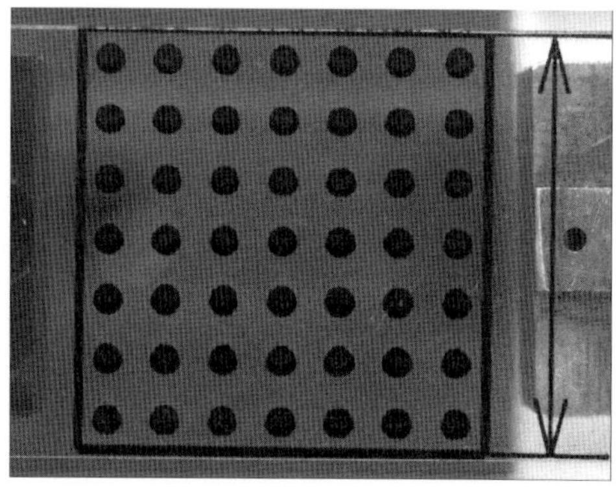

그림 13-14 카메라 교정용 평면 스케일

연습문제

1. 영상의 에지는 크기뿐만 아니라 방향 정보도 가질 수 있다. 에지의 방향 정보는 $\theta = \tan^{-1} = \left(\frac{I_y}{I_x}\right)$ 로 계산 가능하다. 본문 내 [리스트 13-1]의 직선을 추출하는 Hough변환 프로그램을 수정하여 에지의 방향 정보를 함께 이용하는 프로그램을 작성하고, 수정 전 프로그램과 성능을 비교하시오.

2. 본문 내 [그림 13-8]의 Hough변환에 의한 원 검출결과를 보면 각각의 원형 형상 위에 여러 개의 추출 원이 겹쳐져서 표시되고 있다. 형상과 가장 잘 겹치는 하나의 원만을 선택하는 프로그램을 작성하시오.

3. 본문 내 [그림 13-14]의 좌측영상에 있는 카메라 보정용 플레이트 위의 흰색 원형점의 중심 사이의 거리는 실측으로 가로, 세로 방향 모두 10mm이다. 영상면과 플레이트면의 두 평면 사이의 변환 행렬 **H**를 구하시오. 단, 보정점의 위치추출과 세계 좌표는 자동 설정되도록 프로그램을 작성하시오.

4. [그림 13-14]의 우측 영상의 인접 두 점 사이의 거리는 가로, 세로 방향 모두 2mm이다. 문제 3과 동일한 프로그램을 작성하시오.

5. [그림 13-14]의 좌, 우 영상의 픽셀좌표 (10, 20)과 (200, 100)의 두 위치 점 사이의 거리가 실측으로 각각 얼마인지 계산하시오.

14 컬러영상처리의 기초

컬러영상은 흑백영상에 비해 훨씬 많은 정보를 가지고 있다. 멀티미디어 시대를 맞이하여 휴대폰, 디지털TV, 게임 등 많은 응용분야에서 컬러영상을 취급하고 있다. 영상인식 분야에서도 흑백영상보다 정보가 풍부한 컬러영상을 통해 인식 성능을 높이려 하는 연구가 오랫동안 있어 왔다. 최근 컬러지식에 대한 요구와 이용이 높아지고 있는 추세에 발맞춰 컬러영상에 대해 간략하게 다루어보자.

컬러표현은 1802년 Tomas Young이라는 사람이 제안한 이론에 기반을 두고 있다. Young은 어떤 컬러는 세 가지 기본 컬러를 적당한 비율로 조합해 만들어진다는 이론을 주장했다.

Tip | Young의 이론

어떤 컬러는 세 가지 기본 컬러 C_1, C_2, C_3를 적당한 비율 a, b, c로 더하여 만들어진다는 사실을 주장. 사람 눈의 색인식 구조와 일치하는 것으로 밝혀짐.

$$C = aC_1 + bC_2 + cC_3$$

이러한 이론은 사람 눈의 망막(retina) 내부에 색을 감지하는 추상체(cone)들이 3개가 존재한다는 사실과 일치한다. 이 추상체들은 눈을 통해 들어오는 빛을 감지하는 세 개의 센서(sensor)로 각각 적색(red) · 녹색(green) · 청색(blue) 영역을 감지한다. 인간의 컬러 인지 능력은 세 가지 추상체들의 반응에 의해 나타나므로 대부분의 컬러 시스템들은 세 가지 컬러를 기반으로 하며 이를 삼중 자극(tristimulus)이라고 한다.

1. 색상 모델

컬러를 이루기 위해서는 3원색을 적당히 조합해야 한다. 세 가지 기본 컬러를 어떻게 혼합하면 우리가 원하는 색을 만들 수 있을까? 컬러에 대한 표현을 표준화하기 위해 색상 모델이라는 것이 사용된다.

색상 모델의 좌표는 3원색의 각각이 하나의 축을 이루고 있으며 구체적인 하나의 색은 이 좌표계 내에서 하나의 점을 나타낸다. 이러한 좌표계는 하나만 존재하는 것이 아니라 용도에 따라 많은 종류의 좌표계가 존재한다. 예를 들면, **RGB** 모델은 컬러 CRT 모니터나 컴퓨터 그래픽스 분야에서 사용하는 모델이고 **YIQ**는 TV 방송을 위한 색상 모델, **CMY**는 컬러영상의 출력을 위해 프린터에서 사용하는 색상 모델이다. 사람이 색을 인지하는 모델과 가까운 직관적인 모델로 색상(hue) · 채도(saturation) · 명도(brightness)를 다루는 시스템은 **HSI** 색상 모델을 사용한다.

1 RGB 모델

RGB 모델은 개인용 PC 앞에 놓여있는 컬러 CRT 모니터와 컴퓨터의 그래픽스에서 사용하는 직각 좌표계이다. **RGB**는 "빛"의 삼원색이며 각각을 적당히 더하여 원하는 컬러를 만들어낸다. **RGB**를 더하기 3원색(additive primaries)라고 하는 것은 R, G, B를 적당히 첨가하여 원하는 색을 만들어 내기 때문이다.

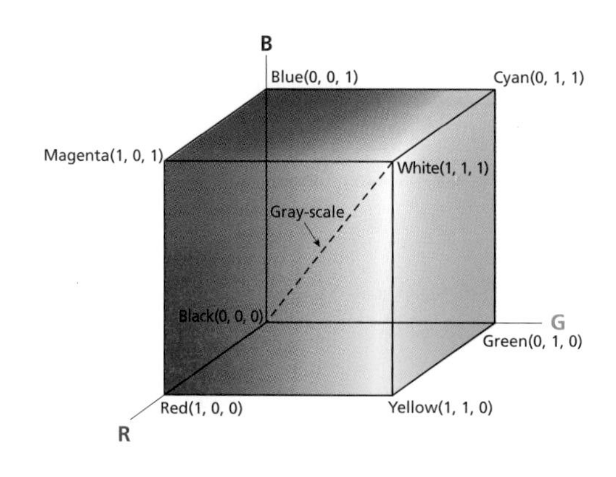

그림 14-1 RGB 컬러 육면체

RGB 컬러 모델을 보면, 각각의 좌표축은 R, G, B축을 나타낸다. 좌표점 (0, 0, 0)은 검은색이며 (1, 1, 1)은 흰색을 나타낸다. 빨강색은 (1, 0, 0)이다. R, G, B가 합해지는 비율에 따라 다양한 컬러가 나타나게 된다. (0, 0, 0)과 (1, 1, 1)을 연결하는 대각선상에 존재하는 모든 점들은 R, G, B각각의 비율이 동일한 회색 등급을 나타낸다. 이것은 삼원색이 같은 비율로 혼합되었을 경우 회색이 된다는 것을 나타낸다.

Tip | 프로그램 내에서 RGB 표현

흑백영상에서는 하나의 단위픽셀에 대한 밝기값만 존재하므로 8비트의 256단계의 정보를 표현하는 "BYTE(unsigned char)"자료형을 사용하였다. RGB 컬러영상에서는 하나의 픽셀이 R, G, B의 3원색 정보를 포함해야 한다. 각각의 원색에 8비트씩 할당하면 하나의 픽셀에 24비트가 필요하게 된다. 즉, 검정색은 (R, G, B) = (0, 0, 0)인 값을 가지며 RGB 색상 모델에서 원점인 (0, 0, 0)점을, 흰색은 (R, G, B) = (255, 255, 255)인 값을 가지며 색상 모델에서 대각방향의 반대쪽 꼭지점 (1, 1, 1)인 흰색점을 나타낸다. 빨강은 (255, 0, 0)자료값이고 **RGB**모델의 (1, 0, 0)에 대응한다.

실제로 영상처리를 수행할 때 흑백영상 처리가 많으므로 **RGB** 컬러값을 흑백명암도의 밝기값으로 바꾸는 것이 필요하다. 간단하게 다음의 수식을 사용한다.

명암도 = 0.299R + 0.587G + 0.114B
명암도 = 0.333R + 0.333G + 0.333B

TV나 모니터에서 사용하는 경우 첫 번째 수식을, 나머지 대부분의 경우는 두 번째 수식을 사용하면 된다.

Tip | 재미있는 사실

[그림 14-2]의 잘 익은 사과를 보고 색깔을 물으면 대부분의 사람들은 빨갛다고 말한다. 사람들이 말하는 빨강색의 의미가 사람들 사이에서 같은 색인가? 엄밀하게는 그렇지 않다. 그럼 빨간색의 기준은 무엇일까? 사람들의 색에 대한 경험이나 눈의 생리적 구조가 조금씩 달라 각자 생각하는 빨간색의 기준이 다르다. 색을 인식하는 센서인 추상체가 사람마다 조금씩 다르다고 생각하면 된다. 나이를 먹으면서도 인지하는 색의 기준이 조금씩 변한다고 한다. 따라서 색깔이란 개개의 사람들에 의존하는 주관적인(subjective) 개념이다.

그림 14-2 붉은색을 띠는 사과영상

2 YIQ 모델

이 색상 모델은 TV 방송국에서 사용하는 컬러 모델이다. 만일 **RGB** 컬러로 TV영상전파를 쏘아보낸다면 가정에서 이를 받아서 흑백TV로 시청한다고 할 경우 다시 밝기를 나타내는 명암도값을 계산해야 할 것이다. 이것은 귀찮은 일이고 하드웨어나 소프트웨어적인 추가 계산을 필요로 할 것이다. 방송국에서는 수신기가 흑백TV인지 컬러TV인지 관계없이 **YIQ** 신호로 쏘아보내고 가정에서 수신기가 흑백TV라면 Y신호만 취하면 될 것이고 컬러TV라면 **YIQ**를 모두 취하면 될 것이다. 방송국은 호환성을 높이기 위해 **YIQ** 모형을 사용한다.

$$\begin{pmatrix} Y \\ I \\ Q \end{pmatrix} = \begin{pmatrix} 0.299 & 0.587 & 0.114 \\ 0.596 & -0.275 & -0.321 \\ 0.212 & -0.528 & 0.311 \end{pmatrix} \begin{pmatrix} R \\ G \\ B \end{pmatrix} \tag{14-1}$$

$$\begin{pmatrix} R \\ G \\ B \end{pmatrix} = \begin{pmatrix} 1.000 & 0.956 & 0.621 \\ 1.000 & -0.243 & -0.647 \\ 1.000 & -1.104 & 1.701 \end{pmatrix} \begin{pmatrix} Y \\ I \\ Q \end{pmatrix} \tag{14-2}$$

YIQ에서 Y는 명암도(luminance), I와 Q는 색에 관련된 정보인 색상(hue)과 채도(saturation)정보를 나타낸다. 흑백 TV인 경우 영상신호에서 Y만을 취해 흑백화면을 만들고 컬러 TV인 경우 세 신호 모두를 이용하여 R, G, B컬러값을 만들어 낼 수 있다.

Tip | YIQ 모델 사용의 장점 

- 밝기를 나타내는 명암도값을 바로 취해 사용할 수 있다. 히스토그램 평활화와 같은 영상처리라든지 컬러 영상의 유화처리 등에 색상 모델의 변환 없이 직접 사용 가능하다.
- 사람의 눈은 컬러값보다 밝기값에 더 민감하다. 따라서 영상신호 전송 시 민감한 Y값은 덜 압축하여 보내고 둔감한 I, Q값은 많이 압축하여 보낼 수 있어 신호전송의 효율을 높이는 것이 가능하다.

Tip | Lookup Table를 사용한 고속 변환 

RGB 모형과 **YIQ** 모형의 변환 행렬식은 실수의 곱연산을 포함하고 있으므로 연산 시간이 많이 걸린다. 따라서 포함된 관련식을 미리 계산해 LOOKUP 테이블에 저장하여 놓고 실제 계산 시 이 테이블을 참조해 사용한다면 고속 변환이 가능하다. [리스트 14-1]은 LUT를 사용한 RGB 모형에서 YIQ 모형으로의 색 변환을 보여준다.

리스트 14-1 LOOKUP 테이블을 이용한 고속 변환

```
01  for(i=0; i<256; i++)
02  {
03     Y_R_LUT[i] =  i * 0.299f;
04     Y_G_LUT[i] =  i * 0.587f;
05     Y_B_LUT[i] =  i * 0.114f;
06
07     I_R_LUT[i] =  i * 0.596f;
08     I_G_LUT[i] = -i * 0.275f;
09     I_B_LUT[i] = -i * 0.321f;
10
11     Q_R_LUT[i] =  i * 0.212f;
12     Q_G_LUT[i] = -i * 0.528f;
13     Q_B_LUT[i] =  i * 0.311f;
14  }
```

```
15
16  . . . .
17
18  Y = (Y_R_LUT[R] + Y_G_LUT[G] + Y_B_LUT[B];
19  I = (I_R_LUT[R] + I_G_LUT[G] + I_B_LUT[B];
20  Q = (Q_R_LUT[R] + Q_G_LUT[G] + Q_B_LUT[B];
```

3 CMY 모델

CMY는 "색"의 3원색이며 청록(Cyan), 자홍(Magenta), 노랑(Yellow)색으로 구성된다. 이것은 **RGB** 모형과 반대의 공간이며, C, M, Y는 각각 R, G, B의 보색(complement)이다. RGB는 더하기 **3**원색(additive primaries)이었는데 반해 **CMY**는 빼기 **3**원색(subtractive primaries)이라고 한다. 이는 백색광에서 특정색을 뺌으로써 원하는 색깔을 만들기 때문이다. 예를 들면 청록(Cyan)으로 칠해진 표면에 백색광을 비추면 빨간색(R)의 빛은 흡수된다. Magenta로 칠해진 표면에 백색광을 비추면 녹색(G)빛은 흡수된다. 즉, Magenta는 백색광에서 녹색광을 뺀 것이다.

이 색상 모델은 컬러 복사기나 프린트와 같은 종이 출력장치에 사용되며 종이에 색깔을 나타내는 안료를 칠하기 위해 필요하다.

$$C = 1 - R$$
$$M = 1 - G$$
$$Y = 1 - B$$

프린트업체에서는 **CMY**에 검정색(Black)을 더하여 **CMYK** 모델을 만들었다. K는 검정색을 나타내며 검정색을 만들기 위해 C, M, Y를 조합하여 사용하는 것보다는 아예 검정색 잉크를 사용하는 것이 비용이나 검정색의 질적 수준에서 더 효과적이기 때문에 실용적으로 사용되는 모델이다.

$$C = 1 - R$$
$$M = 1 - G$$
$$Y = 1 - B$$
$$K = \min(C, M, Y)$$

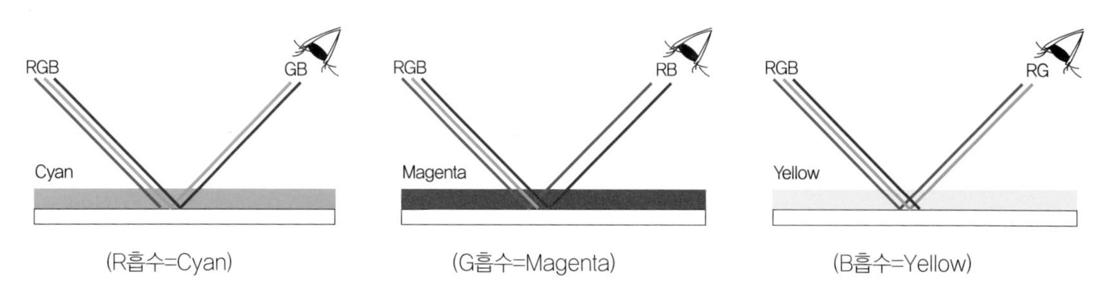

그림 14-3 색 흡수에 의한 CMY 모델

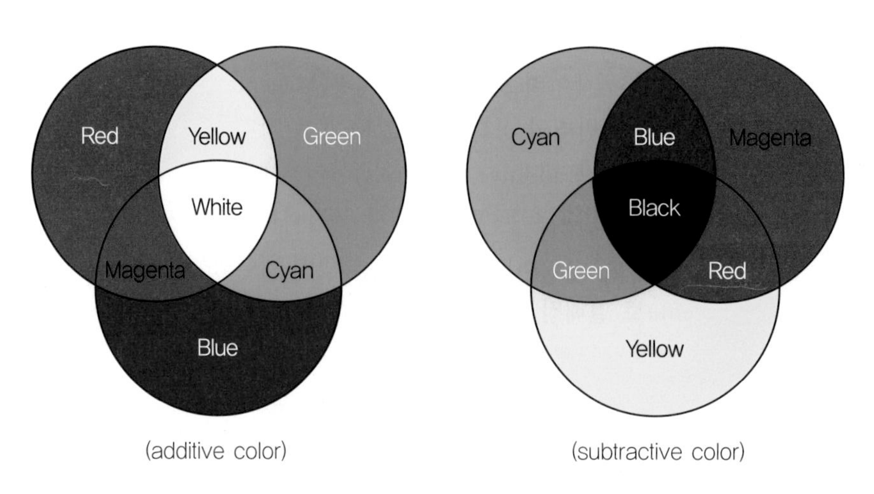

그림 14-4 RGB 컬러와 CMY 컬러 모형의 비교

[리스트 14-2]는 RGB 모델에서의 화소값을 CMY 모델 화소값으로 변환하는 함수의 구현을 보여준다. "F"는 단정도 실수(float)를 나타낸다. 변수값들은 0과 1사이값으로 만들어 사용한다.

리스트 14-2 RGB 모델에서 CMY 모델로의 변환

```
01 void CColorConv::RGB_To_CMY(float r, float g, float b, float *c, float *m, float *y)
02 {
03     *c = 1.0F - r;
04     *m = 1.0F - g;
05     *y = 1.0F - b;
06 }
```

4 HSI 모델

RGB, YIQ, CMY, CMYK 등의 색상 모델은 시스템이나 하드웨어에서의 사용을 위해 만들어진 색상모형이다. 이에 반해 HSI 모델은 인간의 색인지에 기반을 둔 사용자 지향성의 색상모형이다. **H**는 색상(Hue), **S**는 채도(Saturation), **I**는 명도(Intensity)를 각각 나타내며 이 모형을 사용하면 어떤 구체적인 컬러를 만들기 위해 색을 조합할 필요가 없다. 바로 좌표축 **H** 자체가 색상을 나타낸다. 진한 빨간색을 엷은 빨강(분홍)색으로 만들기 위해서는 또 다른 좌표축 중의 하나인 **S**를 조절하면 된다. 밝기를 바꾸기 위해서는 **I**축을 조절한다. 사용자가 원하는 색을 만들거나 재생하기 위한 색표현이 쉽지 않은가?

색상(**H**)은 빨강, 파랑, 노랑 등의 색을 구별하기 위해 사용되는 축으로 0 ~ 360°의 범위를 가진 각도값으로 나타낸다. 채도(**S**)는 순색에 첨가된 백색광의 비율을 나타내며 0~1의 범위를 가진 반지름에 해당한다. 파란색의 벽면에 백색광을 비추면 파란색이 희미해지면서 백색에 가까워 진다. **S**값이 0으로 떨어지게 되는 것이다. 빨강은 높은 채도의 색이고 분홍은 낮은 채도의 색이다. 빨강이 분홍보다 순색에 더 가깝다. 중심 축에서 멀어지면 채도는 높아진다. 명도는 빛의 세기를 나타낸다. **I**축에 해당하며 0 ~ 1사이의 범위를 가진다. 0은 검정, 1은 흰색을 나타낸다.

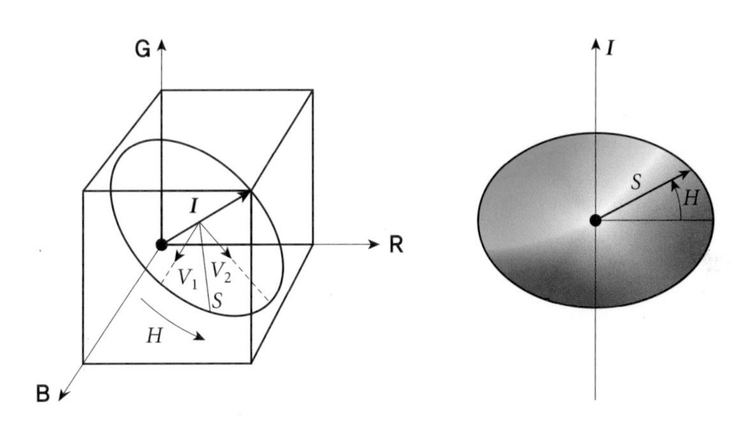

그림 14-5 HSI 컬러 모형

[그림 14-5]는 **HSI** 좌표의 모형을 **RGB** 축과 비교하여 보여주고 있다. **HSI** 모형은 실린더(cylinder) 모양으로 생긴 좌표로 **RGB** 모형의 대각선인 회색 라인을 중심축으로 한다. [그림 14-5]에는 **I**로 표시되어 있다. 따라서 밝기가 밝거나 어두운 영역에서는 내접하는 타원의 크기가 작아지므로 허용되는 채도(saturation)영역의 범위는 이에 대응하여 작게 된다. 또한 중심축인 회색라인(**I** 축)에서 외각으로 멀어질수록 순색에 가까워지며 채도가 증가하게 되고 중심축에서 가까우면 회색에 가까우므로 채도가 떨어지게 된다.

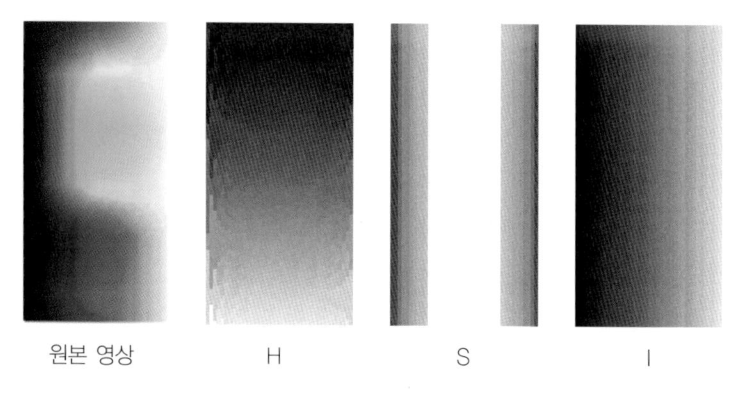

그림 14-6 HSI 영상의 예

[그림 14-6]은 **HSI** 영상분리 예를 보여주고 있다. **H** 성분은 수직 방향으로만 값이 변한다. 수평 방향으로는 밝기나 채도가 바뀌지만 일정한 **H**값을 나타낸다. 이러한 특성은 컬러영상의 영역분리를 시도할 때 h를 사용하면 조명의 영향을 받지않고 동일색 영역을 분리할 수 있음을 시사해주고 있다. **S**값은 양 옆이 작고 가운데부분은 큰데 이것은 가운데 영역이 순색에 가깝기 때문이다. **I**값의 경우 원본영상을 보면 오른쪽으로 갈수록 색이 밝아지므로 **I**값은 이에 대응하여 오른쪽이 커지게 된다.

[리스트14-3]은 **RGB** 모형에서 **HSI** 모델로 컬러좌표를 변경하는 함수를 구현한 코드를 보여준다. 함수의 인자(parameters)인 r, g, b의 값 범위는 [0, 1] 사이의 값으로 넘어간다. 입력영상의 데이터 R, G, B 값에다가 255를 나누어서 만들어주면 된다.

함수 호출 후 결과값의 범위는 H가 0° ~ 360° 범위이고 S, V값은 각각 [0, 1]범위를 갖게 된다.

리스트 14-3 RGB 모델에서 HSI 모델로의 변환

```
01 void CColorConv::RGB_To_HSI(float r, float g, float b, float *h, float *s, float *i)
02 {
03     float minc;                    // minimum and maximum RGB values
04     float angle;                   // temp variable used to compute Hue
05 
06     minc = MIN(r,g);
07     minc = MIN(minc,b);
08 
09     // 밝기값의 계산
10     *i=(r + g + b) / 3.0f;
11 
12     // 색상(Hue)과 채도(staturation)값의 계산
13     if((r==g) && (g==b))           /// gray-scale
```

```
14      {
15         *s = 0.0f;                    // 채도
16         *h = 0.0f;                    // 색상
17         return;
18      }
19      else
20      {
21         *s= 1.0f - (3.0f / (r + g + b)) * minc;
22         angle = (r - 0.5f * g - 0.5f * b) / (float)sqrt((r - g) * (r - g)+(r - b) * (g - b));
24         *h = (float)acos(angle);
25         *h *= 57.29577951f;           /// 각도값으로 전환 (180o/phi)
26      }
27      f(b>g)   *h = 360.0f - *h;
28   }
```

➡ **10행** 밝기값은 r, g, b값의 평균을 취한다.

➡ **12행** r, g, b값이 모두 같다면 입력된 픽셀값은 컬러가 없는 회색(gray-level)을 띄므로 색상(*h)과 채도(*s)값은 모두 0이 된다.

➡ **21행** 이 부분을 자세히 살펴보면 r, g, b중 어느 하나의 값이 0이 된다면 최소값 minc은 0이 되므로 *s은 최대인 1이 된다. 즉, 채도는 r, g, b값 중에서 두 개의 값만 존재 시 최대인 1이 되고 순색이다. r, g, b값이 서로 비슷해질수록 minc값은 r+g+b값의 1/3에 가까워 지므로 *s값은 0에 가까워 진다. 즉, 회색에 가깝게 되고 채도값은 0에 가까워지게 되는 것이다.

➡ **22행** 색상값은 RGB 좌표를 HSI 좌표로 옮기기 위해 기하학적인 변환을 적용한 것이다.

인간의 색 인식과정

[그림 14-7]은 인간 눈의 색 인지과정을 보여준다. 물체의 색은 물체에 비친 조명의 색과 물체 고유 특성에 의존한다. 빨강색의 사과는 백열등과 햇빛광 아래서 서로 다른 색으로 나타날 수 있다. 이러한 경우는 자동차 안의 물건들이 터널 안으로 들어가면 밖에서 볼 때와는 다른 색으로 보이는 경우와 유사하다. 또한 같은 물건이라도 물체 표면의 특성에 따라 다른 색으로 보일 수도 있다. 표면 특성과 반사도에 따라 물체색이 달라질 수도 있기 때문이다.

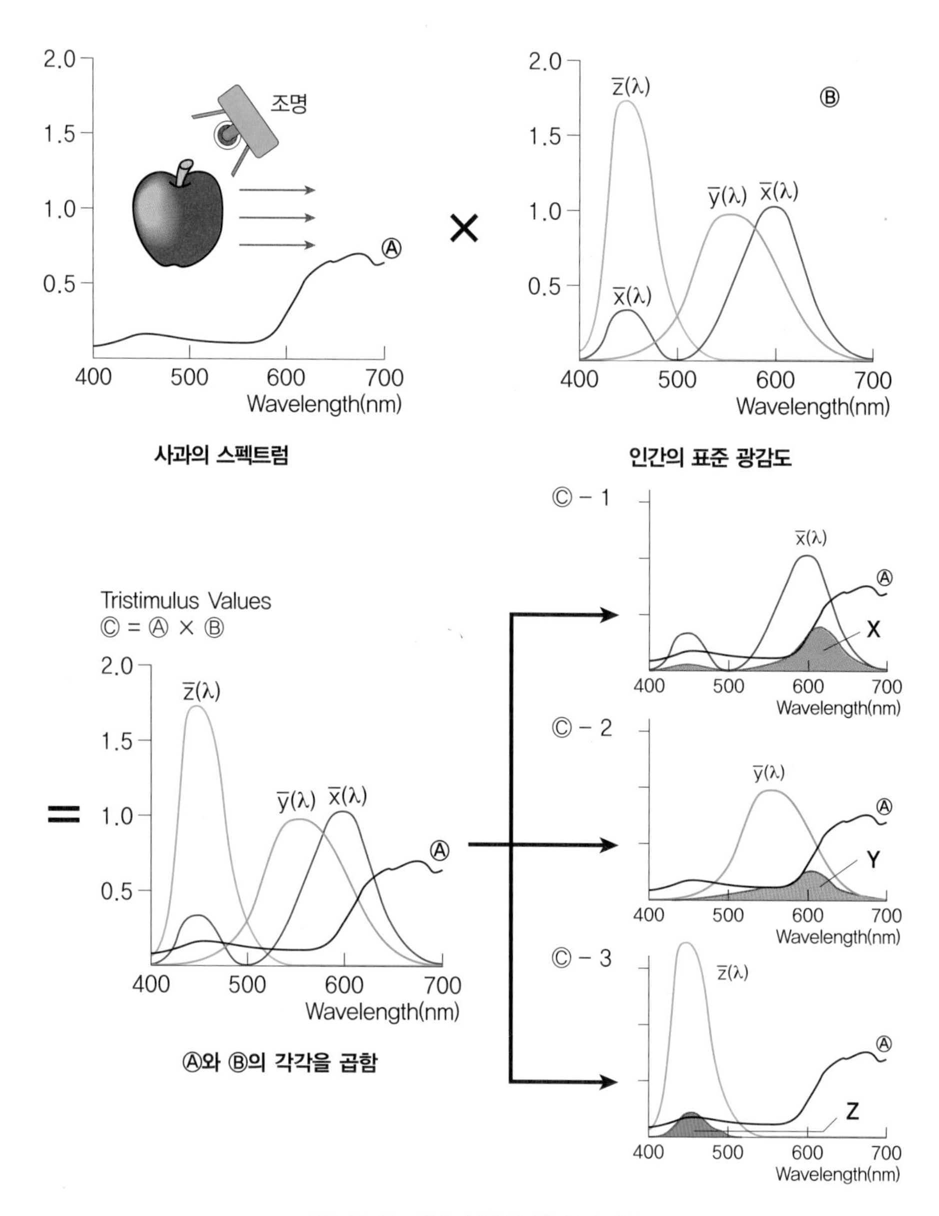

그림 14-7 인간 시각의 색 인지과정

인간의 표준 광 감도(spectral sensitivity)는 국제조명위원회(CIE)가 1931년 표준관찰자(standard observer)는 빛의 파장대에 대해 [그림 14-7]에 주어진 표준 응답 특성을 가진다고 정한 그래프이다.

따라서 물체의 색이란 구체적 조명아래서 어떤 물체에 반사된 특정 파장이 인간의 표준 광감도 그래프와 곱해져 나온 특성이다.

사과의 색을 나타내는 그래프의 값은 인간의 광감도의 구성 그래프인 $\bar{x}(\lambda)$, $\bar{y}(\lambda)$, $\bar{z}(\lambda)$의 각각과 곱해져서 결과로 나온 그래프가 인식된 결과이다.

붉은색 파장대에서 곱해진 값의 크기가 크므로 인간이 느낄 때 빨강색으로 느끼는 것이다.

[그림 14-7]의 인간의 표준 광감도 그래프를 보면 $\bar{x}(\lambda)$는 붉은색(R) 파장대에서 민감한 반응을 보이는 그래프이며 $\bar{y}(\lambda)$는 녹색(G), $\bar{z}(\lambda)$는 푸른색(B) 파장대에 대응하고 있다.

2. 컬러/흑백 BMP 파일 입출력처리 프로그램의 작성

지금까지는 고정된 크기의 RAW 파일의 영상데이터만을 입력으로 다뤄왔다. 고정된 크기의 RAW 파일을 다루는 일은 매우 성가시다. 대부분의 영상 파일들이 JPG나 BMP 타입으로 이루어져 있으므로 RAW 파일을 만들기 위해 페인트샵과 같은 응용프로그램을 사용하는 추가적인 변환 작업을 수행하였을 것이다. 이 장에서는 BMP 파일을 직접 입출력하고 처리할 수 있는 영상 입출력 프로그램을 작성한다. 따라서 기존 프로그램에 새로운 기능을 추가하는 것이 아니라 새로운 프로젝트의 시작을 통해 컬러/흑백 영상 처리용 프로그램을 작성해보도록 한다.

1 컬러영상을 읽고 화면에 출력하기

입력할 컬러영상은 24비트의 RGB 영상을 가정하며 BMP 영상만을 취급한다. 24비트 컬러영상은 트루컬러영상이라고 한다. 작성할 프로젝트에서는 24비트 트루컬러 BMP 영상 및 8비트 Gray BMP 영상만 취급할 것이다. 8비트 및 24비트 이외의 컬러영상 입출력 문제는 3장의 관련부를 참조하라.

먼저 <WinColor>라는 프로젝트명으로 새로운 프로젝트를 생성한다.

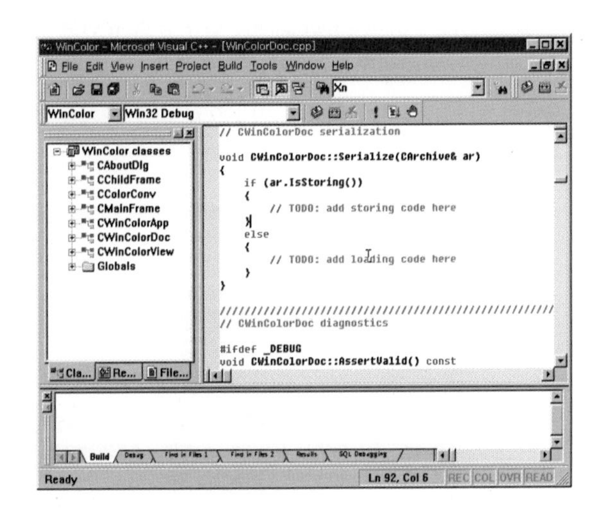

그림 14-8 MDI형의 새 프로젝트의 생성

도큐먼트클래스 <CWinColorDoc>에 [그림 14-9]에서 보여진 방법처럼 아래 도표에 있는 새로운 멤버변수들을 삽입한다.

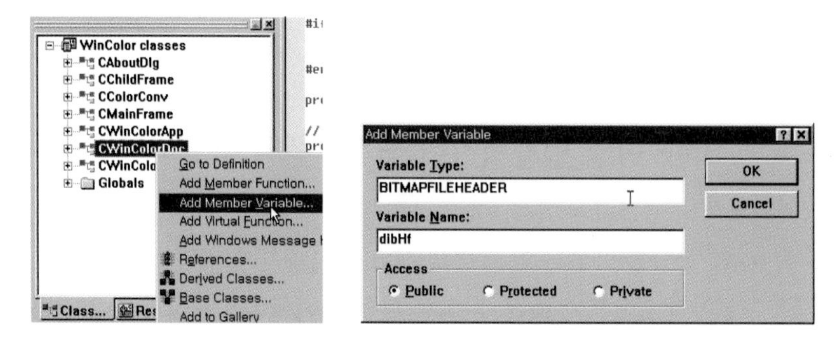

그림 14-9 도큐먼트 클래스에 새로운 멤버변수를 삽입

Variable Type	Variable Name	Access
BITMAPFILEHEADER	dibHf	Public
BITMAPINFOHEADER	dibHi	Public
RGBQUAD	palRGB[256]	Public
unsigned char	*m_InImg	Public
unsigned char	*m_OutImg	Public
int	height	Public
int	width	Public

클래스위자드를 오픈하여 OnOpenDocument 함수를 도큐먼트 클래스의 멤버함수로 오버라이딩(overriding)한다. 오브라이딩이란 이미 만들어져 있는 상위 클래스 멤버함수를 상속받아 기능을 추가해 사용하거나 사용자가 필요한 기능으로 바꾸어 사용한다는 의미이다.

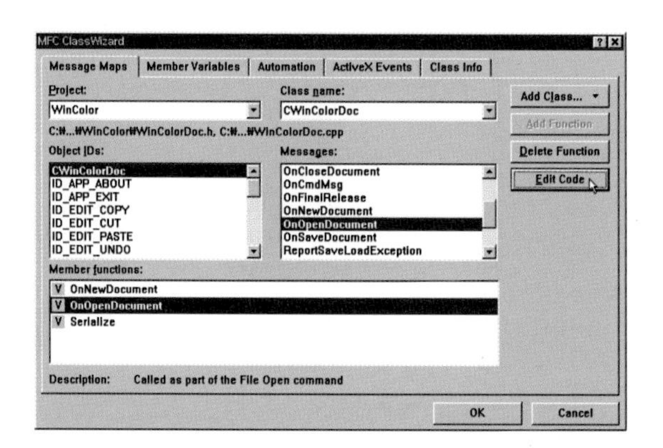

그림 14-10 도큐먼트 클래스에 OnOpenDocument 멤버함수를 오버라이딩

추가한 함수를 [리스트 14-4]처럼 코딩한다. BMP 파일의 내용에 관련된 자세한 내용은 3장을 참조한다.

리스트 14-4 BMP 파일을 입력하는 멤버함수 구현

```
01 BOOL CWinColorDoc::OnOpenDocument(LPCTSTR lpszPathName)
02 {
03    if (!CDocument::OnOpenDocument(lpszPathName))
04       return FALSE;
05
06    // TODO: Add your specialized creation code here
07    CFile hFile;
08    hFile.Open(lpszPathName,CFile::modeRead | CFile::typeBinary);
09    hFile.Read(&dibHf,sizeof(BITMAPFILEHEADER)); // 파일 헤드를 읽음
10
11    //이 파일이 BMP 파일인지 검사. 0x4d42=='BM'
12    if(dibHf.bfType!=0x4D42) { AfxMessageBox("Not BMP file!!"); return FALSE; }
13    hFile.Read(&dibHi,sizeof(BITMAPINFOHEADER)); //"영상정보의 Header"를 읽는다
14    if(dibHi.biBitCount!=8 && dibHi.biBitCount!=24)
15    { AfxMessageBox("Gray/True Color Possible!!"); return FALSE; }
16    if(dibHi.biBitCount==8) hFile.Read(palRGB,sizeof(RGBQUAD)*256);
17
18    // 메모리 할당
19    int ImgSize;
20    if(dibHi.biBitCount==8) // 흑백영상
21       ImgSize=hFile.GetLength()-sizeof(BITMAPFILEHEADER)
22          -sizeof(BITMAPINFOHEADER)-256*sizeof(RGBQUAD);
23    else if(dibHi.biBitCount==24) //컬러영상
24       ImgSize=hFile.GetLength()-sizeof(BITMAPFILEHEADER)
25          -sizeof(BITMAPINFOHEADER);
26    m_InImg = new unsigned char [ImgSize]; // 원본영상 저장
27    m_OutImg = new unsigned char [ImgSize]; // 처리결과영상 저장
28    hFile.Read(m_InImg, ImgSize); // 영상데이터 입력
29    hFile.Close();
30    height = dibHi.biHeight; width = dibHi.biWidth;
31
32    return TRUE;
33 }
```

도큐먼트 클래스의 생성자와 소멸자 함수를 [리스트 14-5]및 [리스트 14-6]처럼 작성한다.

리스트 14-5 생성자 함수 내에 영상버퍼 및 팔레트 초기화 코드 구현

```
01 CWinColorDoc::CWinColorDoc()
02 {
03    // TODO: add one-time construction code here
04    m_InImg = NULL;                 // 영상버퍼 초기화
05    m_OutImg = NULL;                // 영상버퍼 초기화
06    for(int i=0; i<256; i++)        // 흑백영상을 위한 팔레트
07    {
08       palRGB[i].rgbBlue= palRGB[i].rgbGreen= palRGB[i].rgbRed= i;
09       palRGB[i].rgbReserved = 0;
10    }
11 }
```

리스트 14-6 소멸자 함수 내에 메모리 해제 코드 구현

```
01 CWinColorDoc::~CWinColorDoc()
02 {
03    if(m_InImg) delete []m_InImg;         // 영상버퍼가 할당되었다면 종료 전 해제
04    if(m_OutImg) delete []m_OutImg;       // 영상버퍼가 할당되었다면 종료 전 해제
05 }
```

도큐먼트 클래스 헤드파일인 <WinColorDoc.h> 파일을 오픈하여 헤드부에 [그림 14-11]처럼 <#define… >문을 추가한다.

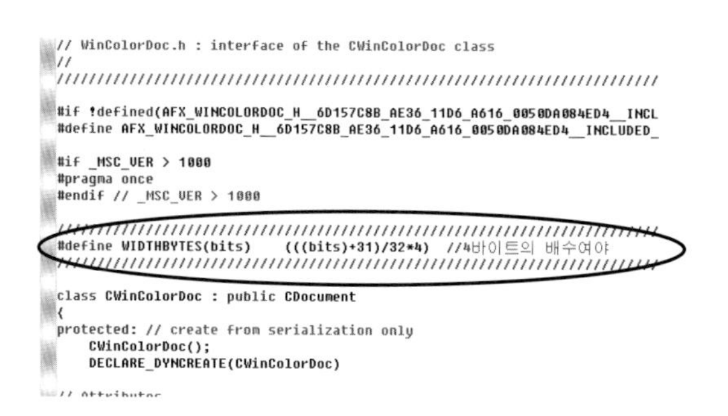

그림 14-11 수평길이를 4바이트의 배수로 만드는 정의문 추가

클래스위자드를 오픈하여 OnSaveDocument 함수를 도큐먼트 클래스의 멤버함수로 오버라이딩(overriding)한다.

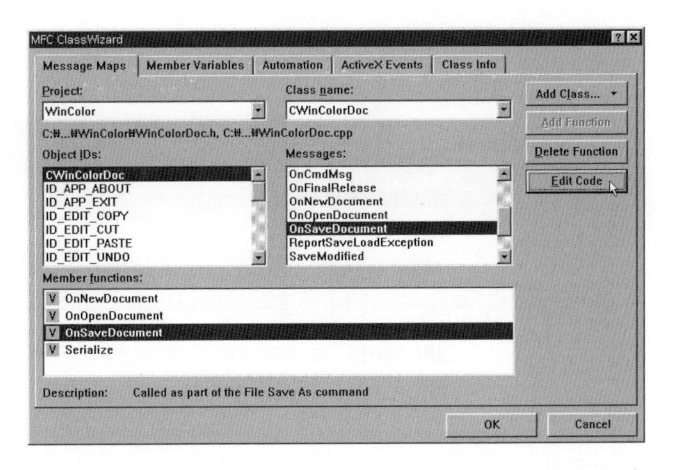

그림 14-12 BMP 파일 저장을 위한 멤버함수 오버라이딩

추가한 함수를 [리스트 14-7]처럼 코딩한다.

리스트 14-7 BMP 파일 저장을 위한 멤버함수의 구현

```
01 BOOL CWinColorDoc::OnSaveDocument(LPCTSTR lpszPathName)
02 {
03    // TODO: Add your specialized code here and/or call the base class
04    CFile hFile;
05    if(!hFile.Open(lpszPathName,CFile::modeCreate |
06                         CFile::modeWrite | CFile::typeBinary)) return FALSE;
07    hFile.Write(&dibHf,sizeof(BITMAPFILEHEADER));
08    hFile.Write(&dibHi,sizeof(BITMAPINFOHEADER));
09    if(dibHi.biBitCount==8) hFile.Write(palRGB,sizeof(RGBQUAD)*256);
10    hFile.Write(m_InImg,dibHi.biSizeImage);
11    hFile.Close();
12    return TRUE;
13 }
```

<Workspace>의 뷰 클래스 <CWinColorView>를 마우스로 클릭하여 새로운 멤버변수들을 추가한다.

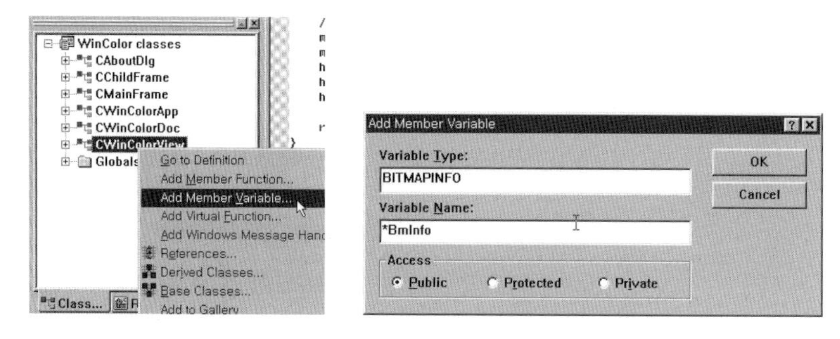

그림 14-13 뷰 클래스에 새 멤버변수들의 추가

Variable Type	Variable Name	Access
BITMAPINFO	*BmInfo	Public
int	height	Public
int	width	Public
int	rwsize	Public-

뷰 클래스의 생성자와 소멸자함수를 [리스트 14-8]과 [리스트 14-9]처럼 코딩한다. 두 함수에서는 BMP 파일의 화면출력을 위해 필요한 변수들의 초기화와 메모리 할당 및 해제에 관련된 부분을 코딩한다.

리스트 14-8 뷰 클래스 생성자함수의 코딩

```
01 CWinColorView::CWinColorView()
02 {
03    // TODO: add construction code here
04    BmInfo = (BITMAPINFO*)malloc(sizeof(BITMAPINFO)+256*sizeof(RGBQUAD));
05    for(int i=0; i<256; i++)
06    {
07       BmInfo->bmiColors[i].rgbRed=
08          BmInfo->bmiColors[i].rgbGreen = BmInfo->bmiColors[i].rgbBlue = i;
09       BmInfo->bmiColors[i].rgbReserved = 0;
10    }
11 }
```

리스트 14-9 뷰 클래스 소멸자함수의 코딩

```
01 CWinColorView::~CWinColorView()
02 {
03    if(BmInfo) delete BmInfo;
04 }
```

뷰 클래스 <CWinTestView>의 <OnDraw>함수를 [리스트 14-10]처럼 코딩한다.

리스트 14-10 뷰 클래스의 OnDraw멤버함수의 구현

```
01 void CWinColorView::OnDraw(CDC* pDC)
02 {
03    CWinColorDoc* pDoc = GetDocument();
04    ASSERT_VALID(pDoc);
05
06    // TODO: add draw code for native data here
07    if(pDoc->m_InImg==NULL) return;
08
09    height = pDoc->dibHi.biHeight;
10    width = pDoc->dibHi.biWidth;
11    rwsize = WIDTHBYTES(pDoc->dibHi.biBitCount*pDoc->dibHi.biWidth);
12    BmInfo->bmiHeader = pDoc->dibHi;
13
14    SetDIBitsToDevice(pDC->GetSafeHdc(),0,0,width,height,
15                        0,0,0,height,pDoc->m_InImg,BmInfo, DIB_RGB_COLORS);
16 }
```

➡ **3행** 도큐먼트 클래스의 멤버변수들을 참조하기 위해서는 도큐먼트 클래스 인스턴스의 주소를 가져와야 한다.

➡ **7행** 도큐먼트 클래스의 영상 메모리버퍼가 할당된 것이 없다면 화면출력을 하지 않고 리턴한다.

➡ **9행** 입력된 영상이 있다면 영상의 세로(height) 및 가로(width)크기를 가져온다.

➡ **11행** 영상의 가로 크기는 BMP 파일의 화면 출력을 위해 4바이트의 배수로 만들어 준다. 4바이트 단위로 바뀐 width의 크기가 rwsize이다.

➡ **12행** 영상정보가 들어 있는 영상헤드를 뷰 클래스의 멤버변수로 대입해준다. BMP 파일의 헤드는 파일헤드, 영상정보헤드, 팔레트, 영상데이터의 순으로 들어있으며 이 중에서 영상정보헤드와 팔레트 정보가 파일의 영상출력을 위해 코드의 14행 부분에서 필요하다. BmInfo 변수는 영상헤드 및 팔레트의 두 가지 정보를 포함한다.

➡ **14행** 장치독립비트맵(DIB)을 화면에 출력하는 명령으로 3장을 참조한다.

구현이 끝났으므로 실행하면 [그림 14-14]와 같이 입력한 BMP 파일을 화면에 출력할 수 있다. 컬러 BMP 파일뿐만 아니라 흑백 BMP 파일의 화면 입출력도 가능하다.

그림 14-14 BMP 파일 입출력 프로그램의 실행 예

2 입력영상파일의 크기에 맞추어진 화면출력

BMP 파일은 파일의 헤드에 영상의 크기에 대한 정보를 가지고 있다. 이 정보를 이용하여 영상을 오픈할 때 화면출력 윈도우를 영상의 크기에 맞추어 출력해보자.

클래스위자드를 오픈하고 자식프레임 클래스인 <CChildFrame>에 새로운 멤버함수인 <ActiveFrame>을 오버라이딩한다.

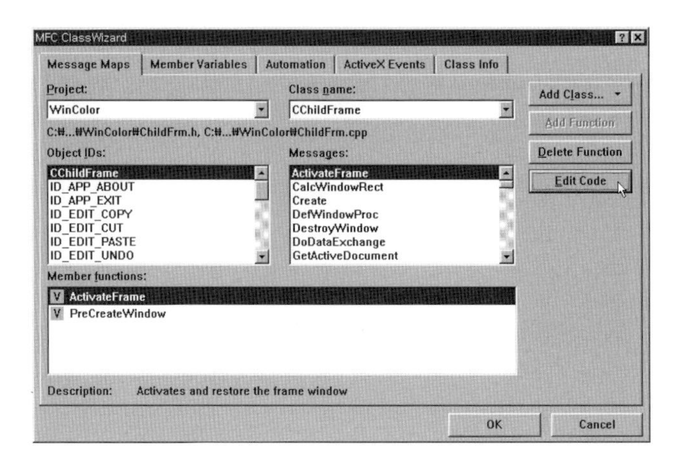

그림 14-15 자식프레임 클래스의 멤버인 ActiveFrame함수의 오버라이딩

오버라이딩된 <ActiveFrame>멤버함수를 [리스트 14-11]처럼 코딩한다.

리스트 14-11 〈CChildFrame〉 클래스 멤버인 〈ActiveFrame〉함수의 구현

```
01 void CChildFrame::ActivateFrame(int nCmdShow)
02 {
03     // TODO: Add your specialized code here and/or call the base class
04     CRect rect, rectC;
05     GetWindowRect(&rect); GetClientRect(&rectC);
06 
07     CSize sizeImg;
08 
09     sizeImg.cx= ((CWinColorDoc *)GetActiveDocument())->width;
10     sizeImg.cy= ((CWinColorDoc *)GetActiveDocument())->height;
11     int cx = sizeImg.cx + rect.Width() - rectC.Width() +4;
12     int cy = sizeImg.cy + rect.Height() - rectC.Height() +4;
13     SetWindowPos(NULL, 0, 0, cx, cy, SWP_NOMOVE | SWP_SHOWWINDOW);
14 
15     CMDIChildWnd::ActivateFrame(nCmdShow);
16 }
```

➡ **5행** GetWindowRect 함수는 자식윈도우 타이틀바와 경계선 등을 포함한 전체 영역 크기를 얻는 함수이고 GetClientRect 함수는 자식윈도우의 클라이언트 영역 크기를 주는 함수이다.

➡ **9행** 도큐먼트 클래스 인스턴스로부터 현재 오픈된 영상의 가로 및 세로 크기를 얻어온다.

➡ **11행** 열릴 창의 가로 및 세로 크기를 오픈할 영상의 크기를 사용하여 다시 계산한다.

➡ **13행** SetWindowPos 함수는 윈도우가 열릴 위치나 크기를 설정하는 함수이다. 계산한 cx, cy 변수를 사용하여 오픈될 윈도우의 크기를 설정한다.

<ActiveFrame>함수가 구현되어 있는 <ChildFram.cpp> 파일의 헤드부에 [그림 14-16]처럼 <#include …>문을 추가한다. [리스트 14-11]에서 보는것처럼 도큐먼트 클래스의 멤버변수인 height, width를 사용하기 때문에 헤드부분에 추가가 필요한 것이다.

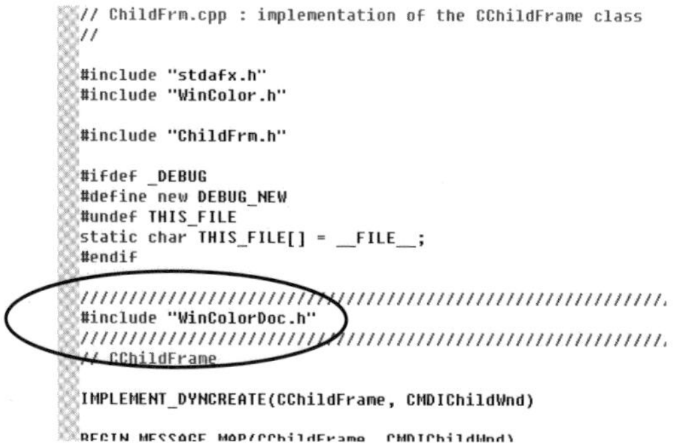

```
// ChildFrm.cpp : implementation of the CChildFrame class
//

#include "stdafx.h"
#include "WinColor.h"

#include "ChildFrm.h"

#ifdef _DEBUG
#define new DEBUG_NEW
#undef THIS_FILE
static char THIS_FILE[] = __FILE__;
#endif

/////////////////////////////////////////////////////////////////
#include "WinColorDoc.h"
/////////////////////////////////////////////////////////////////
// CChildFrame

IMPLEMENT_DYNCREATE(CChildFrame, CMDIChildWnd)

BEGIN_MESSAGE_MAP(CChildFrame, CMDIChildWnd)
```

그림 14-16 〈CChildFrame〉 클래스 구현파일에 헤드 추가

처음 실행될 때 영상이 없는 자식프레임이 하나 오픈되는 것을 방지하기 위해 애플리케이션 클래스인 <CWinColorApp>의 <InitInstance> 함수 내에 [리스트 14-12]의 코드를 추가한다.

리스트 14-12 애플리케이션 클래스의 〈InitInstance〉 멤버함수의 수정

```
01 BOOL CWinColorApp::InitInstance()
02 {
03    ~~~~~~~~~~~~~~~~(생략)~~~~~~~~~~~~
04
05    // Parse command line for standard shell commands, DDE, file open
06    . . . . . .
07
08    // Do not create NewDoc at start
09    if(cmdInfo.m_nShellCommand == CCommandLineInfo::FileNew)
10       cmdInfo.m_nShellCommand = CCommandLineInfo::FileNothing;
11
12    // Dispatch commands specified on the command line
13    ~~~~~~~~~~~~~~~~(생략)~~~~~~~~~~~~
14 }
```

<cmdInfo>변수는 <CCommandLineInfo> 클래스의 멤버로 애플리케이션 프로그램이 시작할 때 명령라인(Command Line) 입력을 해석하는 것을 도와 준다.

<CCommandLineInfo::FileNew>는 명령라인에서 발견된 파일 이름이 없다는 의미이고 <CCommandLineInfo::FileNothing>은 프로그램이 시작할 때 새로운 자식윈도우를 오픈하지말라는 의미이다.

코드작성이 완료되었으므로 컴파일하고 실행한다. [그림 14-17]은 실행 예를 보여준다. 오픈된 영상파일의 크기에 딱 맞는 크기의 자식윈도우가 오픈됨을 확인할 수 있다.

그림 14-17 영상 크기에 맞추어진 출력윈도우의 오픈

3 클립보드(CLIPBOARD)에 영상 복사하기

영상처리를 수행하다 보면 처리된 영상을 Word나 PaintShop 등의 다른 응용 프로그램으로 복사할 필요성이 생긴다. 이런 경우 클립보드를 이용한다. 클립보드를 사용하면 처리된 영상을 하드디스크에 따로 저장한 후, 응용 프로그램에서 다시 불러들이는 일이 필요 없게 된다. 처리된 결과영상을 클립보드에 복사한 후 응용 프로그램에서 메뉴 붙여넣기(Paste) 명령을 수행하면 클립보드에 저장된 영상이 바로 복사된다.

<Workspace>의 <ClassView>탭을 선택하고 도큐먼트 클래스 <CWinColorDoc>아래에 새로운 멤버함수 <CopyClipboard(…)>를 추가한다.

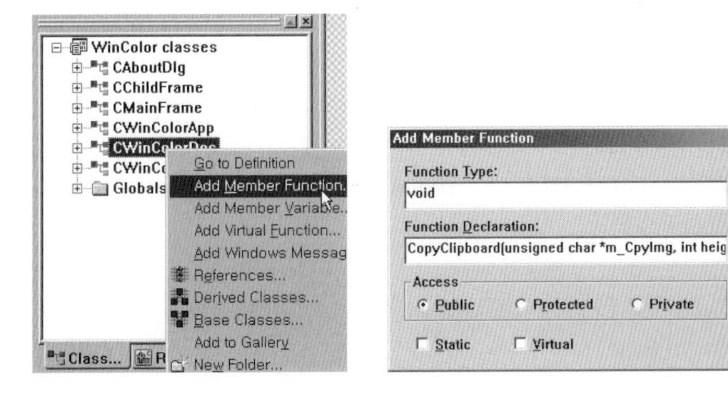

그림 14-18 뷰 클래스에 새 멤버함수의 추가

추가한 함수에 [리스트 14-13]과 같이 코딩해준다.

리스트 14-13 클립보드에 영상을 복사하는 함수의 작성

```
01 void CWinColorDoc::CopyClipboard(unsigned char *m_CpyImg, int height, int width, int biBitCount)
02 {
03    // 클립보드에 복사하기 위한 파일의 길이를 구함
04    int rwsize = WIDTHBYTES(biBitCount*width);
05    DWORD dwBitsSize = sizeof(BITMAPINFOHEADER)
06                      +sizeof(RGBQUAD)*256+rwsize*height*sizeof(char);
07
08    // 메모리 할당(파일헤드만 제외시킨 길이)
09    HGLOBAL m_hImage = (HGLOBAL)::GlobalAlloc(GMEM_MOVEABLE |
10                                        GMEM_ZEROINIT, dwBitsSize);
11    LPSTR pDIB = (LPSTR) ::GlobalLock((HGLOBAL)m_hImage);
12
13    // 데이터 복사
14    BITMAPINFOHEADER dibCpyHi;
15    memcpy(&dibCpyHi,&dibHi,sizeof(BITMAPINFOHEADER));
16    dibCpyHi.biBitCount = biBitCount;
17    dibCpyHi.biHeight = height;
18    dibCpyHi.biWidth = width;
19    dibCpyHi.biSizeImage = height*rwsize;
20    if(biBitCount==8) dibCpyHi.biClrUsed = dibCpyHi.biClrImportant = 256;
21
22    memcpy(pDIB,&dibCpyHi,sizeof(BITMAPINFOHEADER));
23    if(biBitCount==8)
24    {
25       memcpy(pDIB+sizeof(BITMAPINFOHEADER), palRGB,sizeof(RGBQUAD)*256);
26       memcpy(pDIB+dwBitsSize-
27                    dibCpyHi.biSizeImage,m_CpyImg,dibCpyHi.biSizeImage);
28    }
29    else memcpy(pDIB+sizeof(BITMAPINFOHEADER),m_CpyImg,dibCpyHi.biSizeImage);
30
31    // 클립보드 복사
32    ::OpenClipboard(NULL);
33    ::SetClipboardData(CF_DIB, m_hImage);
34    ::CloseClipboard();
35
36    ::GlobalUnlock((HGLOBAL)m_hImage);
37    GlobalFree(m_hImage);
38 }
```

➡ **5행** BMP 영상파일은 파일헤드, 영상헤드, 팔레트, 영상데이터의 순으로 데이터가 들어있다. 클립보드에 영상데이터를 복사하기 위해서는 파일헤드를 제외한 나머지 부분을 한 덩어리의 메모리로 모두 옮긴 후 이 메모리를 클립보드로 복사해주면 된다. 따라서 5행 부분에서는 파일헤드를 제외한 입력 BMP 파일의 크기를 계산한다. 24비트 트루컬러는 팔레트가 없고 흑백영상인 경우는 256개의 색상표를 저장하는 팔레트가 있으므로 영상헤드 및 256개의 색상표를 가진 팔레트, 그리고 영상데이터의 크기를 합친 것만큼을 할당할 메모리 크기로 잡아준다.

➡ **9행** 큰 사이즈의 메모리를 할당할 때는 윈도우 힙(heap)에 메모리를 주로 할당한다. `GlobalAlloc` 함수는 윈도우 힙에 메모리를 할당할 때 사용하는 명령이다. 메모리 블럭이 할당된 후, 윈도우는 이 블록을 메모리맵에 항상 고정시켜 놓을 수도 있고 메모리 관리의 필요성에 따라 블록을 옮기며 관리할 수도 있는데 `GlobaAlloc`함수의 옵션을 `GMEM_MOVEABLE`로 하였으므로 옮겨다닐 수 있도록 할당했다. 따라서 메모리에 실제 접근할 때는 다음 라인에 있는 것처럼 접근 전에 `GlobalLock`명령을 사용해 메모리맵 상에 메모리블럭을 고정시켜놓고 사용한다.

➡ **16행** 클립보드에 복사할 영상이 흑백인지 컬러인지를 따져서 영상헤드의 정보를 적당하게 설정한다. `biBitCount` 변수값이 8이면 흑백영상, 24라면 컬러영상이다.

➡ **22행** 할당한 메모리 블록에 설정한 영상헤드를 먼저 복사해준다.

➡ **23~29행** 흑백영상이라면 팔레트를 복사하고 난 후 영상데이터를 복사해주고 24비트 컬러영상이라면 팔레트가 없으므로 바로 영상데이터를 복사해준다.

➡ **32행** 클립보드에 복사하는 순서는 다음과 같다. 우선 클립보드를 열고(`OpenClipboard`) 데이터를 복사(`SetClipboardData`)하고 클립보드를 다시 닫아준다(`CloseClipboard`). 먼저 클립보드를 열어준다.

➡ **33행** 클립보드에 데이터를 복사해준다. 클립보드는 OS가 관리하는 메모리 공유 공간이므로 다양한 데이터가 복사될 수 있다. 복사되는 데이터 타입을 정해주는 옵션이 SetClipboardData함수의 첫 번째 인자이다. 예를 들면 `CF_DIB`은 장치독립비트맵을 가리키고 `CF_TEXT`는 텍스트, `CF_RIFF`는 오디오데이터를 가리킨다.

➡ **34행** 클립보드를 닫아준다.

➡ **36행** 메모리 사용이 끝났으므로 위치를 고정시킨 메모리 블록을 풀고 난 후, 메모리를 해제(`GlobalFree`)한다.

클래스위자드를 오픈하여 <CWinColorView> 클래스에 복사(COPY) 명령을 실행하는 멤버함수를 추가한다. <Class Name>에는 <CWinColorView>를 선정하고 <Object IDs>에는 <ID_EDIT_COPY>를 목록에서 선택한 후, <Messages>에서 <COMMAND>를 클릭하면 된다.

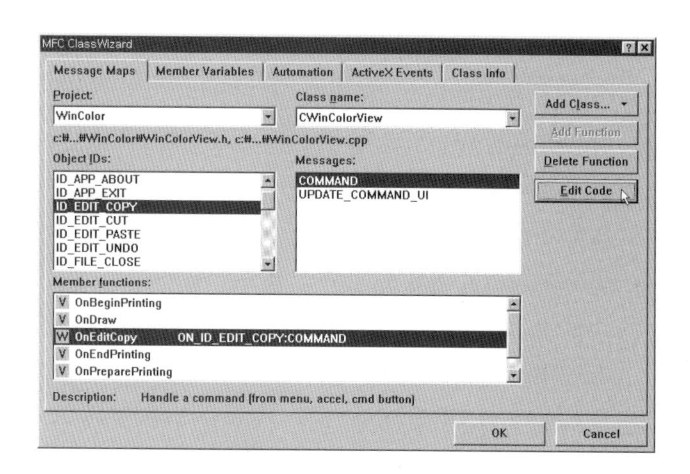

그림 14-19 복사 명령 실행함수의 추가

추가한 멤버함수를 [리스트 14-14]처럼 코딩한다.

리스트 14-14 클립보드 복사 처리함수의 구현

```
01 void CWinColorView::OnEditCopy()
02 {
03     // TODO: Add your command handler code here
04     CWinColorDoc* pDoc = GetDocument();
05     ASSERT_VALID(pDoc);
06     pDoc->CopyClipboard(pDoc->m_InImg,height, width,pDoc->dibHi.biBitCount);
07 }
```

클립보드에 영상을 복사하는 절차가 끝났으므로 컴파일하여 실행해보자. [그림 14-20]은 실행 예를 보여준다. 작성한 프로그램의 <편집>메뉴의 <복사>를 선택하여 영상을 클립보드에 복사하고 PaintShop에서 다시 <붙여넣기>를 눌러 영상을 붙여넣은 결과를 보여준다. 컬러와 흑백 영상 모두 성공적으로 복사, 붙여넣기가 수행됨을 알 수 있다.

작성한 프로그램

페인트샵 프로그램

그림 14-20 작성한 프로그램에서 페인트샵으로 클립보드를 통한 영상의 복사

4 내 프로그램 안으로 영상 붙여넣기 기능의 구현

이번에는 클립보드에 있는 영상을 작성한 프로그램 내부로 <붙여넣기>하는 기능을 구현해보자. 새로운 창을 하나 열면서 클립보드에 있는 영상을 오픈할 창으로 출력하는 기능을 구현해보자.

다시 클래스위자드를 오픈하여 붙여넣기(PASTE)명령을 실행하는 멤버함수를 첨가한다. [그림 14-19]와 똑같은 과정을 반복하며 단 <Message>에서 <COMMAND>메시지 실행함수와 더불어 <UPDATE_COMMAND_UI>을 실행하는 멤버함수도 추가한다.

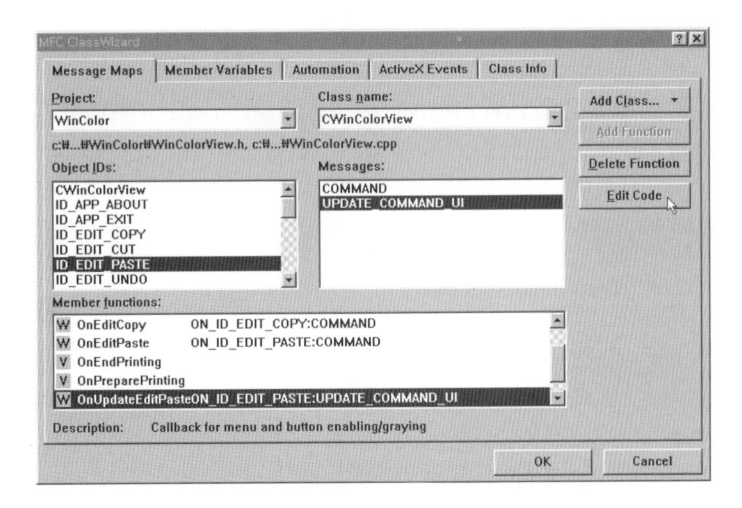

그림 14-21 영상 붙여넣기 함수의 추가

첨가된 두 메시지 실행함수를 [리스트 14-15]와 [리스트 14-16]처럼 코딩해준다.

리스트 14-15 영상 붙여넣기 호출함수의 구현

```
01 void CWinColorView::OnEditPaste()
02 {
03    // TODO: Add your command handler code here
04    AfxGetMainWnd()->SendMessage(WM_COMMAND, ID_FILE_NEW);
05 }
```

리스트 14-16 영상 붙여넣기 메뉴의 Enable/Disable 기능 구현

```
01 void CWinColorView::OnUpdateEditPaste(CCmdUI* pCmdUI)
02 {
03    // TODO: Add your command update UI handler code here
05    pCmdUI->Enable(IsClipboardFormatAvailable(CF_DIB));
05 }
```

클립보드로부터 영상 붙여넣기를 실행하기 위해서는 먼저 클립보드에 영상데이터가 복사되어 있어야 한다. [리스트 14-16]에서 IsClipboardFormatAvailable 함수는 클립보드에 DIB 타입의 영상이 존재하는지를 검사하는 명령이다. 만일 DIB 타입의 데이터가 없다면 <붙여넣기> 메뉴를 사용자가 선택할 수 없도록 disable 시켜주어야 한다. 이 명령을 실행하는 함수가 [리스트 14-16]이다. 만일 클립보드에 영상데이터가 존재한다면 메뉴가 Enable되므로 [리스트 14-15]에서 새로운 창이 하나 열리도록 ID_FILE_NEW 메시지를 통해 OnNewDocument 함수를 호출한다.

도큐먼트 클래스 <CWinColorDoc>의 <OnNewDocument> 멤버함수를 [리스트 14-17]처럼 코딩해준다.

리스트 14-17 클립보드에서 영상데이터를 복사한 후 새 창을 오픈함

```
01 BOOL CWinColorDoc::OnNewDocument()
02 {
03    if (!CDocument::OnNewDocument())
04       return FALSE;
05
06    // TODO: add reinitialization code here
07    // (SDI documents will reuse this document)
08    ::OpenClipboard(NULL);
09    if(!IsClipboardFormatAvailable(CF_DIB)) return FALSE;
10    HGLOBAL m_hImage = ::GetClipboardData(CF_DIB);
11    ::CloseClipboard();
```

```
12
13    LPSTR pDIB = (LPSTR) ::GlobalLock((HGLOBAL)m_hImage);
14
15    memcpy(&dibHi,pDIB,sizeof(BITMAPINFOHEADER));
16    height = dibHi.biHeight; width = dibHi.biWidth;
17    int rwsize = WIDTHBYTES(dibHi.biBitCount*width);
18    DWORD dwBitsSize = sizeof(BITMAPINFOHEADER)+
19                         sizeof(RGBQUAD)*256+rwsize*height*sizeof(char); //
20    m_InImg = new unsigned char [dibHi.biSizeImage];
21    m_OutImg = new unsigned char [dibHi.biSizeImage];
22
23    if(dibHi.biBitCount==8)
24    {
25       memcpy(palRGB,pDIB+sizeof(BITMAPINFOHEADER),sizeof(RGBQUAD)*256);
26       memcpy(m_InImg,pDIB+dwBitsSize-dibHi.biSizeImage,dibHi.biSizeImage);
27    }
28    else memcpy(m_InImg,pDIB+sizeof(BITMAPINFOHEADER),dibHi.biSizeImage);
29
30    // BITMAP Filer Header파라메터의 설정
31    dibHf.bfType = 0x4d42;  // 'BM' 이라는 의미로 BMP파일을 의미
32    dibHf.bfSize = dwBitsSize+sizeof(BITMAPFILEHEADER); // 전체파일 크기
33    if(dibHi.biBitCount==24) dibHf.bfSize -= sizeof(RGBQUAD)*256; // no pallette
34    dibHf.bfOffBits = dibHf.bfSize - rwsize*height*sizeof(char); // 오프셋 크기
35    dibHf.bfReserved1 = dibHf.bfReserved2 = 0;
36    return TRUE;
37 }
```

➡ **8, 9행** 클립보드로부터 영상을 복사하는 과정은 클립보드에 복사해주는 과정과 거의 같다. 클립보드를 열고 데이터를 복사하고 클립보드를 닫는다. 단, 이번에는 SetClipboardData명령 대신 GetClipboardData명령을 사용하였다.

➡ **10행** 복사한 데이터를 메모리블럭의 핸들 m_hImage에 대입한다.

➡ **11행** 클립보드를 닫는다.

➡ **15행** 메모리블럭에는 영상헤드, 팔레트정보, 영상데이터의 순으로 들어 있으므로 먼저 영상헤드정보를 도큐먼트 클래스의 멤버변수들로 옮겨준다.

➡ **20행** 영상헤드정보를 사용하여 영상데이터의 크기만큼 영상버퍼 메모리를 할당해준다.

➡ **26, 28행** 흑백영상인지 컬러영상인지에 따라 팔레트와 영상데이터를 복사해준다.

➡ **31행** 여기서부터는 영상의 파일헤드 데이터를 설정한다. 즉, BITMAPFILEHEADER 구조체의 필드값들을 설정해준다. 파일헤드는 클립보드에서 복사한 데이터에는 없으므로 계산을 통해 설정해주어야 한다.

➡ **34행** 파일의 시작부터 영상데이터가 들어있는 위치까지의 오프셋(offset)의 크기는 전체파일의 크기에서 영상데이터의 크기를 뺀 만큼이다.

컴파일하고 실행해보자. [그림 14-22]는 실행 예를 보여준다. 오픈된 24비트 컬러영상과 8비트 흑백영상을 <편집> 아래의 <복사>메뉴를 클릭해 클립보드로 복사한 후 다시 <편집> 메뉴의 <붙여넣기>를 선택하면 클립보드에 복사된 영상이 새 창에 오픈되면서 출력할 수 있음을 확인할 수 있다.

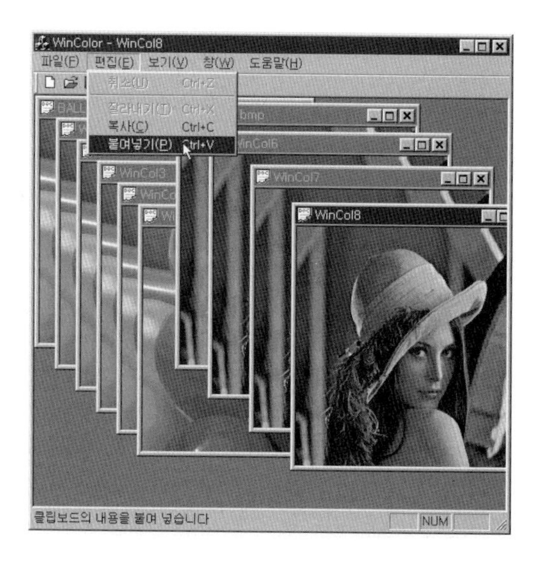

그림 14-22 프로그램 내로 붙여넣기의 실행 예

3. 컬러/흑백 영상처리 프로그램의 작성

여기서부터는 앞에서 만든 컬러 및 흑백 BMP 영상 입출력 프로그램을 이용해 영상처리를 수행하는 프로그램을 만들어보도록 한다. 여러 가지 컬러 모형들 사이의 변환 및 컬러 에지 추출, 엠보싱(embossing) 효과 만들기 등 몇 가지 컬러영상처리 기능을 구현해보도록 하겠다.

1 컬러영상의 RGB 채널분리

입력받은 컬러 BMP 영상을 이용해 이 영상을 이루는 세 가지 요소인 R, G, B 채널 분리 작업을 수행한다.

<Workspace>의 <ResourceView>탭을 선택한 후 메뉴 편집을 시작한다. <보기>와 <창>사이에 <영상처리>라는 새로운 메뉴 아이템을 추가한다.

그림 14-23 새로운 메뉴 아이템 추가

<영상처리>메뉴 아이템 아래에 <RGB 분리>라는 부메뉴를 추가한다. 메뉴의 속성은 [그림 14-24]처럼 ID와 Caption, Prompt 부분을 차례로 설정한다.

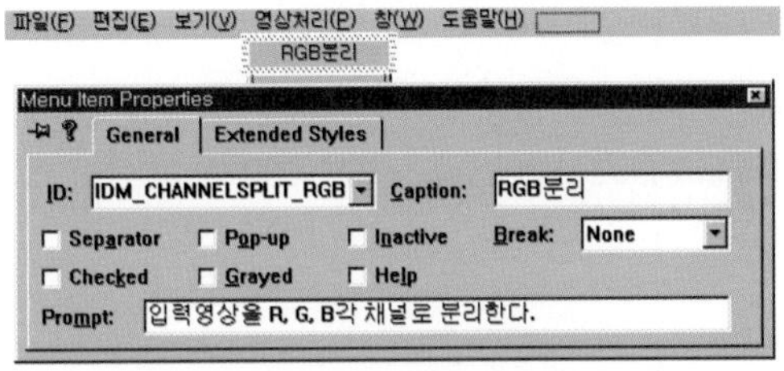

그림 14-24 RGB 분리 부메뉴 작성

작성한 부메뉴에 대응하는 실행문을 작성하기 위해 <클래스위자드>를 호출한다. 오픈된 클래스위자드의 <Messages:>에서 <COMMAND> 옵션 및 <UPDATE_COMMAND_UI>메시지에 대응되는 두 멤버함수를 추가한다.

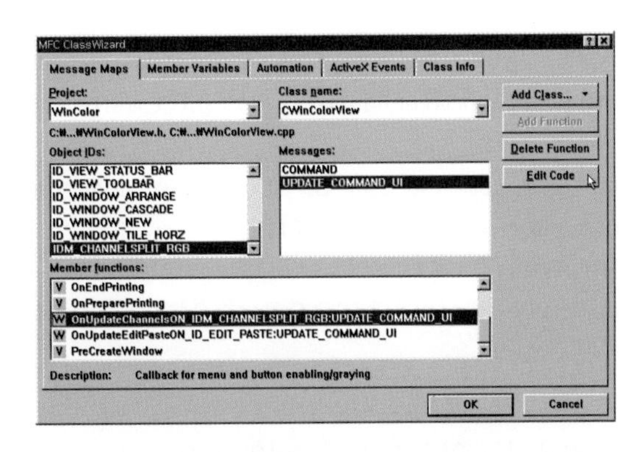

그림 14-25 RGB 분리 메뉴처리 멤버함수의 추가

추가한 멤버함수를 [리스트 14-18]과 [리스트 14-19]처럼 코딩한다.

리스트 14-18 RGB 채널 분리함수의 구현

```
01 void CWinColorView::OnChannelsplitRgb()
02 {
03    // TODO: Add your command handler code here
04    CWinColorDoc* pDoc = GetDocument();
05    ASSERT_VALID(pDoc);
06
07    int index, i, j;
08    for(int k=2; k>=0; k--)
09    {
10       for(i=0; i<height*rwsize; i++) pDoc->m_OutImg[i]=0;
11       for(i=0; i<height; i++)
12       {
13          index = (height-i-1)*rwsize;
14          for(j=0; j<width; j++) pDoc->m_OutImg[index+3*j+k]=
15                                        pDoc->m_InImg[index+3*j+k];
16       }
17       pDoc->CopyClipboard(pDoc->m_OutImg,height,width,24);
18       AfxGetMainWnd()->SendMessage(WM_COMMAND, ID_FILE_NEW);
19    }
20 }
```

[리스트 14-18]의 내부를 살펴보면 입력영상의 R, G, B채널을 차례대로 m_OutImg 영상버퍼로 대입한 후(11행), 클립보드로 m_OutImg 영상을 복사한다(17행). 그런 다음 ID_FILE_NEW 메시지로 도큐먼트 클래스의 OnNewDocument 멤버함수를 호출한다(18행). 앞에서 살펴 보았듯이 클립보드에 복사된 영상데이터가 존재한다면 OnNewDocument 함수는 영상을 새로운 윈도우를 오픈하여 화면에 출력해주게 된다.

리스트 14-19 RGB 채널 분리 메뉴의 Enable/Disable 기능 구현

```
01 void CWinColorView::OnUpdateChannelsplitRgb(CCmdUI* pCmdUI)
02 {
03    // TODO: Add your command update UI handler code here
04    CWinColorDoc* pDoc = GetDocument();
05    ASSERT_VALID(pDoc);
06    pCmdUI->Enable(pDoc->dibHi.biBitCount==24); // 트루컬러인지 검사해 메뉴 설정
07 }
```

[리스트 14-19]에서는 입력영상이 컬러영상(트루컬러)인지 아닌지를 체크하여 **RGB** 채널 분리 메뉴를 Enable 시켜주거나 Disable 시켜주는 역할을 하게 된다.

코드작성이 완료되었으므로 컴파일하고 실행해보자. [그림 14-26]과 같은 실행 예가 나타날 것이다. 입력으로 받은 24비트의 트루컬러영상인 **BALOON2.BMP** 영상파일이 이 파일을 구성하는 R, G, B의 각 채널로 분리된 세 가지 영상이 출력될 것이다. 오픈된 세 개의 영상은 차례로 R영역의 밝기 값, G영역의 밝기값, B영역의 밝기값을 나타낸다. 밝기가 크다는 것은 대응 성분의 강도가 세다는 것을 나타낸다.

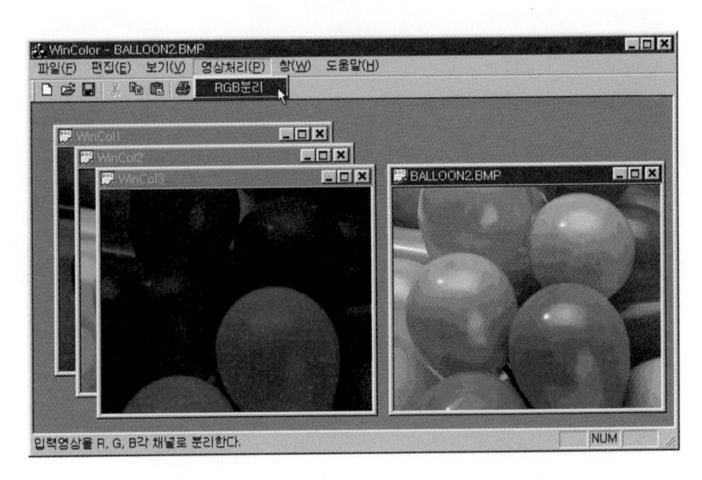

그림 14-26 RGB 채널 분리의 실행 예

2 컬러모형 변환을 위한 클래스 추가

다양한 컬러모형 사이의 변환관계를 계산해주는 컬러모형 변환 클래스를 프로그램에 추가해보자. 앞에서 설명되었던 여러 가지 컬러모형들 사이의 변환관계를 작성한 프로그램을 하나의 클래스로 묶어 작성하고 삽입한다.

<Workspace>의 <ClassView>탭을 선택하고 [그림 14-27]처럼 <WinColor> 클래스에 커서를 대고 클릭해 나타난 메뉴에서 <New Class..>를 선택한다.

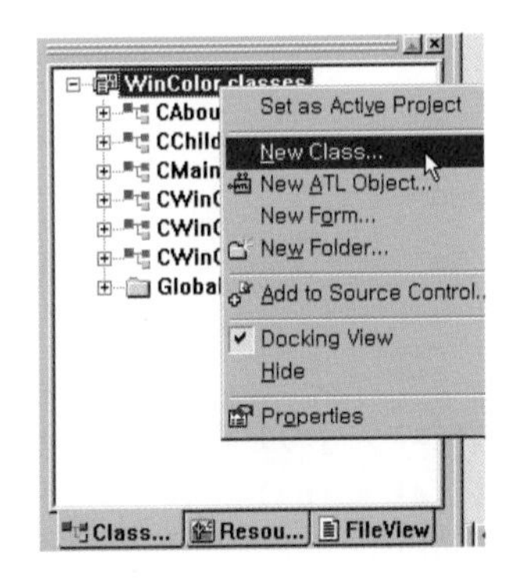

그림 14-27 새로운 클래스의 삽입

오픈된 대화창의 <Class type>에는 <Generic Class>를 선택하고 <Name>에는 <CColorConv>라고 입력한 후, <OK>를 클릭한다.

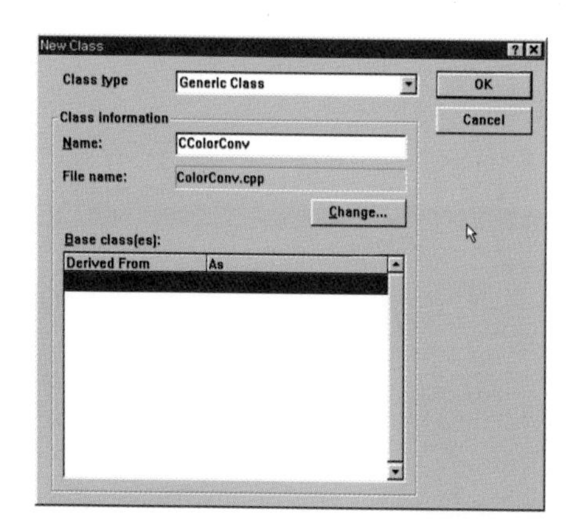

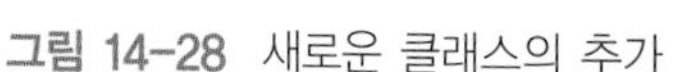
그림 14-28 새로운 클래스의 추가

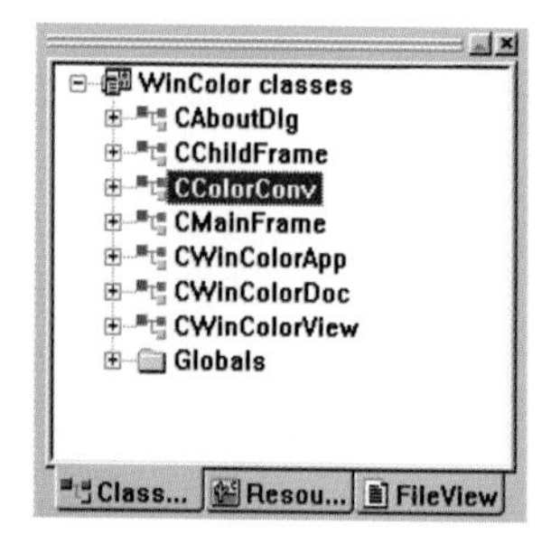

그림 14-29 클래스 추가 후 Workspace

[그림 14-29]는 CColorConv 클래스가 추가된 것을 <ClassView>에서 보여주고 있다. 이제 컬러모델 변환 클래스 작성을 시작한다. 먼저 추가된 클래스 <CColorConv> 클래스의 헤드파일인 <ColorConv.h>를 오픈해 [리스트 14-20]처럼 사각영역으로 표시된 코드를 삽입한다.

리스트 14-20 컬러모형 변환 클래스의 헤드파일

```
01 // ColorConv.h: interface for the CColorConv class.
02 //
03 //////////////////////////////////////////////////////////////////////
04
05 #if !defined(AFX_COLORCONV_H__7F421C61_B4F3_11D6_A616_0050DA084ED4__INCLUDED_)
06 #define AFX_COLORCONV_H__7F421C61_B4F3_11D6_A616_0050DA084ED4__INCLUDED_
07
08 #if _MSC_VER > 1000
09 #pragma once
10 #endif // _MSC_VER > 1000
11
12 class CColorConv
13 {
14     #define MAX(a, b)  (((a) > (b)) ? (a) : (b))
15     #define MIN(a, b)  (((a) < (b)) ? (a) : (b))
16     #define UNDEFINED (0.0F)
17 public:
```

```
18     void HSI_To_RGB(float h,float s,float i,float *r,float *g,float *b);
19     void RGB_To_HSI(float r,float g,float b,float *h,float *s,float *i);
20     void RGB_To_YIQ(float r,float g,float b, float *y,float *i,float *q);
21     void RGB_To_Gray(float r, float g, float b, float *gray);
22     void Gray_To_RGB(float gray, float *r, float *g, float *b);
23     void RGB_To_CMY(float r, float g, float b, float *c, float *m, float *y);
24     void CMY_To_RGB(float c, float m, float y, float *r, float *g, float *b);
25     CColorConv();
26     virtual ~CColorConv();
27
28 };
29
30 #endif // !defined(AFX_COLORCONV_H__7F421C61_B4F3_11D6_A616_0050DA084ED4__INCLUDED_)
```

[리스트 14-20]에서 알 수 있는 것처럼 이 파일에는 컬러모형 사이의 변환을 계산하는 7개의 함수가 선언되어 있다. RGB, YIQ, CMY, HSI 등 다양한 컬러모형 사이의 변환함수를 작성할 것이다. [리스트 14-21]은 선언된 클래스 멤버함수들을 구현한 것을 보여준다. 구현함수 중에서는 삼각함수를 사용하는 경우도 있으므로 헤드부에 "math.h"문을 포함시킨다. 구현된 함수들을 살펴보면 각각의 함수는 실수 연산을 기본으로 하고 있다. 즉, 입력영상의 R, G, B데이터 값들은 0 ~ 255사이의 데이터값을 가지고 있지만 CColorConv 클래스의 변환함수들을 호출하기 위해서는 255로 나누어 0 ~ 1사이의 실수값으로 변환해 넘겨주어야 한다.

변환되어 리턴된 컬러값들을 화면에 출력하기 위해서는 이 값들도 실수값이므로 각 채널당 8비트씩, 세 가지 채널의 값 범위를 0 ~ 255로 변환하여 화면출력이 가능하게 "unsigned char"형의 데이터로 만들어 주어야 한다.

리스트 14-21 CColorConv 클래스 함수들의 구현

```
001 // ColorConv.cpp: implementation of the CColorConv class.
002 //
003 //////////////////////////////////////////////////////////////////////
004
005 #include "stdafx.h"
006 #include "WinColor.h"
007 #include "ColorConv.h"
008 #include "math.h"
009
010 #ifdef _DEBUG
011 #undef THIS_FILE
012 static char THIS_FILE[]=__FILE__;
```

```
013 #define new DEBUG_NEW
014 #endif
015
016 ///////////////////////////////////////////////////////////////////////////////
017 // Construction/Destruction
018 ///////////////////////////////////////////////////////////////////////////////
019
020 CColorConv::CColorConv()
021 {
022 }
023
024 CColorConv::~CColorConv()
025 {
026 }
027
028 ///////////////////////////////////////////////////////////////////////////////
029 // RGB_To_Gray - RGB값을 Gray로 바꾼다
030 //
031 // Gray는 각각 [0,1]사이 값을 갖는다
032 // R,G,B는 각각 [0,1]사이 값을 갖는다
033
034 void CColorConv::RGB_To_Gray(float r, float g, float b, float *gray)
035 {
036     *gray = r * 0.30F + g * 0.59F + b * 0.11F;
037 }
038
039 ///////////////////////////////////////////////////////////////////////////////
040 // Gray_To_RGB - Gray값을 RGB로 바꾼다
041 //                    이 과정은 promotion에 해당하는 과정으로 사실상 별 의미가 없다
042 // Gray는 각각 [0,1] 사이 값을 갖는다
043 // R,G,B는 각각 [0,1] 사이 값을 갖는다
044
045 void CColorConv::Gray_To_RGB(float gray, float *r, float *g, float *b)
046 {
047     *r = *g = *b = gray;
048 }
049
050
051 ///////////////////////////////////////////////////////////////////////////////
052 // CMY_To_RGB - CMY값을 RGB로 바꾼다
053 //
054 // R,G,B는 각각 [0,1] 사이 값을 갖는다
055 // C,M,Y는 각각 [0,1] 사이 값을 갖는다
```

```
056
057 void CColorConv::RGB_To_CMY(float r, float g, float b, float *c, float *m, float *y)
058 {
059     *c = 1.0F - r;
060     *m = 1.0F - g;
061     *y = 1.0F - b;
062 }
063
064
065 //////////////////////////////////////////////////////////////////////////////
066 // CMY_To_RGB - CMY값을 RGB로 바꾼다
067 //
068 // R,G,B는 각각 [0,1] 사이 값을 갖는다
069 // C,M,Y는 각각 [0,1] 사이 값을 갖는다
070
071 void CColorConv::CMY_To_RGB(float c, float m, float y, float *r, float *g, float *b)
072 {
073     *r = 1.0F - c;
074     *g = 1.0F - m;
075     *b = 1.0F - y;
076 }
077
078
079
080 void CColorConv::RGB_To_YIQ(float r, float g, float b, float *y, float *i, float *q)
081 {
082     *y = 0.299f * r + 0.587f * g + 0.114f * b;
083     *i = 0.596f * r - 0.275f * g - 0.321f * b;
084     *q = 0.212f * r - 0.528f * g + 0.311f * b;
085 }
086
087
088 //////////////////////////////////////////////////////////////////////////////
089 // RGB_To_HSI - RGB값을 HSI로 바꾼다
090 //
091 // R,G,B는 각각 [0,1]값을 갖는다
092 // H는 [0,360] 범위, S,V값은 각각 [0,1] 범위를 갖는다
093 void CColorConv::RGB_To_HSI(float r, float g, float b, float *h, float *s, float *i)
094 {
095     float minc;                    /// minimum and maximum RGB values
096     float angle;                   /// temp variable used to compute Hue
097
098     minc = MIN(r,g);
```

```
099     minc = MIN(minc,b);
100
101     /// compute intensity
102     *i=(r + g + b) / 3.0f;
103
104     /// compute hue and saturation
105     if((r==g) && (g==b))          /// gray-scale
106     {
107        *s = 0.0f;
108        *h = 0.0f;
109        return;
110     }
111     else
112     {
113        *s= 1.0f - (3.0f / (r + g + b)) * minc;
114        angle = (r - 0.5f * g - 0.5f * b) / (float)sqrt((r - g) * (r - g)+(r - b) * (g - b));
115        *h = (float)acos(angle);
116        *h *= 57.29577951f;        /// convert to degrees
117     }
118
119     if(b>g)  *h = 360.0f - *h;
120 }
121
122
123 ///////////////////////////////////////////////////////////////////////////////
124 // HSI_To_RGB - HSI값을 RGB로 바꾼다
125 //
126 // H는 [0,360] 범위, S,V값은 각각 [0,1] 범위를 갖는다
127 // R,G,B는 각각 [0,1]값을 갖는다
128 void CColorConv::HSI_To_RGB(float h, float s, float i, float *r, float *g, float *b)
129 {
130     float angle1, angle2, scale;  /// temp variables
131
132     if(i==0.0)     /// BLACK
133     {
134        *r = 0.0f;
135        *g = 0.0f;
136        *b = 0.0f;
137        return;
138     }
139     if(s==0.0)                    /// gray-scale   H is undefined
140     {
141        *r = i;
```

```
142         *g = i;
143         *b = i;
144         return;
145     }
146     if(h<0.0)   h += 360.0f;
147
148     scale = 3.0f * i;
149     if(h<=120.0)
150     {
151         angle1=h*0.017453293f;      /// convert to radians - mul by pi/180
152         angle2=(60.0f-h)*0.017453293f;
153
154         *b = (1.0f-s)/3.0f;
155         *r = (float)(1.0f + (s*cos(angle1)/cos(angle2)))/3.0f;
156         *g = 1.0f-*r-*b;
157         *b *= scale;
158         *r *= scale;
159         *g *= scale;
160     }
161     else if((h>120.0) && (h<=240.0))
162     {
163         h -= 120.0f;
164         angle1=h*0.017453293f;      /// convert to radians - mul by pi/180
165         angle2=(60.0f-h)*0.017453293f;
166
167         *r = (1.0f-s)/3.0f;
168         *g = (float)(1.0f + (s*cos(angle1)/cos(angle2)))/3.0f;
169         *b = 1.0f - *r - *g;
170         *r *= scale;
171         *g *= scale;
172         *b *= scale;
172     }
174     else
175     {
176         h -= 240.0f;
177         angle1=h*0.017453293f;      /// convert to radians - mul by pi/180
178         angle2=(60.0f-h)*0.017453293f;
179
180         *g = (1.0f-s)/3.0f;
181         *b = (float)(1.0 + (s*cos(angle1)/cos(angle2)))/3.0f;
182         *r = 1.0f - *g - *b;
183         *r *= scale;
184         *g *= scale;
```

```
185        *b *= scale;
186     }
187 }
```

3 입력 컬러영상을 HSI 모델로 변환하여 출력

입력한 트루컬러의 BMP 영상을 **HSI** 컬러모형으로 변환하여 각각의 성분을 화면 출력해 보자.

<Workspace>의 <ResourceView>탭을 선택한 후, 메뉴편집기로 들어가 [그림 14-30]처럼 <HSI분리>라는 이름의 부메뉴를 추가한다. ID에는 <IDM_CHANNELSPLIT_HIS>을 입력하고 Caption에는 <HSI분리>, Prompt는 "RGB채널을 HSI로 변환하여 분리함"으로 입력한다.

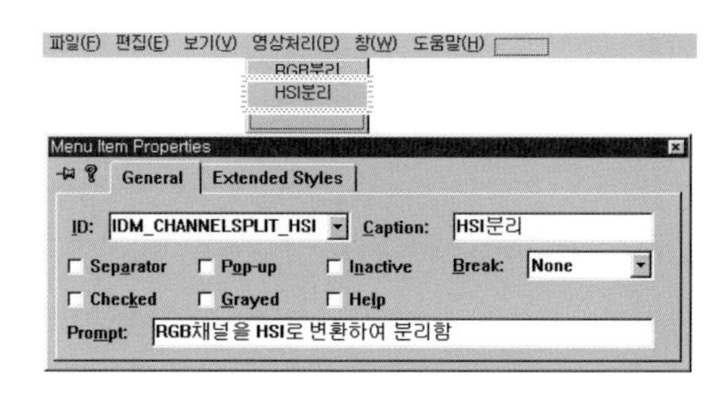

그림 14-30 〈HSI분리〉메뉴의 작성

RGB 모델에서 HSI 모델로 변환을 수행하는 함수를 작성하기 위해서는 [그림 14-31]처럼 도큐먼트 클래스 <CWinColorDoc>에 새 멤버함수 m_RGB2HSI(…)를 추가한다.

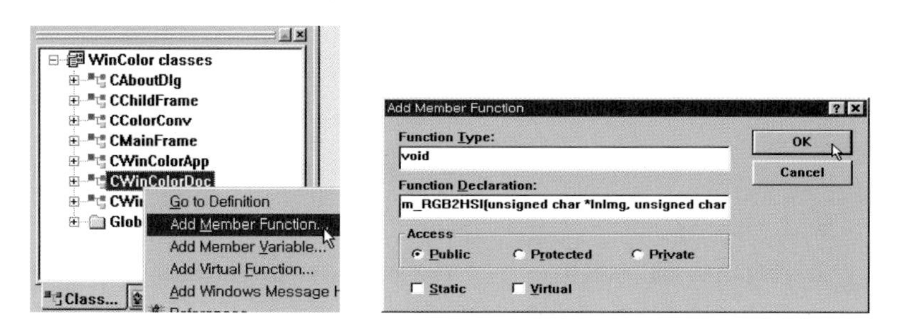

그림 14-31 RGB에서 HSI 채널로 분리작업을 수행하는 함수 추가

추가한 멤버함수를 [리스트 14-22]처럼 코딩한다. 단, 이 함수에서는 컬러변환 클래스인 CColorConv 클래스의 멤버함수를 호출해 사용하고 있으므로 파일의 헤드부에 [리

스트 14-23]의 박스 표시부처럼 <#include …>문을 추가한다. CLIP(val, low, high)문은 val 값을 low 하한과 high 상한값으로 제한하기 위해 사용하는 정의문이다. 보통 low는 0, high는 255를 사용한다.

리스트 14-22 RGB모형에서 HSI모형으로의 변환을 수행하는 함수

```
01 void CWinColorDoc::m_RGB2HSI(unsigned char *InImg, unsigned char *OutImg, int height, int width)
02 {
03    int rwsize = WIDTHBYTES(24*width);
04 
05    int i,j,index, ih;
06    float r, g, b, h, s, iv;
07    CColorConv pColorConv;
08    for(i=0; i<height; i++)
09    {
10       index = (height-i-1)*rwsize;
11       for(j=0; j<width; j++)
12       {
13          r = (float)InImg[index+3*j+2]/255.0f;
14          g = (float)InImg[index+3*j+1]/255.0f;
15          b = (float)InImg[index+3*j  ]/255.0f;
16 
17          pColorConv.RGB_To_HSI(r,g,b,&h,&s,&iv);
18          ih = (int)(h*255.0/360.0);
19          OutImg[index+3*j  ] = (unsigned char)ih;
20          OutImg[index+3*j+1] = (unsigned char)(s*255.0);
21          OutImg[index+3*j+2] = (unsigned char)(iv*255.0);
22       }
23    }
24 }
```

➡ **7행** 컬러모형 변환 클래스 CColorConv 형의 변수를 하나 선언한다.

➡ **13행** RGB에서 HSI로의 변환을 수행하기 위해 CColorConv 클래스의 멤버함수을 호출하기 전 R, G, B값을 255로 나누어 0 ~ 1사이의 값으로 만들어 준다.

➡ **17행** RGB_To_HSI 멤버함수를 호출한다. 호출 후 h, s, iv변수에 색상, 채도, 명도값이 리턴되어 넘어온다.

➡ **18행** 리턴된 값을 화면에 출력하기 위해서는 0 ~ 255사이의 정수값으로 변경해야 한다. 0 ~ 360도 사이값인 H값을 0 ~ 255사이의 값으로 변경해준다.

➡ **20행** 0 ~ 1범위 사이인 채도(s)값을 0 ~ 255사이의 값으로 바꿔준다.

리스트 14-23 헤드문의 추가

```
01 // WinColorDoc.cpp : implementation of the CWinColorDoc class
02 //
03
04 #include "stdafx.h"
05  . . . . . .
06
07 ~~~~~~~~~~~~~~(생략)~~~~~~~~~~~~~~~~~~~~~~
08 #endif
09
10 ////////////////////////////////////////////////////////////////////////////
11 #define CLIP(val, low, high) {if(val<low) val=low; if(val>high) val=high;}
12 #include "ColorConv.h"
13 ////////////////////////////////////////////////////////////////////////////
14
15 ~~~~~~~~~~~~~~(생략)~~~~~~~~~~~~~~~~~~~~~~
```

작성한 <HSI분리>메뉴에 대응하는 실행문을 작성하기 위해 <클래스위자드>를 호출한다. 오픈된 클래스위자드의 <Messages:>에서 <COMMAND>옵션 및 <UPDATE_COMMAND_UI>메시지에 대응되는 두 멤버함수를 [그림 14-32]처럼 추가한다.

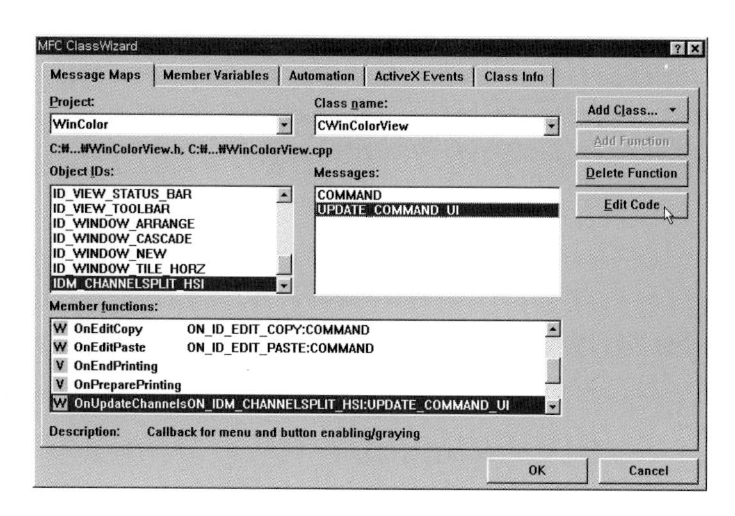

그림 14-32 두 멤버함수의 작성

추가한 두 멤버함수를 [리스트 14-24]와 [리스트 14-25]처럼 작성한다.

리스트 14-24 RGB_TO_HSI 변환 호출함수

```
01 void CWinColorView::OnChannelsplitHsi()
02 {
03    // TODO: Add your command handler code here
04    CWinColorDoc* pDoc = GetDocument();
05    ASSERT_VALID(pDoc);
06
07    pDoc->m_RGB2HSI(pDoc->m_InImg,pDoc->m_OutImg,height,width);
08
09    int index, i, j;
10    int grRWSIZE = WIDTHBYTES(8*width);
11    unsigned char *GrayImg = new unsigned char [height*grRWSIZE];
12    for(int k=0; k<3; k++)
13    {
14       for(i=0; i<height; i++)
15       {
16          index = (height-i-1)*rwsize;
17          for(j=0; j<width; j++) GrayImg[(height-i-1)*grRWSIZE+j]=
18                                               pDoc->m_OutImg[index+3*j+k];
19       }
20       pDoc->CopyClipboard(GrayImg,height,width,8);
21       AfxGetMainWnd()->SendMessage(WM_COMMAND, ID_FILE_NEW);
22    }
23    delete []GrayImg;
24 }
```

리스트 14-25 HIS 변환분리 메뉴의 Enable/Disable 설정함수

```
01 void CWinColorView::OnUpdateChannelsplitHsi(CCmdUI* pCmdUI)
02 {
03    // TODO: Add your command update UI handler code here
04    CWinColorDoc* pDoc = GetDocument();
05    ASSERT_VALID(pDoc);
06    pCmdUI->Enable(pDoc->dibHi.biBitCount==24);
07 }
```

작성이 완료되었으므로 컴파일하고 실행하자. [그림 14-33]은 HSI 분리의 실행 예를 보여주고 있다. 세 개의 영상이 각각 분리된 H, S, I 영상을 보여준다. 실행 예의 S채널을 보면 알 수 있는 것처럼 조명에 의해 풍선 고유의 색상이 희석된 영역은 채도(S)값이 떨어져 어둡게 보임을 관찰할 수 있다. 이러한 부분들은 명도(I)영상의 대응 위치에서 밝기가 높다는 것을 알 수 있다. 명도에서 흰색으로 나타나는 부분은 외부광에 의해 포화되어 밝게 빛나는 부분으로 채도는 0이 된다. S영상에서 까맣게 나타남을 확인 할 수 있다.

WinColor - WinCol1
파일(F) 편집(E) 보기(V) 영상처리(P) 창(W) 도움말(H)
WinCol1
WinCol2
WinCol3
준비
NUM

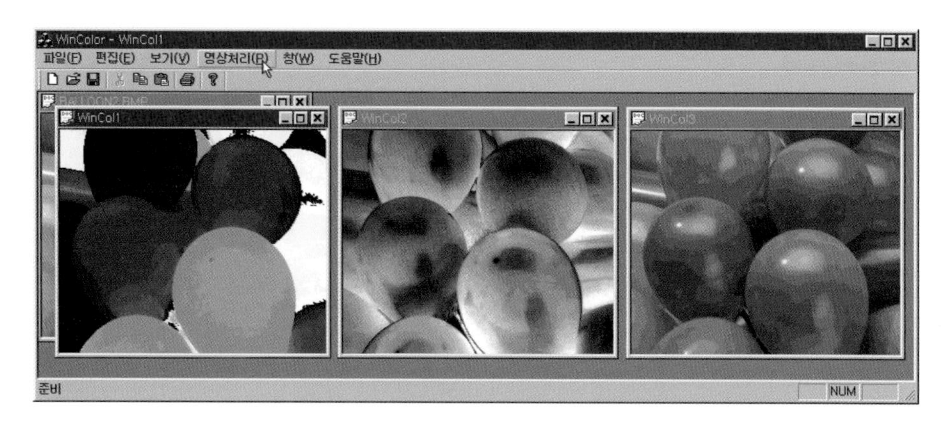

그림 14-33 컬러입력영상의 HSI 채널 분리의 실행 예

H 영상을 살펴보면 동일색을 가지는 하나의 풍선영역은 비슷한 색상(H)값을 가짐을 알 수 있다. 이것은 h 채널의 값이란 밝기나 채도 변화에 관계없이 물체 고유의 색상값을 나타낸다는 것을 나타낸다. 만일 풍선영역의 분리를 시도한다면 h 채널의 값을 잘 이용하는 것이 필요할 것이다.

4 컬러영상의 GRAY영상 전환 구현

컬러영상을 흑백영상으로 전환하는 것은 바로 앞에서 구현했던 HIS 채널분리의 구현을 위한 과정과 거의 유사하다. 먼저 메뉴를 만들고 도큐먼트 클래스에 변환함수를 작성하고 뷰클래스에서 메뉴선택을 처리하는 명령에서 도큐먼트 클래스의 GRAY 변환을 처리하는 멤버함수를 호출하면 된다.

<Workspace>의 <ResourceView>탭을 선택한 후 메뉴편집기로 들어가 [그림 14-34]처럼 <흑백영상 전환>이라는 이름의 부메뉴를 추가한다. ID에는 <IDM_COLOR2GRAY>을 입력하고 Caption에는 <흑백영상 전환>, Prompt는 "컬러를 흑백영상으로 전환"으로 입력한다.

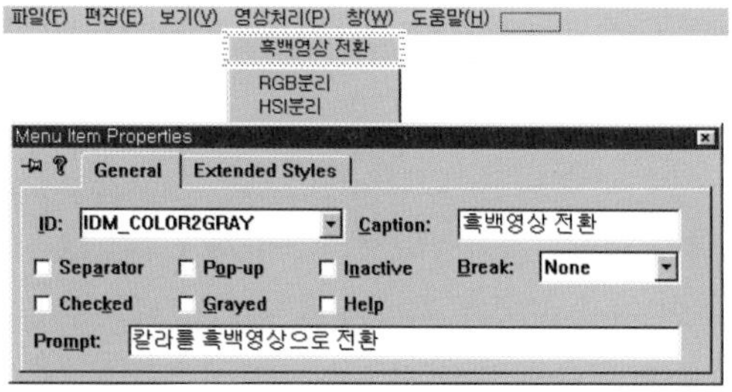

파일(F) 편집(E) 보기(V) 영상처리(P) 창(W) 도움말(H)
흑백영상 전환
RGB분리
HSI분리
Menu Item Properties
General
Extended Styles
ID: IDM_COLOR2GRAY
Caption: 흑백영상 전환
Separator
Pop-up
Inactive
Break: None
Checked
Grayed
Help
Prompt: 칼라를 흑백영상으로 전환

그림 14-34 〈흑백영상 전환〉메뉴의 작성

도큐먼트 클래스 <CWinColorDoc>에 새 멤버함수 m_RGB2Gray(…)를 추가한다.

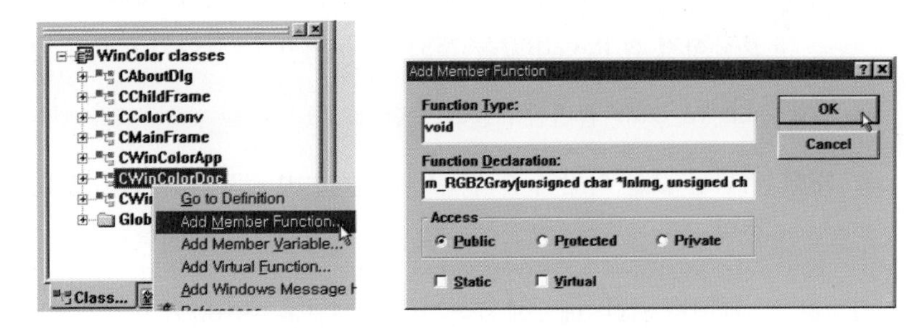

그림 14-35 컬러에서 GRAY로의 변환작업을 수행하는 함수 추가

추가한 멤버함수를 [리스트 14-26]처럼 코딩한다. 이 함수에서는 컬러변환 클래스인 CColorConv 클래스의 RGB_To_GRAY 멤버함수를 호출해 사용하고 있다.

리스트 14-26 RGB 모형에서 HSI 모형으로의 변환을 수행하는 함수

```
01 void CWinColorDoc::m_RGB2Gray(unsigned char *InImg, unsigned char *OutImg, int height, int width)
02 {
03    int rwsize = WIDTHBYTES(24*width);
04
05    int i,j,index;
06    float r, g, b, gray;
07    CColorConv pColorConv;
08    for(i=0; i<height; i++)
09    {
10       index = (height-i-1)*rwsize;
11       for(j=0; j<width; j++)
12       {
13          r = (float)InImg[index+3*j+2]/255.0f;
14          g = (float)InImg[index+3*j+1]/255.0f;
15          b = (float)InImg[index+3*j  ]/255.0f;
16
17          pColorConv.RGB_To_Gray(r,g,b,&gray);
18          OutImg[index+3*j  ] = (unsigned char)(gray*255.0);
19          OutImg[index+3*j+1] = (unsigned char)(gray*255.0);
20          OutImg[index+3*j+2] = (unsigned char)(gray*255.0);
21       }
22    }
23 }
```

➡ **7행** 컬러변환 클래스 CColorConv형의 변수를 하나 선언한다.

➡ **13행** RGB에서 GRAY로의 변환을 수행하기 위해 CColorConv 클래스의 멤버함수을 호출하기 전 R, G, B값을 255로 나누어 0 ~ 1사이의 값으로 만들어 준다.

➡ **17행** RGB_To_GRAY 멤버함수를 호출한다.

➡ **18행** 리턴된 값을 화면에 출력하기 위해서는 0 ~ 255사이의 정수값으로 바꾸어주어야 한다.

작성한 <흑백영상 전환>메뉴에 대응하는 실행문을 작성하기 위해 <클래스위자드>를 호출한다. 오픈된 클래스위자드의 <Messages:>에서 <COMMAND>옵션 및 <UPDATE_COMMAND_UI> 메시지에 대응되는 두 멤버함수를 [그림 14-36]처럼 추가한다.

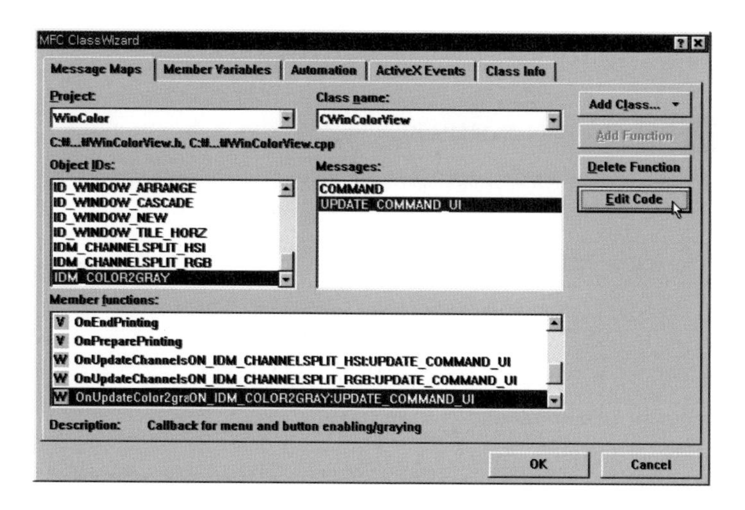

그림 14-26 메뉴입력에 대응하는 뷰 클래스 멤버함수의 작성

추가한 두 멤버함수를 [리스트 14-27]과 [리스트 14-28]처럼 작성한다.

리스트 14-27 RGB_TO_GRAY 변환 호출함수

```
01 void CWinColorView::OnColor2gray()
02 {
03     // TODO: Add your command handler code here
04     CWinColorDoc* pDoc = GetDocument();
05     ASSERT_VALID(pDoc);
06 
07     pDoc->m_RGB2Gray(pDoc->m_InImg,pDoc->m_OutImg,height,width);
08 
09     int index, i, j;
```

```
10    int grRWSIZE = WIDTHBYTES(8*width);
11    unsigned char *GrayImg = new unsigned char [height*grRWSIZE];
12    for(i=0; i<height; i++)
13    {
14       index = (height-i-1)*rwsize;
15       for(j=0; j<width; j++) GrayImg[(height-i-1)*grRWSIZE+j]=
16                                              pDoc->m_OutImg[index+3*j];
17    }
18
19    pDoc->CopyClipboard(GrayImg,height,width,8);
20    AfxGetMainWnd()->SendMessage(WM_COMMAND, ID_FILE_NEW);
21    delete []GrayImg;
22 }
```

리스트 14-28 〈흑백영상 전환〉 메뉴의 Enable/Disable 설정함수

```
01 void CWinColorView::OnUpdateColor2gray(CCmdUI* pCmdUI)
02 {
03    // TODO: Add your command update UI handler code here
04    CWinColorDoc* pDoc = GetDocument();
06    ASSERT_VALID(pDoc);
06    pCmdUI->Enable(pDoc->dibHi.biBitCount==24);
07 }
```

코딩이 끝났으므로 컴파일하고 실행하자. [그림 14-37]은 GRAY전환의 실행 예를 보여주고 있다. 입력된 컬러영상은 흑백영상으로 전환되어 새로운 윈도우가 하나 오픈되면서 나타난다.

그림 14-37 컬러입력영상을 흑백영상으로 전환하는 실행 예

5 컬러영상의 엠보싱처리 구현하기

엠보싱처리란 마치 판화에 양각을 새기는 것처럼 영상을 나타나게 하는 처리로 3 × 3크기의 마스크를 가지고 영상을 컨볼루션(convolution)하면 된다.

메뉴편집기로 들어가서 [그림 14-38]처럼 <흑백영상 전환>이라는 이름의 부메뉴를 추가한다. ID에는 <IDM_RGB_EMBOSSING>을 입력하고 Caption에는 <엠보싱하기>, Prompt는 "엠보싱연산"으로 입력한다.

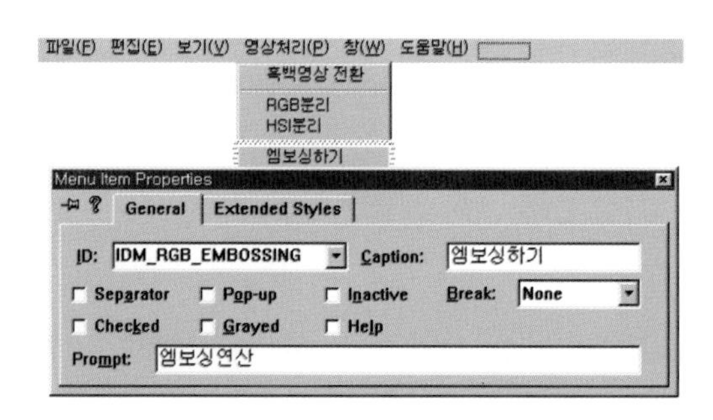

그림 14-38 〈엠보싱하기〉메뉴의 작성

도큐먼트 클래스 <CWinColorDoc>에 엠보싱처리 멤버함수 [리스트 14-29]를 추가하여 작성한다.

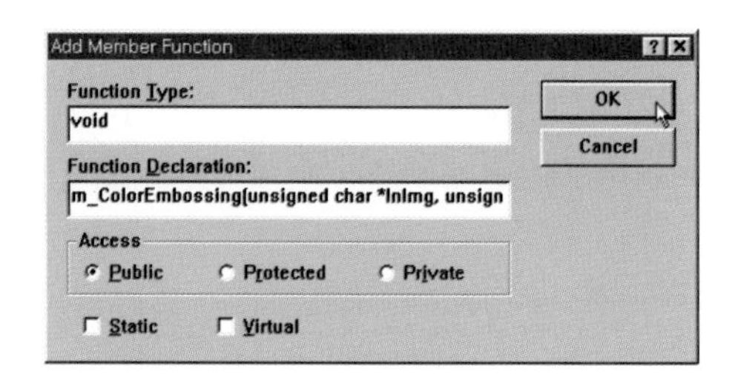

그림 14-39 엠보싱처리함수의 추가

리스트 14-29 엠보싱처리함수의 작성

```
01 void CWinColorDoc::m_ColorEmbossing(unsigned char *InImg, unsigned char *OutImg, int height, int width)
02 {
03    int rwsize = WIDTHBYTES(24*width);
04
05    // convolution MASK의 정의
06    int i, j, k, l, index1, index2, index3, winsize=3;
07    float *Mask =new float [winsize*winsize];
```

```
08     for(i=0; i<winsize*winsize; i++) Mask[i]=0.0f;
09     Mask[0]=-1.0f; Mask[8]=1.0f;
10
11     int n=(winsize-1)>>1;  // winsize 절반의 offset 크기를 계산
12
13     for(i=n; i<height-n; i++) {
14        index1 =i*rwsize;
15        for(j=n; j<width-n; j++) {
16           float sum1=0.0f;
17           float sum2=0.0f;
18           float sum3=0.0f;
19
20           for(k=-n; k<=n; k++) {
21              index2 = (i+k)*rwsize;
22              index3 = (k+n)*winsize;
23              for(l=-n; l<=n; l++) {
24                 sum1 +=InImg[index2+3*(j+l)  ]*Mask[index3+l+n];
25                 sum2 +=InImg[index2+3*(j+l)+1]*Mask[index3+l+n];
26                 sum3 +=InImg[index2+3*(j+l)+2]*Mask[index3+l+n];
27              }
28           }
29           sum1 += 128; sum2 += 128; sum3 += 128;
30           CLIP(sum1,0,255); CLIP(sum2,0,255); CLIP(sum3,0,255);
31
32           OutImg[index1+3*j  ] = (unsigned char)sum1;
33           OutImg[index1+3*j+1] = (unsigned char)sum2;
34           OutImg[index1+3*j+2] = (unsigned char)sum3;
35        }
36     }
37     delete []Mask;
38  }
```

➡ **7행** 엠보싱 마스크의 크기는 3 × 3이고 마스크 모양은 [그림 14-40]과 같다.

−1	0	0
0	0	0
0	0	1

그림 14-40 엠보싱 마스크

➡ **11행** `winsize` 값이 3이므로 3을 왼쪽으로 1비트 쉬프트(shift)연산 하면 1이 된다. 5라면 2가 된다.

➡ **20행** 컨볼루션 연산을 수행한다. `sum1`, `sum2`, `sum3`는 각각 B, G, R채널에 대한 컨볼루션 값들이다.

➡ **29행** 컨볼루션 결과값들에 대해 128을 더해주고 값이 0 ~ 255사이의 값으로 되도록 `CLIPPING`을 해준다.

<엠보싱하기>메뉴 실행문을 작성하기 위해 <클래스위자드>를 호출한다. <Messages:>에서 <COMMAND>와 <UPDATE_COMMAND_UI>메시지에 대응되는 두 멤버함수를 [그림 14-41]처럼 추가한다.

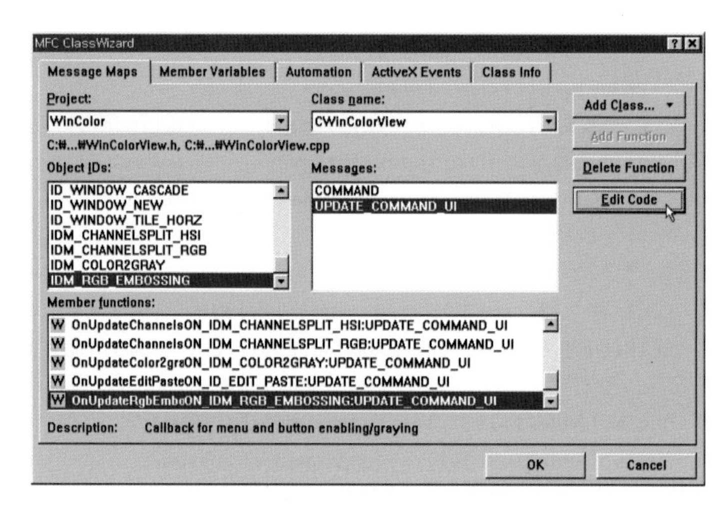

그림 14-41 메뉴 메시지처리 함수의 추가

두 멤버함수를 [리스트 14-30]과 [리스트 14-31]처럼 작성한다.

리스트 14-30 〈엠보싱하기〉 메뉴 메시지함수

```
01 void CWinColorView::OnRgbEmbossing()
02 {
03     // TODO: Add your command handler code here
04     CWinColorDoc* pDoc = GetDocument();
05     ASSERT_VALID(pDoc);
06 
07     pDoc->m_ColorEmbossing(pDoc->m_InImg,pDoc->m_OutImg,height,width);
08 
09     pDoc->CopyClipboard(pDoc->m_OutImg,height,width,24);
```

```
10    AfxGetMainWnd()->SendMessage(WM_COMMAND, ID_FILE_NEW);
11 }
```

리스트 14-31 엠보싱하기〉 메뉴의 Enable/Disable 설정함수

```
01 void CWinColorView:: OnUpdateRgbEmbossing(CCmdUI* pCmdUI)
02 {
03    // TODO: Add your command update UI handler code here
04    CWinColorDoc* pDoc = GetDocument();
05    ASSERT_VALID(pDoc);
06    pCmdUI->Enable(pDoc->dibHi.biBitCount==24);
07 }
```

프로그램 작성이 완료되었으므로 실행하자. [그림 14-42]는 엠보싱처리의 실행 예를 보여준다. 컬러영상은 엠보싱처리되어 양각된 것처럼 왼쪽에 나타나 있다. 이 영상을 흑백으로 전환한 영상이 오른쪽에 있는 영상이다.

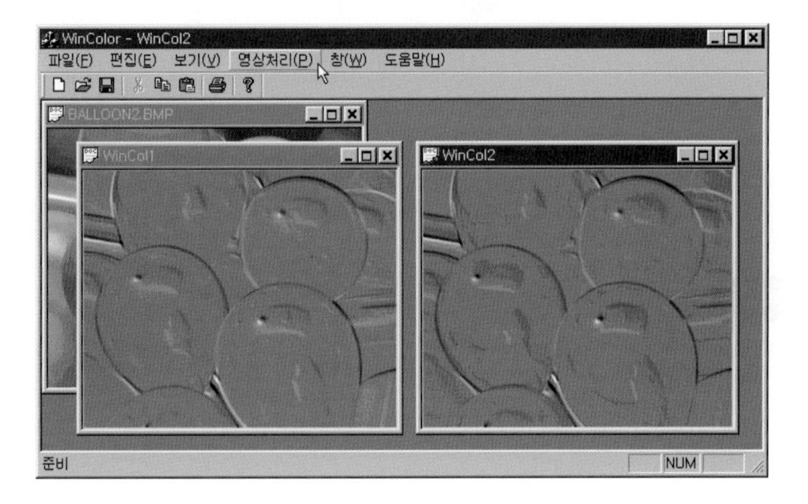

그림 14-42 엠보싱 영상처리의 실행 예

6 컬러영상 선명화 구현하기

컬러영상 선명화는 컨볼류션 필터를 사용하여 영상의 경계를 또렷해 보이게 만드는 처리이다. 흑백영상과 달리 컬러영상의 경우 R, G, B의 3개의 채널이 존재하므로 각 채널을 분리한 후 필요한 채널에 선명화 필터를 가한 후 다시 재결합하는 것과 같은 처리가 필요하다. 컬러영상 선명화의 절차는 아래와 같다.

Tip | 컬러영상 선명화의 절차

1. **RGB** 모형에서 **HSI** 모형으로 변환한다.
2. 명도(**I**)채널에 대해서만 필터를 이용하여 선명화를 수행한다.
3. 선명화된 명도 채널과 **H**, **S**채널로부터 다시 **RGB** 모형으로 변환한다.

메뉴편집기로 들어가서 [그림 14-43]처럼 <선명하게 하기>이라는 이름의 부메뉴를 추가한다. ID에는 < IDM_RGB_SHAPPENING>을 입력하고 Caption에는 <선명하게 하기>, Prompt는 "RGB 영상을 선명하게 함"으로 입력한다.

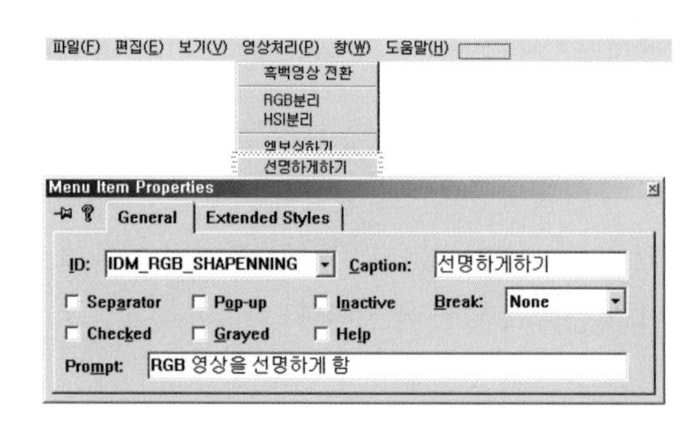

그림 14-43 〈선명하게 하기〉메뉴의 작성

도큐먼트 클래스 <CWinColorDoc>에 선명화처리를 위한 두 멤버함수를 [리스트 14-32]과 [리스트 14-33]처럼 추가하여 작성한다.

리스트 14-32 컬러영상 〈선명하게 하기〉함수의 구현

```
01 void CWinColorDoc::m_RGBShapening(unsigned char *InImg, unsigned char *OutImg, int height, int width)
02 {
03    int rwsize = WIDTHBYTES(24*width);
04
05    // convolution MASK의 정의
06    int i, j, index1, index2, winsize=3;
07    float *Mask =new float [winsize*winsize];
08    for(i=0; i<winsize*winsize; i++) Mask[i]=0.0f;
09    Mask[1]=Mask[3]=Mask[5]=Mask[7]=-1.0f; Mask[4]=5.0f;
10
11    // HSI영상을 위한 메모리 정의
12    short *H =new short [height*width];
13    unsigned char *S =new unsigned char [height*width];
14    unsigned char *IV =new unsigned char [height*width];
```

```
15
16      float hue, satu, intens, r, g, b, rr,gg,bb;
17      CColorConv pColorConv;
18
19      // RGB --> HSI로의 변환
20      for(i=0; i<height; i++)
21      {
22         index1 = (height-i-1)*rwsize;
23         index2 = (height-i-1)*width;
24         for(j=0; j<width; j++)
25         {
26            r = (float)InImg[index1+3*j+2]/255.0f;
27            g = (float)InImg[index1+3*j+1]/255.0f;
28            b = (float)InImg[index1+3*j  ]/255.0f;
29
30            pColorConv.RGB_To_HSI(r,g,b,&hue,&satu,&intens);
31
32            H [index2+j] =(short)(hue);
33            S [index2+j] =(unsigned char)(satu*255.0);
34            IV[index2+j] =(unsigned char)(intens*255.0);
35         }
36      }
37
38      // 밝기영상에 대해 sharpening을 수행함
39      unsigned char *IVO=new unsigned char [height*width];
40      m_ImgConvolution(IV, IVO, height, width, Mask, 3);
41
42      // HSI --> RGB로의 변환
43      for(i=0; i<height; i++)
44      {
45         index1 = (height-i-1)*rwsize;
46         index2 = (height-i-1)*width;
47         for(j=0; j<width; j++)
48         {
49            hue=(float)H[index2+j];
50            satu=(float)S[index2+j]/255.0f;
51            intens=(float)IVO[index2+j]/255.0f;
52
53            pColorConv.HSI_To_RGB(hue,satu,intens,&r,&g,&b);
54            rr = r*255.0f; gg = g*255.0f; bb = b*255.0f;
55            CLIP(rr,0,255); CLIP(gg,0,255); CLIP(bb,0,255);
56
```

```
57          OutImg[index1+3*j  ] = (unsigned char)bb;
58          OutImg[index1+3*j+1] = (unsigned char)gg;
59          OutImg[index1+3*j+2] = (unsigned char)rr;
60        }
61    }
62    delete []IV0;
63    delete []H; delete []S; delete []IV; delete []Mask;
64 }
```

➡ **9행** 영상 선명화를 위한 마스크의 크기는 3 × 3이고 마스크 모양은 [그림 14-44]와 같다.

0	−1	0
−1	5	−1
0	−1	0

그림 14-44 선명화처리 마스크

➡ **20행** 원 컬러영상은 RGB 컬러모형이므로 HSI 컬러모형으로 변환한다. 변환을 위해서 **CColorConv** 클래스의 변환함수 **RGB_To_HSI** 함수를 사용한다.

➡ **40행** [그림 14-44]의 선명화 필터를 **HSI** 모델의 명도(**I**) 채널에 가하여 컨볼류션을 수행한다. 컨볼류션 수행함수는 [리스트 14-34]에 주어져 있다.

➡ **43행** 선명화된 명도 채널값과 **H** 및 **S** 채널값을 결합하여 다시 **RGB** 컬러모형으로 역변환한다. **CColorConv** 클래스의 **HSI_To_RGB** 함수를 사용한다.

리스트 14-33 컨볼루션 처리함수의 구현

```
01 void CWinColorDoc::m_ImgConvolution(unsigned char *InImg, unsigned char *OutImg,
02                                 int height, int width, float *Mask, int winsize)
03 {
04    // 출력 메모리 초기화
05    memset(OutImg,0,height*width*sizeof(char));
06
07    // winsize 절반의 offset 크기를 계산
08    int n=(winsize-1)>>1;
09
10    int i, j, k, l, index1, index2, index3;
11    float sum;
```

```
12     for(i=n; i<height-n; i++) {
13        index1 = i*width;
14        for(j=n; j<width-n; j++) {
15           sum=0.0f;
16           for(k=-n; k<=n; k++) {
17              index2 = (i+k)*width;
18              index3 = (k+n)*winsize;
19              for(l=-n; l<=n; l++) sum +=InImg[index2+(j+l)]*Mask[index3+l+n];
20           }
21           CLIP(sum,0,255);
22           OutImg[index1+j] =(unsigned char)sum;
23        }
24     }
25  }
```

<선명하게 하기>메뉴 실행문을 작성하기 위해 <클래스위자드>를 호출한다. <Messages:>에서 <COMMAND>와 <UPDATE_COMMAND_UI>메시지에 대응되는 두 멤버함수를 [그림 14-45]처럼 추가한다.

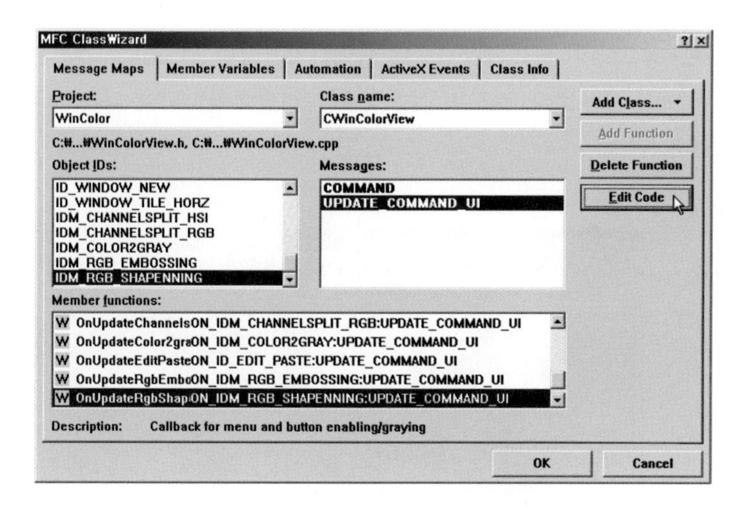

그림 14-45 메뉴 메시지 처리함수의 추가

두 멤버함수를 [리스트 14-34]와 [리스트 14-35]처럼 작성한다.

리스트 14-34 〈선명하게 하기〉 메뉴 메시지함수

```
01  void CWinColorView::OnRgbShapenning()
02  {
03     // TODO: Add your command handler code here
```

```
04     CWinColorDoc* pDoc = GetDocument();
05     ASSERT_VALID(pDoc);
06
07     pDoc->m_RGBShapening(pDoc->m_InImg, pDoc->m_OutImg, height, width);
08
09     pDoc->CopyClipboard(pDoc->m_OutImg,height,width,24);
10     AfxGetMainWnd()->SendMessage(WM_COMMAND, ID_FILE_NEW);
11 }
```

리스트 14-35 〈선명하게 하기〉 메뉴의 Enable/Disable 설정함수

```
01 void CWinColorView::OnUpdateRgbShapenning(CCmdUI* pCmdUI)
02 {
03     // TODO: Add your command update UI handler code here
04     CWinColorDoc* pDoc = GetDocument();
05     ASSERT_VALID(pDoc);
06     pCmdUI->Enable(pDoc->dibHi.biBitCount==24);
07 }
```

프로그램 작성이 완료되었으므로 실행하자. [그림 14-46]은 컬러영상 <선명하게 하기>의 실행 예를 보여준다. 컬러영상의 경계는 선명화처리되어 더욱 또렷해보이는 모습으로 나타난다.

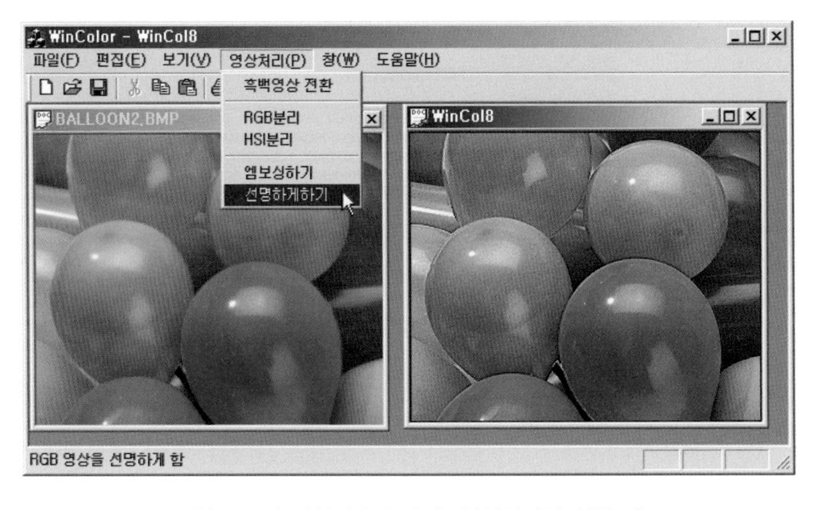

그림 14-46 〈선명하게 하기〉 영상처리의 실행 예

연습문제

1. YCbCr은 컬러정보로부터 광도를 분리하는 또 하나의 컬러 공간이다. 광도는 Y로 기호화되고 푸른 정도와 붉은 정도의 색상정보는 Cb와 Cr로 기호화된다. 아래 수식을 참조하여 RGB를 YCbCr로 변환하는 함수를 추가하고 화면출력이 가능하도록 메뉴 등을 수정하시오..

   $$Y = 0.29900R + 0.58100G + 0.11400B$$

   $$Cb = -0.16874R - 0.33126G - 0.50000B$$

   $$Cr = 0.50000R - 0.41869G - 0.08131B$$

2. 스무딩(smoothing) 필터는 영상을 흐릿하게 만드는 방법으로 마스크의 값이 1로 채워져 있고 인접 픽셀 밝기의 평균값을 구하는데 사용된다. 3 × 3 스무딩 필터를 컬러 영상에 적용하는 프로그램을 작성하시오.

3. HIS 컬러 모델의 Hue(색상) 채널을 이용하여 다음의 색 범위로 입력영상을 영역 분할한 영상을 만드시오.

   0°(빨강) ~ 60°(노랑)

   60°(노랑) ~ 120°(초록)

   120°(초록) ~ 180°(청록)

   180°(청록) ~ 240°(파랑)

   240°(파랑) ~ 300°(자홍)

   300°(자홍) ~ 360°(빨강)

4. [그림 p14-1]에서는 컬러영상의 히스토그램(histogram)을 이용하여 관심 물체의 위치를 탐색하기 위한 문제이다. [그림 p14-1(a)]는 작은 템플릿 영상이다(보기 편하게 크게 확대하였다). 이 템플릿을 이용하여 물체의 컬러히스토그램을 생성한다. 그리고 이

히스토그램을 이용하여 [그림 p14-1(b)]의 시험영상에서 같은 편의 선수 6명의 위치를 모두 찾아보는 프로그램을 아래의 단계 순으로 작성한다. 단, 히스토그램 작성은 HIS 색상 모델을 사용한다.

Step-1 입력된 컬러 bmp영상을 HSI 모델로 변환한다. HSI값의 범위로는 H: 0~360, S: 0~1.0, I: 0~1.0로 설정한다.

Step-2 HSI 데이터는 3차원이지만 히스토그램은 1차원으로 설정한다. 먼저 1차원 배열 hist을 만들고, 배열의 크기 결정을 위해 색상(H, S)값은 각각 10단계씩 해서 100개의 보팅위치(bin)를 할당하고, 밝기(I)값도 10단계를 할당한다. 따라서 배열의 크기는 `hist[10*10+10]=hist[110]`으로 설정하여 사용한다.

Step-3 템플릿영상[그림 p14-1(a)]에 대해 모델 히스토그램을 작성한다. 이때, 밝기(I)나 채도(S)가 아주 낮은 데이터(I가 0.2이하이거나 S가 0.1이하인 픽셀)는 색상값이 무의미해지므로 I값을 이용해 밝기 영역(100~109 bins)으로만 보팅(voting)하고 그렇지 않은 픽셀들은 h값과 s값을 구해 해당되는 bin(0~99)의 위치에 보팅한다. 예를 들면, s값이 0.5이고 h값이 108이면 인덱스가 5와 3(=108/360 × 10)이므로 5 × 10 + 3 = 53의 위치로 보팅하게 된다.

Step-4 [그림 p14-1(b)]의 시험영상을 왼쪽상단 위치부터 차례로 스캔(scan)해가면서 템플릿영상과 같은 크기의 윈도우를 취하고 이 윈도우에 대해 히스토그램을 **Step-3**처럼 작성한다.

Step-5 모델 히스토그램과 시험영상 히스토그램과의 비교는 교차법(intersection)이나 바타카야거리(Bhattacharyya distance) 등을 사용할 수 있다. 임계치를 적당히 정하고 임계치 이상의 유사도를 보이는 위치를 모두 추출하고 박스 영역을 그려 표시한다.

$$D_{교차법}(h_m, h_t) = \sum_i min(h_m(i), h_t(i))$$

$$D_{바타카야거리}(h_m, h_t) = 1 - \sum_i \sqrt{h'_m(i) \times h'_t(i)}\ ,\ h'_m(i) = \frac{h_m(i)}{\sum h_m(i)}\ ,\ h'_t(i) = \frac{h_t(i)}{\sum h_t(i)}$$

여기서 h_m과 h_t는 각각 모델 및 시험영상의 히스토그램이다.

(a) (b)

그림 p14-1 히스토그램을 이용한 물체(사람) 위치 탐색. (a) 템플릿의 확대영상; (b) 탐색할 시험 영상

15 컬러영상처리 응용

컬러영상데이터는 흑백영상데이터와 달리 R, G, B의 3개 채널의 정보를 가지고 있으므로 물체에 대해 풍부한 정보량을 보유하고 있다. 이렇게 풍부한 정보량은 영상 인식을 위해서도 유용하게 사용될 수 있다. 밝기 정보만 존재하는 흑백영상에서 쉽게 수행하지 못하는 여러 작업들을 컬러영상정보를 이용함으로써 손쉽게 해결할 수 있다.

예를 들어 [그림 15-1]은 축구 로봇 경기를 보여주고 있다. 축구 로봇은 스스로 정해진 알고리즘에 따라 동작하며, 공의 위치와 골대의 위치를 인식하기 위하여 카메라 센서를 통해 영상을 획득한다. 추출된 물체 정보에 따라 동작 방향을 결정하고, 공을 골대에 넣기 위한 움직임 경로를 설계할 것이다.

그림 15-1 이족형 로봇의 축구경기 (robogames.net 홈페이지[1])

축구로봇 경기의 경우 로봇의 동작과 판단은 실시간(real-time)으로 수행되어야 하므로 빠른 속도로 공과 상대 로봇, 골대의 위치 등을 인식하여야 하나 데이터 처리를 위해 내장형 컴퓨터(embedded computer)를 사용할 경우 처리속도에 제약을 받게 된다. 이때 컬러영상을 이용한다면 비교적 저성능의 컴퓨터에서도 고속으로 동작하는 물체 인식기를 제작하는 것이 가능하다. [그림 15-1]에서 공의 색은 노랑, 바닥면은 초록, 골대는 붉은색으로 설정되어 있으며 물체 인식은 영상에서 색 정보를 이용한다면 쉽게 추출하는 것이 가능하다. [그림 15-1]의 우측 아래에 표시된 흑백영상에서 공과 골 문의 위치를 추출한다고 가정해보자. 복잡한 영상처리 알고리즘이 필요하며 연산량도 만만치않아 실시간처리에 제약을 받을 것이다.

1. 컬러 히스토그램 정합

컬러정보를 이용해 물체를 추출하는 가장 간단한 방법은 추출하려고 하는 물체의 색에 대한 기지의 정보를 이용하는 것이다. [그림 15-1]의 영상에서 공은 노랑색을 띄고 있으며 바닥면의 초록색과 구별된다는 것을 우리는 미리 알고 있다. 따라서 아래와 같이 공의 R, G, B값에 대한 임계치를 도입하여 임계치 범위 내에 들어오는 색을 가지는 영상 내 픽셀들을 추출한 후 이 픽셀들의 덩어리 중 가장 큰 덩어리를 가지는 물체를 추출하면 될 것이다:

$$thres1 < R(i, j) < thres2$$
$$thres3 < G(i, j) < thres4$$
$$thres5 < R(i, j) < thres6$$

즉, 영상 내 어떤 위치 (i, j)에서 픽셀의 R, G, B 컬러값이 임계값 thres1 ~ thres6으로 정의되는 어떤 범위 내에 들어온다면 공일 가능성이 높은 것이고 6개의 임계치는 정해진 조명하에서 공의 컬러값 조사 후 미리 결정하여 제공되는 정보이다.

이러한 물체 인식 방법은 구현하기에 간단하고 쉽게 사용할 수 있으나 여러 문제점을 가지고 있다. 가장 쉽게 생각할 수 있는 것은 조명이 바뀌는 경우이다. 조명이 약간 바뀌거나 물체에 그림자가 졌거나 밝기의 변화에 의해 물체 색의 특성이 달라지면 미리 결정해 사용하고 있는 임계치를 더는 일관적으로 공의 추출에 사용될 수 없게 된다. 이러한 임계치는 머신비젼에서 매직파라메터(magic factor, magic parameter)라 부르는데 마치 모든 것을 알고 있는 마술사가 그때 그때 상황에 맞게 임계치를 조정해 줄 수 있다는 의미로 사용된다. 영상 자체의 정보만으로 이러한 임계치를 추정해낼 수 없다면 사용자의 개입이 환경이 바뀔 때마다 필요하게 되고 이러한 알고리즘은 신뢰성이 떨어지므로 일반적으로 사용하기 어렵게 된다.

즉, 알고리즘은 사용자의 개입을 최소화할 수 있도록 모든 임계치는 영상 내의 정보만 가지고 결정해줄 수 있어야 하며 매직팩터의 개수를 최소로 하는 알고리즘이 우수한 알고리즘이 된다.

영상처리와 비젼 분야의 연구에 있어 다양한 영상에서 물체 형태나 외관정보를 미리 확률적 · 해석적으로 분석해 이러한 정보를 이용, 매직팩터를 최소화하고 임계치를 입력된 영상정보만으로 추정하는 것은 대단히 중요하며 이와 관련된 기존의 많은 연구들이 존재한다.

본 절에서는 컬러영상처리의 응용 예로써 컬러 히스토그램 정합법에 대해 자세히 살펴본다.

Tip | 컬러 히스토그램 정합

컬러 히스토그램 정합법(color histogram matching method)은 1991년 Swain과 Ballard라는 사람이 발표한 알고리즘이다[2]. 추출 또는 인식하려는 물체가 2개 이상의 서로 다른 색으로 구성되어 있다면 이러한 다색 물체는 배경에 존재하는 다른 물체에 비해 구별되는 색 분포 차이를 보이므로 신뢰성 높게 해당 물체를 추출할 수 있다는 원리를 이용한 방법이다. 예를 들면 사람의 머리(head)부는 얼굴색(skin color)과 머리카락색(hair color)이 서로 인접한 위치에서 결합되어 존재하므로 얼굴색만 이용하여 머리 위치를 찾는 것보다 머리색과 얼굴색을 동시에 이용하여 머리 위치를 탐색한다면 훨씬 정확하게, 조명에 영향을 덜 받고 물체의 위치를 찾을 수 있을 것이다.

(a)

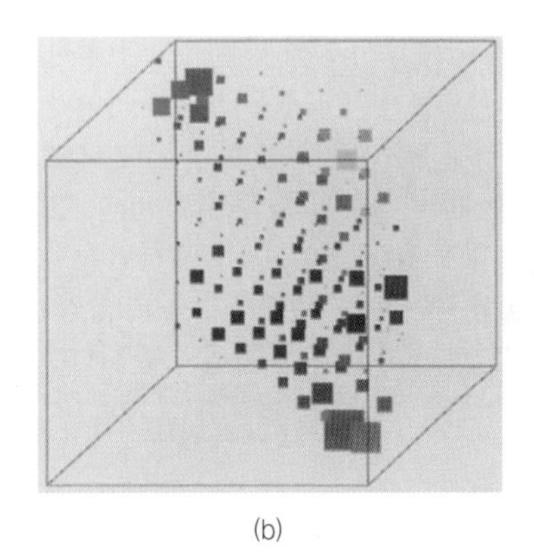

(b)

그림 15-2 다양한 색깔이 존재하는 다색 물체와 이 물체의 색 분포[2]

[그림 15-2]는 여러 색을 가진 한 물체와 이 물체의 색의 분포를 3차원 공간에서 표시한 그림을 보여준다. 그림 [그림 15-2(b)]의 3차원 좌표의 각 축은 R, G, B의 3가지 색의 값을 나타낸다. [그림 15-2(a)]는 노랑색과 파랑색이 많이 존재하는 물체이므로 3차원 공간 내의 노랑과 파랑을 나타내는 좌표위치로 영상에 있는 많은 픽셀들이 보팅(voting)되어 큰 면적으로 보여지고 있다.

컬러 히스토그램 정합은 다음과 같은 수식의 값으로 모델링 된다:

$$\phi_c = \frac{\sum_{i=1}^{N} min(I(i), M(i))}{\sum_{i=1}^{N} I(i)} \tag{15-1}$$

주어진 식에서 N은 픽셀의 컬러값을 보팅하기 위해 3차원 공간을 적당하게 분할하여 만들어낸 격자(grid)의 수이다. $I(i)$는 테스트 영상이 3차원 보팅공간 내 i 번째 격자에 보팅한 픽셀의 수, $M(i)$는 모델 영상의 3차원 보팅공간 내 i 번째 격자에 보팅한 픽셀의 수이다. 각 격자공간을 작은 상자(bin)라고도 부르며 위 수식에 따르면, $M(i)$과 $I(i)$는 같은 컬러가 있을 때만 그 좌표의 컬러 bin에서 분자의 $\sum$ 연산에 기여하게 된다. I와 M에 대응되는 3D 보팅공간은 각각 만들어야 한다.

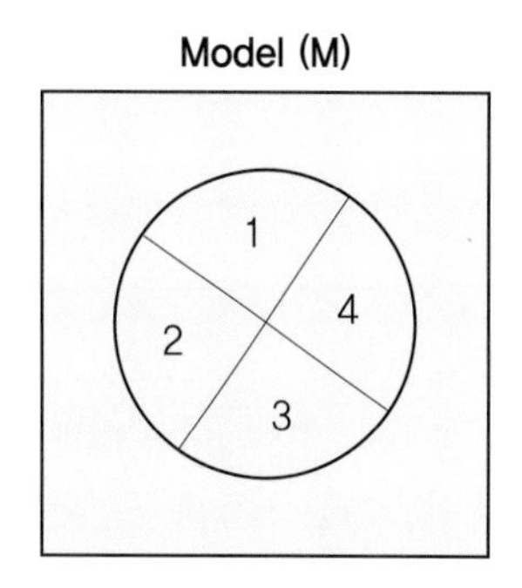

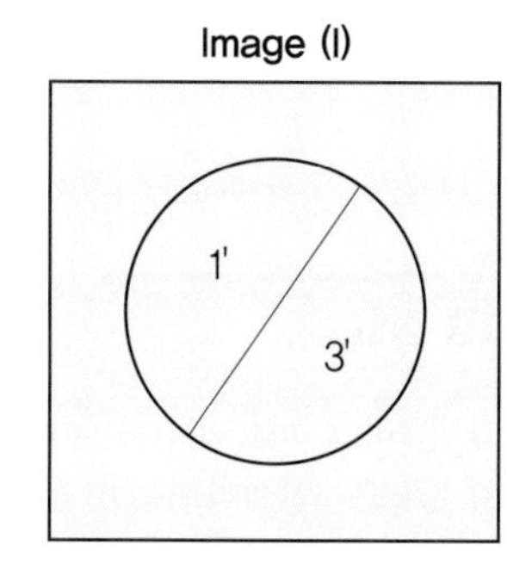

그림 15-3 모델 영상과 테스트 영상의 비교

[그림 15-3]은 왼쪽에 네 가지의 서로 다른 색으로 구성된 모델영상과 오른쪽의 2가지의 색으로만 구성된 테스트 영상을 위의 히스토그램정합식에 의해 비교하는 예를 보여준다. 1과 1′, 3과3′는 서로 같은 색이며 2와 4의 색은 테스트 영상에서 존재하지 않는다. 두 이미지 패치(patch)에서 1과 1′를 비교하면 두 색이 서로 동일 색이나 1의 픽셀 수는 1′의 픽셀 수보다 훨씬 작다. 따라서 수식에 따르면 값 ϕ_c의 계산에 있어 분자의 $min(I(i), M(i))$식으로 인해 1′색은 계산에 기여가 되나 최대 1의 크기만큼만 기여가 가능하다. 마찬가지로 3′의 색도 분자의 $\sum$계산에 기여를 하게 되나 모델 내 색 3의 면적만큼만 기여가 가능하다. 2와 4의 색은 테스트 영상 내 존재하지 않으므로 분자의 *min*( )연산에 I와 M 중 최소값을 취하는 특성으로 인해 $\sum$ 연산에 전혀 기여할 수 없게 된다. 결론적으로 말하면 모델 $M(i)$의 색 구성과 유사하게 색이 골고루 배치된 컬러 패치가 테스트 영상 $I(i)$내에도 존재해야 높은 값의 ϕ_c가 계산 가능하게 된다. 분모는 정규화(normalization) 인자로 테스트 영상 패치 내 모든 픽셀 수를 나타낸다.

1 컬러 히스토그램 정합법의 구현

컬러 히스토그램 정합법을 구현하기 위해 먼저 모델 영상에 대해 3D 보팅 히스토그램을 구축한다. 이 보팅 히스토그램이 모델히스토그램이 된다. 테스트 영상에서 모델 영상패치와 비슷한 색 분포를 가지는 물체를 추출하기 위하여 테스트 영상의 후보영역 주위로 모델영상 패치와 비슷한 크기의 영상패치를 잘라 3D 보팅 히스토그램을 작성하고 이 히스토그램을 모델의 히스토그램과 (식 15-1)에 의해 비교한다. 후보영역이 없다면 테스트 영상의 처음 위치부터 스캔해가면서 모델히스토그램과 테스트 영상의 부분 영상 영역을 설정한 후 이 영역 내의 픽셀값으로 작성한 히스토그램과 비교한다.

3차원 보팅 히스토그램을 작성하는 것은 많은 연산량을 필요로 한다. R, G, B의 값들은 각각 0 ~ 255사이의 값을 가질 수 있으며 3D 공간에서 가능한 bin의 개수는 256^3개가 되며,

이렇게 많은 수의 bin을 사용한다면 테스트 영상에서 ϕ_c값 계산 시에도 동일한 N의 값이 필요하므로 아주 큰 계산량이 요구된다. 따라서 bin의 수를 줄이는 것이 대단히 중요하다.

Swain은 그의 논문에서 8 × 8 × 4개의 bin을 사용하고 있으며 각각의 축은 R, G, B 값이 아니라 삼원색의 적당한 결합을 사용한다. 사용된 세 축의 값은 다음과 같이 계산된다:

$$x = \frac{(B - G + 255)}{64}$$
$$y = \frac{(G - R + 255)}{64}$$
$$z = \frac{(R + G + \mathrm{B})}{192}$$

히스토그램 그래프의 각 축은 R, G, B의 값들 자체보다는 색의 영역들을 여러 bin들로 잘 분리해낼 수 있으면 되므로 위와 같은 형태로 축값을 바꾸어도 결과는 동일하다. 이렇게 세 축을 정의하면 x축과 y축의 가능한 분자값은 0 ~ 255 × 2 사이의 값이 되므로 64를 나누게 되면 8개의 bin이 나타나게 된다. z축의 경우 분자의 가능한 값은 0 ~ 255 × 3 이므로 192로 나누면 0 ~ 3까지의 정수값이 나오게 된다. 즉 bin의 개수는 4개가 된다.

리스트 15-1 컬러 히스토그램 정합을 위한 3차원 히스토그램 생성함수

```
01 void BuildHisto(ColorImg *testImg,int width, int sr,int sc, int er, int ec, int
02                                                                   vote[8][8][4])
03 {
04    register int i,j,k;
05    int r, g, b, index1, index2, v1, v2, v3;
06 
07    for(i=0; i<8; i++) for(j=0; j<8; j++) for(k=0; k<4; k++) vote[i][j][k] = 0;
08 
09    for(i=sr; i<er; i++)
10    {
11       index1 = i*width;
12       for(j=sc; j<ec; j++)
13       {
14          index2 = index1+j;
15          r = testImg[index2].r;
16          g = testImg[index2].g;
17          b = testImg[index2].b;
18 
19          v1 = (b-g+255)/64;
20          v2 = (g-r+255)/64;
21          v3 = (b+g+r)/192;
22 
```

```
23          vote[v1][v2][v3]++;
24       }
25    }
26 }
```

[리스트 15-1]의 3차원 히스토그램 생성함수를 보면 입력된 영상 내의 특정 영역에 대해 이 영역에 속하는 모든 픽셀의 R, G, B화소값을 3차원 히스토그램을 나타내는 배열 vote[][][]에 보팅을 통해 count 값을 증가시키고 있다. vote 배열은 세 축에 대해 8 × 8 × 4의 크기로 분할된 bin을 가지고 있으므로 bin의 개수는 모두 256개가 된다.

이렇게 작성된 모델의 히스토그램과 테스트 영상 내 부분 영역은 서로 비교되게 되며, 컬러 히스토그램 정합을 수행하는 함수는 [리스트 15-2]에 나타나 있다. 테스트 영상의 왼쪽 위에서 시작하여 영상 내 모든 픽셀 위치에 대해 스캔하며 탐색을 수행하고 가장 큰 ϕ_c값을 주는 위치를 저장하게 된다. 이 위치가 모델컬러와 동일한 색 분포를 가진 테스트 영상 내 물체의 위치가 된다.

리스트 15-2 테스트 영상 내에서 컬러 히스토그램 정합을 수행하는 함수

```
01 void SearchTestImage(ColorImg *orgImg, int height, int width,
02                           int m_vote[8][8][4], ColorImg *outImg, int tH, int tW)
03 {
04    register int i,j, k, l, m;
05    int vote[8][8][4];
06 
07    int sumTest, sumComp, minVal;
08    int currRow, currCol;
09    float matchVal, currVal=0.0f;
10 
11    for(i=0; i<height-tH; i++)
12    {
13       for(j=0; j<width-tW; j++)
14       {
15 
16          BuildHisto(orgImg,width, i,j,i+tH,j+tW, vote);// 히스토그램 생성함수 호출
17 
18          // Histogram matching 시작
19          sumTest = sumComp = 0;
20          for(k=0; k<8; k++)
21          {
22             for(l=0; l<8; l++)
```

```
23            {
24               for(m=0; m<4; m++)
25               {
26                  sumTest += vote[k][l][m];
27                  if(m_vote[k][l][m]<vote[k][l][m]) minVal = m_vote[k][l][m];
28                  else minVal = vote[k][l][m];
29
30                  sumComp += minVal;
31               }
32            }
33         }
34
35         matchVal = (float)sumComp / sumTest; // Øc값 계산
36
37         if(matchVal>=currVal)
38         {
39            currVal = matchVal;
40            currRow = i;
41            currCol = j;
42         }
43      }
44   }
45
46   printf("(%3d, %3d)=> %7.3f\n",currRow, currCol, currVal);
47
48   // Draw a box
49   DrawBox(outImg, height, width, currRow, currCol, tH, tW);
50 }
```

[리스트 15-2]에서 모델영상 패치의 크기는 $tH \times tW$이고 테스트 영상의 크기는 $height \times width$이다. 테스트 영상 내 가능한 모든 위치에서 3차원의 Color Histogram 매칭을 수행하므로 5개의 for 문이 중첩되어 나타나게 된다. 그림 4는 컬러 히스토그램 정합법을 사용하여 다색으로 이루어진 물체를 인식하는 결과를 보여준다. 모델영상은 서로 다른 4개의 색으로 이루어진 평면 물체이고 테스트 영상은 이 모델 물체를 사무실 내 임의의 위치에 두고 획득한 영상을 보여준다. 테스트 영상은 내부에 복잡한 많은 물체들이 존재하며 다양한 색을 가진 물체는 배경 노이즈로 작용하게 된다. 프로그램 수행결과는 이러한 일반적인 조건에서도 컬러 히스토그램 정합법이 관심 물체의 위치를 정확하게 찾을 수 있음을 보여준다.

(a)

(b)

그림 15-4 다색 모델과 이 물체의 테스트 영상에서 위치 탐색. (a) 모델영상; (b) 탐색결과

[그림 15-5]는 사무실 내 책장에 꽂혀 있는 책들을 인식한 예를 보여준다. 나란히 꽂혀 있는 노랑, 파랑, 붉은색의 책들을 모델로 잡고 서로 다른 각도로 찍은 두 테스트 영상에 대해 책의 위치를 인식한 결과를 보여준다. 책장의 책이 잘 인식되었음을 [그림 15-5(b)]는 보여준다.

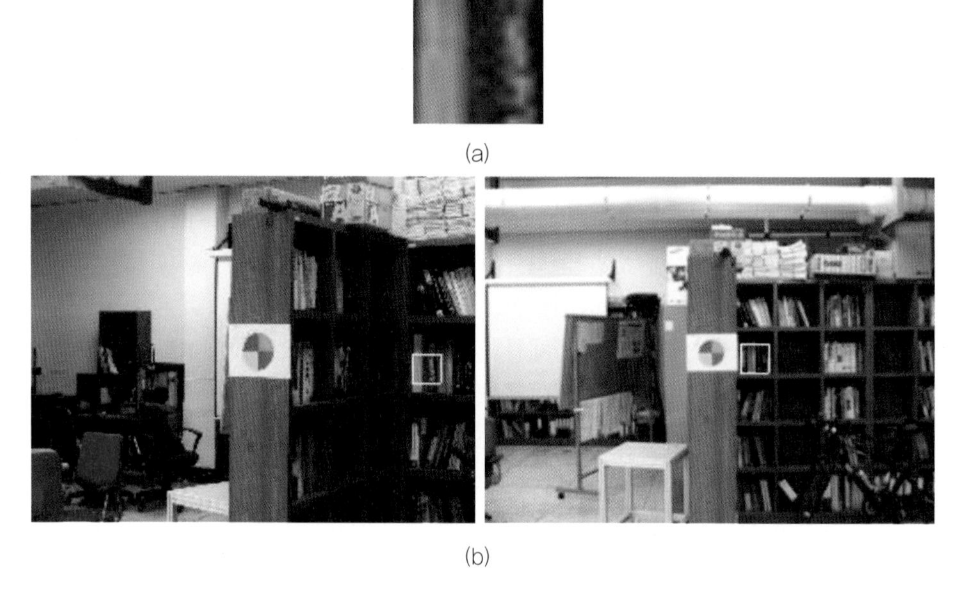

(a)

(b)

그림 15-5 또 다른 컬러 패치와 이 모델 패치의 탐색 결과. (a) 모델영상; (b) 탐색결과

[그림 15-6]은 다른 사람의 머리를 모델로 잡았을 때 사람 헤드의 위치를 머리카락색과 피부색의 결합을 통해 인식할 수 있는지에 대한 결과를 보여준다. 머리의 위치가 잘 탐색되고 있음을 보여주고 있다.

(a)

(b) (c)

그림 15-6 머리색과 피부색의 결합에 의한 사람 헤드 탐색. (a) 템플릿 모델; (b)와 (c)는 탐색의 결과

2. 로봇축구

컬러영상처리의 응용분야로 로봇축구 영상에 대한 처리를 살펴본다. 로봇축구는 한국과학기술원(KAIST) 김종환 교수가 1995년 창안해 세계적인 로봇기술 과학스포츠로 육성한 아이템으로 영상처리, 지능제어, 센서, 통신, 구동장치 등 소프트웨어와 하드웨어의 첨단기술을 동시에 학습하고 적용할 수 있는 첨단 종합 기술 학습의 장이 되었다[3]. 1.7m × 1.5m의 작은 경기장에서 가로, 세로, 높이 7.5cm이하의 마이크로 로봇 3대가 한 팀을 이루어 두 팀이 실제 축구경기와 유사한 시합을 펼치는 로봇축구는 골프 공을 상대 골문 안으로 넣으면 득점으로 인정되며 사람의 조작을 통해 경기하는 것이 아니라 인공지능을 이용한 컴퓨터 프로그래밍으로 실시간 상황을 판단해 양 팀이 자율적으로 경기를 펼치게 된다.

그림 15-7 로봇축구

[그림 15-7]은 로봇축구 경기의 한 예를 보여주고 있다. 경기장 내의 공은 오렌지색 골프공이고 각 팀의 로봇 상부에 팀을 구별할 수 있는 파랑 또는 노랑의 색을 가지고 있다.

운동장 내의 로봇위치를 파악하기 위해 운동장 상부의 약 2m 위치에 컬러 카메라가 장착되어 있으며 컬러영상처리를 이용하여 로봇과 공의 위치를 추출해낸다.

여기서는 컬러영상처리의 또 다른 응용 예로 로봇축구 영상에서 로봇과 공의 위치를 컬러 영상분할을 이용하여 추출해내는 프로그램을 작성해보도록 한다.

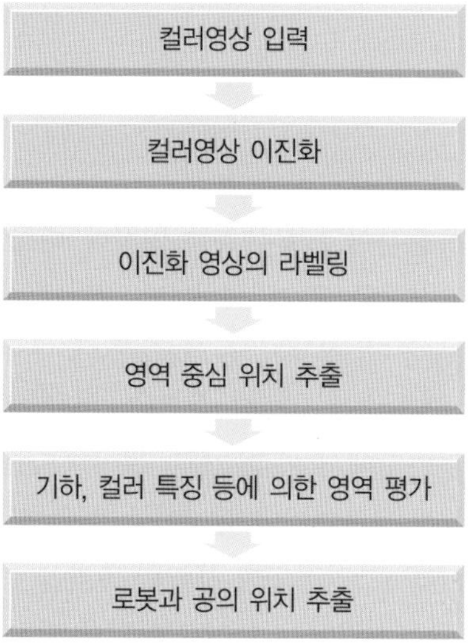

컬러영상 입력

↓

컬러영상 이진화

↓

이진화 영상의 라벨링

↓

영역 중심 위치 추출

↓

기하, 컬러 특징 등에 의한 영역 평가

↓

로봇과 공의 위치 추출

그림 15-8 로봇과 공 위치 추출의 과정

[그림 15-8]은 로봇축구 영상에서 로봇과 공의 위치를 추출해내는 과정을 단계적으로 보여주고 있다. 먼저 축구장 상부의 컬러 카메라에서 획득된 컬러영상에 대해 이 영상을 이진화한다. 이진화된 컬러영상은 R, G, B의 각 밴드가 0이나 255의 값을 가지게 된다. 운동장 영역은 채도(saturation)가 낮은 Gray 영역이며 로봇이나 공은 채도가 높은 순색을 가지는 영역이므로 이러한 특징을 관심 영역 추출에 사용할 수 있다. 또한 [그림 15-9]의 경우는 로봇 상부의 컬러 패치(patch)가 원(circle)에 가까운 형상을 가지므로 추출된 영역의 기하학적 특징(geometric property)을 검사할 수도 있다.

이진화 결과영상을 11장에서 설명한 라벨링(labeling) 알고리즘을 사용하여 영역 라벨링을 수행한다. 하나의 영역으로 묶여진 유사값을 가지는 픽셀 영역들은 대표 컬러값과 영역 중심좌표가 라벨링 과정 동안 동시에 계산된다.

라벨링 수행 후, 영역의 대표 컬러값의 채도값을 계산하여 낮은 채도값을 가지는 영역들을 필터링하여 배제시키거나 추출된 영역의 원형도를 검사한다면 공과 로봇의 영역만을 추출하는 것이 가능하게 된다.

로봇의 상부에서 서로 다른 두 가지 색의 옷을 입히는데 하나는 팀 색을 나타내며 다른 하나는 로봇의 방향을 표현하기 위해 사용된다. 따라서 팀 색의 중심좌표와 인접 영역의 중심좌표 사이 값을 이용하여 로봇의 회전 자세를 결정하면 로봇과 공의 추출을 위한 영상처리의 과정이 모두 끝나게 된다.

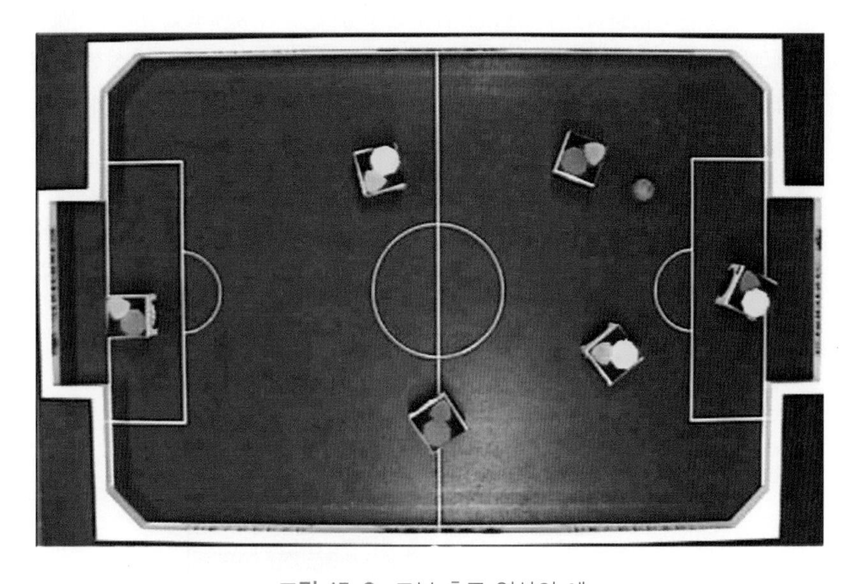

그림 15-9 로봇 축구 영상의 예

[그림 15-9]에서 노랑과 파랑은 팀 색을 나타내며, 팀 색 영역과 붙은 인접 색 영역은 로봇의 방향과 몇 번째 로봇인지를 결정하기 위해 칠해놓은 부분이다. 따라서 로봇 축구의 영

상처리란 각 로봇의 팀 색 영역, 방향표시영역, 공 영역 등을 추출하여 슛 동작을 위한 제어 전략을 수립하기 위한 기초 정보를 제공하는 것이다.

실제 상황에서는 초당 30프레임 이상의 고속 실시간 영상처리가 중요하므로 고속 영상처리를 위한 특별한 하드웨어나 소프트웨어 알고리즘에 대한 처리가 필요할 수 있다. 주위 조명에 영향을 덜 받으며 고속으로 로봇과 공의 위치를 추출해낸다면 로봇축구를 위한 좋은 영상처리 알고리즘이 될 것이다.

3. 대화상자 기반의 영상 이진화 프로그램의 작성

컬러영상에 대한 영역의 라벨링을 수행하기 전에 먼저 입력된 컬러영상을 이진화한다. 흑백영상에서처럼 영상의 이진화를 위한 임계치(threshold value)를 미리 결정하는 것은 쉽지 않은 일이므로, 슬라이드바를 이용하여 컬러영상을 이진화하는 단계를 먼저 수행한다. 컬러영상을 이진화한 다음 이 영상을 이용하여 영역 추출을 위한 라벨링을 수행하도록 한다. 이진화를 수행할 영상을 대화상자에 출력하고 대화상자에 슬라이드 컨트롤을 달아서 영상이치화를 수행해보자.

1 대화상자 기반의 컬러영상 동적 이치화

흑백영상의 이진화를 수행하는 함수를 6장에서 작성해보았다. 여기에서는 컬러영상 입력에 대해 대화상자 기반으로 이진화를 수행하는 프로그램을 작성한다. 컬러영상의 경우는 흑백영상과 달리 R, G, B의 세 개의 채널이 존재하므로, 각각의 채널에 대한 이진화를 수행한 후 처리된 결과를 이용하여 다시 컬러영상을 만들어내도록 한다.

1 다이얼로그박스의 작성

먼저 다이얼로그박스를 만든다. <Workspace>의 <ResourceView> 탭을 선택하고 [그림 15-10]처럼 <Insert Dialog>을 선택한다.

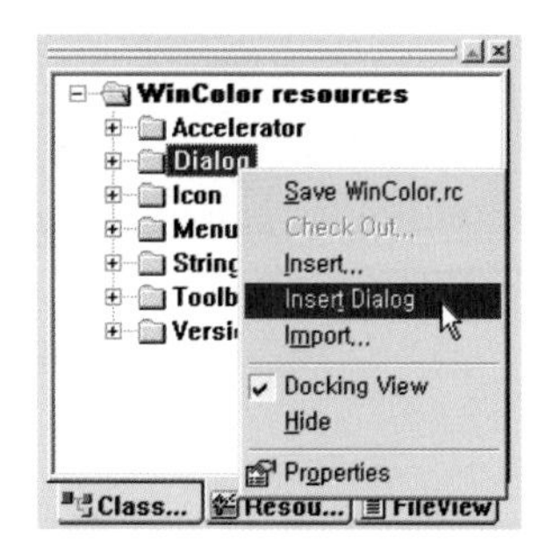

그림 15-10 새 다이얼로그박스의 삽입

오픈된 다이얼로그박스에서 버튼의 위치를 변경해준다.

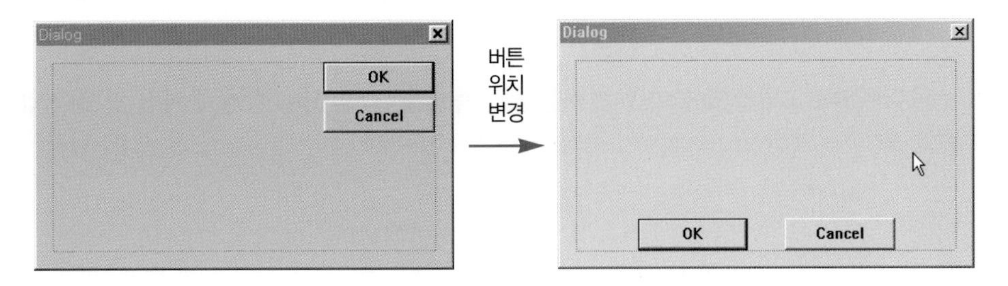

그림 15-11 다이얼로그박스 편집

[그림 15-12]처럼 툴박스에서 몇 가지 컨트롤을 가져와서 다이얼로그박스에 첨가한다. 슬라이드바와 에디터박스 등을 가져와서 붙여준다. 자세한 내용은 6장을 참조한다. 또한 다이얼로그박스의 크기 조정 후, [그림 15-12]에 원호로 표시된 <Static Text>컨트롤을 가져와서 추가한다.

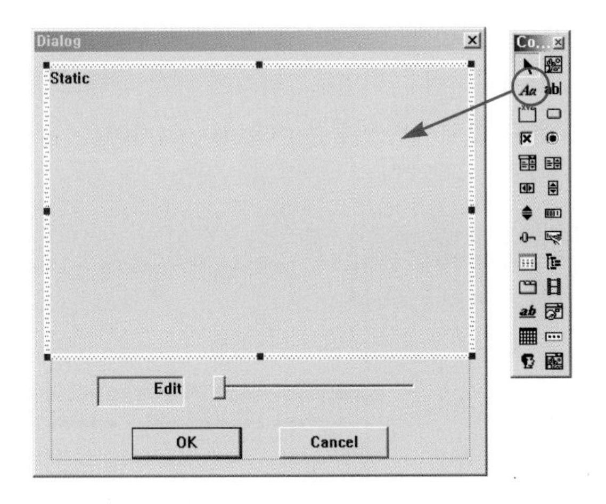

그림 15-12 다이얼로그박스에 툴들을 추가

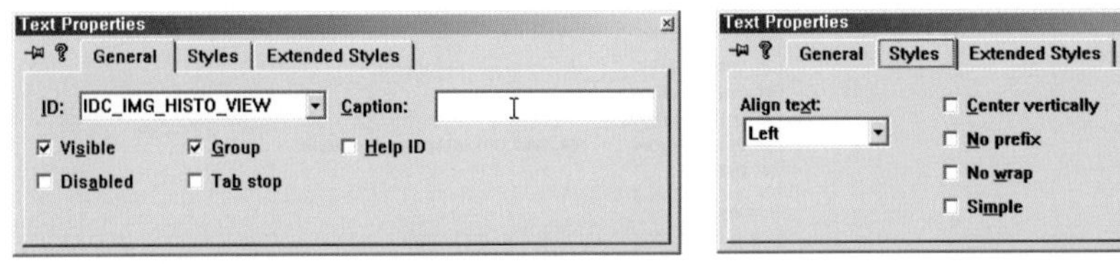

그림 15-13 〈Static Text〉컨트롤 속성 설정

추가한 <Static Text>컨트롤의 속성을 [그림 15-13]처럼 설정해준다. ID는 <IDC_IMG_HISTO_VIEW>로 입력하고 Caption 부분의 "Static"을 지워준다. <Style>탭을 클릭한 후 <Border> 부분을 선택해준다.

다이얼로그박스에 붙여준 컨트롤들의 특성을 [그림 15-14]에 주어진 것처럼 입력한다.

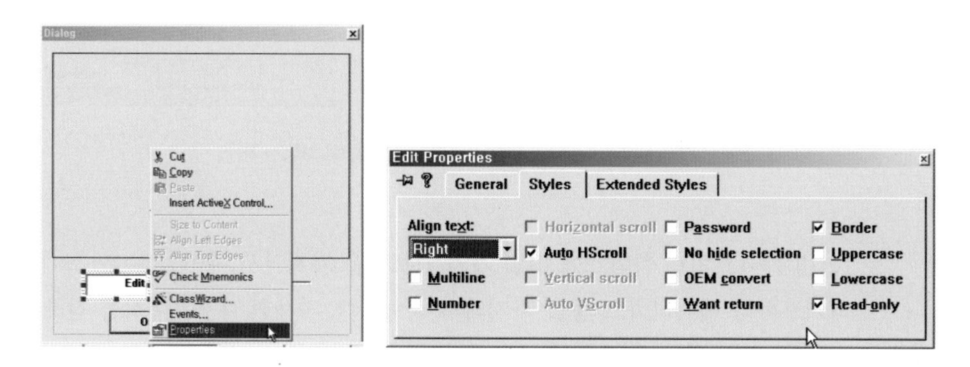

그림 15-14 에디터박스 특성 입력

다이얼로그박스에 대응하는 클래스를 작성하기 위해 클래스위자드를 이용한다. [그림 15-15]와 [그림 15-16]처럼 다이얼로그박스에 대한 클래스를 작성한다. 마우스 위치부에 두 번 클릭하면 된다. 클래스의 이름은 <CBinaryCtrlDlg> 클래스로 한다.

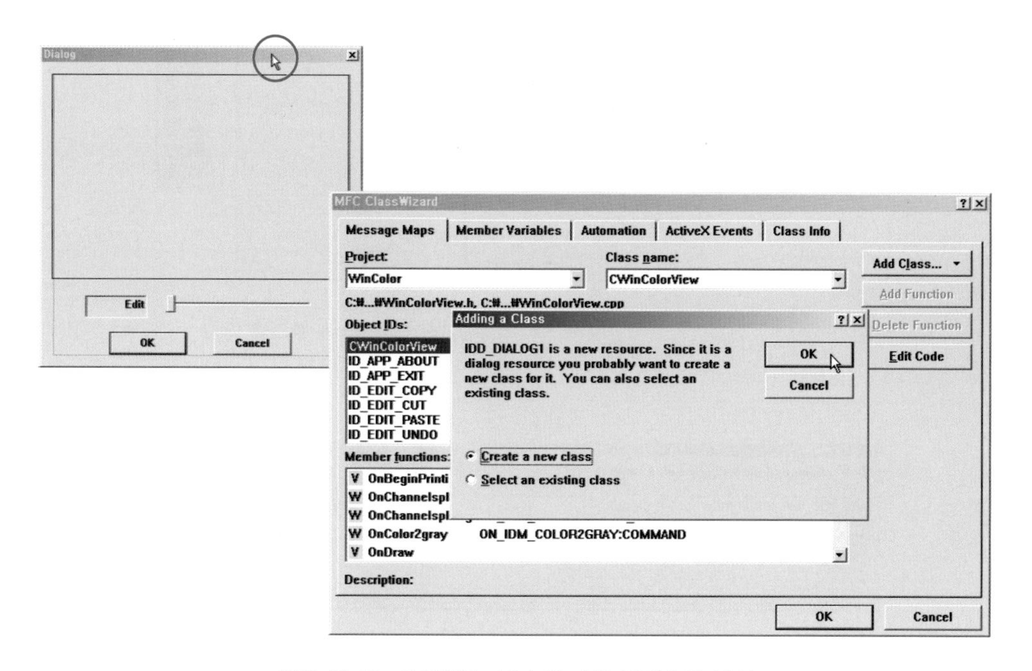

그림 15-15 다이얼로그박스에 대한 클래스의 작성

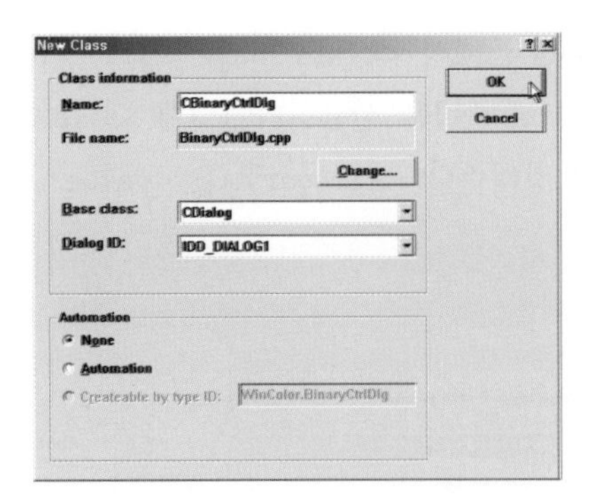

그림 15-16 다이얼로그 클래스 이름 〈CBinaryCtrlDlg〉입력

2 다이얼로그 클래스의 멤버함수 작성

<OK>버튼과 <Cancel>버튼이 눌려졌을 때 실행할 멤버함수들을 추가한다. [그림 15-11]에 주어진 것처럼 다이얼로그 클래스 <CBinaryCtrlDlg> 아래에 새로운 두 개의 멤버함수를 클래스위자드를 이용하여 추가한다.

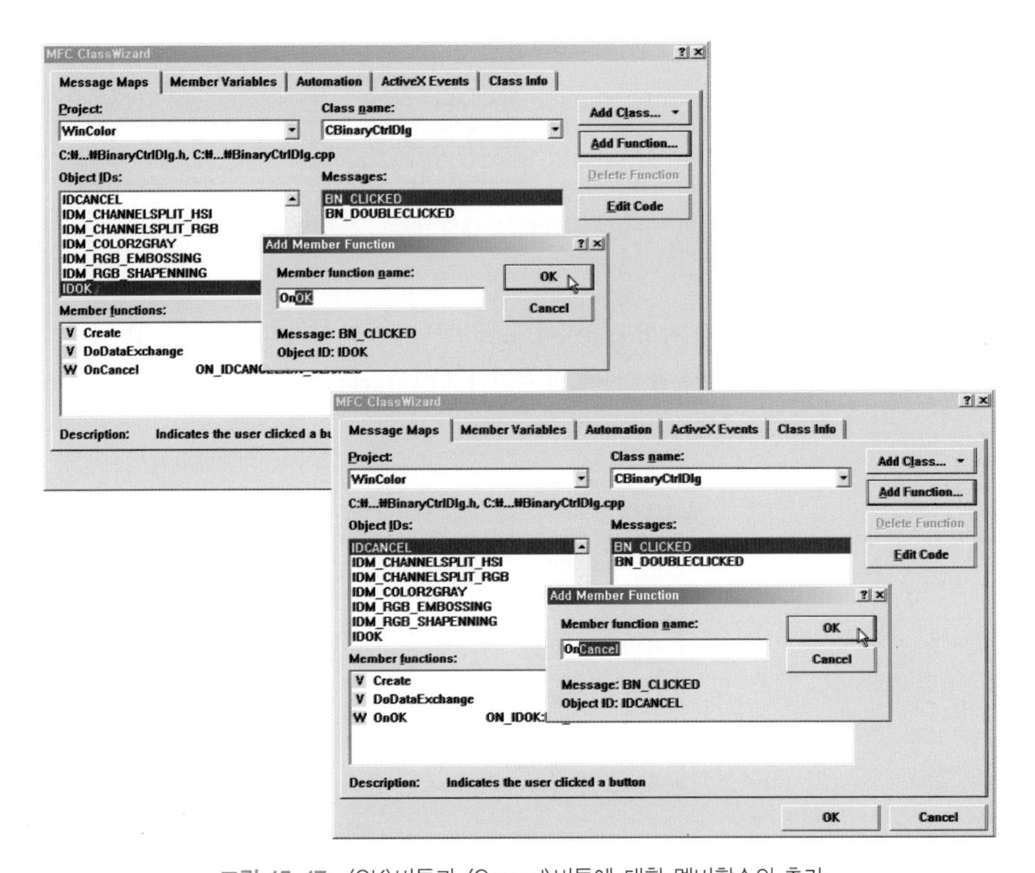

그림 15-17 〈OK〉버튼과 〈Cancel〉버튼에 대한 멤버함수의 추가

클래스위자드를 오픈해서 `<Class name>`에서 <**CBinaryCtrlDlg**> 클래스를 선택한 후 `<Member Variables>` 탭을 선택한다. [그림 15-18]처럼 정수변수를 추가하고 변수의 범위 0과 255를 설정해준다. `<Category>`는 `<value>`로, `<Variable type>`은 `<int>`로 설정한다.

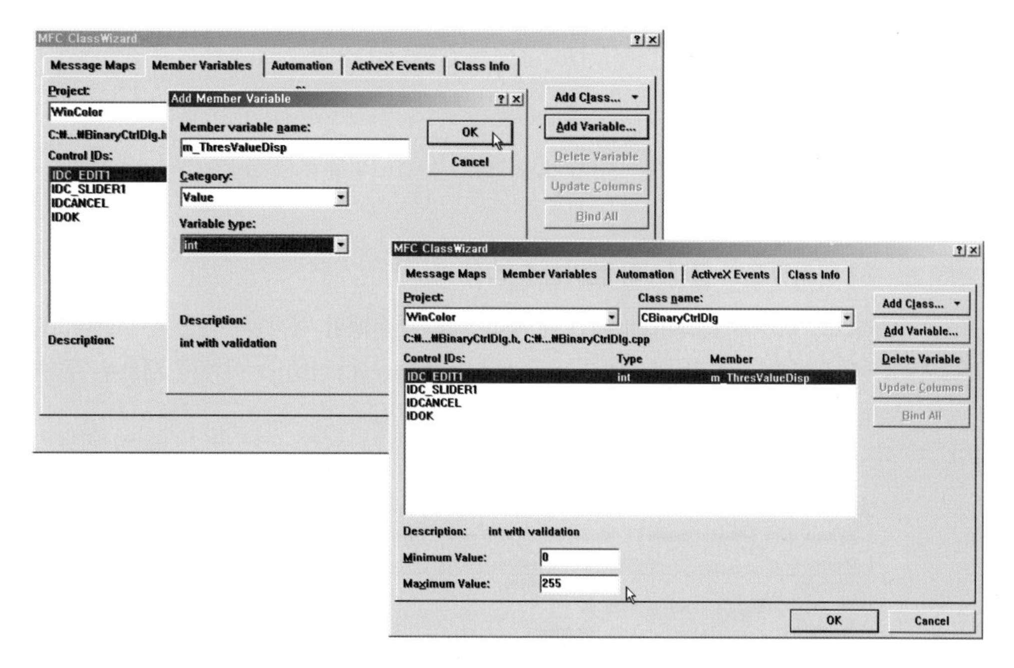

그림 15-18 에디터박스 대응 변수의 추가 및 추가변수 이름 입력

슬라이드바에 대한 속성도 유사하게 설정한다. [그림 15-19]처럼 슬라이드바에 대한 변수도 <Add Variable>버튼을 이용하여 추가하고 `<Category>`와 `<Variable type>`부분에 필요한 설정을 수행해준다.

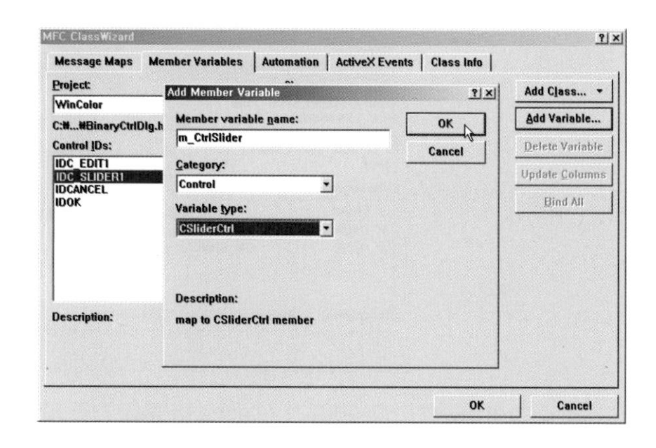

그림 15-19 슬라이드 컨트롤 변수 추가와 속성 설정

다이얼로그박스가 오픈될 때 실행되는 초기화함수를 [그림 15-20]처럼 추가한다.

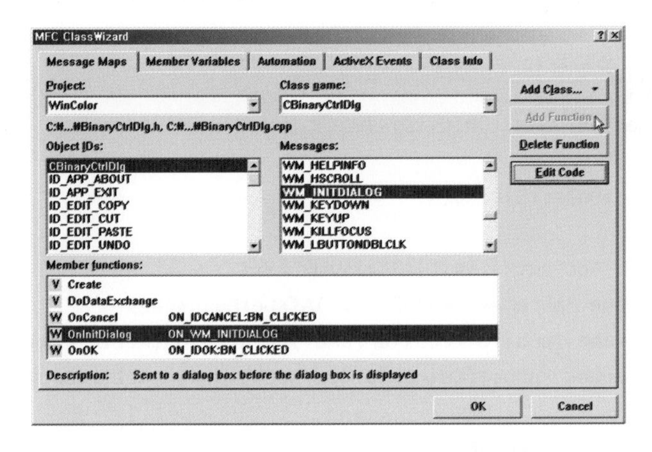

그림 15-20 다이얼로그박스 초기화 멤버함수 추가

<CBinaryCtrlDlg> 클래스에 멤버변수들을 추가한다. 컬러영상 이진화를 위해 필요한 영상버퍼 외 기타 변수이다. 아래의 표는 추가할 변수들의 목록이다. [그림 15-21]처럼 차례대로 변수들을 <CBinaryCtrlDlg> 클래스의 헤드파일에 입력해준다.

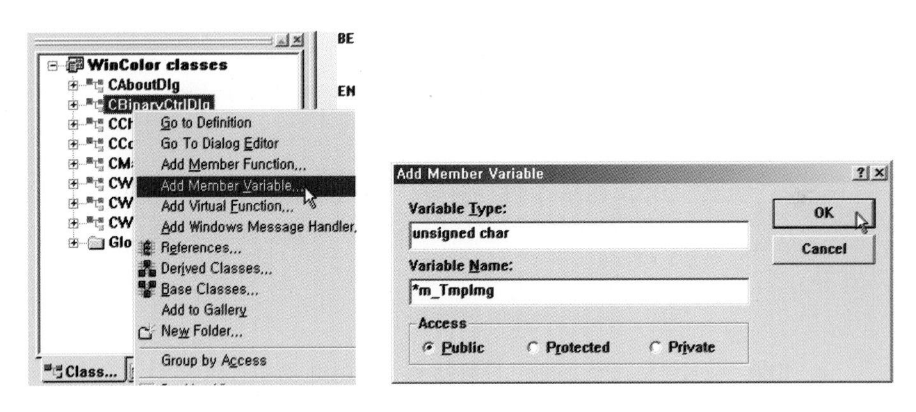

그림 15-21 영상버퍼를 위한 멤버변수의 추가

Variable Type	Variable Name	Access
unsigned char	*m_TmpImg	public
int	rwsize	private
int	height	private
int	width	private
BITMAPINFO	*BmInfo	private

[리스트 15-3]에 주어진 것처럼 다이얼로그박스 초기화를 위한 <CBinaryCtrlDlg> 클래스의 변수 및 컨트롤 초기화 함수 <OnInitDialog>를 작성한다.

리스트 15-3 다이얼로그박스 초기화함수의 구현

```
01 BOOL CBinaryCtrlDlg::OnInitDialog()
02 {
03    CDialog::OnInitDialog();
04
05    // TODO: Add extra initialization here
06    CMainFrame *pFrame=(CMainFrame*)AfxGetMainWnd();
07    CChildFrame *pChild=(CChildFrame*)pFrame->GetActiveFrame();
08    CWinColorDoc *pDoc=(CWinColorDoc*)pChild->GetActiveDocument();
09
10    height = pDoc->height;
11    width = pDoc->width;
12    rwsize = WIDTHBYTES(pDoc->dibHi.biBitCount*width);
13    BmInfo = pView->BmInfo;
14
15    m_TmpImg = new unsigned char [height*rwsize];
16    memcpy(pDoc->m_OutImg,pDoc->m_InImg,rwsize*height*sizeof(char));
17
18    m_CtrlSlider.SetRange(0,255);
19    m_CtrlSlider.SetPos(100);
20    m_ThresValueDisp =m_CtrlSlider.GetPos();
21    UpdateData(FALSE);
22
23    return TRUE;  // return TRUE unless you set the focus to a control
24                  // EXCEPTION: OCX Property Pages should return FALSE
25 }
```

➡ **10행** 다이얼로그박스에서 사용할 영상데이터 변수들의 설정

➡ **19행** 슬라이드바의 초기 상태를 (0 ~ 255)사이 값 중 100으로 설정

➡ **21행** 현재 설정된 데이터 값으로 다이얼로그의 모든 컨트롤들을 갱신하여 표시한다.

<CBinaryCtrlDlg> 클래스에서 도큐먼트 클래스 <CWinColorDoc>의 멤버 데이터에 접근하기 위해 메인프레임, Child 프레임, 도큐먼트 클래스의 인스턴스 주소를 참조해야 하므로 [리스트 15-4]처럼 <BinaryCtrlDlg.cpp> 파일에 상부에 해당 클래스의 헤드파일을 첨가하여 준다.

리스트 15-4 헤드파일의 추가

```
01 // BinaryCtrlDlg.cpp : implementation file
02 //
03 #include "stdafx.h"
04 #include "WinColor.h"
05 #include "BinaryCtrlDlg.h"
06
07 #ifdef _DEBUG
08 #define new DEBUG_NEW
09 #undef THIS_FILE
10 static char THIS_FILE[] = __FILE__;
11 #endif
12
13 /////////////////////////////////////////////////////////////////////////////
14 #include "MainFrm.h"
15 #include "ChildFrm.h"
16 #include "WinColorDoc.h"
17 #include "WinColorView.h"
18 /////////////////////////////////////////////////////////////////////////////
19 // CBinaryCtrlDlg dialog
20 … (생략) …
```

클래스위자드에서 [그림15-22]처럼 슬라이드바의 메시지처리함수를 추가한다. <NM_CUSTOMDRAW>는 슬라이드가 움직일 때마다 대응되는 멤버함수가 호출되는 옵션이다.

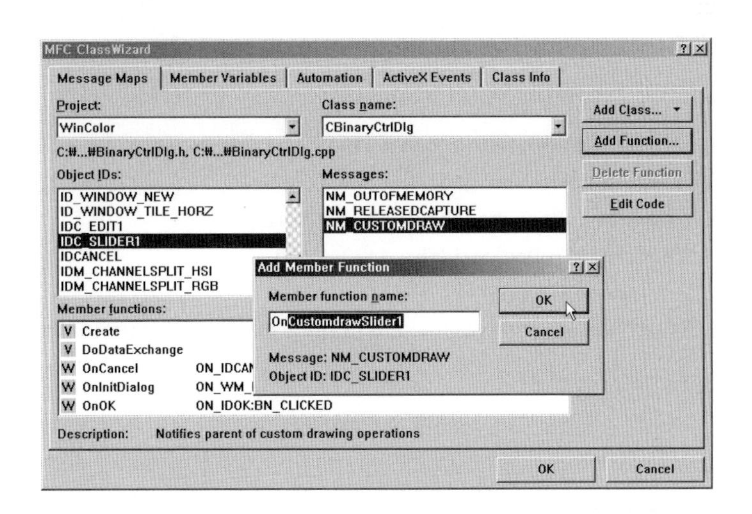

그림 15-22 슬라이드 컨트롤 메시지처리함수의 추가

[리스트 15-5]는 슬라이드바가 움직일 때 호출되는 함수이다. 슬라이드가 움직일 때 슬라이드의 위치를 잡아 이 위치값으로 컬러나 흑백영상의 이치화를 수행하여 view를 갱신해 주게 된다.

리스트 15-5 슬라이드컨트롤 메시지처리함수의 구현

```
01 void CBinaryCtrlDlg::OnCustomdrawSlider1(NMHDR* pNMHDR, LRESULT* pResult)
02 {
03    // TODO: Add your control notification handler code here
04    CMainFrame *pFrame=(CMainFrame*)AfxGetMainWnd();
05    CChildFrame *pChild=(CChildFrame*)pFrame->GetActiveFrame();
06    CWinColorDoc *pDoc=(CWinColorDoc*)pChild->GetActiveDocument();
07    CWinColorView *pView=(CWinColorView*)pChild->GetActiveView();
08    m_ThresValueDisp=m_CtrlSlider.GetPos();
09
10    int rwsize = WIDTHBYTES(pDoc->dibHi.biBitCount*pDoc->width);
11    int index, index2, i, j, LUT[256];
12    for(i=0; i<256; i++) LUT[i] = i > m_ThresValueDisp ? (unsigned char)255 : 0;
13
14    if(pDoc->dibHi.biBitCount==24) {   // 픽셀당 24비트
15       for(i=0; i<pDoc->height; i++) {
16          index = (pDoc->height-i-1)*rwsize;
17          for(j=0; j<pDoc->width; j++) {
18             index2 = index+3*j;
19             m_TmpImg[index2 ] = LUT[(int)(pDoc->m_OutImg[index2])];
20             m_TmpImg[index2+1] = LUT[(int)(pDoc->m_OutImg[index2+1])];
21             m_TmpImg[index2+2] = LUT[(int)(pDoc->m_OutImg[index2+2])];
22          }
23       }
24    }
25    else if(pDoc->dibHi.biBitCount==8) {   // 픽셀당 8비트
26       for(i=0; i<pDoc->height; i++) {
27          index = (pDoc->height-i-1)*rwsize;
28          for(j=0; j<pDoc->width; j++) {
29             index2 = index+j;
30             m_TmpImg[index2 ] = LUT[(int)(pDoc->m_OutImg[index2 ])];
31          }
32       }
33    }
34
35    UpdateData(FALSE);
36
37    CRect rect;
```

```
38      GetDlgItem(IDC_IMG_HISTO_VIEW)->GetWindowRect(&rect);
39      ScreenToClient(rect);
40      InvalidateRect(&rect, FALSE);
41  }
```

➡ **12행** 이치화 연산을 고속으로 수행하기 위해 LOOKUP테이블을 이용한 이치화를 수행하고 있음을 알 수 있다. 미리 슬라이드 컨트롤 설정값을 기준으로 0과 255의 두 값으로 LUT를 설정한 후, 루프 내의 처리문에서는 if~else문의 사용 없이 직접 LUT를 참조하여 이진화를 수행함을 알 수 있다.

➡ **14행** 처리할 영상이 컬러영상이라면 세 개의 채널 각각에 대한 이치화를 수행해준다. LUT를 사용하여 if~else 연산이 필요 없게 된다.

➡ **25행** 흑백영상인 경우 밝기값에 대해서만 이치화를 수행하면 된다.

➡ **38행** <Static Text>컨트롤의 영역 위치를 잡아서 rect에 치환해준다.

➡ **39행** 스크린 좌표를 클라이언트 좌표로 바꾸어준다.

➡ **40행** OnPaint함수를 호출하여 화면을 갱신해준다.

클래스위자드를 열어 <WM_PAINT>메시지 핸들러 함수인 <OnPaint>함수를 추가한다.

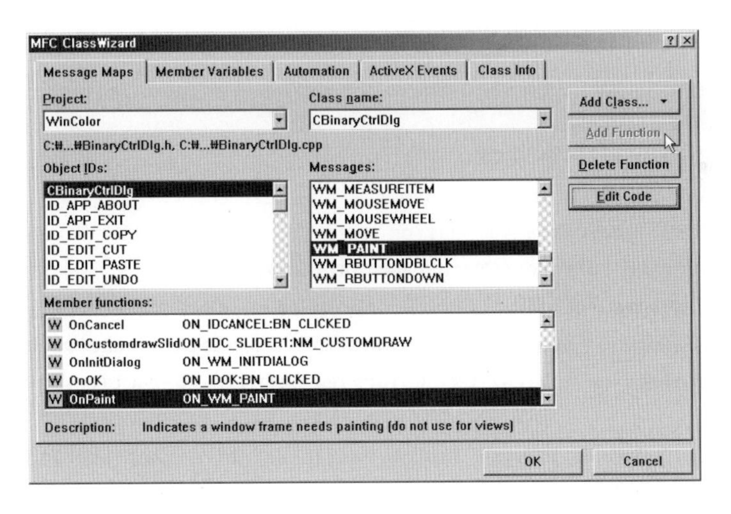

그림 15-23 대화상자 클래스에 〈OnPaint〉함수의 추가

추가한 OnPaint 함수를 [리스트 15-6]처럼 구현해준다. [그림 15-23]에서 "Static Text" 컨트롤의 ID를 <IDC_IMG_HISTO_VIEW>로 설정했었다. 이 컨트롤에 대응하는 디바이스 컨텍스트를 얻어와 영상출력에 사용한다.

리스트 15-6 <OnPaint>함수의 구현

```
01 void CBinaryCtrlDlg::OnPaint()
02 {
03     CPaintDC dc(this); // device context for painting
04 
05     // TODO: Add your message handler code here
06     CPaintDC dcView(GetDlgItem(IDC_IMG_HISTO_VIEW));
07 
08     CRect rect;
09     GetDlgItem(IDC_IMG_HISTO_VIEW)->GetClientRect(&rect);
10 
11     StretchDIBits(dcView.m_hDC,rect.left,rect.top,rect.right,rect.bottom, 0, 0,
12                            width, height, m_TmpImg,BmInfo, BI_RGB, SRCCOPY);
13 
14     // Do not call CDialog::OnPaint() for painting messages
15 }
```

대화상자 초기화함수 <InitDialog>에서 영상버퍼 메모리를 할당해주었으므로 대화상자를 닫기 전에 메모리를 해제해야 한다. [리스트 15-7]은 <OK>버튼과 <Cancel>버튼에 대응하는 함수의 구현이다. <OnOK> 함수에서는 이진화 처리된 결과 이미지 <m_TmpImg>를 원 입력영상인 <m_InImg>로 복사한 후 현재 활성화된 뷰를 갱신해주는 일을 한다.

리스트 15-7 <OK>버튼과 <Cancel>버튼에 대응되는 멤버함수의 구현

```
01 void CBinaryCtrlDlg::OnOK()
02 {
03     // TODO: Add extra validation here
04     CMainFrame *pFrame=(CMainFrame*)AfxGetMainWnd();
05     CChildFrame *pChild=(CChildFrame*)pFrame->GetActiveFrame();
06     CWinColorDoc *pDoc=(CWinColorDoc*)pChild->GetActiveDocument();
07     CWinColorView *pView=(CWinColorView*)pChild->GetActiveView();
08 
09     memcpy(pDoc->m_InImg,m_TmpImg,rwsize*height*sizeof(char));
10 
11     pView->Invalidate(FALSE);
12 
13     delete []m_TmpImg;
14     CDialog::OnOK();
15 }
16 
17 void CBinaryCtrlDlg::OnCancel()
```

```
18 {
19     // TODO: Add extra cleanup here
20     delete []m_TmpImg;
21
22     CDialog::OnCancel();
23 }
```

❸ 이치화 실행 메뉴와 호출함수 작성

슬라이드 제어함수의 작성이 끝났으므로 대화상자를 호출하는 메뉴를 작성하자.

<Workspace>의 리소스뷰 탭의 메뉴 편집창에서 [그림15-24]처럼 새로운 메뉴를 추가한다.

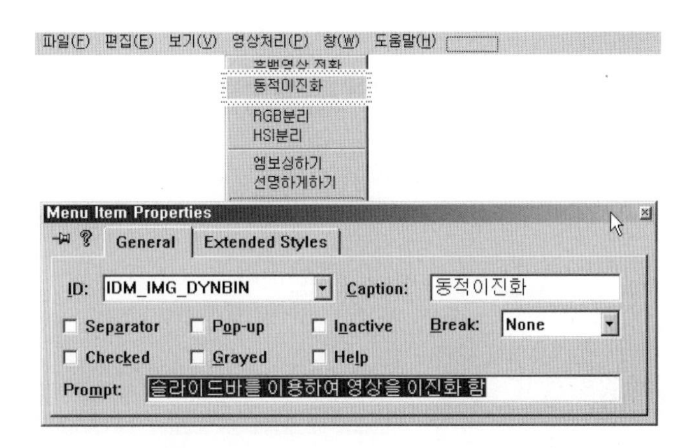

그림 15-24 슬라이드박스 호출 메뉴 추가

<WinColorView.cpp>파일에 <BinaryCtrlDlg.h>파일을 추가한다.

리스트 15-8 〈WinColorView.cpp〉파일에 〈BinaryCtrlDlg.h〉파일 추가

```
01    // WinColorView.cpp : implementation of the CWinColorView class
02    //
03
04    #include "stdafx.h"
05    #include "WinColor.h"
06
07    #include "WinColorDoc.h"
08    #include "WinColorView.h"
09
```

```
10      #ifdef _DEBUG
11      #define new DEBUG_NEW
12      #undef THIS_FILE
13      static char THIS_FILE[] = __FILE__;
14      #endif
15
16      /////////////////////////////////////////////////////////////////////////////
17      #include "BinaryCtrlDlg.h"
18      /////////////////////////////////////////////////////////////////////////////
19      // CWinColorView
20
21      … (생략) …
```

클래스위자드를 이용하여 메시지처리함수를 [그림 15-25]처럼 추가한다.

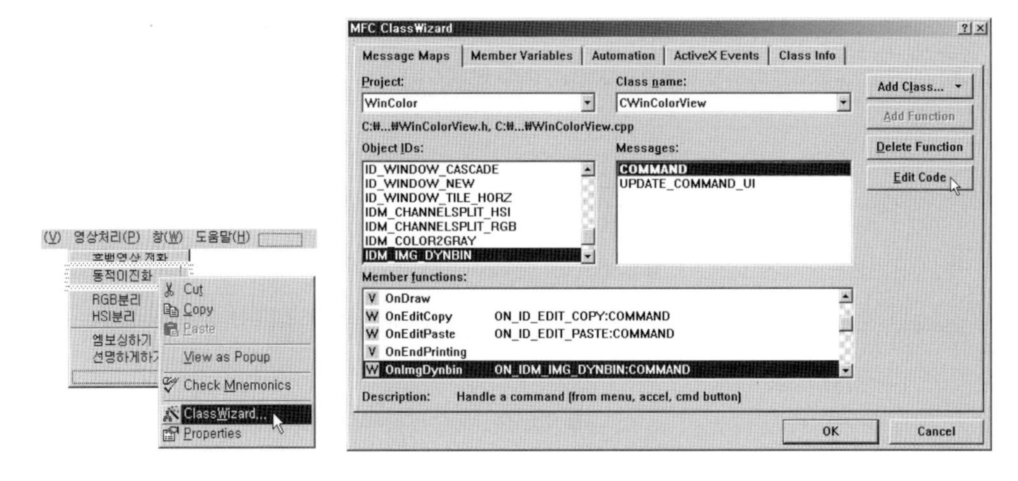

그림 15-25 〈동적이진화〉메시지처리함수의 추가

메뉴의 메시지를 처리하는 함수를 [리스트 15-9]처럼 작성한다. 이 함수에서 슬라이드 대화상자를 호출하고 동적으로 이진화를 수행하게 된다.

리스트 15-9 메시지처리함수의 구현

```
01 void CWinColorView::OnImgDynbin()
02 {
03     // TODO: Add your command handler code here
04     CWinColorDoc* pDoc = GetDocument();
05     ASSERT_VALID(pDoc);
06     CBinaryCtrlDlg pBinCtrlDlg;
```

```
07      pBinCtrlDlg.DoModal();
08  }
```

프로그램 작성이 끝났으므로 컴파일하고 실행한다. [그림 15-26]과 [그림 15-27]은 컬러 영상을 입력하고 슬라이드를 움직이면서 이진화를 처리하는 실행 예를 보여준다. 컬러 및 흑백영상 모두 처리가 가능하다.

그림 15-26 대화상자 기반의 흑백영상 동적이진화 실행 예

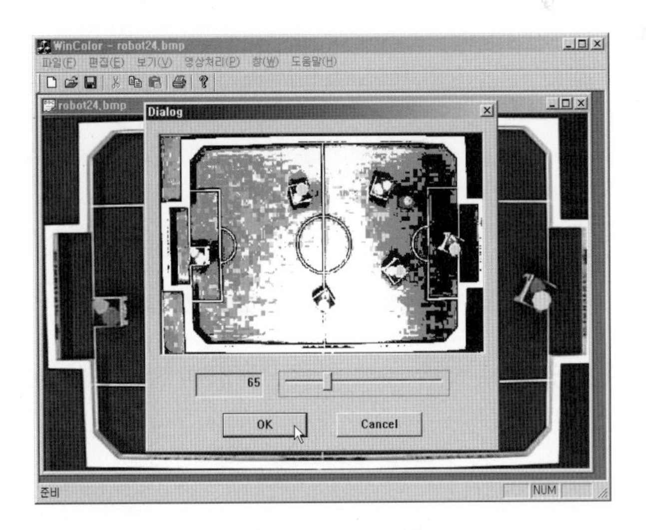

그림 15-27 로봇축구 영상의 컬러값 이진화의 예

4. 라벨링 알고리즘을 이용한 로봇 및 공 영역의 분리

이진화된 컬러 입력 영상을 11장의 영역 라벨링(labeling) 알고리즘을 이용하여 로봇의 영역과 공의 영역을 분리하고 각 영역의 중심좌표를 구해보자.

먼저 컬러영상에 대한 라벨링을 수행할 새로운 클래스를 추가한다. [그림 15-28]처럼 <Workspace>의 <WinColor classes>에 커서를 대고 클릭하고 <New Class…>를 클릭한다.

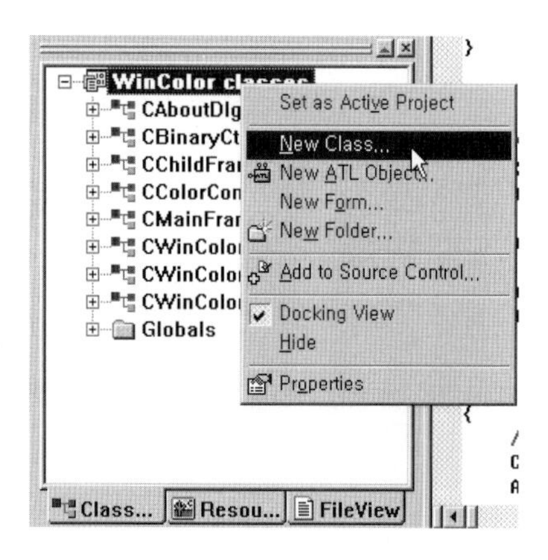

그림 15-28 새로운 클래스의 추가

추가될 클래스의 <Class type>은 <Generic Class>이고 이름은 <CBlobColoring>으로 한다.

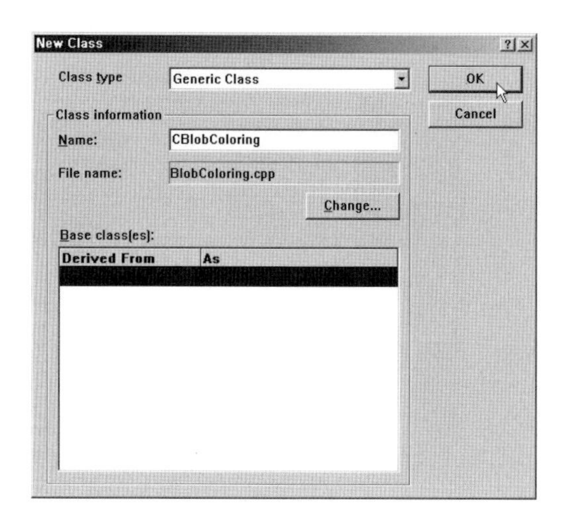

그림 15-29 클래스 타입의 설정

<Workspace>에서 추가된 <CBlobColoring> 클래스의 헤드파일을 오픈하여 [리스트 15-10]처럼 컬러영상의 라벨링을 위한 클래스 헤드파일을 구현해준다.

리스트 15-10 컬러영상의 라벨링을 위한 클래스 헤드파일의 구현

```
01 // BlobColoring.h: interface for the CBlobColoring class.
02 //
03 //////////////////////////////////////////////////////////////////////
04
05 #if !defined(AFX_BLOBCOLORING_H__67CCE199_BD2D_4B04_8FEA_3D0FCDAF57B2__INCLUDED_)
06 #define AFX_BLOBCOLORING_H__67CCE199_BD2D_4B04_8FEA_3D0FCDAF57B2__INCLUDED_
07
08 #if _MSC_VER > 1000
09 #pragma once
10 #endif // _MSC_VER > 1000
11
12 class CBlobColoring
13 {
14    int top;
15    int m_MaxStack;
16    int rwsize;
17    push(int vx,int vy);
18    pop(int *vx,int *vy);
19 public:
20    void fnBlobColoring(int distanceBound);
21    int nBlob;
22    typedef struct tagBLOBDATA { short ltx, lty, rbx, rby; int n, pc;
23                         float cx, cy, r, g, b, u02, u20, u11, m, v; } BLOBDATA;
24    BLOBDATA *blobData;
25    CBlobColoring(unsigned char *m_InImg, int height, int width);
26    virtual ~CBlobColoring();
27
28 private:
29    void m_FindBoundary();
30    void m_FindMoment();
31    unsigned char *m_InImg;
32    int width;
33    int height;
34    int distanceBound;
35    BOOL BoundDist(int rColor,int gColor,int bColor,int rVal,int gVal,int bVal);
36    int *m_Coloring;
37    int *m_stacky;
```

```
38    int *m_stackx;
39    unsigned char *passImg;
40 };
41
42 #endif
44 // !defined(AFX_BLOBCOLORING_H__67CCE199_BD2D_4B04_8FEA_3D0FCDAF57B2__INCLUDED_)
```

[리스트 15-11]처럼 컬러영상을 라벨링 수행하는 클래스 멤버함수들을 구현해준다. 라벨링함수의 내용은 11장의 이진화된 흑백영상의 라벨링과 유사하다. 차이점은 각 화소의 컬러값의 차이가 특정값의 범위 내로 들어오면 동일한 영역이라고 취급하는 것이다.

리스트 15-11 컬러 라벨링 클래스함수의 구현

```
001 // BlobColoring.cpp: implementation of the CBlobColoring class.
002 //
003 //////////////////////////////////////////////////////////////////////
004
005 #include "stdafx.h"
006 #include "WinColor.h"
007 #include "BlobColoring.h"
008
009 #ifdef _DEBUG
010 #undef THIS_FILE
011 static char THIS_FILE[]=__FILE__;
012 #define new DEBUG_NEW
013 #endif
014
015 //////////////////////////////////////////////////////////////////////
016 // Construction/Destruction
017 //////////////////////////////////////////////////////////////////////
018 #include "math.h"
019 #define WIDTHBYTES(bits)    (((bits)+31)/32*4)  //4바이트의 배수여야
020 //////////////////////////////////////////////////////////////////////
021
022 // 생성자 함수: 스택의 최대 크기와 메모리 할당, 변수들의 초기화 등을 해줌
023 CBlobColoring::CBlobColoring(unsigned char *m_InImg, int height, int width)
024 {
025    top =0;
026    m_MaxStack = height*width;
027    rwsize = WIDTHBYTES(24*width);
028    this->height = height;  this->width = width;
```

```
029     this->m_InImg = new unsigned char [height*rwsize];
030     for(int i=0; i<rwsize*height; i++) this->m_InImg[i]=m_InImg[i];
031
032     passImg=new unsigned char [width*height];
033     memset(passImg,0,height*width);
034     m_stackx=new int [m_MaxStack]; m_stacky=new int [m_MaxStack];
035     m_Coloring = new int [height*width];
036     for(i=0; i<height*width; i++) m_Coloring[i]=0;
037
038     blobData= new BLOBDATA [height*width];
039 }
040
041 // 소멸자함수: 생성자에서 할당되었던 메모리를 해제해준다
042 CBlobColoring::~CBlobColoring()
043 {
044     delete []m_InImg;
045     delete []passImg;
046     delete []m_stackx; delete []m_stacky;
047     delete []m_Coloring;
048     delete []blobData;
049 }
050
051 // 스택의 데이터 저장(push) 함수
052 int CBlobColoring::push(int vx,int vy)
053 {
054     if(top>=m_MaxStack) return(-1);
055     top++;
056     m_stackx[top]=vx;
057     m_stacky[top]=vy;
058     return(1);
059 }
060
061 // 스택의 데이터 배출(pop) 함수
062 int CBlobColoring::pop(int *vx,int *vy)
063 {
064     if(top==0) return(-1);
065     *vx=m_stackx[top];
066     *vy=m_stacky[top];
067     top--;
068     return(1);
069 }
070
```

```
071 // 컬러공간 RGB에서 색차(color difference)의 검사
072 BOOL CBlobColoring::BoundDist(int rColor, int gColor, int bColor, int rVal, int gVal, int bVal)
073 {
074    if(abs(rColor-rVal) > distanceBound) return FALSE;
075    if(abs(gColor-gVal) > distanceBound) return FALSE;
076    if(abs(bColor-bVal) > distanceBound) return FALSE;
077    return TRUE;
078 }
079
080 // GlassFire 라벨링 알고리즘의 반복(iteration)법에 의한 구현
081 void CBlobColoring::fnBlobColoring(int distanceBound)
082 {
083    int i, j, m, n, index, index1, index2, index3, index4;
084    int r, c, nColor=1;
085    int rVal, gVal, bVal;
086    int rColor, gColor, bColor;
087    int pixelCount;
088    this->distanceBound = distanceBound;
089
090    for(i=0; i<height; i++) {
091       index = (height-i-1)*rwsize;
092       index3= i*width;
093       for(j=0; j<width; j++) {
094          if(passImg[index3+j]==0) {
095             pixelCount = 1;
096             rColor = (int)m_InImg[index+3*j+2];
097             gColor = (int)m_InImg[index+3*j+1];
098             bColor = (int)m_InImg[index+3*j  ];
099
100             r=i;
101             c=j;
102             blobData[nColor].ltx =blobData[nColor].lty =max(height,width);
103             blobData[nColor].rbx =blobData[nColor].rby =0;
104             blobData[nColor].cx = (float)r;
105             blobData[nColor].cy = (float)c;
106             blobData[nColor].r = (float)rColor;
107             blobData[nColor].g = (float)gColor;
108             blobData[nColor].b = (float)bColor;
119             top=0;
110
111             while(1) {
112 GRASSFIRE:
```

```
113              for(m=r-1; m<=r+1; m++) {
114              index1 = (height-m-1)*rwsize;
115              index2 = m*width;
116              for(n=c-1; n<=c+1; n++) {
117              if((m>=0&&m<height)&&(n>=0 && n<width)) {
118                 index4 = index1+3*n;
119                 rVal = (int)m_InImg[index4+2];
120                 gVal = (int)m_InImg[index4+1];
121                 bVal = (int)m_InImg[index4  ];
122
123                 if(BoundDist(rColor,gColor,bColor,rVal,gVal,bVal)
124                    && passImg[index2+n]==0)
125                 {
126                       passImg[index2+n]=1;
127                       m_Coloring[index2+n]=nColor;
128                        pixelCount++;
129                        if( push(m,n)==-1 ) continue;
130
131                 blobData[nColor].cx+= (float)m;
132                 blobData[nColor].cy+= (float)n;
133                 blobData[nColor].r += (float)rColor;
134                 blobData[nColor].g += (float)gColor;
135                 blobData[nColor].b += (float)bColor;
136                 blobData[nColor].ltx = min(blobData[nColor].ltx,m);
137                 blobData[nColor].lty = min(blobData[nColor].lty,n);
138                 blobData[nColor].rbx = max(blobData[nColor].rbx,m);
139                 blobData[nColor].rby = max(blobData[nColor].rby,n);
140
141                 r=m;
142                 c=n;
143                 goto GRASSFIRE;
144                 }
145              }}
146          }
147          if(pop(&r,&c)==-1) break;
148      }
149      blobData[nColor].n=pixelCount; // 영역 내 픽셀 수
150      blobData[nColor].cx /=(float)pixelCount; // 영역 중심 x좌표 계산
151      blobData[nColor].cy /=(float)pixelCount; // 영역 중심 y좌표 계산
152      blobData[nColor].r /= (float)pixelCount; // 영역의 평균 r값
153      blobData[nColor].g /= (float)pixelCount; // 영역의 평균 g값
154      blobData[nColor].b /= (float)pixelCount; // 영역의 평균 b값
```

```
155
156             nColor++;
157         }
158     }}
159     nBlob = nColor;    // 추출된 총 영역의 수
160     m_FindBoundary();  // 추출 영역의 원형도 계산 함수 호출
161 }
```

[리스트 15-11]은 스택(stack) 자료구조를 이용한 영역 라벨링을 수행하고 있다. 관심화소점의 컬러 R, G, B값과 8근방으로 인접한 화소의 R, G, B값이 모두 <**distanceBound**> 변수값으로 주어지는 특정범위 내로 들어오면 동일한 영역으로 처리한다.

[리스트 15-11]의 <**fnBlobColoring**> 함수를 살펴보면 반복 루프(for, while)등에서 곱셈연산의 양을 줄이기 위해 index 변수를 많이 사용하고 있음에 주목하라. 예를 들면 다음과 같다.

```
for(i=0; i<height; i++)
{
  for(j=0; j<width; j++) OutImg[i*width+j] = InImg[i*width+j];
}
```

위와 같은 이중 for 문에서 영상버퍼의 indexing을 위한 곱셈연산 수는 height × width × 2번이 된다. 이를 다음과 같이 바꾸자.

```
for(i=0; i<height; i++)
{
  index = i*width;
  for(j=0; j<width; j++)
  {
     OutImg[index+j] = InImg[index+j];
  }
}
```

곱셈연산의 수는 height번으로 줄어들게 된다. 물론 다음의 경우가 가장 빠를 것이다. 영상처리에서는 연산 속도를 줄이기 위한 알고리즘의 개선이 중요하므로 프로그램 작성 시 충분히 이를 고려해야 한다.

```
for(i=0; i<height*width; i++) OutImg[i] = InImg[i];
```

[리스트 15-12]는 추출된 영역의 기하학적 원형도(geometric circularity)를 검사하는 함수의 구현을 보여준다. 기하학적 원형도는 추출된 영역의 외각 형상이 원(circle)에 가까운지를 검사하는 것으로 이상적인 원의 경우 영역 중심 위치에서 외각 경계까지의 거리인 반지름이 일정하므로 이 반지름의 분산(variable)값은 0에 가까울 것이다. 물체가 길쭉하게 생긴 경우는 중심에서 외각 경계까지의 거리가 들쭉날쭉해지므로 분산값이 커지게 될 것이다. 이러한 특징값을 추출하여 추출된 로봇의 컬러 패치나 공의 영역 후보들의 원형도를 검사하여 원형도의 분산값이 커지는 경우의 영역들을 배제시키면 로봇과 공 영역들만의 분리가 가능할 것이다. [그림 15-30]은 서로 다른 두 형상의 원형도 차이에 대한 것을 보여준다.

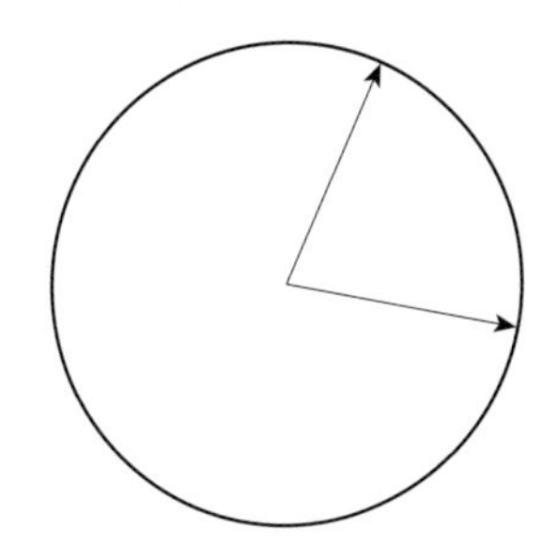

원 : 중심에서 경계까지의 거리 일정. 반지름의 분산이 0에 가까움.

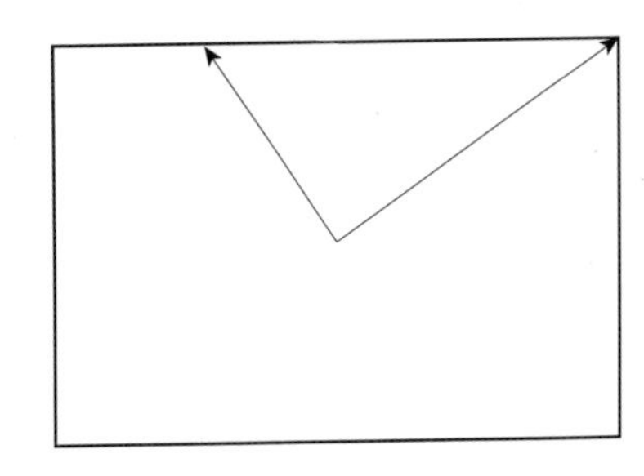

사각형 : 중심에서 경계까지의 거리가 계속 변함. 경계까지의 거리 값의 분산이 커짐.

그림 15-30 형상의 원형도 검사

11장에서 구현한 영역 경계추적(border-following)에 의한 원형도 계산을 사용하지 않은 이유는 계산 시간을 절약하기 위함이다. [리스트 15-12]는 영역의 경계추적을 하지 않고도 반지름의 분산값을 계산할 수 있게 해준다.

리스트 15-12 추출된 영역의 원형도(geometric circularity) 검사함수

```
01 void CBlobColoring::m_FindBoundary()
02 {
03    int i,j,k,ii,jj,index,blob;
04    float dist,vdist;
05    for(i=0; i<nBlob; i++)
06    {
07       blobData[i].m = blobData[i].v = 0.0f;
08       blobData[i].pc =0;
09    }
10    POINT a[4] = { {-1,0}, {0,1}, {1,0}, {0,-1}};
11
```

```
12    // 각 영역 반지름의 합을 구함
13    for(i=1; i<height-1; i++)
14    {
15       index = i*width;
16       for(j=1; j<width-1; j++)
17       {
18          blob = m_Coloring[index+j];
19
20          for(k=0; k<4; k++) // 관심 픽셀의 4근방 화소에 대해서만 고려
21          {
22             ii = i+a[k].x;
23             jj = j+a[k].y;
24
25             // 내부영역 픽셀이라면 라벨값이 서로 동일
26             if(blob == m_Coloring[ii*width+jj]) continue;
27
28             // 그렇지 않다면, 경계에 존재하는 픽셀이 된다
29             dist = (ii-blobData[blob].cx)*(ii-blobData[blob].cx);
30             dist+= (jj-blobData[blob].cy)*(jj-blobData[blob].cy);
31             dist = (float)sqrt(dist);
32             blobData[blob].m += dist;
33             blobData[blob].pc++; // 경계픽셀의 수
34          }
35       }
36    }
37
38    // 각 영역의 평균 반지름을 구함
39    for(i=0; i<nBlob; i++) blobData[i].m /= (float)blobData[i].pc;
40
41    // 각 영역의 분산의 합을 구함
42    for(i=1; i<height-1; i++)
43    {
44       index = i*width;
45       for(j=1; j<width-1; j++)
46       {
47          blob = m_Coloring[index+j];
48
49          for(k=0; k<4; k++)
50          {
51             ii = i+a[k].x;
52             jj = j+a[k].y;
53
54             if(blob == m_Coloring[ii*width+jj]) continue;
55
```

```
56              dist = (ii-blobData[blob].cx)*(ii-blobData[blob].cx);
57              dist+= (jj-blobData[blob].cy)*(jj-blobData[blob].cy);
58              dist = (float)sqrt(dist);
59              vdist= (dist-blobData[blob].m)*(dist-blobData[blob].m);
60
61              blobData[blob].v += vdist;
62          }
63      }
64  }
65
66  // 각 영역의 분산을 구함
67  for(i=0; i<nBlob; i++) blobData[i].v /= (float)((blobData[i].pc-1)+0.000001);
68 }
```

라벨링함수를 호출하기 위한 메뉴와 핸들러함수를 추가한다.

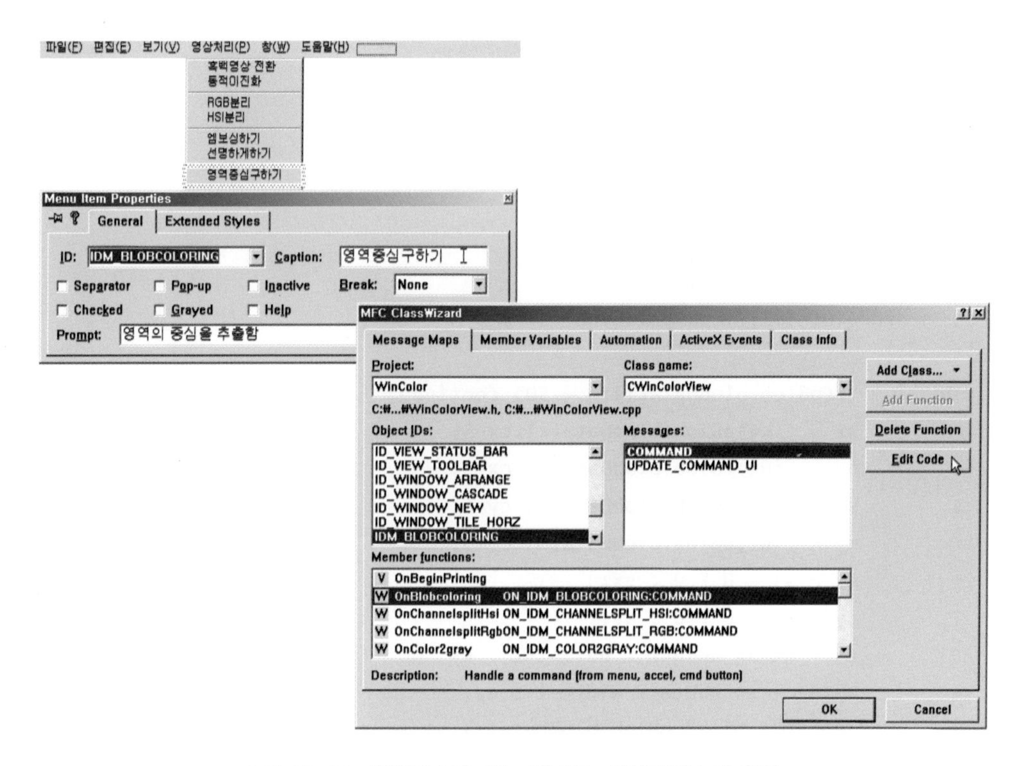

그림 15-31 라벨링호출 메뉴 및 메뉴 핸들러함수의 추가

컬러영상의 라벨링 호출함수를 [리스트 15-13]처럼 구현해준다. 이 코드에서는 인접하는 두 픽셀의 컬러값 차이가 R, G, B모두 50이하인 경우 동일한 영역으로 간주한다. 이 값은 사용자가 필요에 따라 바꾸거나 조명조건에 따라 조정해줄 수 있다. 일단, 라벨링함수가

호출되고 나면 라벨링된 영역에 대한 모든 정보들은 라벨링 클래스의 멤버인 **blobData[i]** 배열에 저장되게 된다. 원형도의 분산값이 5를 초과하면 이 영역은 필터링되어 배제시킨다.

리스트 15-13 라벨링 핸들러함수의 구현

```
01 void CWinColorView::OnBlobcoloring()
02 {
03     // TODO: Add your command handler code here
04     CWinColorDoc* pDoc = GetDocument();
05     ASSERT_VALID(pDoc);
06 
07     // 라벨링 객체의 선언
08     CBlobColoring pBlob(pDoc->m_InImg,pDoc->height,pDoc->width);
09     pBlob.fnBlobColoring(50);  // 컬러영상 라벨링(컬러 차 허용값: 50)
10     TRACE("Total Blob Number: %d\n",pBlob.nBlob);
11 
12     CPen pen;
13     pen.CreatePen(PS_SOLID,2,RGB(50,50,50));
14     CClientDC dc(this);
15     dc.SelectObject(&pen);
16     int sx, sy, ex, ey;
17     int count=0;
18 
19     for(int i=1; i<pBlob.nBlob; i++)
20     {
21        if(pBlob.blobData[i].n < 50) continue; // 너무 크기가 작은 영역은 배제
22        sx = (int)pBlob.blobData[i].cx-5;
23        ex = (int)pBlob.blobData[i].cx+5;
24        sy = (int)pBlob.blobData[i].cy-5;
25        ey = (int)pBlob.blobData[i].cy+5;
26        sx = sx < 0 ? 0 : sx;
27        sy = sy < 0 ? 0 : sy;
28        ex = ex >= height ? height-1 : ex;
29        ey = ey >= width ? width-1 : ey;
30        TRACE("( %f )",pBlob.blobData[i].v);
31 
32        // 원형도의 분산이 5보다 크면 관심영역에서 배제시킴
33        if(pBlob.blobData[i].v > 5) continue;
34 
35        // 중심영역에 십자(+) 표시를 하는 부분
36        dc.MoveTo((int)pBlob.blobData[i].cy,sx);
```

```
37          dc.LineTo((int)pBlob.blobData[i].cy,ex);
38          dc.MoveTo(sy,(int)pBlob.blobData[i].cx);
39          dc.LineTo(ey,(int)pBlob.blobData[i].cx);
40          count++;
41       }
42       TRACE("\ncount=%d",count);
43 }
```

프로그래밍 작성이 끝났으므로 컴파일하고 링크하여 실행해보자. [그림 15-32]은 로봇축구 영상 [그림 15-9]에 대한 이치화 및 영역 라벨링의 실행 예를 보여주고 있다. 영상의 가시화를 위해 실제 영상을 반전시켜 negative image를 나타내었다.

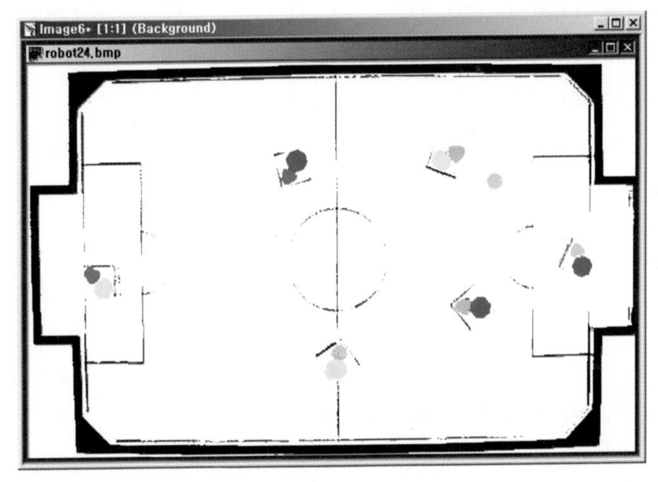

(a) 컬러영상에 대한 이치화

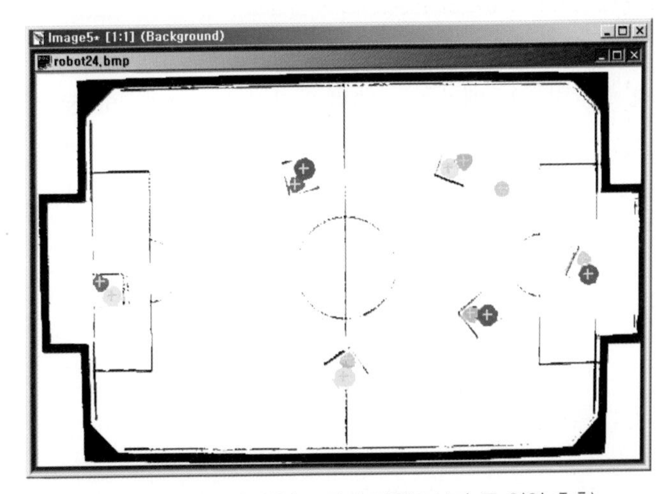

(b) 영역 라벨링 및 원형도 필터 적용(로봇과 공 영역 추출)

그림 15-32 로봇과 공의 위치 추출

이 예제의 경우 컬러영상 이치화를 위해 설정한 레벨값은 211로 주었으며 영역 라벨링 후, 추출된 면적의 수는 937개의 영역이 추출되었다. 크기가 아주 작은 영역(영역의 면적인 픽셀수가 50개 이하인 영역)은 관심대상에서 배제 시켰으며 원형도의 분산 필터의 임계값(threshold value)을 5로 주었다. 거의 대부분(200 ~ 300개 정도)의 영역들은 원형도가 0.001 ~ 0.1 사이에 걸쳐 있어 원형도 제한 조건을 만족시키지 못하므로 필터링되어 제거된다. 아래의 표에 있는 데이터는 최종적으로 살아남은 영역에 대한 데이터 값들을 나타내고 있다.

영역 번호	중심좌표 (x, y)	원형도 분산값	면적 (pixel수)	컬러값 (R, G, B)
1	(94.4, 450.3)	0.64	205	(255, 0, 255)
2	(100.5, 281.9)	0.47	397	(255, 255, 0)
3	(101.3, 434.7)	0.64	309	(0, 0, 255)
4	(117.0, 272.6)	1.69	210	(0, 255, 0)
5	(123.5, 490.7)	0.82	207	(255, 0, 0)
6	(196.6, 578.6)	1.44	170	(255, 0, 0)
7	(212.7, 583.7)	0.24	343	(255, 255, 0)
8	(214.8, 65.3)	1.21	190	(0, 255, 0)
9	(229.3, 78.6)	1.72	347	(0, 0, 255)
10	(253.6, 475.2)	0.47	384	(255, 255, 0)
11	(252.0, 457.3)	0.81	154	(255, 0, 255)
12	(297.5, 327.6)	4.14	151	(255, 0, 0)
13	(315.8, 323.3)	0.67	375	(0, 0, 255)

위의 표를 보면 컬러 패치 3, 9, 13번의 컬러값이 (0, 0, 255)로 같으므로 동일 팀의 팀 색을 나타냄을 알 수 있다. 마찬가지로 2, 7, 10번의 영역은 상대방의 팀 색을 나타내며 컬러가 (255, 255, 0)을 보여주고 있다. [그림 15-33]은 컬러 영역의 번호와 동일 팀의 로봇을 표시해주고 있다.

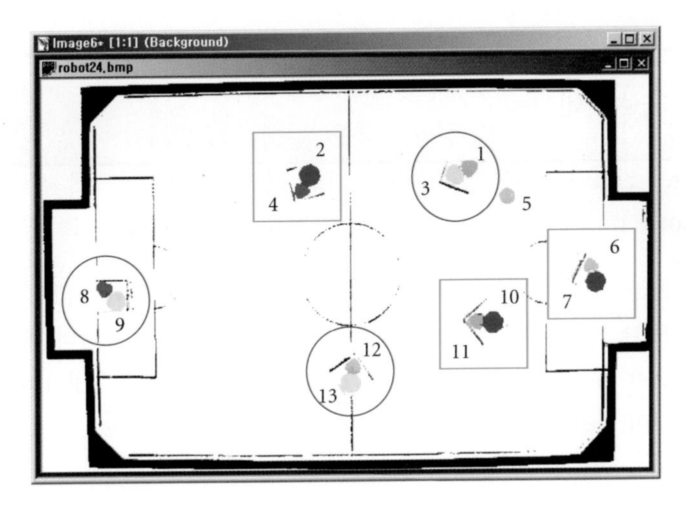

그림 15-33 영역의 인덱스와 동일 색(팀 색) 로봇

• 참고문헌

[1] Robogames page, http://robogames.net, 2009

[2] M.J. Swain and D.H. Ballard, Color indexing, Int. J. Computer Vision, Vol.7, No.1, pp. 11-32, 1991.

[3] FIRA page, http://www.fira.net

연습문제

1. 본문 내 칼라히스토그램 정합법에서는 3차원 배열 vote[][][]을 사용하고 있으며 루프 내에서 3차원 배열요소로의 반복된 접근이 프로그램의 계산 속도를 떨어뜨리는 주요한 이유가 된다. [리스트 15-1]과 [리스트 15-2]를 수정하여 vote를 1차원 배열로 바꾸어 계산속도를 높일 수 있는 프로그램을 작성하시오.

2. 먼저 웹캠을 사용하여 여러 색이 섞여 있는 물체의 영상을 찍어 칼라히스토그램 정합을 위한 템플릿을 구성한다. 이 물체를 다른 자세에서 카메라로 찍은 영상에 대해 앞에서 설정된 템플릿을 이용하여 위치를 찾아보시오. 단, 물체를 관찰하는 자세 변화에 따른 탐색의 신뢰도를 비교하여 보시오. 또한, 템플릿 및 관찰 물체의 크기 변화에 따른 탐색 성능(탐색 성공 여부, 계산시간)을 비교하여 보시오.

3. 로봇 축구 영상에서 상대편과 자기편 로봇들의 위치와 진행방향(heading) 자세를 빠르게 추출할 수 있는 자신만의 프로그램을 작성해보시오.

4. 히스토그램 정합법을 이용하여 [그림 15-9]에서 같은 편의 로봇들의 위치를 추출하고 그 위치를 각각 표시하시오.

CHAPTER 16 PC용 화상 카메라를 이용한 영상처리

멀티미디어(Multimedia)시대를 맞이하여 영상을 전송하고 처리하는 응용 애플리케이션이 크게 늘어나고 있다. 이에 발맞추어 저가로 영상을 취득하여 사용할 수 있는 PC전용 화상 카메라가 대량으로 생산되어 판매되고 있다. 더 이상 고가의 FA카메라와 영상 AD(Analog-to-digital)변환기인 프레임 그레버(Frame grabber) 없이도 손쉽게 영상처리를 할 수 있게 되었다.

이제는 영상처리도 전문가의 손을 떠나 누구나 쉽고 저렴하게 취미나 학습에 사용할 수 있는 시대가 되었다. 저가의 화상 카메라의 보급으로 개인용 PC가 있는 곳이면 어디든지 정지 영상과 비디오 영상(동영상)을 쉽게 얻을 수 있다.

본 장에서는 화상카메라를 이용하여 실시간 영상처리를 수행하는 예제를 MFC를 사용하여 작성해봄으로써 누구나 필요한 때 바로 수행 가능한 영상처리 기법을 제공하여 본다.

주어진 예제를 수행하기 위해서는 표준 USB인터페이스를 이용하는 화상캠 카메라가 PC에 설치되어 있어야 한다. 컴퓨터의 권장 사양은 WINDOWS-XP, Pentium-IV, 메인메모리 1GB 이상이다.

1. PC용 화상카메라를 이용한 물체 중심 위치 추적

화상 카메라를 이용한 예로, 초당 약 20프레임(frame)의 속도로 특정 영역의 중심 위치를 추적(tracking)하는 물체 추적 프로그램을 만들어보자.

Visual−C++을 실행하고 초기메뉴에서 [File] → [New]메뉴를 선택한다.

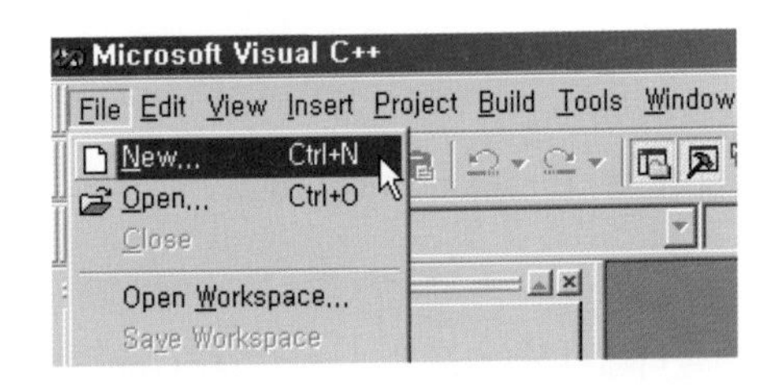

그림 16-1 새 프로젝트의 작성

<Projects>탭 아래에 있는 <MFC AppWizard [exe]>을 클릭한다. <Project name:>부분에는 “CamTest”라고 입력한다. <Location:>에서 작업 디렉토리 위치를 설정해준다. [OK]버튼을 클릭하여 프로젝트 작성 1단계로 넘어간다.

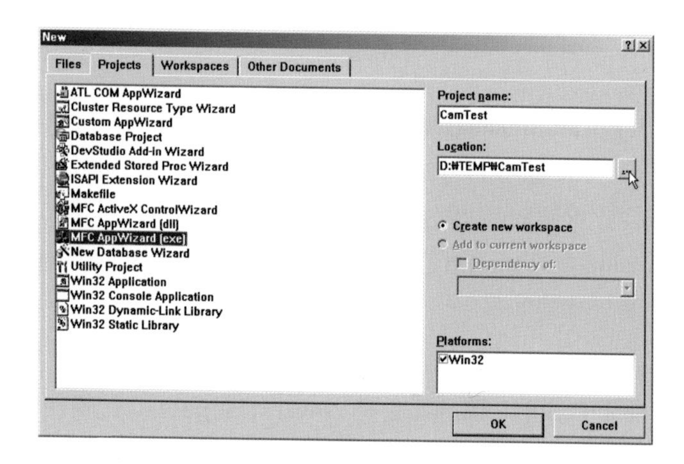

그림 16-2 프로젝트 이름과 작업 위치 설정

SDI(Single document), MDI(Multiple documents) 및 Dialog 기반 프로그램 중에서 <Dialog based>을 선택하여 작성할 애플리케이션을 다이얼로그 기반 프로그램으로 설정한다. [Next]버튼을 클릭하여 2단계로 넘어간다.

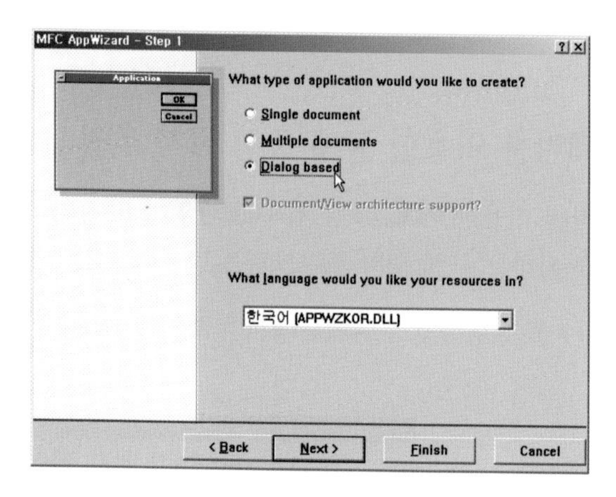

그림 16-3 1단계에서 작성할 애플리케이션은 다이얼로그 기반으로 선정

2단계에서는 애플리케이션이 프로그램의 Version 정보를 설명하는 <About> 메시지 박스를 포함할 것인지, 프로그램의 인터페이스를 3D로 보이게 하는 <3D controls>을 사용할 것인지, 이 프로그램이 <Windows Sockets>을 지원하여 TCP/IP통신을 지원할 것

인지를 설정하는 단계가 있다. 기본설정을 바꾸지 않고 [Next]버튼을 클릭하여 3단계로 넘어간다.

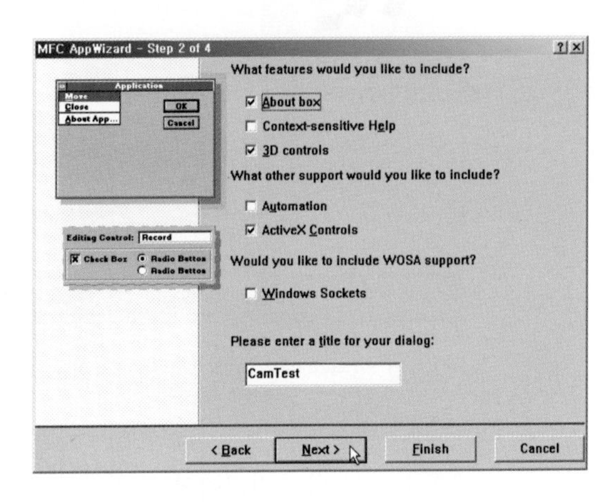

그림 16-4 2단계 옵션 설정

3단계에서는 작성하는 프로그램 내부에 설명문을 포함할 것인지의 여부, 애플리케이션이 사용할 MFC 라이브러리들을 이 애플리케이션에 포함하지 않고 공유(shared) DLL로 사용할 것인지 등을 설정하는 단계이다. 공유 DLL로 사용하면 애플리케이션의 실행파일의 크기를 줄일 수 있다. 기본 설정을 바꾸지 않고 그대로 사용한다. [Next]버튼을 클릭하여 다음 단계로 넘어간다.

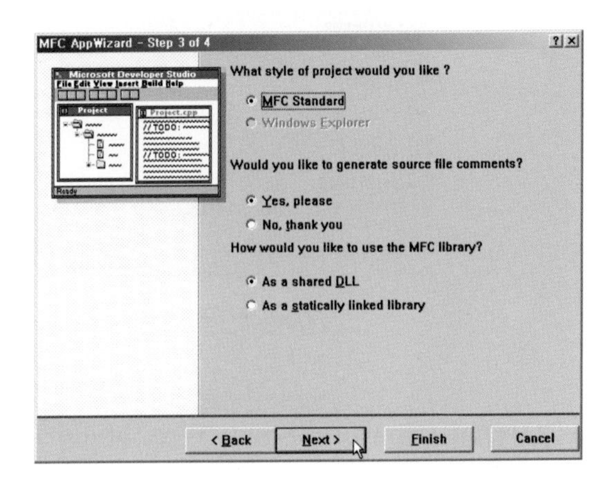

그림 16-5 애플리케이션 위자드의 3단계 옵션 설정

4단계에서는 애플리케이션 위자드가 만들 클래스들과 이 클래스가 들어있는 파일 이름들, 작성된 클래스들의 기본 클래스가 무엇인지에 대한 정보들을 보여준다. 마찬가지로 기본 설정을 바꾸지 않고 [Finish]버튼을 클릭하여 위자드를 종결한다.

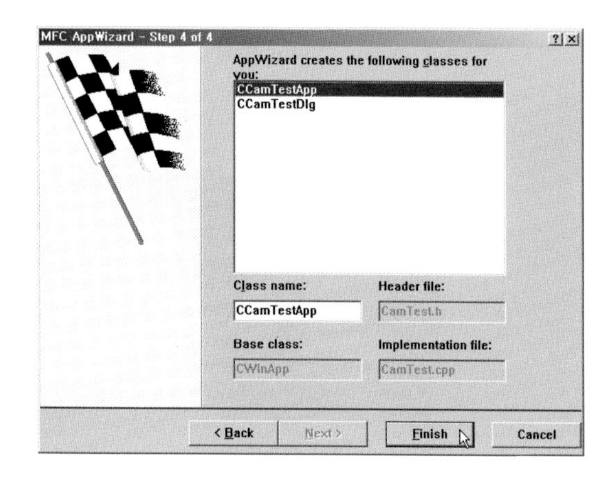

그림 16-6 애플리케이션 위자드의 마지막 단계

프로젝트 정보창이 오픈되면서 애플리케이션 마법사로 작성한 다이얼로그 기반의 응용 프로그램에 대한 요약정보가 한눈에 알아 볼 수 있도록 나타난다. [OK]버튼을 클릭하여 프로젝트 생성을 종결한다.

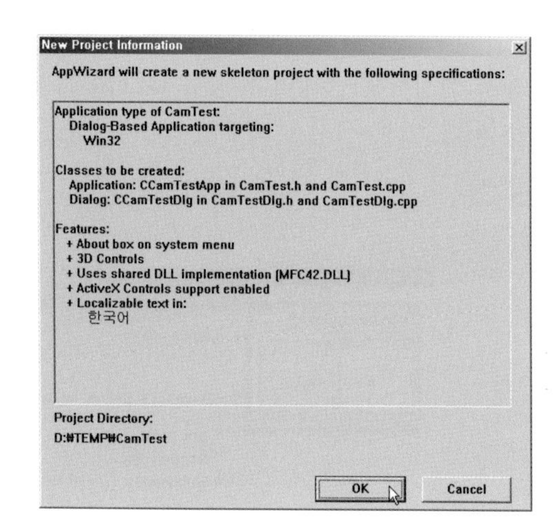

그림 16-7 프로젝트 요약정보

프로젝트가 생성되면 바로 이어서 다이얼로그를 편집할 수 있는 <Resource View>가 나타난다. 이제 본격적으로 화상카메라의 입력을 처리하는 프로그램을 작성해보도록 하자.

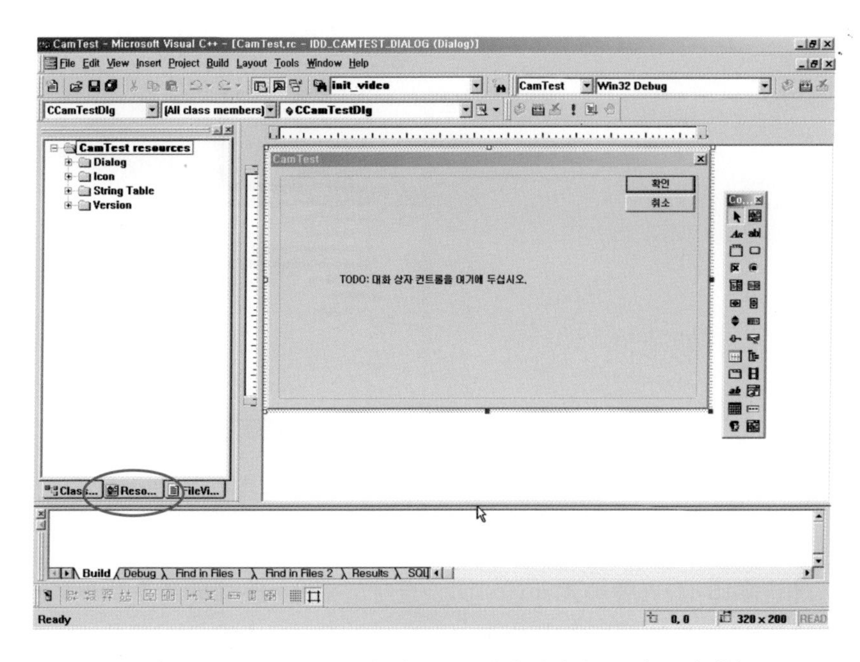

그림 16-8 Workspace의 리소스뷰 내의 다이얼로그박스 편집창

먼저 다이얼로그박스 위에 있는 두 개의 버튼 [확인]과 [취소], 그리고 중앙에 위치하고 있는 <TODO:…> 표시를 삭제하여 아무것도 없는 다이얼로그박스로 만든다.

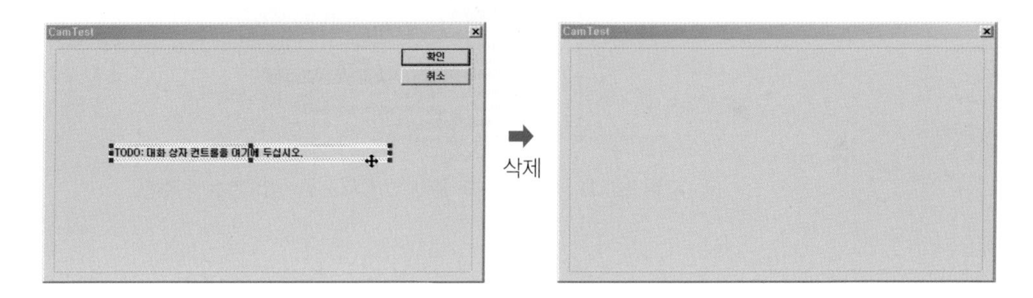

그림 16-9 다이얼로그박스 편집

<Class view>탭을 클릭하면 애플리케이션이 가지고 있는 클래스들과 멤버함수, 변수들에 대한 정보가 나타난다. 다이얼로그 기반의 애플리케이션은 내부 클래스가 세 개밖에 없는 간단한 프로그램 구조임을 알 수 있다.

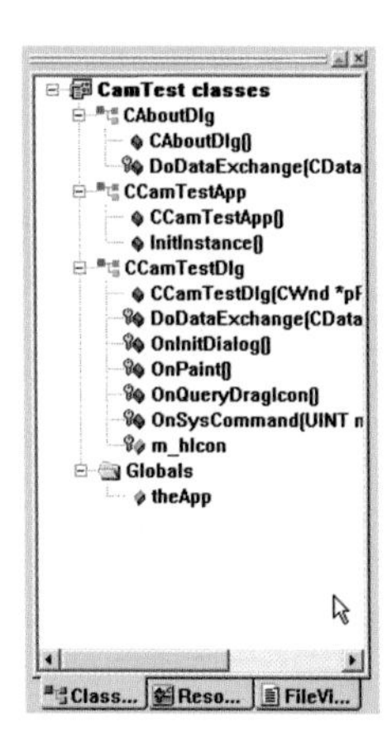

그림 16-10 작성한 애플리케이션 클래스

[그림 16-11]처럼 <CCamTestDlg>클래스에 커서를 대고 마우스의 오른쪽 키를 클릭하여 나타나는 팝업 메뉴에서 <Add Member Variable..>을 선택한다. CCamTestDlg 클래스에 멤버변수를 추가하기 위함이다.

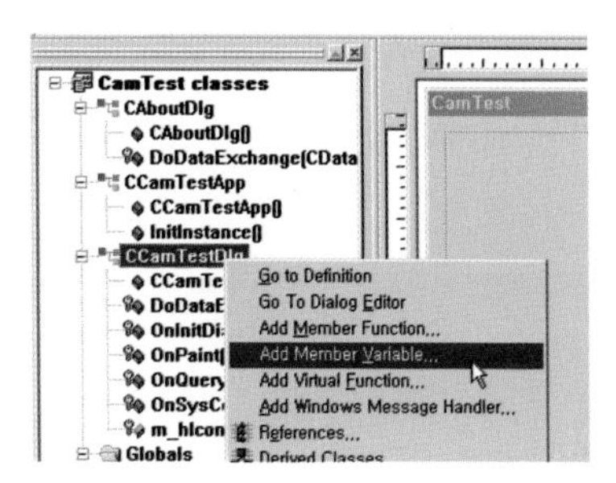

그림 16-11 다이알로그 클래스에 새로운 멤버변수의 추가

변수의 타입은 <HWND>형으로, 변수명은 <m_hWndCap>으로 입력한다. 변수의 접근 타입은 기본 설정인 <Public>타입으로 선정한다.

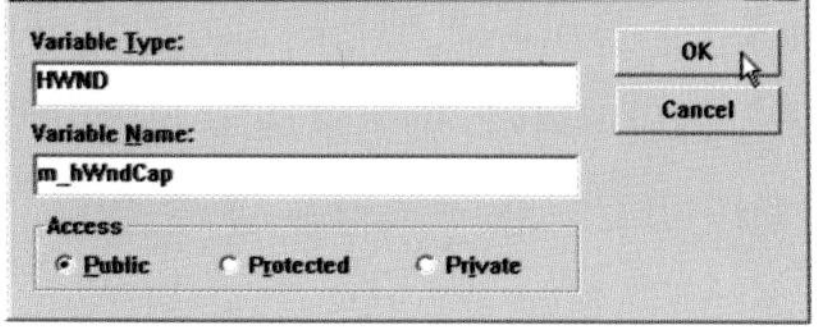

그림 16-12 멤버변수의 입력

<FileView>탭을 선택하여 <CamTestDlg.h>파일에 [그림 16-13]처럼 비디오 포 윈도우즈 (Video For Windows) 헤드파일인 <vfw.h>을 이 파일이 include하도록 추가해준다.

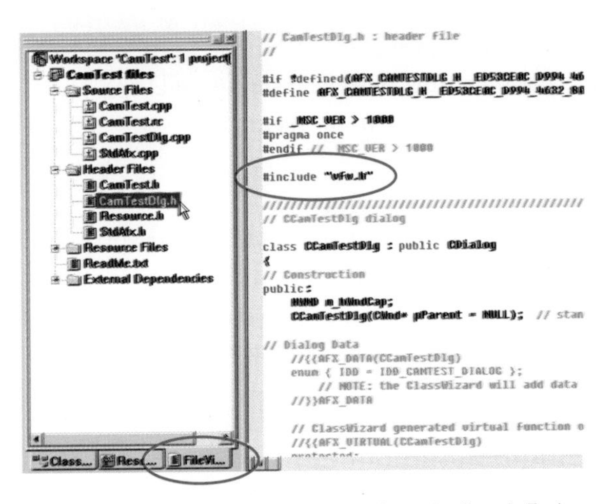

그림 16-13 Video for Windows(VFW) 헤드의 추가

<CamTestDlg.cpp> 파일을 오픈하여 [그림 16-14]처럼 두 개의 전역변수 <BmInfo>와 <pImageBuffer>을 추가해준다. BITMAPINFO 구조체는 윈도우즈의 장치독립비트맵(DIB)에 대한 컬러 및 크기 정보를 포함하는 구조체이며 LPBYTE는 바이트형의 포인트를 나타낸다.

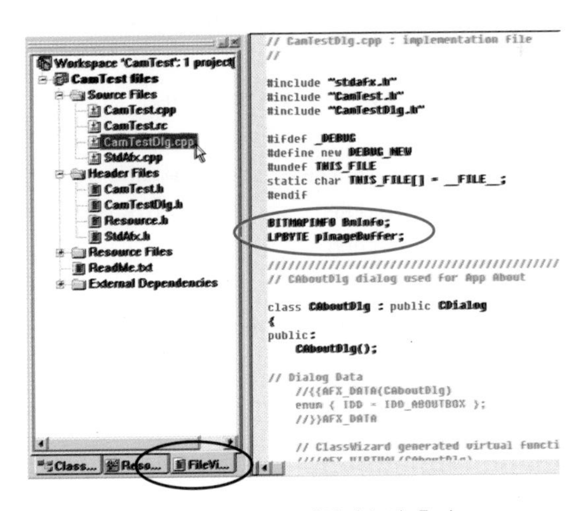

그림 16-14 두 전역변수의 추가

<CCamTestDlg> 클래스의 생성자 멤버함수를 오픈하여 <pImageBuffer> 변수를 NULL로 초기화시키는 부분을 추가한다. 화상카메라에서 입력된 영상을 처리한 결과영상이 저장될

버퍼가 pImageBuffer이다. 이 메모리가 할당되었는지 아닌지를 체크하기 위해 초기에 NULL로 둔다.

리스트 16-1 영상버퍼 초기화

```
01 CCamTestDlg::CCamTestDlg(CWnd* pParent /*=NULL*/)
02    : CDialog(CCamTestDlg::IDD, pParent)
03 {
04    //{{AFX_DATA_INIT(CCamTestDlg)
05       // NOTE: the ClassWizard will add member initialization here
06    //}}AFX_DATA_INIT
07    // Note that LoadIcon does not require a subsequent DestroyIcon in Win32
08    m_hIcon = AfxGetApp()->LoadIcon(IDR_MAINFRAME);
09
10    pImageBuffer=NULL;
11 }
```

<CCamTestDlg> 클래스의 초기화 멤버함수인 <OnInitDialog>을 오픈하여 [리스트 16-2]의 박스로 표시된 부분의 코드를 추가한다.

리스트 16-2 화상카메라 초기화 코드의 작성

```
01 BOOL CCamTestDlg::OnInitDialog()
02 {
03    CDialog::OnInitDialog();
04
05    // Add "About..." menu item to system menu.
06
07    // IDM_ABOUTBOX must be in the system command range.
08    ASSERT((IDM_ABOUTBOX & 0xFFF0) == IDM_ABOUTBOX);
09    ASSERT(IDM_ABOUTBOX < 0xF000);
10
11    CMenu* pSysMenu = GetSystemMenu(FALSE);
12    if (pSysMenu != NULL)
13    {
14       CString strAboutMenu;
15       strAboutMenu.LoadString(IDS_ABOUTBOX);
16       if (!strAboutMenu.IsEmpty())
17       {
18          pSysMenu->AppendMenu(MF_SEPARATOR);
19          pSysMenu->AppendMenu(MF_STRING,IDM_ABOUTBOX, strAboutMenu);
20       }
```

```
21      }
22      // Set the icon for this dialog.  The framework does this automatically
23      //  when the application's main window is not a dialog
24      SetIcon(m_hIcon, TRUE);                 // Set big icon
25      SetIcon(m_hIcon, FALSE);                // Set small icon
26
27      // TODO: Add extra initialization here
28      // Capture window 생성
29      m_hWndCap = capCreateCaptureWindow("Capture Window", WS_CHILD | WS_VISIBLE,
30                                         0, 0, 320, 240, this->m_hWnd, NULL);
31
31      // 매 frame이 캡처될 때마다 호출될 callback function 지정
33      if(capSetCallbackOnFrame(m_hWndCap,capCallbackOnFrame) == FALSE) return FALSE;
34
35      // Camera Driver와 Capture Window 연결
36      if (capDriverConnect(m_hWndCap, 0) == FALSE) return FALSE;
37
38      /////////////////////////////////////////////////////////////////////////
39      // 현재 Video Format을 조사하여 24bits color가 아니면 24bits color로 바꿈
40      capGetVideoFormat(m_hWndCap, &BmInfo, sizeof(BITMAPINFO));
41
42      if (BmInfo.bmiHeader.biBitCount != 24)
43      {
44         BmInfo.bmiHeader.biBitCount  = 24;
45         BmInfo.bmiHeader.biCompression     = 0;
46         BmInfo.bmiHeader.biSizeImage =
47            BmInfo.bmiHeader.biWidth* BmInfo.bmiHeader.biHeight * 3;
48         capSetVideoFormat(m_hWndCap, &BmInfo, sizeof(BITMAPINFO));
49      }
50      ////
51      capPreviewRate(m_hWndCap, 33);
52      capOverlay(m_hWndCap, false);
53      capPreview(m_hWndCap, true);
54
55      return TRUE;  // return TRUE  unless you set the focus to a control
56   }
```

입력된 초기화 함수들의 내용은 다음과 같다.

➡ **29행** **capCreateCaptureWindow**는 캡처 윈도우를 만드는 함수이다. 이 함수에서 사용하는 파라메타에 대한 설명은 아래와 같다. 캡처 윈도우가 성공적으로 만들어지면 캡처 윈도우의 핸들(Handle)을 반환하고 실패하면 NULL을 반환한다.

```
HWND VFWAPI capCreateCaptureWindow(
    LPCSTR lpszWindowName,      // 캡처 윈도우의 이름을 나타내는 문자열
    DWORD dwStyle,              // 캡처 윈도우의 스타일
    int x,                      // 캡처 윈도우의 왼쪽-위 코너의 x좌표
    int y,                      // 캡처 윈도우의 왼쪽-위 코너의 y좌표
    int nWidth,                 // 캡처 윈도우의 폭
    int nHeight,                // 캡처 윈도우의 높이
    HWND hWnd,                  // 부모 윈도우의 핸들
    int nID                     // 윈도우 번호
);
```

➡ **33행** **capSetCallbackOnFrame**은 애플리케이션에서 미리보기 콜백함수(preview callback function)를 설정하는 함수이다. 캡처 윈도우가 영상 프레임을 캡처할 때 콜백 함수에 대한 호출이 발생한다. 캡처가 진행 중이면 FALSE를 반환하고 캡처가 성공하면 TRUE를 반환한다. 캡처 윈도우는 영상프레임을 화면에 출력하기 전에 콜백함수를 호출한다. 따라서 애플리케이션에 출력화면을 미리 변경시켜는 것이 가능하다. 콜백 함수에서 영상데이터를 변경시켜놓는다면 변경된 영상이 화면에 출력된다.

```
BOOL capSetCallbackOnFrame(
    hwnd,                       // 캡처 윈도우 핸들
    fpProc                      // 미리보기 콜백 함수
);
```

➡ **36행** **capDriverConnect**는 캡처 윈도우를 캡처 드라이브에 연결시켜주는 기능을 한다. 성공하면 TRUE를 반환하고 실패하면 FALSE를 반환한다. 연결을 끊을 때는 capDriverDisconnect()함수를 사용한다. 벌써 다른 캡처 윈도우에 연결되어 있었다면 이것을 끊고 다시 연결한다.

```
BOOL capDriverConnect(
    hwnd,                       // 캡처 윈도우 핸들
    iIndex                      // 캡처 드라이브 번호(0~9까지 가질 수 있음)
);
```

➡ **40행** **capGetVideoFormat**은 현재 사용 중인 비디오 포맷 정보를 가져온다. 압축된 비디오 포맷은 영상데이터의 크기가 다르므로 사용중인 비디오 포맷에 대한 정보를 미리 알아야 한다. 캡처 윈도우가 드라이브에 연결되지 않으면 0을 반환한다.

```
DWORD capGetVideoFormat(
    hwnd,                     // 캡처 윈도우의 핸들
    psVideoFormat,            // BITMAPINFO구조체에 대한 포인트
    wSize                     // 바이트 단위로 구조체의 크기 설정
);
```

➡ **48행** **capSetVideoFormat**는 캡처될 비디오 데이터의 형식을 설정하는 명령이다. 설정이 성공하면 TRUE가 반환되고 실패하면 FALSE가 반환된다. 비디오 형식은 장치 의존적이므로 애플리케이션은 주어진 형식이 드라이브에 의해 받아들여지는지를 체크해야 하며 이 함수의 리턴값을 검사하면 된다.

```
DWORD capGetVideoFormat(
    hwnd,                     // 캡처 윈도우의 핸들
    psVideoFormat,            // BITMAPINFO구조체에 대한 포인트
    wSize                     // 구조체 크기
);
```

➡ **51행** **capPreviewRate**는 주어진 프레임 속도로 프레임을 캡처하고 화면에 뿌려주도록 기능을 설정한다. 프리뷰 모드는 CPU 자원을 많이 요구하므로 애플리케이션은 필요에 따라서 프리뷰 기능을 죽이거나 낮은 프리뷰 속도를 줄 수 있다. 비디오 스트림 저장 시, 프리뷰 작업은 프레임을 디스크에 저장하는 작업보다 우선권(priority)이 낮다.

```
BOOL capPreviewRate(
    hwnd,                     // 캡처 윈도우의 핸들
    wMS                       // 설정할 프레임 캡처 및 화면 출력 속도(millisecond 단위로)
);
```

➡ **52행** **capOverlay**는 비디오 오버레이 모드를 사용할 것인지 아닌지를 설정하는 함수이다. 설정이 성공하면 TRUE가 반환되고 실패하면 FALSE가 반환된다. Overlay를 사용하면 CPU자원이 요구되지 않으므로 효과적이다. **CAPDRIVERCAPS**구조체의 **fHasOverlay**멤버는 디바이스가 오브레이를 지원하는지 아닌지를 나타낸다. **CAPSTATUS** 구조체의 **fOverlayWindow**멤버는 오브레이 모드가 현재 설정되어 있는지 아닌지를 알려준다. 오브레이 모드를 설정하면 프리뷰 모드는 자동적으로 해제된다.

```
BOOL capOverlay(
    hwnd,                          // 캡처 윈도우 핸들
    f                              // 설정할 때는 true로, 해제 시는 false로 설정
);
```

➡ **53행** **capPreview**는 프리뷰 모드를 동작시킬 것인지 아닌지를 설정한다. 프리뷰 모드에서는 캡처 하드웨어로부터 영상 프레임들이 시스템의 메모리로 전달되어 GDI 함수를 사용하여 캡처 윈도우 내 화면에 출력된다.

```
BOOL capPreview(
    hwnd,                          // 캡처 윈도우 핸들
    f                              // 설정 할 때는 true로, 해제 시는 false로 설정
);
```

영상처리를 수행하는 미리보기 콜백함수를 작성해준다. 전역함수로 작성해주며 함수의 선언부분을 <FileView>탭을 선택하여 <CamTestDlg.h>파일에 아래 그림처럼 추가한다.

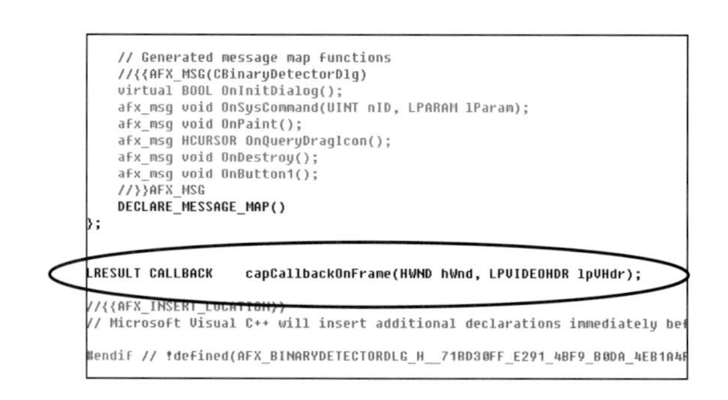

그림 16-15 미리보기 콜백함수의 선언

함수 선언부를 추가한 다음, 미리보기 콜백함수를 [리스트 16-3]에 주어진 코드처럼 작성한다.

Tip | **콜백(CALLBACK)함수** 

보통의 함수는 사용자가 호출하지만 **CALLBACK** 함수는 운영체제(OS)가 호출하는 함수이다. OS가 호출하므로 함수의 기본형식은 OS에 의해 미리 규정되어 있다. 개발자나 사용자는 그 형식에 맞추어 함수를 작성해주어야만 하며 이 함수의 포인트만 정해진 위치에 지정해주면 된다. [리스트 16-2]의 **33행**에서 [리스트 16-3]의 **CALLBACK** 함수를 지정해주었음을 상기하라.

리스트 16-3 영상처리 코드의 작성(밝은 물체영역의 추적)

```
01 LRESULT CALLBACK capCallbackOnFrame(HWND hWnd, LPVIDEOHDR lpVHdr)
02 {
03    BYTE  pixel;
04    int   i,j,index,counter=0;
05 
06    // 처리 결과영상을 저장할 메모리를 할당(할당이 안된 경우)
07    if(pImageBuffer==NULL) pImageBuffer=
08          (LPBYTE)new BYTE[BmInfo.bmiHeader.biHeight*BmInfo.bmiHeader.biWidth];
09 
10    for (i = 0; i <BmInfo.bmiHeader.biWidth*BmInfo.bmiHeader.biHeight; i++)
11    {
12       pixel = (*(lpVHdr->lpData + (i*3)    ) +         // 컬러를 흑백으로 바꾸어줌
13                *(lpVHdr->lpData + (i*3) + 1) +
14                *(lpVHdr->lpData + (i*3) + 2) ) / 3;
15 
16       if(pixel > 200) *(pImageBuffer+i) = 255;          // 이치화 시킴
17       else            *(pImageBuffer+i) = 0;
18    }
19 
20    int xCenter=0, yCenter=0;                            // 영역의 중심점을 구하는 부분
21    for(i=0; i<BmInfo.bmiHeader.biHeight; i++)
22    {
23       index = i*BmInfo.bmiHeader.biWidth;
24       for(j=0; j<BmInfo.bmiHeader.biWidth; j++)
25       {
26          if( *(pImageBuffer+index+j) == 255 )
27          {
28             xCenter += i;
29             yCenter += j;
30             counter++;
31          }
32    }}
33    xCenter =(int)((float)xCenter/(float)counter); // 추적점의 수직좌표
34    yCenter =(int)((float)yCenter/(float)counter); // 추적점의 수평좌표
35 
36    // 추적점에 십자('+') 표시 그리기
37    for(i=xCenter-15; i<=xCenter+15; i++)
38    {
39       if(i<0 || i>=BmInfo.bmiHeader.biHeight) continue;
40       index = i*BmInfo.bmiHeader.biWidth;
41       *(lpVHdr->lpData + 3*(index+yCenter))     =0;    // G
42       *(lpVHdr->lpData + 3*(index+yCenter)+1)   =0;    // B
```

```
43        *(lpVHdr->lpData + 3*(index+yCenter)+2)   =255;   // R
44     }
45
46     index = xCenter*BmInfo.bmiHeader.biWidth;
47     for(j=yCenter-15; j<=yCenter+15; j++)
48     {
49        if(j<0 || j>=BmInfo.bmiHeader.biWidth) continue;
50        *(lpVHdr->lpData + 3*(index+j))    =0;
51        *(lpVHdr->lpData + 3*(index+j)+1) =0;
52        *(lpVHdr->lpData + 3*(index+j)+2) =255;
53     }
54
55     // 좌표 위치를 caption bar에 표시
56     CString     strTitle;
57     strTitle.Format("Binary Tracker (%d,%d)", xCenter, yCenter);
58     AfxGetMainWnd()->SetWindowText(strTitle);
59
60     return (LRESULT)TRUE;
61  }
```

➡ **7행** 영상처리된 결과이미지를 저장할 배열(buffer)이 할당이 아직 되지 않았다면 입력 프레임의 크기만큼 메모리를 할당하여 처리결과를 저장할 배열을 만든다.

➡ **10행** 화상카메라를 통해 입력되는 영상데이터를 받아들여 애플리케이션에서 필요한 처리를 수행하는 부분이다. 인덱스 'i'가 0에서 영상의 전체크기(가로 × 세로)까지 증가하고 있다.

➡ **12행** 화상카메라 입력데이터의 R, G, B값을 모두 더해서 3으로 나누므로, 컬러값을 흑백으로 바꾸어 주는 부분이다.

➡ **16행** 영상을 이치화(binarization)시켜주는 부분이다. 프레임 내의 픽셀 밝기값이 200보다 크다면 255로 만들어 결과를 영상버퍼에 저장하고, 200보다 작다면 0을 버퍼에 저장한다. 200값은 이치화용 임계치(threshold value)로 임의로 설정해준 상수이다.

➡ **21행** 이치화된 영상에 대해 이치화 영역의 중심값(center) 좌표를 얻기 위해 버퍼에서 255 값을 가지는 모든 픽셀 좌표값을 더한 다음 픽셀수만큼 나누어 중심 좌표를 얻는다.

➡ **37행** 계산된 이치화 중심점인 추적점(tracking point)에 십자('+')표시를 그려주는 부분이다. 수직선을 긋는 부분이다.

➡ **47행** 십자표시를 그려주는 부분으로 수평선을 긋는 부분이다.

➡ **57행** 계산된 좌표 위치를 문자출력하기 위한 부분이다.

➡ **58행** 계산된 좌표 위치를 윈도우 타이틀에 나타내는 부분이다.

애플리케이션 위자드(AppWizard)를 열어서 아래에 주어진 것처럼 <CCamTestDlg> 클래스 아래에 `OnDestroy()`함수를 추가한다. `OnDestroy`함수는 `CWnd` 객체가 화면에서 제거된 후 호출된다.

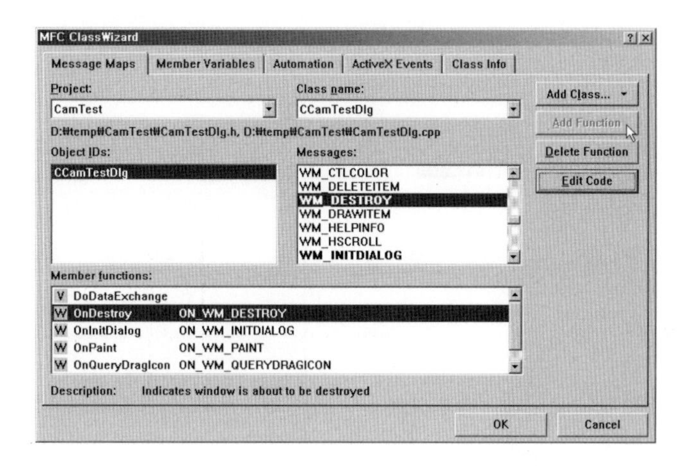

그림 16-16 CCamTestDlg 클래스에 OnDestroy1 함수의 추가

`OnDestroy`함수 내에 다음에 주어진 코드 명령을 추가한다. 캡처 윈도우에서 드라이브를 분리시키고, `pImageBuffer` 포인트의 메모리가 할당되어 있다면 해제시켜주는 부분을 표현하고 있다.

리스트 16-4 OnDestroy함수의 작성

```
01 void CCamTestDlg::OnDestroy()
02 {
03     CDialog::OnDestroy();
04
05     // TODO: Add your message handler code here
06     capDriverDisconnect(m_hWndCap);
07     if (pImageBuffer != NULL) delete []pImageBuffer;
08 }
```

컴파일과 링크 환경을 설정해주기 위하여 [Project] → [Settings]메뉴를 선택한다. <Project Setting> 대화창의 <Link>탭을 선택한다. Link탭 아래에 <Object/library

modules:>부분에 <vfw32.lib>와 <Winmm.lib>의 두 라이브러리를 추가한다. [OK]버튼을 클릭하여 라이브러리 추가를 완료한다.

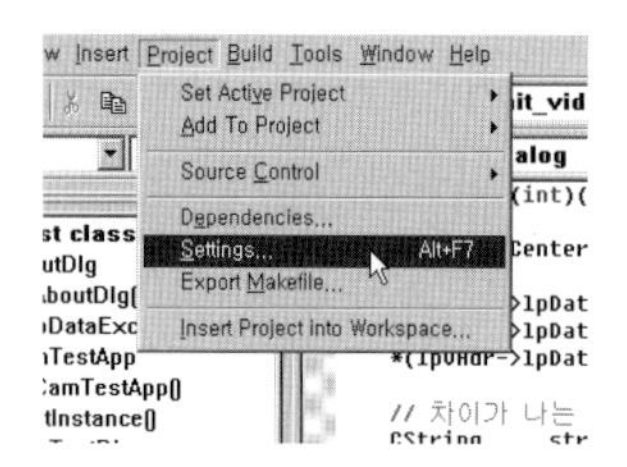

그림 16-17 컴파일을 위한 링크 환경 설정

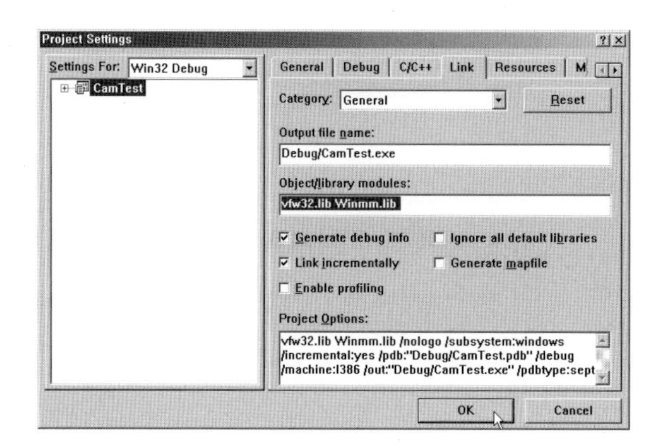

그림 16-18 컴파일러에 비디오포윈도우 라이버러리 추가

컴파일하고 링크하여 실행한다.

[그림 16-19]의 두 영상은 하나의 실행 예를 보여주고 있다. 영상 밝기값이 200보다 더 큰 영역의 중심 부분을 동적으로 추적하는 결과가 나타난다. 밝은 영역을 화상카메라 앞에 두고 초당 15 ~ 20프레임 처리속도로 트랙킹을 실행해보자.

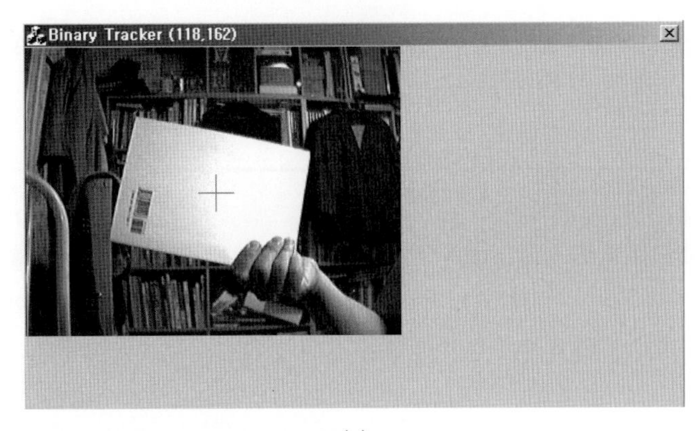

(a)

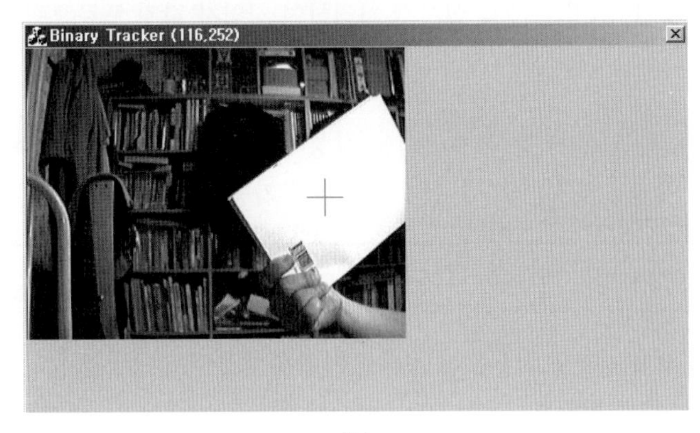

(b)

그림 16-19 밝은 영역의 중심부를 실시간 추적

연습문제

1. 7장의 마스크 기반 처리를 실시간으로 구현하시오. 단, 마스크의 크기와 종류는 자유롭게 선택한다. 마스크의 크기에 따라 초당 처리되는 프레임의 수를 비교하시오.

2. 11장의 (2)번 문제를 실시간 처리하여 침입자 감지 프로그램을 완성하시오.

3. 실시간 얼굴 검출 프로그램을 작성하고자 한다. 얼굴의 피부색은 YCbCr 컬러에서 Cb, Cr 채널을 이용하면 다음과 같이 검출 가능하다.

피부색 영역 : 95<Cb<115, 142<Cr<175

이 색상 정보를 이용하여 피부색 영역을 추출하고 라벨링 후 가장 큰 영역에 대하여 사각 박스를 그리시오.

17 카메라 모델과 카메라 보정

1. 핀 홀 모델과 사영

카메라는 3차원 공간상에 놓여있는 물체의 한 점 좌표를 2차원 평면상의 한 점 좌표로 투영시키는 일종의 좌표 변환장치이다. 공간에서의 위치와 영상평면에서의 위치는 공간을 통해 여행하는 직진 반사광들이 물체에 부딪히면서 만들어내는 궤적이다. 그렇기 때문에 카메라는 빛(light)의 반사를 통해 공간상의 특정위치의 밝기를 감지하는 장치로 볼 수도 있다.

빛은 광원(lighting source)인 태양빛이나 조명에서 발산되어 공간을 가로질러 날라가 물체를 때리는 어떤 선(ray)이다. 빛이 물체에 부딪힐 때 일부는 물체에 흡수되고 일부는 반사된다. 반사된 빛은 다시 공간을 여행하여 인간 눈의 수정체나 카메라 렌즈를 통과하고 눈 안에 있는 망막(retina)이나 카메라 센서면(CCD or CMOS)에 도달하게 된다. 반사를 통해 눈에 도달한 빛으로부터 우리는 물체의 밝기와 색을 감지할 수 있다. 카메라를 분석할 때 광원의 종류, 위치 및 물체의 표면 특성 등을 고려하여 영상의 밝기를 계산하는 광계측(Radiometry)의 관점에서 분석할 수도 있으나, 일반적으로 카메라와 공간 물체 사이의 좌표관계를 규명하기 위해서는 기하학적(Geometry) 관점에서 카메라를 해석하는 것이 필요하다.

기하학적 해석에 있어 유용한 모델이 **핀 홀 카메라모델(pinhole camera model)**이다. 이것은 공간상에 놓여있는 물체 위의 어떤 점 좌표가 영상 면에 **사영(projection)**될 때 영상면 앞에 놓여있는 조그마한 바늘구멍(pinhole)을 통과하여 영상 면에 맺힌다고 가정한다.

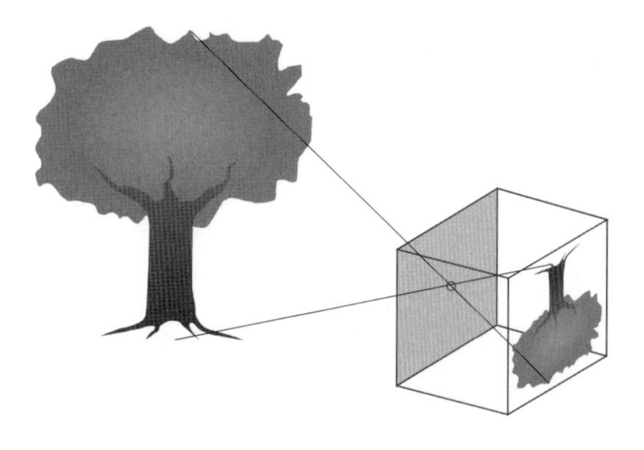

그림 17-1 공간상의 물체가 영상 면으로 사영 [1]

[그림 17-1]은 핀 홀 카메라모델의 개념도를 보여준다. 카메라는 앞면에 작은 구멍이 뚫린 밀폐된 상자로 가정될 수 있다. 공간상에 놓여있는 물체(나무)는 이 바늘구멍을 통해 사영되어 그 상(image)이 상자 내부의 반대쪽 면에 맺히게 된다. 상이 맺힌 면을 **영상 면(image plane)**이라 부른다. 이러한 사영모델은 실제로 작동하는 모델이며 빛의 직진성에 의해 공간상의 물체는 위아래가 거꾸로 뒤집어져서 영상 면에 맺히게 된다.

본 절에서는 3차원 공간상의 물체가 2차원 영상 면에 투영되어 상이 맺히는 현상을 기하학적 관점에서 살펴본다. 본 장의 주요내용은 Hartley[2]의 카메라 해석을 기반으로 투영에 관여하는 수학적 모델을 유도하고 모델 내 파라메터들의 역할을 살펴본다.

1 핀 홀 카메라 모델

[그림 17-1]에서 영상이 맺힌 면은 바늘구멍(pinhole)면의 뒤에 위치하지만 표현의 편리성을 위해 이 면을 바늘구멍 면과 물체(나무) 사이에 존재하는 임의의 가상 면으로 이동시킨다고 가정해보자. 물체의 상은 아래위가 뒤집어지지 않고 나무와 같은 방향으로 보여질 것이다. [그림 17-2]는 이처럼 영상 면을 핀홀면 앞으로 보낸 경우의 개념도를 보여준다.

바늘구멍이 위치한 곳을 **카메라 좌표의 중심(camera center)**으로 한다. 카메라 중심은 또한 **사영의 중심(optical center)**이다. **주축(principal axis)**은 카메라 중심에서 영상평면에 수직인 선으로 카메라좌표축의 z축과 일치한다. 또한 **주축점(principal point)**은 주축이 영상면과 만나는 점을 나타낸다. **주축면(principal plane)**은 영상평면에 평행하고 카메라 중심이 놓여있는 평면을 나타낸다.

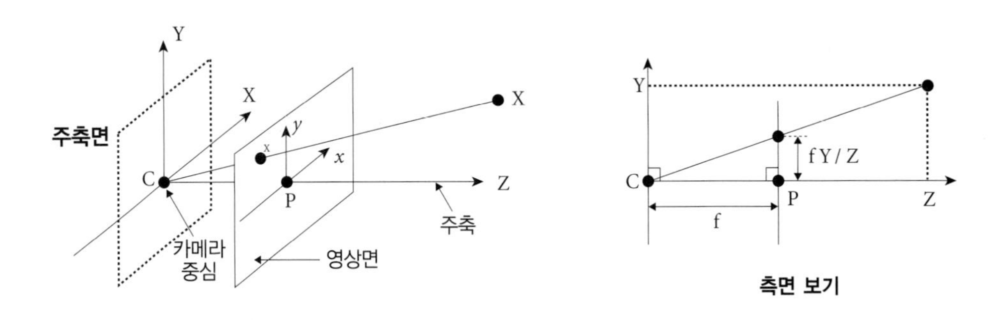

그림 17-2 핀 홀 카메라 기하학

공간상의 한 점 $\boldsymbol{X}$는 영상 면(image plane)위의 한 점 $\boldsymbol{x}$로 사영된다. [그림 17-2]의 우측은 좌측 그림을 측면에서 본 그림이다. 삼각형의 닮음 꼴을 이용하여 다음과 같은 비례식을 얻을 수 있다.

$$f : y = Z : Y \;\rightarrow\; y = f\frac{Y}{Z} \tag{17-1}$$

즉, 공간 점 $\boldsymbol{X}$의 3차원 $(X, Y, Z)^T$좌표 는 2차원 평면(영상면) 상의 $(f\frac{X}{Z}, f\frac{Y}{Z})^T$로 투영된다. 여기서 카메라 중심과 영상면 사이의 거리를 **초점거리(focal length)** f라 한다. 이러한 사영변환을 행렬곱으로 표현하면

$$\begin{pmatrix} fX \\ fY \\ Z \end{pmatrix} = \begin{bmatrix} f & 0 & 0 & 0 \\ 0 & f & 0 & 0 \\ 0 & 0 & 1 & 0 \end{bmatrix} \begin{pmatrix} X \\ Y \\ Z \\ 1 \end{pmatrix} \tag{17-2}$$

로 표현할 수 있는데 이 행렬식은 공간좌표 $\boldsymbol{X}$가 2차원 평면좌표 $\boldsymbol{x}$로 행렬곱에 의해 변환될 수 있다는 의미이다. $(X, Y, Z, 1)^T$와 $(fX, fY, Z)^T$벡터는 각각 3차원 공간좌표 $\boldsymbol{X}$와 영상면상의 2차원 좌표 $\boldsymbol{x}$를 **동차좌표(homogeneous coordinate)**로 표시한 것이다. 동차좌표란 이 좌표 내의 마지막 항으로 행렬 내의 다른 모든 항들을 나누어주면 원래 좌표가 나오는 것으로 $(f\frac{Y}{Z}, f\frac{Y}{Z})^T$의 동차좌표 표현은 $(fX, fY, Z)^T$가 된다. 동차좌표 표현을 사용하면 비선형 수식을 선형벡터와 행렬의 곱으로 표현할 수 있으므로 매우 편리하다.

2 주축점의 오프셋

주축점은 주축이 영상면과 만나는 점을 나타내며, 공간 점의 투영좌표 $(f\frac{X}{Z}, f\frac{Y}{Z})^T$는 영상면의 좌표원점이 주축점이라고 가정한 것이다. 그러나 실제 영상면의 원점과 카메라축의 원점은 서로 다르며 일치하지 않으므로 이 차이만큼 오프셋(offset)값을 고려해주어야 한다.

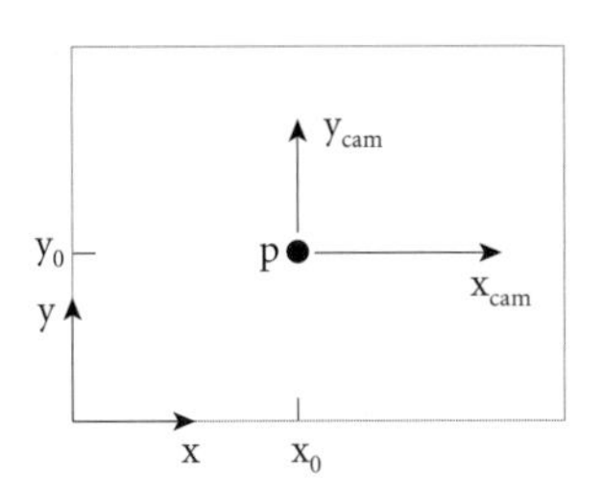

그림 17-3 영상 및 카메라 좌표 시스템

영상면의 좌표원점이 [그림 17-3]처럼 왼쪽 아래 위치에 있다고 가정한다면 공간좌표 가 투영된 영상면의 좌표는 다음과 같이 표현된다:

$$(fX / Z + p_x, fY / Z + p_y)^T \tag{17-3}$$

단, 여기서 $(p_x, p_y)^T$는 영상면의 좌표원점에서 측정된 주축점의 좌표이다. (식 17-3)의 비선형 수식을 동차좌표로 표현하여 행렬식으로 나타내면 다음과 같이 표현된다:

$$\begin{pmatrix} fX + Zp_x \\ fY + Zp_x \\ Z \end{pmatrix} = \begin{bmatrix} f & 0 & p_x & 0 \\ 0 & f & p_y & 0 \\ 0 & 0 & 1 & 0 \end{bmatrix} \begin{pmatrix} X \\ Y \\ Z \\ 1 \end{pmatrix} \tag{17-4}$$

행렬식 (식 17-4)를 다시 쓰면

$$\begin{aligned} \boldsymbol{x} &= \begin{pmatrix} fX + Zp_x \\ fY + Zp_x \\ Z \end{pmatrix} = \begin{bmatrix} f & 0 & p_x & 0 \\ 0 & f & p_y & 0 \\ 0 & 0 & 1 & 0 \end{bmatrix} \begin{pmatrix} X \\ Y \\ Z \\ 1 \end{pmatrix} \\ &= \begin{pmatrix} f & 0 & p_x \\ 0 & f & p_y \\ 0 & 0 & 1 \end{pmatrix} \begin{bmatrix} 1 & 0 & 0 & 0 \\ 0 & 1 & 0 & 0 \\ 0 & 0 & 1 & 0 \end{bmatrix} \begin{pmatrix} X \\ Y \\ Z \\ 1 \end{pmatrix} = \boldsymbol{K}[\boldsymbol{I}|\boldsymbol{0}]\boldsymbol{X}_{cam} \end{aligned} \tag{17-5}$$

로 분해해서 표현할 수 있으며 위 식에서 K행렬은 **카메라보정행렬(camera calibration matrix)**이라 부르며 카메라 **내부 인자(intrinsic parameters)** 행렬이라고도 한다. 행렬 내 미지수가 3개이므로 3자유도(DOF: degree of freedom)를 가진다고 할 수 있다. $\boldsymbol{X}_{cam}$벡터의 아래 인덱스 cam은 좌표값 $\boldsymbol{X}_{cam}$이 카메라좌표축을 원점으로 표현된 공간상의 점 좌표임을 나타낸다.

3 카메라의 회전과 이동

보통 공간에 놓여있는 물체상의 위치를 가리키는 좌표는 카메라축에서 표현되지 않고 공간 내에 어디엔가 놓여있는 세계 좌표(world coordinate)에서 표현되는 경우가 일반적이다. 즉, 카메라 좌표축과 세계 좌표축은 서로 일치하지 않고 떨어져 있으며 좌표축의 방향도 일치하지 않는다.

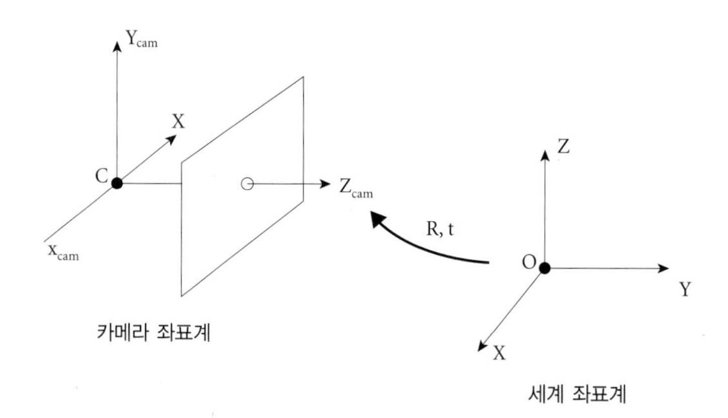

그림 17-4 카메라 좌표계와 세계 좌표계 사이의 불일치

[그림 17-4]는 이러한 경우를 보여준다. 카메라 좌표축 C는 세계 좌표축 O와 회전행렬 R, 이동벡터 t만큼 상대적인 좌표를 가지고 틀어지고 떨어져서 위치하게 된다. $\tilde{X}$를 세계 좌표계에서 표현된 공간 내 한 점의 좌표라고 하자. 이때 위 첨자 "~" 표시는 벡터의 비동차(3-vector: 값이 3개인 벡터) 표현을 나타낸다. 따라서 $\tilde{X}_{cam}$는 카메라 좌표계에서 표현된 공간 점의 비동차 좌표 표현이 된다. $\tilde{C}$는 세계 좌표계에서 표현된 카메라 원점의 비동차 좌표이다. 카메라 좌표축과 세계 좌표축과의 좌표변환 관계로부터

$$\tilde{X} = R^T\tilde{X}_{cam} + \tilde{C} \tag{17-6}$$

식을 얻을 수 있고 이 식으로부터 $\tilde{X}_{cam} = R\tilde{X} - R\tilde{C}$를 얻는다. 행렬 곱으로 이 식을 다시 나타내면

$$\begin{aligned}\tilde{X}_{cam} &= \begin{bmatrix} R & -R\tilde{C} \\ \mathbf{0} & 1 \end{bmatrix} = \begin{bmatrix} \tilde{X} \\ 1 \end{bmatrix} \\ &= \begin{bmatrix} R & -R\tilde{C} \\ \mathbf{0} & 1 \end{bmatrix}\begin{pmatrix} X \\ Y \\ Z \\ 1 \end{pmatrix} = \begin{bmatrix} R & -R\tilde{C} \\ \mathbf{0} & 1 \end{bmatrix} X\end{aligned} \tag{17-7}$$

이 된다. (식 17-7)은 공간 점 X의 카메라축에 대한 좌표값을 세계 좌표축에 대한 좌표값으로 변환시켜주는 행렬식이다. (식 17-7)을 (식 17-5)에 대입하면

$$\begin{aligned}x &= K[I|0]X_{cam} \\ &= K[I|0]\begin{bmatrix} R & -R\tilde{C} \\ \mathbf{0} & 1 \end{bmatrix} X\end{aligned} \tag{17-8}$$

의 행렬식을 얻을 수 있고, (식 17-8)에서 $[R|-R\tilde{C}] = R[I|-\tilde{C}]$이고 $t = -R\tilde{C}$라 놓으면

$$\begin{aligned}x &= KR[I|-\tilde{C}]X \\ &= K[R|-R\tilde{C}]X \\ &= K[R|t]X \\ &= PX\end{aligned} \tag{17-9}$$

로 표현할 수 있다. (식 17-9)에서 크기 3 × 4인 **행렬 P**를 **사영행렬(projection matrix)**이라 부르며 이 행렬은 9자유도를 가지게 되는데 K행렬에서 미지수가 3개, 회전 행렬에서 3개, 이동 행렬에서 3개의 미지수가 각각 있기 때문이다.

4 CCD 카메라

영상 취득을 위해 우리가 사용하게 될 카메라는 내부에 CCD나 CMOS 센서를 가지고 있다. 핀홀카메라에서 [그림 17-3]의 영상면은 이 센서면에 해당된다. 실제 카메라를 사용하여 영상을 취득하게 되면 사람이 보는 영상은 컴퓨터의 모니터에 표시되게 되고 모니터에 표시된 영상의 좌표는 픽셀(*pixels*)좌표가 된다. 즉, CCD나 CMOS 센서면에 투영된 *mm* 단위의 좌표가 모니터의 픽셀좌표로 변환되게 된다. 따라서 이러한 변환을 나타내는 수식이 추가로 필요하게 된다.

그림 17-5 계측용 카메라와 내장된 CCD센서

CCD 센서 위의 좌표는 *mm*로 표시되고 이 좌표는 모니터의 픽셀좌표로 변환되므로 센서면상의 x 또는 y 축에 대한 단위거리(*mm*)당 모니터의 화소(*pixels*)가 몇 개가 대응하는가를 나타낼 필요가 있다. 이 값을 m_x, m_y라 하자. m_x, m_y값의 단위는 *pixels*/*mm*가 된다. 따라서 센서면의 좌표를 모니터 픽셀좌표로 변환하기 위해 $\boldsymbol{K}$행렬을 아래와 같이 바꿀 수 있다.

$$\boldsymbol{K} = \begin{bmatrix} m_x & 0 & 0 \\ 0 & m_y & 0 \\ 0 & 0 & 1 \end{bmatrix} \begin{bmatrix} f & 0 & p_x \\ 0 & f & p_y \\ 0 & 0 & 1 \end{bmatrix} \tag{17-10}$$

즉, 영상면(CCD 센서면)의 x좌표에다 m_x를, y좌표에다 m_y를 곱해서 단위를 픽셀좌표로 바꾸도록 원래 $\boldsymbol{K}$행렬에다 변환행렬을 곱하였다. $\alpha_x = m_x f$, $\alpha_y = m_y f$로 두고 $x_0 = m_x P_x$, $y_0 = m_y P_y$라 두면 (식 17-10)은 (식 17-11)과 같이 표현될 수 있다.

$$\boldsymbol{K} = \begin{bmatrix} \alpha_x & 0 & x_0 \\ 0 & \alpha_y & y_0 \\ 0 & 0 & 1 \end{bmatrix} \tag{17-11}$$

만일 영상면의 두 주축이 수직하지 않을 경우에는 ***K***행렬은 축의 왜곡에 의한 픽셀좌표 변화를 표현해야 하므로 추가 파라메터를 가지게 되고 행렬식은 다음과 같이 나타난다:

$$K = \begin{bmatrix} \alpha_x & \gamma & x_0 \\ 0 & \alpha_y & y_0 \\ 0 & 0 & 1 \end{bmatrix} \tag{17-12}$$

(식 17-12)가 카메라 보정 시 사용하는 내부 행렬의 일반 형태이다.

5 유한 투사 카메라

유한 투사 카메라(finite projective camera)는 카메라의 공간 내 위치에 따른 개념이다. (식 17-12)에 따라 카메라의 내부행렬 ***K***가 5개의 미지수를 가진 5자유도의 행렬이라고 가정하자. 이때 (식 17-9)에서 $\boldsymbol{M} = \boldsymbol{KR}$인 새로운 행렬 ***M***을 도입하면 카메라의 사영행렬 ***P***는 다음과 같이 주어진다.

$$\boldsymbol{P} = \boldsymbol{KR}[\boldsymbol{I}|-\tilde{\boldsymbol{C}}]\boldsymbol{X} = \boldsymbol{M}[\boldsymbol{I}|-\tilde{\boldsymbol{C}}]\boldsymbol{X} = [\boldsymbol{M}|-\boldsymbol{M}\tilde{\boldsymbol{C}}] \tag{17-13}$$

(식 17-13)에서 3 × 3크기의 행렬 ***M***인 ***P***행렬의 앞의 세열과 4번째 열(column)인 $\boldsymbol{P}_4$는

$$\begin{aligned} \boldsymbol{KR} &= \boldsymbol{M} = \boldsymbol{P}_{3\times3} \\ \boldsymbol{P}_4 &= -\boldsymbol{M}\tilde{\boldsymbol{C}} \end{aligned} \tag{17-14}$$

로 주어지게 된다. 즉, 사영행렬 ***P***에 대해 아래와 같은 수식이 성립하게 된다.

$$\boldsymbol{P} = [\boldsymbol{M}|\boldsymbol{P}_4] = \boldsymbol{M}[\boldsymbol{I}|\boldsymbol{M}^{-1}\boldsymbol{P}_4] = \boldsymbol{KR}[\boldsymbol{I}|-\tilde{\boldsymbol{C}}] \tag{17-15}$$

만일 사영행렬 ***P***가 주어진다면 카메라 내부행렬 ***K***와 외부행렬 ***R***, ***C***는 (식 17-16)처럼 선형대수학의 ***QR***분해와 ***M***의 역행렬을 이용하여 구할 수 있다[부록 B 참조].

$$\begin{aligned} [\boldsymbol{K}, \boldsymbol{R}] &= \boldsymbol{QR}(\boldsymbol{M}) \\ \tilde{\boldsymbol{C}} &= -\boldsymbol{M}^{-1}\boldsymbol{P}_4 \end{aligned} \tag{17-16}$$

K행렬은 3 × 3의 상삼각행렬(upper triangular matrix)이고 ***R***은 3 × 3의 직교행렬(orthogonal matrix)이다. 식 (17-16)에 따르면 카메라좌표의 중심위치 ***C***가 정의되기 위해서는 ***M***행렬의 역행렬이 정의되어야 한다. 즉, 4 × 3크기의 ***P***행렬에서 1 ~ 3열을 나타내는 ***M***행렬은 $det\ \boldsymbol{M} \neq 0$이 만족되어야 한다. **유한 카메라**는 이 조건이 만족되어서 $\tilde{\boldsymbol{C}}$가 계산될 수 있으므로 공간 내 닿을 수 있는 유한(finite) 위치에 카메라가 놓여있다는 것을 의미한다.

2. 카메라 기하학

본 절에서는 사영행렬 P의 각 행과 열로부터 얻을 수 있는 카메라의 여러 가지 기하학적 특징값에 대해 설명한다.

1 카메라 중심

카메라의 중심은 카메라 좌표의 원점이다. 카메라센터의 좌표를 구하기 위해 사영행렬 $\boldsymbol{P}$를 생각해보자. $\boldsymbol{P}$행렬은 4개의 열(column)을 가지고 있으며 랭크(rank)는 3이기 때문에 1차의 영공간(null-space)를 가질 수 있다[부록 C 참조]. 랭크란 행렬 내 선형독립인 열의 개수이다. 동차좌표가 $\boldsymbol{C}$인 임의 한 점이 공간 내에 존재하고 이 $\boldsymbol{C}$벡터(4-vector)가 행렬 $\boldsymbol{P}$의 영벡터(null-vector)라 가정하자. 그렇다면

$$\boldsymbol{PC} = 0 \tag{17-17}$$

이다. 이 때 점 $\boldsymbol{C}$와 공간 내의 또 다른 한 점 $\mathbf{A}$를 연결하는 직선을 생각해본다. 이 직선 상의 여러 점들은 두 점 $\boldsymbol{C}$와 $\boldsymbol{A}$를 연결함에 의해 정의될 수 있다:

$$\boldsymbol{X}(\lambda) = \lambda\boldsymbol{A} + (1 - \lambda)\boldsymbol{C} \tag{17-18}$$

(식 17-18)은 λ값을 바꿈에 의해 직선상의 서로 다른 점인 $\boldsymbol{X}(\lambda)$를 정의할 수 있으므로 직선표현식이다. 직선 상의 모든 점들을 영상면으로 사영시키기 위해 행렬 식 $\boldsymbol{x} = \boldsymbol{PX}$에 따라 영상면으로 투영시킨다. 이때 $\boldsymbol{PC} = 0$인 공간 내의 점 $\boldsymbol{C}$을 도입했다는 가정을 이용하면

$$\boldsymbol{x} = \boldsymbol{PX} = \lambda\boldsymbol{PA} + (1 - \lambda)\boldsymbol{PC} = \lambda\boldsymbol{PA} \tag{17-19}$$

로 사영점의 좌표가 표현될 수 있다. (식 17-19)는 직선상의 모든 점 $\boldsymbol{X}$가 **하나의 동일한 영상면 위의 점 $\boldsymbol{PA}$로 사영**된다는 것을 보여주고 있으며, 이것은 이 직선이 카메라 중심점을 통과한다는 것을 말해준다. 즉, $\boldsymbol{C}$는 카메라센터 좌표의 동차좌표 표현이고 $\boldsymbol{A}$점의 선택에 따라 결정된 직선 $\boldsymbol{X}(\lambda)$는 카메라 중심을 통과하는 직선(ray)이 된다.

이상의 증명으로부터 카메라센터 좌표의 위치는 (식 17-17)로 주어지는 행렬 $\boldsymbol{P}$의 영공간이 된다. 즉, 사영행렬 $\boldsymbol{P}$를 알면 카메라축의 원점좌표도 구할 수 있다는 것을 의미한다.

앞에서 유한카메라를 정의했는데 **무한카메라(infinite camera)**는 카메라축의 원점 $\boldsymbol{C}$가 유한공간에 존재하지 않는 카메라를 의미한다. 따라서 무한카메라의 동차좌표는 $\boldsymbol{C} = [\boldsymbol{D} \quad 0]^T$로 주어지고 이것을 비동차표현으로 다시 쓰면 $\tilde{\boldsymbol{C}} = [\infty, \infty, \infty]^T$가 되므로 중심위치가 무한공간에 존재하는 것을 의미하게 된다.

C가 카메라 중심이라면 (식 17-17)로부터 $PC = 0$이므로

$$PC = [M|P_4][d \ \ 0]^T = Md = 0 \tag{17-20}$$

이 된다. 따라서 비자명해(non-trivial solution) d(3-vector)가 존재하기 위해서는 M이 특이행렬(singular matrix)이 되어야 한다. 즉, $C = [d \ \ 0]^T$이면 M의 역행렬이 존재하지 않으므로 (식 17-16)처럼 $\tilde{C}$좌표가 유한하게 결정되지 않는다는 조건이 만족된다.

2 열 벡터

사영행렬 P는 4개의 열 벡터(column vector)를 가지고 있고 각각의 열 벡터는 고유의 의미가 있다. 공간상의 세계 좌표의 한 축 Y를 생각해보자. 세계 좌표의 Y축 상에 존재하나 세계축의 원점에서 아주 멀리 떨어진 한 점을 동차좌표로 표현해 보자. 이 점의 비동차 좌표는 Y값만 크고 X와 Z값의 좌표는 0이므로 $(0, \infty, 0)^T$으로 표현할 수 있을 것이다. 이 벡터를 동차좌표로 표현하면 $(0, 1, 0, \varepsilon)^T$이 되고 ε를 0에 가까운 아주 작은 값으로 두면 될 것이다. 따라서 Y축 상의 ∞위치에 놓여있는 점의 좌표는 $(0, 1, 0, 0)^T$으로 표현할 수 있으며 세계 좌표의 Y축은 동차좌표 $(0, 1, 0, 0)^T$으로 표현된다.

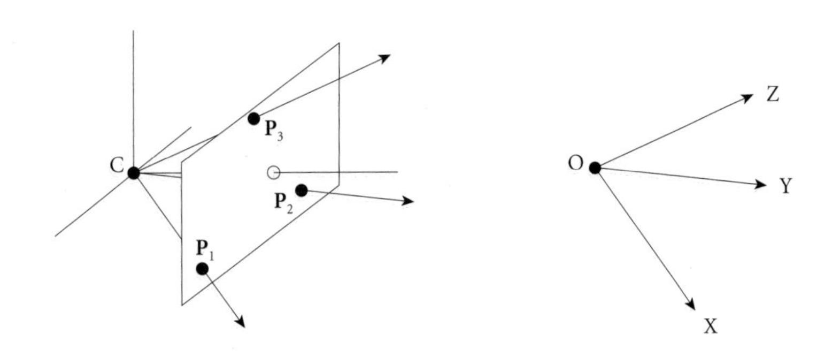

그림 17-6 세계 좌표축과 이 축의 영상면으로의 사영

[그림 17-6]은 세계좌표축 O가 카메라축 C앞에 있는 영상면으로 사영되는 것을 보여주고 있다. Y축이 사영된다면 사영식은 다음과 같이 주어진다.

$$x = PX = [P_1 P_2 P_3 P_4]\begin{bmatrix} 0 \\ 1 \\ 0 \\ 0 \end{bmatrix} = [P_2] \tag{17-21}$$

즉 사영행렬이 두 번째 열인 P_2는 세계좌표 Y축의 영상면 사영이다. (식 17-21)과 유사하게 세계축의 X, Z축의 영상면 사영은 각각 P_1과 P_3라는 것을 알 수 있다. 세계축의 원점은

$[0, 0, 0, 1]^T$으로 표현되므로 사영행렬의 4번째 열 $\boldsymbol{P}_4$는 세계 좌표축 원점의 영상면으로의 사영을 표현하게 된다:

$$[\boldsymbol{P}_4] = [\boldsymbol{P}_1\ \boldsymbol{P}_2\ \boldsymbol{P}_3\ \boldsymbol{P}_4]\begin{bmatrix} 0 \\ 0 \\ 0 \\ 1 \end{bmatrix} \tag{17-22}$$

3 주축면

주축면(principal plane)은 카메라축의 원점을 통과하면서 영상면에 평행한 면으로 이 면도 영상면의 위치에 맺히는 좌표점 $\boldsymbol{X}$들로 구성할 수 있다. 즉, 카메라축의 x, y축이 만드는 면이므로 좌표는 $[x, y, 0]^T$으로 표현되게 된다. 따라서 공간점의 사영식을 사용하면 $\boldsymbol{PX} = [x, y, 0]^T$이 되며, $[x, y, 0]^T$좌표는 비동차 좌표로 표현하면 영상면 상의 $[\infty, \infty]^T$좌표 점을 표현하게 된다.

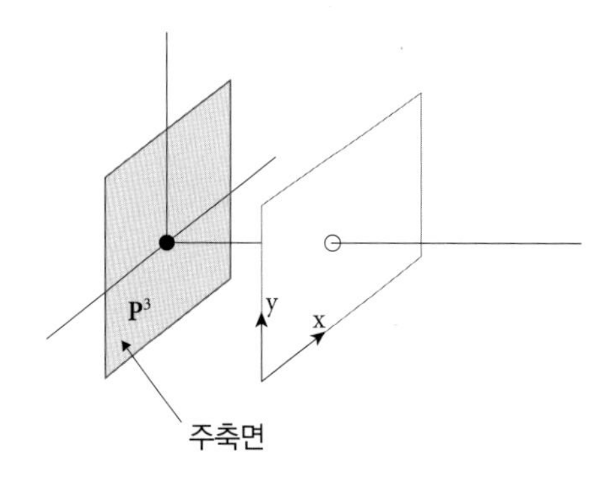

그림 17-7 주축면

사영행렬 $\boldsymbol{P}$를 아래와 같이 3개의 행으로 풀어서 표현하자:

$$\boldsymbol{P} = \begin{bmatrix} P_{11} & P_{12} & P_{13} & P_{14} \\ P_{21} & P_{22} & P_{23} & P_{24} \\ P_{31} & P_{32} & P_{33} & P_{34} \end{bmatrix} = \begin{bmatrix} \boldsymbol{P}^{1T} \\ \boldsymbol{P}^{2T} \\ \boldsymbol{P}^{3T} \end{bmatrix} \tag{17-23}$$

공간상에 어떤 면이 존재하고 임의의 이 면을 $\boldsymbol{\pi}$라고 한다면 평면방정식은 $\boldsymbol{\pi X} = 0$이 되고 $\boldsymbol{X}$점은 이 평면상에 존재하는 한 점이 된다. (식 17-23)과 $\boldsymbol{PX} = [x, y, 0]^T$로부터 주축면은 $\boldsymbol{P}^{3T}\boldsymbol{X} = 0$식으로 표현 될 수 있다. 따라서 사영행렬의 세 번째 행(row)인 $\boldsymbol{P}^{3T}$가 주축면을 표현하는 벡터가 된다. 만일 $\boldsymbol{C}$가 카메라 중심이라면 $\boldsymbol{PC} = 0$ 이므로 $\boldsymbol{C}$는 주축면 상에 놓여있다는 것을 알 수 있다.

Tip | 공간 내 평면의 표현

3차원 공간 내에서 평면의 방정식은 다음과 같이 표현된다:

$$\pi_1 x + \pi_2 y + \pi_3 z + \pi_4 = 0 \qquad (17\text{-e1})$$

이 평면에 수직한 방향(normal direction)을 나타내는 벡터는 $\tilde{\boldsymbol{\pi}} = [\pi'_1, \pi'_2, \pi'_3]^T$이다. 따라서 평면방정식 (식 17-e1)은 $\boldsymbol{\pi}^T \cdot \boldsymbol{X} = [\pi_1, \pi_2, \pi_3, \pi_4][x, y, z, 1]^T = 0$으로 나타낼 수 있다. $\boldsymbol{\pi}$는 $\tilde{\boldsymbol{\pi}}$에 대한 동차표현이다.

예제 다음과 같은 평면방정식을 생각해보자.

$$2x + 3y + z + 1 = 0 \qquad (17\text{-e2})$$

이 평면은 수직벡터인 $\tilde{\boldsymbol{\pi}} = [2, 3, 1]^T$에 의해 표현 가능하다. $\tilde{\boldsymbol{\pi}}$가 이 평면의 수직벡터인지를 검증하기 위해 이 평면상에 존재하는 임의의 두 점을 연결하는 하나의 벡터 $\boldsymbol{v}$를 정의하자.
평면상의 두 점을 임의로 잡으면 $z = -1 - 2x - 3y$ 이므로 $(1, 1, -6)^T$, $(1, 2, -9)^T$가 가능하다. 따라서 두 점을 연결하는 벡터는 $\boldsymbol{v} = (0, 1, -3)^T$이다. $\tilde{\boldsymbol{\pi}} \cdot \boldsymbol{v} = [2, 3, 1][0, 1, -3]^T = 0$이므로 $\tilde{\boldsymbol{\pi}}$와 $\boldsymbol{v}$벡터는 서로 수직하다. 따라서 $\tilde{\boldsymbol{\pi}}$는 평면의 수직벡터이다.

4 축 평면

(식 17-23)에서 사영행렬의 두 번째 행인 $\boldsymbol{P}^{2T}$가 만드는 평면을 생각해보자. 이 평면상에 놓여있는 점이라면 $\boldsymbol{P}^{2T}\boldsymbol{X} = 0$ 식을 만족해야 한다. 원래 사영식이 $\boldsymbol{x} = \boldsymbol{PX}$인 것으로부터 $\boldsymbol{PX} = [x, 0, w]^T$로 표현되고 이것은 영상면 상의 y좌표가 0이므로 영상면의 $\boldsymbol{x}$축 통과 평면 상에 놓여있는 점들인 것을 알 수 있다.

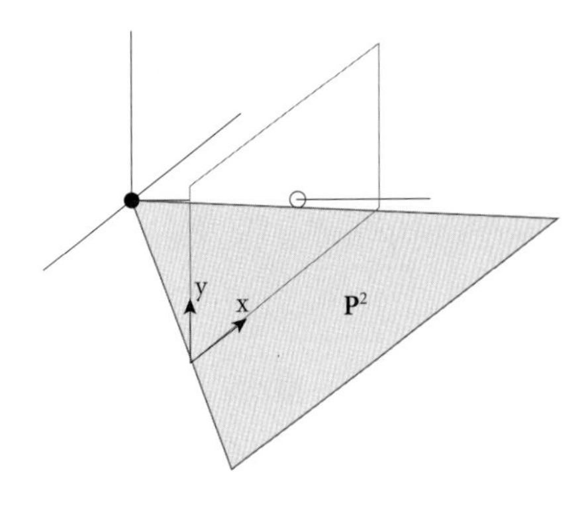

그림 17-8 축 평면

또한 $\boldsymbol{PC} = 0$에 의해 $\boldsymbol{P}^{2T}\boldsymbol{C} = 0$도 만족하므로 카메라 중심점 $\boldsymbol{C}$도 이 평면 $\boldsymbol{P}^{2T}$상에 놓여있다는 것을 알 수 있다. 따라서 $\boldsymbol{P}^{2T}$는 카메라 중심과 영상면의 직선 $y = 0$에 의해 생성되는

평면이 된다. 유사하게 $\boldsymbol{P}^{1T}$ 평면은 카메라 중심과 영상면의 직선 $x = 0$에 의해 생성되는 평면이 된다.

5 주축점

주축(principal axis)은 주축면에 수직하면서 카메라중심을 통과하는 직선이다. 이 축은 주축점(principal point)에서 영상면을 통과하게 된다. 주축점을 결정하기 위해 공간상에 놓여있는 임의의 한 평면 $\boldsymbol{\pi} = [\pi_1, \pi_2, \pi_3, \pi_4]^T$를 생각해보자. 이 평면에 수직인 방향의 벡터는 $[\pi_1, \pi_2, \pi_3]^T$로 표현되고 이 벡터는 ∞ 공간에 놓여있는 무한평면 상에 있는 한 점 $[\pi_1, \pi_2, \pi_3, 0]^T$에 의해 표현 가능하다. 즉 카메라 중심점 $\boldsymbol{C}$와 이 점을 연결하면 $\boldsymbol{\pi}$평면의 수직벡터와 같은 방향이 된다.

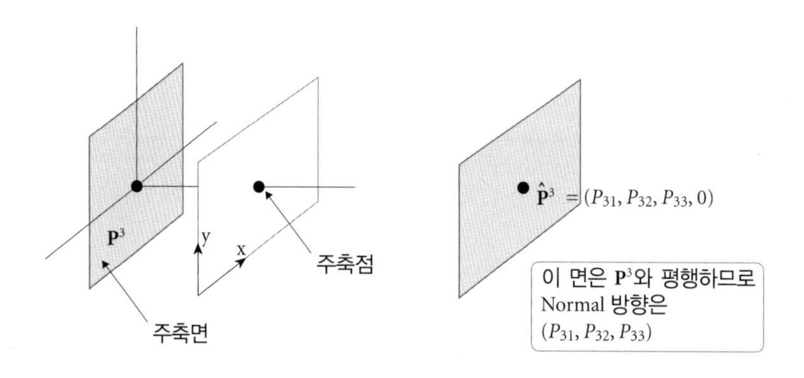

그림 17-8 주축 점

만일 무한평면 $\boldsymbol{\pi}$가 주축면과 평행한 방향을 가지고 있다면 이 점은 $[\boldsymbol{P}_{31}, \boldsymbol{P}_{32}, \boldsymbol{P}_{33}, 0]^T$이 된다. 이 점을 $\hat{\boldsymbol{P}}^3 = [\boldsymbol{P}_{31}, \boldsymbol{P}_{32}, \boldsymbol{P}_{33}, 0]^T$라 두고 영상면으로 사영시키면

$$\begin{aligned} \boldsymbol{x}_0 &= \boldsymbol{P}\cdot\hat{\boldsymbol{P}}^3 = [\boldsymbol{M}|\boldsymbol{P}_4][\boldsymbol{P}_{31}, \boldsymbol{P}_{32}, \boldsymbol{P}_{33}, 0]^T \\ &= \boldsymbol{M}\boldsymbol{m}^3 \end{aligned} \tag{17-24}$$

로 표현된다. 여기서 $\boldsymbol{m}^3$는 $\boldsymbol{M}$행렬의 세 번째 행이다. 즉, 주축점의 좌표 x_0는 $\boldsymbol{M}$행렬과 $\boldsymbol{M}$행렬의 세 번째 행과의 곱이다. 결국 사영행렬 $\boldsymbol{P}$가 주어지면 계산이 가능하다.

3. 카메라 보정

머신 비젼을 자동계측 및 지능로봇 등에 적용하기 위해서는 3차원 계측을 수행할 수 있는 기능을 포함하여야 한다. 예를 들면, 로봇이 관심 물체를 손으로 집거나 장애물을 피하며 스스로 이동하기 위해서는 카메라를 이용한 3차원 영상계측이 필수적이다. 머신비젼 시스템은 이를 위해 로봇을 둘러싸는 주변 환경과의 상대적 좌표 계산을 수행할 필요가 있으며 정확하게 보정된 계측용 카메라가 요구된다.

보정될 카메라 정보는 (식 17-9)에서 표현된 것처럼 사영행렬 내의 $\boldsymbol{R}$, $\boldsymbol{t}$의 값과 $\boldsymbol{K}$행렬 내의 5개의 인자값이다. $\boldsymbol{K}$행렬은 내부 인자(intrinsic parameters)라 부르는 영상 중심의 위치, CCD/CMOS센서면과 영상면 사이의 스케일 표현값 등을 가지고 있으며, $\boldsymbol{R}$, $\boldsymbol{t}$값은 물체축과 카메라축과의 변환 관계를 나타내는 회전 및 변위값으로 카메라의 외부 인자(extrinsic parameters)라 부른다. 5개의 내부 변수와 6개의 외부 변수를 카메라 보정 박스를 사용해 계산하는 것이 카메라 보정(camera calibration)이다.

이러한 카메라변수들은 3차원 계측을 위해 2대 이상의 카메라를 사용하는 스테레오시스템이나 다중카메라 계측시스템 등 카메라와 카메라 사이의 기하학적 관계를 계산하는데 필요하며, 보정인수들의 오차는 3차원 계측치수의 정밀도에 큰 영향을 미치게 된다.

1 카메라 보정 방법

일반적으로 보정을 수행하는 방법은 크게 두 가지로 나뉘며 첫 번째 방법은 형태를 미리 알고 있는 기지의 패턴을 카메라 앞에 놓고 그것을 관찰함에 의해 보정을 수행하는 방법과 이와는 반대로 형태를 모르는 물체나 환경을 관측함에 의해 카메라 보정을 수행하는 방법이 존재한다. 전자의 방법은 치수가 미리 알려져 있는 매우 정밀한 카메라 보정박스를 사용하여 카메라의 내부인자와 외부인자를 추정하는 방법으로 3차원 계측을 위한 카메라 보정에 일반적으로 사용되고 있는 기술이다. 이 방법의 범주에는 Faugeras[3], Tsai[4], Zhang [5]의 방법 등이 널리 알려져 있다. 정밀한 보정패턴을 사용함에 의해 정확한 카메라계수들을 얻는 것이 가능하며 보정자(calibration scale)로써 평면패턴을 사용하는 방법과 서로 평행하지 않은 다면을 가진 패턴을 사용하는 방법이 존재한다.

보정패턴을 사용하지 않는 방법은 자율보정(self-calibration)으로 알려져 있으며 Luong과 Maybank[6] 등의 연구가 이에 속한다. 카메라를 미지의 정지된 구조물이나 물체에 대해 움직이며 관찰함으로써 영상을 획득하고, 이미지 정보만을 사용하여 카메라의 내부인자들에 대한 제한조건(constraints)을 유도해 내부인자를 추정한다. 만일 변하지 않고 고정된 내부인자를 가진 카메라에 의해 영상을 획득한다면 몇 장의 영상프레임들 사이의 특징점 대응 정보는 카메라 내, 외부 인자들을 추정하기 위한 충분한 정보를 제공한다. 이 방법은 보정패턴 박스를 필요로 하지 않는 장점이 있으나 정확한 카메라 인자들을 얻는 데는 한계가 있으므로 주로 멀티미디어 응용분야에 사용되고 있다.

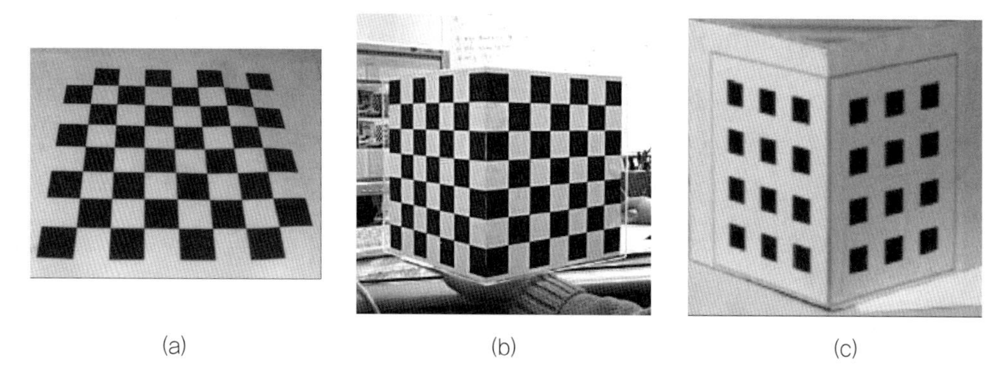

(a) (b) (c)

그림 17-9 카메라 보정용 스케일의 예

카메라 보정은 보통의 사용자가 손쉽게 수행해야 하나, 정밀한 보정자(calibration pattern scale)를 준비하는 것은 성가신 일이다. 예를 들면 [그림 17-9(b)], [그림 17-9(c)]는 두 개 이상의 평면을 가진 보정자를 보여주고 있다. 영상에 보이는 두 면은 서로 수직한 면으로 좌표가 알려진 작은 사각형의 여러 패턴들이 두 평면 위에 새겨져 있다. 이러한 입체 패턴은 정밀하게 제작하기가 어려우며 높은 비용과 사용자의 불편을 초래한다. 반면, [그림 17-9(a)]는 하나의 평면상에 사각 패턴이 새겨져 있으며 이러한 모양의 패턴을 체스(chess) 패턴이라 부른다. 이러한 패턴은 CAD나 Word 프로그램으로 그려 프린터로 출력함으로써 평면판에 붙여 사용할 수 있으므로 보정자의 제작이 용이하다. Zhang은 평면 보정자를 다른 위치에서 찰영한 여러 개의 영상을 이용해 카메라 보정을 수행하는 방법을 제안하였다. 본 절에서는 Zhang의 카메라 보정법을 기반으로 관련내용을 설명한다.

2 여러 장의 평면보정자 영상을 이용한 카메라 보정

(식 17-9)와 (식 17-12)식의 사영방정식을 다시 쓰면

$$\boldsymbol{x}_{\text{pixel}} = s\begin{bmatrix} x \\ y \\ 1 \end{bmatrix} = \boldsymbol{P}_{3\times4}\boldsymbol{X}_{\text{world}} = \boldsymbol{K}_{3\times3}[\boldsymbol{R}_{3\times3}|\boldsymbol{t}_{3\times1}]\boldsymbol{X}_{\text{world}}$$

$$= \begin{bmatrix} \alpha_x & \gamma & u_0 \\ 0 & \alpha_y & v_0 \\ 0 & 0 & 1 \end{bmatrix}\begin{bmatrix} r_{11} & r_{12} & r_{13} & t_1 \\ r_{21} & r_{22} & r_{23} & t_2 \\ r_{31} & r_{32} & r_{33} & t_3 \end{bmatrix}\begin{bmatrix} X \\ Y \\ Z \\ 1 \end{bmatrix} = \begin{bmatrix} \alpha_x & \gamma & u_0 \\ 0 & \alpha_y & v_0 \\ 0 & 0 & 1 \end{bmatrix}[\boldsymbol{r}_1 \ \boldsymbol{r}_2 \ \boldsymbol{r}_3 \ \boldsymbol{t}]\begin{bmatrix} X \\ Y \\ Z \\ 1 \end{bmatrix} \tag{17-25}$$

이다. s는 스케일팩터이다. 평면 보정패턴을 사용하므로 World 축의 좌표 원점을 이 평면 위에 놓는다면 보정 평면상의 체스 패턴 좌표는 $\boldsymbol{Z}$축의 값을 0으로 놓을 수 있으므로 다음과 같이 다시 쓸 수 있다.

$$s\begin{bmatrix} x \\ y \\ 1 \end{bmatrix} = \boldsymbol{K}[\boldsymbol{r}_1 \ \ \boldsymbol{r}_2 \ \ \boldsymbol{r}_3 \ \ \boldsymbol{t}]\begin{bmatrix} X \\ Y \\ 0 \\ 1 \end{bmatrix} = \boldsymbol{K}[\boldsymbol{r}_1 \ \ \boldsymbol{r}_2 \ \ \boldsymbol{t}]\begin{bmatrix} X \\ Y \\ 1 \end{bmatrix} \tag{17-26}$$

$\lambda\boldsymbol{K}[\boldsymbol{r}_1 \ \ \boldsymbol{r}_2 \ \ \boldsymbol{t}] = \boldsymbol{H}_{3\times3}$이라 놓는다면, 위 식은

$$\boldsymbol{x}_{\text{pixel}} = \lambda\boldsymbol{K}[\boldsymbol{r}_1 \ \ \boldsymbol{r}_2 \ \ \boldsymbol{t}]\begin{bmatrix} X \\ Y \\ 1 \end{bmatrix} = \boldsymbol{H}_{3\times3}\boldsymbol{X}_{\text{world}} \tag{17-27}$$

가 된다. 여기서 λ는 임의의 상수이다. 체스보드 상의 세계 좌표를 영상면의 픽셀좌표로 변환시키는 3 × 3크기의 $\boldsymbol{H}$ 행렬을 평면변환행렬 또는 Homography행렬이라 부른다. 즉, $\boldsymbol{H}$ 행렬은 서로 다른 두 평면 사이의 좌표변환을 규정한다. $\boldsymbol{H}$ 행렬을 이용하면 카메라의 내부 인자에 대한 제한조건(constraint)을 얻는 것이 가능하다.

$$\boldsymbol{H}_{3\times3} = [\boldsymbol{h}_1 \ \boldsymbol{h}_2 \ \boldsymbol{h}_3] = \lambda\boldsymbol{K}[\boldsymbol{r}_1 \ \ \boldsymbol{r}_2 \ \ \boldsymbol{t}] \tag{17-28}$$

이고, 이 식을 다시 정리하면

$$\begin{bmatrix} \boldsymbol{h}_1 \\ \boldsymbol{h}_2 \end{bmatrix} = \begin{bmatrix} \lambda\boldsymbol{K}\boldsymbol{r}_1 \\ \lambda\boldsymbol{K}\boldsymbol{r}_2 \end{bmatrix} \tag{17-29}$$

이고, (식 17-29)를 $\boldsymbol{r}_1$과 $\boldsymbol{r}_2$에 대해 정리하면,

$$\begin{bmatrix} \boldsymbol{r}_1 \\ \boldsymbol{r}_2 \end{bmatrix} = \begin{bmatrix} (1/\lambda)\boldsymbol{K}^{-1}\boldsymbol{h}_1 \\ (1/\lambda)\boldsymbol{K}^{-1}\boldsymbol{h}_2 \end{bmatrix} \tag{17-30}$$

이다. $\boldsymbol{r}_1$과 $\boldsymbol{r}_2$는 회전행렬의 회전축 방향벡터이므로 서로 직교한다는 성질을 이용하면,

$$\boldsymbol{r}_1^T\boldsymbol{r}_1 = \boldsymbol{r}_2^T\boldsymbol{r}_2 = 1, \ \boldsymbol{r}_1^T\boldsymbol{r}_2 = 0 \tag{17-31}$$

이다. 따라서 $\boldsymbol{K}$행렬에 대한 제한 조건식을 유도하기 위해 (식 17-31)에 (식 17-30)을 대입하면 다음의 제한조건들을 얻을 수 있다.

$$\begin{aligned} &\boldsymbol{h}_1^T\boldsymbol{K}^{-T}\boldsymbol{K}^{-1}\boldsymbol{h}_2 = 0 \\ &\boldsymbol{h}_1^T\boldsymbol{K}^{-T}\boldsymbol{K}^{-1}\boldsymbol{h}_1 - \boldsymbol{h}_2^T\boldsymbol{K}^{-T}\boldsymbol{K}^{-1}\boldsymbol{h}_2 = 0 \end{aligned} \tag{17-32}$$

즉, 1개의 Homography 평면변환에서 내부행렬 $\boldsymbol{K}$에 대한 2개의 제한조건이 발생한다. $\boldsymbol{K}$ 내에는 5개의 미지수가 있다. 따라서 3개의 평면변환 행렬 $\boldsymbol{H}$가 있다면 6개의 식이 나오므로 5개의 값들을 모두 결정할 수 있다.

(식 17-32)에서 상삼각행렬(upper-triangular matrix) $\boldsymbol{K}$의 곱을 이용하여

$$\boldsymbol{B} = \boldsymbol{K}^{-T}\boldsymbol{K}^{-1} = \begin{bmatrix} B_{11} & B_{12} & B_{13} \\ B_{12} & B_{22} & B_{23} \\ B_{13} & B_{23} & B_{33} \end{bmatrix} \tag{17-33}$$

라 놓으면 $\boldsymbol{B}$행렬은 대칭행렬이고 내부에 6개의 서로 다른 값만 가진다. 따라서 두 제한조건 (식 17-32)의 첫 번째 식은

$$\boldsymbol{h}_i^T\boldsymbol{B}\boldsymbol{h}_j = \boldsymbol{v}_{ij}^T\boldsymbol{b} = \begin{bmatrix} h_{i1}h_{j1} \\ h_{i1}h_{j2} + h_{i2}h_{j1} \\ h_{i2}h_{j2} \\ h_{i3}h_{j1} + h_{i1}h_{j3} \\ h_{i3}h_{j2} + h_{i2}h_{j3} \\ h_{i3}h_{j3} \end{bmatrix}^T \begin{bmatrix} B_{11} \\ B_{12} \\ B_{22} \\ B_{13} \\ B_{23} \\ B_{33} \end{bmatrix} \tag{17-34}$$

처럼 표현될 수 있다. 단, 여기서 $\boldsymbol{h}_1 = [h_{11}, h_{21}, h_{31}]^T$이다. (식 17-32)의 두 번째 제한조건식도 유사한 방법으로 $\boldsymbol{b}$벡터식에 대해 표현할 수 있다. 따라서 두 제한조건식을 같이 쓰면,

$$\begin{bmatrix} \boldsymbol{v}_{12}^T \\ (\boldsymbol{v}_{11} - \boldsymbol{v}_{22})^T \end{bmatrix}\boldsymbol{b} = \boldsymbol{V}_1\boldsymbol{b} = 0 \tag{17-35}$$

이고, 체스보드 영상이 3개 있다면 3개의 (식 17-35)를 누적하여 쓸 수 있으므로,

$$\begin{bmatrix} \boldsymbol{V}_1 \\ \boldsymbol{V}_2 \\ \boldsymbol{V}_3 \end{bmatrix}\boldsymbol{b} = \boldsymbol{V}\boldsymbol{b} = 0 \tag{17-36}$$

이 되고, 이 식을 만족하는 $\boldsymbol{b}$벡터를 구하면 $\boldsymbol{B}$행렬의 6개의 인자를 결정할 수 있다. 영상의 수가 n개라면 $\boldsymbol{V}$행렬의 크기는 $2n \times 6$이므로 $n \geq 3$이라면 $\boldsymbol{b}$벡터를 유일하게 결정하는 것이 가능하다. 물론 $\boldsymbol{b}$벡터의 크기는 (식 17-36)에서처럼 스케일에 대해 임의일 수 있으므로 정규화될 필요가 있다. (식 17-36)를 만족하는 $\boldsymbol{b}$는 선형대수학의 특이값분해(singular value decomposition: SVD)를 사용하면 $\boldsymbol{V}^T\boldsymbol{V}$행렬의 가장 작은 고유값(eigenvalue)에 대응되는 고유벡터(eigen-vector)라는 것이 알려져 있다[부록 D 참조].

일단, B행렬이 결정된다면 행렬(Cholesky)분해를 통해 $\boldsymbol{K}$행렬을 결정하는 것이 가능하다. Zhang은 $\boldsymbol{B}$행렬에서 카메라 인자를 다음과 같이 직접 유도하였다.

내부 인자(intrinsic parameters)	외부 인자(extrinsic parameters)
$p_y = (B_{12}B_{13} - B_{11}B_{23})/(B_{11}B_{22} - B_{12}^2)$	$\boldsymbol{r}_1 = \lambda \boldsymbol{K}^{-1}\boldsymbol{h}_1$
$\lambda = B_{33} - [B_{13}^2 - (B_{12}B_{13} - B_{11}B_{23}) / B_{11}$	$\boldsymbol{r}_2 = \lambda \boldsymbol{K}^{-1}\boldsymbol{h}_2$
$\alpha_x = \sqrt{\lambda / B_{11}}$	$\boldsymbol{r}_3 = \boldsymbol{r}_1 \times \boldsymbol{r}_2$
$\alpha_y = \sqrt{\lambda B_{11} / (B_{11}B_{22} - B_{12}^2)}$	$\boldsymbol{t} = \lambda \boldsymbol{K}^{-1}\boldsymbol{h}_3$
$\gamma = - B_{12}\alpha_x^2\alpha_y / \lambda$	$\lambda = 1 / \Vert\boldsymbol{K}^{-1}\boldsymbol{h}_1\Vert = 1 / \Vert\boldsymbol{K}^{-1}\boldsymbol{h}_2\Vert$
$p_x = sp_y / \alpha_y - B_{12}\alpha_x^2\alpha_y / \lambda$	

내부 인자는 카메라가 하나이므로 여러 장의 영상에 대해서도 하나만 계산되지만 외부 인자는 카메라가 보정자를 찍은 위치가 모두 다르므로 보정에 사용된 영상의 개수만큼 $\boldsymbol{R}$, $\boldsymbol{t}$의 값이 계산된다.

$\boldsymbol{R}$행렬은 $\boldsymbol{R} = [\boldsymbol{r}_1\ \ \boldsymbol{r}_2\ \ \boldsymbol{r}_3]$로 주어지고 회전행렬은 정규직교행렬의 성질인 $\boldsymbol{R}^T\boldsymbol{R} = \boldsymbol{R}\boldsymbol{R}^T = \boldsymbol{I}$의 조건이 만족되어야 한다. 그러나 여기서 구한 $\boldsymbol{R}$행렬은 정규직교행렬 조건에 만족되지 않을 수 있으므로 이러한 조건을 강제하여야 한다. 한 가지 방법으로 $\boldsymbol{R}$행렬에 대해 특이값분해를 수행한다. 특이값분해를 통해 회전행렬은 $\boldsymbol{R} = \boldsymbol{U}\boldsymbol{D}\boldsymbol{V}^T$의 3개의 행렬곱으로 분해된다. 여기서 $\boldsymbol{U}$, $\boldsymbol{V}$행렬은 정규직교행렬(orthonormal matrix)이고 $\boldsymbol{D}$는 대각행렬이다. $\boldsymbol{R}$은 자신이 정규직교행렬이므로 $\boldsymbol{D}$행렬이 $\boldsymbol{I}$(unitary matrix)가 된다면 $\boldsymbol{R} = \boldsymbol{U}\boldsymbol{I}\boldsymbol{V}^T$가 되어 회전행렬의 성질을 만족하게 된다. 따라서 먼저 $\boldsymbol{R}$ 행렬로부터 SVD를 통해 $\boldsymbol{U}$, $\boldsymbol{V}$행렬을 구하고 이 두 행렬을 곱해 새로운 $\boldsymbol{R}$행렬을 구하면 된다.

이상의 과정을 다시 정리해보자. [그림 17-10]처럼 하나의 카메라에서 체스보드 영상을 여러 개 찍으면 각각의 영상에서 (식 17-35)가 하나씩 발생한다. 그러므로 (식 17-36)처럼 (식 17-35)를 여러 개 누적시켜 $\boldsymbol{b}$벡터, 즉 $\boldsymbol{B}$행렬의 값을 계산할 수 있다. 이 행렬로부터 위의 표를이용하여 카메라의 내 · 외부 변수값들을 얻는 것이 가능하다.

  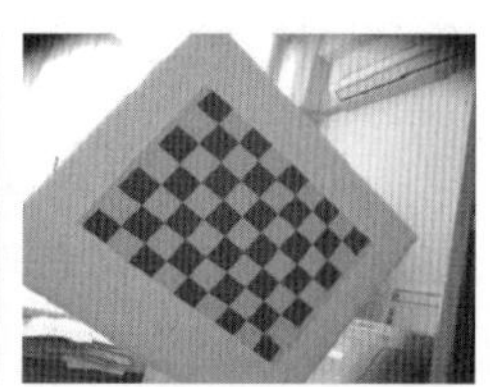 

그림 17-10 다른 위치에서 찍은 체스보드 영상들

3 카메라 렌즈 왜곡의 고려

렌즈의 왜곡은 물체를 있는 그대로 표현하지 않고 형상을 변형시킨다. 카메라 렌즈 왜곡(lens distortion)은 반지름 방향(radial distortion)과 반지름에 수직한 방향(tangential distortion) 두 가지가 있으나 주로 반지름 방향으로의 왜곡이 지배적으로 일어난다.

그림 17-11 반지름 방향의 렌즈 왜곡

[그림 17-11]은 영상의 경계로 갈수록 원래 직선이었던 부분들이 심하게 곡선으로 휘어지는 반지름 방향의 렌즈 왜곡이 만들어내는 영상을 보여준다. 렌즈 왜곡은 다음과 같은 다항식으로 표현될 수 있다.

$$r_d = r + \delta_r = r(1 + k_1 r^2 + k_2 r^4 + k_3 r^6 + \dots) \tag{17-37}$$

여기서 r은 CCD센서면의 중심위치에서 측정된 반경의 크기이다. 첨자 d는 왜곡(distortion)을 표시한다. $r_d^2 = x_d^2 + y_d^2$을 이용하면

$$\begin{aligned} x_d &= x(1 + k_1 r^2 + k_2 r^4 + k_3 r^6 + \dots) \\ y_d &= y(1 + k_1 r^2 + k_2 r^4 + k_3 r^6 + \dots) \end{aligned} \tag{17-38}$$

과 같이 (식 17-37)을 다시 쓸 수 있다. 무한개의 왜곡 계수 가운데 두 개의 계수 k_1과 k_2만을 고려한다면 (식 17-38)은 다음과 같이 간략히 쓸 수 있다.

$$\begin{aligned} x_d &= x(1 + k_1 r^2 + k_2 r^4) = x + x(k_1 r^2 + k_2 r^4) \\ y_d &= y(1 + k_1 r^2 + k_2 r^4) = y + y(k_1 r^2 + k_2 r^4) \end{aligned} \tag{17-39}$$

우리가 관찰하는 좌표는 영상 면의 픽셀좌표이므로 CCD센서면에서의 좌표를 픽셀좌표의 영상면으로 변환하기 위해 ***K***행렬 내의 변수들을 사용하면 다음 식이 얻어진다. 왜곡좌표와 비왜곡좌표는 각각

$$\begin{aligned} u_d &= u_0 + \alpha_x x_d \\ v_d &= v_0 + \alpha_y y_d \end{aligned} \tag{17-40}$$

와

$$\begin{aligned} u &= u_0 + \alpha_x x \\ v &= v_0 + \alpha_y y \end{aligned} \tag{17-41}$$

이다. (식 17-39)을 (식 17-40)에 대입하고, (식 17-41)을 이용하면

$$\begin{aligned} u_d - u_0 &= \alpha_x(x + x(k_1 r^2 + k_2 r^4)) = \alpha_x x + \alpha_x x(k_1 r^2 + k_2 r^4) \\ &= u - u_0 + (u - u_0)(k_1 r^2 + k_2 r^4) \\ v_d - v_0 &= \alpha_y(y + y(k_1 r^2 + k_2 r^4)) = \alpha_y y + \alpha_y y(k_1 r^2 + k_2 r^4) \\ &= v - v_0 + (v - v_0)(k_1 r^2 + k_2 r^4) \end{aligned} \tag{17-42}$$

이 된다. 위 식을 정리하면

$$\begin{aligned} u_d &= u + (u - u_0)(k_1 r^2 + k_2 r^4) \\ &= u + (u - u_0)(k_1(x^2 + y^2) + k_2(x^2 + y^2)^2) \\ v_d &= v + (v - v_0)(k_1 r^2 + k_2 r^4) \\ &= v + (v - v_0)(k_1(x^2 + y^2) + k_2(x^2 + y^2)^2) \end{aligned} \tag{17-43}$$

이고, 이 식을 행렬곱으로 다시 표현하면

$$\begin{bmatrix} (u - u_0)(x^2 + y^2) & (u - u_0)(x^2 + y^2)^2 \\ (v - v_0)(x^2 + y^2) & (v - v_0)(x^2 + y^2)^2 \end{bmatrix} \begin{bmatrix} k_1 \\ k_2 \end{bmatrix} = \begin{bmatrix} \boldsymbol{u}_d - u \\ \boldsymbol{v}_d - v \end{bmatrix} \tag{17-44}$$

이다. 행렬식 (식 17-44)에서 (u_d, v_d)는 실제 측정된 픽셀좌표, (u, v)는 왜곡이 없는 이상적인 픽셀좌표, (x, y)는 CCD센서면의 실측좌표이다. 이러한 값들은 위 표의 $\boldsymbol{K}$, $\boldsymbol{R}$, $\boldsymbol{t}$ 값을 이용하여 모두 구할 수 있는 값들이다. 따라서 행렬식 (식 17-44)를 풀어 반지름 방향의 왜곡계수 k_1과 k_2 값을 구할 수 있다. (식 17-44)를

$$\boldsymbol{Dk} = \boldsymbol{d} \tag{17-45}$$

라고 하자. 여기서 $\boldsymbol{k} = [k_1 \ \ k_2]^T$이다. n개의 영상 내 각각 m개의 보정점이 존재한다면 $\boldsymbol{D}$의 크기는 $2mn \times 2$ 가 되고 $\boldsymbol{k}$의 값은 가상역(pseudo-inverse)을 이용하여 다음과 같이 주어진다.

$$\boldsymbol{k} = (\boldsymbol{D}^T\boldsymbol{D})^{-1}\boldsymbol{D}^{\mathrm{T}}\boldsymbol{d} \tag{17-46}$$

4 Matlab을 이용한 카메라보정 모의실험

위에서 유도한 일련의 카메라보정을 위한 수식들을 점검하기 위해 Matlab을 이용하여 간단한 모의실험을 수행해 보도록 한다. 먼저 3차원 공간상에 크기가 알려진 임의의 평면을 놓고 이 평면 판을 카메라가 3개의 다른 위치에서 관찰한다고 가정한다. 관찰위치가 달라짐에 따라 이 평면상의 4개의 꼭지점이 영상에 맺히는 좌표는 달라질 것이다. 물체의 크기는 가로 및 세로의 크기가 300, 200mm인 평면이다. [그림 17-12]는 서로 다른 카메라 위치에 따라 평면이 영상 면에 투영되었을 때의 각각의 위치를 보여준다. 영상의 크기는 1,024 × 768 pixels로 가정하였다.

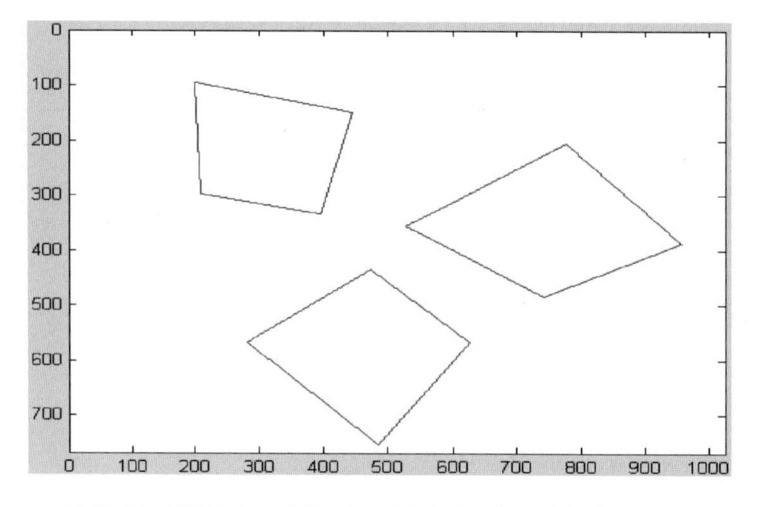

그림 17-12 공간상에 놓여있는 한 평면의 카메라 위치에 따른 영상투영

고정된 동일한 물체를 서로 다른 세 위치에서 카메라를 놓고 보았으며, [그림 17-12]에서는 영상에 투영된 평면을 겹쳐서 한 장의 영상에 모두 보여주고 있다. 이렇게 얻어진 각각 평면의 영상좌표점을 이용하여 각 평면의 평면변환행렬 $\boldsymbol{H}$를 계산하고 세개의 $\boldsymbol{H}$행렬로부터 카메라의 내부행렬 **C**및 평면을 찍은 카메라 위치를 나타내는 세개의 외부행렬 $\boldsymbol{R}$, $\boldsymbol{T}$를 계산해 낸다. 마지막으로 이 값들이 실제 영상좌표를 발생시키기 위해 모의 실험에 사용된 카메라의 내부행렬 및 세 카메라의 $\boldsymbol{R}$, $\boldsymbol{T}$행렬과 각각 일치하는지를 확인하는 것이 본 실험의 목표이다. [리스트 17-1]은 작성된 Matlab코드를 보여주고 있다.

리스트 17-1 카메라 내, 외부 행렬을 추정하기 위한 모의실험 코드

```
001 % 평면모델의 서로 다른 3개의 view를 이용하여 카메라의 내부행렬과 외부행렬을 계산
002 %
003 % (1) 공간 내 어떤 평면에 대한 영상좌표를 생성
004 % (2) Zhang의 알고리즘으로 내부행렬 A를 구함
005 % (3) 카메라행렬 A를 이용하여 외부행렬 R, T를 구함
006 % 2009년 9월 22일
007 % PNU, VISLab, D.J. Kang
008
009 clear all;
010
011 %%%%%%%%%%%%%%%%%%%%%%%%%%%%%%%%%%%%%%%%%%%%%%%%%%%%%%%%%%%%%%%%%%%%%%%%%%%%%%%%%%%%
012 %%%% (1) 공간 내 어떤 평면의 영상좌표를 생성
013 %%%%   -- 임의로 가정한 카메라 내부행렬 C, 세개의 카메라 위치를
014 %%%%   -- 나타내는 R, T를 가정
015 %%%%%%%%%%%%%%%%%%%%%%%%%%%%%%%%%%%%%%%%%%%%%%%%%%%%%%%%%%%%%%%%%%%%%%%%%%%%%%%%%%%%
016 % Build a Planar scale pattern
017 Xw = [0 0 0; 200 0 0; 200 300 0; 0 300 0]';  % Four points in world space
018 X1 = [Xw; ones(1,4) ];  % homogeneous coord.
019
020 % 카메라의 내부파라메터 행렬 (We assume a Intrinsic Matrix here)
021 C=[1000 1 512;0 1000 384;0 0 1;];
022
023
024 % Projection matrices from poses assumed to project the world points on image plane
025 % Three projection matrices for 3 different camera poses
026 P1 = CoordTrans(C,[60 -10 10], [-250 -230 800]');  % Angle & translation vector
027 P2 = CoordTrans(C,[50 30 -30], [10 -20 700]');
028 P3 = CoordTrans(C,[-60 10 40], [-40 50 1000]');
029
030 % Get image coordinate from each projection matrix
031 imc = P1*X1; % image coordinate for first camera position
032 ipc1 = [imc(1,:)./imc(3,:); imc(2,:)./imc(3,:)];
033 imc = P2*X1; % image coordinate for second camera position
034 ipc2 = [imc(1,:)./imc(3,:); imc(2,:)./imc(3,:)];
035 imc = P3*X1; % image coordinate for third camera position
036 ipc3 = [imc(1,:)./imc(3,:); imc(2,:)./imc(3,:)];
037
038 % Add random noises on the generated image data
039 distort = 0;  % noises = 0
040 ipc1 = ipc1 + distort*(rand(1)-0.5);
041 ipc2 = ipc2 + distort*(rand(1)-0.5);
```

```
042 ipc3 = ipc3 + distort*(rand(1)-0.5);
043
044 % Plot three different poses of the projected plane on image plane
045 plot(ipc1(1,:),ipc1(2,:)); line([ipc1(1,4) ipc1(1,1)],[ipc1(2,4) ipc1(2,1)]); hold on;
046 plot(ipc2(1,:),ipc2(2,:)); line([ipc2(1,4) ipc2(1,1)],[ipc2(2,4) ipc2(2,1)]); hold on;
047 plot(ipc3(1,:),ipc3(2,:)); line([ipc3(1,4) ipc3(1,1)],[ipc3(2,4) ipc3(2,1)]);
048 axis([0 1024 0 768]);
049 axis ij
050
051 %%%%%%%%%%%%%%%%%%%%%%%%%%%%%%%%%%%%%%%%%%%%%%%%%
052 %%%%  (2) Zhang의 알고리즘으로 카메라 내부행렬 A를 구함
053 %%%%     -- 앞에서 발생시킨 영상점을 이용하여 역으로
054 %%%      -- 좌표발생에 사용된 R, T 및 카메라행렬 C를 추정
055 %%%      -- A와 C가 같아지는지를 확인함
056 %%%%%%%%%%%%%%%%%%%%%%%%%%%%%%%%%%%%%%%%%%%%%%%%%
057 % The method is implemented from Zhang Calibration algorithm
058 %
059 XYZ = Xw(1:2,:)';  % The 3D coordinate in world coordinate sysem
060 NP  = 4; % number of points (평면 위 4점)
061 NOP = 3; % number of planes (3개의 카메라 관찰위치로부터)
062
063 % Plane homograph matrix H for each camera poses
064 [hh1,h1,uv1,err1]=Homograp(XYZ,NP,ipc1');
065 [hh2,h2,uv2,err2]=Homograp(XYZ,NP,ipc2');
066 [hh3,h3,uv3,err3]=Homograp(XYZ,NP,ipc3');
067
068 % Matrix normalization
069 h1=h1/h1(9); h2=h2/h2(9); h3=h3/h3(9);
070 ha=[h1 h2 h3]';
071 avrErr = [err1 err2 err3];
072
073 % Calculation of vv matrix (17장 내의 수식 (10)의 계산)
074 for i=1:NOP,
075    vv(2*i-1,1)=ha(i,1)*ha(i,2);
076    vv(2*i-1,2)=ha(i,1)*ha(i,5)+ha(i,2)*ha(i,4);
077    vv(2*i-1,3)=ha(i,4)*ha(i,5);
078    vv(2*i-1,4)=ha(i,2)*ha(i,7)+ha(i,1)*ha(i,8);
079    vv(2*i-1,5)=ha(i,5)*ha(i,7)+ha(i,8)*ha(i,4);
080    vv(2*i-1,6)=ha(i,7)*ha(i,8);
081
082    vv(2*i,1)  = ha(i,1)*ha(i,1)-ha(i,2)*ha(i,2);
083    vv(2*i,1)  =(ha(i,1)*ha(i,4)+ha(i,1)*ha(i,4))-(ha(i,2)*ha(i,5)+ha(i,2)*ha(i,5));
084    vv(2*i,3)  = ha(i,4)*ha(i,4)-ha(i,5)*ha(i,5);
```

```
085      vv(2*i,4)  =(ha(i,1)*ha(i,7)+ha(i,1)*ha(i,7))-(ha(i,2)*ha(i,8)+ha(i,2)*ha(i,8));
086      vv(2*i,5)  =(ha(i,4)*ha(i,7)+ha(i,4)*ha(i,7))-(ha(i,5)*ha(i,8)+ha(i,5)*ha(i,8));
087      vv(2*i,6)  = ha(i,7)*ha(i,7)-ha(i,8)*ha(i,8);
088  end
089
090  % Singular value decomposition from vv matrix
091  % Solution is eigenvector of matrix v corresponding
092  % to smallest singular value of matrix d
093  [u,d,v] = svd(vv);   % 특이값분해
094  bb = v(:,end);       % 부록 참조(부록 D)
095
096  % B matrix (=K(-T)*K(-1))
097  BB = [bb(1) bb(2) bb(4); bb(2) bb(3) bb(5); bb(4) bb(5) bb(6);];
098
099  % Get the intrinsic parameters of camera to make intrinsic camera matrix
100  v0 = (bb(2)*bb(4)-bb(1)*bb(5))/(bb(1)*bb(3)-bb(2)*bb(2));
101  lambda = bb(6)-( bb(4)*bb(4) + v0*(bb(2)*bb(4)-bb(1)*bb(5)) )/bb(1);
102  au = sqrt(lambda/bb(1));
103  av = sqrt( (lambda*bb(1)) / (bb(1)*bb(3)-bb(2)*bb(2)) );
104  gamma = -bb(2)*(au*au*av/lambda);
105  u0 = gamma*v0/au - bb(4)*au*au/lambda;
106
107  % Intrinsic matrix of camera
108  A = [au gamma u0;0 av v0; 0 0 1;];
109
110  %%%%%%%%%%%%%%%%%%%%%%%%%%%%%%%%%%%%%%%%%%%%%%%%%%%%%%%%%%%%%%%%%%%%%%
111  %%%%  (3) 카메라행렬 A와 H행렬을 이용하여 외부행렬 R, T를 구함
112  %%%%%%%%%%%%%%%%%%%%%%%%%%%%%%%%%%%%%%%%%%%%%%%%%%%%%%%%%%%%%%%%%%%%%%
113  % Extrinsic parameters from Homography
114  [R1,t1,sP1] = ExtHomo(A,h1);  % for first camera
115  [R2,t2,sP2] = ExtHomo(A,h2);  % for second camera
116  [R3,t3,sP3] = ExtHomo(A,h3);  % for third camera
```

[리스트 17-1]의 프로그램에는 3개의 함수를 사용하고 있으며 리스트 2는 이 세 함수를 보여주고 있다. 코드 CoordTrans.m은 카메라의 내부행렬, 회전각 3개와 이동벡터 ***T***를 인자로 넘겨주면 카메라의 사영행렬 ***P***를 계산해주는 함수이고, 함수 Homograp.m은 공간상에 놓여있는 평면의 공간좌표와 이 평면이 영상에 맺힌 영상좌표를 넘겨주면 두 평면 좌표간의 평면변환행렬 ***H***를 계산해 주는 함수이다. 코드 ExtHomo.m은 카메라의 내부행렬 ***A***과 평면변환행렬 ***H***를 넘겨주면 카메라의 외부행렬인 ***R***, ***T***와 사영행렬 ***P***를 계산해 주는 함수이다.

리스트 17-2 [리스트 17-1]에서 호출하여 사용하는 세 함수의 코드

```
01  function P = CoordTrans(C, angle, trans)
02  % Parameters: Projection matrix from C, Angle, Translational vector
03
04  d2r = pi/180;
05  r0 = [angle(1)*d2r  angle(2)*d2r angle(3)*d2r]; % Rotation para. of the model
06  Rz = [cos(r0(3)) -sin(r0(3)) 0; sin(r0(3)) cos(r0(3)) 0; 0 0 1];
07  Ry = [cos(r0(2)) 0 sin(r0(2)); 0 1 0; -sin(r0(2)) 0 cos(r0(2))];
08  Rx = [1 0 0; 0 cos(r0(1)) -sin(r0(1)); 0 sin(r0(1)) cos(r0(1))];
09  R  = Rz*Ry*Rx;
10  R0 = R;
11
12  P  = C*[R0 trans];
```

```
01  function [Homo,h0,uv,err]= Homography(XYZ,NP,mm)
02  % Params: The coordinate of world points, Number of points,
03  %          image coordinate transformed from world points
04
05  for i=1:NP,
06     cc(2*i-1,:)=[XYZ(i,1) XYZ(i,2) 1 0 0 0 -XYZ(i,1)*mm(i,1) -
07                  XYZ(i,2)*mm(i,1) -mm(i,1)];
08     cc(2*i,:)  =[0 0 0 XYZ(i,1) XYZ(i,2) 1 -XYZ(i,1)*mm(i,2) -
09                  XYZ(i,2)*mm(i,2) -mm(i,2)];
10  end
11  [u,d,v]=svd(cc);  % 특이값 분해
12  h0 = v(:,end);
13  Homo=[h0(1) h0(2) h0(3);
14     h0(4) h0(5) h0(6);
15     h0(7) h0(8) h0(9);];
16
17  hx = Homo*[XYZ ones(NP,1)]';
18  uv=[hx(1,:)./hx(3,:); hx(2,:)./hx(3,:)];
19
20  err = sum(sum((uv-mm').*(uv-mm')));
```

```
01  function [R,t,P] = ExtHomo(A,h)
02  % Params: Camera matrix A, Homography matrix h
03
04  hh = [h(1) h(2) h(3); h(4) h(5) h(6); h(7) h(8) h(9);];
05  r1=inv(A)*hh(:,1); r1 = r1/norm(r1);
06  r2=inv(A)*hh(:,2); r2 = r2/norm(r2);
07  t =inv(A)*hh(:,3)/norm(inv(A)*hh(:,1));
```

```
08  r3(1) = r1(2)*r2(3)-r1(3)*r2(2);
09  r3(2) = r1(3)*r2(1)-r1(1)*r2(3);
10  r3(3) = r1(1)*r2(2)-r1(2)*r2(1);
11  R = [r1 r2 r3'];
12  P = A*[R t];
```

[그림 17-13]은 [리스트 17-1]과 [리스트 17-2]의 실행 후 얻어진 실험결과를 보여준다. 실제 영상 좌표 발생에 사용되었던 카메라의 내부행렬 ***C***와 회전각에서 얻어진 행렬 ***R***, 이동행렬 **T**가 정확하게 얻어지고 있음을 알 수 있다. 실행결과의 ***A***행렬과 [리스트 17-1]내의 ***C***행렬을 비교해 보면 완전히 동일하다. 본 모의 실험은 카메라의 렌즈왜곡은 고려하지 않고 단지 기하학적으로 얻어진 카메라 파라메터들이 실제 정확하게 계산되는지를 검증하기 위한 모의 실험이다. 실제로 평면을 카메라로 찍었을 경우는 렌즈의 왜곡이 개입되며, 평면의 영상좌표 점을 얻기 위한 영상처리오차, 계산상의 수치오차 등으로 인해 정확한 카메라의 내, 외부 파라메터 값을 얻는 것이 어려워진다. 따라서, 이러한 오차를 줄이기 위해서는 렌즈왜곡 파라메터(특히 radial방향)의 고려, 영상 특징점의 정밀추출(subpixel 레벨까지), 입력점 좌표의 정규화[7], 수치적 최적화[5] 등이 필요해진다.

```
>> A

A =

  1.0e+003 *

    1.0000    0.0010    0.5120
         0    1.0000    0.3840
         0         0    0.0010

>> R1

R1 =

    0.9698   -0.2349    0.0649
    0.1710    0.4663   -0.8679
    0.1736    0.8529    0.4924

>> t1

t1 =

 -250.0000
 -230.0000
  800.0000
```

그림 17-13 모의실험 결과

5 OpenCV를 통한 카메라보정 실험

인텔사의 OpenCV코드에서는 앞서 설명한 카메라의 내 외부 인자 및 렌즈 왜곡 계수를 구하는 방법들이 미리 프로그래밍되어 제공된다. OpenCV의 자세한 설명 및 사용법은 이 책의 18장을 참조하기 바란다.

카메라 보정을 수행하기 위해서는 먼저 체스보드를 종이 위에 프린트하여 카메라 보정용 평면판에 부착하여야 한다. 평면판은 종이를 붙일 수 있는 스티로폼이나 나무판 등 평면도가 높은 면을 가진 어떤 것도 사용할 수 있다.

체스 보드 상의 흑백 교차점의 좌표는 프린터 출력 전에 CAD툴로 그리기 때문에 미리 알려진 값으로 주어진다. 월드 좌표축의 원점은 체스 보드 평면상의 임의의 위치로 할당되고 이 위치에 상대적으로 나머지 교차점의 위치가 결정되게 된다. 체스 보드가 준비되었다면 보드 상의 기준점들을 카메라로 찍었을 때 영상면 위에 이 기준점들이 어디로 투영되는지를 알아내야 한다. 즉, 각 기준점에 해당하는 영상픽셀 좌표를 추출해야 한다. 이를 위해서는 체스 보드 보정면과 영상면 사이의 기준점들에 대한 일대일 대응관계(correspondence)를 찾아 내어야 한다.

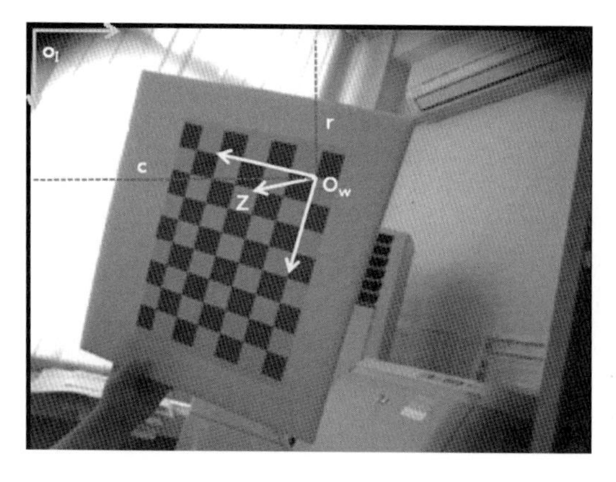

그림 17-12 보정용 평면판의 월드 좌표(O_W)와 카메라 영상좌표(O_I)

[그림 17-12]를 보면 보정평면 위의 월드 좌표 원점 O_w는 영상면에 투영될 때 좌표가 (r, c)가 되고 이 두 좌표점은 서로 대응하는 월드-영상 점이 된다. 즉, 월드 좌표 (0, 0, 0)과 영상좌표 (r, c)는 서로 대응되는 좌표점이고 이 값이 보정프로그램의 입력값 중 하나가 된다. [그림 17-12]의 보정 판넬은 위치가 알려진 $8 \times 6 = 48$개의 기준점을 가지므로 48개의 픽셀좌표를 영상처리로 추출하거나 각각의 대응점을 사용자가 입력해주어야 한다.

OpenCV에는 보정 프로그램뿐만 아니라 서로 대응되는 월드기준점-영상픽셀좌표도 자동으로 구해주는 알고리즘이 내장되어 있다. [리스트 17-3]은 카메라 보정을 위한 OpenCV

프로그램을 보여준다. 이 프로그램은 일정한 가로, 세로 크기를 가진 체스보드 패턴을 입력으로 사용하여 자동으로 카메라 보정을 수행한다.

리스트 17-3 카메라 보정용 OpenCV 프로그램

```
001 #include <cv.h>
002 #include <highgui.h>
003 #include <stdio.h>
004 #include <stdlib.h>
005 #include <string>
006 #include <string.h>
007
008 #include <iostream>
009 using namespace std;
010
011 int n_boards = 0;
012 const int board_dt = 40; // 40 frame 마다 영상을 획득
013 int board_w;      // 가로 방향의 보정 기준점의 수
014 int board_h;      // 세로 방향의 보정 기준점의 수
015 int board_d;      // 교차점 간의 거리 (mm단위)
016
017 int main()
018 {
019    cout << "Number of calibration points of width direction : ";
020    cin >> board_w;                        // 가로 방향의 보정 기준점 수를 입력 받는다
021    cout << "Number of calibration points of height direction : ";
022    cin >> board_h;                        // 세로 방향의 보정 기준점 수를 입력 받는다
023    cout << "board number : ";
024    cin >> n_boards;                       // 보정에 사용할 영상의 수를 입력 받는다
025    cout << "The size of chess pattern: ";
026    cin >> board_d;                        // 교차점간의 거리를 mm단위로 입력 받는다
027
028    int board_n = board_w * board_h;       // 총 교차점의 수를 계산한다
029
030    CvSize board_sz = cvSize( board_w, board_h );
031    CvCapture* capture = cvCreateCameraCapture( 0 ); // index0번의 카메라의 핸들을 획득한다
032    assert( capture );
033    cvNamedWindow("Calibration"); // 영상을 디스플레이할 "Calibration"이란 창을 생성한다
034
035    CvMat* image_points = cvCreateMat(n_boards*board_n,2,CV_32FC1);
036    // 각 frame에 대한 영상에서 획득한 교차점의 포인트가 저장될 매트릭스
037    CvMat* object_points = cvCreateMat(n_boards*board_n,3,CV_32FC1);
038    // 각 frame에 대한 월드 기준점이 저장될 매트릭스
```

```
039     CvMat* point_counts = cvCreateMat(n_boards,1,CV_32SC1);
040
041     CvMat* intrinsic_matrix = cvCreateMat(3,3,CV_32FC1);
042     // 내부 파라미터가 저장될 매트릭스
043     CvMat* distortion_coeffs = cvCreateMat(4,1,CV_32FC1);
044     // distortion 파라미터가 저장될 매트릭스
045
046
047     CvMat* rotation_matrices = cvCreateMat(n_boards,9,CV_32FC1);
048     // 각 frame에 대한 카메라의 회전행렬이 저장될 매트릭스
049     CvMat* translation_vectors = cvCreateMat(n_boards,3,CV_32FC1);
050     // 각 frame에 대한 카메라와 월드좌표원점 간의 거리가 저장될 매트릭스
051     CvPoint2D32f* corners = new CvPoint2D32f[ board_n ];
052     // 교차점들의 좌표가 기록될 배열
053
054     int corner_count;             // 획득한 교차점의 수
055     int successes = 0;            // 올바른 이미지 획득 횟수
056     int step, frame = 0;
057
058     IplImage *image = cvQueryFrame( capture ); // 영상을 획득
059     IplImage *gray_image = cvCreateImage(cvGetSize(image),8,1);
060     // 획득 영상과 같은 크기의 흑백 영상의 생성
061
062     while(successes < n_boards)   // 올바른 이미지의 획득 횟수가 입력 받은 목표가 될 때까지의 루프
063     {
064        if(frame++ % board_dt == 0)  // 40frame마다 실행되는 분기문
065        {
066           int found = cvFindChessboardCorners(
067              image, board_sz, corners, &corner_count,
068              CV_CALIB_CB_ADAPTIVE_THRESH | CV_CALIB_CB_FILTER_QUADS
069              );
070           /*
071              교차점을 찾는 함수 corners에는 교차점들의 영상에서의 좌표들이
072              corner_count 교차점들의 수가 함수에 의해서 기록되어지며
073              리턴값으로 탐색의 성공 및 실패 여부를 알려준다
074           */
075
076           cvCvtColor(image, gray_image, CV_BGR2GRAY);
077           /*
078              cvFindCornerSubPix함수를 이용하여 SubPixel을 찾기 위해서
079              cvFindCornerSubPix함수가 흑백영상 기반이므로 획득영상을 흑백영상으로
080              변환 후 gray_image에 복사한다
081           */
```

```
082
083        cvFindCornerSubPix(gray_image, corners, corner_count,
084           cvSize(11,11),cvSize(-1,-1), cvTermCriteria(
085           CV_TERMCRIT_EPS+CV_TERMCRIT_ITER, 30, 0.1 ));
086        /*
087           SubPixel을 찾기 위한 함수로써 cvSize(11,11)는 탐색 윈도우의 넓이/2 +1,
088           탐색 윈도우의 높이/2+1이란 의미로 탐색 윈도우의 높이 및 넓이가 20이라는
089           의미이다
090        */
091
092
093        cvDrawChessboardCorners(image, board_sz, corners,corner_count, found);
094        // 원본이미지에 탐색된 좌표를 표시한다. 성공여부에 따라 표시되는 방법이 다르다
095        cvShowImage("Calibration", image );
096        // 영상을 "Calibration"이란 이름을 가진 윈도우에 디스플레이한다
097
098        if( corner_count == board_n && found)
099        // 설정한 조건에 맞는 획득 결과를 가질 때에
100        {
101           step = successes*board_n; // 데이터 삽입 인덱스 계산
102           for( int i=step, j=0; j<board_n; ++i,++j ) {
103
104              CV_MAT_ELEM(*image_points, float,i,0) = corners[j].x;
105              CV_MAT_ELEM(*image_points, float,i,1) = corners[j].y;
106
107              // image_points 매트릭스에 영상 내의 좌표를 설정
108
109              CV_MAT_ELEM(*object_points,float,i,0) = j/board_w*board_d;
110              CV_MAT_ELEM(*object_points,float,i,1) = j%board_w*board_d;
111              CV_MAT_ELEM(*object_points,float,i,2) = 0.0f;
112
113              /*
114                 각 기준점의 간격(즉 체스 패턴의 크기)은 board_d*board_d이고
115                 월드축의 z좌표는 0이다
116              */
117           }
118           CV_MAT_ELEM(*point_counts, int,successes,0) = board_n;
119           printf("success %d/%d\n\n",successes,n_boards);
120           successes++; // 올바른 영상의 획득을 카운트한다
121        }
122     }
123     image = cvQueryFrame( capture ); // 영상을 획득한다
124  }
```

```
125
126     CV_MAT_ELEM( *intrinsic_matrix, float, 0, 0 ) = 1.0f;
127     CV_MAT_ELEM( *intrinsic_matrix, float, 1, 1 ) = 1.0f;
128     // intrinsic_matrix의 초기화
129
130     cvCalibrateCamera2(
131        object_points, image_points,point_counts, cvGetSize( image ),intrinsic_matrix,
132        distortion_coeffs, rotation_matrices, translation_vectors,0 );
133
134        /* cvCalibrateCamera2함수를 이용하여 칼리브레이션을 한다
135           intrinsic_matrix에는 카메라 내부 파라미터가 distortion_coeffs에는 distortion값이
136           rotation_matrices, translation_vectors에는 체스보드와 카메라간의 회전 및 위치
137           관계에 대한 값이 함수에 의해서 계산되어 리턴된다 */
138
139     cvSave("Intrinsics.xml",intrinsic_matrix);
140     cvSave("Distortion.xml",distortion_coeffs);
141     cvSave("rotation_matrices.xml",rotation_matrices);
142     cvSave("translation_vectors.xml",translation_vectors);
143     // cvCalibrateCamera2함수를 이용하여 얻게 된 결과를 XML파일로 저장한다
144
145     IplImage* mapx = cvCreateImage( cvGetSize(image), IPL_DEPTH_32F, 1 );
146     IplImage* mapy = cvCreateImage( cvGetSize(image), IPL_DEPTH_32F, 1 );
147
148     cvInitUndistortMap(intrinsic_matrix, distortion_coeffs, mapx, mapy);
149     /*
150        cvCalibrateCamera2함수를 이용하여 얻게 된 내부 파라미터와 distortion값을 이용하여
151        영상을 보정할 때에 사용될 가상 렌즈를 생성한다
152     */
153     cvNamedWindow("Undistort");
154     // 보정된 영상을 디스플레이할 "Undistort"라는 이름을 가진 윈도우를 생성한다
155
156     while(image) {
157        IplImage *t = cvCloneImage(image); // 획득한 영상을 복제한다
158        cvShowImage("Calibration", image ); // 획득한 영상을 "Calibration"윈도우에 디스플레이
159        cvRemap( t, image, mapx, mapy ); // 이미지를 보정한다
160        cvReleaseImage(&t); // 복제한 영상을 삭제한다
161        cvShowImage("Undistort", image); // 보정한 영상을 "Undistort"윈도우에 디스플레이
162
163        int c = cvWaitKey(15); // 키보드 입력값을 획득
164
165        if(c =='p') // 'p'키를 누르면 일시정지
166        {
167           c = 0;
```

```
168            while(c !='p'&& c != 27) // 'p'키가 다시 입력될 때까지 무한 루프
169            {
170               c = cvWaitKey(250);
171            }
172         }
173
174         if(c == 27) // Esc키를 누르면 종료
175         {
176            break;
177         }
178
179         image = cvQueryFrame( capture );
180      }
181      return 0;
182   }
```

[그림 17-13]은 카메라 보정을 위해 입력된 영상데이터이다. 다양한 위치와 자세에서 얻어진 8 프레임의 보정판넬 영상이 입력되었다. OpenCV는 자동으로 영상 내의 기준점의 위치를 찾아내고 이 점들이 나타내는 월드 좌표점과 영상 픽셀점들의 일대일 대응관계도 추출하는 알고리즘을 내장하고 있다. [그림 17-13]의 직선들은 이러한 대응관계의 자동추출을 보여주는 것으로, 위쪽에서부터 차례로 점들이 추출된다는 것을 보여준다.

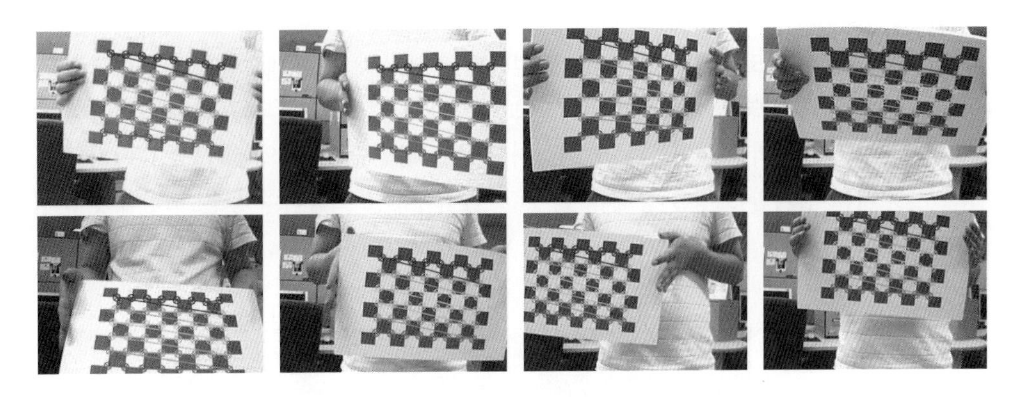

그림 17-13 카메라 보정을 위해 입력된 보정판넬 영상과 자동 추출된 보정점

[그림 17-14]는 프로그램 실행 후 얻어진 카메라의 내, 외부 인자값들을 보여주고 있다. 한 대의 고정 카메라에 여러 장의 보정영상을 입력하였으므로 하나의 카메라 내부변수행렬(Intrinsic)과 렌즈의 왜곡 인자값(Distortion) 그리고 1, 2, 5번째 입력영상의 월드축 및 카메라 좌표축에 대한 외부 인자행렬들이 주어져 있다. T1, T2, T5행렬의 z값을 보면 보정판넬은 카메라에서 약 450~520mm정도 떨어진 부근에서 영상이 획득되었음을 알 수 있

다. 렌즈왜곡 계수는 반지름 방향 및 반지름에 수직한 방향의 왜곡계수들이 각각 2개씩 추출되었다.

$$Intrinsics = \begin{vmatrix} 388.29034424 & 0 & 168.03953552 \\ 0 & 387.46276855 & 121.57024384 \\ 0 & 0 & 1 \end{vmatrix} \quad Distortion = \begin{vmatrix} -0.48427442 \\ 0.50302404 \\ -4.37718909e^{-3} \\ 6.85828621e^{-4} \end{vmatrix}$$

〈 카메라 내부 파라미터 〉 〈 Distortion 파라미터 〉

$$R_1 = \begin{vmatrix} -0.04637828 & 0.99878681 & -0.01655374 \\ 0.99300104 & 0.04429504 & -0.10948456 \\ -0.10861848 & -0.02151559 & -0.99385065 \end{vmatrix}, T_1 = \begin{vmatrix} -56.9355884 \\ -124.18315887 \\ 503.59344482 \end{vmatrix}$$

〈 1 frame의 Rotation Matrix와 Translation Matrix 〉

$$R_2 = \begin{vmatrix} -0.04176190 & 0.99770868 & 0.05322964 \\ 0.86764604 & 0.06263206 & -0.49322158 \\ -0.49542531 & 0.02558661 & -0.86827362 \end{vmatrix}, T_2 = \begin{vmatrix} -96.48190308 \\ -80.38513184 \\ 522.11798096 \end{vmatrix}$$

〈 3 frame의 Rotation Matrix와 Translation Matrix 〉

$$R_5 = \begin{vmatrix} -0.03355383 & 0.99710929 & -0.06817026 \\ 0.78030634 & 0.06875609 & 0.62160647 \\ 0.62449670 & -0.03233640 & -0.78035772 \end{vmatrix}, T_5 = \begin{vmatrix} -64.70961761 \\ -116.30323029 \\ 459.12899780 \end{vmatrix}$$

〈 5 frame의 Rotation Matrix와 Translation Matrix 〉

그림 17-14 카메라 보정 후 얻어진 내, 외부 변수들을 나타내는 행렬

[그림 17-15]는 카메라 보정 후 얻어진 카메라와 렌즈 계수들을 사용하여 반지름 방향으로 왜곡된 영상을 보정한 결과를 보여준다. [그림 17-15]의 좌측영상(원본영상)에서는 영상 경계부의 직선이 심하게 휘어져 있음을 확인할 수 있으나 [그림 17-15]의 우측 영상에서는 상기한 보정을 통해 구한 렌즈 왜곡계수를 이용하여 휨을 보정하였다. 실제 직선이 영상에서도 직선으로 잘 나타나고 있음을 확인할 수 있다.

그림 17-15 카메라 보정 인자를 이용하여 렌즈의 왜곡을 제거한 영상. 왼쪽은 원 영상

• **참고문헌**

[1] Wikipedia page, http://en.wikipedia.org

[2] R. Hartley, A. Zisserman, Multiple View Geometry, Cambridge Press, 2003

[3] O.Faugeras, Three-Dimensional Computer Vision: a Geometric Viewpoint. MIT Press, 1993

[4] R.Y.Tsai, A versatile camera calibration technique for high-accuracy 3D machine vision metrology using off-the-shelf tv cameras and lenses. IEEE Journal of Robotics and Automation, 3(4): 323-344, 1987

[5] Z.Zhang, A Flexible New Technique for Camera Calibration, Technical Report MSR-TR98-71, Microsoft Corporation, 1998

[6] Q.T.Luong and O.Faugeras, Self-calibration of a moving camera from point correspondences and fundamental matrices, Int. J. Computer Vision, 22(3):261-289, 1997

[7] W. Chojnacki, M. J. Brooks, A. Hengel, and D. Gawley, Revisiting Hartley' s Normalized Eight-Point Algorithm, IEEE Trans. on Pattern Analysis and Machine Intelligence, 25(9), 2003

연습문제

1. 카메라 보정 후 나온 결과값들을 사용하여 카메라 좌표축과 보정에 사용된 판넬 상의 월드좌표축을 3차원 공간에 보여주는 그래픽 프로그램을 작성하고 좌표축의 위치와 자세를 평가하시오. 단, 프로그램은 OpenGL이나 Matlab을 사용하시오.

2. 본 장의 내용에 따르면 크기가 알려진 평면물체가 공간상에 놓여있을 때 이 물체를 다른 위치와 각도에서 찍은 3장 이상의 영상이 있다면 카메라의 내부행렬(intrinsic matrix)과 외부행렬(extrinsic matrix)을 결정할 수 있다는 것이다.

   아래 영상들은 한 대의 카메라를 고정시키고 여러 위치와 각도에서 평면물체를 움직이면서 찍은 3장의 영상을 보여준다. 이 평면물체의 실측은 가로, 세로의 길이가 같고 150mm이다. 영상의 크기는 640 × 480 pixels이다. 영상 내 코너점의 픽셀위치는 마우스로 찍어 입력하여 사용하시오.

그림 p17-1 카메라보정을 위한 영상

❶ 각각의 영상에 대해 평면물체의 세계좌표(world coordinate)와 영상픽셀상 대응 좌표를 이용하여 Homography matrix ***H***를 구하시오.

❷ 추출된 3개의 ***H***행렬을 이용하여 평면물체 기반의 카메라 보정을 수행하시오. 수행 후 결과로써 카메라의 내부행렬 및 카메라가 물체를 찍은 세 곳의 위치와 각도(외부 행렬)를 결정하시오. 단, 렌즈의 왜곡계수는 무시하시오.

상기한 문제의 구현을 위해서 많은 행렬연산이 필요하므로 [리스트 17-1]을 참조한 Matlab을 이용하거나 13장의 [리스트 13-4]에서 사용된 ezMTL라이브러리를 사용하시오. OpenCV의 카메라보정 라이브러리는 사용하지 말고 직접 구현하시오.

3. 3번 문제를 더 정확하게 풀기 위해 평면 좌표의 정규화를 이용하여 카메라보정을 수정하고 3번의 결과와 비교하시오. 또한 좌표정규화의 효과에 대해 설명하시오.

좌표정규화를 위해 참조논문 [7]의 4장을 참조하시오.

4. 렌즈의 왜곡을 고려하는 부분을 추가하여 카메라 보정을 다시 수행하시오. 렌즈의 왜곡계수를 직접 코딩하여 구해보시오.

18 OpenCV 기초

1. 개요: OpenCV란?

OpenCV는 컴퓨터 그래픽스에서 널리 사용되고 있는 OpenGL과 버금가는 역할을 컴퓨터 비전분야에서 수행하기 위해 인텔사에서 개발하여 무료로 배포한 것이다. 기존에도 다양한 영상처리 관련 소스가 공개되어 있으나 OpenCV의 경우 컴퓨터 비전의 저 수준, 중급 수준 및 고 수준 처리까지를 망라한 다양한 알고리즘을 구현 및 제공하는 점에서 차별성을 지니고 있다. 2001년 배포 이후 수많은 개발자들이 다양한 응용 분야에 활용을 하고 있다.

본 책에서는 기본적으로 Windows환경에서 Visual C++를 이용한 개발환경 하에서 OpenCV를 이용한 Dos Console 방식의 개발에 대해 다루도록 한다.

본 절의 작성을 위해 다음의 두 가지를 주로 참조하였다.

(1) Gady Agam, Introduction to programming with OpenCV, Illinois Institute of Technology, 2006.01, http://www.cs.iit.edu/~agam/cs512/lect-notes/opencv-intro/opencv-intro.html

(2) Gray Bradski and Adrian Kaebler, Learning OpenCV: Computer Vision with the OpenCV Library, O' Reily, 2008.10.

2. OpenCV의 설치 및 Visual Studio 6.0 환경 설정

1 OpenCV 설치

❶ OpenCV 최신 버전을 다운로드 받은 후 설치한다.
(http://opencvlibrary.sourceforge.net/ 에서 다운로드)

❷ 설치 후 /bin 디렉토리 하의 dll을 모두 windows/system32 디렉토리 하로 복사한다.

❸ samples/c 디렉토리 하의 실행 파일을 실행한다. 실행이 되면 설치가 제대로 된 것이다.

Tip | Debug용 dll생성

OpenCV 배포판의 bin/ 디렉토리 하에는 release용 dll이 포함되어 있다. Debug용 dll을 얻기 위해서는 _make/ 디렉토리 하의 opencv.dsw을 Visual Studio에서 로드한 후 [Build] 메뉴에서 [Batch Build…]를 수행하면 된다. 이를 실행하면 cvauxd.dll을 만드는 과정에서 에러가 발생하는 데, 이는 cvaux.h 파일에서 다음의 빗금친 부분에서 발생하는 것으로써 주석 처리 부분에서 오류가 발생한 것이다. 이를 빗금친 부분처럼 수정하면 된다. 생성된 Debug용 dll은 Windows 하의 system32/ 디렉토리 아래 복사하도록 한다.

```
// cvaux.h 파일
  #define CV_BG_STAT_MODEL_FIELDS()                                               \
     int       type; /*type of BG model*/                                         \
     CvReleaseBGStatModelrelease;                                                 \
     CvUpdateBGStatModel  update;                                                 \
     IplImage* background;      /*8UC3 reference background image*/              \
     IplImage* foreground;      /*8UC1 foreground image*/                         \
     IplImage**   layers;       /*8UC3 reference background image, can be null */ \
     int    layer_count;        /*can be zero*/                                   \
     CvMemStorage*   storage;   /*storage for qoftoreground_regions*/             \
     CvSeq* foreground_regions  /*foreground object contours*/
```

2 Visual Studio 6.0 환경 설정

OpenCV를 Visual Studio 6.0환경에서 사용하기 위해서는 헤더파일과 라이브러리의 위치를 지정해두어야 한다. 지정 방법은 Visual Studio에서 [Tools] 메뉴 하의 [Options...] 메뉴를 선택하여 다음과 같이 설정하도록 한다.

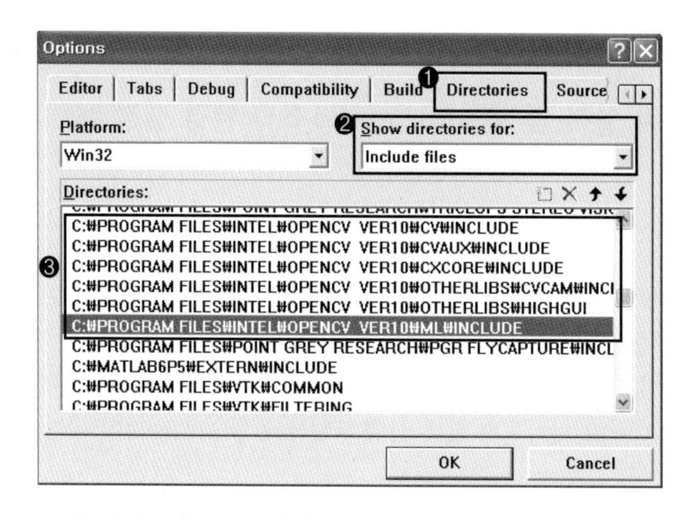

그림 18-1 Visual Studio에서 OpenCV include 디렉토리 설정

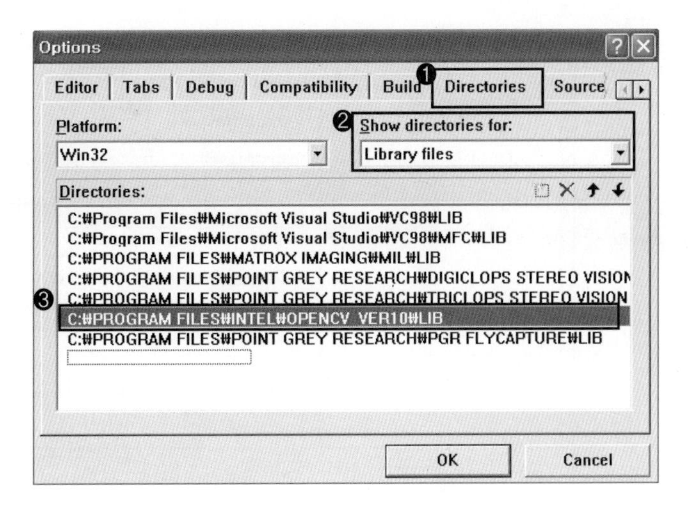

그림 18-2 Visual Studio에서 OpenCV 라이브러리 디렉토리 설정

3. OpenCV 예제 실행

OpenCV를 빠른 시간 안에 습득하기 위해서는 먼저 영상처리에 대한 사전 지식이 있어야 한다는 것이 기본 전제이다. 영상처리에 관한 초급 수준, 중급 수준, 고급 수준의 다양한 알고리즘을 함수로 구현해놓았기 때문에 이러한 부분에 일정 정도 경험을 가진 독자라면 samples/c 디렉토리 하의 DOS console용 예제를 몇 개 이상 분석해봄으로써 쉽게 OpenCV의 활용에 대한 감을 획득할 수 있으리라 본다.

samples/c 디렉토리 하의 예제를 분석하기 위해서는 먼저 다른 디렉토리를 만든 후 분석하고자 하는 예제에 해당하는 소스 파일을 복사하여 사용하는 것이 좋다. 전반적인 과정은 다음과 같다.

❶ 새로운 디렉토리를 생성한다.

❷ 분석하고자 하는 소스 파일을 생성한 디렉토리에 복사한다.

❸ Visual Studio 6.0을 실행한 후 해당 파일을 오픈하고 실행시킨다. Visual Studio는 자동으로 해당 파일을 포함하는 프로젝트 환경을 구축한다. 이 경우 OpenCV 관련 라이브러리가 프로젝트 파일에 연결되지 않았기 때문에 에러가 발생한다. 이는 다음의 과정을 통해 해결할 수 있다.

❹ OpenCV를 사용할 수 있게 프로젝트 환경에 라이브러리 파일을 연결시킨다.

❺ 소스를 변경하여 다양하게 분석하고 변경한다.

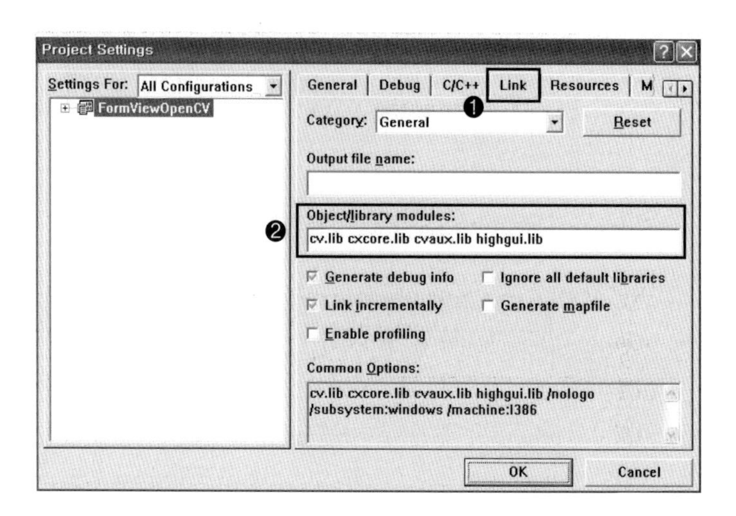

그림 18-3 프로젝트 환경에 OpenCV 라이브러리 연결

1 DOS console에서 명령형 인자 처리

OpenCV를 설치한 후 samples/c 디렉토리 아래의 예제들을 보면 메인함수에서 전달인자를 이용하는 예제들이 종종 있다. 메인함수에 전달인자를 전달하는 방법은 다음의 두 가지가 있다.

❶ 명령 프롬프트에서 직접 입력

❷ Visual Studio에서 설정

samples/c 하의 lkdemo.c 파일을 이용한 각각의 사용 예는 다음과 같다. 전 절에서 설명한 대로 새로운 디렉토리를 만든 후 소스 파일을 복사하고 라이브러리 파일을 설정 후 다음과 같이 실행하도록 한다.

Tip | 명령어 줄 전달인자란?

DOS console 모드의 프로그래밍에서 메인함수의 원형은 일반적으로 다음과 같다.

```
int main(int argc, char *argv[])
{
    ...
}
```

main 함수의 두 번째 인자는 argv로써 문자포인터 배열로써 문자열을 배열 형태로 저장할 수 있는 자료형이며 여기에 인자를 순서대로 저장하게 된다. 첫 번째 인자는 인자의 개수에 해당한다.
명령 프롬프트에서 실행하는 경우, 프로그램 실행 파일 이름이 func.exe이고 다음과 같이 입력하였다면

```
C:\user\program\func>func    live.avi    long    37
argc( 4
argv[0] ↔ func
argv[1] ↔ live.avi
argv[2] ↔ long
argv[3] ↔ 37
```

과 같이 설정되게 된다. 이는 도스 시절의 프로그래밍 시 실행 파일 자체에 인자를 넘겨주기 위한 방법이다.

첫 번째 방법의 경우 윈도우의 [보조 프로그램] 내의 [명령 프롬프트] 프로그램을 실행한 후 해당 디렉토리로 이동하고 다음과 같이 실행하면 된다. lkdemo의 경우 실행할 동영상 이름을 하나의 인자로 넘겨주어야 한다(인자가 없는 경우 카메라로부터 영상을 입력받게끔 프로그램되어 있다).

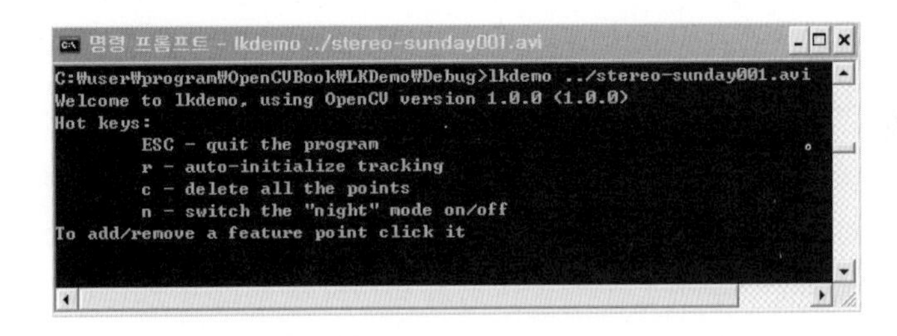

그림 18-4 명령 프롬프트에서 명령어 인자 직접 입력 예

그림 18-5 동영상을 입력으로 사용한 lkdemo 실행결과

두 번째 방법은 Visual Studio 개발 환경에서 직접 입력하는 것으로써 다음과 같다. [Project] 메뉴 하의 [Settings...] 메뉴를 선택한 후 다음과 같이 설정하도록 한다.

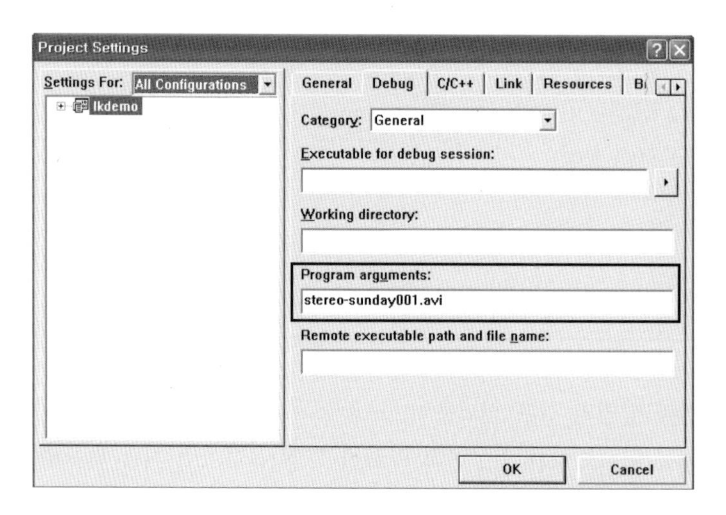

그림 18-6 Visual Studio 개발 환경에서 명령어 인자 설정 방법

4. OpenCV Dos Console 프로그램 기초

최신 버전의 OpenCV을 설치하면 /samples/c 디렉토리에 다양한 실행 가능한 예제가 소스와 함께 제공되고 있다. 가장 빠른 길은 이들 예제를 직접 돌려보고 소스를 변경해보는 것이 OpenCV에 익숙해지는 한 가지 방법이다. 필자의 경우 OpenCV 버전별로 설치해두고 사용하고 있다. 이는 samples 디렉토리의 경우 버전 별로 내용이 변경되어 왔기 때문에 기존의 유용한 예제들을 참고하기 위해서이다. /samples/c 디렉토리의 예제들의 경우 모두 DOS console 모드에서 실행되는 예제로써 Visual C++의 복잡함이 없다. 이것은 간단하게 C언어를 사용하여 OpenCV 자체에 사용자가 집중할 수 있도록 하기 위한 개발자들에 대한 배려로 보여진다. 또한 USB 카메라를 보유하고 있는 사용자의 경우, 카메라를 라이브로 연결하여 카메라를 사용하는 예제의 경우 직접 실행해볼 수 있다는 장점이 있다.

1 OpenCV 명명 규칙

함수 명명 규칙: cvActionTargetMod()

- Action: 함수의 역할 (예: set, get, create)
- Target: 대상 이미지 영역 (예: contour, polygon)
- Mod: 옵션 요소 (예: 인자 타입)

예: cvCreateImage(): 이미지를 생성
cvFindContours(): Contours를 찾음

매트릭스 명명 규칙: CV_<bit_depth>(S|U|F)C<number_of_channels>

- bit_depth: 픽셀당 비트 수
- (S|U|F): S-부호 있는 정수 U-부호 없는 정수 F-실수
- number_of_channels: 채널의 수

예: CV_8SC1: 한 픽셀이 8 bit이고 부호 있는 정수로 이루어진 한 채널로 이루어진 이미지
CV_32FC3: 한 픽셀이 32 bit이고 실수로 이루어진 세 채널로 이루어진 이미지

이미지 명명 규칙: IPL_DEPTH_<bit_depth>(S|U|F)

- bit_depth: 픽셀당 비트 수
- (S|U|F): S-부호 있는 정수 U-부호 없는 정수 F-실수

예: IPL_DEPTH_8U: 한 픽셀이 8 bit이고 부호 없는 정수로 이루어진 이미지
IPL_DEPTH_32F: 한 픽셀이 32 bit이고 실수로 이루어진 이미지
(*) 채널 수의 지정은 함수 cvCreateImage()에서 인자로 지정

2 이미지 생성 및 소멸

관련 함수: cvCreateImage(),cvReleaseImage()

함수 원형: IplImage* cvCreateImage(CvSize size, int depth,int channels);

함수 기능: 이미지 생성

인자 설명:

size: 이미지의 크기(넓이, 높이 순)를 지정 예: cvSize(640,480) - 폭 640픽셀, 높이 480픽셀
depth: 한 픽셀당 비트 수 예: IPL_DEPTH_8U, IPL_DEPTH_8S, IPL_DEPTH_16U, IPL_DEPTH_16S, IPL_DEPTH_32S, IPL_DEPTH_32F, IPL_DEPTH_64F
channels: 한 픽셀당 채널 수 1, 2, 3, 4 중 하나를 선택, 3 channel 컬러 이미지의 경우 b0 g0 r0 b1 g1 r1 … 등으로 할당됨. Blue Green Red 순으로 할당됨

함수 원형: void cvReleaseImage(IplImage image);**

함수 기능: IplImage 헤더와 데이터를 해제

예:

```
IplImage *pImgIpl=cvCreateImage(cvSize(640,480),IPL_DEPTH_8U,1); // ❶
cvReleaseImage(&pImgIpl); // ❷
```

❶: 한 픽셀이 8bit이고 부호 없는 정수인 640X480 (폭X높이) 크기를 가지는 한 채널 이미지 생성
❷: ❶에 의해 생성된 이미지 해제

3 윈도우 관련 함수

관련 함수: cvNamedWindow(), cvMoveWindow(), cvShowImage(), cvDestroyWindow(), cvResizeWindow()

함수 원형: int cvNamedWindow(const char* name, int flags);

함수 기능: 윈도우를 생성

인자 설명:

name: 윈도우 이름

flags: 속성 지정 디폴트는 CV_WINDOW_AUTOSIZE 임

함수 원형: void cvShowImage(const char* name, const CvArr* image);

함수 기능: 윈도우상에 이미지를 표시한다.

인자 설명:

name: 윈도우 이름

image: 윈도우에 표시할 이미지

함수 원형: void cvResizeWindow(const char* name, int width, int height);

함수 기능: 윈도우의 크기를 재조정한다.

인자 설명:

name: 윈도우 이름

width, height: 변경할 윈도우의 폭과 높이

함수 원형: void cvMoveWindow(const char* name, int x, int y);

함수 기능: 윈도우를 원하는 위치로 옮긴다.

인자 설명:

name: 윈도우 이름

x, y: 이동할 윈도우의 좌표값

함수 원형: void cvDestroyWindow(const char* name);

함수 기능: 윈도우를 해제한다.

인자 설명:

name: 윈도우 이름

4 그리기 함수: 도형

관련 함수: cvRectangle(), cvEllipse(), cvCircle(), cvLine(), cvFillConvexPoly(), cvFillPoly, cvPolyLine()

함수 원형: void cvLine(CvArr* img, CvPoint pt1, CvPoint pt2, CvScalar color, int thickness CV_DEFAULT(1), int line_type CV_DEFAULT(8), int shift CV_DEFAULT(0));

함수 기능: 두 지점을 연결하는 직선을 이미지상에 그린다.

인자 설명:

- img: 대상 이미지
- pt1: 시작점 예: cvPoint(100,100) — x 좌표가 100, y 좌표가 100
- pt2: 끝점
- color: 색 예: cvScalar(255,0,0) — 빨간색
- thickness: 라인의 두께
- line_type: 라인의 종류
- shift: 라인의 평행 이동 범위, 1에서 16사이

함수 원형: void cvRectangle(CvArr* img, CvPoint pt1, CvPoint pt2, CvScalar color, int thickness CV_DEFAULT(1), int line_type CV_DEFAULT(8), int shift CV_DEFAULT(0));

함수 기능: 이미지상에 사각형을 그린다.

인자 설명:

- img: 대상 이미지
- pt1: 사각형의 왼쪽, 위 지점의 좌표 예: cvPoint(100,100)
- pt2: 사각형의 오른쪽, 아래 지점의 좌표

함수 원형: void cvCircle(CvArr* img, CvPoint center, int radius, CvScalar color, int thickness CV_DEFAULT(1), int line_type CV_DEFAULT(8), int shift CV_DEFAULT(0));

함수 기능: 이미지상에 원을 그린다.

인자 설명:

- img: 대상 이미지
- center: 원의 중심 좌표, 예: cvPoint(100,100)
- radius: 원의 반경

함수 원형: void cvEllipse(CvArr* img, CvPoint center, CvSize axes, double angle, double start_angle, double end_angle, CvScalar color, int thickness CV_DEFAULT(1), int line_type CV_DEFAULT(8), int shift CV_DEFAULT(0));

함수 기능: 이미지상에 타원을 그린다.

인자 설명:

img: 대상 이미지
center: 타원의 중심
axes: 타원의 장축, 단축 길이 예: cvSize(200,100) - 장축 길이 200, 단축 길이 100
angle: 타원의 회전 각도, 단위: degree
start_angle: 타원의 시작 각도, 단위: degree
end_angle: 타원의 끝 각도, 단위: degree

함수 원형: void cvFillConvexPoly(CvArr* img, CvPoint* pts, int npts, CvScalar color, int line_type CV_DEFAULT(8), int shift CV_DEFAULT(0));

함수 기능: 채워진 형태의 하나의 볼록한 다각형을 그린다.

인자 설명:

img: 대상 이미지
pts: 다각형의 꼭지점들 예: CvPoint* pts={cvPoint(10,10), cvPoint(20,20)};
npts: 다각형의 꼭지점의 수

함수 원형: void cvFillPoly(CvArr* img, CvPoint pts, int* npts, int contours, CvScalar color, int line_type CV_DEFAULT(8), int shift CV_DEFAULT(0));**

함수 기능: 채워진 형태의 여러 개의 다각형을 그린다.

인자 설명:

img: 대상 이미지
pts: 다각형을 그리기 위한 점들의 집합
npts: 각 다각형들에서 점들의 개수
contours: 다각형들의 수

함수 원형: void cvPolyLine(CvArr* img, CvPoint pts, int* npts, int contours, int is_closed, CvScalar color, int thickness CV_DEFAULT(1), int line_type CV_DEFAULT(8), int shift CV_DEFAULT(0));**

함수 기능: 임의의 다각형을 그린다.

인자 설명:

img: 대상 이미지
pts: 다각형을 그리기 위한 점들의 집합
npts: 각 다각형들에서 점들의 개수
contours: 다각형들의 수
is_closed: 시작점과 끝점이 연결된 다각형을 그릴지 여부 선택

5 그리기 함수: 문자

관련 구조체 및 함수: CvFont, cvInitFont(), cvPutText()

리스트 18-1 폰트 구조체 및 폰트 종류

```
01 // 폰트 관련 구조체 및 폰트 종류:   cxcore.h에 선언
02 /* basic font types */
03 #define CV_FONT_HERSHEY_SIMPLEX         0
04 #define CV_FONT_HERSHEY_PLAIN           1
05 #define CV_FONT_HERSHEY_DUPLEX          2
06 #define CV_FONT_HERSHEY_COMPLEX         3
07 #define CV_FONT_HERSHEY_TRIPLEX         4
08 #define CV_FONT_HERSHEY_COMPLEX_SMALL   5
09 #define CV_FONT_HERSHEY_SCRIPT_SIMPLEX  6
10 #define CV_FONT_HERSHEY_SCRIPT_COMPLEX  7
11
12 /* font flags */
13 #define CV_FONT_ITALIC                  16
14
15 #define CV_FONT_VECTOR0    CV_FONT_HERSHEY_SIMPLEX
16
17 /* Font structure */
18 typedef struct CvFont
19 {
20    int          font_face; /* =CV_FONT_* */
21    const int*   ascii; /* font data and metrics */
22    const int*   greek;
23    const int*   cyrillic;
24    float        hscale, vscale;
25    float        shear; /* slope coefficient: 0 - normal, >0 - italic */
26    int          thickness; /* letters thickness */
27    float        dx; /* horizontal interval between letters */
28    int          line_type;
29 } CvFont;
```

함수 원형: void cvInitFont(CvFont* font, int font_face, double hscale, double vscale, double shear CV_DEFAULT(0), int thickness CV_DEFAULT(1), int line_type CV_DEFAULT(8));

함수 설명: 폰트 초기화

인자 설명:

font: 초기화할 폰트
font_face: 폰트 종류, 8가지 중 하나 선택
hscale: 폰트의 수평 비율
vscale: 폰트의 수직 비율
shear: 폰트의 전단 비율 (찌그러진 비율)

함수 원형: void cvPutText(CvArr* img, const char* text, CvPoint org, const CvFont* font, CvScalar color);

함수 기능: 이미지상에 문자열을 원하는 위치에 나타낸다.

인자 설명:

img: 대상 이미지
text: 나타낼 문자열
org: 문자열을 나타낼 시작 위치

예제 1 이미지 생성 후 다양한 도형과 문자를 나타낸 후 윈도우에 표시

리스트 18-2 예제 1 프로그램 구현

```
01 // OpenCV Includes
02 #include <cv.h>
03 #include <cxcore.h>
04 #include <cvaux.h>
05 #include <highgui.h>
06
07 int main(int argc, char* argv[])
08 {
09    IplImage *pImgIpl=cvCreateImage(cvSize(640,480),IPL_DEPTH_8U,3);
10
11    // 윈도우 생성
12    cvNamedWindow("win1",CV_WINDOW_AUTOSIZE);
13    cvMoveWindow("win1",100,100);
14
15    // 그리기 함수
16    // 직사각형
17    cvRectangle(pImgIpl,cvPoint(100,100),cvPoint(200,200),cvScalar(255,0,0),1);
18    // 원
19    cvCircle(pImgIpl,cvPoint(300,300),100,cvScalar(0,255,0),1);
20    // 타원
21    cvEllipse(pImgIpl,cvPoint(300,300),cvSize(200,100),45,0,360,cvScalar(0,0,255),1,6);
22    // 직선
```

```
23    cvLine(pImgIpl,cvPoint(100,100),cvPoint(300,300),cvScalar(0,255,0),1);
24
25    CvPoint curve1[]={100,100,  200,100,  100,200,  0,100};
26    CvPoint curve2[]={200,200,  400,200,  400,400,  500,500,  300,300};
27    CvPoint* curveArr[]={curve1,curve2};
28    int nCurvePts[2]={sizeof(curve1)/sizeof(CvPoint),sizeof(curve2)/sizeof(CvPoint)};
29    int nCurves=2;
30    int isCurveClosed=1;
31    int lineWidth=3;
32
33    // 다각형 그리기
34    cvPolyLine(pImgIpl,curveArr,nCurvePts,nCurves,isCurveClosed,
35                                             cvScalar(0,255,255),lineWidth);
36
37    CvPoint poly1[]={50,50, 100,50, 100,100};
38    CvPoint poly2[]={200,200, 250,200, 250,250};
39    CvPoint* polyArr[]={poly1,poly2};
40    int nPolyPts[]={sizeof(poly1)/sizeof(CvPoint),sizeof(poly2)/sizeof(CvPoint)};
41    int nPoly=2;
42
43    // 채워진 다각형 그리기
44    cvFillPoly(pImgIpl,polyArr,nPolyPts,nPoly,cvScalar(0,255,0));
45
46    // 문자 나타내기
47    CvFont font;
48    double hScale=1.0;
49    double vScale=2.0;
50
51    cvInitFont(&font,CV_FONT_HERSHEY_SIMPLEX|CV_FONT_ITALIC,hScale,
52                                                  vScale,1.0,lineWidth);
53    cvPutText(pImgIpl,"Hello OpenCV!",cvPoint(320,240), &font,
54                                                  cvScalar(255,100,100));
55
56    // 윈도우에 이미지 나타내기
57    cvShowImage("win1",pImgIpl);
58
59    // 키보드 입력을 무한정 기다림
60    cvWaitKey(0);
61
62    // 이미지 해제
63    cvReleaseImage(&pImgIpl);
64
```

```
65      // 윈도우 종료
66      cvDestroyWindow("win1");
67
68      return 0;
69  }
```

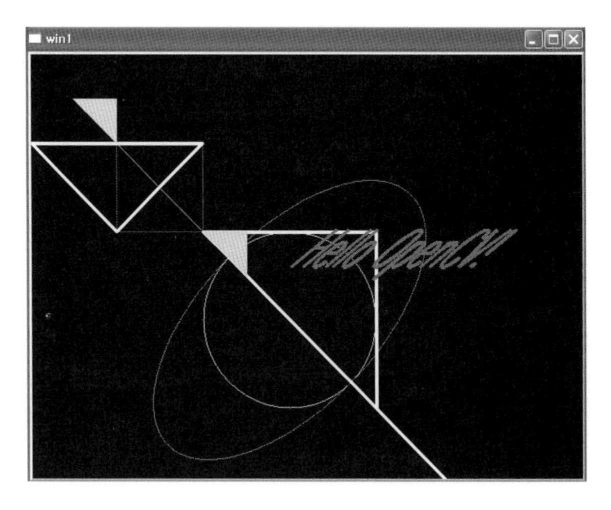

그림 18-7 예제 1 실행결과

6 이미지 읽기, 쓰기

관련 함수: cvLoadImage(), cvSaveImage()

함수 원형: IplImage* cvLoadImage(const char* filename, int iscolor CV_DEFAULT(CV_LOAD_IMAGE_COLOR));

함수 설명: 파일 이름에 해당하는 이미지를 읽어들인다.

인자 설명:

filename: 읽어들일 이미지 파일 이름

iscolor: 파일의 종류 선택, 다음 중에서 하나 선택 (highgui.h에 선언)

```
#define CV_LOAD_IMAGE_UNCHANGED  -1 /* 8bit, color or not */
#define CV_LOAD_IMAGE_GRAYSCALE   0 /* 8bit, gray */
#define CV_LOAD_IMAGE_COLOR       1 /* ?, color */
#define CV_LOAD_IMAGE_ANYDEPTH    2 /* any depth, ? */
#define CV_LOAD_IMAGE_ANYCOLOR    4 /* ?, any color */
```

함수 원형: int cvSaveImage(const char* filename, const CvArr* image);

함수 설명: 이미지를 주어진 파일 이름으로 저장한다. 인자 설명:

filename: 저장할 파일 이름

image: 저장할 이미지

예제 2 이미지를 파일에서 로딩 후 처리하여 파일로 저장

리스트 18-3 예제 2 프로그램 구현

```
01 // OpenCV Includes
02 #include <cv.h>
03 #include <cxcore.h>
04 #include <cvaux.h>
05 #include <highgui.h>
06
07 int main(int argc, char* argv[])
08 {
09    char *imgFileName="stuff.jpg";
10    char *winNameIn="original image";
11    char *winNameOut="processed image";
12    IplImage *pImgIpl=0,*pImgIplOut;
13
14    // 이미지 생성
15    pImgIpl=cvLoadImage(imgFileName);
16    // 이미지 복사
17    pImgIplOut=cvCloneImage(pImgIpl);
18
19    if(!pImgIpl)
20       printf("can't load image: %s\n",imgFileName);
21    else
22    {
23       // 윈도우 생성
24       cvNamedWindow(winNameIn,CV_WINDOW_AUTOSIZE);
25       cvNamedWindow(winNameOut,CV_WINDOW_AUTOSIZE);
26       // 영상 뒤집기
27       cvFlip(pImgIpl,pImgIplOut);
28       // 이미지 나타내기
29       cvShowImage(winNameIn,pImgIpl);
30       cvShowImage(winNameOut,pImgIplOut);
31       // 키보드 입력을 무한정 기다림
32       cvWaitKey(0);
33       // 이미지 저장
34       cvSaveImage("processed.jpg",pImgIplOut);
35       // 이미지 해제
36       cvReleaseImage(&pImgIpl);
37       cvReleaseImage(&pImgIplOut);
38       // 윈도우 종료
39       cvDestroyWindow(winNameIn);
```

```
40        cvDestroyWindow(winNameOut);
41     }
42
43     return 0;
44 }
```

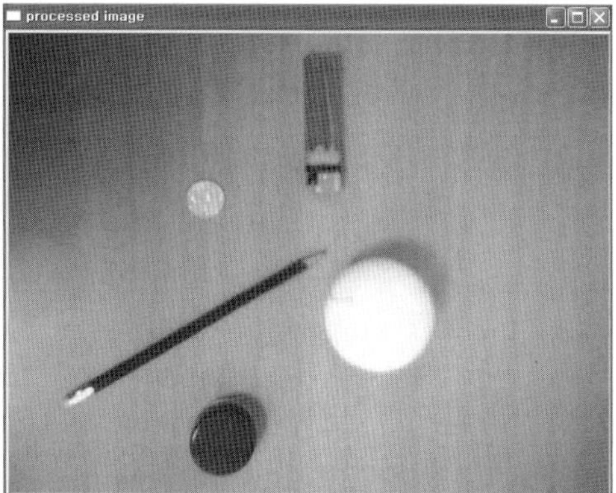

그림 18-8 원 영상(왼쪽)과 처리 영상(오른쪽)

7 이미지 데이터 조작

OpenCV에서 제공하는 기본적인 이미지 형식인 IplImage의 이미지 데이터를 접근하는 방법으로는 간접적인 접근 방법, 직접적인 접근 방법이 있다. 포인터를 이용한 직접적인 접근 방법이 간단하고 효율적인 방법이다. 다음 예제는 컬러 이미지의 각 성분을 포인터를 이용하여 직접 접근해 조작하는 것을 보여주고 있다.

예제 3 이미지 데이터에 접근해 조작하기

리스트 18-4 예제 3 프로그램 구현

```
01 // OpenCV Includes
02 #include <cv.h>
03 #include <cxcore.h>
04 #include <cvaux.h>
05 #include <highgui.h>
06
07 int main(int argc, char* argv[])
08 {
09     BYTE *pImgData;
10     char *imgFileName="stuff.jpg";
```

```
11      char *winNameIn="original image";
12      char *winNameOut="processed image";
13      int channels;
14      int step;
15      int numrow,numcol;
16      int r,c,k;
14      IplImage *pImgIpl=0,*pImgIplOut;
18
19      // 이미지 생성
20      pImgIpl=cvLoadImage(imgFileName);
21      // 이미지 복사
22      pImgIplOut=cvCloneImage(pImgIpl);
23
24      if(!pImgIpl)
25         printf("can't load image: %s\n",imgFileName);
26      else
27      {
28         // 윈도우 생성
29         cvNamedWindow(winNameIn,CV_WINDOW_AUTOSIZE);
30         cvNamedWindow(winNameOut,CV_WINDOW_AUTOSIZE);
31
32         // 영상처리 - 값 반전하기
33         step=pImgIplOut->widthStep/sizeof(BYTE);
34         channels=pImgIplOut->nChannels;
35         numrow=pImgIplOut->height;
36         numcol=pImgIplOut->width;
37         pImgData=(BYTE *)pImgIplOut->imageData;
38
39         for(r=0;r<numrow;r++)
40            for(c=0;c<numcol;c++)
41               for(k=0;k<channels;k++)
42                  pImgData[r*step+c*channels+k]=255-
43                     pImgData[r*step+c*channels+k];
44
45         // 이미지 나타내기
46         cvShowImage(winNameIn,pImgIpl);
47         cvShowImage(winNameOut,pImgIplOut);
48         // 키보드 입력을 무한정 기다림
49         cvWaitKey(0);
50         // 이미지 저장
51         cvSaveImage("processed.jpg",pImgIplOut);
52         // 이미지 해제
```

```
53          cvReleaseImage(&pImgIpl);
54          cvReleaseImage(&pImgIplOut);
55          // 윈도우 종료
56          cvDestroyWindow(winNameIn);
57          cvDestroyWindow(winNameOut);
58      }
59
60      return 0;
61  }
```

흑백 이미지의 경우 한 채널만 존재하는 경우이므로 다음과 같이 접근할 수 있다.

리스트 18-5 흑백 이미지 데이터 참조 방법

```
01  // 흑백영상의 경우: 영상처리 - 값 반전하기
02  step=pImgIplOut->widthStep/sizeof(BYTE);
03  numrow=pImgIplOut->height;
04  numcol=pImgIplOut->width;
05  pImgData=(BYTE *)pImgIplOut->imageData;
06
07  for(r=0;r<numrow;r++)
08      for(c=0;c<numcol;c++)
09      pImgData[r*step+c]=255-pImgData[r*step+c];
```

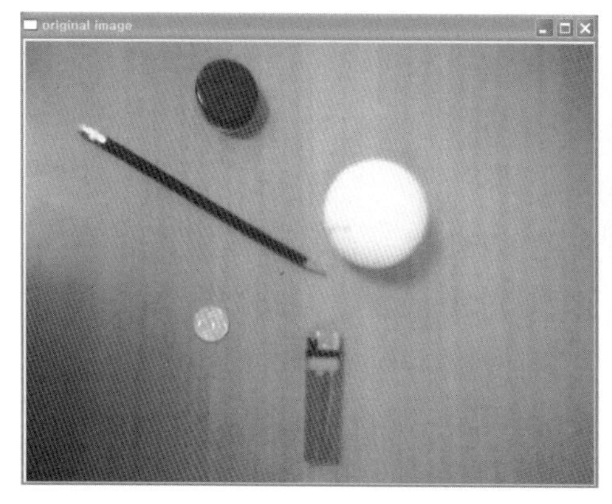

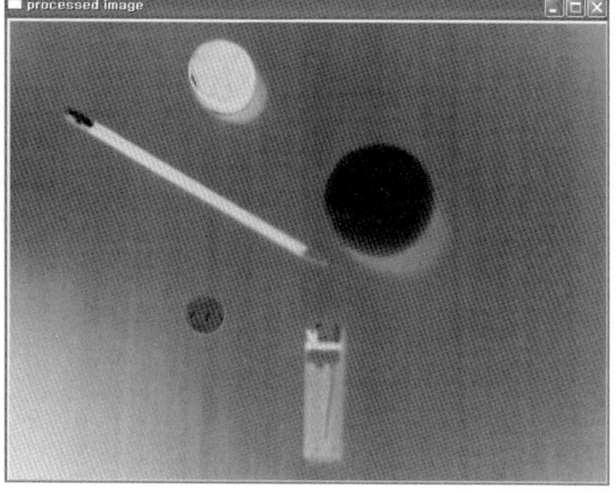

그림 18-9 원 영상(왼쪽)과 반전 처리 영상(오른쪽)

8 마우스, 키보드 이벤트 처리

관련 함수: cvSetMouseCallback() cvWaitKey()

OpenCV는 DOS console 모드에서 보다 편리한 프로그래밍을 위해 마우스, 키보드 등의 이벤트를 처리하는 기능을 지원하고 있다. 이들 기능들은 highgui.h에 선언되어 있다.

먼저, 마우스 이벤트를 처리하기 위한 절차는 다음과 같다.

❶ 마우스 처리함수를 정의한다.
❷ 마우스 처리함수를 등록한다.

마우스 처리함수의 원형 및 구현은 다음과 같다.

리스트 18-6 마우스 이벤트 처리함수 구현 예

```
01 void mouseHandlerFunc(int event,int x,int y,int flags,void *param)
02 {
03    switch(event)
04    {
05       // 왼쪽 마우스 버튼 눌려진 경우
06       case  CV_EVENT_LBUTTONDOWN:
07          if(flags & CV_EVENT_FLAG_SHIFTKEY)
08             printf("왼쪽 마우스 버튼과 shift  키가 눌려졌습니다!\n");
09          break;
10    }
11 }
```

함수 인자 설명:

event: 마우스 이벤트, 다음 중의 하나

CV_EVENT_LBUTTONDOWN: 왼쪽 마우스 버튼 눌려짐
CV_EVENT_RBUTTONDOWN: 오른쪽 마우스 버튼 눌려짐
CV_EVENT_MBUTTONDOWN: 중간 마우스 버튼 눌려짐
CV_EVENT_LBUTTONUP: 왼쪽 마우스 버튼 올라감
CV_EVENT_RBUTTONUP: 오른쪽 마우스 버튼 올라감
CV_EVENT_MBUTTONUP: 중간 마우스 버튼 올라감
CV_EVENT_LBUTTONDBLCLK: 왼쪽 마우스 버튼 이중 클릭
CV_EVENT_RBUTTONDBLCLK: 오른 마우스 버튼 이중 클릭
CV_EVENT_MBUTTONDBLCLK: 중간 마우스 버튼 이중 클릭
CV_EVENT_MOUSEMOVE: 마우스 움직임

flag: 다음 속성 중의 하나

CV_EVENT_FLAG_CTRLKEY: CTRL 키가 눌려진 경우
CV_EVENT_FLAG_SHIFTKEY: SHIFT 키가 눌려진 경우
CV_EVENT_FLAG_ALTKEY: ALT 키가 눌려진 경우
CV_EVENT_FLAG_LBUTTON: 마우스 왼쪽 버튼이 눌려진 경우

CV_EVENT_FLAG_RBUTTON: 마우스 오른쪽 버튼이 눌려진 경우
CV_EVENT_FLAG_MBUTTON: 마우스 중간 버튼이 눌려진 경우
x, y: 현재 마우스의 위치 좌표값

마우스 처리함수의 등록은 다음과 같다.

리스트 18-7 마우스 처리함수 등록 예

```
01 int param=3;
02 cvSetMouseCallback("inputWin",mouseHandlerFunc,&param);
```

키보드 이벤트의 처리는 마우스 이벤트 처리처럼 이벤트 처리함수의 작성 및 등록 과정이 없이 바로 처리를 수행할 수 있다.

cvWaitKey()함수를 이용하여 키보드값을 처리할 수 있으며 활용 예는 다음과 같다.

리스트 18-8 키보드 이벤트 처리 예

```
01 int keyVal;
02 keyVal=cvWaitKey(30); // 30ms 동안 키보드값을 기다림
03 switch(keyVal)
04 {
05    case 'r':
06    case 'R': // 키보드에서 r이나 R이 입력되었을 때
07       // do action
08       break;
09 }
```

함수 원형: void cvSetMouseCallback(const char* window_name, CvMouseCallback on_mouse, void* param CV_DEFAULT(NULL));

함수 설명: 마우스 콜백함수를 등록한다.

인자 설명:
window_name: 마우스 이벤트와 연관된 윈도우 이름
on_mouse: 마우스 콜백함수
param: 콜백함수의 전달 인자

함수 원형: int cvWaitKey(int delay CV_DEFAULT(0));

함수 기능: 키보드 입력을 주어진 시간 동안 기다린 후 키보드값을 반환한다.

인자 설명:

```
delay: 키보드 입력 대기 시간 단위: ms
<=0 인 값의 경우: 키보드 입력 시까지 무한정 기다림
 >0인 값: 해당 시간동안 키보드 입력을 기다림
```

9 USB 카메라 연결

관련 함수: cvCaptureFromCAM(), cvQueryFrame(), cvReleaseCapture()

OpenCV에서는 기본적으로 USB 카메라를 지원하며 이와 관련된 기능들은 highgui.h에 정의되어 있다. 다음과 같은 단계를 통해 카메라를 쉽게 조작할 수 있게 된다.

❶ 카메라 연결 초기화: cvCaptureFromCAM()
❷ 영상 한 프레임 획득: cvQueryFrame()
❸ 카메라 연결 해제: cvReleaseCapture()

함수 원형: #define cvCaptureFromCAM   cvCreateCameraCapture // highgui.h
CvCapture* cvCreateCameraCapture(int index);

```
함수 설명: 카메라 연결을 초기화한다.
인자 설명:
   index: 카메라 인덱스 + domain_offset (CV_CAP_*)
   // CV_CAP_*: highgui.h
   #define CV_CAP_ANY        0      // autodetect
   #define CV_CAP_MIL        100    // MIL proprietary drivers
   #define CV_CAP_VFW        200    // platform native
   #define CV_CAP_V4L        200
   #define CV_CAP_V4L2       200

   #define CV_CAP_FIREWARE   300    // IEEE 1394 drivers
   #define CV_CAP_IEEE1394   300
   #define CV_CAP_DC1394     300
   #define CV_CAP_CMU1394    300

   #define CV_CAP_STEREO     400    // TYZX proprietary drivers
   #define CV_CAP_TYZX       400
   #define CV_TYZX_LEFT      400
   #define CV_TYZX_RIGHT     401
   #define CV_TYZX_COLOR     402
   #define CV_TYZX_Z         403
```

```
#define CV_CAP_QT        500    // QuickTime
```

함수 원형: IplImage* cvQueryFrame(CvCapture* capture);

함수 기능:

카메라로부터 한 장의 이미지를 반환한다. cvGrabFrame( )과 cvRetrieveFrame( )의 조합.

인자 설명:

capture: 해당 카메라

함수 원형: void cvReleaseCapture(CvCapture capture);**

함수 기능: 영상 획득을 중지하고 할당된 자원을 해제한다.

인자 설명:

capture: 해당 카메라

예제 4 마우스, 키보드 이벤트 처리 및 USB 카메라 인터페이스

본 예제에서는 마우스와 키보드 이벤트 처리를 통해 USB 카메라를 연결하여 영상 획득을 제어하는 것이다. 마우스 왼쪽 버튼을 누르면 영상 획득을 시작하고 마우스 오른쪽 버튼을 누르면 정지하며, [Esc] 키보드 버튼을 누르면 프로그램을 종료한다.

리스트 18-9 예제 4 프로그램 구현

```
01 / OpenCV Includes
02 #include <cv.h>
03 #include <cxcore.h>
04 #include <cvaux.h>
05 #include <highgui.h>
06
07 int gCameraFlag=0;
08
09 void mouseHandlerFunc(int event,int x,int y,int flags,void *param);
10
11 int main(int argc, char* argv[])
12 {
13    char *winNameIn="original image";
14    int c,param=3;
15    IplImage *pImgIpl=0;
16    CvCapture *pCamera;
17
18    // 초기화 - 카메라 연결
19    pCamera=cvCaptureFromCAM(0);
```

```
20     // 윈도우 생성
21     cvNamedWindow(winNameIn,CV_WINDOW_AUTOSIZE);
22     // 마우스 처리함수 등록
23     cvSetMouseCallback(winNameIn,mouseHandlerFunc,&param);
24
25     for(;;)
26     {
27        if(gCameraFlag)
28        {
29           pImgIpl=cvQueryFrame(pCamera);
30           cvShowImage(winNameIn,pImgIpl);
31        }
32
33        c = cvWaitKey(10);
34     if( (char)c == 27 ) // 27 <-> ESC 키
35        break;
36     }
37     // 카메라 연결 해제
38     cvReleaseCapture(&pCamera);
39     // 윈도우 해제
40     cvDestroyWindow(winNameIn);
41
42     return 0;
43  }
44  void mouseHandlerFunc(int event,int x,int y,int flags,void *param)
45  {
46     switch(event)
47     {
48     case CV_EVENT_LBUTTONDOWN:
49        gCameraFlag=1;
50        break;
51     case CV_EVENT_RBUTTONDOWN:
52        gCameraFlag=0;
53        break;
54     }
55  }
```

10 동영상 조작: 읽기 및 쓰기

OpenCV는 동영상을 조작하기 위한 다양한 함수를 제공하고 있다. 이를 이용하여 기존 동영상 파일을 읽어들이면 한 프레임씩 처리한 후 다시 동영상으로 기록하는 작업을 손쉽게 할 수 있게 된다. 또한 OpenCV에서 지원되는 다양한 그리기, 문자 출력 기능을 이용하여 처리된 영상에 다양한 표시를 함으로써 기존에 Visual C++등에서 코딩 시 어려웠던 부분을 손쉽게 구현할 수 있다는 장점이 있다.

그림 18-10 예제 4 실행결과 (USB 카메라를 연결한 경우이며, 윈도우상에서 마우스 왼쪽 버튼을 누르면 영상 캡처 시작하고, 오른쪽 마우스 버튼을 누르면 정지)

개괄적인 동영상 조작과 관련된 구조체 및 함수는 다음과 같다.

❶ 동영상 읽기: cvCaptureFromAVI()

❷ 동영상 정보 및 프레임 추출: cvGetCaptureProperty(), cvSetCaptureProperty()

❸ 동영상 기록: CvVideoWriter, cvCreateVideoWriter(), cvReleaseVideoWriter(), cvQueryFrame(), cvWriteFrame()

함수 원형: #define cvCaptureFromFile cvCreateFileCapture // highgui.h
#define cvCaptureFromAVI cvCaptureFromFile // highgui.h
CvCapture* cvCreateFileCapture(const char* filename);

함수 설명: 해당 이름을 가진 동영상을 연다.

인자 설명:

filename: 동영상 파일 이름

함수 원형: CvVideoWriter* cvCreateVideoWriter(const char* filename, int fourcc, double fps, CvSize frame_size,int is_color CV_DEFAULT(1));

함수 기능: 동영상 기록을 위해 초기화한다.

인자 설명:

filename: 동영상 파일 이름

fourcc: 코덱종류, 지원되는 코덱 종류는 다음과 같다.

CV_FOURCC('P','I','M','1'): MPEG-1 코덱
CV_FOURCC('M','J','P','G'): motion jpeg 코덱
CV_FOURCC('M','P','4','2'): MPEG-4.2 코덱
CV_FOURCC('D','I','V','3'): MPEG-4.3 코덱

```
    CV_FOURCC('D','I','V','X'): MPEG-4 코덱
    CV_FOURCC('U','2','6','3'): H263 코덱
    CV_FOURCC('I','2','6','3'): H263I 코덱
    CV_FOURCC('F','L','V','1'): FLV1 코덱
  fps: 초당 프레임 수
  is_color: 프레임이 컬러인지 흑백인지
```

함수 원형: int cvWriteFrame(CvVideoWriter* writer, const IplImage* image);

함수 기능: 프레임을 동영상에 기록한다.

인자 설명:

```
  writer: 해당 동영상
  image: 기록할 이미지
```

함수 원형: void cvReleaseVideoWriter(CvVideoWriter writer);**

함수 기능: 동영상을 해제한다.

인자 설명:

```
  writer: 해당 동영상
```

함수 원형: double cvGetCaptureProperty(CvCapture* capture, int property_id);

함수 기능: 동영상에 관한 속성 정보를 제공한다.

인자 설명:

```
  capture: 해당 동영상
  property_id: 동영상 속성, 다음과 같이 16개의 속성이 있다.
    // highgui.h에 선언
    #define CV_CAP_PROP_POS_MSEC        0
    #define CV_CAP_PROP_POS_FRAMES      1
    #define CV_CAP_PROP_POS_AVI_RATIO   2
    #define CV_CAP_PROP_FRAME_WIDTH     3
    #define CV_CAP_PROP_FRAME_HEIGH     4
    #define CV_CAP_PROP_FPS             5
    #define CV_CAP_PROP_FOURCC          6
    #define CV_CAP_PROP_FRAME_COUNT     7
    #define CV_CAP_PROP_FORMAT          8
    #define CV_CAP_PROP_MODE             9
    #define CV_CAP_PROP_BRIGHTNESS      10
    #define CV_CAP_PROP_CONTRAST        11
    #define CV_CAP_PROP_SATURATION      12
    #define CV_CAP_PROP_HUE             13
    #define CV_CAP_PROP_GAIN            14
    #define CV_CAP_PROP_CONVERT_RG      15
```

함수 원형: int cvSetCaptureProperty(CvCapture* capture, int property_id, double value);

함수 기능: 동영상에 관한 속성 정보를 설정한다.
인자 설명:
capture: 해당 동영상
property_id: 동영상 속성
value: 속성 설정값

예제 5 USB 카메라로 획득한 영상을 처리 후 동영상으로 저장

본 예제에서는 예제 4를 확장해본다. 마우스 왼쪽 버튼을 누르면 USB 카메라로 입력되는 영상을 smoothing 처리하여 동영상으로 기록하는 예제이다. [Esc] 키보드 버튼을 누르면 프로그램을 종료한다.

리스트 18-10 예제 5 프로그램 구현

```
01 // OpenCV Includes
02 #include <cv.h>
03 #include <cxcore.h>
04 #include <cvaux.h>
05 #include <highgui.h>
06
07 int gCameraFlag=0;
08
09 void mouseHandlerFunc(int event,int x,int y,int flags,void *param);
10
11 int main(int argc, char* argv[])
12 {
13       char *winNameIn="original image";
14       int c,param=3;
15       int fps=25;
16       int isColor=1;
17       IplImage *pImgIpl=0,*pImgIplOut;
18       CvCapture *pCamera;
19       CvVideoWriter *videoWriter;
20
21       // 초기화 - 카메라 연결
22       pCamera=cvCaptureFromCAM(0);
23       pImgIpl=cvQueryFrame(pCamera);
24       pImgIplOut=cvCloneImage(pImgIpl);
25       // 윈도우 생성
```

```
26        cvNamedWindow(winNameIn,CV_WINDOW_AUTOSIZE);
27        // 마우스 처리함수 등록
28        cvSetMouseCallback(winNameIn,mouseHandlerFunc,&param);
29        // 동영상 기록을 위한 초기화
30        videoWriter=cvCreateVideoWriter("result.avi",0,fps,cvGetSize(pImgIpl),isColor);
31
32        for(;;)
33        {
34           if(gCameraFlag)
35           {
36              pImgIpl=cvQueryFrame(pCamera);
37              cvShowImage(winNameIn,pImgIpl);
38              // 영상처리 - smoothing 수행
39              cvSmooth(pImgIpl,pImgIplOut);
40              // 동영상에 기록
41              cvWriteFrame(videoWriter,pImgIplOut);
42              cvWaitKey(10);
43           }
44
45           c = cvWaitKey(10);
46        if( (char)c == 27 ) // 27 <-> ESC 키
47        break;
48     }
49     // 카메라 연결 해제
50     cvReleaseCapture(&pCamera);
51     // 동영상 연결 해제
52     cvReleaseVideoWriter(&videoWriter);
53     // 윈도우 해제
54     cvDestroyWindow(winNameIn);
55
56        return 0;
57  }
58  void mouseHandlerFunc(int event,int x,int y,int flags,void *param)
59  {
60        switch(event)
61        {
62        case CV_EVENT_LBUTTONDOWN:
63           gCameraFlag=1;
64           break;
65        case CV_EVENT_RBUTTONDOWN:
66           gCameraFlag=0;
67           break;
68        }
69  }
```

5. Visual C++과 OpenCV와의 연동: FormView에서 이미지 나타내기

저자의 경우, DOS console 모드에서 제공되는 예제의 분석을 통해 OpenCV의 다양한 함수를 사용하는 구체적인 방법을 많이 알게 되었다. OpenCV를 이용하여 새로운 문제를 해결하고자 하는 경우, 기존에는 저 수준 처리함수부터 작성하였으나 현재는 문제 해결을 위한 알고리즘을 결정한 후 각각에 해당하는 OpenCV 내의 함수들을 찾고 이를 조합하여 사용하는 방법을 사용하고 있다. 이러한 접근 방법을 통해 개발 시간의 단축이 가능하게 되었다.

본 절에서는 DOS console모드를 통해 핵심 알고리즘을 테스트한 후 이를 Visual C++하의 MFC를 이용하여 프로그래밍하는데 필요한 이미지 읽기 및 윈도우에 표현하는 방법에 대해 배워 본다.

이를 위해 FormView를 이용한 예제를 다루기로 한다. 실행 순서는 다음과 같다.

❶ Visual Studio에서 FormView를 사용하는 프로젝트를 새로 만든다. 리소스 내의 Dialog에 다음과 같이 영상을 나타나기 위해 2개의 Picture 컨트롤과 버튼 컨트롤을 추가한다.

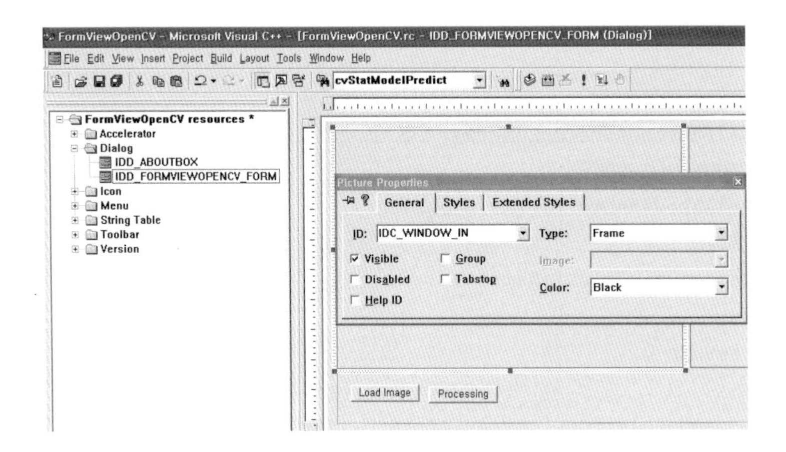

그림 17-11 Dialog 내에 필요한 control 추가

❷ 프로젝트 내에 다음과 같은 기능을 이용하여 "drawimage.h", "drawimage.cpp"파일을 포함시킨다.

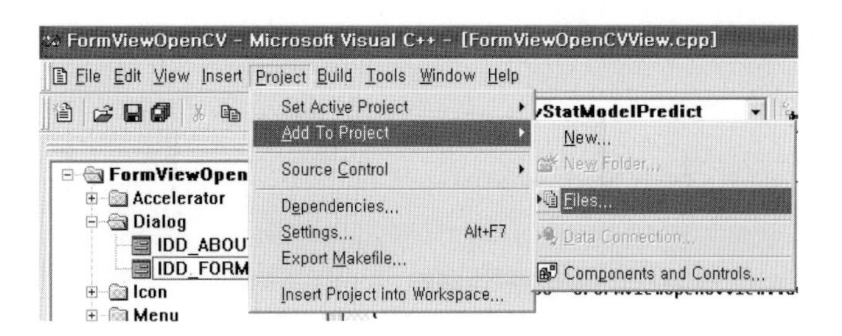

그림 17-12 프로젝트에 파일 추가

❸ 다음과 같이 OpenCV를 사용하기 위해 라이브러리를 세팅한다.

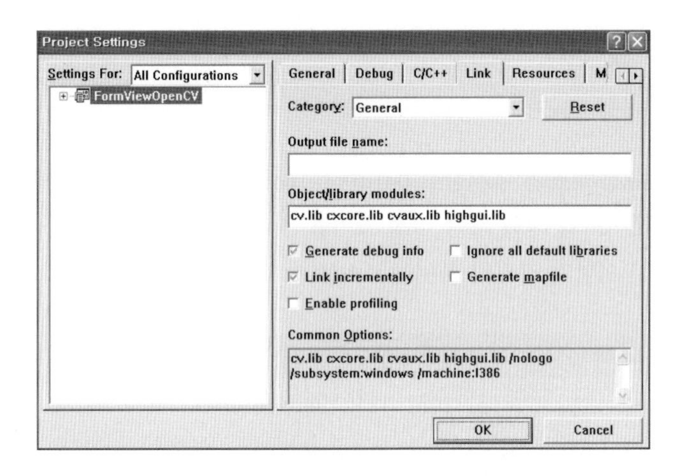

그림 17-13 프로젝트에 OpenCV 관련 라이브러리 세팅

❹ View 클래스에 다음과 같이 필요한 헤더파일과 변수를 선언한다.

리스트 18-11 View 클래스 내에 멤버변수 추가

```
01 // OpenCV Includes
02 #include <cv.h>
03 #include <cxcore.h>
04 #include <cvaux.h>
05 #include <highgui.h>
06
07 #include "drawimage.h"
08
09 class CFormViewOpenCVView : public CFormView
10 {
```

```
11                        :
12                        :
13 public:
14     int m_iNumRowDisp,m_iNumColDisp;
15
16     HANDLE m_hRectBitmapInfoHdlGrey;
17     HANDLE m_hRectBitmapInfoHdlColor;
18
19     IplImage *m_pImgIplDispColor;
20     IplImage *m_pImgIplDispGrey;
21     IplImage *m_pImgIplIn,*m_pImgIplOut;
22                        :
23                        :
24 };
```

❺ View 클래스의 멤버함수 OnInitialUpdate()에 다음과 같이 추가한다. 이미지를 디스플레이하기 위해 각각 일정 크기를 가지는 흑백, 컬러 IplImage를 할당한다. 디스플레이시 이미지 크기의 차이는 cvResize()함수를 이용하여 해결하도록 한다.

리스트 18-12 View 클래스 멤버함수 OnInitialUpdate( ) 수정

```
01 void CFormViewOpenCVView::OnInitialUpdate()
02 {
03                        :
04                        :
05     m_iNumRowDisp=480;
06     m_iNumColDisp=640;
07
08     m_hRectBitmapInfoHdlGrey=CreateGreyscaleBitmapInfo(m_iNumRowDisp,
09                               m_iNumColDisp, m_iNumColDisp, FALSE);
10     m_hRectBitmapInfoHdlColor=CreateColorBitmapInfo(m_iNumRowDisp,
11                               m_iNumColDisp, m_iNumColDisp, FALSE);
12     m_pImgIplDispColor=cvCreateImage(cvSize(m_iNumColDisp,m_iNumRowDisp),
13                                                     IPL_DEPTH_8U,3);
14     m_pImgIplDispGrey=cvCreateImage(cvSize(m_iNumColDisp,m_iNumRowDisp),
15                                                     IPL_DEPTH_8U,1);
16                        :
17                        :
18 }
```

❻ 그리기 함수 추가: View 클래스의 멤버함수로 다음의 함수를 추가한다.

리스트 18-13 View 클래스 멤버함수로 그리기 함수 추가

```
01 int CFormViewOpenCVView::dspIplImg(CWnd* pWnd,IplImage* pImgIpl,
02                                     HANDLE hBitmapInfo, int iNumRow,int iNumCol)
03 {
04    CRect rectDisp;
05    BYTE *pImg;
06 
07    pImg=(BYTE *)pImgIpl->imageData;
08 
09    pWnd->GetClientRect(&rectDisp);
10 
11    // draw image to screen
12    if(pImg!=NULL)
13    {
14       HDC hDC;
15       CRect rectImg;
16 
17       hDC=::GetDC(pWnd->GetSafeHwnd());
18 
19       rectImg.left=rectImg.top=0;
20       rectImg.right=iNumCol;
21       rectImg.bottom=iNumRow;
22 
23       // put it to the screen
24       PaintImage(hDC,
25          &rectDisp, // display rectangle
26          &rectImg, // image rectangle
27          hBitmapInfo,
28          pImg);
29       ::ReleaseDC(pWnd->GetSafeHwnd(),hDC);
30    }
31    return 0;
32 }
```

❼ 이미지 읽기 및 디스플레이: [Load Image] 버튼에 해당하는 메시지 핸들러를 다음과 같이 작성한다. cvResize()함수를 이용하여 입력 이미지를 출력 이미지 사이즈로 조정한 후 디스플레이 하도록 한다.

리스트 18-14 [Load Image] 메시지 핸들러 추가

```
01 void CFormViewOpenCVView::OnLoadImage()
02 {
03     CString strFn;
04     CFileDialog dlgFile(TRUE);
05     dlgFile.m_ofn.lpstrTitle="Select Image";
06 
07     if(IDOK==dlgFile.DoModal())
08     {
09         strFn=dlgFile.GetPathName();
10         m_pImgIplIn=cvLoadImage(LPCTSTR(strFn));
11 
12         cvResize(m_pImgIplIn,m_pImgIplDispColor);
13         dspIplImg(CWnd::GetDlgItem(IDC_WINDOW_IN),
14             m_pImgIplDispColor,m_hRectBitmapInfoHdlColor,
15             m_iNumRowDisp,m_iNumColDisp);
16     }
17 }
```

❽ 영상처리 부분 추가: [Processing] 버튼에 해당하는 메시지 핸들러를 다음과 같이 추가한다. 여기서는 간단하게 입력 이미지를 몇 회에 걸쳐 smoothing 하는 것을 추가하였다. 결과는 다음 그림과 같다.

리스트 18-15 [Processing] 메시지 핸들러 추가

```
01 void CFormViewOpenCVView::OnProcessing()
02 {
03     // smoothing
04     m_pImgIplOut=cvCloneImage(m_pImgIplIn);
05     cvSmooth(m_pImgIplIn,m_pImgIplOut);
06     cvSmooth(m_pImgIplOut,m_pImgIplOut);
07     cvSmooth(m_pImgIplOut,m_pImgIplOut);
08 
09     cvResize(m_pImgIplOut,m_pImgIplDispColor);
10     dspIplImg(CWnd::GetDlgItem(IDC_WINDOW_OUT),m_pImgIplDispColor,
11         m_hRectBitmapInfoHdlColor,m_iNumRowDisp,m_iNumColDisp);
12 }
```

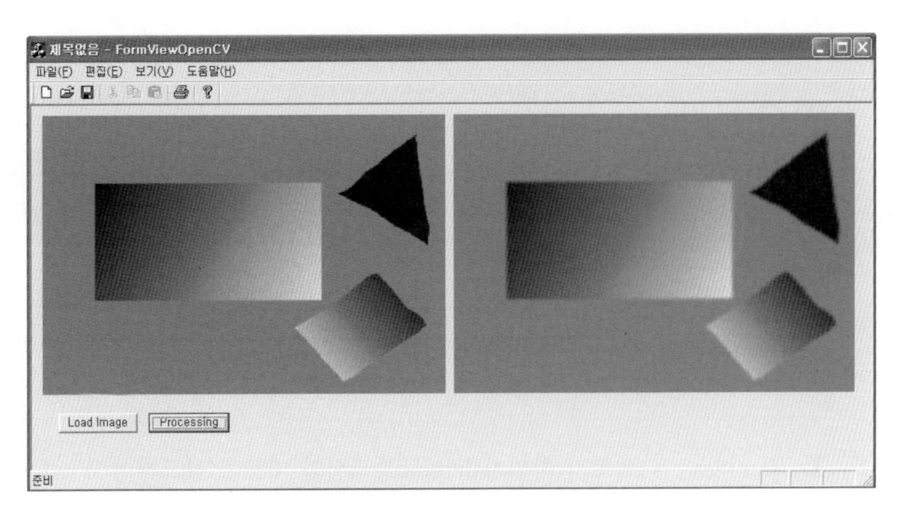

그림 18-14 프로그램 실행결과

연습문제

1. 동영상을 연속된 이미지 파일로 저장하는 프로그램을 OpenCV를 이용하여 작성하시오.

2. /samples/c 디렉토리 하의 lkdemo.c를 5절의 내용을 참고하여 Windows 프로그램으로 변경하시오.

3. 다음 이미지는 /samples/c 디렉토리 하의 pic1.png ~ pic6.png 이미지들이다. 이들 이미지상에서 사각형, 원, 삼각형을 찾기 위한 프로그램을 OpenCV를 이용하여 작성하시오.

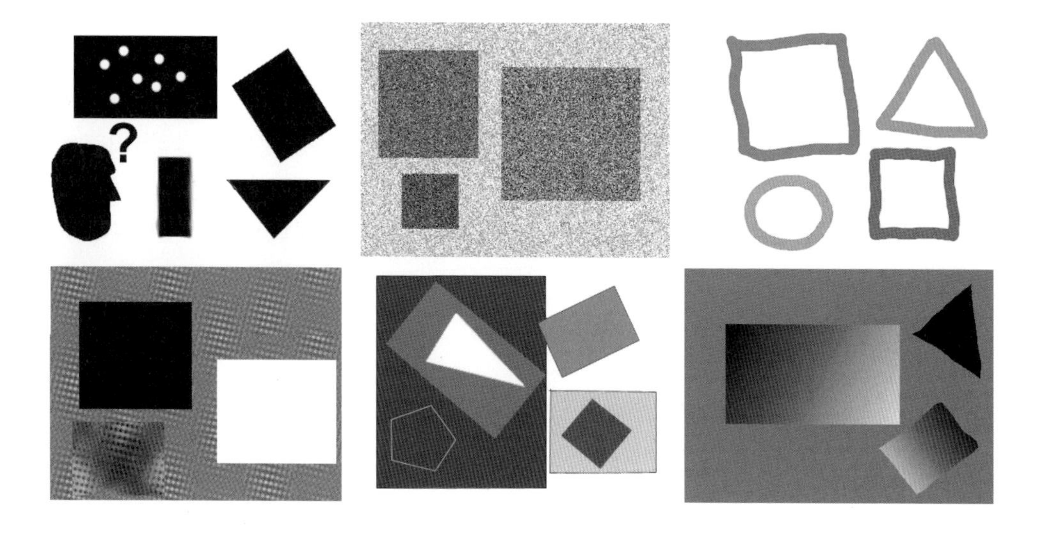

CHAPTER 19 Open CV 활용 - 학습 기반 물체 검출

1. 관련 이론

물체 검출은 컴퓨터 비전의 다양한 분야에서 유용하게 사용되고 있다. 머신 비전에서는 미리 저장한 템플릿을 이용하여 관심 물체의 추출 및 이상 유무를 판단하며, 이는 최근에 기하학적 패턴 매칭(예: Geometric Model Finder (GMF), Matrox사)이라는 명칭을 가진 단일 제품으로 출시되고 있다. 최근 컴퓨터 비전에서는 영상 검색 등의 분야에서 물체 단위의 검색에 대한 연구가 활발히 진행되고 있다. 이를 통하여 개별 물체의 인식을 위한 다양한 방법론이 대두되고 있는 상황이며 OpenCV에서는 이를 위해 다양한 알고리즘을 제공하고 있다. 특히 HaarTraining 부분을 따로 제공하고 있으며 이는 Viola and Jones[1]의 2001년도 논문에 근거한 알고리즘을 구현하여 제공하고 있다. 사용자는 학습 샘플 {positive samples, negative samples}만을 준비하여 학습 후 학습된 분류기(classifier)를 이용하면 된다. 이 절에서는 상기 논문의 핵심적인 내용 분석을 통해 알고리즘을 이해하고 응용할 수 있도록 한다.

기본적으로 AdaBoost(Adaptive Boosting)에 기반한 학습 알고리즘을 사용하고 있으며, 이는 간단한 개별 분류기(classifier)를 조합하여 최적의 성능을 낼 수 있도록 한 것이다. 개별 분류기의 경우, 임의의 판단(확률 = 1/2)보다 약간 나은 정도의 성능을 가지는 것을 선택하면 된다. 이것은 이들의 조합을 통해 강인한 성능을 지니도록 하는 방법이다.

특징치는 Haar 웨이블릿 형태의 특징치를 사용하고 있으며 다음 그림의 형태와 같다.

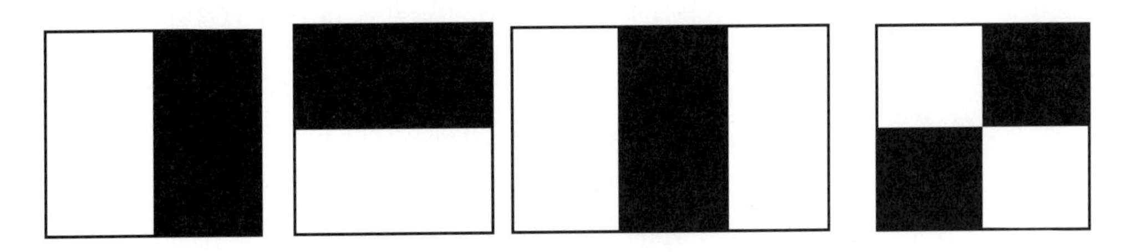

그림 19-1 Haar 학습에 사용된 특징치들

흰색 부분 전체의 밝기값의 합과 검은색 전체의 밝기값을 뺀 값을 특징치로 사용하고 있다. 일정 크기의 템플릿 내에 [그림 19-2]과 같이 다양한 위치에서 다양한 크기의 특징치를 적용할 수 있다. [그림 19-1]의 네 가지 특징치들의 크기를 변화시켜가면서 얻어낼 수 있는 특징치들의 조합은 수십만 가지에 해당한다. 이 많은 특징치들 중 주어진 해당 물체를 검출하는 데 유용한 특징치들의 조합을 찾아내는 것이 Haar 학습 과정이다.

하나의 특징치를 검출하는 과정은 다음과 같다. 먼저 학습에 사용할 샘플(positive samples and negative samples)들을 준비한 후 하나의 특징치(해당 템플릿 내에서 크기와 위치가 고정)를 모든 학습 샘플에 대해 적용하면 각각의 샘플에 대한 특징치의 적용 결과값을 구할 수 있게 된다. 이들 결과값을 이용하여 해당 특징치에 의한 최적의 결과(최소 구분 에러를 가지는 것)를 제공하는 역치값(threshold)을 선정하여 해당 특징치에 의한 결과를 구한다.

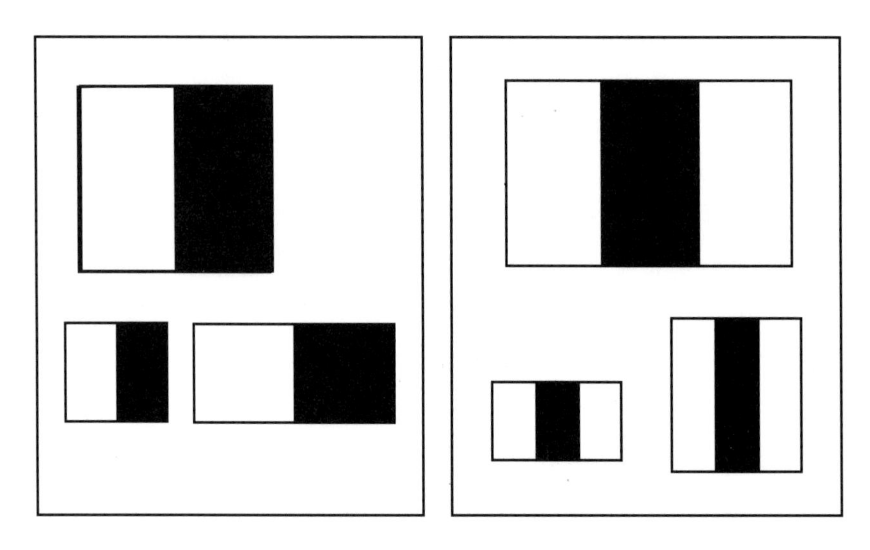

그림 19-2 일정 크기의 템플릿 내에서의 특징치의 다양한 적용 예

전체적인 학습 과정은 다음 알고리즘과 같다. 각 단계에서의 상세 사항은 다음과 같다.

❶ 학습 단계: 순차적으로 T개의 분류기를 선택하게 되며 각 분류기의 가중치는 해당 선택 단계에서의 에러와 연관이 있다.

❷ 학습 진행 시 샘플의 가중치 변화: 매 단계 하나의 분류기를 선택한 후 각각의 샘플에 대한 가중치를 갱신하게 된다. 이때 잘못 분류된 샘플의 경우에만 가중치가 변하게 되며 이를 통해 이후의 분류기 선택 시 좀 더 지배적인 역할을 수행하게 된다. 이러한 과정을 통해 매 단계 학습 진행을 할 때마다 분류하기 어려운 샘플에 대해 집중하게 된다.

Viola and Jones's AdaBoost 알고리즘

1. 샘플 준비: $(x_1, y_1), \cdots, (x_n, y_n)$, x_i는 입력 이미지, positive sample의 경우 $y_i = 1$, negative sample의 경우 0.

2. 가중치 초기화: $\omega_{1,i} = \frac{1}{m}$ or $\frac{1}{n}$ m은 negative 샘플의 수 n은 positive 샘플의 수

3. 학습 단계: for $t = 1, \cdots, T$(T개의 분류기를 선정)

❶ 가중치 정규화: $\omega_{t,i} \leftarrow \dfrac{\omega_{t,i}}{\sum_{j=1}^{t} \omega_{t,i}}$

❷ 각각의 특징치 에 대해 분류기를 학습시키고 에러는
다음과 같이 계산 $\varepsilon_j = \sum_i \omega_i \,|\, h(x_i) - y_i \,|$

❸ 최소 에러 ε_t를 가지는 분류기 h_j 선택

❹ 가중치 갱신:

$$\omega_{t+1,i} \leftarrow \omega_{t,i}\beta_t^{1-e_i} \quad where \begin{cases} e_i = 0 \text{ 맞게 분류한 경우} \\ e_i = 1 \text{ 틀리게 분류한 경우} \end{cases}$$

4. 최종 강인 분류기:

$$h(x) = \begin{cases} 1 & if \sum_{t=1}^{T} \alpha_t h_t(x) \geq \frac{1}{2} \sum_{t=1}^{T} \alpha_t \\ 0 & otherwise \end{cases}$$

$$where\ \alpha_t = log\frac{1}{\beta_t}$$

테이블 위의 학습 과정의 (3-2)의 과정은 다음과 같다. 각각의 특징치를 모든 샘플에 대해 적용한 후 이를 그림으로 나타내보면 [그림 19-3]과 같이 나타낼 수 있을 것이다. 최적의 역치값은 주어진 오차를 최소화하는 값을 선정하면 된다. 해당 특징치에 대한 오차 계산 시 각 샘플마다 가중치(weight)가 반영됨을 알 수 있다. 이러한 가중치의 학습 시 조절을 통해 약한 분류기들의 조합으로 강인한 분류기를 얻을 수 있게 된다. [그림 19-4]는 계산 시간의 단축을 위해 Viola and Jones[1]가 제안한 cascade 구조이다. 각 스테이지의 분류기는 테이블 1의 학습 과정을 통해 구해지게 된다.

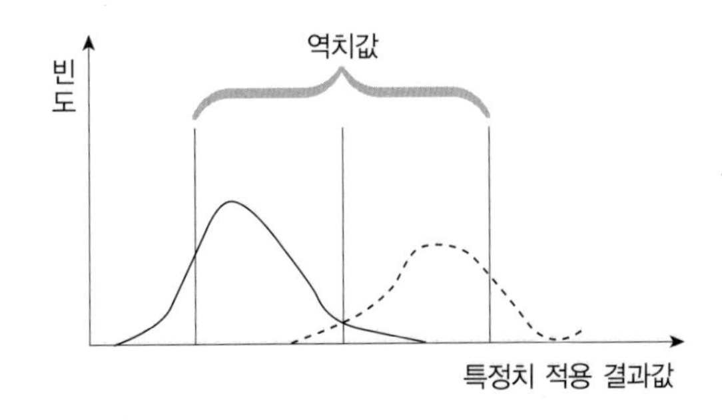

그림 19-3 특징치 적용 후의 역치값 선정(실선: positive 샘플, 점선: negative 샘플)

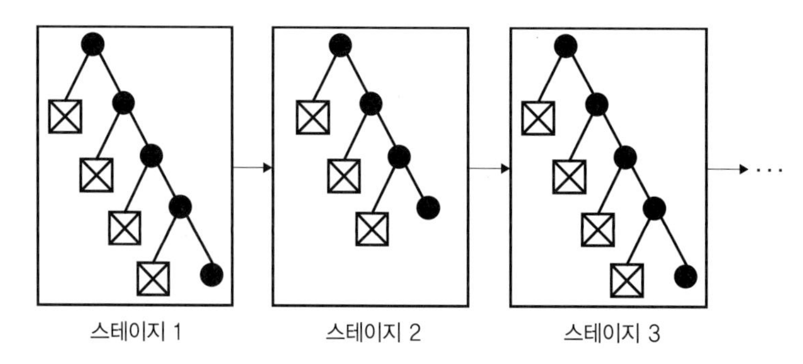

그림 19-4 Viola & Jones[1]가 제안한 cascade 구조의 분류기

2. HaarTraining 예제

[그림 19-5]는 HaarTraining 관련 디렉토리 구조를 보여주고 있다. apps / HaarTraining / doc 디렉토리를 참조하면 각각의 프로젝트의 사용법이 설명되어 있다. [그림 19-6]은 HaarTraining 관련 OpenCV 프로젝트 구조를 보여주고 있다. 이들 프로젝트 파일에서 사용자가 이용하는 부분은 다음과 같다.

1 createsamples classes

이 부분을 통해 사용자는 positive sample을 .vec 형식의 학습 데이터로 변경하게 된다. .vec 형식의 학습 데이터는 이후의 haartraining classes의 입력으로 사용하게 된다.

2 haartraining classes

이 부분을 통해 사용자는 학습을 수행하게 되며 최종적으로 분류기를 얻게 된다.

3 performance classes

학습을 통해 구해진 분류기를 이용하여 참값을 아는 샘플을 대입한 분류기의 다양한 성능을 구할 수 있다.

Createsamples로부터 positive 샘플을 이용하여 학습에 필요한 입력 형태로 만들며 haartraining을 이용하여 분류기를 학습하게 된다. 최종적으로 performance를 이용하여 학습된 분류기의 성능을 다른 이미지에 적용하면 결과를 확인할 수 있다.

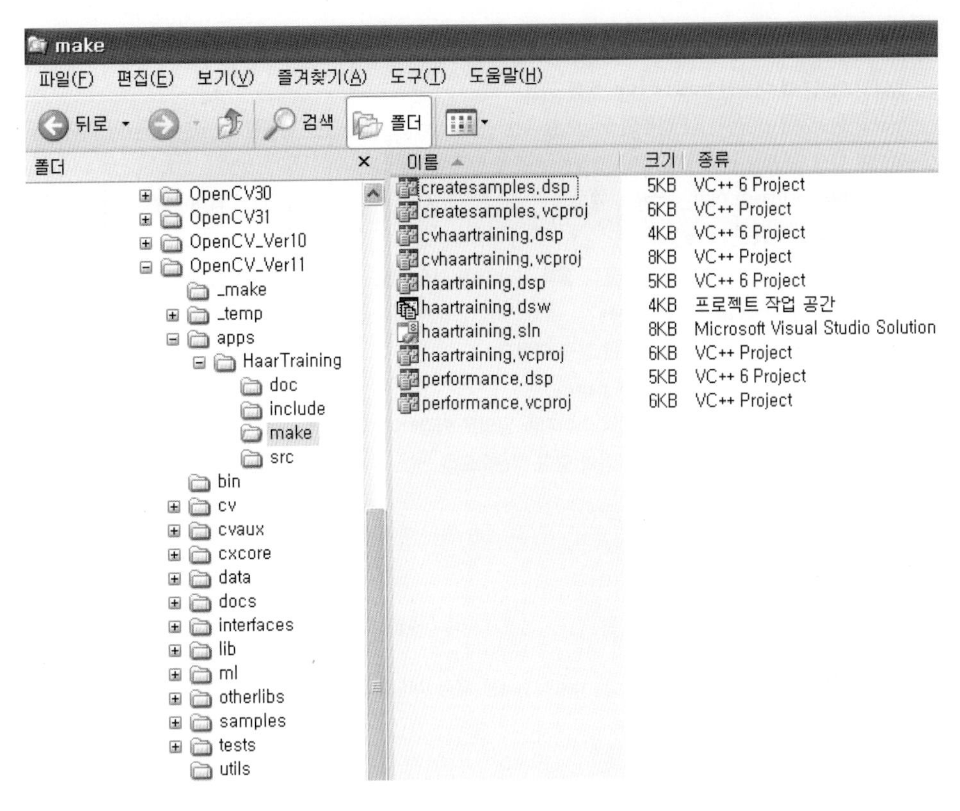

그림 19-5 HaarTraining 예제 디렉토리 구조

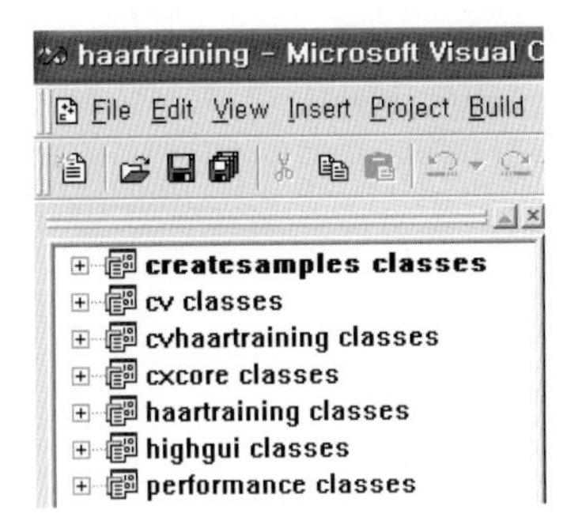

그림 19-6 HaarTraining 예제 프로젝트 구조

각각의 프로젝트 파일은 DOS 콘솔 형태의 프로젝트 타입이며 명령형 인자를 통해 다양한 입력값을 설정하는 구조를 가지고 있다. 각각의 프로젝트 파일에서의 입력 인자의 의미 및 설정하는 방법은 다음과 같다.

리스트 19-1 createsamples project를 활용한 positive 샘플 준비

1. 하나의 이미지를 이용한 positive 샘플 생성

하나의 이미지를 이용하거나 다수의 이미지를 이용하여 positive 샘플을 생성할 수 있다. 하나의 이미지를 이용하는 경우, 임의의 회전 및 색상 변경 등을 통해 다양한 샘플을 만들 수 있게 된다.

각각의 명령형 인자의 의미는 다음과 같다.

(01) -vec <vec_file_name>

학습을 위한 positive 샘플의 결과 파일 이름(이진 파일 형태로 결과 파일을 출력함)

(02) -img <image_file_name>

positive 샘플 생성을 위한 입력 이미지

(03) -bg <background_file_name>

배경 이미지 설명 파일- 입력 이미지를 임의로 변경하여 삽입하게 될 배경 이미지 리스트

파일은 텍스트 파일로써, 다음과 같이 작성하도록 한다.

파일명: bg.txt

파일 내용:

img/img1.jpg

img/img2.jpg

파일 내용 설명:

img 디렉토리 하의 img1.jpg, img2.jpg를 배경 이미지로 사용

(04) -num <number_of_samples>

생성할 positive 샘플의 수

(05) -bgcolor <background_color>

배경 컬러값으로서(현재는 흑백이미지만 제공) 이미지 합성 시 투과도에 관련된 값을 의미한다. 압축 시 발생하는 문제점을 고려하여 컬러값의 범위는 **-bgthresh**로 조정할 수 있다. 즉, **bgcolor-bgthresh**에서 **bgcolor+bgthresh** 범위 내의 컬러값은 투명한 것으로 간주된다.

(06) -bgthresh <background_color_thresh>

(05)에서 설명

(07) -inv

명시되었다면 컬러값을 반전시킨다.

(08) -randinv

명시되었다면 컬러값을 임의로 반전시킨다.

(09) -maxidev <max_intensity_deviation>

샘플의 밝기값의 최대 변화치값

(10) -maxxangle <max_x_rotation_angle>

이미지 x 방향 회전 시 최대 회전 각도, 단위는 **radian**

(11) -maxyangle <max_y_rotation_angle>

이미지 y 방향 회전 시 최대 회전 각도, 단위는 **radian**

(12) -maxzangle <max_z_rotation_angle>

이미지 z 방향 회전 시 최대 회전 각도, 단위는 **radian**

(13) -show

명시되었다면 각각의 샘플이 디스플레이 된다. 'Esc'키를 누르면 샘플을 보여주지 않는다. 유용한 디버깅 옵션으로 이용할 수 있다.

(14) -w <sample_width>

출력 이미지의 폭, 단위는 **pixels**

(15) -h <sample_height>

출력 이미지의 높이, 단위는 **pixels**

전체 과정을 요약하면 다음과 같다.
입력 이미지의 회전 → bg_color-bg_color_thresh 에서 bg_color+bg_color_thresh 사이의 값은 투명한 것으로 간주(값이 변하지 않음) → 전경색에 노이즈 추가 → -inv 옵션이 설정된 경우 전경색은 반전됨, -randinv 옵션이 설정된 경우 반전될 지점이 임의로 선정됨 → 생성된 이미지는 임의의 배경에 놓여짐 → -w와 -h를 통해 설정된 크기로 이미지 크기 조정

2. 다수의 이미지를 이용한 positive 샘플 생성

다수의 이미지를 이용하여 positive 샘플을 생성하는 경우에는 하나의 이미지를 이용한 방법에서 **-img** 옵션 대신 **-info** 옵션을 이용한다.

(1) **-info <collection_file_name>**

이미지 설명 파일

파일은 텍스트 파일로서, 다음과 같이 작성하도록 한다.

파일명: fgimgs.txt

파일 내용:

```
img/img1.jpg  1  100 120 50 40
img/img2.jpg  2  50 60 45 45   35 45 60 70
```

파일 내용 설명:

첫 번째 줄: img 디렉토리 하에서 img1.jpg를 로딩한 후 1개의 부분 영역을 사용, 해당 영역은 (100, 120)에서 폭 50, 높이 40인 사각 영역

두 번째 줄: img 디렉토리 하에서 img2.jpg를 로딩한 후 2개의 부분 영역을 사용, 첫 번째 영역은 (50, 60)에서 폭 45, 높이 45인 사각 영역, 두 번째 영역은 (35, 45)에서 폭 60, 높이 70인 사각 영역

다수의 입력 이미지를 이용하는 경우에는 위와 같이 각각의 이미지 영역을 읽어들이고 지정한 크기의 샘플로 변경하는 작업을 수행하므로 이미지 각각에 대해 회전등의 변환은 수행하지 않는다. 그러므로 **-w**, **-h**, **-show**, **-num** 등의 명령형 인자만 설정하여 사용하면 된다.

리스트 19-2 haartraining project를 활용한 분류기 학습

각각의 명령형 인자의 의미는 다음과 같다.

(1) **-data <dir_name>**

학습된 분류기가 저장될 디렉토리 지정

(2) **-vec <vec_file_name>**

createsamples 프로젝트를 이용하여 생성한 positive 샘플 파일 이름

(3) **-bg <background_file_name>**

배경 이미지 설명 파일

(4) **-npos <number_of_positive_samples>**

positive 샘플의 수

(5) **-nneg <number_of_negative_sample>**

Negative 샘플의 수. 적당한 값은 npos=7000, nneg=3000.

(6) -nstages <number_of_stages>

학습 시 cascade 구조에서의 stage 수

(7) -nsplits <number_of_splits>

각 stage에서의 분류기에서 사용될 weak 분류기를 선택한다. 1로 선정한 경우 간단한 stump 분류기가 이용되고, 2 이상으로 선정하면 CART(Classification And Regression Trees-19장 참고)를 이용하고 설정된 split 수만큼 사용된다.

(8) -mem <memory_in_MB>

사전 계산을 위해 사용할 수 있는 가용 메모리(단위 MB), 메모리가 클수록 학습 시 시간 단축이 가능

(9) -sym (default)

학습시킬 객체가 수직 방향 대칭성을 가지고 있는 경우 설정(사람 얼굴의 경우 수직방향의 대칭성을 가지고 있음)

(10) -nosysm

학습시킬 객체가 수직 방향 대칭성을 가지고 있지 않은 경우 설정

(11) -minhitrate <min_hit_rate>

각각의 stage 분류기에서 최소한의 검출율(hit rate)(positive 샘플을 positive 샘플로 판정하는 것). 학습 후의 전체 검출율은 (**min_hit_rate^number_of_stages**)이다.

(12) -maxfalsealarm <max_false_alarm_rate>

각각의 stage 분류기에서 최대 오검출율(false alarm). 학습 후의 전체 오검출율은(**max_flase_alarm_rate^number_of_stages**)이다.

(13) -weighttrimming <weight_trimming>

얼마만큼의 가중치 자르기(weight trimming)를 수행할지 설정. 일반적인 값은 0.9.

(14) -eqw

(15) -mode <BASIC (default) | CORE | ALL>

학습에 사용될 Haar 특징치 선택. BASIC의 경우 upright 특징치만 사용, ALL의 경우 upright 특징치와 45도 회전된 특징치 사용

(16) -w <sample_width>

학습에 사용할 샘플 이미지 폭, 단위는 **pixels**

createsamples 프로젝트에서 생성된 샘플의 크기와 동일해야 한다

(15) -h <sample_height>

학습에 사용할 샘플 이미지 높이, 단위는 **pixels**

createsamples 프로젝트에서 생성된 샘플의 크기와 동일해야 한다

3. 실제 적용 예: Chessboard 검출

1 샘플 준비 및 학습 단계

본 절에서는 앞 절에서 설명한 사용법을 실제 문제에 적용하여 보도록 한다. 대상은 chessboard 상의 교차점을 찾는 것이다. 이는 OpenCV에서 카메라 보정을 위해 사용되는 패턴으로, OpenCV에서 제공되는 알고리즘은 contour 처리를 통해 해당 교차점들을 찾고 있다. 소스 코드를 살펴보면 이 과정에서 다양한 역치값들을 사용하고 있음을 알 수 있다.

그림 19-7 카메라 보정을 위한 chessboard 패턴 형태
(OpenCV 설치 후 samples/c 디렉토리 하에 있음)

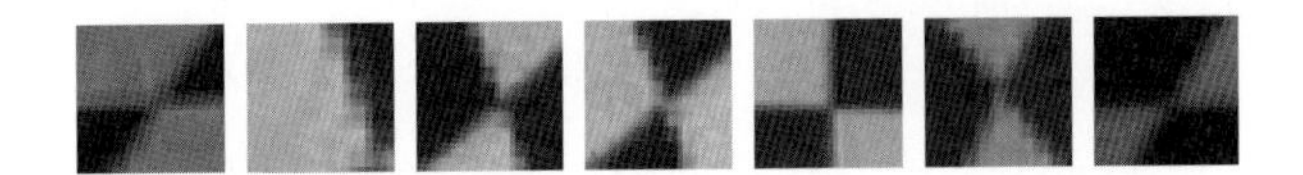

그림 19-8 Haar 학습에 사용된 positive 샘플들

[그림 19-8]은 학습에 사용한 positive 샘플들 중 일부를 보여주고 있다. 이미지 크기 20X20 픽셀이다. Createsamples 프로젝트를 이용한 positive 샘플의 준비와 haartraining 프로젝트를 이용한 분류기의 생성에 필요한 파일들의 구조는 [그림 19-9]와 같다.

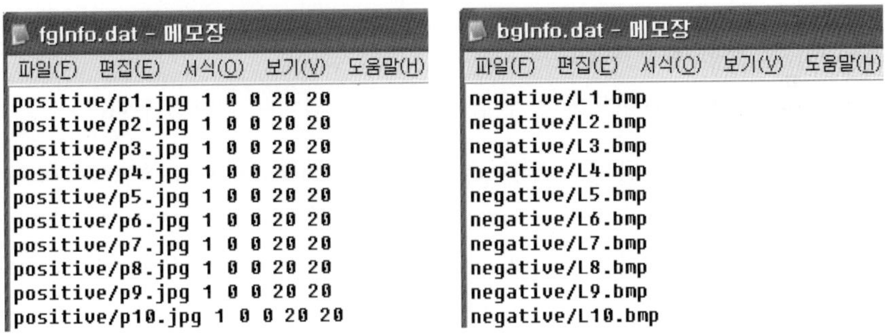

fgInfo.dat - 메모장

파일(F) 편집(E) 서식(O) 보기(V) 도움말(H)

```
positive/p1.jpg 1 0 0 20 20
positive/p2.jpg 1 0 0 20 20
positive/p3.jpg 1 0 0 20 20
positive/p4.jpg 1 0 0 20 20
positive/p5.jpg 1 0 0 20 20
positive/p6.jpg 1 0 0 20 20
positive/p7.jpg 1 0 0 20 20
positive/p8.jpg 1 0 0 20 20
positive/p9.jpg 1 0 0 20 20
positive/p10.jpg 1 0 0 20 20
```

bgInfo.dat - 메모장

파일(F) 편집(E) 서식(O) 보기(V) 도움말(H)

```
negative/L1.bmp
negative/L2.bmp
negative/L3.bmp
negative/L4.bmp
negative/L5.bmp
negative/L6.bmp
negative/L7.bmp
negative/L8.bmp
negative/L9.bmp
negative/L10.bmp
```

그림 19-9 positive 샘플을 위한 파일 구조(fgInfo.dat)와 배경 이미지를 위한 파일 구조(bgInfo.dat)

각각의 프로젝트 파일은 DOS 콘솔 형태의 프로젝트 타입이며 명령형 인자를 통해 다양한 입력값을 설정하는 구조를 가지고 있다. 각각의 프로젝트 파일에서의 입력 인자의 의미 및 설정하는 방법은 다음과 같다(명령형 인자를 설정하는 상세한 방법은 18장 참고).

리스트 19-3 Createsamples 프로젝트와 haartraining 프로젝트를 위한 명령형 인자 설정 예

```
01 <createsamples project를 활용한 positive 샘플 생성 시 인자 설정값>
02 -info c:/user/image/Haar/gray/fgInfo.dat
03 -vec c:/user/image/Haar/gray/positiveSample.vec
04 -num 857
05 -w 20
06 -h 20
07 <haartraining project를 활용한 분류기 학습 시 인자 설정값>
08 -data c:/user/image/Haar/gray/Classifier
09 -vec c:/user/image/Haar/gray/PositiveSample.vec
10 -bg c:/user/image/Haar/gray/bgInfo.dat
11 -npos 857
12 -nneg 2000
13 -nstages 10
14 -nsplits 1
15 -mem 500
16 -nonsym
17 -minhitrate 0.995
18 -maxfalsealarm 0.3
19 -eqw
20 -w 20
21 -h 20
```

2 학습된 분류기의 적용

학습된 분류기를 이용한 물체 검출은 다음과 같이 수행하면 된다.

❶ 분류기 로딩: 관련 함수 cvLoad(), cvLoadHaarClassifierCascade()
cvLoadHaarClassifierCascade()는 이전 버전의 함수로써 텍스트 파일 형태로 저장된 분류기를 로딩하는 함수이다. 최신 버전의 경우 xml 파일 형태의 분류기를 로딩하며 cvLoad()를 이용한다.

❷ 분류기 실행: 관련 함수 cvHaarDetectObjects()

리스트 19-4 학습된 분류기를 이용한 물체 검출 프로그램

```
01 #include "stdafx.h"
02 
03 //==============================================================
04 // OpenCV Includes
05 //==============================================================#include <cv.h>
```

```
06 #include <cxcore.h>
07 #include <cvaux.h>
08 #include <highgui.h>
09
10 int main(int argc, char* argv[])
11 {
12     int i;
13     int iSampleWidth=20,iSampleHeight=20;
14     int iNumDetected;
15     int iMinNeighbor=5;
16     int sr,er,sc,ec;
17     double dScaleFactor=1.2;
18     IplImage *pImgIplColor,*pImgIplGrey;
19     CvHaarClassifierCascade* pCascade;
20     CvMemStorage* pMemStorage;
21     CvSeq* pObjects;
22     CvAvgComp roi;
23
24     // 생성
25     pMemStorage=cvCreateMemStorage();
26     cvClearMemStorage(pMemStorage);
27
28     // classifier 로딩
29     char *cls_location="./Classifier";
30     pCascade=cvLoadHaarClassifierCascade(cls_location, cvSize(iSampleWidth,iSampleHeight));
31     if( pCascade == NULL )
32         printf("Unable to load classifier");
33
34     printf("number of cascade is %d\n",pCascade->count);
35
36     pImgIplColor=cvLoadImage("c:/temp/test.jpg",1);
37     pImgIplGrey=cvCreateImage(cvGetSize(pImgIplColor),IPL_DEPTH_8U,1);
38
39     // cvHaarDetectObjects()에 맞게 컬러 -> 흑백으로 변환
40     cvCvtColor(pImgIplColor,pImgIplGrey,CV_BGR2GRAY);
41
42     // detect objects using classifier: use edge prunning
43     pObjects=cvHaarDetectObjects(pImgIplGrey,pCascade,pMemStorage,dScaleFactor,
44                                             iMinNeighbor,CV_HAAR_DO_CANNY_PRUNING);
45
46     iNumDetected=(pObjects ? pObjects->total : 0);
47
```

```
48     for(i=0;i<iNumDetected;i++)
49     {
50        // ROI 가져오기
51        roi = *((CvAvgComp*) cvGetSeqElem(pObjects,i));
52        sc=roi.rect.x;
53        sr=roi.rect.y;
54        ec=roi.rect.x+roi.rect.width;
55        er=roi.rect.y+roi.rect.height;
56        // 이미지상에 검출 영역 표시: 사각형
57        cvRectangle(pImgIplColor,cvPoint(sc,sr),cvPoint(ec,er),CV_RGB(0,0,255),1);
58        // 이미지상에 검출 영역 표시: 중점
59        cvCircle(pImgIplColor,cvPoint((sc+ec)/2,(sr+er)/2),2,CV_RGB(0,255,0),1);
60     }
61
62     cvSaveImage("c:/temp/result.jpg",pImgIplColor);
63
64     // 해제
65     cvReleaseImage(&pImgIplColor);
66     cvReleaseImage(&pImgIplGrey);
67     cvReleaseMemStorage(&pMemStorage);
68     cvReleaseHaarClassifierCascade(&pCascade);
69
70     return 0;
71  }
```

3 학습된 분류기의 내부 구조 알아보기

리스트 19-5 학습된 분류기의 내부 구조를 보기 위한 프로그램

```
01 #include "stdafx.h"
02
03 //=================================================================
04 // OpenCV Includes
05 //=================================================================#include <cv.h>
06 #include <cxcore.h>
07 #include <cvaux.h>
08 #include <highgui.h>
09
10 int main(int argc, char* argv[])
11 {
12    char imgFileName[100];
```

```
13    int iSampleWidth=20,iSampleHeight=20;
14    int scale=3;
15    int left,top,right,bottom;
16    int i,j;
17    IplImage *pImgIpl;
18    CvHaarStageClassifier* ptr;
19    CvHaarClassifierCascade* pCascade;
20
21    // classifier 로딩
22    char *cls_location="./Classifier";
23    pCascade=cvLoadHaarClassifierCascade(cls_location,cvSize(iSampleWidth,iSampleHeight));
24    if(pCascade == NULL)
25       printf("Unable to load classifier");
26
27    printf("number of cascade is %d\n",pCascade->count);
28
29    // 이미지 생성
30    pImgIpl=cvCreateImage(cvSize(scale*iSampleWidth,scale*iSampleHeight),IPL_DEPTH_8U,1);
31
32    for(i=0;i<pCascade->count;i++) // cascade의 수
33    {
34       ptr=&pCascade->stage_classifier[i];
35       for(j=0;j<ptr->count;j++) // 하나의 스테이지 내의 분류기 수
36       {
37          cvSet(pImgIpl,cvScalar(255,255,255));
38
39          // 첫 번째 사각형: 마이너스 가중치
40          left=ptr->classifier[j].haar_feature->rect[0].r.x;
41          top=ptr->classifier[j].haar_feature->rect[0].r.y;
42          right=left+ptr->classifier[j].haar_feature->rect[0].r.width;
43          bottom=top+ptr->classifier[j].haar_feature->rect[0].r.height;
45          cvRectangle(pImgIpl,cvPoint(scale*left,scale*top),
46                      cvPoint(scale*right,scale*bottom),CV_RGB(0,0,0),1);
47
48          // 두 번째 사각형
49          left=ptr->classifier[j].haar_feature->rect[1].r.x;
50          top=ptr->classifier[j].haar_feature->rect[1].r.y;
51          right=left+ptr->classifier[j].haar_feature->rect[1].r.width;
52          bottom=top+ptr->classifier[j].haar_feature->rect[1].r.height;
53          cvRectangle(pImgIpl,cvPoint(scale*left,scale*top),
54                   cvPoint(scale*right,scale*bottom),CV_RGB(0,0,0),-1);
55
```

```
56             // 세 번째 사각형
57             if(ptr->classifier[j].haar_feature->rect[2].weight!=0)
58             {
59                left=ptr->classifier[j].haar_feature->rect[2].r.x;
60                top=ptr->classifier[j].haar_feature->rect[2].r.y;
61                right=left+ptr->classifier[j].haar_feature->rect[2].r.width;
62                bottom=top+ptr->classifier[j].haar_feature->rect[2].r.height;
63                cvRectangle(pImgIpl,cvPoint(scale*left,scale*top),
64                           cvPoint(scale*right,scale*bottom),CV_RGB(0,0,0),-1);
65             }
66
67             // 외곽 경계 표시 사각형
68             cvRectangle(pImgIpl,cvPoint(0,0),cvPoint(scale*iSampleWidth?1,
69                                     scale*iSampleHeight?1),CV_RGB(0,0,0),1);
70
71             // 이미지 저장
72             sprintf(imgFileName,"./img/cls_%d_%d.jpg",i,j);
73             cvSaveImage(LPCTSTR(imgFileName),pImgIpl);
74          }
75       }
76       // 해제
77       cvReleaseImage(&pImgIpl);
78       cvReleaseHaarClassifierCascade(&pCascade);
79
80       return 0;
81    }
```

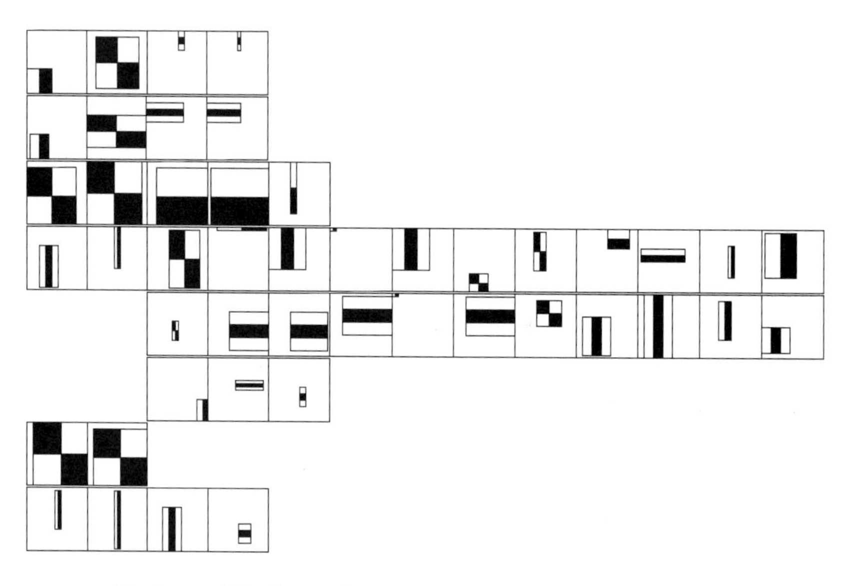

그림 19-10 학습된 분류기의 구조 (총 6개의 stage–위에서부터 시작)

[그림 19-10]은 최종적으로 학습된 분류기의 구조를 보여준다. 총 6개의 stage로 구성되어 있으며 각 스테이지마다 선택된 특징치를 보여주고 있다. 각 stage마다 {4, 4, 5, 27, 2, 4} 개수의 특징치를 선택하였음을 알 수 있다.

그림 19-11 학습된 분류기를 이용한 chessboard 검출 결과

• **참고문헌**

[1] P. Viola and M. Jones, "Robust Real-Time Face Detection," International Conference on Computer Vision, 2001.

연습문제

1. OpenCV 설치 후 /samples/c 디렉토리 하에 제공되는 [그림 19-11]과 같은 체스보드 영상을 이용하여 3절에서와 같이 체스보드 상의 교차점을 추출하는 분류기를 학습하고 그 결과를 분석하시오.

2. [그림 19-11]의 결과에서는 체스보드 상의 교차점을 전부 추출하지 못하고 있다. 원인에 대해 분석해보고 모두 검출하기 위한 방안 및 실제 결과를 보이시오.

3. OpenCV 설치 후 data/haarcascades/ 디렉토리 하에서 제공되는 다양한 분류기를 로딩한 후 실제 이미지에 적용하여 그 결과를 분석하시오. 검출하지 못한 부분을 따로 추출하여 다시 학습을 통해 성능을 향상시켜 보시오(현재 배포판에는 다음과 같은 사람의 얼굴 검출과 사람 검출에 관련된 분류기가 xml파일 형태로 제공되어 있다).

```
haarcascasde_eye.xml
haarcascasde_eye_tree_eyeglasses.xml
haarcascasde_frontalface_alt2.xml
haarcascasde_frontalface_alt.xml
haarcascasde_frontalface_alt_tree.xml
haarcascasde_frontalface_default.xml
haarcascasde_fullbody.xml
haarcascasde_lowerbody.xml
haarcascasde_profileface.xml
haarcascasde_upperbody.xml
```

20 Open CV 활용 - 기계 학습

1. 기계 학습(Machine Learning)이란?

필자가 생각하기에 OpenCV가 가지는 다양한 기능들 중 machine learning(이하 기계 학습) 관련 코드들이 향후 가장 중요한 요소의 하나가 되리라 본다. 관련 학문의 발전 및 오픈 소스 등의 영향으로 인해 컴퓨터 비전 분야의 다양한 부분이 기존의 블랙박스 형태에서 범용 기술의 시대로 천이하고 있는 추세이다. 이제는 프로그램을 어느 정도 작성할 수 있고 해당 분야에 대한 이해만 일정 정도 가지고 있으면 쉽게 적용해 볼 수 있게 되었다. 물론 이러한 역할을 하는데 가장 중추적인 역할을 수행하는 것이 OpenCV라는 것에 대해서는 대부분 인정할 것이다.

기계 학습이란 주어진 데이터에서 원하는 정보를 추출하는 것이다. 컴퓨터 비전 분야에서는 물체 인식 등의 분야에서 활발한 연구가 진행되고 있다. 이들 대부분의 문제는 유한한 샘플을 이용하여 학습을 수행한 후 새로운 샘플에 대해 결정을 내리는 문제이다. 영상에서 사람을 추출하는 문제의 경우, 다양한 자세나 조명 환경 등에서 얻어진 사람 샘플을 이용하여 사람에 대한 모델을 기계 학습을 통해 구축한다. 그런 다음 이를 영상에 적용하여 판단하는 방법들을 취하고 있다. 이러한 기계 학습의 궁극적인 목표는 사람이 가지는 인지 과정을 모사하는 것이라고 볼 수 있다. 사람이 가지는 뛰어난 인지 능력 중 하나는 기존의 경험을 통해 새로운 미지의 환경에 적응 및 대처할 수 있다는 점이다. 기계 학습의 경우와 비교하면 기지의 샘플로부터 구한 모델을 이용하여 미지의 샘플에 대한 판정을 수행하는 것이다.

OpenCV에서는 배포판 1.0부터 기계학습에 관련된 것을 따로 정리하여 배포하고 있으며 향후 지속적으로 다양한 최신의 기계 학습 관련 코드를 추가하리라고 이야기하고 있다.

본 장에서는 OpenCV 설치 후 만들어지는 samples/c 디렉터리 하의 예제들 중 기계 학습과 관련된 예제인 letter_recog.cpp와 mushroom.cpp 중 letter_recog.cpp에 대해 알아보도록 한다. Letter_recog.cpp의 경우 ❶ Random Trees 분류기, ❷ Boosting 분류기, ❸ 다중계층퍼셉트론(MLP(Multi Layer Perceptron))등의 세 가지 기계 학습 알고리즘을 문자 인식 문제에 적용한 예를 보여주고 있다.

한 가지 알고리즘이 다양한 인식 문제에 대해 모두 우수한 경우는 드물며 특정 분야에 따라 다양한 성능 차이를 보여준다. 또한 동일 학습방법의 경우에도 다양한 인자 설정값에 따라 성능이 차이가 난다. 그러므로 개발자는 각각의 방법의 장단점을 숙지한 후 다양한 기계 학습방법을 적용할 수 있는 능력을 키우는 것이 필요하리라 본다.

OpenCV 등의 강력한 오픈 소스의 등장으로 개발 시간이 예전에 비해 현저히 단축되고 있다. 처음부터 마지막까지 코딩을 통한 개발에서 현재는 개발자의 경우 관련 문제를 정확히 이해하고 어떠한 방법론을 적용할 지 결정 후 관련 방법론에 대해 이해만 하면 되는 것이다. 이는 물론 개발자들에게는 장점이자 경쟁의 가속화라는 새로운 부담으로 다가오고 있는 실정이다.

OpenCV에서 구현한 기계 학습 관련 알고리즘은 OpenCV 설치 후 `[doc/ref/opencvref_ml.htm]`를 참고하면 된다. 상기 문서에는 OpenCV에서 구현한 각각의 기계학습 알고리즘에 간단한 설명과 함께 관련 논문, 관련 함수 등에 대한 정보를 볼 수 있다.

1 Random Trees 분류기

Random Trees 분류기를 이해하기 위해서는 먼저 Decision Trees에 대해 알아야 한다. OpenCV에 구현된 Decision Trees 알고리즘은 Breiman[1] 등이 제안한 CART(Classification And Regression Tree) 알고리즘을 구현한 것이다. 각각의 트리는 이진 트리 형태를 띈다. 트리의 각각의 노드에서는 주어진 그룹을 최적의 두 개 그룹으로 나누기 위한 특징치와 해당 역치값(threshold)을 가지도록 구성된다. 역치값보다 작은 경우 왼쪽으로 분기하며 아닌 경우에는 오른쪽으로 분기를 하게 된다. 이러한 과정을 주어진 그룹을 최적으로 분류하기 위해 반복적으로 수행하게 된다. 최종적으로 얻어진 트리 구조는 이진 트리 구조 형태이다. 트리의 루트에서 시작하여 트리의 말단까지 진행을 수행하게 되면 해당 샘플이 그룹에 속하는지 속하지 않는지 판단 시 알 수 있게 된다.

[그림 20-1(a)]는 Decision Trees 구축을 위해 사용된 샘플 데이터 예를 보여주고 있다. 주어진 문제는 사과와 배 두 개의 클래스를 구분하는 것이다. 특징치로는 크기, 무게, 당도, 색깔 등을 사용하였으며, 주어진 학습 데이터를 이용하여 최적의 판단을 내릴 수 있는 분류기를 구성하는 것이 목표이다. Decision Trees의 경우, 트리의 각 노드에서 최적의 특징치와 역치값을 선정하며 학습 후 실제 사용 시에는 트리의 상단으로부터 말단까지 진행을 하면 된다. 예제에서 {크기, 무게, 당도} 등의 특징치는 연속적인 값을 가지며 OpenCV 구현에서는 특징치 속성 지정 시 `CV_VAR_ORDERED`를 사용한다. {색깔} 특징치 속성은 이산적인 값을 가지며 OpenCV 구현에서는 특징치 속성 지정 시 `CV_VAR_CATEGORICAL`를 사용한다.

Random Trees 분류기는 Leo Breiman과 Adele Cutler[2]에 의해 제안되었으며 다수의 Decision Trees들의 집합체이다. 샘플에 대한 판단은 샘플로부터 추출한 특징치를 집합체 속의 모든 Decision Trees에 적용하여 다수의 결과를 출력으로 취하게 된다. 각각의 Decision Trees는 동일한 인자를 이용하여 학습하며 학습 샘플은 다른 것을 사용한다.

	특징치				클래스
	크기	무게	당도	색깔	
1	15	200	2.0	빨강	사과
2	25	300	1.5	노랑	배
3	5	20	2.2	보라	사과
4	30	400	2.5	노랑	배
5	7	25	1.4	노랑	배
6	4	22	1.3	노랑	배
7	33	330	1.7	노랑	배
...	...	...	...	...	...
N	25	250	1.7	주황	사과

(a)

무게 > 300
YES
NO
배
크기 > 30
YES
NO
배
색깔
{노랑}
{보라, 빨강, 주황}
배
당도 > 1.5
YES
NO
사과
배

(b)

그림 20-1 Decision Trees (a) 학습을 위해 사용된 샘플 데이터
(b) 학습을 통해 구축된 Decision Trees

2 Boosting 분류기

Boosting 기법은 단일 약한 분류기 (weak classifier)의 다수의 조합을 통해 보다 강인한 분류기를 만드는 방법이다. 개별 분류기의 경우 단순한 확률적인 분류(50%) 이상의 성능을 가진 분류기를 선정하면 되며 Decision Trees를 이용할 수도 있다. 학습 시 주안점은 매 단계 분류기를 선택 후 학습 샘플에 대한 가중치를 조절하는 것이다. 제대로 분류되지 않은 샘플에 대한 가중치는 높이고 제대로 분류된 샘플에 대한 가중치를 낮춤으로써 단계가 진행할 때마다 보다 분류가 어려운 샘플에 집중을 하도록 하는 원리이다. n개의 분류기의 출력값과 각 분류기의 가중치의 곱의 조합값을 이용하여 최종적 판단을 한다. [그림 20-3]은 최종적으로 구성된 Boosting 분류기의 형태를 보여주고 있다.

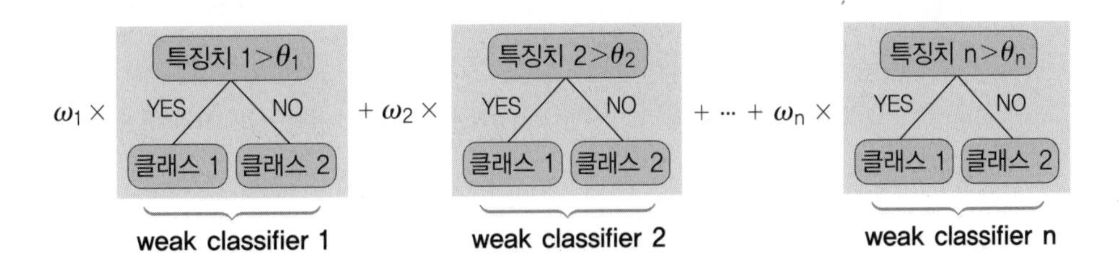

그림 20-2 Boosting 분류기

3 MLP 분류기

다중 계층 퍼셉트론(MLP?Multi Layer Perceptron) 방법은 일명 뉴럴 네크워크라고 불리기도 하는데 다양한 인식 분야에서 그 능력이 입증되었다. 기본적인 구조는 인간의 뇌신경 세포의 연결 구조를 모방한 다층 계층 구조를 이용하고 있다. 입력층과 은닉층(Hidden

Layer) 및 출력층으로 구성되어 있다. 입력층의 경우 특징 벡터들이 사용되며 이들이 최종 결과층으로 출력되기까지 해당 경로의 가중치를 조절함으로써 학습이 이루어지게 된다. OpenCV에서는 역전파(Back Propagation) 알고리즘을 이용한 뉴럴 네트워크 구현을 제공하고 있으며 두 가지의 알고리즘을 제공하고 있다. 하나는 고전적인 역전파 알고리즘의 구현이고(학습방법 설정 시 BACKPROP로 설정), 또 하나는 디폴트 버전인 역전파 알고리즘의 속도를 개선한 것(학습방법 설정시 RPROP로 설정)이다.

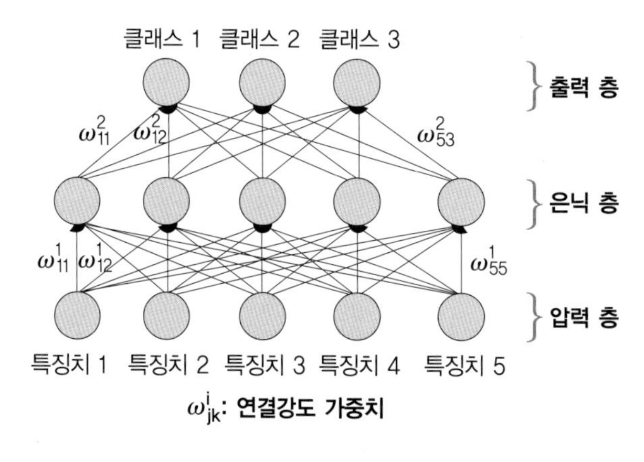

그림 20-3 뉴럴 네트워크

4 OpenCV 기계 학습 예제 -letter_recog.cpp 구조

참고할 예제는 /samples/c/ 하에 있는 letter_recog.cpp이다. 명령형 인자를 사용하는 프로그램이며 각각의 명령형 인자의 내용은 다음과 같다. DOS console 응용프로그램에서 명령형 인자 설정 방법은 18장을 참고하기 바란다. Letter_recog.cpp에서 다루는 문제는 영어 대문자, 소문자를 인식하는 문제이다. 예제에서 사용하는 학습 데이터는 다음의 사이트를 참조하면 상세한 사항이 설명되어 있다[http://www.ics.uci.edu/~mlearn/ MLRepository.html].

영어 대문자, 소문자 각각에 대해 16개의 특징치를 정의한 후 20000개 문자에 대한 학습 데이터를 제공하고 있다. 영문자 26개를 20개의 폰트에 대해 임의의 변형을 가해 생성된 데이터이다. Random Trees 분류기와 MLP 분류기의 경우 16000개의 샘플을 학습 시 사용하고 나머지 4000개의 샘플을 테스트 시 사용한다. Boosting의 경우 10000개의 샘플을 학습 시 사용하고 나머지 10000개의 샘플을 테스트 시 사용한다. 일반적으로 분류기(classifier) 학습에 사용하는 샘플과 성능 검증을 위해 사용하는 샘플은 서로 다른 샘플을 사용한다. 이를 통해 분류기의 일반화 능력(generalization power)을 알 수 있다.

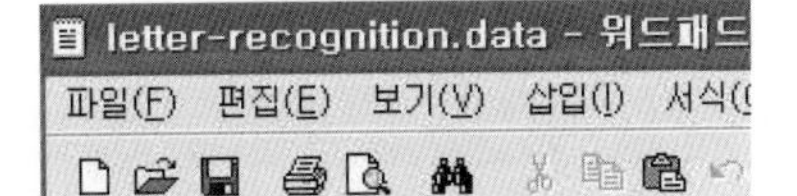


```
F,6,9,5,4,3,10,6,3,5,10,5,7,3,9,6,9
O,3,4,4,3,2,8,7,7,5,7,6,8,2,8,3,8
C,7,10,5,5,2,6,8,6,8,11,7,11,2,8,5,9
T,6,11,6,8,5,6,11,5,6,11,9,4,3,12,2,4
J,2,2,3,3,1,10,6,3,6,12,4,9,0,7,1,7
J,1,3,2,2,1,8,8,2,5,14,5,8,0,7,0,7
H,4,5,5,4,4,7,7,6,6,7,6,8,3,8,3,8
S,3,2,3,3,2,8,8,7,5,7,5,7,2,8,9,8
O,6,11,7,8,5,7,6,9,6,7,5,9,4,8,5,5
J,3,6,4,4,2,6,6,4,4,14,8,12,1,6,1,6
C,6,11,7,8,3,7,8,7,11,4,7,14,1,7,4,8
M,7,11,11,8,9,3,8,4,5,10,11,10,10,9,5,7
W,12,14,12,8,5,9,10,4,3,5,10,7,10,12,2,6
H,6,9,8,7,6,8,6,6,7,7,7,9,6,8,4,8
```

1열: 소속 클래스 라벨
2열: 문자를 포함하는 최소 직사각형의 x 중심 위치
3열: 문자를 포함하는 최소 직사각형의 y 중심 위치
4열: 문자를 포함하는 최소 직사각형의 폭
5열: 문자를 포함하는 최소 직사각형의 높이
6열: 문자 이미지에서 문자 부분의 픽셀 수
7열: 박스의 중심을 기준으로 한 문자 픽셀의 x 평균 위치
8열: 박스의 중심을 기준으로 한 문자 픽셀의 y 평균 위치
9열: 7열에서 제곱 평균치
10열: 8열에서 제곱 평균치
11열: 문자 픽셀의 박스 중심을 기준으로 한 수평 수직 위치의 곱 평균치
12열: 문자 픽셀의 박스 중을 기준으로 한 수평 위치의 제곱과 수직 위치의 곱의 평균치
13열: 문자 픽셀의 박스 중을 기준으로 한 수직 위치의 제곱과 수평 위치의 곱의 평균치
14열: 수직 방향으로 왼쪽에서 오른쪽으로 스캔하면서 존재하는 에지 개수의 평균
15열: 14열 과정에서 에지 수직 위치의 합
16열: 14열의 진행 방향을 수평 방향으로 진행
17열: 16열 과정에서 에지 수평 위치의 합

그림 20-4 문자 인식을 위한 학습 데이터 letter_recognition.data 및 특징 설명

리스트 20-1 letter_recog 프로젝트 파일의 명령형 인자 설명

```
-data: 입력 데이터
      사용 예: -data letter_input_data.xml
-save: 학습된 분류기 저장
      사용 예: -save letter_boost.xml
-load: 학습된 분류기의 로딩
      사용 예: -load letter_boost.xml
-boost:Boosting 방법 사용 시
-mlp: MLP 방법 사용 시
(*) 디폴트 분류기는 Random Trees이다.
```

리스트 20-2 각 분류기별 함수

```
(1) Random Trees 관련 함수
  int build_rtrees_classifier( char* data_filename,char* filename_to_save,
                                                      char* filename_to_load );

(2) Boosting 관련 함수
  int build_boost_classifier( char* data_filename,char* filename_to_save,
                                                      char* filename_to_load );

(3) MLP 관련 함수
  int build_mlp_classifier( char* data_filename,char* filename_to_save,
                                                      char* filename_to_load );
```

리스트 20-3 Random Trees 예제 분석

```
// 학습 데이터 준비 및 학습
// 1. create type mask
var_type = cvCreateMat( data->cols + 1, 1, CV_8U );                        // ❶
cvSet( var_type, cvScalarAll(CV_VAR_ORDERED) );                             // ❷
cvSetReal1D( var_type, data->cols, CV_VAR_CATEGORICAL );                    // ❸

// 2. create sample_idx
sample_idx = cvCreateMat( 1, nsamples_all, CV_8UC1 );                      // ❹
{
    CvMat mat;
    cvGetCols( sample_idx, &mat, 0, ntrain_samples );                      // ❺
    cvSet( &mat, cvRealScalar(1) );                                        // ❻

    cvGetCols( sample_idx, &mat, ntrain_samples, nsamples_all );           // ❼
    cvSetZero( &mat );                                                     // ❽
}
// 3. train classifier
forest.train( data, CV_ROW_SAMPLE, responses, 0, sample_idx, var_type, 0,
      CvRTParams(10,10,0,false,15,0,true,4,100,0.01f,CV_TERMCRIT_ITER));  // ❾
```

설명

(*) data 행렬은 (샘플의 개수 × 특징치 개수)의 크기를 가지는 행렬

❶ (특징치 개수 + 1) × 1 크기를 가지는 행렬 var_type 생성
❷ var_type 행렬의 모든 요소를 CV_VAR_ORDERED (출력값이 형태로 지정)
❸ var_type 행렬의 첫 번째 열의 모든 요소를 CV_VAR_CATEGORICAL 형태로 지정
❹ 1 × nsamples_all의 크기를 가지는 행렬 sample_idx 생성
❺ mat는 sample_idx 행렬의 0에서부터 ntrain_samples -1 열까지를 가리킴
❻ mat 행렬의 모든 요소를 1로 지정 → sample_idx 행렬의 0에서부터 ntrain_samples -1까지의 요소를 1로 지정
❼ mat는 sample_idx 행렬의 ntrain_samples부터 nsamples_all 열까지를 가리킴
❽ mat의 모든 요소를 0으로 지정 → sample_idx 행렬의 ntrain_samples부터 nsamples_all -1까지의 모든 요소를 0으로 지정

(*) ❶ ~ ❸까지의 과정을 통해 (특징 벡터 크기+1) × 1 크기를 가지는 행렬 var_type의 첫 번째 요소는 클래스 라벨을 의미하며 나머지 모든 요소는 출력값이 정렬된 형태라는 것을 지정
(*) ❹ ~ ❽까지의 과정을 통해 1 × 모든 샘플 개수 크기를 가지는 행렬 sample_idx에서 처음부터 학습 샘플의 개수만큼은 1을 지정하고 나머지 요소는 0을 지정, 학습 시 전체 샘플 중에서 1로 지정된 부분만 학습에 사용

❾ 학습 수행
CvRTrees.train()함수 인자 설명
원형: bool train(const CvMat* _train_data,
int _tflag, const CvMat* _responses,
const CvMat* _var_idx=0,

```
                    const CvMat* _sample_idx=0,
                    const CvMat* _var_type=0,
                    const CvMat* _missing_mask=0,
                    CvRTParams params=CvRTParams() );
```

[1]첫 번째 인자: 학습 데이터

[2]두 번째 인자: 학습 데이터의 형식, CV_ROW_SAMPLE이면 행방향 데이터, CV_COL_SAMPLE이면 열 방향 데이터

[3]세 번째 인자: 학습 샘플의 응답 데이터

[4]네 번째 인자: 학습에 사용할 특징치를 선택, NULL이면 모든 특징치 사용

[5]다섯 번째 인자: 샘플 인덱스, 학습에 사용할 샘플을 지정 1이면 학습에 사용, 0이면 학습에 사용하지 않음

[6]여섯 번째 인자: 학습 데이터 중 값이 없는 부분 표시, 0이 아닌 값으로 설정시 missing data로 취급

[7]일곱 번째 인자: 학습 시 사용할 인자값 설정, 학습방법에 따라 다른 인자 사용, Random Trees의 경우 다음과 같은 인자 사용

```
CvRTParams( int _max_depth,
            int _min_sample_count,
            float _regression_accuracy,
            bool _use_surrogates,
            int _max_categories,
            const float* _priors,
            bool _calc_var_importance,
            int _nactive_vars,
            int max_num_of_trees_in_the_forest,
            float forest_accuracy,
            int termcrit_type )
```

[01]_max_depth: 트리의 최대 깊이, 예제 설정값-10

[02]_min_sample_count: 트리의 노드 분기 시 최소 샘플의 수, 예제 설정값-10

[03]_regression_accuracy: 회귀 분석 시 정밀도 선정, 예제 설정값-0

[04]_use_surrogates: 대리 분기를 할지 여부 결정, 예제 설정값-false

[05]_max_categories: 각 노드에서 최대 범주의 수, 예제 설정값-15

[06]_priors: 샘플에 대한 가중치 조절, 예제 설정값-0

[07]_calc_var_importance: 각 변수의 중요도를 계산할지 선택, 예제 설정값-true

[08]_nactive_vars: 각 트리 노드에서 선택할 최선의 분리점을 위해 선정할 임의로 선택하는 변수의 수, 예제 설정값-4

[09]_max_num_of_trees_in_the_forest: Random Trees에서 최대 tree의 개수, 예제 설정값-100

[10]forest_accuracy: 정확도 설정 (실수값), 예제 설정값-0.01

[11]termcrit_type: 종료 조건 형식, CV_TERMCRIT_ITER는 지정 횟수만큼 진행, CV_TERMCRIT_EPS는 지정한 값보다 클 동안 진행

```
// 학습된 분류기(classifier) 적용
// compute prediction error on train and test data
for( i = 0; i < nsamples_all; i++ )                                   // ❶
{
    double r;
    CvMat sample;
```

```
    cvGetRow( data, &sample, i );                                        // ❷
    r = forest.predict( &sample );                                       // ❸
    r = fabs((double)r - responses->data.fl[i]) <= FLT_EPSILON - 1 : 0;  // ❹
    if( i < ntrain_samples )
        train_hr += r;                                                   // ❺
    else
        test_hr += r;                                                    // ❻
}
test_hr /= (double)(nsamples_all?ntrain_samples);                        // ❼
train_hr /= (double)ntrain_samples;                                      // ❽
printf( "Recognition rate: train = %.1f%%, test = %.1f%%\n", train_hr*100., test_hr*100. );
```

설명

❶ 모든 샘플에 대해 수행
❷ data 행렬으로부터 i번째 샘플 데이터를 sample 행렬에 복사
❸ 학습된 분류기에 샘플 적용
❹ 알고 있는 참값과 학습된 분류기에 의한 예측값의 오차를 구함
❺ 학습 시 사용한 샘플의 적중율(hit rate) 계산
❻ 테스트 샘플에 대한 적중율 계산
❼ 전체 학습 샘플에 대한 적중율 계산
❽ 전체 테스트 샘플에 대한 적중율 계산

리스트 20-4 Boosting 예제 분석

```
// 학습 데이터 준비 및 학습
// !!!!!!!!!!!!!!!!!!!!!!!!!!!!!!!!!!!!!!!!!!!!!!!!!!!!!!!!!!!!!!!!
//
// As currently boosted tree classifier in MLL can only be trained
// for 2-class problems, we transform the training database by
// "unrolling" each training sample as many times as the number of
// classes (26) that we have.
//
// !!!!!!!!!!!!!!!!!!!!!!!!!!!!!!!!!!!!!!!!!!!!!!!!!!!!!!!!!!!!!!!!

CvMat* new_data = cvCreateMat( ntrain_samples*class_count, var_count + 1, CV_32F ); // ❶
CvMat* new_responses = cvCreateMat( ntrain_samples*class_count, 1, CV_32S );   // ❷

// 1. unroll the database type mask
printf( "Unrolling the database...\n" );
for( i = 0; i < ntrain_samples; i++ )                                    // ❸
{
float* data_row = (float*)(data -> data.ptr + data -> step*i);           // ❹
```

```
    for( j = 0; j < class_count; j++ )                              // ❺
    {
       float* new_data_row = (float*)(new_data?>data.ptr +
             new_data -> step*(i*class_count+j));                   // ❻
       for( k = 0; k < var_count; k++ )
          new_data_row[k] = data_row[k];                            // ❼
       new_data_row[var_count] = (float)j;                          // ❽
       new_responses -> data.i[i*class_count + j] =
             responses -> data.fl[i] == j+'A';                      // ❾
    }
}

// 2. create type mask
var_type = cvCreateMat( var_count + 2, 1, CV_8U );                  // ❿
cvSet( var_type, cvScalarAll(CV_VAR_ORDERED) );                     // ⓫
// the last indicator variable, as well
// as the new (binary) response are categorical
cvSetReal1D( var_type, var_count, CV_VAR_CATEGORICAL );             // ⓬
cvSetReal1D( var_type, var_count+1, CV_VAR_CATEGORICAL );           // ⓭

// 3. train classifier
printf( "Training the classifier (may take a few minutes)..." );
boost.train( new_data, CV_ROW_SAMPLE, new_responses, 0, 0, var_type, 0,
          CvBoostParams(CvBoost::REAL, 100, 0.95, 5, false, 0 ));   // ⓮
```

설명

(*) data 행렬은 (샘플의 개수 × 특징치 개수)의 크기를 가지는 행렬
(*) responses 행렬은 (샘플의 개수 × 1)의 크기를 가지는 행렬

❶ (샘플 개수×클래스 개수)×+(특징치 개수+1) 크기를 가지는 행렬 new_data 생성
❷ (샘플 개수×클래스 개수)×1 크기를 가지는 new_responses 행렬 생성
❸ 각각의 샘플에 대해 ❹ ~ ❾과정 수행
❹ 포인터의 위치를 i 번째 샘플의 선두 주소로 지정
❺ 클래스 개수만큼 ❻ ~ ❾과정 수행
❻ 새로운 데이터 행렬의 선두 주소 지정
❼ 각 샘플의 모든 특징 벡터값들을 복사
❽ 제일 마지막에 클래스 라벨을 지정 (여기서는 영문 26자를 0에서부터 25까지 지정)
❾ 응답 데이터 행렬을 원 응답 데이터 행렬과 비교하여 같으면 1 아니면 0 지정

(*) ❶ ~ ❾까지의 과정은 Boosting 기법에서는 두 가지 클래스에서의 구분을 지원하므로 이를 세 개 이상의 클래스의 구분을 위한 문제로의 적용을 위해 입력 데이터 형태를 변형한 것이다. [그림 20-6]과 같은 형태의 행렬 형태로 구성된다.
❿ 학습 데이터 및 응답 데이터의 속성 지정(CV_VAR_OREDERED 또는 CV_VAR_CATEGORICAL)을 위한 (특징 벡터 차원+2) × 1 크기의 행렬 var_type 생성
⓫ 모든 행렬의 요소를 CV_VAR_ORDERED로 지정

⑫, ⑬ var_type 행렬의 제일 마지막에서부터 두 개의 요소를 CV_VAR_CATEGORICAL로 지정

⑭ 학습 수행

CvBoost.train()함수 인자 설명

```
원형: bool train( const CvMat* _train_data,
                  int _tflag,
                  const CvMat* _responses,
                  const CvMat* _var_idx=0,
                  const CvMat* _sample_idx=0,
                  const CvMat* _var_type=0,
                  const CvMat* _missing_mask=0,
                  CvBoostParams params=CvBoostParams(),
                  bool update=false );
```

[1]첫 번째 인자: 학습 데이터

[2]두 번째 인자: 학습 데이터의 형식, CV_ROW_SAMPLE이면 행방향 데이터, CV_COL_SAMPLE이면 열방향 데이터

[3]세 번째 인자: 학습 샘플의 응답 데이터

[4]네 번째 인자: 학습에 사용할 특징치를 선택, NULL이면 모든 특징치 사용

[5]다섯 번째 인자: 샘플 인덱스, 학습에 사용할 샘플을 지정 1이면 학습에 사용, 0이면 학습에 사용하지 않음

[6]여섯 번째 인자: 학습 데이터 중 값이 없는 부분 표시, 0이 아닌 값으로 설정 시 missing data로 취급

[7]일곱 번째 인자: 학습 시 사용할 인자값 설정, 학습방법에 따라 다른 인자 사용, Boosting의 경우 다음과 같은 인자 사용

```
CvBoostParams( int boost_type,
               int weak_count,
               double weight_trim_rate,
               int max_depth,
               bool use_surrogates,
               const float* priors );
```

[1] boost_type: Boosting 기법 선택, OpenCV에서의 다음의 네 가지 기법을 제공. DISCRETE (discrete AdaBoost), REAL (real AdaBoost), LOGIT (LogitBoost), GENTLE (gentle AdaBoost) 중 하나 선정, 설정값-REAL

[2] weak_count: 약한 분류기의 개수, 설정값-100

[3] weight_trim_rate: Boosting 진행 시 사용할 샘플의 조정 시 사용, 정확히 분류된 샘플의 경우 진행 시 가중치가 감소하므로 이를 제외해도 성능에는 영향이 작음. 0에서 1사이의 값을 지정, 디폴트 값은 0.95임

[4] max_depth: 트리의 최대 깊이, 예제 설정값-5

[5] use_surrogates: 대리 분기를 할지 여부 결정, 예제 설정값-false

[6] priors: 샘플에 대한 가중치 조절, 예제 설정값-0

```
// 학습된 분류기(classifier) 적용
temp_sample = cvCreateMat( 1, var_count + 1, CV_32F );
weak_responses = cvCreateMat( 1, boost.get_weak_predictors() -> total, CV_32F ); // ❶

// compute prediction error on train and test data
for( i = 0; i < nsamples_all; i++ )
{
```

```
    int best_class = 0;
    double max_sum = -DBL_MAX;
    double r;
    CvMat sample;
    cvGetRow( data, &sample, i );
    for( k = 0; k < var_count; k++ )
      temp_sample -> data.fl[k] = sample.data.fl[k];                    // ❷

    for( j = 0; j < class_count; j++ )
    {
      temp_sample -> data.fl[var_count] = (float)j;                    // ❸
      boost.predict( temp_sample, 0, weak_responses );                 // ❹
      double sum = cvSum( weak_responses ).val[0];                     // ❺
      if( max_sum < sum )
      {
        max_sum = sum;
        best_class = j + 'A';                                          // ❻
      }
    }
    r = fabs(best_class - responses -> data.fl[i]) < FLT_EPSILON ? 1 : 0;    // ❼
    if( i < ntrain_samples )
      train_hr += r;
    else
      test_hr += r;
}
test_hr /= (double)(nsamples_all?ntrain_samples);
train_hr /= (double)ntrain_samples;
printf( "Recognition rate: train = %.1f%%, test = %.1f%%\n", train_hr*100., test_hr*100. );
```

설명

❶ 모든 샘플에 대해 수행

❷, ❸ 테스트 샘플 준비, Boosting의 경우 2 클래스 분류기이므로 이를 N개의 클래스 분류기로 확장하기 위해 위와 같이 구성

❹ 학습된 분류기에 샘플 적용

❺ 샘플 적용 결과를 더함

❻ ❺의 값이 기존값보다 작으면 등록

(*) ❸ ~ ❻의 과정을 통해 N개의 클래스 중 학습된 분류기가 예측한 하나의 클래스 선정

❼ 적중율(hit rate) 계산

리스트 20-5 MLP 예제 분석

```
// 학습 데이터 준비 및 학습
// !!!!!!!!!!!!!!!!!!!!!!!!!!!!!!!!!!!!!!!!!!!!!!!!!!!!!!!!!!!!!!
//
// MLP does not support categorical variables by explicitly.
// So, instead of the output class label, we will use
// a binary vector of <class_count> components for training and,
// therefore, MLP will give us a vector of "probabilities" at the
// prediction stage
//
// !!!!!!!!!!!!!!!!!!!!!!!!!!!!!!!!!!!!!!!!!!!!!!!!!!!!!!!!!!!!!!

CvMat* new_responses = cvCreateMat( ntrain_samples, class_count, CV_32F );     // ❶

// 1. unroll the responses
printf( "Unrolling the responses...\n");
for( i = 0; i < ntrain_samples; i++ )
{
    int cls_label = cvRound(responses -> data.fl[i]) - 'A';                        // ❷
    float* bit_vec = (float*)(new_responses -> data.ptr + i*new_responses -> step);  // ❸
    for( j = 0; j < class_count; j++ )
        bit_vec[j] = 0.f;                                                         // ❹
    bit_vec[cls_label] = 1.f;                                                     // ❺
}
cvGetRows( data, &train_data, 0, ntrain_samples );                                // ❻

// 2. train classifier
int layer_sz[] = { data -> cols, 100, 100, class_count };                         // ❼
CvMat layer_sizes = cvMat( 1, (int)(sizeof(layer_sz)/sizeof(layer_sz[0])),
                CV_32S, layer_sz );                                               // ❽
mlp.create( &layer_sizes );                                                       // ❾
printf( "Training the classifier (may take a few minutes)..." );
mlp.train( &train_data, new_responses, 0, 0,
    CvANN_MLP_TrainParams(cvTermCriteria(CV_TERMCRIT_ITER,300,0.01),
    CvANN_MLP_TrainParams::RPROP,0.01));)                                         // ❿
```

설명

(*) data 행렬은 (샘플의 개수 × 특징치 개수)의 크기를 가지는 행렬

(*) responses 행렬은 (샘플의 개수 × 1)의 크기를 가지는 행렬

❶ (샘플 벡터 크기 × 클래스 개수) 크기를 가지는 응답 데이터 행렬 new_responses 생성

❷ 해당 샘플의 소속 클래스를 문자 'A'를 기준으로 정수로 변환

❸ 포인터 변수 bit_vec의 주소를 i번째 샘플의 응답 데이터 선두 주소로 지정

❹ 클래스 개수만큼 0을 지정

❺ 해당 클래스 부분은 1로 지정

❻ 샘플 데이터를 담고 있는 data행렬으로부터 학습 샘플 개수만큼 train_data행렬에 복사

❼ MLP의 계층 정보 입력, 입력층은 특징 벡터의 차원으로 설정, 2층의 중간층을 가지고 있으며 각각 100개씩의 노드로 구성되어 있으며, 최종 출력층은 클래스 개수만큼 지정

❽ MLP 생성을 위한 layer_sizes 행렬 선언 및 초기화

❾ CvANN_MLP형의 객체 mlp 초기화 작업 진행

❿ 학습 수행

CvANN_MLP.train()함수 인자 설명

```
원형: int train( const CvMat* _inputs,
                const CvMat* _outputs,
                const CvMat* _sample_weights,
                const CvMat* _sample_idx=0,
                CvANN_MLP_TrainParams _params = CvANN_MLP_TrainParams(),
                int flags=0 );
```

[1]첫 번째 인자: 학습 데이터

[2]두 번째 인자: 응답 데이터

[3]세 번째 인자: 각 샘플에 대한 가중치, 0이면 동일 가중치 사용

[4]네 번째 인자: 샘플 인덱스, 학습에 사용할 샘플을 지정 1이면 학습에 사용, 0이면 학습에 사용하지 않음

[5]다섯 번째 인자: 학습 시 사용할 인자값 설정, 학습방법에 따라 다른 인자 사용, MLP의 경우 다음과 같은 인자 사용

```
CvANN_MLP_TrainParams( CvTermCriteria term_crit,
                       int train_method,
                       double param1,
                       double param2=0 );
```

[1] term_crit: 첫 번째 인자는 타입을 지정, CV_TERMCRIT_ITER을 지정하면 두 번째 인자 지정 값까지 반복 계산 수행을 하고, CV_TERMCRIT_EPS을 지정하면 세 번째 인자에서 지정한 값보다 클 동안 반복 계산 수행, 예제 설정값 CV_TERMCRIT_ITER, 회수 100회 설정

[2] train_method: BACKPROP=0, RPROP=1(디폴트) 중 하나 선택, 예제 설정값 RPROP

[3] param1: train_method로 RPROP 사용 시 지정 가능, 가중치 델타값의 초기값 (디폴트 값은 0.1), 예제 설정값 0.1

[4] param2: 예제 설정값 default값 0

```
// 학습된 분류기(classifier) 적용
mlp_response = cvCreateMat( 1, class_count, CV_32F );

// compute prediction error on train and test data
for( i = 0; i < nsamples_all; i++ )
{
    int best_class;
    CvMat sample;
    cvGetRow( data, &sample, i );
    CvPoint max_loc = {0,0};
```

```
    mlp.predict( &sample, mlp_response );                                  // ❶
    cvMinMaxLoc( mlp_response, 0, 0, 0, &max_loc, 0 );                     // ❷
    best_class = max_loc.x + 'A';                                          // ❸

    int r = fabs((double)best_class - responses -> data.fl[i]) < FLT_EPSILON ? 1 : 0;  // ❹

    if( i < ntrain_samples )
        train_hr += r;
    else
        test_hr += r;
}
test_hr /= (double)(nsamples_all?ntrain_samples);
train_hr /= (double)ntrain_samples;
printf( "Recognition rate: train = %.1f%%, test = %.1f%%\n",train_hr*100., test_hr*100.);
```

설명

❶ 학습된 분류기에 샘플 적용

❷ 학습된 분류기에 적용한 결과인 `mlp_response` 행렬 (1×클래스 개수 크기)에서 최대값의 위치를 찾는다(`max_loc`).

❸ 예측 클래스 등록

❹ 적중율(`hit rate`) 계산

Boosting 방법이 학습 시나 테스트 샘플 적용 시 가장 좋은 결과를 보이고 있다. 그러나 다른 문제에도 동일하게 적용된다고는 보장할 수 없다. 일반적으로는 학습 시 성능보다는 테스트 샘플 적용 시 성능이 떨어짐을 알 수 있다.

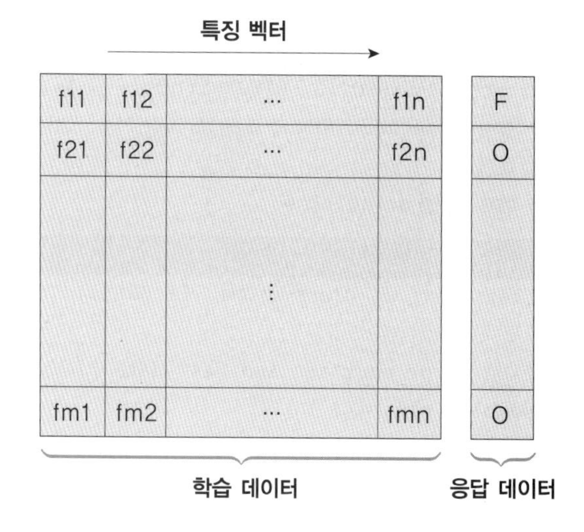

그림 20-5 Random Trees 예제 학습 데이터 및 응답 데이터 행렬 구성

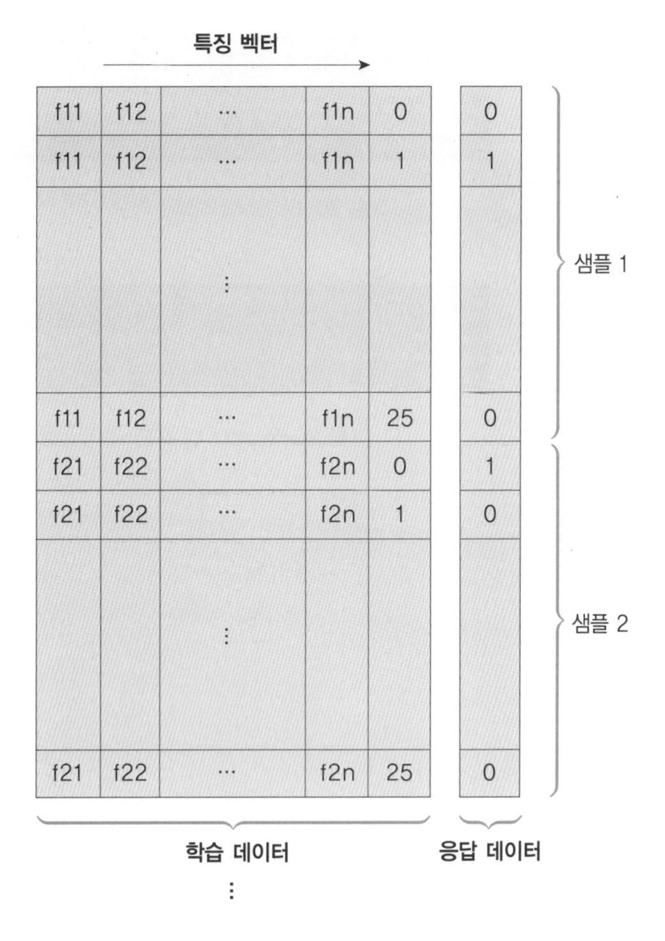

그림 20-6 Boosting 예제 학습 데이터 및 응답 데이터 행렬 구성

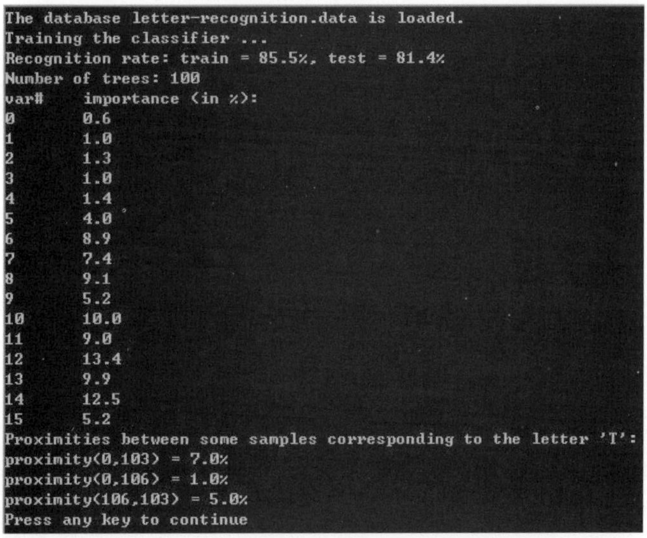

```
The database letter-recognition.data is loaded.
Training the classifier ...
Recognition rate: train = 85.5%, test = 81.4%
Number of trees: 100
var#    importance (in %):
0       0.6
1       1.0
2       1.3
3       1.0
4       1.4
5       4.0
6       8.9
7       7.4
8       9.1
9       5.2
10      10.0
11      9.0
12      13.4
13      9.9
14      12.5
15      5.2
Proximities between some samples corresponding to the letter 'T':
proximity(0,103) = 7.0%
proximity(0,106) = 1.0%
proximity(106,103) = 5.0%
Press any key to continue
```

그림 20-7 Random Trees에 의한 실행결과

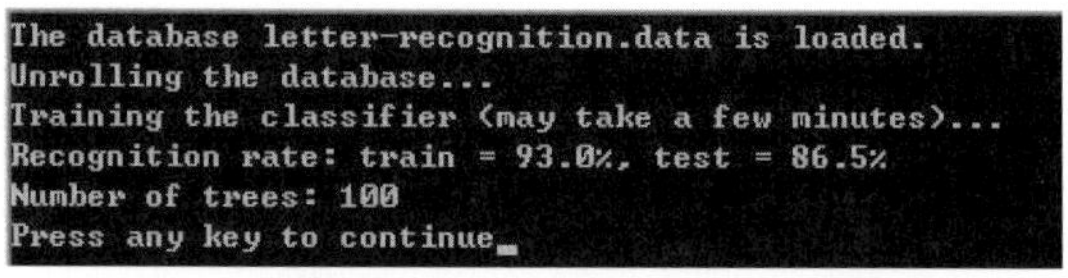

```
The database letter-recognition.data is loaded.
Unrolling the database...
Training the classifier (may take a few minutes)...
Recognition rate: train = 93.0%, test = 86.5%
Number of trees: 100
Press any key to continue_
```

그림 20-8 Boosting에 의한 결과

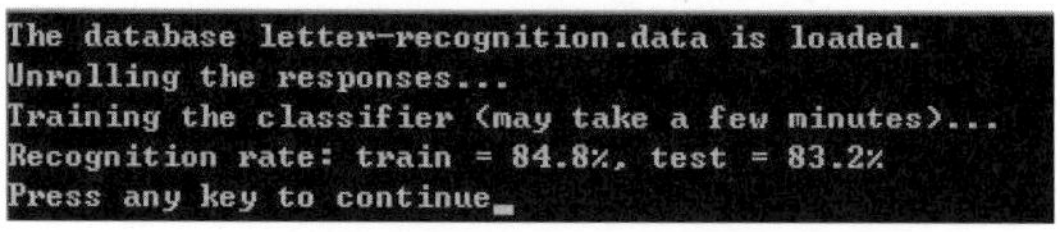

```
The database letter-recognition.data is loaded.
Unrolling the responses...
Training the classifier (may take a few minutes)...
Recognition rate: train = 84.8%, test = 83.2%
Press any key to continue_
```

그림 20-9 MLP에 의한 결과

• 참고문헌

[1] L. Breiman, J. Friedman, R. Olshen, and C. Stone, "Classification and Regression Trees," Wadsworth, 1984.

[2] http://www.stat.berkeley.edu/users/breiman/RandomForests

연습문제

1. 일반적으로 한글 인쇄채 문자 인식은 2단계를 거친다. 첫 번째 단계에서는 한글을 6형식 중의 하나로 인식하도록 하며([그림 P20-1]), 두 번째 단계에서는 각 형식에 따라 자소에 해당하는 부분의 자소를 인식한다([그림 P20-2]). 먼저 형식 분류를 위한 MLP 한 개와 각 형식에서의 자소 분류를 위한 열다섯 개의 MLP를 학습 시켜야 한다.

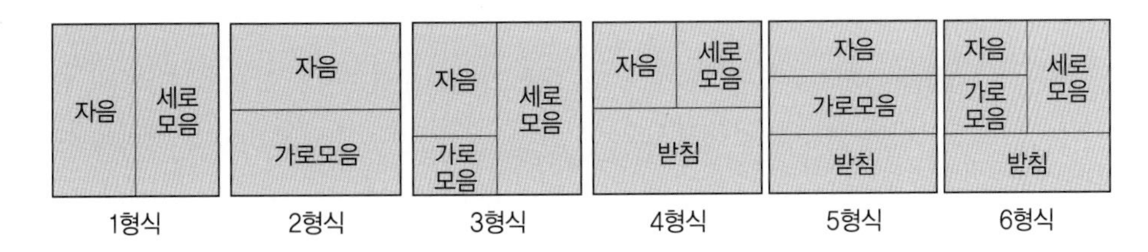

그림 P20-1 한글 6형식의 구조

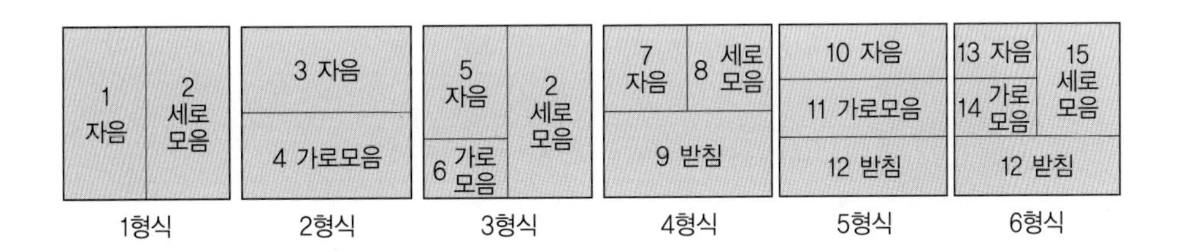

그림 P20-2 각 형식내의 자소 분류를 위한 MLP

❶ 학습 데이터의 준비: 인터넷 등을 통해 문자들을 찾고 특정 폰트로 프린터로 출력한 다음 이를 스캐너나 카메라를 이용하여 이미지 형태로 저장한다. 흑백 이미지 형태이므로 Ostu의 자동 이치화 방법을 이용하여 이치화한 후 수직, 수평 방향의 분리점을 자동으로 찾는 프로그램을 작성하여 학습 데이터 생성을 자동으로 수행하도록 한다. 특징치로는 다양한 속성을 선정할 수 있으나 [그림 P20-3]와 같이 이미지 크기를 일정 크기로 정규화후 이미지 영역을 일정 크기의 격자로 나눈다. 그런 다음 각 격자에서 문자 부분의 픽셀 개수를 특징치로 사용하도록 한다. [그림 P20-3]과 같이 수행할 경우 16개의 특징치를 사용하게 된다.

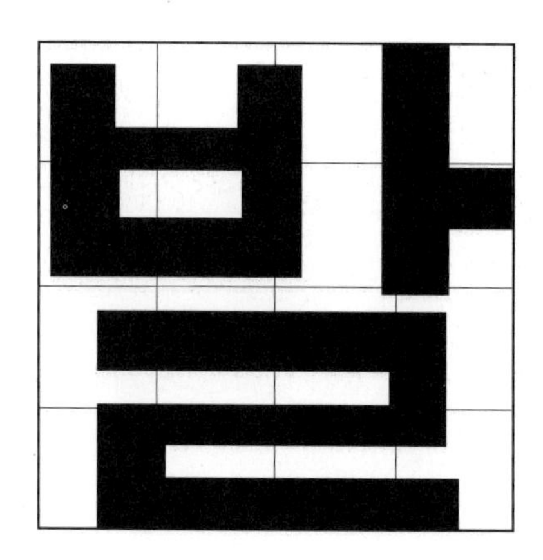

그림 P20-3 특징치 설정

❷ 학습의 수행: 총 16개의 MLP를 학습하도록 한다. 학습 데이터 및 테스트 데이터에 대한 성능을 구해보시오.

❸ 다른 글자체에 대해서 동일한 과정을 수행해보고 그 결과에 대해 논의해보시오.

❹ 다양한 글자체에 대해 인식을 수행할 수 있는 방안을 설명해보시오.

표 P20-1 MLP 예제 분석

자 음	ㄱ, ㄴ, ㄷ, ㄹ, ㅁ, ㅂ, ㅅ, ㅇ, ㅈ, ㅊ, ㅋ, ㅌ, ㅍ, ㅎ, ㄲ, ㄸ, ㅃ, ㅆ, ㅉ
세로모음	ㅏ, ㅐ, ㅑ, ㅒ, ㅓ, ㅔ, ㅕ, ㅖ, ㅣ
가로모음	ㅗ, ㅛ, ㅜ, ㅠ, ㅡ
받 침	ㄱ, ㄴ, ㄷ, ㄹ, ㅁ, ㅂ, ㅅ, ㅇ, ㅈ, ㅊ, ㅋ, ㅌ, ㅍ, ㅎ, ㄲ, ㅆ, ㄳ, ㄵ, ㄶ, ㄺ, ㄻ, ㄼ, ㄽ, ㄾ, ㄿ, ㅀ, ㅄ

2. 1번의 한글 인쇄채 인식 문제를 Random Trees와 Boosting 기법을 이용하여 결과를 도출하고 성능을 비교해보시오.

3. 다음 그림과 같은 이미지에서 주행 가능한 도로 영역을 찾는 알고리즘을 구현하고자 한다. 이를 Decision Trees와 Random Trees를 이용하여 구현해보고 성능 차이에 대해 논의해보시오.

❶ 이미지에서 주행 가능한 도로 상의 특정 영역(사각 영역 또는 기타 형태)을 참값으로 설정하고 도로 영역 이외의 특정 영역을 거짓값으로 설정하여 특징치를 구성하시오([그림 P20-4] 참조).

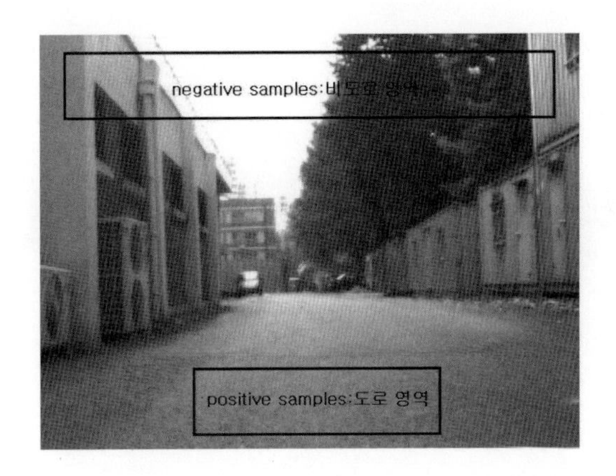

그림 P20-4 이미지상의 positive samples 영역과 negative samples 영역

❷ 특징치 구성 시 각 지점의 컬러 성분값 = (red,green,blue)을 특징치로 사용하여 분류기를 학습하시오.

❸ ❷번 이외의 특징치를 선정하여 그 결과를 비교해보시오.

A 기저와 Span

공간 내에서 한 점의 벡터 $\boldsymbol{P}$를 나타낸다고 할 때, $\boldsymbol{P}$를 표현할 수 있는 선형독립적인 다른 여러 벡터들의 집합을 **기저(basis)**라 한다. **선형독립(linear independent)**이란 기저벡터 내 어떤 벡터가 다른 기저벡터들의 선형결합으로 표현되지 않는 경우를 말한다. 예를 들어, 두 기저벡터의 집합이 $S = \{\boldsymbol{v}_1, \boldsymbol{v}_2\}$라 가정해보자. 만일 $\boldsymbol{v}_1 = [2 \quad 1]^T$와 $\boldsymbol{v}_2 = [1 \quad 2]^T$라면 $\boldsymbol{v}_1$은 $\boldsymbol{v}_2$로 표현할 수 없으므로 두 벡터는 서로 선형독립이고, 점 $\boldsymbol{P}$는 두 기저벡터가 존재하는 (평면)공간 내에 존재하는 하나의 위치 벡터이므로 두 기저 $\boldsymbol{v}_1$과 $\boldsymbol{v}_2$의 결합으로 표현될 수 있다.

$$\boldsymbol{P} = \lambda_1\boldsymbol{v}_1 + \lambda_2\boldsymbol{v}_2 = \lambda_1\begin{bmatrix} 2 \\ 1 \end{bmatrix} + \lambda_2\begin{bmatrix} 1 \\ 2 \end{bmatrix} = \begin{bmatrix} 2 & 1 \\ 1 & 2 \end{bmatrix}\begin{bmatrix} \lambda_1 \\ \lambda_2 \end{bmatrix} = \boldsymbol{A\lambda} \tag{e1}$$

만일 점 $\boldsymbol{P}$의 좌표가 $[2 \quad 2]^T$라면 이 좌표는 어떤 기저벡터에 대한 좌표이다. 일반적으로 우리가 사용하는 기저벡터는 정규직교기저 $\boldsymbol{S} = [\boldsymbol{u}_1, \boldsymbol{u}_2]$이므로

$$\boldsymbol{P} = \begin{bmatrix} 2 \\ 2 \end{bmatrix} = \begin{bmatrix} 1 & 0 \\ 0 & 1 \end{bmatrix}\begin{bmatrix} 2 \\ 2 \end{bmatrix} = [\boldsymbol{u}_1 \quad \boldsymbol{u}_2]\begin{bmatrix} 2 \\ 2 \end{bmatrix} = 2\boldsymbol{u}_1 + 2\boldsymbol{u}_2 \tag{e2}$$

이다. 즉, $\boldsymbol{P}$점의 좌표가 $[2 \quad 2]^T$라는 것은 두 기저 $\{\boldsymbol{u}_1, \boldsymbol{u}_2\}$에서 표현할 때이고 $\{\boldsymbol{v}_1, \boldsymbol{v}_2\}$의 두 기저벡터로 표현 시에는 좌표값이 달라진다. (식 e1)과 (식 e2)에서

$$\boldsymbol{P} = \lambda_1\boldsymbol{v}_1 + \lambda_2\boldsymbol{v}_2 = \begin{bmatrix} 2 & 1 \\ 1 & 2 \end{bmatrix}\begin{bmatrix} \lambda_1 \\ \lambda_2 \end{bmatrix} = \begin{bmatrix} 1 & 0 \\ 0 & 1 \end{bmatrix}\begin{bmatrix} 2 \\ 2 \end{bmatrix} = \begin{bmatrix} 2 \\ 2 \end{bmatrix} \tag{e3}$$

이므로

$$\begin{bmatrix} \lambda_1 \\ \lambda_2 \end{bmatrix} = \begin{bmatrix} 2 & 1 \\ 1 & 2 \end{bmatrix}^{-1}\begin{bmatrix} 1 & 0 \\ 0 & 1 \end{bmatrix}\begin{bmatrix} 2 \\ 2 \end{bmatrix} = \begin{bmatrix} 2 & 1 \\ 1 & 2 \end{bmatrix}^{-1}\begin{bmatrix} 2 \\ 2 \end{bmatrix} = \begin{bmatrix} 2/3 \\ 2/3 \end{bmatrix} \tag{e4}$$

이다. 따라서 기저 $\{\boldsymbol{v}_1, \boldsymbol{v}_2\}$에서 표현된 $\boldsymbol{P}$점의 좌표 $\boldsymbol{\lambda}$는 $[2/3 \quad 2/3]^T$이고 이것은 두 수직기저 $\{\boldsymbol{u}_1, \boldsymbol{u}_2\}$에서 표현된 좌표 $[2 \quad 2]^T$와 동일점을 나타낸다.

두 벡터 $\{\boldsymbol{v}_1, \boldsymbol{v}_2\}$가 수직이든 아니든 서로 선형독립이라면 기저가 될 수 있고 평면공간의 모든 점의 좌표를 표현할 수 있다. 이것이 $\boldsymbol{Span}\{\boldsymbol{v}_1, \boldsymbol{v}_2\}$의 의미이다. 기저집합이 $S = \{\boldsymbol{v}_1, \boldsymbol{v}_2\}$라면 이 기저들의 $\boldsymbol{Span}(S)$는 $\boldsymbol{Span}\{\boldsymbol{v}_1, \boldsymbol{v}_2\} = \lambda_1\boldsymbol{v}_1 + \lambda_2\boldsymbol{v}_2$에 의해 표현되는 공간이다.

물론 이 (평면)공간은 $\boldsymbol{Span}\{\boldsymbol{u}_1, \boldsymbol{u}_2\}$에 의해서도 표현되는 공간이다. 단지 좌표값만 기저의 변화에 따라 달라지게 된다.

B QR 분해

17장의 식(17-16)에서 살펴본 바와 같이 카메라의 기하해석에서 ***K***와 ***R***행렬은 행렬 ***M***을 ***QR***분해(QR decomposition or factorization)하여 얻는다. 3 × 3크기의 행렬 ***M***을 분해하면 같은 크기의 상삼각행렬 (upper triangular matrix) ***K***와 3 × 3의 정규직교행렬 ***R***의 곱으로 나눌 수 있다. ***QR***분해를 설명하기 전에 먼저 서로 수직하는 직교기저를 구하는 방법에 대해 알아보자.

선형대수학(linear algebra)에 따르면 어떤 부분 공간 W에 대한 기저(basis) 집합이 $\{\boldsymbol{x}_1, \dots, \boldsymbol{x}_p\}$로 주어질 경우 이 공간 W는 $\boldsymbol{x}_1, \dots, \boldsymbol{x}_p$가 *span*해서 생성시킨 공간이고 이들은 서로 직교가 아닐지라도 서로 독립(independent)이라면 W 공간을 구성할 수 있다.

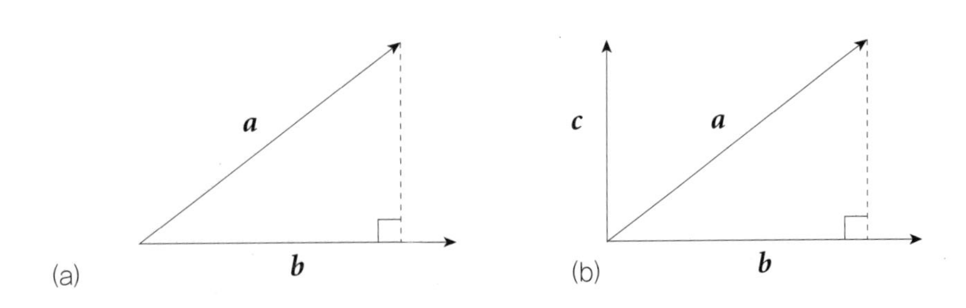

그림 B-1 두 벡터가 만드는 부분 공간

[그림 B-1(a)]에서 두 벡터 ***a***, ***b***는 서로 직교가 아니지만 ***a***, ***b***가 놓여있는 평면공간을 *span* 할 수 있다. 따라서 이 평면의 **기저벡터(basis vector)**가 될 수 있다. *Span*{***a***, ***b***}의 의미는 두 벡터 ***a***, ***b***가 만드는 (평면)공간 상의 모든 점들의 좌표가 이 두 벡터의 선형결합으로 표현될 수 있음을 의미한다.

평면을 구성하는 직교기저벡터는 [그림 B-1(b)] 처럼 벡터 ***a***를 벡터 ***b***위에 **직교 정사영(orthogonal projection)**으로 투영하여 수직벡터 ***c***를 구한 후 수직하는 두 벡터 ***b***, ***c***로 동일한 평면공간을 표현 할 수 있다. 이 두 벡터를 직교 기저라 한다.

직교하는 벡터를 구하기 위해 [그림 B-2]를 생각해보자. [그림 B-2]에서 직교하지 않는 두 벡터 ***y***와 ***u***가 *span*하는 공간은 직교하는 두 벡터 $\hat{\boldsymbol{y}}$와 ***z***의 *span*으로 표현할 수 있다. $\hat{\boldsymbol{y}}$벡터는 ***u***의 스칼라(scalar)곱으로 표현할 수 있고, ***z***는 ***u***와 직교하는 벡터로 표현한다.

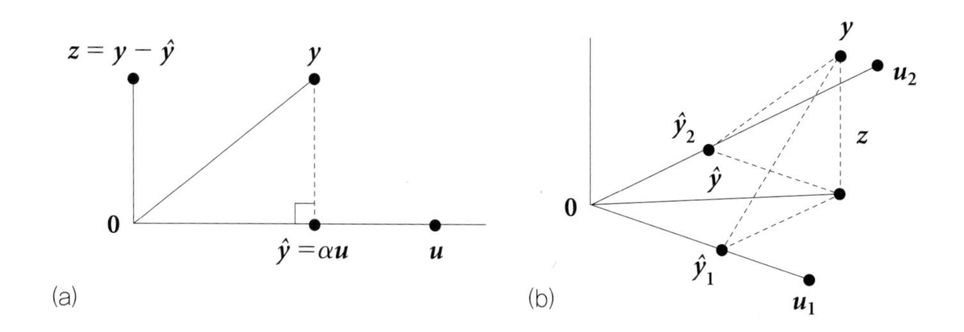

그림 B-2 직교 정사영

스칼라값 α를 곱해 $\hat{\boldsymbol{y}} = \alpha\boldsymbol{u}$가 되고 이 값을 이용하여 $\boldsymbol{z}$를 표현한다면 $\boldsymbol{z} = \boldsymbol{y} - \alpha\boldsymbol{u}$가 된다. [그림 B-2(a)]에서 $\boldsymbol{z}$와 $\boldsymbol{u}$가 서로 직교라는 조건을 사용하면

$$0 = (\boldsymbol{y} - \alpha\boldsymbol{u}) \cdot \boldsymbol{u} = \boldsymbol{y} \cdot \boldsymbol{u} - (\alpha\boldsymbol{u}) \cdot \boldsymbol{u} = \boldsymbol{y} \cdot \boldsymbol{u} - \alpha(\boldsymbol{u} \cdot \boldsymbol{u}) \tag{e1}$$

와 같이 표현 가능하고 α를 구한 후 다시 정리하면 직교분해는 다음과 같다.

$$\hat{\boldsymbol{y}} = \frac{\boldsymbol{u} \cdot \boldsymbol{y}}{\boldsymbol{u} \cdot \boldsymbol{u}}\boldsymbol{u}, \qquad \boldsymbol{z} = \boldsymbol{y} - \frac{\boldsymbol{y} \cdot \boldsymbol{u}}{\boldsymbol{u} \cdot \boldsymbol{u}}\boldsymbol{u}. \tag{e2}$$

만일 [그림 B-2(b)]에서처럼 수직정사영이 두 기저 $\{\boldsymbol{u}_1, \boldsymbol{u}_2\}$가 *span*하는 2차원 평면 위나 $\{\boldsymbol{u}_1, \dots, \boldsymbol{u}_p\}$가 *span*하는 다차원 공간으로 발생할 경우 식 $\hat{\boldsymbol{y}}$는 좀 더 일반적인 형태를 가지게 된다:

$$\hat{\boldsymbol{y}} = \frac{\boldsymbol{y} \cdot \boldsymbol{u}_1}{\boldsymbol{u}_1 \cdot \boldsymbol{u}_1}\boldsymbol{u}_1 + \frac{\boldsymbol{y} \cdot \boldsymbol{u}_2}{\boldsymbol{u}_2 \cdot \boldsymbol{u}_2}\boldsymbol{u}_2 \qquad \text{: 2차원 평면 위로 정사영}$$

$$\hat{\boldsymbol{y}} = \frac{\boldsymbol{y} \cdot \boldsymbol{u}_1}{\boldsymbol{u}_1 \cdot \boldsymbol{u}_1}\boldsymbol{u}_1 + \cdots + \frac{\boldsymbol{y} \cdot \boldsymbol{u}_p}{\boldsymbol{u}_p \cdot \boldsymbol{u}_p}\boldsymbol{u}_p \qquad \text{: 다차원(}p\text{차원) 공간 위로 정사영} \tag{e3}$$

그램-슈밋(Gram-Schmidt) 과정

만일 서로 수직하지 않은 기저벡터의 집합이 $\{\boldsymbol{x}_1, \dots, \boldsymbol{x}_p\}$로 p개가 주어진다면 이 중 하나의 벡터에서 시작하여 서로 수직인 벡터들을 p개 구할 수 있다.

먼저 첫 번째 기저 $\boldsymbol{x}_1$를 직교기저의 첫 번째 벡터 $\boldsymbol{v}_1$이라 하자. 그러면 두 번째 직교기저 $\boldsymbol{v}_2$는 기저 $\boldsymbol{x}_2$를 첫 번째 직교기저 $\boldsymbol{v}_1$에 수직 정사영한 벡터로 구하므로 (식 e2)에서처럼

$$\boldsymbol{v}_2 = \boldsymbol{x}_2 - \frac{\boldsymbol{x}_2 \cdot \boldsymbol{v}_1}{\boldsymbol{v}_1 \cdot \boldsymbol{v}_1}\boldsymbol{v}_1 \tag{e4}$$

로 주어질 것이다. 이제 서로 수직인 직교기저벡터가 $\boldsymbol{v}_1$과 $\boldsymbol{v}_2$로 두 개 얻어졌으므로 세 번째 기저벡터는 $\boldsymbol{x}_3$를 두 직교기저 $\boldsymbol{v}_1$과 $\boldsymbol{v}_2$가 이루는 평면에 정사영한 벡터가 될 것이다. (식 e3)를 사용하면

$$\boldsymbol{v}_3 = \boldsymbol{x}_3 - \frac{\boldsymbol{x}_3 \cdot \boldsymbol{v}_1}{\boldsymbol{v}_1 \cdot \boldsymbol{v}_1}\boldsymbol{v}_1 - \frac{\boldsymbol{x}_3 \cdot \boldsymbol{v}_2}{\boldsymbol{v}_2 \cdot \boldsymbol{v}_2}\boldsymbol{v}_2 \tag{e5}$$

이다. 이러한 과정을 반복하면 $\boldsymbol{x}_p$벡터에 대한 직교기저도 아래처럼 구할 수 있다.

$$\boldsymbol{v}_p = \boldsymbol{x}_3 - \frac{\boldsymbol{x}_3 \cdot \boldsymbol{v}_1}{\boldsymbol{v}_1 \cdot \boldsymbol{v}_1}\boldsymbol{v}_1 - \frac{\boldsymbol{x}_3 \cdot \boldsymbol{v}_2}{\boldsymbol{v}_2 \cdot \boldsymbol{v}_2}\boldsymbol{v}_2 - \cdots - \frac{\boldsymbol{x}_p \cdot \boldsymbol{v}_{p-1}}{\boldsymbol{v}_{p-1} \cdot \boldsymbol{v}_{p-1}}\boldsymbol{v}_{p-1} \tag{e6}$$

이러한 방식으로 직교기저벡터 $\{\boldsymbol{v}_1, \ldots, \boldsymbol{v}_p\}$를 생성하는 방법을 Gram-Schmidt 과정이라 부른다.

QR분해는 Gram-Schmidt 과정을 이용하여 크기 $m \times n$인 $\boldsymbol{A}$행렬의 수직하지 않은 각 열(column)에 대하여 서로 수직한 열을 가지는 $\boldsymbol{Q}$행렬과 또 다른 $\boldsymbol{R}$행렬의 곱으로 $\boldsymbol{A}$행렬을 분해하는 과정이다. 따라서 $\boldsymbol{A} = \boldsymbol{QR}$로 표현되며 여기서 $\boldsymbol{Q}$는 $\boldsymbol{A}$와 같은 크기인 $m \times n$의 직교 기저행렬이 되고 $\boldsymbol{R}$행렬은 $n \times n$ 크기의 상삼각행렬이 된다. 즉,

$$\boldsymbol{A} = [\boldsymbol{x}_1 \boldsymbol{x}_2 \cdots \boldsymbol{x}_n] = \boldsymbol{QR} \tag{e7}$$

이고 $\boldsymbol{Q}$행렬은 Gram-Schmidt의 정규직교화 과정을 거쳐 나온 행렬로

$$\boldsymbol{Q} = [\boldsymbol{u}_1 \boldsymbol{u}_2 \cdots \boldsymbol{u}_n] \tag{e8}$$

의 서로 수직인 단위벡터들의 열로 구성된 행렬이 된다. 상삼각행렬 $\boldsymbol{R}$은 $\boldsymbol{Q}$의 전치(transpose) 행렬을 통해 쉽게 구할 수 있다.

$$\boldsymbol{Q}^T\boldsymbol{A} = \boldsymbol{Q}^T(\boldsymbol{QR}) = \boldsymbol{IR} = \boldsymbol{R}. \tag{e9}$$

예제 B-1 다음 행렬 A를 QR분해하시오.

$$\boldsymbol{A} = \begin{bmatrix} 1 & 2 \\ 1 & 2 \\ 0 & 3 \end{bmatrix}$$

풀이 $\boldsymbol{A}$행렬은 두 개의 열로 구성되어 있고 $\boldsymbol{A}$행렬의 열공간은 $Col\,\boldsymbol{A} = span\{(1\ 1\ 0)^T, (2\ 2\ 3)^T\}$이다. 수직기저를 찾기 위해 Gram-Schmidt 과정을 적용하면

$\boldsymbol{v}_1 = \boldsymbol{x}_1 = (1\ 1\ 0)^T$이고,

$$\boldsymbol{v}_2 = \boldsymbol{x}_2 - \frac{\boldsymbol{x}_2 \cdot \boldsymbol{x}_1}{\boldsymbol{v}_1 \cdot \boldsymbol{v}_1}\boldsymbol{v}_1 = \begin{bmatrix} 2 \\ 2 \\ 3 \end{bmatrix} - (2\ 2\ 3) \cdot (1\ 1\ 0)^T / (1\ 1\ 0) \cdot (1\ 1\ 0)^T) \begin{bmatrix} 1 \\ 1 \\ 0 \end{bmatrix}$$

$$= \begin{bmatrix} 2 \\ 2 \\ 3 \end{bmatrix} - \left(\frac{4}{2}\right) \begin{bmatrix} 1 \\ 1 \\ 0 \end{bmatrix} = \begin{bmatrix} 0 \\ 0 \\ 3 \end{bmatrix}$$

이다. 두 직교기저를 정규화하면

$$\boldsymbol{Q} = \begin{bmatrix} 1/\sqrt{2} & 0 \\ 1/\sqrt{2} & 0 \\ 0 & 1 \end{bmatrix}$$이 된다.

(식 e9)에서 $\boldsymbol{R} = \boldsymbol{Q}^T\boldsymbol{A}$이므로

$$\boldsymbol{R} = \boldsymbol{Q}^T\boldsymbol{A} = \begin{bmatrix} 1/\sqrt{2} & 1/\sqrt{2} & 0 \\ 0 & 0 & 1 \end{bmatrix} \begin{bmatrix} 1 & 2 \\ 1 & 2 \\ 0 & 3 \end{bmatrix} = \begin{bmatrix} \sqrt{2} & 2/\sqrt{2} \\ 0 & 3 \end{bmatrix}$$

이고, 이 행렬은 상삼각행렬이다.

C 랭크와 영공간

랭크에는 **열 랭크**(**column rank**)와 **행 랭크**(**row rank**)가 있으며 행렬 A의 열 랭크는 A행렬의 선형 독립적인 열의 최대 수이다. 유사하게 행 랭크는 A행렬의 선형독립적인 행의 최대 수이다. 열 랭크와 행 랭크는 항상 같으므로 그냥 행렬 A의 랭크라 부른다. 따라서 $m \times n$크기 행렬의 랭크 수는 많아야 $min(m, n)$이다. 즉, $rank(A) \le min(m,n)$이다.

주어진 행렬의 랭크 수를 구하는 방법은 그 행렬을 **기약사다리꼴**(**reduced row echelon form**)로 고쳤을 때 나타나는 값이 1인 **주성분**(**leading entry**)의 수와 같다. 행렬 내 주성분이란 어떤 행의 맨 왼쪽의 영이 아닌 성분을 말한다. 기약사다리꼴이란 0이 아닌 행의 주성분이 1이고 각각의 주성분 1은 그 열에서 하나 밖에 없는 0이 아닌 성분이다(아래 예제를 보라). 만일 행렬 A가 3×4의 크기를 가진다면 4개의 열이 존재하나 적어도 이 중 하나의 열은 나머지 3개 열의 선형결합(linear combination)으로 표현되므로 이 행렬의 랭크 수는 3 또는 그 이하가 된다. 즉, $rank(A) \le min(3,4) = 3$이다. 카메라교정에서 살펴본 3×4크기의 사영행렬 P는 3개의 독립적인 열 벡터를 가지고 있으므로 $rank$가 3인 행렬이다.

행렬 A의 **영공간**(**null space**)이란 동차방정식 $Ax = 0$이 있을 때, 이 식의 가능한 모든 해의 집합을 의미하고 $Nul\,A$로 표시한다. **Rank 이론**(**rank theorem**)에 따르면 행렬의 전체 열의 수는 랭크 수와 영 공간의 차수의 합으로 표현된다. **영공간의 차수**란 주어진 행렬에 대해 추축열이 아닌 열의 수를 말하며 $Ax = 0$을 계산할 때 나타나는 **자유변수**(**free variable**)의 수와 같다. 추축열이란 주성분을 포함하고 있는 행렬 내의 열이다.

예제 C-1 **다음과 같은 행렬식의 랭크 수와 영 공간의 차수를 생각해보시오.**

$$\boldsymbol{Ax} = \begin{bmatrix} 1 & 0 & -3 & 0 & 2 & -8 \\ 0 & 1 & 5 & 0 & -1 & 4 \\ 0 & 0 & 0 & 1 & 7 & -9 \\ 0 & 0 & 0 & 0 & 0 & 0 \end{bmatrix} \begin{bmatrix} x_1 \\ x_2 \\ x_3 \\ x_4 \\ x_5 \\ x_6 \end{bmatrix} = 0. \tag{e1}$$

6개의 열로 이루어진 A행렬은 기약사다리꼴 형태이고 값이 1인 주성분이 3개이므로(즉,

추축열이 1, 2, 4번째 열이고 추축열을 이용하면 나머지 모든 열을 표현할 수 있으므로) *rank*가 3인 행렬 이다. 위 행렬식을 다시 기술해보면

$$\begin{bmatrix} 1 & 0 & -3 & 0 & 2 & -8 \\ 0 & 1 & 5 & 0 & -1 & 4 \\ 0 & 0 & 0 & 1 & 7 & -9 \\ 0 & 0 & 0 & 0 & 0 & 0 \end{bmatrix} \begin{bmatrix} x_1 \\ x_2 \\ x_3 \\ x_4 \\ x_5 \\ x_6 \end{bmatrix} = x_1 \begin{bmatrix} 1 \\ 0 \\ 0 \\ 0 \end{bmatrix} + x_2 \begin{bmatrix} 0 \\ 1 \\ 0 \\ 0 \end{bmatrix} + x_3 \begin{bmatrix} -3 \\ 5 \\ 0 \\ 0 \end{bmatrix} + x_4 \begin{bmatrix} 0 \\ 0 \\ 1 \\ 0 \end{bmatrix}$$

$$+ x_5 \begin{bmatrix} 2 \\ -1 \\ 7 \\ 0 \end{bmatrix} + x_6 \begin{bmatrix} -8 \\ 4 \\ -9 \\ 0 \end{bmatrix} = 0 \qquad \text{(e2)}$$

으로 표현되고 추축열과 곱해지는 세 변수 x_1, x_2, x_4는 추축열이 아닌 열과 곱해지는 변수(자유변수)에 의해 표현 가능하다.

$$\begin{aligned} x_1 &= 3x_3 - 2x_5 + 8x_6 \\ x_2 &= -5x_3 + x_5 - 4x_6 \\ x_4 &= \qquad\quad - 7x_5 + 9x_6 \end{aligned} \qquad \text{(e3)}$$

(식 e3)를 벡터로 표현하면 $\boldsymbol{Ax} = \mathbf{0}$의 해 집합이 되고 자유변수의 항으로 표현 가능하다.

$$\begin{bmatrix} x_1 \\ x_2 \\ x_3 \\ x_4 \\ x_5 \\ x_6 \end{bmatrix} = x_3 \begin{bmatrix} 3 \\ -5 \\ 1 \\ 0 \\ 0 \\ 0 \end{bmatrix} + x_5 \begin{bmatrix} -2 \\ 1 \\ 0 \\ -7 \\ 1 \\ 0 \end{bmatrix} + x_6 \begin{bmatrix} 8 \\ -4 \\ 0 \\ 9 \\ 0 \\ 1 \end{bmatrix} \qquad \text{(e4)}$$

자유변수가 3개이므로 3차원 공간 내에서 해의 벡터 $\boldsymbol{x}$가 무수히 정의되고 이 공간의 축 방향은 자유변수에 대응되는 기저 열에 의해 표현이 가능하다. 그렇기 때문에 (식 e4) 우변의 3개의 벡터가 $\boldsymbol{A}$행렬의 **영공간에 대한 기저(basis for the null space of A)**가 된다. 행렬 $\boldsymbol{A}$의 모든 열이 선형독립이라면 $\boldsymbol{Ax} = \mathbf{0}$의 해 $\boldsymbol{x}$는 자명해(trivial solution) $\boldsymbol{x} = \mathbf{0}$밖에 없을 것이나, (식 e1)의 $\boldsymbol{A}$행렬은 모든 열이 선형독립은 아니므로 $\boldsymbol{x}$의 요소 x_i 중 몇은 자유변수가 되어 $\boldsymbol{x}$값을 비자명해(non-trivial solution)로 만들어 준다. *rank*이론에 따라 **"랭크 수 + 자유변수의 수 = 열의 수"**이므로 자유변수의 수가 **영공간의 차수**가 된다.

예제 C-2 기약사다리꼴의 유도

다음 행렬을 기약사다리꼴 행렬로 고치고 추축열을 구해보자.

$$\begin{bmatrix} 3 & -9 & 12 & -9 & 6 \\ 3 & -7 & 8 & -5 & 8 \\ 0 & 3 & -6 & 6 & 4 \end{bmatrix}$$

(1) 첫 번째 행에 -1을 곱하여 두 번째 행에 더한다.

$$\begin{bmatrix} 3 & -9 & 12 & -9 & 6 \\ 0 & 2 & -4 & 4 & 2 \\ 0 & 3 & -6 & 6 & 4 \end{bmatrix}$$

(2) 두 번째 행에 $-3/2$를 곱하여 세 번째 행에 더한다.

$$\begin{bmatrix} 3 & -9 & 12 & -9 & 6 \\ 0 & 2 & -4 & 4 & 2 \\ 0 & 0 & 0 & 0 & 1 \end{bmatrix}$$

(3) 세 번째 행에 -6을 곱하여 첫 번째 행에 더한다. 세 번째 행에 -2을 곱하여 두 번째 행에 더한다.

$$\begin{bmatrix} 3 & -9 & 12 & -9 & 0 \\ 0 & 2 & -4 & 4 & 0 \\ 0 & 0 & 0 & 0 & 1 \end{bmatrix}$$

(4) 두 번째 행에 $1/2$을 곱한다.

$$\begin{bmatrix} 3 & -9 & 12 & -9 & 0 \\ 0 & 1 & -2 & 2 & 0 \\ 0 & 0 & 0 & 0 & 1 \end{bmatrix}$$

(5) 두 번째 행에 9을 곱하고 첫 번째 행에 더한다.

$$\begin{bmatrix} 3 & 0 & -6 & 9 & 0 \\ 0 & 1 & -2 & 2 & 0 \\ 0 & 0 & 0 & 0 & 1 \end{bmatrix}$$

(6) 첫 번째 행에 1/3 을 곱한다.

$$\begin{bmatrix} 1 & 0 & -2 & 3 & 0 \\ 0 & 1 & -2 & 2 & 0 \\ 0 & 0 & 0 & 0 & 1 \end{bmatrix}$$

상기한 연산을 통해 원래 행렬은 3개의 주성분을 가진 기약사다리꼴 행렬로 변환된다. 기약사다리꼴 변환을 통해 이 행렬은 랭크가 3이고 자유변수(즉, 영공간의 차수)가 2인 행렬임을 알 수 있다.

D 특이값분해를 이용한 행렬식 풀이

행렬식 $\boldsymbol{Ax} = \boldsymbol{0}$의 해를 구하는 것을 생각해 보자. 만일 $\boldsymbol{A}$행렬의 크기가 $m \times n$이라면 $\boldsymbol{x}$벡터의 크기는 $n \times 1$이 될 것이다. 이때 $\boldsymbol{A}$행렬의 열 벡터가 모두 선형독립이라면 $\boldsymbol{A}$행렬의 랭크는 n이고 $\boldsymbol{Ax} = \boldsymbol{0}$의 행렬식을 만족하는 해는 자명해 $\boldsymbol{x} = 0$밖에 없다. 즉

$$\boldsymbol{Ax} = [\boldsymbol{a}_1\ \boldsymbol{a}_2\ \cdots\ \boldsymbol{a}_n\ ]\begin{bmatrix} x_1 \\ \cdots \\ x_n \end{bmatrix} = x_1\boldsymbol{a}_1 + x_2\boldsymbol{a}_2 + \ldots + x_n\boldsymbol{a}_n = 0 \quad \text{(e1)}$$

식이 만족되기 위해서는 $x_1 = x_2 = \ldots = x_n = 0$이 되어야 한다. (식 e1)에서 $\boldsymbol{a}_i$는 행렬 $\boldsymbol{A}$의 열 벡터를 나타낸다. 만일 $rank(\boldsymbol{A}) < n$이라면 행렬식 $\boldsymbol{Ax} = \boldsymbol{0}$에서 $\boldsymbol{0}$벡터가 아닌 비자명해 $\boldsymbol{x}$가 존재하게 된다.

$m > n$이라면 미지수는 n개인데 방정식의 수는 n보다 더 많으므로 $\boldsymbol{Ax} = \boldsymbol{0}$내 모든 방정식(전부 m개)을 만족하는 정해(exact solution)를 구할 수는 없다. 따라서 $\boldsymbol{Ax} = \boldsymbol{0}$은 $\boldsymbol{Ax}$의 크기를 최소화시키는 문제 $min\,||\boldsymbol{Ax}||$로 바뀔 수 있다. $\boldsymbol{x} = \boldsymbol{0}$은 자명해이므로 자명해를 피하기 위해 제한조건 $||\boldsymbol{x}|| = \boldsymbol{1}$를 추가 도입한다. 따라서 지금 풀어야 할 문제는

$$min||\boldsymbol{Ax}||,\ \text{제한조건}\ ||\boldsymbol{x}|| = \boldsymbol{1} \quad \text{(e2)}$$

이 되고 $\boldsymbol{Ax} = \boldsymbol{0}$의 풀이는 (식 e2)를 만족시키는 $\boldsymbol{x}$벡터를 구하는 최적화 문제가 된다. 선형 대수학의 특이값분해(Singular Value Decomposition: SVD)를 이용하면 행렬 $\boldsymbol{A}$는

$$\boldsymbol{A} = \boldsymbol{UDV}^T \quad \text{(e3)}$$

로 분해 가능하다. 여기서 $\boldsymbol{U}$와 $\boldsymbol{V}$는 정규직교(orthonormal) 행렬, $\boldsymbol{D}$는 값들이 모두 양수인 대각행렬(diagonal matrix)이다. $\boldsymbol{D}$행렬 내의 값들은 크기가 감소하는 방향으로 배치되어 얻어진다. SVD는 고유값분해(Eigenvalue-vector decomposition)와는 달리 비대칭행렬이나 비정방행렬의 분해에도 사용할 수 있다.

이때, $\boldsymbol{V}^T\boldsymbol{x} = \boldsymbol{y}$라 하자. 그러면

$$min||\boldsymbol{Ax}|| = min||\boldsymbol{UDV}^T\boldsymbol{x}|| = min||\boldsymbol{DV}^T\boldsymbol{x}|| = min||\boldsymbol{Dy}|| \quad \text{(e4)}$$

가 된다. (식 e4)의 전개에서는 **노옴보존성**이 사용되었다. 제한조건 $||\boldsymbol{x}|| = 1$에 대해서는 노옴보존성을 사용하면

$$||\boldsymbol{x}|| = ||\boldsymbol{V}^T\boldsymbol{x}|| = ||\boldsymbol{y}|| = \mathbf{1} \qquad \text{(e5)}$$

이 된다. 따라서 풀어야 할 문제는 다음과 같이 수정된다.

$$min||\boldsymbol{Dy}||,\ \text{제한조건}\ ||\boldsymbol{y}|| = \mathbf{1} \qquad \text{(e6)}$$

★ 노옴보존성

벡터 $\boldsymbol{x}$의 노옴(norm) $||\boldsymbol{x}||$란 이 벡터의 길이(Euclidean 길이)를 의미한다. 즉 $||\boldsymbol{x}|| = (\boldsymbol{x}^T\ \boldsymbol{x})^{\frac{1}{2}}$이다. 정규직교행렬(orthonormal matrix)의 중요한 성질 중의 하나는 이 행렬을 어떤 벡터와 곱했을 때 이 곱벡터의 노옴이 보존된다는 것이다. 다시 말해서 노옴보존성(norm preserving property)이란 하나의 벡터에 정규직교행렬을 곱한 행렬식의 놈은 그 벡터의 놈과 같다는 것을 나타낸다. 아래의 식들은 노옴보존성을 보여준다.

$$||\boldsymbol{Ux}|| = ((\boldsymbol{Ux})^T(\boldsymbol{Ux}))^{\frac{1}{2}} = (\boldsymbol{x}^T\boldsymbol{U}^T\boldsymbol{Ux})^{\frac{1}{2}} = (\boldsymbol{x}^T\boldsymbol{x})^{\frac{1}{2}} = ||\boldsymbol{x}||$$

$$||\boldsymbol{V}^T\boldsymbol{x}|| = ((\boldsymbol{V}^T\boldsymbol{x})^T(\boldsymbol{V}^T\boldsymbol{x}))^{\frac{1}{2}} = (\boldsymbol{x}^T\boldsymbol{V}\boldsymbol{V}^T\boldsymbol{x})^{\frac{1}{2}} = (\boldsymbol{x}^T\boldsymbol{x})^{\frac{1}{2}} = ||\boldsymbol{x}||$$

특이값분해에서 $\boldsymbol{D}$행렬은 크기 순으로 나열된 대각행렬이므로 $\boldsymbol{y}$벡터를 $[0 \ldots 1]^T$로 두면 $\boldsymbol{y}$ 벡터의 크기는 1이고 이때 $||\boldsymbol{Dy}||$는 최소가 되므로 $min||\boldsymbol{Dy}||$가 만족 될 수 있다. 따라서

$$||\boldsymbol{y}|| = \boldsymbol{V}^T\boldsymbol{x} = [0 \ldots 1]^T \qquad \text{(e7)}$$

라 놓으면

$$\boldsymbol{x} = \boldsymbol{V}[0 \ldots 1]^T \qquad \text{(e8)}$$

가 되고 원하는 답을 얻게 된다. (식 e8)은 $\boldsymbol{A}$행렬의 특이값분해 후 얻어진 $\boldsymbol{D}$행렬의 가장 작은 특이값에 대응되는 단위행렬 $\boldsymbol{V}$ 내의 해당되는 열 벡터가 구하는 해답 $\boldsymbol{x}$가 된다는 것을 말한다.

예제 D-1

[예제 C-1]의 행렬식 $\boldsymbol{Ax} = \mathbf{0}$의 해를 특이값분해를 통해 구해보자. 먼저 Matlab을 이용하여 행렬 $\boldsymbol{A}$를 특이값분해하면 다음과 같은 분해된 행렬들을 얻는다.

```
>> [U, D, V] = svd(A)
                                                    D =
U =
                                                      14.7589       0        0        0        0        0
   - 0.5764    0.3414   - 0.7424         0                  0  5.5137        0        0        0        0
     0.3439  - 0.7229   - 0.5994         0                  0       0   1.9429        0        0        0
   - 0.7413  - 0.6008     0.2993         0                  0       0        0        0        0        0
          0         0          0    1.0000
V =

   - 0.0391    0.0619   - 0.3821    0.0205   - 0.1304    0.9117
     0.0233  - 0.1311   - 0.3085    0.1944     0.9215    0.0080
     0.2337  - 0.8412   - 0.3960  - 0.0585   - 0.2447  - 0.1325
   - 0.0502  - 0.1090     0.1540    0.9662   - 0.1667    0.0242
   - 0.4530  - 0.5078     0.6225  - 0.1570     0.1781    0.3050
     0.8577  - 0.0390     0.4367  - 0.0147     0.1200    0.2399
```

이 세 행렬들을 다시 곱해보면

```
>> U*D*V'

ans =

     1.0000    0.0000  - 3.0000  - 0.0000    2.0000  - 8.0000
     0.0000    1.0000    5.0000  - 0.0000  - 1.0000    4.0000
   - 0.0000  - 0.0000  - 0.0000    1.0000    7.0000  - 9.0000
          0         0         0         0         0         0
```

처럼 $\boldsymbol{A}$행렬이 됨을 확인할 수 있다. 식 $\boldsymbol{Ax} = \boldsymbol{0}$의 해 $\boldsymbol{x}$는 $\boldsymbol{D}$행렬의 최소 특이값에 대응되는 단위행렬 $\boldsymbol{V}$ 내의 해당 열 벡터이다. $\boldsymbol{D}$행렬의 최소 특이값은 0이고 이 값에 대응하는 $\boldsymbol{V}$ 내의 열 벡터는 $\boldsymbol{V}$의 마지막 열 $[0.91\ \ 0.01\ \ -0.31\ \ 0.02\ \ 0.31\ \ 0.24]^T$이다. 따라서 이 값이 해 $\boldsymbol{x}$가 된다. $\boldsymbol{x}$는 정규직교행렬 $\boldsymbol{V}$내의 하나의 열이므로 노옴 $\|\boldsymbol{x}\| = \boldsymbol{1}$이다. 이것은 *Matlab* 함수 $norm(V(:,\text{end}))$로 확인할 수 있다. 검산을 위해 $\boldsymbol{x}$를 $\boldsymbol{Ax} = \boldsymbol{0}$에 대입하여 보면 아래처럼 거의 0에 가까운 값이 나오므로 행렬식이 만족됨을 알 수 있다.

```
>> A*V(:,end)


ans =

  1.0e - 015 *

   - 0.0833
     0.1665
   - 0.1110
          0
```

찾아보기

Visual C++와 OpenCV로 배우는

디지털 영상처리

DIGITAL IMAGE PROCESSING

INFINITYBOOKS